研究生创新教育系列丛书

数量生态学

（第三版）

张金屯　编著

科学出版社
北　京

内 容 简 介

本书在第二版的基础上进行了修改，全面论述了数量生态学的理论、方法和新进展，重点介绍了数量生态学的概念和重要分析方法的计算过程，对多种新方法进行了分析论述。本书内容丰富全面，涉及数量生态学的各个方面，反映了数量生态学的发展概貌和最新发展水平，也反映了我国数量生态学的研究进展和成果。全书共 12 章，分别介绍了取样与群落特征、数据处理、基础分析方法、种-面积关系、物种多度格局、物种多样性、种间亲和性、生态位、排序、数量分类、空间格局分析、植物群落的演替等。书后还有 4 个附录。

本书可作为生态学、生物学、环境科学、地理学等专业研究生的参考书，也适合生态学科技工作者及相关专业的师生参考。

图书在版编目（CIP）数据

数量生态学/张金屯编著. —3 版. —北京：科学出版社, 2018.11
（研究生创新教育系列丛书）
ISBN 978-7-03-059065-7

Ⅰ. ①数…　Ⅱ.①张…　Ⅲ. ①生态学–数量化理论–研究生–教材
Ⅳ.①Q14

中国版本图书馆 CIP 数据核字（2018）第 232083 号

责任编辑：马　俊　陈　新　赵小林　田明霞 / 责任校对：严　娜
责任印制：赵　博 / 封面设计：刘新新

科学出版社出版
北京东黄城根北街 16 号
邮政编码：100717
http://www.sciencep.com

北京华宇信诺印刷有限公司印刷
科学出版社发行　各地新华书店经销
*
2004 年 7 月第　一　版　开本：787×1092 1/16
2011 年 5 月第　二　版　印张：31 3/4
2018 年 11 月第　三　版　字数：750 000
2025 年 1 月第十五次印刷

定价：198.00 元
(如有印装质量问题，我社负责调换)

第三版前言

同第一版一样，《数量生态学》（第二版）2011 年出版后，在生态学界产生了较好的影响，得到了许多生态学者的支持。随着科技的发展和进步，近年来数量生态学又有了较大的新发展，再加上《数量生态学》（第二版）市场上已购买不到，故我们决定修订第二版，出版《数量生态学》（第三版）。

《数量生态学》（第三版）基本保持了第二版的格式，内容有所增加，反映了最近十年来的最新成果。章的数量和标题与第二版一致。节的数量稍有增加，第六章增加了系统发育多样性和功能多样性两节。节以下的内容修改较多，各章均有修订。增加和修改较多的内容主要包括广义线性和广义可加回归，β 多样性指数、物种多样性变化的预测、系统发育多样性、功能多样性，中性理论模型，谱系多样性-面积曲线、生态位变化机制分析，四角分析与 RLQ 分析排序、神经网络聚类和排序，邻体矩阵主坐标分析和方差分解、多元回归树聚类、仿射传播聚类、判别分析聚类，点格局分析的模型假设、景观格局动态等，应用实例也有所增加。全书整体上反映了国际上过去 70 多年数量生态学的发展，特别是近十年来的新成果，也反映了我国数量生态学的研究概貌、成果和未来发展趋势。

《数量生态学》（第三版）的修订得到了许多专家、学者的支持，特别是我的弟子们的支持和帮助。米湘成撰写了 Hellinger 和 Box-Cox 转换内容，并协助审定了新增内容。张钦弟撰写了广义线性和广义可加模型、回归树与多元回归树聚类内容。朱珣之撰写了功能多样性和随机森林内容。苏日古嘎撰写了四角分析与 RLQ 分析排序内容。梁钰撰写了 β 多样性指数内容。王秦韵撰写了新发展的种-面积曲线模型内容。曹格撰写了生态位变化机制分析内容。王云泉撰写了广义线性混合模型内容。程佳佳撰写了点格局分析部分内容。杨洪晓撰写了中性理论模型内容。贾美玉和程占红撰写了邻体矩阵主坐标分析内容。感谢他们的支持和贡献。

《数量生态学》（第三版）的出版得到了国家自然科学基金面上项目（31170494）和高等学校博士学科点专项科研基金（20120003110024）的资助。由于笔者水平所限，书中不足敬请各位专家批评指正。

张金屯

2017 年 11 月

第二版前言

《数量生态学》第一版2004年出版后，在生态学界产生了较好的影响，得到了广大学者的支持，先后两次印刷，不少学者称现在仍然买不到此书，要求重印或再版。考虑到近年来数量生态学又有较大的新发展，故决定修改第一版，推出第二版。

新版《数量生态学》基本保持了第一版的格式和章节，内容在第一版的基础上有所增加，反映了近十年该学科的新成果和新发展。例如，中性理论模型、神经网络聚类和排序、*O*-ring点格局分析等都是近年来的研究热点。全书整体上反映了国际上数量生态学过去60多年的发展，也反映了我国数量生态学的研究概貌和成果。

本版《数量生态学》的出版得到了国家自然科学基金面上项目（30870399）和国家自然科学基金重点项目（30830024）资助。由于水平所限，书中错误敬请各位专家学者指正。

张金屯

2010年11月

第一版前言

数量生态学广义上讲与数学生态学相当，是指用数学的方法定量地研究和解决生态学问题。但在生态学实践中，前者一般是指植物数量生态学或植被数量生态学，而后者主要指动物数学生态学。当然，二者之间没有严格的界限，也有学者交叉使用的。数量生态学是 1957 年 Greig-Smith 首先使用的名称，指的是用数学的方法研究植被、植物群落及植物种与环境之间生态关系的科学。它是植物生态学和植被生态学的分支学科。

数量生态学起始于 20 世纪 50 年代，尽管在这以前也有一些文章涉及植物群落定量描述，但主要是一些系数的计算。但由于计算量大，多元分析直到电子计算机普遍应用之后才迅速发展起来。到 20 世纪 60 年代，各大植物生态学派均接受和应用了数量分析方法，并用数量分析去验证各自的传统研究结果。目前各大植物生态学派均把数量分析作为自己学派的重要内容，可以说，数量生态学是各大学派最具共同之处的分支学科。在过去的几十年中，数量生态学得到了迅猛发展，有关论文大量增加。到 20 世纪 80 年代，数量分析已成为现代植物生态学研究必不可少的手段。

从 1957 年 Greig-Smith 出版了第一本数量生态学专著《数量植物生态学》（*Quantitative Plant Ecology*）开始，国际上先后出版了多部有关数量生态学的书，大部分仅涉及本学科的一部分，如数量分类和排序。20 世纪 80 年代，有关多元分析的书较多，如 Whittaker 主编的《植物群落分类》（*Classification of Plant Communities*）和《植物群落排序》（*Ordination of Plant Communities*）、Gauch 的《群落生态学中的多元分析》（*Multivariate Analysis of Community Ecology*），Jongman 等的《群落和景观生态学数据分析》（*Data Analysis in Community and Landscape Ecology*）等著作，对推动数量生态学的普及和应用起了重要作用。在国内，阳含熙和卢泽愚（1981）出版了《植物生态学数量分类方法》，主要描述了 1975 年以前的数量分类和排序方法；1995 年，张金屯发表了《植被数量生态学方法》一书，较全面地介绍了 20 世纪 90 年代以前的各类数量分析方法。在过去的 10 多年中，数量生态学又有了重要发展。从研究的实际需要出发，作者在阅读大量文献的基础上，并结合自己的研究实践，编写这本书。

数量生态学的内容十分丰富。本书内容涉及数量生态学的各个方面，包括过去半个世纪来有关数量生态学的主要发展，全面介绍现代数量生态学理论和方法，特别注重介绍国际上最常用的和近年来发展的新方法。全书反映了数量生态学发展的概貌，同时也展现了我国在这一领域的研究成果。对于有关学科的科技工作者和研究生，本书的内容已基本能够满足需要。书中所讲的方法，除植物生态学外，可以普遍应用于生物学、农学、林学、地理学、医药、环境科学等学科领域。

本书的出版得到了国家自然科学基金委和科学出版社的大力支持，在此表示感谢。由于作者水平所限，书中错误在所难免，敬请各位专家学者指正。

张金屯

2003 年 7 月

目　　录

绪　论

一、数量生态学的概念

数量生态学（quantitative ecology）一般指的是植物数量生态学（quantitative plant ecology）或植被数量生态学（quantitative vegetation ecology）。其是指用数学的方法研究植被、植物群落及植物种与环境之间生态关系的科学，也称作植被定量分析（quantitative analysis）或者植被分析（vegetation analysis）。它是植物生态学和植被生态学的组成部分。一般说的数学生态学（mathematical ecology）不等同于数量生态学。在国内数学生态学偏重于动物生态学分析。数量生态学独特的研究方法，我们统称其为数量分析方法，它包括物种多样性、物种多度格局、种间关联、生态位等简单的统计计算方法，也包括排序、分类、格局分析、群落演替等复杂的多元统计分析方法。

在植物生态学研究中，往往涉及大量植被和环境因子的观测数据，单凭直观的观察和人们头脑的简单扼要综合，难以看出其内部规律性。数量生态学就是借助数量分析方法从杂乱的数据中，经过多次运算，分析综合，找出植物种、植物群落和植被与环境之间的内在联系，以便更准确地揭示生态规律。

二、数量生态学的研究内容

数量分析都是从一组野外观察或实验得来的原始数据出发，通过一系列计算分析，最后给出具有生态意义的结果。大多数分析方法都要求较大的计算量，尤其是涉及种类和环境因子较多、具有庞大的原始数据时更是如此。计算机的发展为数量分析提供了方便，有不少多元分析方法不借助计算机就不能完成。

进行数量分析的基本单位称作实体（entity），描述实体数量特征的信息项目称为属性（attribute）。在植物生态学研究中，实体可以是样地、样方、林分等取样单位。为了方便，我们将实体统称为样方。格局分析中由于样方较小，称其为小样方。属性可以是植物种的观测指标，如多度、密度、盖度、重要值等，或环境因子观测指标，如坡度、海拔、土壤 pH 等。

数量生态学方法是以植物种、植物群落和植被为分析对象的数学方法。从数学上讲，这些方法是施于原始数据集合的一套处理规则，至于这些规则该不该用于所分析的对象，以及分析结果的解释则独立于方法本身而依赖于植物生态学知识。因此，这些方法可以用于多种学科，即凡是以研究实体和属性相互关系为目的的学科，均可使用这些方法。

从数学上讲，数量分析方法可分为两类：一类是简单的统计学方法，一类是多元统计分析方法。这两类方法之间是相互联系的。简单的统计学方法是概率的，它要求通过对样品数据的分析，去推断总体的规律性，因此这一类方法一般要求显著性检验。不能进行显著性检验的方法则认为有较大的缺点。基础分析方法、种间关联、种群空间分布格局等分析方法大多是简单的统计学方法。多元统计分析方法也有人简称其为多元分析方法，其与简单统计学方法有明显的不同，一般不要求从样品去推断总体的规律，也不涉及显著性检验。我们只是将样方数据作为总体，找寻的规律并不外推。排序、数量分类、演替分析等方法大部分属于多元统计分析方法。

从生态意义上讲，根据研究目的、范围的不同，数量分析方法可分为种的种-面积关系、多度格局、种间亲和性、生态位、物种多样性、功能多样性、排序、数量分类、空间格局分析、演替分析、植被与环境关系分析等方面。物种多度格局、种间亲和性、生态位、物种多样性、功能多样性以群落中物种为研究对象，分析物种之间、物种与环境因子或环境综合体之间的内在联系。种-面积关系研究物种数量与群落资源的利用关系。排序是研究植被连续变化的方法，一般植被连续变化与环境因子的连续变化相一致。所以排序是将样方排列在一定的空间，使得排序轴能够反映一定的生态梯度（环境梯度），从而解释植物种和植物群落的空间分布与环境因子之间的关系。排序以不同的植物群落为研究对象，范围较大，其取样单位（样方）要适当大些，使其能够代表某一群落类型。

数量分类是为研究植被的间断性而设计的方法，它与传统定性分类方法的目的是一致的。植物群落分类是植物生态学的重要分析手段，它起始于本学科的最初阶段。植被分类是根据群落分布的间断性，将其分门别类。群落分布的间断性，往往是环境因子的突然变化而引起的，所以，分类的结果要在一定程度上反映群落类型的生态意义。分类研究的范围与排序一致，以群落或群落组合为单位，其样方在种类组成和环境因子组成上要能够代表它所在的群落。

空间格局分析起初主要是研究植物种在群落内的空间分布关系，以及环境因子在这种关系中的作用，现在已经扩展到群落、景观等不同尺度的格局研究。植物种群在群落内的镶嵌结构是植物群落内部结构的重要特征，从而反映种群之间、种群与环境因子之间复杂的生态关系。种群格局分析也可以说是研究种群在群落内的连续变化。它的取样要求一系列连续样方，但样方较小，不要求样方代表所在的群落类型，而是代表种群在群落内分布的一个样品。它的研究范围一般限于群落内部。群落格局和景观格局主要研究群落斑块、景观要素、景观斑块等的空间变化规律及其影响因子，以及它们的生态关系。

群落演替分析是用数学方法描述群落的动态过程。群落演替是植被生态学的重要组成部分，在现代生态学中显得越来越重要。但定量描述群落演替过程的研究起步较晚，至今这方面的研究方法尚不多。演替分析一般要牵涉时间因子，可用永久性样方获得数据，其研究范围是整个群落或群落片段。含时间因子数据的演替分析一般称作动态演替分析（dynamic succession analysis）。也可以在不同的演替阶段同时取样和分析数据，以分析演替进程中的各种生态关系和演替规律，这种分析方法称作静态演替分析（static succession analysis）。

三、数量生态学的发展

早在19世纪末和20世纪初，一些描述植被数量特征的术语就已出现。例如，“频度”

一词是 1909 年出现在 Raunkiaer 论文中的，但直到 20 世纪 40 年代才被广泛地应用。将这些数量指标用于数量分析，则是 20 世纪 40～50 年代的事情。因为数量生态学的核心是数量分析方法，所以，数量生态学的发展是和数量分析技术的发展密不可分的。

数量分析起始于 20 世纪 50 年代，也可以说植被数量生态学由此开始。在这以前也有一些文章涉及定量描述（Ashby 1936，1948）。在过去的几十年中，数量生态学得到了迅猛发展，有关论文大量增加。根据对 11 种主要国际生态学杂志的统计，1960～1990 年，仅涉及数量分类和排序的文章数基本呈直线上升趋势（张金屯 1992a，1995），近年来仍在不断上升（Chahouki 2012；Palmar website 2016）。国际植被科学学会（International Association for Vegetation Science）主办的杂志 *Journal of Vegetation Science* 所发表的论文中，50%以上与数量分析有关。到 20 世纪 90 年代，数量分析已成为现代植被研究必不可少的手段，有关论文在过去 15 年内仍然大量增加（von Wehrden et al. 2009；Sadia et al. 2016）。数量生态学也已成为一门独立的学科。

数量分析方法的发展过程大致可分为三个阶段（张金屯 1992a，1995，2011）。第一阶段为起始阶段（1945～1964 年）。在这一阶段，分析方法以简单的统计学方法为主。20 世纪 50 年代以前，植被科学已有相当的发展，但大部分是传统的描述。研究者在调查时，同样进行了大量的样方记录，获得了丰富数据。但由于缺乏理想的分析方法，数据大多没有被充分利用而浪费了。

20 世纪 40 年代，物种多样性的概念被提出来，并有多样性计算公式出现，如 Shannon-Wiener 指数（1949）、Simpson 指数（1949）等。40 年代初，描述群落物种多度格局的统计学模型就已出现。1943 年，Fisher 等提出了对数级数模型，1948 年 Preston 提出了对数正态分布模型等。进入 20 世纪 60 年代，多个物种多样性指数、生态位指数、种间关联指数等被提出来，并应用于实际研究之中。

对于数量分类、格局分析和排序的研究可以说起步于 20 世纪 50 年代。Ellenberg（1950）首先使用加权平均排序；Whittaker（1952）创造了梯度分析排序方法；Goodall（1953）把关联分析引入植被分类；Greig-Smith（1952）开创了格局分析这一新的研究领域。到 1957 年，Greig-Smith 撰写了专著《数量植物生态学》（*Quantitative Plant Ecology*），对植被数量分析方法做了系统论述。50 年代初，数量分析多用计算器完成计算，其处理数据的能力限制了它的应用和发展。50 年代末，计算机开始应用，这无疑促进了数量分析方法的发展。Williams 和 Lambert（1959，1960）首次用计算机对 396 个样方进行了分类，取得了较大的成功。他们的工作使其他生态学家受到了鼓舞，纷纷转向这一新的研究领域。不过大量的研究成果发表于第二阶段。1964 年 Greig-Smith 撰写了他的名著《数量植物生态学》（第二版），算是对第一阶段的总结。在这一版中，作者以大量的篇幅描述了格局分析，对已有的数量分类和排序也进行了介绍。

第二阶段是大发展阶段（1965～1980 年）。在这一阶段中，电子计算机的高速发展出人意料，植被数量分析由此一日千里，大量新方法出现；计算复杂的多元分析方法被引入，克服了简单统计方法的一些缺点。在方法大发展的同时，应用性文章也大量增加。由于计算机的发展解决了计算量大这一难题，数量分析显示了巨大的优越性：计算迅速，准确，获得信息量大，得出结果客观。这使得各大植物学派均接受和采用了数量分析方法。在方法发展过程中，许多学者对各种方法进行了比较研究，使一些不太实用的方法在发展中被淘汰，使新产生的方法更趋完善。到 20 世纪 70 年代，许多关于植被数量分析方法的专著在不同国家相继出版（Whittaker 1973；Kershaw 1970；Orloci 1975，1978；Ludwig and Goodall 1978；阳含熙和卢泽愚 1981），使数量分析方法在世界范围内广泛传播和应用。与此同时，与方法相应的各种计算机软件也应运而生，使用者不需要深厚的数学基础，便可轻易地掌握，这更加促进了数量分析方法的实际应用。

在这个阶段，种间亲和性、生态位及物种多样性的计测方法也得到了重大发展，并被结合到其他的分析中。1982 年 Gauch 编写了《群落生态学多元分析》，Greig-Smith（1983）修订了第二版《数量植物生态学》，推出第三版。这两本书虽然出版于 80 年代初，但描述的大多是 1980 年以前的数量分析方法，可视为对第二阶段的总结。

第三阶段主要是应用研究阶段（1981 年至今）。在这一阶段，新方法的数量分析方法减少，大多数论文是应用已有的方法对植被进行实际研究。新方法主要是模糊数学和人工神经网络方法的发展和应用（张金屯 2011），多元回归树分类、仿射传播聚类的应用。在点格局分析方面出现了 *O*-ring 方法，可以提高格局分析的精度（Wiegand and Moloney 2004），各种零假设模型用于研究格局的形成与变化机制（Sadia et al. 2015）。功能多样性、谱系多样性分析方法得到了长足发展（Mason et al. 2005；Gómez et al. 2010；Casanoves et al. 2011；Zhang et al. 2012a）。另外，分析软件和技术有了较大的发展，如 ter Braak 和 Šmilauer（2002）发展了 Windows（4.5）版本的 CANOCO 软件，这又大大促进了排序的应用（Lepš and Šmilauer 2003）。2012 年作为 Canoco 4.5 的升级版本，Canoco 5 发布。Anon（R Development Core Team，2008）推出了 R 软件包，其中，外在软件包“Vegan”是专用于群落生态学分析的工具（Oksanen et al. 2010），可以做很多生态学分析。Casanoves 等（2011）发表了功能多样性分析软件 Fdiversity。

新方法的减少是因为已有的方法是比较合理的，能够得到较满意的结果；同时大部分方法都具有国际通用软件，使用很方便，使一些学者认为没有必要再寻别的方法。从 20 世纪 80 年代中期开始，数学生态学家把注意力转向更复杂、能够将植被数据和环境数据结合起来分析的多元方法或者转向新的数学领域，如模糊数学，渴望找到使植被生态学家更喜欢的方法。所以在这一阶段，植被和环境关系的研究方法有所突破。这一发展以 ter Braak（1987）所编的《种类与环境关系的单峰模型》一书为代表。作者在该书中收编了 80 年代以来所发表的有关植被及其组成者——植物种与环境关系的分析方法，并进行了评述。模糊数学实际上是 20 世纪 70 年代引入植被分析的（Dale 1977；Zuur et al. 2007；Sadia et al. 2016），但当时并没有引起重视，因为作者没有阐明确切的概念。进入 80 年代，一些基于模糊理论之上的模糊分类和排序陆续出现，并在一定范围内得以应用。例如，模糊等价聚类在国内有较广泛的应用。近年来，模糊功能多样性指数也被提出来，并进行了多方面的应用（Zhang et al. 2012a）。但模糊数学在植被分析中的应用仍属于尝试阶段。由于当今地球生态环境破坏严重，要求保护自然、保护生态环境的呼声越来越高。这些方面的研究受到了较大的重视，因此得到了长足发展，相应的研究方法也日趋完善。在这一阶段，群落动态研究和分析也受到重视，涉及植被动态的文章大幅度增加，国际植被科学学会在 80 年代中期还专门召开了群落演替数量分析方法学术研讨会，目的也是促进这一领域的发展。进入 21 世纪以后，一个新的数学分支——人工神经网络理论发展迅速，并开始应用到生态学领域，出现了神经网络分类和排序（Lek and Guegan 2000；Zhang et al. 2008，2010）、邻体矩阵主坐标分析（Borcard et al. 2004）、神经网络功能多样性指数（Song and Zhang 2013）等方法。在第三阶段，虽然新方法数量增加速度大为降低，但新发表的论文数量仍在大幅度增加。

我国数量生态学研究起步较晚，到 20 世纪 70 年代后期才逐渐开始。70 年代末至 80 年代末可视为第一个发展阶段（张峰和张金屯 2000）。这一阶段主要以介绍国际上的方法为主，并将这些方法应用于生态学研究实践中。1981 年阳含熙先生编写了《植物生态学的数量分类方法》一书，较全面地介绍了数量分类和排序方法。80 年代中期，我国学者还翻译了《植物群落分类》（1985）、《植物群落排序》（1986）、《群落生态学中的多元分析》（1988）等著作，它们均涉及数量生态学的内容，促进了我国数量生态学的发展。不少应用性研究论文开始在国内杂志上发表。同时在该阶段，我国学者也对一些研究方法进行了探讨，如模糊数学分类（张金屯 1985；张峰和上官铁梁 1986）、二维函数网插值法格局分析（杨持等 1984；杨在中等 1984）、生态位重叠计测（王刚 1984）等。在这一阶段，我国大部分生态学者认识到了数量生态学的重要性，对其产生了兴趣，并纷纷从事这一方面的研究。同时，我国许多教材开始编入数量生态学内容（唐守正 1986；王伯荪 1987；祝延成等 1988；丁岩钦 1994；张金屯 2004a）。

从 20 世纪 90 年代至今，可以认为是我国数量生态学发展的第二个阶段，这一阶段是分析方法和应用研究齐头并进的大发展时期。各类研究方法被广泛应用于我国的植被研究之中，包括在全国各种森林、草地、湿地、荒漠等群落类型中的应用（张金屯 1994g，1998a，1998d，1999，2004b，2004c，2004d，2005a，2005b；张金屯等 1997，1998，2000a，2000b，2000c，2008；张金屯和焦蓉 2003；张金屯和杨洪晓 2007；上官铁梁和张峰 1988；高琼等 1994，1996；马克平等 1997；王仁忠 1997；王孝安等 1997；王翠红和张金屯 2004a，2004b，2006；米湘成等 1996，1999；艾尼瓦尔·吐米尔和阿不都拉·阿巴斯 2002；李新荣等 1998；张新时 1989a，1989b；张新时等 1993；张桂莲等 2003，2005；邢韶华等 2007；娄安如 1998；彭少麟 1988；彭少麟等 1999；潘代远等 1995，刘金福等 2001；闫美芳等 2006a，2006b；许彬等 2006，2007；李素清等 2005，2006，2007；茹文明等 2005，2007；吴东丽等 2005，2006a，2006b，2008，2009a，2009b，2009c；陈宝瑞等 2008；苏日古等嘎 2009，2010a，2010b，2013；苏日古嘎和张金屯 2013；靳虎甲等 2015；Sadia et al. 2015；白晓航等 2017；白晓航和张金屯 2017；赵慧宏等 2017），取得了较好的效果。在这一阶段，我国学者也发展了不少分析方法，在模糊数学排序（张金屯 1992a，1993a，2005a；Zhang 1993，1994；Zhang and Meng 2007；Song and Zhang 2017）、群落演替分析（张金屯 1993c，1994e；Zhang 2005；Zhang et al. 2007，2010）、群落格局分析（张金屯 1992e；马克明等 1999；马克明和祖元刚 2000a，2000b；张金屯和孟东平 2006；Yang et al. 2006，2009）、群落二维格局分析（张金屯 2004b，2005b）、点格局分析（汤孟平等 2003；张金屯和孟东平 2004；时培建等 2009，2010；王鑫厅等 2013；梁爽等 2015）、多元回归树分类（曹铭昌等 2005；赖江山等 2010）、小格局分析（Zhang 1993；张金屯 1994g；Zhang et al. 2007）、物种多样性指数分析（马克平 1993，2015，2016；马克平等 1997a，1997b；朱珣之和张金屯 2005，2007；Zhang et al. 2006，2009，2010，2013a，2014）、功能多样性指数分析（张金屯和范丽宏 2011；Zhang et al. 2012b，2013a，2013b，2015，2016）、谱系多样性分析（Mi et al. 2012；Roa et al. 2013；Feng et al. 2014）、神经网络分类和排序（张金屯和杨洪晓 2007；张金屯等 2008，2009；Zhang et al. 2008，Zhang and Dong 2010；Zhang and Li 2008，2010；Zhang and Ru 2010；苏日古嘎等 2013；张金屯等 2013；李林峰等 2014）、无样地取样方法改进（朱珣之和张金屯 2008）等方面做了大量工作。1995 年，张金屯编写了《植被数量生态学方法》一书，重点介绍了排序、数量分类、格局分析等方法，同时也介绍了生态位、物种多样性、种间关联等研究方法。该书反映了植被数量生态学 40 年的发展，也展现了我国在这一领域的研究成果。另外，我国学者在这一时期还编写了《数学生态学导论》（余世孝 1995b）、《数学生态学进展》（蓝仲雄和李典谟 1994）等著作，涉及数量生态学的内容。2004 年，本书的第一版出版，详尽论述了数量生态学半个多世纪的发展，全面地介绍了常用分析方法（张金屯 2004a）。2011 年，本书的第二版出版，全书整体上反映了国际上数量生态学过去 60 多年的发展，也反映了我国数量生态学的研究概貌和成果（张金屯 2011）。多年来，我国学者在应用数量生态学方法研究物种多样性和大尺度格局方面成果较多，这些研究紧密地结合了生物多样性保护、自然保护区建设、景观规划等研究实践（王伯荪等 1988；刘玉成 1989；Zhang and Oxley 1994b；王仁忠和李建东 1996；刘灿然等 1997，1998；张金屯等 1998，2000c；史作民等 2000；余世孝等 2000；Zhang 2000；王琳和张金屯 2001；王兮之等 2002；方精云等 2004；唐志尧等 2004；刘红玉等 2004；Zhang et al. 2006，2010，2015，2016；张钦弟 2011；张钦弟等 2014；Nyobe et al. 2014；雷羚洁等 2016；文畅平等 2016；赵慧宏等 2017；Sadia et al. 2017），进一步促进了数量生态学的应用研究。可以预计，数量生态学今后在我国还会有较大的发展。随着信息技术的进步，未来我国数量生态学的发展基本上可以保持与国际发展同步。

四、本书的主要内容

本书主要是针对研究生和科技工作者，重点介绍数量生态学的基本概念和重要数量分析方法的计算过程。大部分方法均分为简单的步骤，对数学原理讲得较少，读者不需要较深的数学基础，一般都能掌握使用。在生态学研究中，大多数学者可能只需要使用其中的一个或两个方法，没有必要了解每一章的全部内容。所以，我们尽量把每个方法写得简单而全面，读者在使用时不必参考其他方法（基于同一模型上的方法除外）。对复杂的分析方法都有计算例子和应用例子。为了使读者对数量生态学有全面的了解，第一章首先介绍植被研究的取样和群落数量特征；第二章介绍数据的类型和处理，其是以下分析的基础。第三章简要介绍在生态学上应用最广泛的基础统计学方法。第四章到第六章分别论述种-面积关系、物种多度格局和物种多样性，它们的模型和计算方法相对比较简单。第七章和第八章论述群落中物种间的亲和性和物种与群落的生态位，以及分析计算种间关系和生态位的方法。第九章到第十二章分别介绍排序、数量分类、空间格局分析、群落演替分析的理论和方法，这四章是20世纪80年代以后植物生态学中研究和应用最多的内容，因此也是本书的重点，占了大量的篇幅。在方法选择上，我们以目前国际上最常用的方法为主，另外介绍一些最近出现的新方法，它们可能代表着一定的发展方向。考虑到数量分析方法的历史发展过程，我们也介绍一些早期的简单方法，这些方法在现代研究中用得较少，但在教学中仍占有重要的地位。书末附录Ⅰ是主要的国际通用软件的作者和联系地址，有兴趣的读者可以联系购买或索取；附录Ⅱ是两个随机检验的统计学表；附录Ⅲ是植物群落调查记录表；附录Ⅳ是矩阵运算，可供不熟悉矩阵知识的读者参考。

第一章　取样与群落特征描述

第一节　概　　念

数量生态学的分析方法都是从一组实测数据出发，经过分析、运算，找出数据中隐藏的规律，因此，数量分析的首要任务是获得所需的数据。收集数据是数量分析最基本的工作，在植物群落研究中的数据收集过程称为取样（sampling）。由于受人力、物力和时间的限制，在大多数情况下，研究者不可能对所研究地区的植物群落进行全部的研究，而只能抽取其中的一部分来研究分析，抽取的部分由一系列小的地段所组成，小地段称为取样单位（sampling unit）。根据形状的不同，取样单位可有不同的名称，如样方、样圆、样点、样条、样带等。我们在多元分析中的取样单位统称为样方，格局分析中的取样单位称为小样方，二者大小悬殊。

取样是植物群落学的基础工作，如果取样不当，结果就不能客观地反映群落的特点，因此，取样方法和过程得到了许多学者的关注，有不少专门研究取样方法和过程的论著（Greig-Smith 1983；王伯荪 1987；张金屯 1995，2011），有的学者还为不同的群落类型设计了特殊的取样方法。数量生态学对取样过程要求更严。

在取样过程中，我们要记录一系列反映群落特点的数量指标，这一过程称为调查记录。由于所用的指标大多是描述性的，也称为群落特征描述。这是植物群落学野外工作的主要内容。植物群落的数量特征描述，是植物群落学研究的一项重要工作，植物群落学和其他学科一样，在定性的基础上逐渐开始定量研究，到 20 世纪 50 年代后期，已经有植物数量生态方面的专著了（Greig-Smith 1957）。事物的发展有量变和质变两个阶段，变化的初期是零星的，个别的数量变化，不易觉察，必须察微识渐，才能预测事物发展的趋势。同时数量是一个客观的尺度，明确又具体，易于理解和比较，可以避免许多概念上的混淆和由此引起的争论。当然并不是所有事物和现象都需要用数量指标的。例如，我们对花朵的颜色，用红或紫，或不同深浅程度的红或紫来衡量，而不用波长来表示。在野外调查时，对数量特征的记录应尽量全面（Hirst and Jackson 2007）。

第二节　取　　样

一、取样方法

取样是群落生态研究的重要步骤，研究结果的好坏与取样方法有着较为密切的关系。取样方法有两大类型：一是主观取样，二是客观取样；前者是人为地选择取样地段，后者是通过某种统计学方法来设置样方，又称为概率取样法。下面将分别介绍主要的主观取样法和客观取样法。

（一）主观取样

选代表性样地（selective sampling）：样地的选择凭主观判断，使它能够代表所研究的植物群落。这一取样方法在植被研究实践中曾广泛地使用，它快速、简便，有经验的工作者使用此方法能够取得较好的结果，欧洲大陆学派的学者至今仍将这一方法作为主要的取样手段；这一方法的缺点是因为它是非统计学方法，不能进行显著性检验，所以受到统计学者的质疑。在植被数量分析中，该取样方法适合于多元分析方法。

（二）客观取样

1. 随机取样

样方的设置是随机的，即每一样品单位被抽样的机会是相等的。理论上讲随机取样（random sampling）是“理想”的方法，但是要真正做到“随机”困难较大，像研究者从肩上取下样方（或样圆）随机地投掷，无论如何也达不到样品的随机分布（Greig-Smith 1983）。一般随机取样是将研究地区放入一个垂直坐标中，用成对的随机数作为坐标值，来确定样方的位置。随机数可以取自 Fisher 随机数表，如图 1.1 所示，A 和 B 两个样方分别由随机数对（4, 4）和（55, 25）所决定。

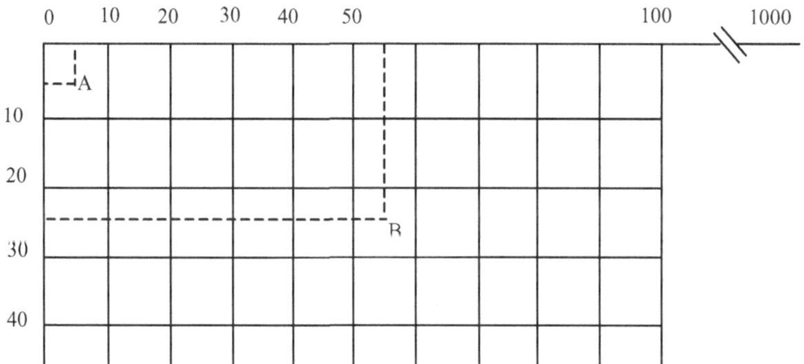

图 1.1　随机取样图示，由随机数对确定样方位置

由随机数对决定的样方位置，在实际研究中往往难以确切设置，在地形复杂、沟壑交错、裸岩纵横的地方更是如此，所以说随机取样真正能达到随机的很少。随机取样的样品可以用于统计分析，从而检验样品的分布是否真正随机。

2. 系统取样

系统取样（systematic sampling）是根据某一规则系统地设置样方，也称为规则取样（regular sampling）。例如，从山麓到山顶沿西北方向，每隔海拔 50m 设置一个样方，至于为什么沿西北方向，为什么要每隔海拔 50m，诸问题属于生态学范围。在大多数情况下，系统取样是先用地形等因素确定第一个样方位置，如山顶等。系统取样简单，样品分布普遍，代表性强，在植被变差较小的情况下，效果很好。与随机取样相比，它只要较少的样品。但是系统取样效果的好坏不能客观地评价，只能凭经验判断，其数据也不能进行统计分析，假定不要求统计分析，则该方法是有优点的。

系统取样的具体规则变化甚大，一般由使用者自行选择。例如，随机地选择第一个样方后，可以向两个方向规则地设置其他样方；也可以同时向 4 个方向规则地设置样方；还可以采用纵向和横向间距不等的样方构成样方网；等等。究竟用什么方式要根据所研究的植被类型及其分布特点和变异程度等来判断。

3. 限定随机取样

限定随机取样（strained random sampling）也被称为系统随机取样（systematic random sampling），它是系统取样和随机取样的结合，兼有二者的优点。限定随机取样是先用系统法将研究地段分成大小相等的区组，然后在每一小区内再随机地设置样方。如图 1.2 表示，将研究地段规则地分成 9 个小区，在每个小区内随机地设置一个样方，X_i 和 Y_i 代表第 i 个随机数对。使用这种方法每个区组内每个样品被抽取的机会更大，而且这样抽取的数据可以进行统计分析，但是该方法在野外可能更费时间（Chapman 1976）。

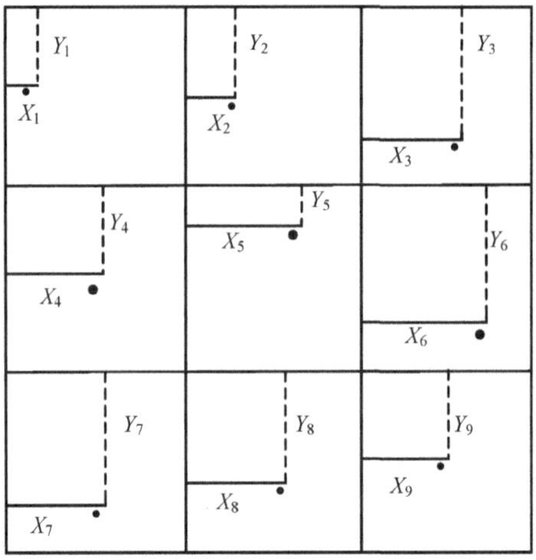

图 1.2　限定随机取样图示

4. 分层取样

分层取样（stratified sampling）也是将研究地段分成一些小的地段，但小地段的划分方法不是统计学方法，而是自然的界线或生态学的标准。例如，在草地和灌丛交错分布的地段，可以以群落的界线为依据划分小地段，再在小地段内进行随机取样或规则取样，分别代表草地和灌丛群落，在植被垂直地带非常明显的山地，可以用不同的植被带作为小地段。对同一植物群落也可进行分层取样，如森林植物群落的乔木层、灌木层和草本层可以分开，用不同的取样方法。分层取样简便易做，也是应用最多的方法。它的缺点是小地段的大小一般是很难知道的，也是不等的，所以难以进行统计分析。

5. 集群取样

集群取样（cluster sampling）是一种二水平取样，即首先随机选取样点，在每一个样点取一些样方（而不是一个样方），这在特殊调查中更有效。例如，假定一位调查者在一块面积大约为 30km×50km 的森林中用 10m×10m 的样方计数蕨类植物，因为森林面积大，所以需要较长的时间走到随机设的样方地点，但是在每一个样方中计数蕨类植物所需的时间较短。如果在每一个样点取一些样方，如在一个 40m×40m 网格中计数每一个 10m×10m 样方，这样可能工作效率更高，图 1.3 就是一种集群取样设计。集群取样可有多种设计方案，根据所研究的对象的不同而有差异。

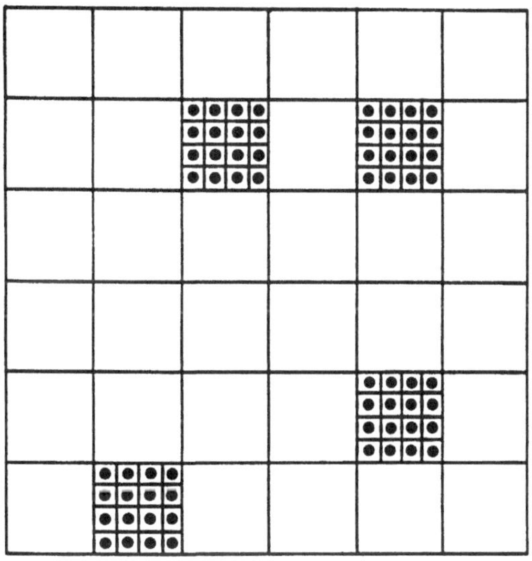

图 1.3　集群取样示意图

6. 永久样地和大样地

永久样地（permanent plot）和大样地（large plot）主要用于动态研究和监测研究，选择样地位置一般要考虑代表性，所以在全面普查的基础上，主要是人为选择样地，使它能够代表所研究的植物群落和研究区域的环境特点。中国森林生物多样性监测网络自 2004 年建立以来，得到了快速发展，是全球森林生物多样性研究最活跃的组成部分。已经建立 18 个森林监测大样地，比较好地代表了我国从寒温带森林到热带地带性森林类型，如位于浙江省衢州市开化县古田山国家级自然保护区的古田山 400m×600m 大样地（$24hm^2$），代表我国典型的亚热带地带性常绿阔叶林。大样地调查时一般将大样地分为小样方组成的网格，逐一调查，如 $24hm^2$ 大样地可分为 600 个 20m×20m 的样方。近年来，基于这些大样地上的研究取得了重要进展，如物种共存或群落构建机制研究取得了明显的进展（马克平 2017）。

7. 遥感数据

遥感数据是用遥感图像解译而得到的数据，是景观生态学获取数据的重要方法。遥感图像解译是根据卫星图像的几何特征和物理（颜色）性质，进行综合分析，从而揭示物体或现象的质量和数量特征，一般植被景观类型和面积是容易得到的数据。这样的数据可以用来研究植被景观类型、格局以及它们之间的相互关系，进而研究景观发生发展的过程和分布规律。一般借助地理信息系统（geographical information system，GIS）解译和分析这样的数据。

8. 环境因子取样（sampling for environment）

以上讲的取样主要是样方位置的设置，在样方位置确定后，种的观测值可以直接测量记录。但对于环境因素，某些因子的值只与样方位置有关，如海拔、坡度、坡向、小地形等，可以直接测量记录。有些因子由于变化甚大，还需在样方内进行再取样，才能有较强的代表性，如土壤样品。样方内再取样可以用随机取样法，也可以根据某一规则进行系统取样，后者用得较多。例如，在土壤取样时可以取 5 个点，即样方的中心点和中心点到样方每个角连线的中点，得到 5 个样品，可以对这 5 个样品充分地混合，再从中取一部分作为所在样方土壤类型的代表样品而进行化学分析；也可以将 5 个样品作为 5 个重复都进行化学分析，对其结果去平均值，还可以进行统计分析检验。

二、样方的形状和大小

1. 样方的形状

植物群落学中的取样单位有多种形式，包括样方、样圆、样点、样线、样带等。最常用的是方形样方，因为方形样方易于应用。从统计学角度讲，方形的边和面积比较小，因而边际影响的误差较小；圆形的周长与面积比更小，但是应用圆形必须使用特制的样圆，在森林和灌丛研究中困难很大。长方形一般长与宽的比越大，边长就越长，边际影响误差也就越大，在设置长方形样方时，还需考虑环境梯度的方向，如长边是否与坡向保持一致等。使用不同形状的样方所产生的差异一般是不显著的。

样点和样线在一些特殊研究中使用，前者用于草地的研究，后者用于灌丛和森林群落研究。但在生态学文献中，它们的使用频率非常低。样带则常常与系统取样结合使用，研究者可先设置样带，然后沿样带规则地取样。在格局分析中，样带取样是最常用的方法，其中的样带由连续的样方组成。

2. 样方的大小

决定样方的大小时，首先要考虑研究的群落类型、优势种的生活型及植被的均匀性等。从统计学上讲，使用面积小、数目多或者面积大、数目少的样方可以达到同样的精确度，但样方小，取样工作量增加，计算也麻烦，同时许多样方的观测值可能很接近，给数量分析带来一定困难。所以，样方大小要适当，一般用群落的最小面积作为样方的大小。群落最小面积定义为群落中大多数种类都能出现的最小样方面积，通常用种-面积曲线来确定，即种-面积曲线的转折点对应样方面积。表 1.1 是一些植被类型群落最小面积的经验值，由群落最小面积决定的样方大小适于多元分析方法，但不适于格局分析。

表 1.1　不同群落类型最小面积经验值

群落类型	群落最小面积/m^2
地衣群落	0.1～0.4
苔藓群落	1～4
沙丘草原	1～10
干草原	1～25
草甸	1～50
高草地	5～50
灌丛	10～50
温带森林	200～500
热带雨林	500～4000

在格局分析研究中，样方要适当小，使得所研究的种在样方内不形成格局规模（见第七章）。在低矮草地研究中一般用 25～100cm^2 的样方，高草地用 100～625cm^2，灌丛用 0.5～4m^2，森林用 2～25m^2，这些都是经验值。图 1.4 是 3 种主要的种群分布类型。图 1.5 可以说明样方大小与调查结果的关系，用样方 A 和样方 B 所测得的频度结果显然是不同的。说明样方大小对种群分布格局的研究有重要影响，如果样方大小选择不当，则研究结果均匀分布、随机分布和集群分布就分辨不出来，结果它们可能都是随机分布或均匀分布。所以样方大小在格局分析中非常重要。

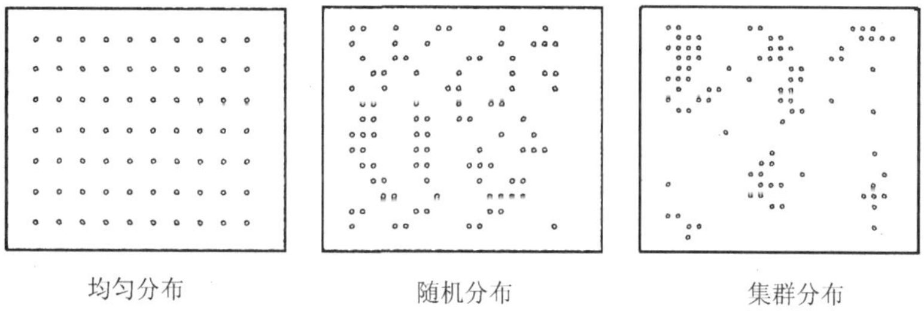

图 1.4　种群分布的 3 种类型

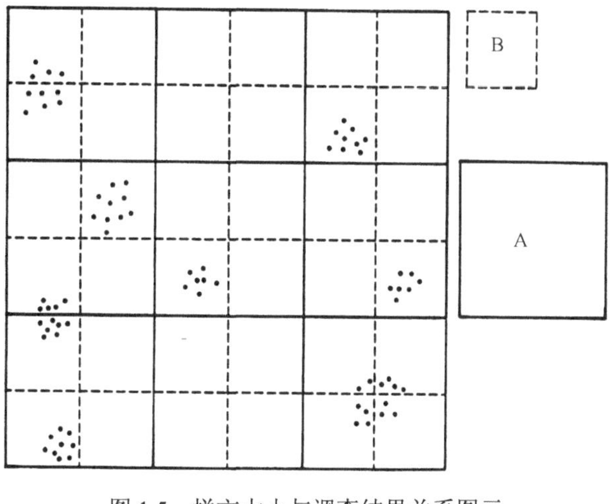

图 1.5　样方大小与调查结果关系图示

在小格局和微格局分析中，样方更小，其中的取样称为微取样（micro-sampling）。微取样法作为小格局分析方法的组成部分，将在各自的方法中讲述（见第七章）。

三、样方的数目

在样方大小确定后，就要考虑样方的数目。理论上讲，样方数目“越多越好”，但样方太多，费时费工；样方太少，可能代表性较差，会导致错误的研究结果，一般需要客观的标准来确定取样的数目。下面介绍几种常见的方法。

1. 样方数-平均数曲线法

由统计学知识我们知道，每个样方中的个体平均数是随样方数目而变化的，当样方数较少时，平均数变化幅度较大，随着样方数目的增加，平均数的变化幅度逐渐减小，当达到某一样方数目时，平均数的变化幅度小于允许的范围（如 5%的变化幅度），此时对应的样方数目可以认为是我们所需要取的样方数。图 1.6 是一个样方数-平均数曲线的例子，由图 1.6 可知，当样方数为 25 时，平均值基本稳定，因此，应该取 25 个样方。

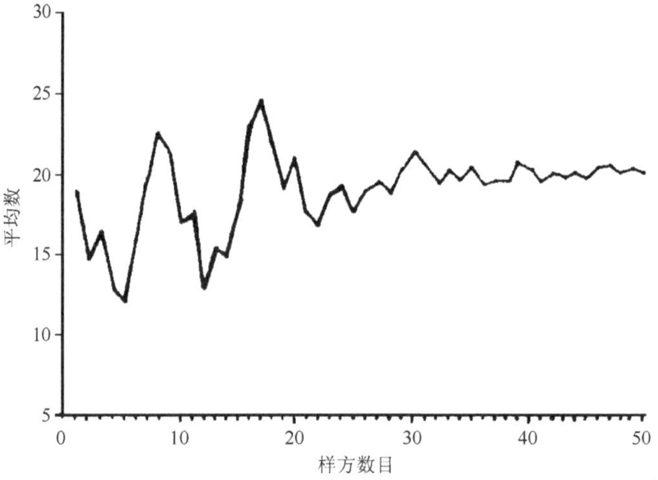

图 1.6　样方数与每个样方中平均个体数的关系曲线

这一方法比较简单，在取样过程中逐步绘制样方数-平均数曲线，如果平均数基本稳定，则可以停止取样；如果变幅尚大，则取样继续进行。

2. 方差法

方差法根据所研究总体方差来决定取样数目，一般方差大，取样数目就要多；若方差小，取样数目则可以少。在随机分布的情况下，取样数目 N 与总体方差 S^2 有如下关系：

$$N = \frac{t^2 S^2}{L^2} \tag{1.1}$$

式中，t 为显著性水准值，如在 95%置信区间 t=1.96（≈2）；L 为研究允许误差，这是已知数，方差法要求取样不能少于 30（Wratten and Fry 1980），总体方差可以用前 30 个样方来估计。

3. 面积比法

面积比法是在知道研究地段总面积的情况下，事先决定要选择研究面积的百分之几作为样地，如将 5%或 10%的研究面积作为样地。这样在样方大小已经确定的情况下，样方数目就很容易算出来。例如，我们研究地面积为 $1000m^2$，样方大小为 5m×5m，要求抽取研究面积的 5%作为样地，即样方总面积应为 $500m^2$，则样方数为 $500m^2/25m^2=20$。

以上 3 种方法一般认为是决定取样数的客观方法，前两种方法由于都基于随机分布假设之上，在实际应用中有不少困难，研究中用得较少。面积比法对研究者有重要参考价值，但实际工作中也很少有人完全用面积比法来决定样方数。在决定样方数时，研究者的经验往往起着重要作用。

四、无样地取样

无样地取样（plotless sampling）主要用于森林群落的研究，它是 Wisconsin 学派所创造的取样方法。无样地取样一般用于测定树种的密度，在样树选定之后，还可得到基面积、频度等数据。无样地取样主要是测两株树之间的平均距离，由平均距离可以得到每株树所占的平均面积，从而换算出密度值。当然，距离本身也可以作为一种数据进行数量分析。根据距离定义的不同，无样地取样可有 4 种做法。

1. 最近个体法（closest individual method）

距离定义为随机样点与最近一株个体间的距离［图 1.7（a）］。

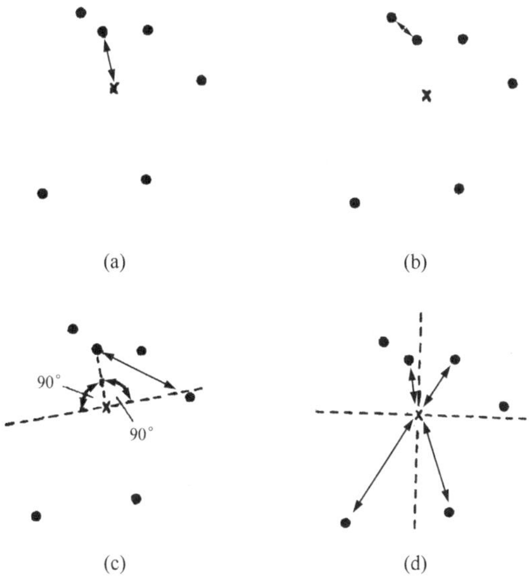

图 1.7 无样地取样法图示（Greig-Smith 1983）
（a）最近个体法；（b）最近邻体法；（c）随机对法；（d）中点四分法

2. 最近邻体法（nearest neighbor method）

距离定义为最近个体（方法 1 中的个体）与距它最近的邻株之间的距离[图 1.7(b)]。

3. 随机对法（random pairs method）

该法要求先通过随机样点划分界线，使得该线与最近个体和随机样点间的连线垂直。距离定义为最近个体（同方法 1）与位于分界线另一侧最近一株的距离[图 1.7(c)]。

4. 中点四分法（point-centred quarter method）

距离定义为随机样点与每一象限中最近一株距离的平均值。该法一个样点要测定 4 个距离［图 1.7（d)］，要求事先确定好坐标系的方向。

中点四分法被认为是较理想的方法，每个样点可测得 4 个距离，这样总的取样点数可以减少，比较省时。Cottam 和 Curtis（1956）经过与样方取样法比较研究认为，中点四分法的结果与实际吻合，而其他 3 种方法一般都有偏差。Cottam（1955）提出前 3 个方法的结果需要进行矫正，即测得的距离需乘以矫正系数，他提出的矫正系数分别为：最近个体法为 2，最近邻体法为 1.67，随机对法为 0.8，这些都是经验值。

中点四分法最为理想，其不足是用样点到植株的距离来估算植株的平均间距，并非真实的植株。朱珣之和张金屯（2007）提出了改进的四分邻体法（quartered neighbor method)，如图 1.8 所示，距离定义为每一象限中离随机样点最近的个体与同一象限内距该个体最近的邻株之间的距离（m_1、m_2、m_3、m_4）的平均值 m，即 $m=(m_1+m_2+m_3+m_4)/4$。该方法实际上是中点四分法与最近邻体法的结合。

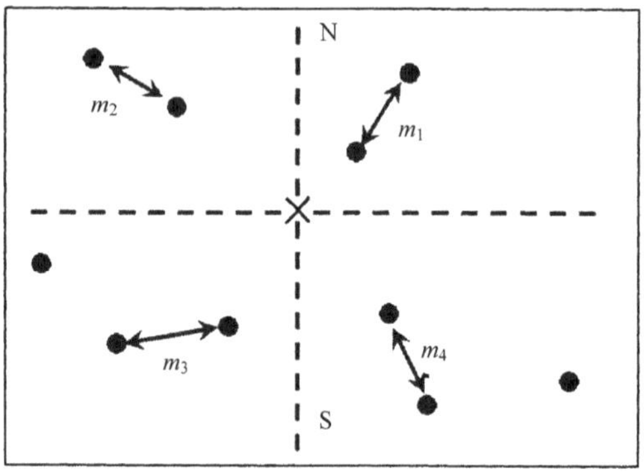

图 1.8　四分邻体法图示（朱珣之和张金屯 2007）

第三节　植物群落的数量特征

一、数量特征调查记录应注意的问题

植物群落数量特征的测定、记录是费时费力的，这样就引起两个问题：一是在大多数情况下，不可能对全部的研究对象进行数量实测，因而有取样的问题，取样不当，所

得数据会引起貌似精确而实际谬误的结论；二是如何做到样本有代表性，这是一个需要专门讨论的问题。虽然现在有了电子计算机这一工具，处理大量数据较为容易，但在野外要取得大量数据还是有不少困难的。这就更增加了该问题的权衡分量了。

为了减轻数量特征实测的困难，有时采用估量方法，但是估量方法存在由以下几个主要来源引起的误差。

1. 个人的误差

人在工作疲倦时，易于忽略稀少或形态不引人注意的植物。不太熟悉的植物也常易被忽略，熟悉的植物则易被估计偏高，甚至当两次调查的时间很近时，前一次调查的记忆会影响后一次调查的结果。对于同一个调查者，在相对意义上，个人的误差不大，但集体工作时误差很大，为了避免这种误差，工作开始和过程中必须经常进行矫正。

2. 植物生长型引起的错觉

对引人注目的植物易于估计偏高；而对苔藓、叶片狭小的禾本科，或其他形态不显的植物易于估计偏低，对同一植物开花与不开花时的估计也容易不同。禾本科或莎草科植物在不开花时很容易被忽略或低估。

3. 季节、年度的差异

草本植物的季节变化非常明显，只有在同一季节调查，这种误差才可以避免。由于气候因素（如雨量的多寡）的变异，草本植物的年变化也很大，要想避免这种误差，不仅需要在同一地点连续进行多年调查，还要注意物候的迟早，应在同一物候时期调查。在不同地点同一时期的调查也需注意这个问题。

4. 种群格局分布问题

集群分布的植物易被估计偏高，而随机分布的植物易被估计偏低。

5. 应用综合概念的估计

Braun-Blanquet 的多度-盖度等级，在调查时植物多度、盖度孰轻孰重全凭个人的经验，易引起个人的误差。况且在一个群落所得的经验并不能完全应用于其他群落。我们举一个实例即可说明这点。在一片草场上，大量生长的早熟禾（*Poa annua*），其多度大而每个萌条的盖度小。其中混生了大车前（*Plantago major*），大车前数量少而每个植株盖度大，如果应用 Braun-Blanquet 的等级来调查，上面所说的孰轻孰重的问题就不易掌握了。

总之，以上所说的误差来源，有些是可以小心避免的，有些是难以完全避免的。如果在标准样地内进行估计，不同地点、不同时间选择的标准样地，无论怎样都会有出入，这也是一个不可避免的误差来源。

在应用估计方法时，准确程度显然与调查者的熟悉程度有很大关系，从一个地区或一个群落所得的经验在不同地区或不同群落不能完全通用。对估计方法的误差大小也有一些研究。Ellison（1942）用点样方法（一共 2400 个点）估计禾本科的盖度，不同人的估计差异达 12%～20%。Goodall（1952）也用点样方法进行了研究，他认为在移动铁针时最易引起误差，而采用铁针不动的方法，由 3 个人分别估计，结果发现其中一人的结果总比其他两人偏高，误差的原因显然是各人对植物是否接触铁针的看法不同。我们在野外工作时也会发现，决定一个植物是否在样方之内，以及一个萌芽的枝条是否算一个萌条，诸如此类的问题都由主观判断，但必须明确定出标准，并且加以说明。

我们还应注意，有些数量特征是绝对的数值，不受样方大小的影响，如密度、断面积、盖度、郁闭度等。而频度则与样方大小密切相关，这是相对于所有样方来讲的。

二、植物群落的数量特征指标

1. 多度

多度（abundance）是指群落内每种植物的个体数量。对它的解释和调查方法很不一致，大体可分为两类。有些人认为多度专指群落内调查地段每种植物个体的相对数量，常用估计的方法测得。例如，英国学派常用的分级制；美国奥斯汀的 5 级制；俄罗斯和我国通用的德鲁特 7 级制；法瑞学派（Braun- Blanquet）的 5 级制采用折中方法，即在样方内估计，并参考样方以外群落内个体的多寡。

另一些人认为多度是样方内每种植物的实测株数，它可以是单株个体的数目，也可以是根状植物的地上枝条数或丛生植物的丛数等。计数时一般以植物的根部是否位于样方内为标准。

还有人把多度和盖度结合在一起，称为总估计，用得最多的是法瑞学派的 5 级制，其次是 Domin 的 10 级制，在北欧经常应用（见盖度部分）。其他如 Meiges Dress 的 9 级制、Doing Kraqt 的 9 级制，都可与 Braun-Blanquet 的 5 级制进行换算。在文献中还有人把多度表示为相对多度（relative abundance）和平均多度（average abundance），前者是指某种植物的个体数目与样方中所有种全部数目的百分比，后者是指全部样方内某种植物的株数与该种植物出现的样方数目的比值。

总之，多度的解释与调查，有人以群落为范围，有人以样方为范围；有人估计，有人实测；而分级又有 5 级、7 级、9 级和 10 级制等，并未统一。Vestal（1949）建议，如果全部种数在 40 种以上，则应用 10 级制，才能比较正确地反映差别。日本 Makoto Numata（沼田真）（1979）也建议在日本用 10 级制。

我们认为多度应限于用作植物个体数量多少的估计指标，它的优点是迅速、不受样方大小的限制、易于概算。

2. 密度

密度（density）是指单位面积（严格说应指空间）的株数（整个植株或某一部分），多数学者都是这样理解的。用公式表示为

$$D=N/A \tag{1.2}$$

式中，D 为密度；N 为样方内某种植物个体的全部数目；A 指样方面积。

由此可见，密度与多度是非常相似的，在一次调查中，若所有的样方大小都相同，

则密度与多度一致。

可是 Braun-Blanquet（1932）把密度解释成每株植物所占的单位面积，即通常所说的密度的倒数。Kylin（1926）建议用平均面积一词，其含义即 Braun-Blanquet 的“密度”定义。用公式表示为

$$A_m=1/D \tag{1.3}$$

式中，A_m 表示每个植株所占的平均面积。

Nordhagen（1936）用最小面积（minimal area）一词，意指能找到某一种植物的最小面积（注意不要与后面讲的群落最小面积相混）。在植物规则分布的情况下，此值为密度的倒数，也就是 Kylin 的平均面积，事实上 Kylin 曾把平均面积与最小面积混为一谈。植物呈随机分布时，再大的面积也不一定包含此种植物，因而建议用 90%概率时的面积，具体作的时候，先用 $1m^2$ 样方找出频度和最小面积的关系，然后加以计算。

在草地研究中，有的学者把密度作为盖度的同义语，这是一种不正确的用法。

对密度的解释也各不同，很明显的一点就是，它是一个实测的数值，因而在一定面积的样方内才能计算。它又是一个平均数值，所以在不同群落进行比较时应说明样方的大小，不能单纯用每公顷多少株来比较，这个数值受到分布格局的影响，所以同一密度并不总是同一数量。

美国 Wisconsin 学派开始用相对密度一词，其公式是

$$相对密度=\frac{某种植物的个体数目}{全部植物的个体数目}\times 100 \tag{1.4}$$

相对密度反映群落内各种植物数目之间的比例，方便比较。

种数密度（species density）是指单位面积内的平均种数，类似于种丰富度（species richness）（见第六章）。

Makoto Numata（沼田真）（1979）用“密度比例”（density ratio）一词，以密度最大植物种的株数为 100，而计算其他每种植物分别占其株数的百分数。

3. 距离

距离（distance）指的是某种植物的两个植株之间的平均距离。密度和距离的平方存在一定的关系，很早就有人想到了这一点，建议用平均株距来估计密度，而省去采用样方的麻烦。20 世纪 50 年代许多学者进行研究，使用了 4 种方法：最近邻体法、最近个体法、随机对法和中点四分法。这些取样方法称为无样地取样（plotless sampling）法（参考本章第二节取样部分），主要用于林木调查。

在测得数个样点后，我们可以得到平均株距：

$$平均株距=\frac{全部株距之和}{林木的成对数目} \tag{1.5}$$

得到平均株距后，可以换算出每株所占的面积，因此可得到密度值。

4. 盖度

盖度（cover 或 coverage）是指植物地上部分垂直投影的面积占地面的比率。von Post

（1862）最早提出这个概念，这是一个重要的数量指标，反映了地面上的生存空间，在用绝对值表示时，不受样方大小的影响，比较客观和容易估计或实测。

单个植物种的盖度称为种盖度；一个群落的盖度称为群落总盖度；群落不同层的盖度称为层盖度。种盖度之和可以超过群落总盖度，因为有重叠现象。在数量分析中所用的多是种盖度。种盖度在一定程度上能够反映植物种的多度、频度、生活型等重要特征，所以是一个非常重要的生态学指标，在植被分析中有着重要地位。

盖度测定在苏联和北欧将枝叶间空隙部分略而不计，而英美学派则常将枝叶间空隙包括在内。种盖度可以直接用百分率表示，称为百分比盖度（percentage cover）。它可以是 0～100%中的任何值。百分比盖度除以 100，即用小数表示，就相当于林学上的郁闭度（canopy density）。盖度也可以表示为有序多状态的等级值，称为盖度等级（cover class）。盖度等级有 5 级制、10 级制等，最常见的是 Braun-Blanquet 5 级制和 Domin 10 级制（表 1.2）。百分比盖度和盖度等级数据在植被数量分析中都有较为广泛的应用。

表 1.2　盖度等级表

等级值	Braun-Blanquet 等级	Domin 等级
1	盖度<5%	盖度非常小，仅 1 株
2	6%～25%	盖度<1%
3	26%～50%	1%～4%
4	51%～75%	5%～10%
5	76%～100%	11%～25%
6	—	26%～33%
7	—	34%～50%
8	—	51%～75%
9	—	76%～90%
10	—	91%～100%

盖度的测定可以用目测估计，也可以用样点（测针）或者网格法测得。

草本植物用点样方来测定盖度，原理也简单，任何一个有限小的面积，只可能有 3 种情况：全部覆盖、部分覆盖和全部不覆盖。当样方无穷小接近一个点时，就只有完全覆盖和不完全覆盖两种情况，可以根据点的接触情况，计算盖度。此外，还有人用样线法，根据植物地上部与线的接触程度，分别计算百分率，此法不能反映枝叶互相交错的情况。树木还可以作树冠水平投影图，草本植物还可用放大仪实测作图。

在欧洲草场调查中常将牧草分为禾本科、莎草科、豆科与其他草本植物 4 种，分别估计，用百分数表示。小于 1%的用“+”表示，再用实测或有经验的人加以检查。

草场调查还有人用 10cm×10cm 的塑料透明板，分别估计牧草和毒草两类植物的盖度，然后用实例加以矫正。

5. 基面积

基面积（basal area）是植物种基部的平均面积，一般对乔木、灌木或丛生草本植物用这一指标，在林学中基面积被广泛用于估算材积量。基面积通常是在一个样方中随机测得若干个样树，取其平均值。某些树种由于特殊的生物学特征，如板状根、支柱根等，其根基部扭曲变形，因而采用胸高面积或胸径来代替基面积。胸高面积是植物胸高处（距地面约 1.3m 处）的截面积。基面积和胸高面积常被用作优势度的指标。

6. 叶面积

叶面积（leave area）在植物学上是一个重要指标，它代表一个种的光合面积或者同化面积。它与盖度有关，但又不同于盖度，叶面积一般大于盖度值，因为叶片相互之间有重叠。叶面积可以直接用叶面积值表示，也可以用叶面积指数表示，对于一个种的叶面积指数，它用下式计算

$$\text{叶面积指数}_{\text{种}} = \frac{\text{某个种的叶面积值}}{\text{样方面积}} \tag{1.6}$$

对于一个群落的叶面积指数，它用下式计算

$$\text{叶面积指数}_{\text{群落}} = \frac{\text{所有种的叶面积之和}}{\text{样方面积}} \tag{1.7}$$

叶面积指数在单优群落尤其是农田群落研究中有重要意义，它是生产力的重要指标。叶面积值的测定比较费时，在自然的森林和灌丛群落研究中用得较少，在草地研究中有时应用。现在有一些简单的便携式电子仪器可以在野外测定叶面积值，这样大大方便了叶面积的研究和应用。但在数量分析中直接用叶面积指标的还不多见。

7. 冠幅

冠幅（crown diameter）一般指树冠的长和宽，也有测灌木和丛生草本植物冠幅的。一个种个体的冠幅（长和宽）或平均冠幅可以直接作为数据分析，也可以计算冠幅面积和冠幅体积。计算公式如下

$$\text{冠幅面积（CPA）} = (A_1/2)\times(A_2/2)\times\pi \tag{1.8}$$

式中，A_1、A_2 分别为冠幅的长和宽。

$$\text{冠幅体积（CVOL）} = \text{CPA}\times\text{CH}\times 0.5 \tag{1.9}$$

式中，CPA 为冠幅面积；CH 为冠幅高度（树高与枝下高之差）。

8. 优势种与优势度

1）优势种（dominant species）是指对群落中其他种有很大影响，而本身受其他种影响最小的种。按照这一定义，除单种或两种组成优势的群落外，在很多情况下，必须通过群落内全部或至少大部分种的个体生态学研究，才能确定优势种，否则难免有不同程度的臆测。苏联学者苏卡乔夫（1959）建议用建群种一词作以上的解释，此词更确切一些，但是上面提的问题仍然存在。

2）优势种的另一种解释是具有最大密度、盖度和生物量的种。很多学者认为最大密度、盖度和生物量，意味着在群落中具有最大的影响，事实上二者并不完全一致。雅罗申科（1966）建议优势种只限于最大密度和盖度的种。

3）在森林学上优势种又具有另一种解释，根据林木分化结果，林木分成四级或五级，其中优势种是指较大的林木，树冠充分发育，形成最高一层的林冠，受到充分

光照。

在热带生态学中还遇到超越种（emergent species）一词，是指热带雨林中形成超出一般林冠之上的少数树木，它于演替早期即出现，而在演替后期相对稳定的阶段仍然“鹤立鸡群”似的高高存在。

优势度（dominance）由于理解上的差异，其表示方法也有不同，现在用得较多的方法是用基面积表示，即相对优势度（relative dominance）。

在森林研究中常常使用重要值表示一个树种的优势程度，其计算公式如下

$$\text{重要值}=\frac{\text{相对密度}+\text{相对优势度}+\text{相对频度}}{300} \tag{1.10}$$

$$\text{相对密度}=\frac{\text{某一种的个体数}}{\text{全部种的个体总数}}\times 100 \tag{1.11}$$

$$\text{相对优势度}=\frac{\text{某一种的基面积之和}}{\text{全部种的基面积之和}}\times 100 \tag{1.12}$$

$$\text{相对频度}=\frac{\text{某一种的频度}}{\text{全部种的频度之和}}\times 100 \tag{1.13}$$

日本学者沼田真（1979）认为，优势度应综合 4 项指标，即

$$\text{优势度}=\frac{\text{相对多度}+\text{相对盖度}+\text{相对频度}+\text{相对高度}}{400} \tag{1.14}$$

$$\text{相对多度}=\frac{\text{某个种的多度}}{\text{所有种多度之和}}\times 100 \tag{1.15}$$

$$\text{相对高度}=\frac{\text{某个种的平均高度}}{\text{所有种平均高度之和}}\times 100 \tag{1.16}$$

$$\text{相对盖度}=\frac{\text{某个种的盖度}}{\text{所有种盖度之和}}\times 100 \tag{1.17}$$

还有学者认为，优势度也应考虑种的相对重量，这在实际研究中用得很少。

对于灌木和草本植物，也有人用两个指标计算重要值

$$\text{重要值}_{\text{灌木和草本植物}}=\frac{\text{相对盖度}+\text{相对高度}}{200} \tag{1.18}$$

对于群落较矮、种类间高度差别不大的草地或草本层，还有人用相对盖度表示重要值。以上公式计算得到的重要值是 0～1 的数值，如果用百分数表示重要值，则分母应用 3、4、2 分别代替 300、400、200。

9. 频度

频度（frequency）是指某种植物出现的样方的百分率。它是反映某种植物分布均匀程度的一个指标，此概念早在 19 世纪末和 20 世纪初就已出现（Jaccard 1901），随后多位学者先后独立地创造了用样方法测得频度的方法，其中以丹麦学者 Raunkiaer（1913）的影响最大。他认为重量和个体株数都有缺点，重量的季节变化比较大，而且在很多情况下不适用，个体又大小不一，因而提出用频度来估计植被的均匀程度和季节变化。他

调查草地用 10cm×10cm 的样方。当时他认为频度可以表示密度，而此密度测定要简单得多。现在我们知道，事情并不像他所想的那样简单，频度是密度的函数，但在大多数情况下二者不成直线相关关系（只有最大规则分布与每样方中只有一株树时才成直线相关关系）。在随机分布情况下，密度和频度的关系可以用以下公式计算。

$$m=-\ln\left(1-\frac{F}{100}\right) \tag{1.19}$$

式中，m 为样方中平均株数；F 为频度。

在此种情况下，一种大小样方的密度可以用来推算其他大小样方的密度。假如 F_1 是样方大小为 a_1 时某个种的频度，F_2 是样方大小为 a_2 时某个种的频度，则

$$F_1=100\left(1-\mathrm{e}^{-a_1x}\right) \tag{1.20}$$

$$F_2=100\left(1-\mathrm{e}^{-a_2x}\right) \tag{1.21}$$

$$\frac{F_1}{F_2}=\frac{1-\mathrm{e}^{-a_1x}}{1-\mathrm{e}^{-a_2x}} \tag{1.22}$$

式中，x 为密度。

或者，更简单一些，用不出现的百分率表示

$$100-F_1=100\mathrm{e}^{-a_1x} \tag{1.23}$$

$$100-F_2=100\mathrm{e}^{-a_2x} \tag{1.24}$$

$$\frac{100-F_1}{100-F_2}=\frac{\mathrm{e}^{-a_1x}}{\mathrm{e}^{-a_2x}} \tag{1.25}$$

$$\ln\left(\frac{100-F_1}{100-F_2}\right)=\left(a_2-a_1\right)x \tag{1.26}$$

或

$$\lg\left(\frac{100-F_1}{100-F_2}\right)=0.4343\left(a_2-a_1\right)x \tag{1.27}$$

植物呈随机分布的情况极少，因而这些计算的应用不大，其唯一较多的用处是将同一地点不同时期的不同频度数据，通过经验公式推算出密度。例如，有人就计算过松树频度的概率转换数据是密度对数的线性函数（Lynch and Schumacher 1941）。

总之，频度是一个综合概念，与盖度、密度不同，它受到密度、分布格局、个体大小、样方数目和大小的影响。同一频度的种，分布格局可能大不相同。频度的测定非常简单，能够综合反映密度和分布格局，所以在植被研究中得到了广泛应用。

根据对全球 8000 种有花植物的研究，Raunkiaer 归纳得到以下的频度定律：$A>B>C>=<D<E$（图 1.9），其中，A=0～20%频度，B=21%～40%频度，C=41%～60%频度，D=61%～80%频度，E=81%～100%频度。

这一现象被后来许多人证实，前面几级依次下降是符合偶见种数比常见种数多的一般现象，但是 D 小于 E 的现象，过去许多解释是不正确的。事实是，组内包含了最大的密度范围，从而抵消了数目减少趋势的影响，从表 1.3 中的计算可以看得很清楚。

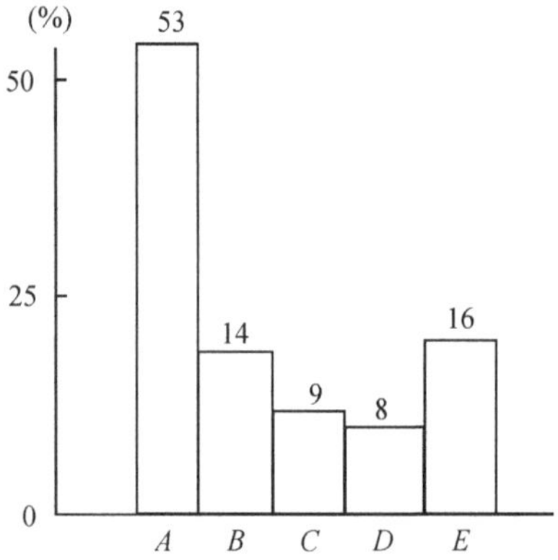

图 1.9 Raunkiaer 频度比例图解

表 1.3 频度中所包含的密度范围（在随机分布时）

频度/%	密度	密度范围
0	0	0.223
20	0.223	0.288
40	0.551	0.405
60	0.916	0.693
80	1.609	1.609（达最大值）
100	∞	

所以频度分布曲线不但反映了各频度级的种数，而且受到种的分布格局、个体大小、也许还有样方数目的影响。

频度可分为根着频度或称基部频度（basal frequency）和叶枝频度两种。Raunkiaer 的本来用法是指基部频度（有时包括一部分地上过冬芽），一般都采取这种用法，但也有人指叶枝频度，后者的值比前者要大。

在用样线法时，有人将样条上某个种的个体数目占样条上全部种的个体数目的百分率作为频度。

在用点样方时，有人把标杆中某种植物所碰到的杆数的百分率算为频度。

事实上这些含义不完全相同，严格说来，频度限于样方内计算的频度，即

$$频度=\frac{某一种出现的样方数目}{全部样方数目}\times 100 \tag{1.28}$$

此外，还有人把频度作为多度的同义语，这种用法是不正确的。

频度也可表示为相对频度，前面已经述及。在测定频度时，应注意样方的大小。样方不能太大，因为频度反映种在一个群落内的分布，如果小样方大到与群落代表样地等同，那么就可以代表种所在的群落类型，这样测算出来的频度就等同于欧洲大陆学派的存在度（presence）。一般测量频度的样方明显小于分类和排序中的样方，我们将其称为小样方。例如，在草地研究中，如果群落代表样方为 5m×5m，则小样方应该在 $1m^2$ 之内。Greig-Smith（1964，1983）建议用 10cm×10cm 小样方组成的网格测定低草地中植物种的频度，但这样的方法，由于小样方都集中在一起，测得的结果偏差较大。

10. 高度

高度（height）指示植株生长情况、生长势，以及竞争和适应的能力，在林业上还常用优势木平均树高作为地位级。在研究中，常将高度分为不同的等级进行比较，如有人将大洋洲森林按高度分为>30m、10～30m、<10m 三个等级。在草地学方面，放牧季节开始与草的高度有关，具体高度各种牧草不同（一般为 5～25cm），而牧草的最后高度又可作为放牧是否过度的指标。有人研究得知草本植物高度与其根深成正相关关系，6 种禾本科植物地上第三片叶的高度与根的直径有关。还有人研究了高度与重量的相关性，找出每 25cm 高生长所对应的重量作为放牧指标的参考。

高度通常分为最高、最低与平均三项，可以实测，也可以估计。对于草本植物还有两种实测方法：一种是测定其自然状态的高度；另一种把植株拉直来量。在用点样方时，还有人从接触点开始，测定垂直高度。林木的高度测定有多种方法。

11. 枝下高

枝下高（height below branch）就是树木最下面枝距地面的高度，其意义在于反映树种特点及群落内部关系。枝下高可分为死枝下高和活枝下高。死枝下高对于研究动物活动、人类活动等有指示意义。

12. 根深

根深（depth of root）或根长（length of root）是一个种或一个群落的地下部分的深度，也有人直接把它称为深度，这是相对于高度而言的。一个种的根深与它的资源利用能力和竞争能力有关，也与它在群落中的作用和地位有关，因此是一个重要指标。在土层较厚的群落中，植物根的生长可能不受限制，根深和根长是一致的。但在某些群落中，如在山地，土层较薄，根的向下生长受到制约，这时用根长可能更能说明问题。

根深可以分为最深和平均深度，一般用实测的方法获得数据。但根深的测定费时费力，难度较大。

在沙地荒漠植物群落研究中，根深可能更有意义。因为在荒漠中，植物根深与抗风沙、抗干旱、抗沙埋等有密切关系。根深作为群落描述特征在草地研究和实验群落学研究中用得较多。

13. 生物量和产量

生物量（biomass）是一个种在一个样方中的重量（干重或鲜重），有人认为它是最能反映一个种在群落中功能和作用大小的指标，因为一个种的资源利用能力、竞争能力、生态位占有、优势程度等最终都表现在它对群落有机物质的占有上。生物量可分为地上部生物量和地下部生物量，前者用得较多。产量（yield）是单位面积内的生物量，如果样方大小相同，二者一致，产量可分为营养产量、种子产量等。

生物量数据在各类群落研究中都有应用，但在草地生态学研究中使用较多，一般用直接收割称重的办法测得，称为毁坏性测定法。对于灌丛和乔木种，由于毁坏性恢复生长较为困难，一般采用估测，估测可以用构造数学模型或预报方程的办法实现。现在也有简单的电子仪器可以在野外直接测得生物量数据，主要用于草地产草量的粗略估计。

14. 体积

体积（volume）是指植物体所占的空间大小，也称为容积，它是标志物质数量的一个指标。林业上通常用到的材积量就是体积的一种。体积的测定往往比较困难，对于草本植物和小灌木可以用排水的方法，乔木则常用计算的方法求得树干的体积，而略去枝叶部分。

15. 存在度和恒有度

存在度（presence）是欧洲大陆学派所提出的概念，指某种植物在同一植被类型中、在空间上分隔的各个群落中所出现的百分率。该学派在调查时一般采用代表样地（releves）法，样地大小要求代表所在的群落（一个群落只取一个样地）。因此，在植被表中，存在度（P）就等于某种植物所出现的样地数与样地总数的比值，以百分比表示。

$$P = \frac{\text{某种出现的样地数}}{\text{样地总数}} \times 100\% \tag{1.29}$$

恒有度（constance）则是要考虑样地的面积，即如果进行比较的样地面积相同，一个种出现的相应百分比就称为恒有度。有人把某种出现的数目称为绝对恒有度（absolute constance），而把百分比称为相对恒有度（relative constance）。

存在度和恒有度是进行群落排表分类的基础。它们可以分为以下 5 个等级。

Ⅰ　20%以下的恒有度称为稀少。

Ⅱ　20.1%～40%的恒有度称为低恒有度。

Ⅲ　40.1%～60%的恒有度称为中等恒有度。

Ⅳ　60.1%～80%的恒有度称为较高恒有度。

Ⅴ　80.1%～100%的恒有度称为高恒有度。

16. 确限度

确限度（fidelity）是指某种植物局限于某一植物群落类型的程度。根据法瑞学派（Braun-Blanquet 1932）的标准，确限度可分为 3 种类型 5 个等级。

1）特征种（characteristic species）：确限度 5，确限种（exclusive species），是指完全或几乎完全出现在某一群落类型中的种。确限度 4，偏宜种（selective species），是指特别偏爱某一群落，但也可在其他群落中出现。确限度 3，适宜种（preferential species），是指在若干群落中出现，但在其中一个群落中生长最好，成为优势种或主要种。

2）伴生种（companion）：确限度 2，伴生种（indifferent species），是指对任何群落都没有明显选择的种，可出现在任一群落中。

3）偶见种（accidental）：确限度 1，外来种（strange species），是指偶然发现的或是从其他群落侵入的种，或是演替中残留下来的种。

在 Braun-Blanquet 排表分类中，确限度的确定是重要的一步，若确限度的确定误差较大，则分类精确度较低。Braun-Blanquet（1932）在这一点上非常强调工作经验。表 1.4 是 Braun-Blanquet 推荐的确限度确定指标，可供参考。

表 1.4　确限度等级的确定

确限度	研究的群落		对比的群落	
	存在度与恒有度级	多度-盖度级	存在度与恒有度级	多度-盖度级
5	Ⅳ～Ⅴ	3～5	Ⅰ～Ⅱ	+～2（1）
	Ⅳ～Ⅴ	+～2	Ⅰ	+～2
	Ⅰ～Ⅲ	+～5	无或极稀少	
4	Ⅳ～Ⅴ	3～5	Ⅱ～Ⅲ（Ⅳ）残遗或先锋种	+～2（1）
	Ⅲ～Ⅳ	+～2	Ⅱ～Ⅲ	+～1（2）
	Ⅰ～Ⅱ	+～2	Ⅰ～Ⅱ（Ⅲ）	+～1（2）
		+～2	Ⅰ（稀少）	+
3	Ⅰ～Ⅴ	3～5	Ⅰ～Ⅴ	+～2
	Ⅰ～Ⅴ（生活力正常）	r～5（生活力正常）	低（生活力衰退）	低（生活力衰退）
2	Ⅰ～Ⅴ（各种生活力）	r～5（各种生活力）	低（生活力衰退）	低（生活力衰退）
1	Ⅰ（生活力衰退）	+～1	高	高

注："+"表示一个等级

17. 群集度

群集度（sociability，cregariousness）实际上是分布格局的一种粗略估计，它是衡量某种植物群集程度的指标。Braun-Blanquct（1932）建议用 5 级制描述种的群集度。

群集度 1，单株生长。

群集度 2，少数植株成小群或小丛生长。

群集度 3，生长成小斑块、垫状或大丛。

群集度 4，生长成大斑块、地毯状。

群集度 5，生长成大群或大片，覆盖着整个样方，通常是单一的种群。

群集度在传统的调查研究中是一个重要的数量指标，但在数量分析中，该指标用得较少。

18. 生活力和繁殖力

生活力（vitality）的强弱和繁殖力（reproductivity）的大小是植物种在群落中的地位及未来发展趋势的重要标志。Braun-Blanquet（1932）用 4 个等级来表示生活力和繁殖力的强弱。

Ⅰ　长势强，良好发育，有规律地完成生活周期。

Ⅱ　可进行营养繁殖，但不能完成生活周期（有性生殖不完全）。

Ⅲ　长势弱，营养繁殖微弱，不能完成生活周期。

Ⅳ　偶然发芽，但不是营养繁殖。

有的学者认为生活力和繁殖力是毫不相干的，或者甚至有负相关关系。Daubenmire

（1968）提出与生活力密切相关的活力（vigor）概念，他认为活力是指植物体的相对大小和健康状况，与繁殖无关，而且仅依据个体平均高度就可以为活力分级。

19. 生活型

生活型（life form）是生物对外界环境适应的外部表现形式，同一生活型的生物，不但体态相似，而且在适应特点上也是相似的。生活型是种类的特点，也是其所在群落的特点。对植物生活型的研究工作较多，最著名的是丹麦生态学家 Raunkiaer 生活型系统，Raunkiaer 选择休眠芽在不良季节的着生位置作为划分生活型的标准，其既反映了植物对环境（主要是气候）的适应特点，又简单明确，这一标准把植物划分为 5 类生活型：高位芽植物（phanerophyte），该类生活型又依据高度分为 4 个亚类，即大高位芽植物（高度>30m）、中高位芽植物（8～30m）、小高位芽植物（2～8m）与矮高位芽植物（0.25～2m）；地上芽植物（chamaephyte）；地面芽植物（hemicryptophyte）；隐芽植物（cryptophyte）；一年生植物（therophyte）。

在群落数量生态学研究中，我们可以将生活型数量化作数据，如将上面的 8 类生活型（含高位芽的亚类）分别记为 1～8 的值，也可以再细分。生活型数据与高度数据有联系，但不同，生态意义也不一样。

由所有种的生活型比例组成的生活型谱也是群落的重要特征。

20. 生长型

生长型（growth form）是指植物在生长季节枝叶在空间的配置情况，它与生活型有联系，但二者是不同的。生长型反映了种类在空间资源和光能资源利用上的差异。生长型与群落环境密切相关。我们将生长型分级如下。

Ⅰ级：阔叶乔木，主干上部分枝多，枝叶开散，树冠呈扇状，占较大的空间，大部分叶片可获得充足的阳光。

Ⅱ级：阔叶乔木，主干上部分枝较多，枝叶较集中，树冠呈圆形或椭圆形，所占空间小于上一级，上部叶片可获得充足的阳光。

Ⅲ级：针叶乔木，枝叶开散，透光性好，叶针可获得较充足的阳光。

Ⅳ级：针叶乔木，枝叶紧密，树冠呈密塔形，透光性差，仅外围叶针可获得较充足的阳光。

Ⅴ级：阔叶灌木，枝叶开散，透光性好。

Ⅵ级：阔叶灌木，丛生，枝叶密集。

Ⅶ级：针叶灌木。

Ⅷ级：草本植物，单株生长。

Ⅸ级：草本植物，丛生。

生长型的级数本身可以作为数据用于分析群落生态关系，在实践中，根据研究目的和群落类型的不同，生长型级还可以细分。

21. 物候

物候（phenological phenomenon）是指生物种在一年中的发育节律和活动规律。植物的物候与所在群落的环境密切相关，因此成为群落的特征。一个种的物候随时空的变化而有很大的差异。不同群落中物种的物候期可以作为数据进行数量分析，以揭示群落间的生态关系。一个群落中的所有种的物候可以编成物候谱（phenological spectrum），它也是群落的特征之一。

22. 种-面积曲线和群落最小面积

种-面积曲线和群落最小面积也可以作为描述群落特征的指标，并具有重要的生态学意义，因为不同的群落具有不同的最小面积和不同的种-面积曲线。我们将在第四章中详细介绍。

23. 个体空间位置

植株的空间位置（geographical position）描述植物所在的位置，是研究群落种内个体间关系或种间关系的重要指标，也是研究大尺度植物分布的重要数据。空间位置可以根据大地参照系定义，如大地经纬度坐标，这样可以用 GPS 方便测定；也可以定义为植物之间的相对位置关系，可以用卷尺等测定。

第四节　植被的环境特征

在植物群落生态关系研究中，许多情况下需要使用环境因子数据，以定量分析植被与环境间的关系。环境因子数据通常大家都比较熟悉，这里只做简单介绍。环境因子数据主要包括以下数据。

1. 气候数据

气候数据一般在大尺度研究中用得较多，如不同区域的植被比较研究。气候是影响植物群落生长发育和分布的重要因素，因此气候数据是群落生态研究中最常用的环境数据。它包括降水量、相对湿度、温度、日照时数、太阳光辐射量、蒸发量、风速等。这些指标包括年均值、月均值、日值等，根据研究的需要而选取。有些指标还可以细分为多个指标，如温度在一年内可分为年均温、最热月均温、最冷月均温、极端最高温、极端最低温等。

气候数据可以用附近气象台（站）的数据，也可以实际观测记录，根据需要而定。在中小尺度研究时，气象数据只能实地观测，如对每个群落内部生态环境的研究，这时在样方内不同的高度（层次）测定温度、湿度、光照强度、CO_2浓度、不同深度的土壤温度等。这些数据的测定相对比较简便，都有现成的小仪器可以使用。尽管如此，在所有样方中均测定这些数据是费时费力的，而且难以保证在所有样方中同时进行，可比性较低。在永久样方或定位研究中，这些数据用得较多。

2. 地形数据

地形的变化是制约群落类型分异的重要因子，它通过影响水热条件而间接地作用于植物群落。地形数据是群落分析中用得最多的数据类型之一。一般对每一个调查样方都要记录地形数据，包括样方所在地的海拔、坡度、坡向、坡位、微地形等。

1）海拔可以用 GPS 或海拔仪测得，分析用实测值。

2）坡度可以用罗盘等小仪器测得，可以直接用度数值，也可以分等级值。

3）坡向也可以用罗盘等小仪器测得，坡向的度数值范围为 0°～360°，有 3 种方式将其转化为生态因子梯度分析数据。

a）用东、西、南、北、东北、西北等等级值，如用 1～8 表示：1（337.6°～22.5°）、2（22.6°～67.5°）、3（292.6°～337.5°）、4（67.6°～112.5°）、5（247.6°～292.5°）、6（112.6°～157.5°）、7（202.6°～247.5°）、8（157.6°～202.5°），数值越大，越向阳。

b）可以将坡向 0°～360°角转换为 0～1 的 TRASP（transformation of aspect）指数。TRASP 指数越大表明坡向越向阳，反之越背阴，其中 1 代表南偏西 30°，0 代表北偏东 30°，计算公式如下。

$$\text{TRASP} = \frac{1-\cos[\pi(\text{aspect}-30)/180]}{2} \tag{1.30}$$

式中，TRASP 表示坡向指数，aspect 表示坡向度数。

c）以正北为起点，以顺时针旋转的方法进行转化，将角度制转换为弧度制计算坡向的正弦值（sinASPECT）和余弦值（cosASPECT），坡向正弦值主要反映坡向的朝东程度（朝东为 1，朝西为–1），而坡向余弦值主要反映坡向的朝北程度（朝北为 1，朝南为–1）。坡向的正弦值和余弦值分析时可以按两个因子考虑。

4）坡位一般含坡顶、上坡位、中坡位、下坡位和谷底五级，可以用 1～5 数值表示，数值越大，水分条件越好，光照条件越差。也有只用上坡位、中坡位、下坡位三级的。

5）微地形是指样方内的地面高差，可以实测，也可以估计，在草地研究中用得较多。

3. 土壤数据

土壤是群落的组成部分，不同的群落具有不同的土壤。因此，土壤数据是反映群落特征的重要数据类型。土壤数据内容较多，少量的可以在野外测得，如枯枝落叶层厚度、土壤厚度、土壤 pH、土壤温度等，但大部分数据要在实验室测得。因此，在样方中要获取土壤样品，需带回室内测定。

土壤结构：主要指不同大小土壤颗粒的组成比例，它与土壤的通气性、持水能力等有关。土壤粒度一般分为沙砾（>2000μm）、粗沙粒（500～2000μm）、中沙粒（250～500μm）、细沙粒（50～250μm）、粉沙粒（2～50μm）和黏粒（<2μm）。土壤结构可以用粒度仪分析，也可以用不同孔度的土壤筛分析。另外，反映土壤结构和物理特性的指标还有土壤比重、土壤容重、土壤孔隙度等。

土壤水分：包括土壤含水量、土壤有效含水量、土壤最大持水量等，一般在实验室测得。

土壤温度：不同深度土壤的温度，用地温计测量。

土壤化学成分：土壤化学成分与植物群落的生长发育密切相关，其是群落学分析的主要数据类型。土壤化学成分内容丰富，包括所有的能被植物吸收利用的化学元素。常用的化学成分有土壤有机质含量、N、P、K、Cu、Fe、Mn、Zn 等营养成分。不同的化学成分用不同的方法测定。表 1.5 是一些常用的化学成分和它们的分析方法，在测定土壤化学成分时，可以同时测定土壤 pH、土壤电导率等反映土壤化学性质的指标。在水生植物群落研究中，有时需要测定水样的各种化学成分，其测定内容和方法与土壤化学成分类似，只是在取样和样品处理上有所不同。

表 1.5　主要土壤化学成分的测定方法及仪器

土壤成分	土样预处理	采用的方法	主要仪器
土壤全 P	过 120 目筛的烘干土样+浓 H_2SO_4+$HClO_4$进行消煮	酸溶-钼锑抗比色法	721 分光光度计
土壤有机质	过 120 目筛的烘干土样+Ag_2SO_4、$K_2Cr_2O_7$-H_2SO_4消煮	油浴加热-$K_2Cr_2O_7$容量法	电炉、油浴锅、铁丝笼
土壤全 N	过 120 目筛的烘干土样+混合加速剂+H_2SO_4消煮	凯氏定氮法	凯氏瓶、滴定管、定氮蒸馏器
土壤电导率	粗磨后的风干土样	电导法	振荡机、离心机、电导仪
土壤 pH	粗磨后的风干土样	电位法	pH 计、玻璃电极、饱和甘汞电极
K、Cu、Mn、Mg、Cr、Zn 等重金属	过 120 目筛的烘干土样+王水、$HClO_4$、HF、$HClO_4$+HNO_3消煮	原子吸收分光光度法	原子吸收分光光度仪

土壤数据有时也包含土壤剖面特征、土壤类型等数据。对人为干扰较大的土类和水体，有时需要测定物理量和污染物质含量，如水体中的生化需氧量（BOD）、化学需氧量（COD）、Hg、有机污染物等，土壤中的重金属、农药等，这些测定方法均可在相关文献中找到，这里不再赘述。

4. 生物因子数据

在某些群落研究中，将研究主体以外的生物作为环境因子来处理，如在草地沼泽研究中，有人将乔木种和灌木种的盖度作为环境因子数据，来分析它们之间的生态关系。在群落土壤分析中，有人将土壤中的菌类总生物量作为数据，这在森林和草地研究中均有应用。在动物群落生态研究中，植物种类及其生物量、植物群落类型等都可作为影响动物群落的环境因子数据。

5. 人为干扰因子数据

人类活动对群落有较大的影响，如旅游、采伐、放牧、采药、采挖野菜等活动对群落有明显影响。一般根据游客密度、踩踏面积、采挖痕迹、啃食情况、游径的宽度与距离、伴人植物种类数量等作为数据来分析，也可以将它们的影响综合考虑用等级值表示干扰程度，如用 1～5 分别表示：1 无明显干扰，2 弱干扰，3 中度干扰，4 强干扰，5 极强干扰。

在野外调查时，植物群落的特征指标和环境指标先记录在植物群落调查记录表中，在一次调查中需要做多个样方，得到多个植物群落调查记录表。将这些数据整理后填在数据表中。群落调查记录表和数据表见附录Ⅲ。

第二章　数 据 处 理

数据是数量生态学的基础，我们对数据的类型和特点应该有所了解。在数量分析之前，根据需要对数据进行一些预处理，也是必要的。本章将对数据的性质、特点、数据转换和标准化等做简要介绍。

第一节　数据的类型

根据不同的标准，数据可以分成不同的类型。下面我们将介绍数据的基本类型，它是从数学的角度，根据数据的性质来划分的；然后叙述生态学数据，它是根据生态意义而定义的，不同的数据含有不同的生态信息。

一、数据的基本类型

（一）名称属性数据

有的属性虽然也可以用数值表示，但是数值只代表属性的不同状态，并不代表其量值，这种数据称为名称属性数据，如 5 个土壤类型可以用 1、2、3、4、5 表示。这类数据在数量分析中各状态的地位是等同的，而且状态之间没有顺序性，根据状态的数目，名称属性数据可分成两类：二元数据和无序多状态数据。

1. 二元数据

二元数据是具有两个状态的名称属性数据。例如，植物种在样方中存在与否，雌雄同株的植物是雌还是雄，植物具刺与否等，这种数据往往决定于某种性质的有无，因此也称定性数据（qualitative data）。对二元数据一般用 1 和 0 两个数码表示，1 表示某性质的存在，0 表示不存在。

2. 无序多状态数据

无序多状态数据是指含有两个以上状态的名称属性数据。例如，4 个土壤母质的类型，它可以用数字表示为 2、1、4、3，同时这种数据不能反映状态之间在量上的差异，只能表明状态不同或类型不同。例如，不能说 1 与 4 之差在量上是 1 与 2 之差的 3 倍，这种数据在数量分析中用得很少，在分析结果表示上有时使用。

（二）顺序性数据

这类数据也包含多个状态，不同的是各状态有大小顺序，即在一定程度上反映量的大小。例如，将植物种覆盖度划为 5 级，1=0～20%，2=21%～40%，3=41%～60%，4=61%～

80%，5=81%～100%。这里 1～5 五个状态有顺序性，而且表示盖度的大小关系。例如，5 级的盖度就是明显大于 1 级的盖度，但是各级之间的差异又是不等的，如盖度值分别为 80%和 81%的两个种，盖度仅差 1%，但属于两个等级 4 和 5；而另外两个盖度值分别为 41%和 60%，相差 19%，但属于同一等级。顺序性数据作为数量数据的简化结果在植被研究中有着较广泛的应用，但在数量分析中，这种数据所提供的信息显然不如数量数据。因此，使用并不十分普遍。

（三）数量属性数据

数量属性数据简称为数量数据（quantitative data），它是实际测得的属性数值。这些值可以是连续的数值，称为连续数据（continuous data），也可以是不连续的枚举数值，称为离散数据（discrete data）。前者可以是任何数值（包括小数部分），如植物的高度，可能是 5m，也可能是 5.21m；而后者只包括 0 和正整数，如植物个体的数目，可以是 1、5 或 20 等数目，但不能是 5.2。连续数据和离散数据一般在数量分析中等同对待，二者也很容易相互转化。

二、不同类型数据间的转化

数据类型转化是指由一个数据类型按照某些规则转变成另一数据类型。理论上讲，上面讲的各种数据类型之间都可以相互转化，但是，有的数据类型在转化成其他类型上有较大的困难，如多状态数据转化成数量数据，在植被数量分析中一般很少涉及这样的转化。对于数量数据的转化用得较多。因为数量数据类型转化成二元数据，在某些分析中具有优越性，转化成多状态数据类型在某些分析结果的表示上具有重要意义。例如，要在排序图上表示植物的盖度变化趋势，一般用多状态数据较佳，而数量数据由于数字多，在图上表示较为困难，因此，我们简单介绍数量数据的转化。

数量数据转化成二元数据比较容易，一般选一阈值，大于或等于该阈值的值记为 1，小于该阈值的值记为 0，就变成了二元数据，这种转化显然损失不少信息，所以只有对一些特殊的只能使用二元数据而不能使用数量数据的分析方法才进行这样的转化。

数量数据转化为多状态数据一般要求在其取值范围内适当分成若干等级。例如，土壤 pH 测量值，我们规定 1=3.5～4.5，2=4.6～5.5，3=5.6～6.5，4=6.6～7.5，然后将 pH 数量值换成相应的等级值 1～4，就变成了有序多状态数据，至于两级之间的间距多大、应该分为多少等级诸类问题，应该从生态学的角度考虑，而不是数学问题。

三、生态数据

生态数据（ecological data）是指以反映生态信息的属性为测量指标而测得的数据。它有很多类型，这里仅考虑植物群落生态数据。它是植被数量分析的基础。群落生态数据有两大类型：一类是反映群落组成、结构关系的植物区系组成数据；另一类是群落的环境组成数据，包括各种环境因子的测量指标。区系组成数据是反映群落成员特征的一些定量和定性的属性数据，即数量数据和二元数据。

1. 数量数据

数量生态数据是以描述群落及其成员数量特征为指标而测得的数据，如多度数据、盖度数据、频度数据、生物量数据等，这些数据的含义和测定请参考第一章第三节。

2. 二元数据

一个种是否存在于一个样方中，存在记为 1，不存在记为 0，就构成了二元生态数据，这种二元数据有着重要的生态意义，因为种出现与否与环境密切相关。种存在与否的二元数据在数量分析中用得也非常广泛，有些分析方法只适合分析二元数据，如关联分析。另外，一些研究表明，对某些数量方法，使用二元数据可以获得与数量数据一致的结果，这样二元数据就显示出了优越性。因为，二元数据的获得要比数量数据容易得多（阳含熙等 1985，张金屯 1995；Sadia et al. 2016）。

3. 环境数据

环境因子数据有的可以在野外直接测得，如海拔、坡度、坡向、土壤 pH 等。有的则要在实验室通过分析获得，如土壤水分、土壤营养成分、有机质含量等，这些数据的测量和分析可以从有关文献中找到，这里不再讲述。

4. 数据矩阵

生态数据一般是在 N 个样方中调查 P 个属性的定量或定性指标，因此，可以用一个 $P\times N$ 维的矩阵表示，矩阵的列代表 N 个样方（实体），行代表 P 个种或环境因子（属性），这样的矩阵称为原始数据矩阵，简称数据矩阵（data matrix）。如果用 $\boldsymbol{X}$ 表示数据矩阵，它可表示为

$$\boldsymbol{X}=\{x_{ij}\}=\begin{Bmatrix} x_{11} & x_{12} & x_{13} & \cdots & x_{1N} \\ x_{21} & x_{22} & x_{23} & \cdots & x_{2N} \\ \vdots & \vdots & \vdots & & \vdots \\ x_{P1} & x_{P2} & x_{P3} & \cdots & x_{PN} \end{Bmatrix} \tag{2.1}$$

$$i=1,2,\cdots,P;\quad j=1,2,\cdots,N$$

式中，x_{ij} 表示第 i 个种或环境因子在第 j 个样方中的观测值，它可以是上面介绍的任何一种生态数据，矩阵每一行称为一个行向量（row vector）或属性向量（attribute vector）；每一列称为一个列向量（column vector）或实体向量（entity vector），共有 P 个行向量，N 个列向量，如果在 N 个样方中仅记录一个种的数量值，则数据矩阵就是一个行向量，可以认为是矩阵的特殊形式。

第二节　数据的处理

数据处理是指进行数量分析之前对原始数据先进行简缩、转化和标准化的过程。这些处理过程一般从生态学意义出发。数据简缩（data reduction）是在不损失生态信息或损

失非常少的前提下，去掉一些数据，以简化计算分析过程；数据转换（data transformation）是通过某一运算规则将原始数据转化为新的数据值的过程，而其新值的大小只与被转换的原始数据本身和运算规则有关，与原始数据集合中的其他值无关；数据标准化（data standardization）也是通过某一运算将原始数据转化成新值，但其新值的大小除依赖于原始数据自身外，也与原始数据集合中的其他值有关。

一、数据简缩

数据简缩的过程要考虑研究的目的和使用的方法，在多元分析中一般是减少种类，即删除两个极端的种。一是极端多的种，如二元数据中，如果一个种存在于所有的样方中，那么它为分类和排序不提供有用的信息，应该删去。二是极端少的种，如有些种仅出现在一个样方中，即所谓的“孤种”（singleton），它为群落关系提供的信息非常少，可以淘汰。也可以用概率来确定极端多和极端少的种。例如，出现在 95%以上样方中的种可以认为是极端多的种，出现在 5%以下样方中的种可以认为是极端少的种。

对于样方一般简缩处理较少，以下两种可能可做简缩处理：一是代表性较差的样方，可以删去；二是在系统取样时，有时会出现两个样方所记录的种类及其观测值完全等同，可以淘汰其中之一。在数据不太多的情况下，第二种情况也可以保留，这样分类的结果两样方在一组内，排序的结果两样方重合。

在格局分析中，一般不进行数据简缩，因为连续样方不能去掉任何一个。而种类是我们所感兴趣的，一般事先选定，多为群落优势种。

二、数据转换

数据转换一是为了改变数据的结构，使其能更好地反映生态关系，或者更好地适合某些特殊分析方法。例如，非线性关系的数据通过平方根转换可以变成线性结构，这样对线性方法如 PCA 就更为合适了。二是为了缩小属性间的差异性，由于属性的量纲不同，往往不同属性间的数据差异很大，如不同的环境因子测量值，对数转换可使得数据值趋向一致。三是从统计学上考虑。如果抽取的样品偏离正态分布太远，可以进行适当转换。数据转换是通过某一运算规则实现的，依据运算规则的不同，有如下类型。

1. 对数转换

对数转换即取原始数据的对数值，可以是自然对数 $\ln X$，也可以是以 10 为底的对数 $\lg X$，在有 0 值的情况下，可以先将原始数据全部加上 1，对结果影响不大，即 $\ln(X+1)$ 或 $\lg(X+1)$。对数转换是最常用的方法，它可以使不同属性间的差异缩小，在实验群落学中，对数转换可以使得实验结果的趋势更加明显。

2. 平方根转换

它也是最常用的转换方法之一，是将原始数据开平方，即 $\sqrt{X}$ ，它可以使具有二次关系的数据结构趋向于线性化。

3. 立方根转换

立方根转换是将原始数据开立方，即 $\sqrt[3]{X}$，它可以将原始数据之间的差值缩小，趋向一致。

4. 倒数转换

倒数转换是取原始数据之倒数，即 $1/X$。倒数转换同样可以使属性间的差异缩小。

5. Hellinger 转换

Hellinger 转换是生态学中常用的数据转换方法之一，Hellinger 转换的公式为

$$y'_{ij} = \sqrt{\frac{y_{ij}}{y_{i+}}} \tag{2.2}$$

式中，y_{ij} 为第 i 个样方和第 j 个种的值；y_{i+}为第 i 个样方所有物种的和。群落生态学数据经过 Hellinger 转换后，群落学数据的欧氏距离就是 Hellinger 距离。在线性排序（如冗余分析）之前，进行 Hellinger 转换类似非线性转换，所计算的生态距离，比卡方距离能提供更好的线性转换和结果精度。

6. Box-Cox 转换

进行生态学数据分析时，很多数据分析方法都要求数据符合正态分布。当数据不符合正态分布时，可以采用 Box-Cox 转换把数据转换成正态分布。Box-Cox 转换的核心是数据的指数转换。

$$y(\lambda) = \begin{cases} (\lambda) = \dfrac{y^{\lambda} - 1}{\lambda}, & 当\lambda \neq 0 \\ \lg y, & 当\lambda = 0 \end{cases} \tag{2.3}$$

Box-Cox 转换的值为–5～5，在进行 Box-Cox 转换之前，可以变换λ值使 y 的分布最接近正态分布。

另外，还有不少其他转换方法，研究者可自行选择。需不需要转换，用什么转换方法较好，不能一概而论，它取决于所研究的数据类型和变化幅度。现在国际通用软件一般都将转换方法编入程序，使用者可以选不同的方法，以比较它们的结果。

三、数据标准化

数据标准化是统计学上常用的方法，是为了消除不同属性或样方间的不齐性，或者使得同一样方内的不同属性间或同一属性在不同样方内的方差减小；有时是为了限制数据的取值范围，如[0, 1]闭区间等。有些数量分析方法要求特殊的标准化过程，并将标准化作为其分析方法的一部分，如主分量分析（principal component analysis，PCA，又称主成分分析）一般要求中心化，对应分析（correspondence analysis，CA）则要求对排序坐标进行标准化等。这些方法在应用前不必考虑标准化。现在说的标准化是指一般不特殊要求标准化的方法，即要不要进行标准化是由使用者自己决定。这样的标准化必须在

数量分析前完成。标准化过程也是通过某一计算将原始数据变成新的值，但它与原始数据集合中的其他值有关而不同于数据转换。下面介绍一些常用的标准化方法。

1. 数据中心化

数据中心化（centralization）就是将原始数据减去平均值，如果对种类（属性）中心化就分别减去各个种在所有样方中的平均值 $\bar{X}_i$，对原始数据矩阵而言，它是每一行的平均值；若对样方（实体）中心化，则分别减去一个样方内所有种的平均值 $\bar{X}_j$，在原始数据矩阵中，它是每一列的平均值，用公式表示

$$\text{对种类标准化 } \hat{X}_{ij} = X_{ij} - \bar{X}_i,\ i=1, 2, \cdots, P\text{（种类）} \tag{2.4}$$

$$\text{对样方标准化 } \hat{X}_{ij} = X_{ij} - \bar{X}_j,\ j=1, 2, \cdots, N\text{（样方数）} \tag{2.5}$$

式中，X_{ij} 和 $\hat{X}_{ij}$ 分别为标准化前和标准化后的第 i 个种和第 j 个样方的值，$\bar{X}_i$ 为第 i 个种在所有样方中的平均值；$\bar{X}_j$ 为第 j 个样方内所有种的平均值。

经中心化的数据很易于计算各种类（属性）间或样方（实体）间的方差和协方差。有时对种类和样方同时进行中心化，称为双重中心化。

2. 离差标准化

离差标准化实际上等于经中心化的数据再除以离差，即对种类（属性）标准化

$$\hat{X}_{ij} = \frac{X_{ij} - \bar{X}_i}{\sqrt{\sum_{j=1}^{N}\left(X_{ij} - \bar{X}_i\right)^2}} \tag{2.6}$$

对样方（实体）标准化

$$\hat{X}_{ij} = \frac{X_{ij} - \bar{X}_j}{\sqrt{\sum_{i=1}^{P}\left(X_{ij} - \bar{X}_j\right)^2}} \tag{2.7}$$

式中字母的含义同中心化，经离差标准化的数据很容易计算种类（属性）间或样方（实体）间的相关系数。

3. 数据正规化

数据正规化（normalization）就是用标准差进行标准化。标准差等于离差除以自由度 $N-1$ 或 $P-1$，所以正规化方式如下。

对种类正规化

$$\hat{X}_{ij} = \frac{X_{ij} - \bar{X}_i}{\sqrt{\dfrac{\sum_{j=1}^{N}\left(X_{ij} - \bar{X}_i\right)^2}{(N-1)}}} \tag{2.8}$$

对样方正规化

$$\hat{X}_{ij}=\frac{X_{ij}-\bar{X}_j}{\sqrt{\frac{\sum_{i=1}^{P}\left(X_{ij}-\bar{X}_j\right)^2}{(P-1)}}} \tag{2.9}$$

对种类正规化后的数据，每行的平均值为 0，方差为 1；对样方正规化后，每列的平均值为 0，方差为 1。

4. 其他标准化

还有一些标准化方法，其做法是将原始数据除以某一值，如将原始数据除以行或列的和，称总和标准化；如果原始数据除以每行或每列中的最大值，则称为最大值标准化；如果原始数据除以行或者列的和的平方根，则称为模标准化（norm standardization）（阳含熙和卢泽愚 1981）。

以上是主要标准化方法的基本计算，在实践中，标准化往往还需要考虑权重，以更好地反映生态关系，如在对应分析（CA/RA）坐标值标准化中，一般以原始数据矩阵列之和为权重。

第三章　基础分析方法

数理统计在科学研究中的应用是非常广泛的，这里基础分析方法指的是在各学科领域较为通用的分析方法，在生态学研究中也广泛使用，部分方法针对生态学某些特殊数据而改进，成为生态学的特有方法。数量生态学是研究植被及其成员生态关系的过程。生态关系本身是指植被与环境间相互作用的关系。在植物生态研究中，往往通过调查获得一组或多组植物种和群落的数据与一组或数组环境因子数据，通过基础分析方法就可以分析它们之间简单的生态关系。

第一节　样 品 分 析

一、频率分布

在生态学研究中，有时需要对同一指标取多个样品，来分析其变化规律及生态因子对它的作用，这时就需要考虑它的频率分布。例如，我们在一个群落中，记录了100株某种灌木的高度；再比如在100个样方中记录某个种的个体数等，这些数据的频率分布可以反映种类的特点及环境因素对它的影响。描述频率分布可以用频率表或频率直方图（histogram），分布规律可以一目了然。图3.1就是频率直方图一例。

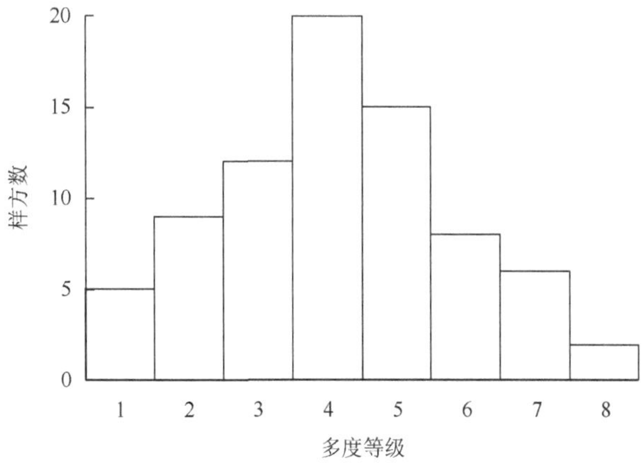

图3.1　87个样方中薹草多度的频率分布

频率分布有几个重要的统计学特征：平均数、方差和标准差等。

平均数就是所有样品的平均值。

$$\bar{x} = \frac{\sum_{i=1}^{n} x_i}{n} \quad (3.1)$$

式中，x_i 为第 i 个样品的值；n 为样品的数量。

方差和标准差都是反映样品变异程度大小的统计量，方差等于

$$S^2 = \frac{\sum_{i=1}^{n}(x_i - \bar{x})^2}{n-1} \tag{3.2}$$

标准差等于

$$S = \sqrt{\frac{\sum_{i=1}^{n}(x_i - \bar{x})^2}{n-1}} \tag{3.3}$$

在比较方差大小时可以用方差系数

$$V = \frac{S}{\bar{x}} \times 100\% \tag{3.4}$$

二、两组样品的比较

在生态学研究中，有时要对同一指标取两组数据以比较它们的差异，如在两个群落中调查记录同一种植物的高度，或者在两个不同的地区各取数个样方调查某种植物的多度等。这时就需要比较它们的差异，并分析这种差异的生态意义。

1. 平均数的 t-检验

$$t = \frac{\text{两组数据平均数之差}}{\text{差异的标准差}} = \frac{\bar{x} - \bar{y}}{S_{\bar{x}-\bar{y}}} \tag{3.5}$$

当两组数据的方差不相等时

$$t = \frac{\bar{x} - \bar{y}}{\sqrt{\dfrac{n_x S_x^2 + n_y S_y^2}{n_x + n_y - 2}}\sqrt{\dfrac{n_x + n_y}{n_x n_y}}} \tag{3.6}$$

若两组数据方差相等，可用

$$t = \frac{\bar{x} - \bar{y}}{\dfrac{S_x^2}{n_x} + \dfrac{S_y^2}{n_y}} \tag{3.7}$$

式中，$\bar{x}$ 和 $\bar{y}$ 分别为两组样品的平均值；n_x 和 n_y 分别为两组样品的数量；S_x^2 和 S_y^2 分别为两组数据的方差。

依 t 值可以查 t-分布表检验差异的显著性。在进行 t-检验时，首先要知道两组数据的方差是否相等，这可以通过方差的 F-检验而实现。

分别计算两组样品的方差，并计算

$$F = \frac{S_x^2}{S_y^2} \tag{3.8}$$

式中，F 为检验统计量；S_x^2 与 S_y^2 分别为两组样品 x 和 y 的方差。假设两方差差异显著，通过查 F-分布表得到显著性检验，这里自由度 $\mathrm{df}_x = n_x-1$，$\mathrm{df}_y = n_y-1$，n_x 和 n_y 分别是两组样品的数量。

下面是一个例子，用于计算以上的统计量。表 3.1 是在一个灌丛群落的两个样地中测得的地面光照强度占旷地光照强度的百分数。

表 3.1　灌丛群落两个样地地面光照强度（%）

样地 1			样地 2		
54.7	60.1		37.5	41.6	
43.5	53.7		45.6	42.1	
56.2	57.6		33.4	44.3	
63.1	56.2		46.7	43.2	
54.8	53.1		42.8	48.9	
54.3	53.1		43.6	37.1	
55.7	52.9	$\overline{x}=55.71$	48.2	45.3	$\overline{y}=43.70$
51.2	56.4		44.5	46.4	
56.6	61.2	n=25	43.0	47.1	n=25
58.2	57.3	S^2=10.98	50.6	44.3	S^2=13.39
54.5	58.4		41.8	43.7	
53.5	50.3		38.8	40.4	
54.2			33.7		

分别计算它们的平均值 $\overline{x}$=55.71，$\overline{y}$=43.70，S_x^2=10.98，S_y^2=13.39，n_x=n_y=25。

先计算 F 值

$$F=\frac{10.98}{13.39}=0.82\text{，}\quad \mathrm{df}=25-1=24$$

查 F-分布表知二者方差差异不显著，即可以认为它们的方差相等。可以用式（3.7）计算 t 值，即

$$t=\frac{55.71-43.70}{\sqrt{\frac{10.98}{25}+\frac{13.39}{25}}}=12.32$$

查 t-分布表知两个群落的光照环境差异显著。

2. Mann-Whitey *U*-检验

对于相互独立的两组样品，可以用 Mann-Whitey U-检验，它相当于非参数的 t-检验，它可以检验两组数量不等的数据。该方法是先将两组数据混在一起，按大小顺序将原始数据换成它们的秩，即它们的大小顺序号，两个相等的数据可以按小数记它们的秩。然后用下式计算 U 值。

$$U_x = n_x n_y + \frac{n_x(n_x+1)}{2} - \sum r_x \tag{3.9}$$

$$U_y = n_x n_y + \frac{n_y(n_y+1)}{2} - \sum r_y \tag{3.10}$$

式中，n_x、n_y 分别为两组数据的数量；$\sum r_x$ 为 x 组数据的秩和；$\sum r_y$ 为 y 组数据的秩和。用 U_x 和 U_y 中较小的值查 U 值表以实现显著性检验。与其他检验不同的是，这里 U 值越小，二者差异越显著。

表 3.2 是一个高等植物物种丰富度的例子。在两个环境中调查物种丰富度，第一个环境中取 13 个样方，第二个环境中取 15 个样方。通过计算得

$$U_x = 13\times 15 + \frac{13(13+1)}{2} - 267 = 19$$

$$U_y = 13\times 15 + \frac{15(15+1)}{2} - 139 = 176$$

用 U=19 进行检验，查表知两个环境中高等植物的丰富性有显著差异。

表 3.2　两个环境中高等植物物种丰富度数据及其 Mann-Whitey U-检验

环境 x 数据	环境 y 数据	环境 x 秩数据	环境 y 秩数据
28	14	26	5
27	20	25	13.5
33	16	28	8.5
23	13	20	2.5
24	18	23	11
17	21	10	16
25	23	24	20
23	20	20	13.5
31	14	27	5
23	20	20	13.5
23	20	20	13.5
22	14	17	5
15	11	7	1
	16		8.5
	13		2.5
n_x=13	n_y=15	$\sum r_x = 267$	$\sum r_y = 139$

3. 成对数据的检验

在生态学中，有时会出现两组相近的成对数据，尤其是在实验生态学中，如在草地生态研究中，有时会对同一类草地做施肥与不施肥、灌溉与不灌溉、放牧与不放牧等实验处理，以比较它们的生态效应。这时可以用成对数据的 t-检验来分析它们的差异。首先计算每对数据的差值 d_i

$$d_i = x_i - y_i \tag{3.11}$$

然后计算 t 值

$$t=\frac{\bar{d}}{\sqrt{\frac{\sum\left(d_i-\bar{d}\right)^2}{n-1}}\Big/\sqrt{n}}=\frac{\bar{d}}{\frac{S_d}{\sqrt{n}}} \tag{3.12}$$

式中，d_i为第 i 个数据对的差；$\bar{d}$ 为 d_i的平均值；S_d为标准差；n 为数据对数。

表 3.3 是 18 个种在草地放牧和不放牧样方中的生物量数据。分别计算 d_i，$\bar{d}=0.117$、$S_d=0.294$，则

$$t=\frac{0.117}{0.294/\sqrt{18}}=1.69$$

这里自由度 df=n–1=17，查 t-分布表，表明放牧对所研究草地物种生物量的影响不显著。

表 3.3　18 个草地种在放牧和不放牧样方中的生物量　　（单位：kg/m^2）

种类	放牧	不放牧	d_i
Asclepias syriaca	0.034	0.247	0.213
Aster laevis	0.244	0.096	–0.148
Aster lateriflorus	0.041	0.146	0.105
Aster novae-angliae	0.310	0.365	0.055
Aster simplex	0.062	0.088	0.026
Dactylis glomerata	0.001	0.055	0.054
Fragaria virginiana	0.441	0.385	–0.056
Hieracium pratense	0.592	0.626	0.034
Phleum pratense	0.387	0.911	0.524
Picris hieracoides	1.369	1.510	0.141
Plantago lanceolata	0.260	0.208	–0.052
Poa compressa	0.610	0.773	0.163
Poa pratensis	0.054	0.116	0.062
Solidago altissima	0.843	1.967	1.124
Solidago graminifolia	0.201	0.097	–0.104
Solidago juncea	0.278	0.148	–0.130
Solidago rugosa	0.156	0.197	0.041
Taraxacum officinale	0.100	0.151	0.051
n=18		$\bar{d}=0.117$	

第二节　相关与回归分析

一、相关分析

相关分析（correlation analysis）就是计算两个变量之间的相关系数，以检验二者的亲密程度。另外，相关系数也可用于检验回归分析的结果。下面介绍 3 种相关系数。

1. Pearson 相关系数

$$r=\frac{\sum_{i=1}^{n}x_iy_i-\left(\sum_{i=1}^{n}x_i\right)\left(\sum_{i=1}^{n}y_i\right)\Big/n}{\sqrt{\sum_{i=1}^{n}x_i^2-\left(\sum_{i=1}^{n}x_i\right)^2\Big/n}\sqrt{\sum_{i=1}^{n}y_i^2-\left(\sum_{i=1}^{n}y_i^2\right)^2\Big/n}} \tag{3.13}$$

式中，r 为两个变量 x 和 y 之间的相关系数；x_i 和 y_i 分别为 x 和 y 的第 i 对观测值；n 为成对观测值的数量。

相关系数 r 的显著性检验可以用 t-检验，也可以查相关系数检验表进行检验。

$$t=r\sqrt{\frac{n-2}{1.0-r^2}} \tag{3.14}$$

t-检验的自由度 df=n–2，查 t-分布表可完成检验。

2. Spearman 秩相关系数

$$r_s=1.0-\frac{6\sum d^2}{n^3-n} \tag{3.15}$$

式中，d 为成对观测值秩的差值；n 为成对观测值的数量。同样 r_s 可以用 t-检验。

$$t=r_s\sqrt{\frac{n-2}{1.0-r_s^2}} \tag{3.16}$$

上面这两个相关系数是最常用的统计学计算方法，各种统计学书中均能找到。下面介绍一种生态相关系数。

3. 二元数据的双系列相关系数

在生态学调查中往往取多个样方，在每个样方中记录植物种存在与否和环境因子的值，要计算二元数据与环境因子的相关系数不能用前面的方法。这里用双系列相关系数（biserial correlation coefficient）。这时将环境因子按照种的存在与否分为两组，则双系列相关系数

$$r_p=\frac{\left|M_p-M_q\right|}{S_x}\sqrt{p\times q} \tag{3.17}$$

式中，r_p 为双系列相关系数；M_p 和 M_q 分别为两组的平均值；S_x 为标准差；p 和 q 分别为两组观测值数量的比例。该系数同样可以用 t-检验来检验显著性。

$$t=r_p\sqrt{\frac{n-2}{1.0-r_p^2}} \tag{3.18}$$

表 3.4 是 *Pteridium aquilinum* 在 20 个样方中存在与否和土壤湿度的数据，以及分成的组，分别计算 M_p=46.1，M_q=77.98，S_x=23.05，则

$$r_p = \frac{|46.1 - 77.98|}{23.05} \times \sqrt{0.4 \times 0.6} = 0.678$$

$$t = 0.678\sqrt{\frac{20-2}{1.0-0.460}} = 3.914$$

t-检验结果表明差异显著，表明土壤湿度对 *Pteridium aquilinum* 的分布有显著影响。

表 3.4　*Pteridium aquilinum* 与土壤湿度的双系列相关分析

Pteridium aquilinum 存在与否	土壤湿度/%	分组	
		p 组（存在）	*q* 组（不存在）
–	85.2		85.2
+	55.9	55.9	
–	95.2		95.2
–	58.1		58.1
+	54.9	54.9	
–	83.4		83.4
+	68.2	68.2	
+	46.8	46.8	
–	54.8		54.8
–	92.2		92.2
–	90.7		90.7
+	30.2	30.2	
+	35.2	35.2	
–	90.3		90.3
–	95.6		95.6
–	91.5		91.5
–	55.4		55.4
+	35.5	35.5	
+	42.1	42.1	
–	43.3		43.3

二、回归分析

在植物群落中，环境因子与植物种的多度和分布之间有着密切的关系。因此，我们可以以环境因子为自变量，种类为因变量建立关系方程，这一过程就是回归分析过程。回归分析是分析植被与环境关系最常用的方法之一，它适于涉及种类和环境因子较少的数据分析。例如，一个种的多度与某个环境因子或某些环境因子之间的关系，分别可使用一元线性回归或多元线性回归进行研究，也可以用非线性回归分析。

1. 一元线性回归

一元线性回归只涉及一个环境因子，它的模型为

$$y=b_0+b_1x \tag{3.19}$$

式中，y 为一个种的多度值（或其他数量值）；x 为某一环境因子的观测值；b_0 和 b_1 分别为常数，由研究数据所决定。

这里 b_1 和 b_0 可以用最小二乘法估计

$$b_1=\frac{\sum_{i=1}^{n}x_iy_i-\left[\left(\sum_{i=1}^{n}x_i\right)\left(\sum_{i=1}^{n}y_i\right)\right]\Big/n}{\sum_{i=1}^{n}x_i^2-\left(\sum_{i=1}^{n}x_i\right)^2\Big/n}=\frac{\sum_{i=1}^{n}(x_i-\bar{x})(y_i-\bar{y})}{\sum_{i=1}^{n}(x_i-\bar{x})^2} \tag{3.20}$$

$$b_0=\bar{y}-b_1\bar{x} \tag{3.21}$$

式中，x_i 和 y_i 分别为第 i 个样方中的种类和环境因子观测值；$\bar{x}$ 和 $\bar{y}$ 分别为它们的平均值；n 为样方数。

这样得到回归方程，据此可以预测任何环境因子值所对应的植物种多度。对于回归可以解释的因变量变异程度可计算出来

总变差为

$$\sum_{i=1}^{n}(y_i-\bar{y})^2$$

可解释的变差（回归变差）为

$$\sum_{i=1}^{n}(\hat{y}_i-\bar{y})^2$$

不可解释的变差（剩余变差）为

$$\sum_{i=1}^{n}(\hat{y}_i-y_i)^2$$

式中，y_i 为植物种在第 i 个样方中的观测值；$\hat{y}_i$ 为用回归方程计算的第 i 个样方中的值；$\bar{y}_i$ 为观测值的平均值。回归解释的变差比率等于

$$\frac{\text{可解释的变差}}{\text{总变差}}=\frac{\sum_{i=1}^{n}(\hat{y}_i-\bar{y})^2}{\sum_{i=1}^{n}(y_i-\bar{y})^2} \tag{3.22}$$

回归的显著性检验可以用 F-检验，也可用 t-检验。

$$F=\frac{\mathrm{MS_R}}{\mathrm{MS_e}} \tag{3.23}$$

式中，$\mathrm{MS_R}$ 为回归均方；$\mathrm{MS_e}$ 为剩余均方，它们的自由度分别为 1 和 n–2，通过查 F-分布表实现显著性检验。

用 t-检验，可计算

$$t=\frac{b_1}{S_{b_1}}\qquad(\mathrm{df}=n-2) \tag{3.24}$$

以检验回归系数 b_1 的显著性。用

$$t=\frac{b_0}{S_{b_0}}\qquad(\mathrm{df}=n-2) \tag{3.25}$$

检验常数 b_0 的显著性。

图 3.2 是 25 个样方中物种多样性指数与 DCA 排序轴的回归分析。DCA 排序轴反映了植物群落的演替梯度，回归分析表明，物种多样性指数与演替的时间有线性相关关系。

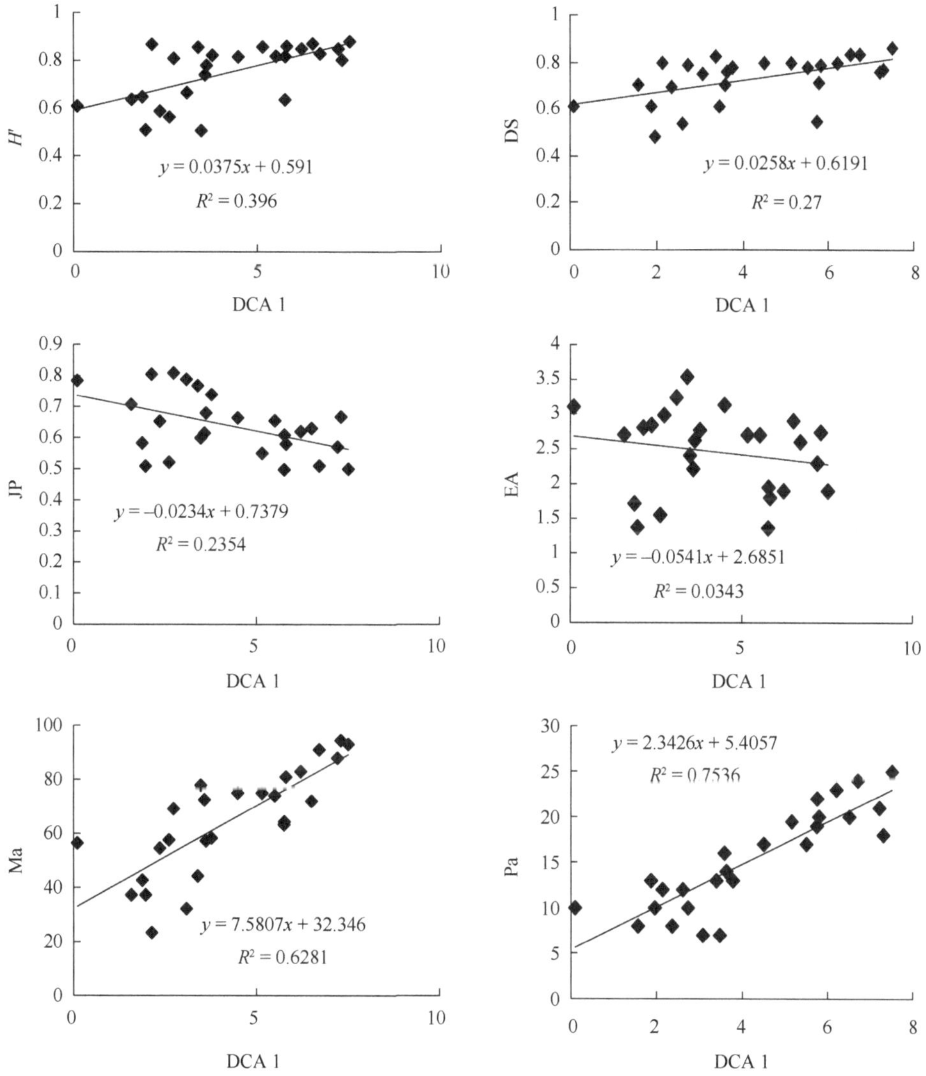

图 3.2　山西吕梁山植被物种多样性与 DCA 排序轴间的回归分析（张金屯和陈廷贵 2002）
H'为 Shannon-Wiener 多样性指数，DS 为 Simpson 多样性指数，JP 为 Pielou 均匀度指数，
EA 为 Alatalo 均匀度指数，Ma 为 Margalef 丰富度指数，Pa 为 Patrick 丰富度指数

2. 多元线性回归

多元线性回归涉及两个或两个以上的环境因子，其通式为

$$y = b_0 + b_1x_1 + b_2x_2 + \cdots + b_kx_k \tag{3.26}$$

式中，$b_1, b_2, \cdots, b_k$ 为回归系数；k 为环境因子数；b_0 为常数项。

可以用最小二乘法逐一得到如下方程组：

$$\begin{cases} S_{11}b_1 + S_{12}b_2 + \cdots + S_{1k}b_k = S_{1y} \\ S_{21}b_1 + S_{22}b_2 + \cdots + S_{2k}b_k = S_{2y} \\ \cdots\cdots \\ S_{k1}b_1 + S_{k2}b_2 + \cdots + S_{kk}b_k = S_{ky} \end{cases} \tag{3.27}$$

式中，S 代表方差，如 $S_{11} = \sum x_1^2 - \frac{\left(\sum x_1\right)^2}{n}$，$S_{12} = \sum x_1 x_2 - \frac{\sum x_1 \sum x_2}{n}$ 等，以此类推。

解该方程组，就可以得到 $b_1, b_2, \cdots, b_k$ 的值。对于 b_0，

$$b_0 = \overline{y} - b_1\overline{x}_1 - b_2\overline{x}_2 - \cdots - b_k\overline{x}_k \tag{3.28}$$

通过一一计算，就可得到回归方程。

多元回归也可以用 F-检验以检验回归总体显著性，也可以用 t-检验来检验每个回归系数的显著性

$$t = \frac{b_j}{\sqrt{\mathrm{MS_e} C_{ij}}}$$

式中，$\mathrm{MS_e}$ 为剩余项均方；C_{ij} 为矩阵 $\boldsymbol{C}=(\boldsymbol{X}^\mathrm{T}\boldsymbol{X})-1$ 的对角线元素，$\boldsymbol{X}$ 为环境因子组成的矩阵，$\boldsymbol{X}^\mathrm{T}$ 为矩阵 $\boldsymbol{X}$ 的转置矩阵。t 的自由度为 $n-k-1$，查 t-分布表可实现显著性检验。

3. 二次和高次回归

线性回归适合于线性关系的数据分析，如果是非线性结构，则需要用二次或高次回归方程去拟合，如一元二次回归方程，其模型为

$$y=b_0+b_1x+b_2x^2 \tag{3.29}$$

对于一元二次回归，我们可以先将 x^2 的值计算出来，再进行回归计算，实际上就变成了一个二元一次回归，可以用前面讲的多元回归方法进行计算。对于高次回归，可以用同样的方法处理，其通式为

$$y = b_0 + b_1x + b_2x^2 + \cdots + b_kx^k \tag{3.30}$$

令 $x_1 = x, x_2 = x^2, \cdots, x_k = x^k$，则回归方程就成为

$$y = b_0 + b_1x_1 + b_2x_2 + \cdots + b_kx_k$$

这就是多元线性回归方程，可以用前面的方法求得。

三、生态回归分析

在植物生态学研究中，有时有一些特殊要求，不能直接用前面讲的回归方法，而要用生态回归方法。

1. 高斯回归

高斯回归（Gaussian regression）就是要拟合种-环境关系的高斯模型。植物种和环境间的关系一般符合高斯模型（见第九章）。高斯模型方程为

$$y = c\mathrm{e}^{\left[-\frac{1}{2}(x-u)^2/t^2\right]} \tag{3.31}$$

式中，y 为植物种的多度；x 为环境因子值；c 为种多度的最大值（图 3.3）；u 为该种的最适值，即多度达到最大值时所对应的环境适应值；t 为该种的耐受度（tolerance），它是描述种生态幅度的一个指标。一般一个种的生态幅度变化于 $4t$ 之内。

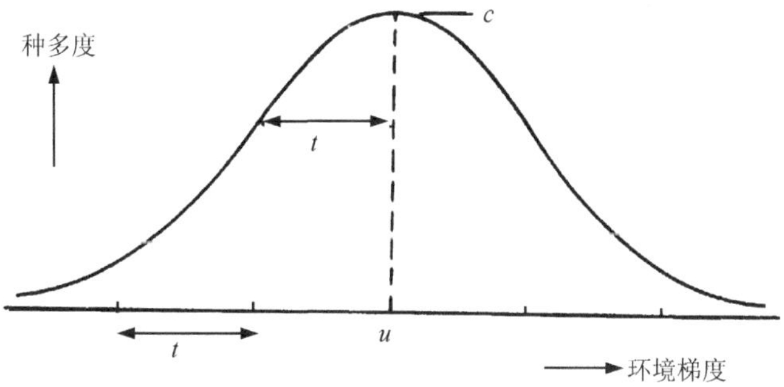

图 3.3　种-环境关系的高斯曲线

高斯回归就是要拟合这一方程。对式（3.31）两边取对数得

$$\ln y = \ln c - \frac{1}{2}(x-u)^2/t^2 = b_0 + b_1x + b_2x^2 \tag{3.32}$$

式（3.32）的右边与普通的一元二次回归相同，可以先将种的观测值进行自然对数转换，再利用普通的一元二次回归方法拟合，可以证明所得到的方程符合高斯模型（张金屯 1993b）。另外，由高斯模型可导出：$b_0 = \ln c - u^2/(2t)^2$、$b_1 = u/t^2$、$b_2 = 1/(2t)^2$，因此，拟合后我们可以求得：最适值 $u = -b/(2b_2)$、耐度 $t = 1/\sqrt{(-2b_2)}$、最大值 $c = \mathrm{e}^{(b_0+b_1u+b_2u^2)}$。

ter Braak（1985）用 12 个种对 DCA 的第一排序轴进行高斯回归，因为排序轴一般反映一定的环境梯度，这样做是合理的。结果（图 3.4）表明，12 个种都表现为单峰模型，这进一步证明了高斯模型在描述种-环境关系上的合理性。

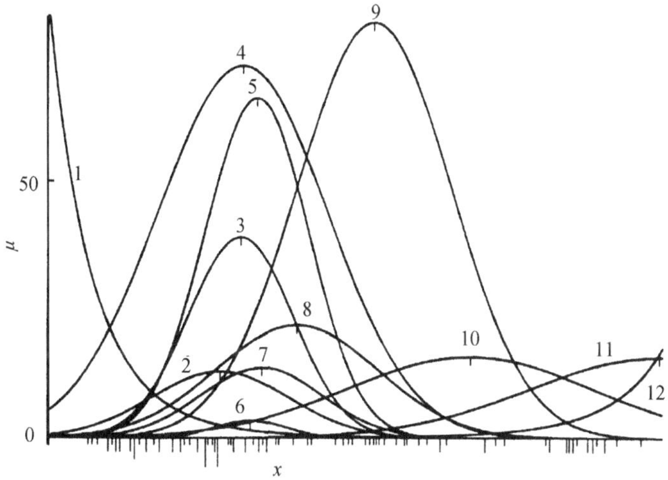

图 3.4　12 个种对 DCA 排序值的高斯回归曲线（ter Braak 1985）

2. 二元数据的一元线性回归

植物种存在与否的二元数据在植物生态学中用得非常广泛，但因为它的数据非 0 即 1，所以其一元线性回归不能用一般的模型：$y=b_0+b_1x$，因为 b_0+b_1x 可以是负的。ter Braak（1987）建议用指数形式克服这一困难，即

$$y=\mathrm{e}^{(b_0+b_1x)} \tag{3.33}$$

但是 $\mathrm{e}^{(b_0+b_1x)}$ 可能大于 1，因为二元数据的拟合值应介于 0 和 1 之间，我们可以对式(3.33)进行适当修改

$$y=\left[\mathrm{e}^{(b_0+b_1x)}\right]\Big/\left[1+\mathrm{e}^{(b_0+b_1x)}\right] \tag{3.34}$$

现在回归就是要拟合方程（3.34）。对式（3.34）进行适当的变换得

$$\ln\left(\frac{y}{1-y}\right)=b_0+b_1x \tag{3.35}$$

同样可以先用式（3.35）左边对种存在与否的二元数据进行转换，再用普通的一元线性回归进行拟合（Braak 1987）。

3. 二元数据的高斯回归

对二元数据进行高斯回归也是为了更好地反映生态关系，对于高斯模型 $y=c\mathrm{e}^{\left[-\frac{1}{2}(x-u)^2/t^2\right]}$，$y$ 没有负值，但其值可能大于 1，所以对它进行适当转换，使其值小于或等于 1，得

$$y=c\mathrm{e}^{\left[-\frac{1}{2}(x-u)^2/t^2\right]}\Big/\left\{1+c\mathrm{e}^{\left[-\frac{1}{2}(x-u)^2/t^2\right]}\right\} \tag{3.36}$$

可以证明式（3.37）是式（3.36）的另一形式

$$\ln\left(\frac{y}{1-y}\right)=b_0+b_1x+b_2x^2 \tag{3.37}$$

因此，回归就变成了与普通一元二次回归一致的简单方法。

4. 二元数据的多元线性回归

在具有两个或多个环境因子的情况下，也可以用多元线性回归对二元数据进行拟合，同式（3.34）一元线性回归一样，可以得到

$$y=\mathrm{e}^{(b_0+b_1x_1+b_2x_2)}\Big/\left[1+\mathrm{e}^{(b_0+b_1x_1+b_2x_2)}\right] \tag{3.38}$$

取对数转换后得

$$\ln\left(\frac{y}{1-y}\right)=b_0+b_1x_1+b_2x_2 \tag{3.39}$$

这样可以用普通的二（多）元线性回归方法来拟合。

上面是生态学上较为重要的一些回归方法。至于回归结果离差的计算、显著性检验

等与一般的回归分析相同，这里不再赘述。

回归分析虽然也能进行多元回归，研究一个种与多个环境因子之间的关系，但在植被调查中往往有上百个种，数十个环境因子，如果一一分析则太麻烦，计算量也太大，分析结果也难以反映植被总体规律。因此，对多个种多个环境因子的数据分析，一般要借助多元分析方法。

四、广义线性和广义可加回归

（一）广义线性回归

广义线性模型（generalized linear model，GLM）的提出弥补了一般线性回归模型在应用上的两个缺陷：①一般的线性模型只适用于响应变量是连续的情况，它不适用于分类数据（如 y 为二元数据 0, 1 时），y 的期望 $E(y)$与自变量 x 是用线性关系 $E(y)=Z'(x)\beta$ 相联系的，选择面太窄，往往与实际情况不符。②一般的线性模型只适用于误差服从正态分布的情况，对于一些 y 是连续观测值的情况，如分布是偏态的，如 Gamma 分布、指数分布，一般的线性模型就不再适用了。

广义线性模型正好针对以上的问题应运而生，在 GLM 中，因变量既可以取连续值又可以取离散值，取离散值在实际应用中较多。用 $E(y)=h$［$Z'(x)\beta$］取代了 $E(y)=Z'(x)\beta$，这样大大扩展了模型的适用范围，有较多选择的余地；y 服从指数分布，这是一个适中的选择，一方面它包含了应用上常见的分布：正态分布、二项分布、波阿松分布、拟波阿松分布、Gamma 分布等；另一方面，这类分布有很好的分析性质，有利于理论上的研究。响应变量的值通过预测变量的线性组合来预测得到，响应变量和预测变量之间通过一个联系函数连接起来，一般形式为

$$g(\_)=T+\sum_{j=1}^{p}U_j\chi_j \tag{3.40}$$

式中，$g(_)$为一特定联系函数，当响应变量服从二项分布时，$g(\_)=\log[\_/(1-\_)]$；T 为常数；U 为回归系数；$(_)$为由预测变量线性结合预测得到的响应变量发生的概率。

1. 正态分布（高斯分布）

如果把高斯分布看成指数分布族，那么有

$$\begin{aligned}P(y)&=\frac{1}{\sqrt{2\pi\sigma}}\exp\left(-\frac{(y-\mu)^2}{2\sigma^2}\right)=\frac{1}{\sqrt{2\pi\sigma}}\exp\left(-\frac{y^2-2y\mu+\mu^2}{2\sigma^2}\right)\\&=\frac{1}{\sqrt{2\pi\sigma}}\exp\left(-\frac{y^2}{2\sigma^2}\right)\cdot\exp\left(\frac{\mu}{\sigma^2}\cdot y-\frac{\mu^2}{2\sigma^2}\right)\end{aligned} \tag{3.41}$$

对比一下指数分布族，可以发现

$$b(y)=\frac{1}{\sqrt{2\pi\sigma}}\exp\left(-\frac{y^2}{2\sigma^2}\right) \tag{3.42}$$

$$\eta = \frac{\mu}{\sigma^2} \tag{3.43}$$

$$T(y) = y \tag{3.44}$$

$$a(\eta) = \frac{\mu}{2\sigma^2} \tag{3.45}$$

所以高斯分布实际上也属于指数分布族，线性最小二乘法就是基于高斯分布的。

张蓓（2010）在基因表达组织特异性研究中，采用高斯混合模型（GMM），不仅易于多种形式的数据样本的聚类划分（图 3.5），而且该算法的思想与整体聚类算法思想一致，可以在一定程度上减少聚类迭代次数和算法处理时间，提高算法的性能。

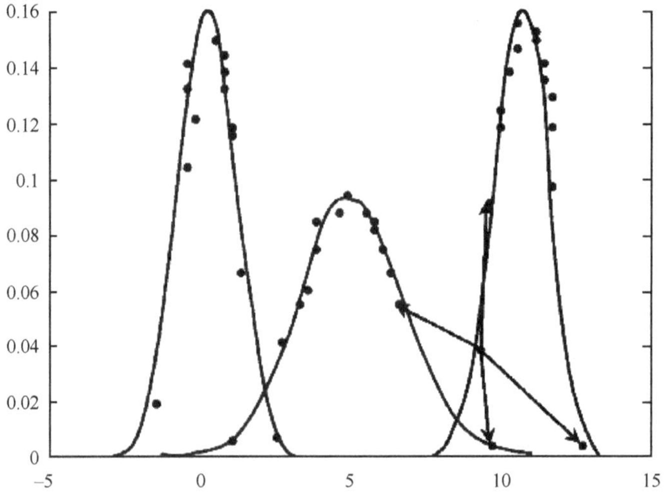

图 3.5　多种分布的数据（张蓓 2010）

2. 二项分布

Logistic 回归中假设响应变量服从二项分布，Logistic 回归虽然名字里带“回归”，但是它实际上是一种分类方法，主要用于二分分类问题（即输出只有两种，分别代表两个类别）。

Logistic 函数（或称为 Sigmoid 函数），$g(x)$为连续函数，Logistic 回归中的连接函数为变量 $x \to g(x) \to y$

$$g(x) = \frac{1}{1+\mathrm{e}^{-x}} \tag{3.46}$$

拉伸变换后

$$g(x) = \frac{1}{1+\mathrm{e}^{-\theta x}} \tag{3.47}$$

Logistic 函数为 S 形曲线（图 3.6）。Logistic 回归和 Softmax 回归类似，两者本质上的不同体现在，Logistic 回归是对于两类的分类，而 Softmax 则是从两类到三类的过程。

范丽等（2007）对单种群时滞模型进行了预测。通过若干实例的数值计算验证了定理条件和结论的可实现性。陈英（2009）采用 Logistic 回归把森林物种幼苗存活状态

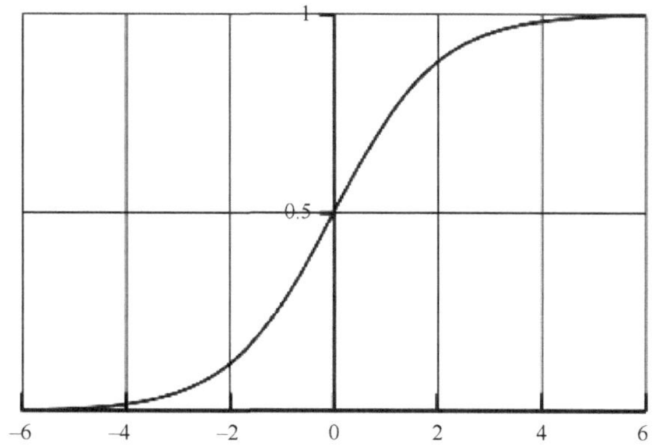

图 3.6　Logistic/Sigmoid 函数示意图

（存活或死亡）与影响幼苗存活的各种生物和非生物因素进行回归，来检验影响幼苗存活的主要因素。

若样本观测值变异性过大，即出现了过度离散现象，此时仍使用二项分布假设就会影响系数检测的显著性。补救的方法是使用准二项分布（quasibinomial distribution）。首先要检测样本是否存在过度离散现象，方法是用残差除以残差自由度，若超过 1 则意味着过度离散，这时将 family 参数改为 quasibinomial。

3. 波阿松分布

波阿松分布是一种离散型概率分布，其随机变量 x 只能取非负整数值 0, 1, 2, ⋯，且其概率密度函数为

$$P(x=k)=\frac{\lambda^k}{k!}\mathrm{e}^{-\lambda},\ k=0,1,2,\cdots \tag{3.48}$$

式中，$\lambda>0$，是常数，则称 x 服从参数为 λ 的波阿松分布，记为 $x\sim P(\lambda)$，其中参数 λ 是波阿松分布的均值，也是波阿松分布的方差，表示单位时间内随机事件的平均发生率。

在波阿松分布的基础上研究得到新的广义波阿松分布。

若计数过程 $N=\{N(t)\}_{t\geqslant 0}$ 满足条件：

1）（零初值性）$N(0)=0$。

2）（新广义波阿松性）对任意的 $0\leqslant s\leqslant t$，过程增量服从阶数为 $m\geqslant 1$、参数为 $\lambda>0$ 的新广义波阿松分布，即

$$\mathrm{P}\{N(t)-N(s)=k\}=\frac{[\lambda(t-s)]^{mk}}{(mk)!}\frac{1}{H_m[\lambda(t-s)]},\ k=0,1,2,\cdots \tag{3.49}$$

则称 $N=\{N(t)\}_{t\geqslant 0}$，是阶数为 $m\geqslant 1$、参数为 $\lambda>0$ 的新广义波阿松过程，简记为 $N\sim \mathrm{GPP}(m,\lambda)$。

显然，当 m=1 时，在上述条件的基础上再加上条件 3），即

3）（增量独立性）对任意的正数 n，任意的非实数 $0\leqslant t_0\leqslant t_1\cdots\leqslant t_n$，增量 $N(t_1-t_0)$，$N(t_2-t_1)$，⋯，$N(t_n-t_{n-1})$ 相互独立。

此时计数过程 $N=\{N(t)\}_{t\geqslant 0}$，就是我们所熟知的波阿松过程。

张钦弟（2011）分别用 GLM 和 GAM 对庞泉沟优势种重要值对凋落物层厚度的响应做了回归曲线，通过比较分析，GLM 的拟合度更高（图 3.7）。

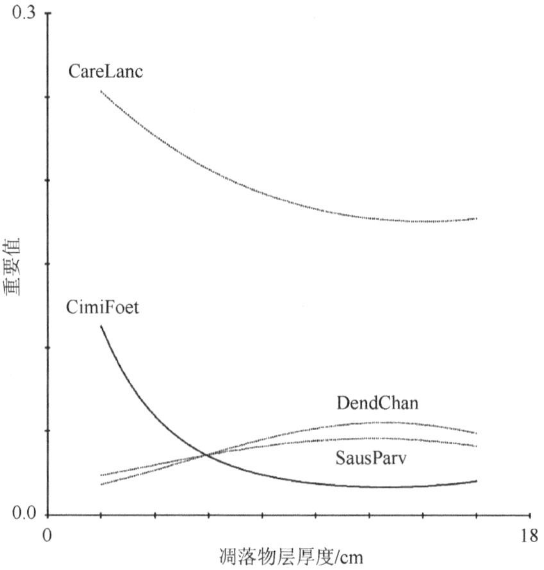

图 3.7 庞泉沟优势种重要值对凋落物层厚度的响应（张钦弟 2011）

4. Gamma 分布

假设一维响应变量 y_i 服从 Gamma 分布，且密度函数为

$$f(y_i\mid \mu_i,v)=\frac{1}{\Gamma(v)}\left(\frac{v}{\mu_i}\right)^{v} y_i^{v-1}\exp\left(-\frac{v}{\mu_i}\right),\ y_i\geqslant 0 \tag{3.50}$$

式中，y_i 为响应变量；μ_i 为期望且 $\mu_i>0$；v 为形状参数且 $v>0$。当联系函数取自然联系函数时，就得到了线性 Gamma 分布模型，有

$$g(\mu)=\frac{-v}{\mu} \tag{3.51}$$

由于均值 $\mu_i>0$，因此线性预测 $\eta=Z_i'\beta>0$，这样对 β 就增加了限制，而当联系函数取常用对数时，有

$$g(\mu)=\lg\mu=Z'\beta \tag{3.52}$$

秦凯伦（2014）对多元线性回归模型、Gamma 全模型和 Gamma 最优模型的模型残差对数进行了比较，结果显示，Gamma 最优模型的整体残差要小于多元线性回归模型和 Gamma 全模型。结合三模型的整体拟合度分析，优化的模型对大兴安岭塔河地区林火面积的拟合度最高。

5. 指数分布族的简介

指数分布族（exponential dispersion family）实质上是对一类具有以下形式的概率密

度函数或具有此类密度函数的分布的总称

$$fY(y;\theta,\Psi)=\exp[(y\theta-b(\theta)]/\Psi+c(y,\Psi) \quad (3.53)$$

式中，Ψ 和 θ 是实参数，θ 是自然参数，Ψ 是离散参数，$b(\cdot)$和 $c(\cdot,\cdot)$是实函数，该密度函数的支集（support）$D\Psi$ 是 R 的子集，且不依赖于 θ。满足 $\theta=\eta=g(\mu)$的连接函数 $g(\mu)$ 称为标准连接函数（standard or canonical link）。

一般情况下参数 Ψ 的值是未知常数（unknown constant），因此在许多 GLM 文献里指数分布族又被称为单参数指数族（one-parameter exponential family）。对于比较常用的分布，Ψ 和 θ 的取值具有特殊的形式：正态分布 $N(\mu,\sigma^2)$：$\Psi=\sigma^2$ 和 $\theta=\mu$；二项分布 Binomial (m,p)：$\Psi=1$ 和 $\theta=\lg[p/(p-1)]$；波阿松分布 Poisson (λ)：$\Psi=1$ 和 $\theta=\lg\lambda$；负二项分布 Negative Binomial (r,p)：$\Psi=1$ 和 $\theta=\lg(1-p)$；伽玛分布 Gamma (α,β)：$\Psi=1/\alpha$ 和 $\theta=-\beta/\alpha$。

（二）广义线性混合模型

一般统计方法都要求数据符合正态分布，但是生态学领域获得的数据往往是非正态的、二元的（如物种在某个地点的出现/不出现、幼苗的存活状态等）。一般的统计方法无法满足这种非正态数据的统计要求，而广义线性混合模型（generalized linear mixed model，GLMM）由于在分析大量复杂数据方面具有较大优势，近年来在生态学分析中的应用越来越广泛（McCulloch and Neuhaus 2001；Bolker et al. 2009）。广义线性混合模型可以理解为在广义线性模型的基础上，在线性预测中引入随机效应部分，允许响应变量不服从正态分布，因此广义线性混合模型包括固定效应（fixed effect）和随机效应（random effect）两部分（Bolker et al. 2009）。类似的，也可以理解为广义线性模型（如 Logistic 回归）的扩展，包含了固定效应和随机效应两部分（McCulloch and Neuhaus 2001）。在广义线性混合模型中，固定效应通常是指实验设计变量或解释变量（如幼苗周围的同种邻体密度对其存活状态的影响），而随机效应则通常是指特定变量层次的变化的标准偏差（如在同一个地点取多个样方进行重复测量，当研究这个地点内部的变化时可以将样方作为随机效应）（Gelman and Hill 2007）。最常见的随机效应类型是实验样方或者观测样地在时间和空间上的重复取样。当然，随机效应也可以指个体、物种、区域、时间尺度的变异。一般来说，固定效应可以是连续变量（如树高、胸径等）的估测值，也可以是分类变量（如不同处理、功能群等）的估测值，为非常数参数。通常模型给出的这些参数的估计值是研究者的固有兴趣，因为它们暗示着协变量和输出结果的关系（West et al. 2014）。但当研究者从同一个取样地点进行多次取样时，取样产生的差异不再是研究者的固有兴趣，这种变量的产生效应在模型中通常被认为是随机效应。和固定效应相反，随机效应在模型中通常为常数参数，由随机变量预测而来，服从正态分布。关于“固定”和“随机”的具体定义还有所争议，具体变量是属于固定效应还是随机效应往往取决于实验设计（Bolker et al. 2009）。下面通过具体的研究案例来说明如何构建广义线性混合模型。

R 软件中 lme4 程序包就是最常用的专门用来分析混合效应模型的程序包，该程序包不仅能够拟合广义线性混合效应模型，还能对广义线性混合模型及非线性混合效应模型进行参数估计（Bates et al. 2012）。另外，在 R 软件中，ASreml 程序包、nlme 程序包、glmm 程序包和 MCMCglmm 程序包也可以实现对广义线性混合模型的拟合与分析。

在生态学的实验设计中，往往会有明显的嵌套结构，如在浙江古田山 24hm^2 的幼苗监测网络中，每个监测站点有 3 个 1m^2 的样方，并通过 1（存活）和 0（死亡）来标记幼苗状态（Chen et al. 2010）。这种设计具有明显的嵌套结构，每株幼苗属于一个幼苗样方，每个幼苗样方又属于整个样地的某个监测站点。广义线性混合模型非常适用于分析这种幼苗动态与不同尺度的相互关系。同时，由于每株幼苗分属于不同物种，在模型中加入一个物种特性的随机因子。因此，广义线性混合模型的公式定义如下

$$y_{ijk} \sim \text{binomial}(p_{ijk})$$

$$\pi_{ijk} = \lg\left(\frac{p_{ijk}}{1-p_{ijk}}\right) = \left[\beta_0\right]_{\text{fixed}} + \left[U_s + U_{jk} + U_k\right]_{\text{random}} \tag{3.54}$$

式中，y_{ijk} 表示某次调查的幼苗状态，i、j、k 分别为幼苗个体、幼苗样方和幼苗监测站点的编号；p_{ijk} 表示预测的幼苗存活概率。第一个方括号为模型的固定效应，β_0 表示固定效应模型的截距项。第二个方括号为模型的随机效应，U_{jk} 和 U_k 分别为幼苗样方尺度和监测站点尺度的随机截距项，用来排除在这两个尺度上幼苗存活的自相关，而 U_s 用来描述物种特性导致的存活差异。这样就构建了最简单的模型，通常称为零模型（unconditional model）。基于古田山的调查数据，研究幼苗邻居对幼苗存活的影响，将物种种群大小加入模型的固定效应部分，则模型如下，称为条件模型（conditional model）：

$$\pi_{ijk} = \lg\left(\frac{p_{ijk}}{1-p_{ijk}}\right) = \left[\beta_0 + \beta_1 x_p\right]_{\text{fixed}} + \left[U_s + U_{jk} + U_k\right]_{\text{random}} \tag{3.55}$$

种群大小在加入模型之前需要按照前文介绍的方法进行标准化和中心化，赤池信息量准则（Akaike information criterion，AIC）可以用来进行模型比较并确定最优模型（Burnham and Anderson 2002），选择 AIC 值最小的模型作为最优模型，一般认为两个模型的 AIC 差值>2，认为模型具有明显差异。另外，还可以通过广义线性混合模型计算固定效应和随机效应的 R^2（Nakagawa and Schielzeth 2013）。

（三）广义可加模型

当数据不满足线性和正态性时，无法继续应用线性模型，此时，可在广义线性模型中用一种光滑函数来代替线性函数，即在等式右边用某种光滑函数 $S(x)$来代替不满足条件的 βx，使自变量与因变量间可以不局限于线性关系，这就是广义可加模型（generalized additive model，GAM）。广义线性模型扩展了一般线性模型中因变量的类型和取值范围，而广义可加模型进一步扩展了自变量与因变量之间的关系形式。

模型框架如下

$$g\left[E(y)\right] = \beta_0 + f_1(x_1) + f_2(x_2) + \cdots + f_m(x_m) \tag{3.56}$$

g 是一个连接函数，y 是一个独立函数，$f_i(x_i)$ 为光滑函数（未知），代替经典线性回归中的 x_i，对样本要求少，适用性广。

广义可加模型的原理：广义可加模型对因变量的分布没有具体要求，适用于多种分布类型，不同的分布对应着不同的连接函数。正态分布对应的连接函数是单位连接，即 $\mu=g(\mu)=\mu$；二项分布对应的连接函数为 lg it 连接，即 $\mu=g(\eta)=\lg\frac{\eta}{1-\eta}$；负二项分布对应的连接函数为倒数连接，即 $\mu=g(\eta)=\frac{1}{\eta}$；Gamma 分布和 Possion 分布对应的连接函数为 lg 连接，我们可以从因变量的散点图中大约看出因变量所服从的分布，进而得出模型连接函数的估计。

对于自变量对应单个函数的估计在 SAS 中主要有样条回归和局部回归两种方法。以下将对详细方法进行介绍。

（1）样条回归

由基底函数可知，基函数可以是任意的组合形式，不过接下来我们介绍的一种基函数是结合了多项式和分段常值函数的样条回归（spline regression）。样条是一个由多项式构造的分段函数，并且在分段结点处具有高度平滑的特性，即在分段结点处连续且有连续的导数（图 3.8）。

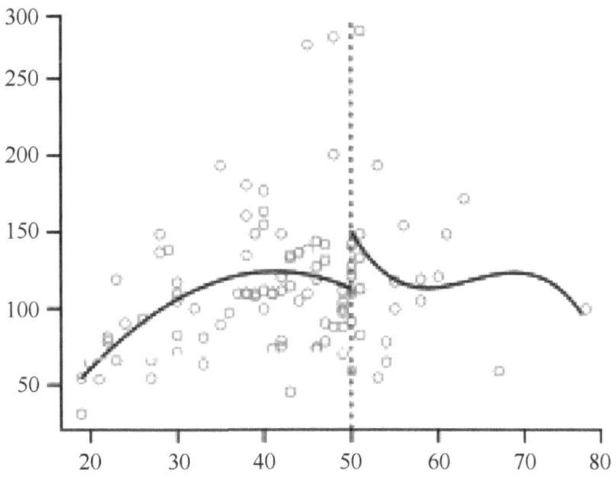

图 3.8　分段回归示意图

i. 三次样条

一个三次多项式分段回归如下，但是该回归并不满足“平滑的特性”，在结点处可能出现跳跃。

$$y_i=\begin{cases}\beta_{01}+\beta_{11}x_i+\beta_{21}x_i^2+\beta_{31}x_i^3+\varepsilon_i,\ x_i<c\\ \beta_{02}+\beta_{12}x_i+\beta_{22}x_i^2+\beta_{32}x_i^3+\varepsilon_i,\ x_i<c\end{cases}\tag{3.57}$$

所以，我们要加两个限制条件，让其变成一个样条回归：①结点处连续；②结点处平滑。定义 K 个节点下的三次样条回归模型（图 3.9）

$$y_i=\beta_0+\beta_1b_1(x_i)+\beta_2b_2(x_i)+\cdots+\beta_K+3bK+3(x_i)+\varepsilon_i\tag{3.58}$$

三次样条下，基函数 $b()$ 也有非常多的选择，最直接的方法就是对 $x, x_2, x_3, h(x,\xi_1), h(x,\xi_2), \cdots, h(x,\xi_K)$ 进行拟合。其中，ξ_i 是结点。

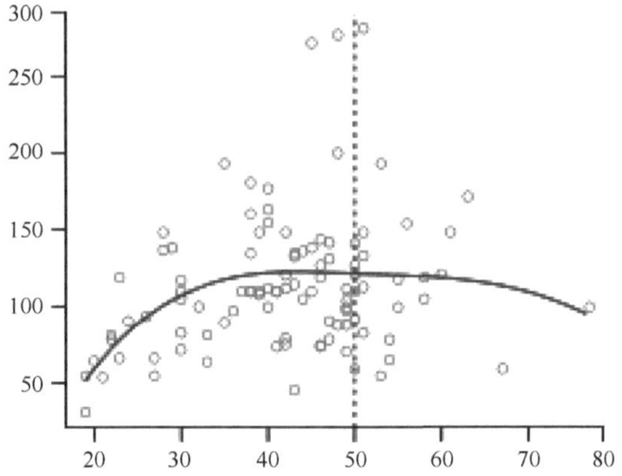

图 3.9　三次样条回归示意图

$$h(x,\xi)=(x-\xi)_+^3=\begin{cases}(x-\xi)^3, & x>\xi\\ 0, & \text{其他}\end{cases}\qquad (3.59)$$

样条缺点是，有时候受异常点影响较大，需要加上额外的边界约束。

ii. 确定结点的个数与位置

一种方法是在变化相对稳定的区间设置尽量少的结点，在变化相对快速的地方设置尽量多的结点。尽量让每个结点区间内的变量趋于均匀分布。

另一种方法是设置自由度，根据算法自动跑出最优的结点位置。自由度的个数可以结合交叉验证来验证。

iii. 平滑样条曲线

假设样条函数为 $g(x)$，在求得该函数参数的同时，如何保证样条曲线的平滑性呢？结合第四章所讲，在求解样条回归的结构风险最小化（RSS+惩罚项）时，把惩罚项设置为“平滑性”相关的表示

$$\sum_{i=1}^{n}\left[y_i-g(x_i)\right]^2+\lambda\int g''(t)^2\,\mathrm{d}t\qquad (3.60)$$

函数在某点处的一阶导数表示该点曲线的斜率，二阶导数表示斜率的变化率，惩罚项表示函数曲线在该点的平滑性。

但是，在一段区间内，曲线整体平滑性的衡量我们用到了∫。式（3.60）中的惩罚项表示区间 t 内，一阶导数 $g'(t)$累计的变化情况，因此可以用来衡量该段区间整体的平滑性。

参数 λ，则是用来衡量惩罚项的重要性。一般用 n 折交叉验证或者留一交叉验证法来确定。

如图 3.10 所示，何艳华等（2013）对五鹿山国家级自然保护区物种多样性随海拔梯度的变化进行了线性拟合。

（2）局部回归

i. 最简单的局部模型

局部平均（local average）模型是最简单的局部模型，形如

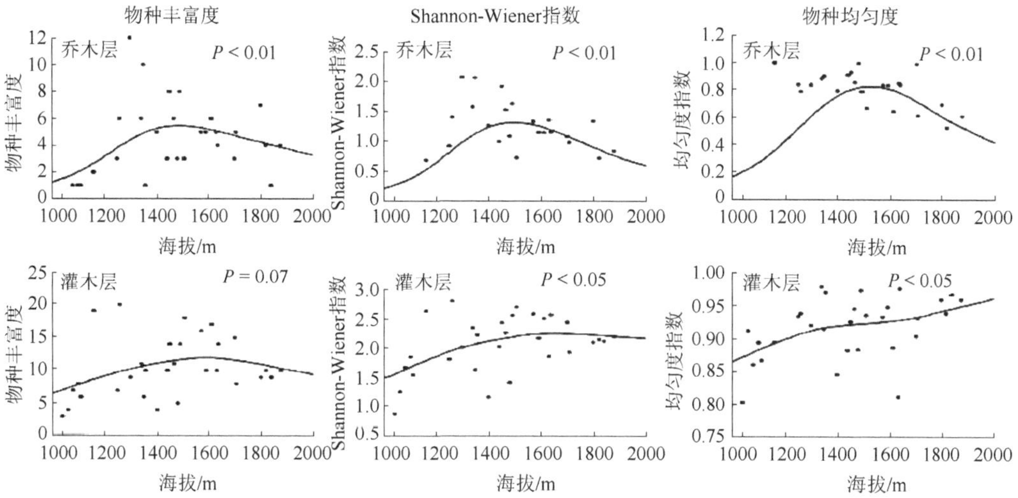

图 3.10　五鹿山国家级自然保护区物种多样性随海拔梯度的变化（何艳华等 2013）

$$\widehat{f}(x_0)=\frac{\sum_i y_i I(|x_i-x_0|<h)}{\sum_i I(|x_i-x_0|<h)} \tag{3.61}$$

其缺点是，估计结果不是连续的，且与 K 最近邻体法（K-nearest neighbor，KNN）的思想类似，是一种非参数方法。

ii. 核估计

$$\widehat{f}(x_0)=\frac{\sum_i y_i K_h(x_i,x_0)}{\sum_i K_h(x_i,x_0)} \tag{3.62}$$

引用核估计（kernel estimation）方法，对局部平均模型进行改造，当 K 连续时，f 即为连续的。

其中，$K_h(x_i,x_0)=K\left(\frac{x_i-x_0}{h}\right)$ 是核函数，如果 K 是连接函数，则得到 $\widehat{f}$，其局部性参数 h 可以通过交叉验证的方式计算得到。不过当 x 不是均匀分布的时候，该方法将会产生偏倚。

如图 3.11 所示，吴承祯（2000）对珍稀濒危植物观光木群落和长苞铁杉群落的乔木层、灌木层、所有木本植物物种多度分布实例进行了拟合，结果表明，核方法能很好地描述群落物种多度分布。非参数核估计方法是群落物种多度分布模拟的一种有效方法，它丰富了物种多度分布拟合方法，为珍稀濒危植物的管理与保护提供了理论参考。

iii. 局部加权回归散点平滑法

前两种方法都属于非参数方法，下面介绍一种结合了非参数和参数模型的方法：局部加权回归散点平滑法（lowess，又称为 loess），通过对局部进行线性拟合（非常数值拟合），来弥补核估计的不足。

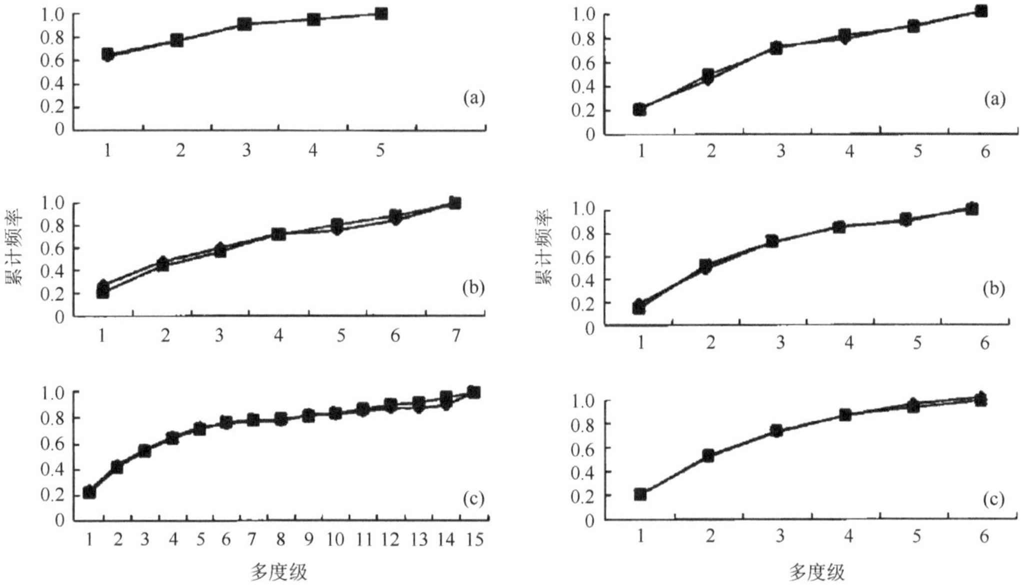

图 3.11 观光木（左）、长苞铁杉（右）群落物种多度分布核估计（吴承祯 2000）

（a） 乔木层；（b）灌木层；（c）所有木本植物。 —◆— 实际频率； —■— 理论频率

lowess 算法：

1）给定数据集 $D=(x_i,y_i)$，核函数 $K()$。

2）拟合局部回归 $\widehat{w}(x)=\arg\min\sum_{i=1}^{n}K(x,x_i)(w^{\mathrm{T}}x_i-y_i)^2$。

3）得到拟合结果 $\widehat{w}(x)^{\mathrm{T}}x$。

如图 3.12 所示，赵静（2013）对刺槐品种综纤维素含量与干重热值进行拟合，图中曲线为 loess 局部平滑散点回归拟合曲线，是查看二维变量的一种有力工具。

局部加权 Logistic 回归算法：

1）给定数据集 $D=(x_i,y_i)$，核函数 $K()$。

2）拟合局部回归 $\widehat{w}(x)=\arg\min\sum_{i=1}^{n}K(x,x_i)\times\lg\left[1+\exp\left(-y_i w^{\mathrm{T}}x_i\right)\right]$

3）得到拟合结果 $\operatorname{sign}\left[\widehat{w}(x)^{\mathrm{T}}x\right]$。

如图 3.13 所示，张钦弟（2011）拟合了优势种重要值对海拔梯度的响应过程，连接函数为对数函数，平滑函数采用局部加权回归法。其拟合程度较 GLM 更高。

（3）优缺点及注意事项

优点：①放宽了对模型线性条件的要求；②可适用于任意分布的资料；③可发现自变量和因变量间的非单调、非线性关系。

缺点：①它不是参数回归，无法像广义线性模型一样进行模型中参数的估计和推断。若研究目的是对数据进行探索性分析或寻找因变量和自变量间是否存在依存关系，用该模型较为适合。②类似于广义线性模型中可能出现自变量多重共线性的问题，广义可加模型需要考虑共曲线性的问题。③要留心模型出现过度拟合的情况。

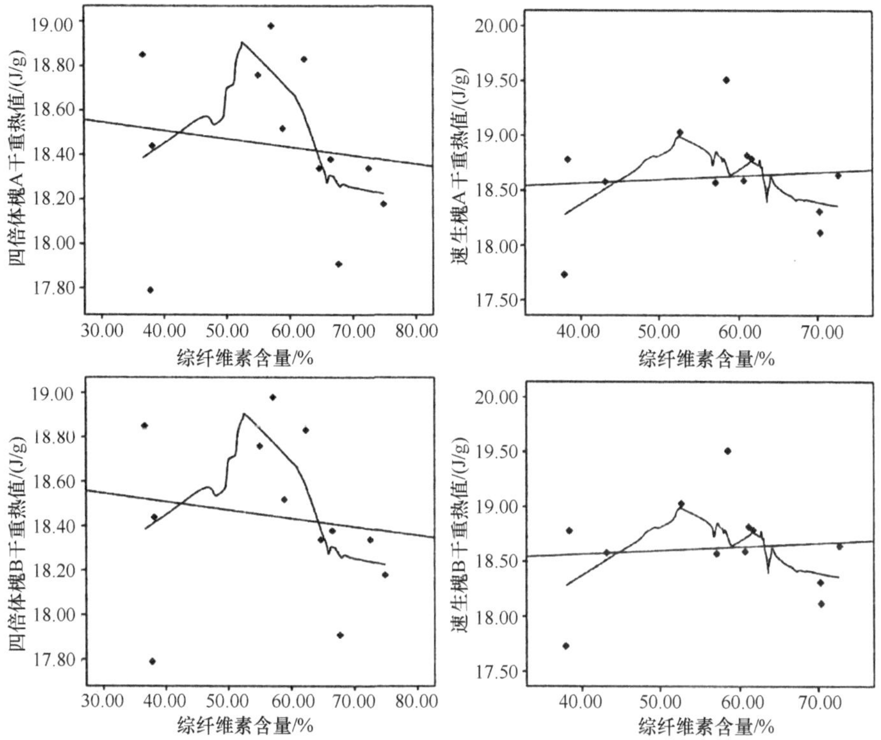

图 3.12 4 个刺槐品种综纤维素含量与干重热值关系（赵静 2013）

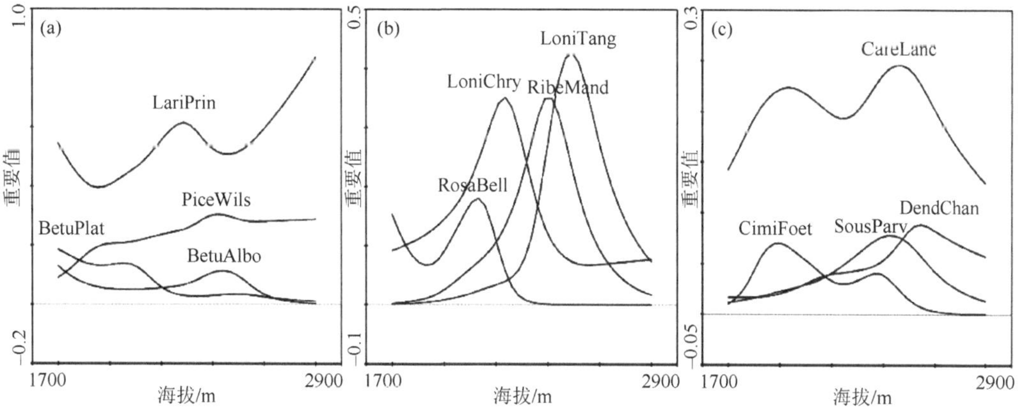

图 3.13 GAM 拟合优势种重要值对海拔梯度的响应（张钦弟 2011）

（a）乔木；（b）灌木；（c）草本

虽然在资料轻微不满足前提条件时，线性回归模型的估计仍有较好表现，但当其严重不满足线性或正态性的前提条件时，坚持使用线性回归很有可能得到错误的结论，使得与因变量呈非线性关系的自变量被忽略。可用线性模型和广义可加模型分别进行估计，哪个模型的残差平方和更小，说明哪个模型的拟合效果更佳。

此外，要注意数据的样本含量是否足够。如果样本含量较小，如 $n<30$，出现非正态的情况很正常，此时不应盲目套用广义可加模型。通常来说，在多重线性回归中，样本含量应至少为自变量数目的 10 倍，在 Logistic 回归中，则应至少为其 20 倍。可参考

这些标准估算所需样本含量。更精确的样本含量应根据特定公式进行计算。

（4）模型的结果比较

不同的 GLM 和 GAM 结果间的比较可以采用赤池信息量准则（AIC），在一般情况下，AIC 表示为

$$\mathrm{AIC}=2k-2\ln(L) \quad (3.63)$$

式中，k 为参数的数量；L 为似然函数。AIC 的大小取决于 k 和 L，k 取值越小，AIC 值越小，则意味着模型简洁；L 取值越大，AIC 值就越小，意味着模型精确。因此 AIC 的方法就是寻找可以最好地解释数据但包含最少自由参数的模型，该信息量准则可以权衡模型的复杂程度和拟合数据的优良性，AIC 值越低，代表所选模型的简约性越好（Hastie and Tibshirani 1990）。

第三节 标 定

标定（calibration）是环境因素标定的简称，它是指用植物种的测量值去推断环境因子值的数量方法。由于植物和环境相互作用的生态关系，植物种对环境的指示作用是常见的，对某一环境因子有明显指示作用的植物种在生态学上称为该因子的指示种（indicator species），指示种在工农业生产中有着重要意义，因为它可以指示矿物、水源等，但具体到一个植物群落中，指示种往往是不明显的。因此，若要预测环境因子的值，需借助数学方法通过大量的分析，以找出不明显的指示关系。

标定一般是以回归分析为基础的，多数情况下用种的数量数据来推断环境因子的数量值。理论上讲二元数据也可以使用，但实际中用得很少，本节仅讲述以数量数据为基础的标定方法。

1. 线性标定

线性标定是指种类与环境因子间具有线性关系的标定方法。根据线性回归，一个种（y）和环境因子（x）之间的关系（参考前面的回归部分）为

$$y=a+bx \quad (3.64)$$

可以直接得到

$$\hat{x}=(y-a)/b \quad (3.65)$$

式中，$\hat{x}$ 为某个环境因子的预测值。因此，如果要对某个环境因子的值进行推断，首先求得其回归方程，再用式（3.45）求之即可。

这里仅用一个种的值推断环境因子值。如果同时用 p 个种来推断环境因子值，结果会更好。首先对每个种进行回归分析，得 p 个回归方程

$$y_i=a_i+b_ix\ (i=1,2,\cdots,p) \quad (3.66)$$

式中，y_i 是种 i 的回归值；a_i 是种 i 的截距；b_i 是种 i 的回归系数。

根据差平方和最小化原则，用式（3.67）预测环境因子的值

$$\hat{x}=\sum_{i=1}^{p}(y_i-a_i)b_i\Big/\sum_{i=1}^{p}b_i^2 \quad (3.67)$$

2. 非线性标定

非线性标定主要指基于高斯模型上的标定方法，因为高斯模型中的最适值 u 也称为种的指示值（indicator value）（Braak 1987），该标定方法也称指示值标定（indicator calibration），它是对原始数据先进行高斯回归，得 p 个回归方程

$$\ln y_i = a_i + b_i x + c_i x^2 \quad (i=1, 2, \cdots, p) \tag{3.68}$$

式中，y_i 是种 i 的回归值；a_i、b_i、c_i 是回归常数；x 是环境因子。再分别计算指示值 u_i

$$u_i = -b_i / (2c_i) \tag{3.69}$$

环境因子的预测值采用加权平均的方法求之，即

$$\hat{x} = \sum_{i=1}^{p} y_i u_i \Big/ \sum_{i=1}^{p} y_i \tag{3.70}$$

该方法假定所有的种具有相同的耐度，显然这不符合实际情况，Braak 和 Barendreg（1986）对式（3.70）稍修改为

$$\hat{x} = \left(\sum_{i=1}^{p} y_i u_i / t_i^2 \right) \Big/ \sum_{i=1}^{p} y_i / t_i^2 \tag{3.71}$$

式中，t_i 为种 i 的耐度，$t_i = 1 \big/ \sqrt{-2c_i}$ 。

在种类耐度相同的情况下，式（3.70）与式（3.71）一致。如果种类的耐度不同，则式（3.71）的结果好于式（3.70）（Jongman et al. 1987）。

3. 逆回归分析

前面我们讲的是回归分析以环境因子为自变量，种对环境因子的反映作为因变量而建立的方程。这是生态学上常用的回归方法。现在我们考虑相反的情况，以种的数量值作为自变量，环境因子值作为因变量而建立方程，这样的方程就可以用来预测环境因子的值。该回归过程与通常所说的回归相反，称其为逆回归（inverse regression）。逆回归可以用一个种的数量值进行一元回归，也可以用多个种的值进行多元回归，一般情况下，逆回归对线性关系最为有效。如果是非线性结构，需要事先对数据进行某种方式的转换，使其在一定程度上符合线性结构，再进行线性逆回归分析。

第四章　种-面积关系

第一节　概　　述

植物群落中物种数目随样地面积的增加而增加，这甚至已经成为“植物群落生态学中的定律之一”（Worthen 1996）。同时，种-面积关系也是相当有趣的一个主题，已涌现出大量的文献，并且还在不断地增加（May 1975；Wiegand 2007）。MacArthur 和 Wilson 的岛屿生物地理学理论诞生以后，种-面积关系又成为自然保护生物学中决定保护区面积的一个主要原理（Worthen 1996）。Lepš 和 Stursa（1989）认为用种-面积关系比单一的物种数目可以更好地描述植物群落的物种丰富度。用种-面积曲线还可以外推来估计群落的物种数目（Bunge and Fitzpatrick 1993；Palmer 1990；de Caprariis 1984；de Caprariis and Lindemann 1978；de Caprariis et al. 1976，1981），也可以用种-面积曲线来确定群落的最小面积（Barkman 1989），并且有多种函数被用作种-面积曲线公式来加以研究（de Caprariis 1984；Arrhenius 1921；Goodall 1952；Dahl 1960；Preston 1962；Connor and McCoy 1979；Gitay et al. 1991；Buys et al. 1994；Williams 1995；Miller and Weigert 1989；Hopkins 1955；Kilburn 1966），不少学者对这些曲线的拟合及其参数的意义也进行过一些讨论。近年来，群落的生态过程、功能多样性、进化过程等受到重视，种-面积关系研究有了新发展，功能多样性-面积曲线、谱系多样性-面积曲线等被提出并进行了应用研究（Ives and Helmus 2011；Helmus et al. 2012）。

一、种-面积曲线

随着样方的面积扩大，样方内的种类也随之增加，最初增加很快，以后逐渐缓慢，形成一条曲线，称为种-面积曲线（species-area curve）。对于这条曲线的形状及其最适当的拟合公式，已经进行过很多研究，希望找出一条曲线能代表群落的特点，从而把类似的曲线进行分类。

分布格局对于这条曲线的影响常被忽略或考虑不足。在同样大小的样方中，集群分布时种的数目一定比随机分布时少，除非样方大到超过了集群分布种的小斑块间距，否则，从随机分布情况所得的曲线自然不会符合集群分布的情况。

另一原因则是研究方法上的缺点。研究面积和种数的关系常采用 3 种方法：①随机设置大小不一的样方；②同一地段逐渐扩大样方的面积；③将一定数目随机设置的小样方的结果相加。其中，第一种方法最佳；第二种方法大样方中套小样方，使得小样方中出现的罕见种也必须在大样方中出现，而有夸大种数的缺点；第三种方法不仅有此缺点，还有忽视集群分布的缺点，因小样方数目多，集群分布种也能有机会出现。

关于曲线的形式进行了许多数学的探讨，对于曲线的上部为直线或 S 形不能确定，多数人认为是接近直线的，从而可以从线的坡度上大体指示种的数目变化。

二、群落最小面积

群落最小面积（或群落代表面积）是一个与种-面积曲线密切有关的问题。所谓最小面积（minimal area）是最小的能表现群落全部特点的面积。关于最小面积也有 3 种研究方法：以种属组成、种属组成的均匀度和种的频度为依据的方法。前面曾提到种-面积曲线渐趋于水平的现象。许多学者认为此时的面积即是最小面积。法瑞学派也是用此法确定最小面积的。Cain（1938）指出种-面积曲线上有一个转折点“Break”，在此以后曲线即趋水平。他发现转折与二轴 X-Y 的比例大小有关，因而建议面积增加 1/10，种数也增加 1/10 的方法。可是这个方法也有一个缺点，就是这个比例由最大样方所决定，即最大样方愈大则种数和面积的比例愈小，而最小面积愈大。

北欧学派认为恒有度达 90%的为恒有种，当恒有种的数目不再增加时的样方面积就是最小面积。这种方法的缺点是只采用了 10 个主观选择的样方，而非随机选择。

分布格局的规模和强度也影响到最小面积，如果分布格局的规模小，则用小样方也将出现。如果分布格局的范围大，则决定于强度（单位面积的株数）、对个体密集的小斑块，若小斑块之间的距离大，则只在大样方中才能出现。反之，许多密或稀的小斑块形成很大的分布范围，那么在较小的样方中出现格局。因为最小面积和分布格局的关系较复杂，分布格局相差很大会形成结构很不相似的群体，但是可能具有同一最小面积，所以最小面积的概念对分布格局研究实际意义不大。

第二节　种-面积关系的模型

一、模型的类型

在生态学文献中，描述种-面积关系的模型很多，这里介绍主要模型和常用模型。

下面模型公式中，A 为面积，S 为面积 A 中出现的物种数目，C、Z、B 都是模型中的参数，即适当的常数。这些曲线模型分属于两类，即非饱和曲线模型和饱和曲线模型。

1. Connor 和 McCoy 模型（1979）

$$S=Z+CA \tag{4.1}$$

这是一次线性函数，被 Connor 和 McCoy（1979）所采用，其中的参数 C 是每增加单位面积所增加的物种数。

2. 对数函数模型

$$S=Z\ln(A)+C \tag{4.2}$$

对数函数模型是被广泛应用的一个模型（Connor and McCoy 1979），Z 是单位面积中的物种数，C 是面积每扩大 e 倍（e≈2.71828，为自然对数的底）所增加的物种数。

3. Buys 等（1994）模型

$$S=(Z+C\ln A)^B \tag{4.3}$$

这是 Buys 等（1994）提到的模型（4.2）的一个变形。

4. Goodall（1952）模型

$$S=C\ln(A+1) \tag{4.4}$$

该模型是对数函数，被 Goodall（1952）和 Dahl（1960）采用，它与 Fisher（1943）模型一致，可以认为是其特例，其中的参数 C 是 e–1 个单位面积上出现的物种数。

5. Fisher（1943）模型

$$S=C\ln(ZA+1) \tag{4.5}$$

6. Arrhenius（1921）模型

$$S=CA^Z \tag{4.6}$$

该模型是 Arrhenius（1921）最早用于描述种-面积关系的一个模型，后来又被很多人采用（Lepš and Stursa 1989；Barkman 1989；Preston 1962；Connor and McCoy 1979；Gitay et al. 1991；Kilburn 1966），是最流行的一个模型（Buys et al. 1994）。该模型可以从群落、景观到区域各种尺度上很好地描述种-面积关系。其中参数 C 对应于单位面积中出现的物种数，参数 Z 与使用的面积单位无关，被认为是空间异质性的一种度量。

7. de Caprariis 等（1976）模型

$$S=CA/(1+ZA) \tag{4.7}$$

8. Logistic 曲线模型

$$S=B/(1+Be^{-ZA}) \tag{4.8}$$

9. Michaelis-Menton 模型

$$S=B-Ce^{-ZA} \tag{4.9}$$

该模型是酶动力学研究中广泛采用的模型。

10. Miller 和 Weigert（1989）模型

$$S=C(1-e^{-ZA}) \tag{4.10}$$

11. Archibald（1949）模型

$$S=B/(C+A^{-Z}) \tag{4.11}$$

这一模型实际上是 Logistic 模型的另一种形式。

He 和 Legendre（1996）认为模型 2、模型 6 和模型 11 是最常用的 3 个模型，分别代表对数模型、指数模型和 Logistic 模型。经过推导论证，这 3 个模型实际上是同一个模型的不同形式。

二、模型的拟合

模型（4.1）、（4.2）和（4.4）是关于参数的线性模型，可方便地用线性最小二乘法求解。其他模型都是关于参数的非线性模型，需要用非线性最小二乘法求解。但参数初值的确定方法随模型的不同而有变化。对模型（4.3）有两种处理方法。

1）先将式（4.3）化为

$$S=p(\ln A+q)^B \tag{4.12}$$

式中，$p=C^B$，$q=Z/C$。再将式（4.12）两端取对数，得

$$\ln S=\ln p+B\ln(\ln A+q) \tag{4.13}$$

对一个固定的 q，式（4.13）是关于 $\ln p$ 和 B 的线性模型，用线性最小二乘法即可解出 $\ln p$ 和 B，从而得到参数 C、Z 和 B 的一组值（其中，$C=p^{1/B}$，$Z=qp^{1/B}$），再通过式（4.3）求出这组参数对应的残差平方和。

将 q 的一个可能区间（q_1, q_2）m 等分，对每一个等分点上的 q 都重复上述过程，将最小的残差平方和对应的一组参数值作为非线性最小二乘法求解过程的初值。

2）先将式（4.3）化为

$$S^{1/B}=Z+C\ln A \tag{4.14}$$

对于一个固定的 B，式（4.14）是关于参数 C 和 Z 的线性模型，可方便地求出 C 和 Z，再取 B 的一个可能区间（B_1, B_2），以下作法与 1）相同。

对于模型（4.5），先将 Z 固定，则它就成为关于参数 C 的线性模型，从而可求之。再取 Z 的一个可能区间（Z_1, Z_2），以下作法同 1）。

对于模型（4.6），先将其两端取对数，得

$$\ln S=\ln C+Z\ln A \tag{4.15}$$

它是关于 $\ln C$ 和 Z 的线性模型，从而可求出 C 和 Z 的一组初值。

对于模型（4.7），也有两种参数初值的求解方法：

1）将式（4.7）化为

$$1/S=Z/C+(1/C)(1/A) \tag{4.16}$$

它是关于 b/a 和 $1/a$ 的线性模型。

2）将式（4.7）化为

$$S/A=C-ZS \tag{4.17}$$

它是关于 C 和 Z 的线性模型。

对于模型（4.8），先将其化为

$$\ln(B/S-1)=\ln C-ZA \tag{4.18}$$

它是关于 $\ln C$ 和 Z 的线性模型。对于固定的 B，去掉使 $S>B$ 的观察值（A_i, S_i），用剩下的观察值进行运算，求出参数 C 和 Z，再取 B 的一个可能区间，以下作法同 1）。

对于模型（4.9），先将其化为

$$\ln(B-S)=\ln C-ZA \tag{4.19}$$

它是关于 $\ln C$ 和 Z 的线性模型。以下同模型（4.8）的处理。

对于模型（4.10），先将其化为

$$\ln(1-S/C)=-ZA \tag{4.20}$$

它是关于参数 Z 的线性模型。对于固定的 C，去掉使 $S>C$ 的观察值（A_i, S_i），用剩下的观察值进行运算，求出参数 C 和 Z，再取 C 的一个可能区间，以下作法同 1）。

对于模型（4.11）可参考模型（4.8）的拟合方法。

三、模型拟合效果的检验

由于种-面积曲线模型中，既有线性的，也有非线性的，其拟合效果可能与群落类型、环境条件等有关，对其结果有必要进行检验。用统计方法可对线性模型的显著性进行检验，对非线性模型却没有相应的检验方法。因此，有必要选取几个评价指标对它们进行统一的评价，这里介绍 4 个评价指标。

1）剩余标准差（RSE）

$$\mathrm{RSE}=\sqrt{\frac{Q}{n-k-1}} \tag{4.21}$$

2）相关指数（CRI）

$$\mathrm{CRI}=1-\frac{(n-1)Q}{(n-1)\mathrm{TSS}} \tag{4.22}$$

3）绝对偏差的平均值（AAD）

$$\mathrm{AAD}=\frac{1}{n}\sum_{i=1}^{n}\left|S_i-S_{ti}\right| \tag{4.23}$$

4）相对偏差绝对值的平均值（AARD）

$$\mathrm{AARD}=\frac{1}{n}\sum_{i=1}^{n}\left|\frac{S_i-S_{ti}}{S_i}\right| \tag{4.24}$$

其中

$$Q=\sum_{i=1}^{n}(S_i-S_{ti})^2,\ \mathrm{TSS}=\sum_{i=1}^{n}(S_i-S_a)^2,\ S_a=\frac{1}{n}\sum_{i=1}^{n}S_i$$

式中，S_i 和 S_{ti} 分别为观察的和通过方程计算的物种数目，S_a 为 S_i 的平均值，n 为样本含量，k 为模型中参数的个数。

RSE、AAD 和 AARD 越小，CRI 越大，则模型的拟合效果越好，并且 RSE 和 CRI 都是基于残差平方和的指标，起的作用是相同的。实际上，一般选用两个或三个指标就可以了。

He 和 Legendre（1996）用对数模型［模型（4.2）］、指数模型［模型（4.6）］和 Logistic 模型［模型（4.11）］对马来西亚 Pasoh 森林种-面积关系进行了拟合，3 个模型效果一致（图 4.1），因为经过推导，他们证明这 3 个模型实际上是同一个模型的不同形式。

刘灿然等（1999）应用和比较了 10 个种-面积曲线的模型，对北京东灵山小龙门林场选的辽东栎成熟林（群落 1）和幼林（群落 2）、华北落叶松人工林（群落 3）、油松人工林（群落 4）和落叶阔叶混交林（群落 5）的种-面积关系进行了研究。并用剩余标准

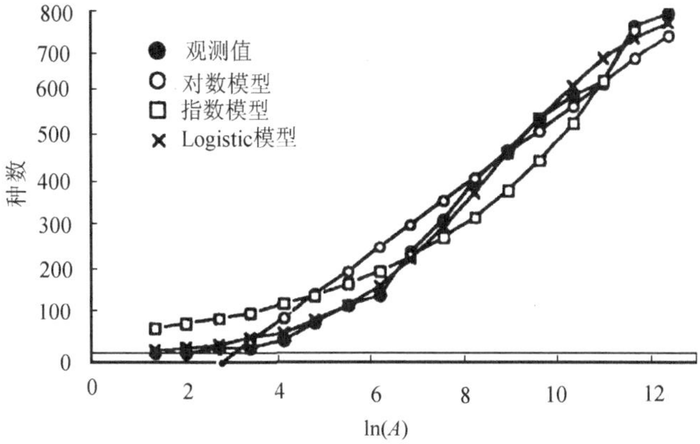

图 4.1 马来西亚 Pasoh 森林种-面积关系的拟合（He and Legendre 1996）

差（RSE）、相关指数（CRI）、绝对偏差的平均值（AAD）和相对偏差绝对值的平均值（AARD）作为模型拟合优劣的 4 个评价指标对结果进行了评价。结果表明，10 个模型的拟合效果都相当好，对 5 个群落及其各层次拟合的共 200 个 CRI 中有 71.5%大于 0.9，89%大于 0.8，其中模型（4.3）和（4.9）最好，其次是模型（4.5）、（4.6）、（4.2），而模型（4.1）和（4.10）较差。

四、新发展的面积曲线模型

在前面种-面积曲线的基础上，近年来延伸和发展了几种新的面积曲线模型：功能多样性和谱系多样性-面积曲线（functional diversity and phylogenetic diversity-area curve）、个体种-面积曲线（individual species-area curve）、个体-功能多样性和谱系多样性 面积曲线（individual functional diversity and phylogenetic diversity curve）。

（一）功能多样性和谱系多样性-面积曲线

谱系多样性-面积曲线（phylogenetic diversity-area curve，PDAC）与种-面积曲线（species-area curve，SAC）类似，用于计算群落谱系多样性与群落所占面积的关系。相比于种-面积曲线，谱系多样性-面积曲线考虑了生态过程和宏观进化过程。Helmus 等（2012）率先提出曲线理论预期，他们先用模拟的方法基于物种分类（species sorting）、随机定植（random placement）和限制扩散（limited dispersal）三个生态群落构建过程生成曲线，其中物种分类表示物种有不同的生境偏好，随机定植表示物种没有生境偏好，但在群落中分布有差异，限制扩散表示物种没有生境偏好但扩散能力有差异。再将曲线在区域范围内进行模拟，物种的宏观进化过程包括区域间迁入、区域内成种和区域内灭绝。建立谱系多样性-面积曲线具体过程如下。

首先，计算系统发育多样性测度（phylogenetic species variability metric，PSV）。

$$\mathrm{PSV}=\frac{n\mathrm{tr}\boldsymbol{C}-\sum\boldsymbol{C}}{n(n-1)} \tag{4.25}$$

式中，n 为群落物种丰富度；$\boldsymbol{C}$ 为群落谱系协方差矩阵（是物种库，即整个数据集的谱系协方差矩阵的子矩阵），tr$\boldsymbol{C}$ 是 $\boldsymbol{C}$ 矩阵对角线元素的总和，$\sum\boldsymbol{C}$ 是 $\boldsymbol{C}$ 矩阵所有元素的总和。PSV 的范围是 0～1，越接近 0 物种亲缘关系越近，越接近 1 亲缘关系越远。值得注意的是，由于确定的谱系树对应确定的物种库，所有系统发育多样性测度都是有限定的。

其次，建立谱系多样性-面积曲线。简单起见，这里不使用具有嵌套性取样单元的数据集。对于有不同面积的取样单元，如岛屿，直接将其从小到大排列并绘制物种数和面积的点图。对于有相同面积的取样单元，如样方，曲线则通过保留取样单元的空间布局或移除空间布局来构建（Chiarucci et al. 2009；Scheiner et al. 2011）。对于有空间布局的曲线即空间曲线（spatial curve），其单元通过加入相邻单元而整合成更大的面积；而对于无空间布局的曲线即非空间曲线（nonspatial curve），其单元通过随机选取整个数据集中的其他单元来整合成更大的面积。空间曲线和非空间曲线都可用于森林样地的数据集。

1. 生态过程模拟模型

基于物种分类、随机定植和限制扩散三个生态过程建立模拟模型来获得 PDAC 和 SAC。物种分类模型明确了群落组成和单一环境因子的潜在关系（Ives and Helmus 2010，2011；Peres Neto et al. 2012）。假设 100 个样方沿环境因子 x 连续梯度出现，每 n 个物种 i 有一个 x 的单峰曲线的最优值 xi^*。物种 i 出现在给定环境值 x 的样方中的概率为 $p_{x,i}$，$p_{x,i}$ 依照以 xi^* 为中心、标准差为 σ 的高斯曲线递减。随机定植模型与物种分类模型相同，除了物种出现在任何样方中的概率取决于物种在所有样方中存在的总概率 p_i。限制扩散模型中，物种分布概率以特定样方 d_i^* 为中心，物种 i 出现在样方 d 的概率为 $p_{d,i}$，$p_{d,i}$ 依照以样方 d_i^* 为中心、标准差为 σ_i 的高斯曲线递减。物种间的方差 σ_i 导致一些物种距离 d_i^* 有较宽的扩散核心范围（dispersal kernel），有的扩散范围则较窄，这些都是随机分配到物种，与环境梯度无关。3 个模型也包含了独立于 $p_{x,i}$、p_i 和 $p_{d,i}$ 的群落物种丰富度随机变量。

将 xi^*、p_i 和 σ_i 模拟为沿着 n 个物种的谱系树呈布朗运动（Brownian motion）的进化过程，最终产生出 3 种谱系信号，分别为近缘种有相似环境耐受（物种分类，xi^*）、相似的总相对多度（随机定植，p_i）和相似的扩散范围（限制扩散，σ_i）。对于物种分类模型，谱系吸引（phylogenetic attraction）会导致谱系聚集，而谱系排斥（phylogenetic repulsion）会导致谱系上的平均或发散。由于两者都同时会影响群落结构，可以假设近缘种难以共存而将谱系排斥加入模型中，这里使用 Ives 和 Helmus（2011：Appendix A）的数学方法。该设想模型的假设是谱系排斥仅存在于单一地点尺度上，而谱系吸引普遍存在于环境相似的地点间，因此可以发生在任何空间尺度。

用森林样地数据集和生态过程模拟数据集来构建反映生态过程的谱系多样性-面积曲线，首先计算群落平均物种丰富度和 PSV，其次随机选取一个样方，加入一个相邻的（如果是空间曲线）或再次随机选取（如果是非空间曲线）的样方中的物种，整合后再计算物种丰富度和 PSV，重复这个操作 10 000 次来计算均值。在重复操作的过程中整合了 3 个、4 个、5 个…… 样方来生成面积曲线（图 4.2）。通用的 R 函数可以帮助其他数据集计算这些曲线（具体代码参见 Ecological Archives E093-176-S1）。

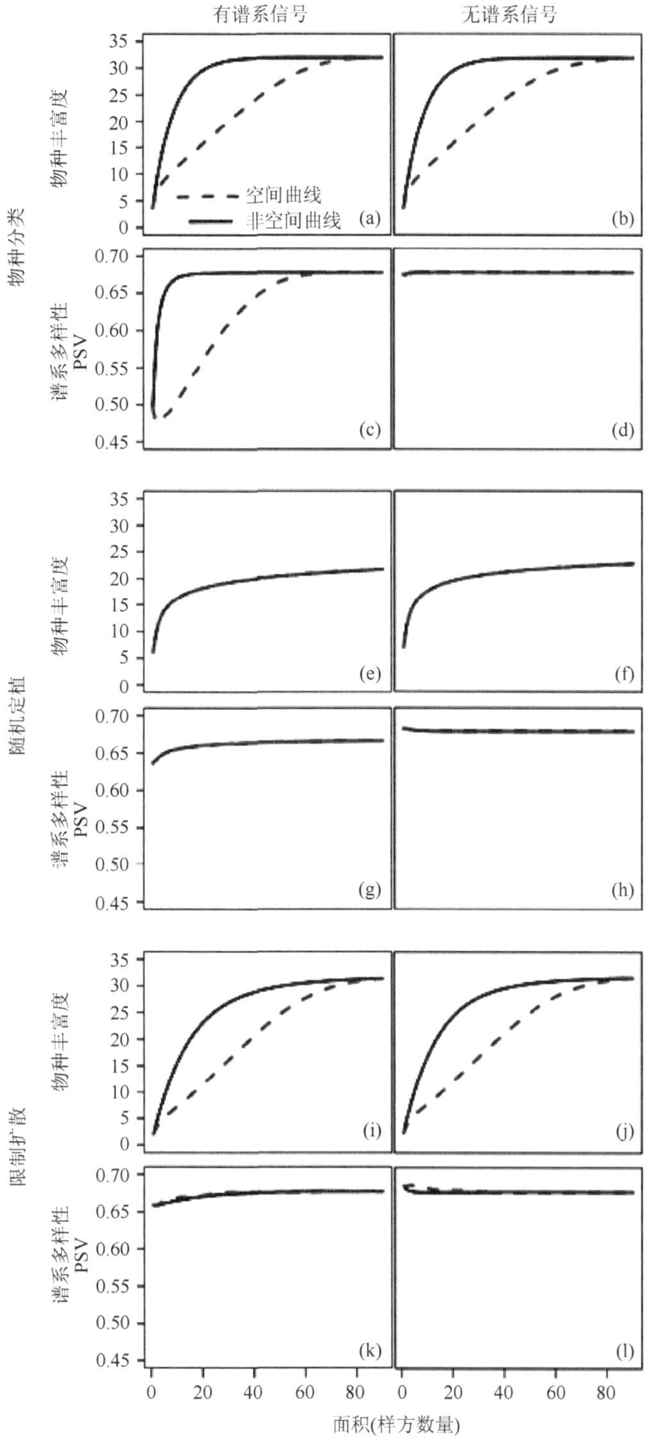

图 4.2　利用数据模拟群落构建中物种分类[(a)~(d)]、随机定植[(e)~(h)]和限制扩散[(i)~(l)]假说下的谱系多样性-面积曲线和种-面积曲线（Ives and Helmus 2011）模拟在有谱系信号和无谱系信号的条件下分别进行，空间曲线保持了样地沿环境梯度的空间格局，非空间曲线则是不考虑地点随机选择样地。图中的点线是超过 100 次模拟后取平均

2. 宏观进化过程模拟模型

建立宏观进化模拟模型来生成来自岛屿间迁入和岛屿内就地成种的 PDAC 和 SAC。该模型是中性的，视所有物种为生态等同（MacArthur and Wilson 1967；Hubbell 2001）。每当一个物种扩散到一个新的岛屿时，会被当作通过异域成种形成的一个新物种。因此，模拟的岛屿虽然进化上与物种库相关，却存在差异。一个物种在一个特定岛屿的进化和形成取决于两种概率：一个是就地成种比率和灭绝事件的全球概率 k 的比值，另一个是新物种在岛屿 j 存活的概率 q_j，后者取决于岛屿面积。当概率 k=0 时，所有成种发生在岛屿间迁入；当 k=1 时，所有成种为就地成种，即所有物种仅在一个岛屿中。模型开始于随机分配到一个岛屿的单一物种，接着物种形成事件开始发生，k 是岛屿就地成种的概率，而 1–k 是异域迁入不同岛屿的概率。在迁入事件中，新物种随机分配到其他岛屿。成种之后，新物种在岛屿 j 上以 q_j 的概率形成。为进行模拟，假设 q_j 的值在 m 个岛屿中依照 0.9^j（j=1, 2, ⋯, m）呈指数分布。因此，最大岛屿上的一个新物种有 0.9 的概率存活，第二大岛屿有 0.81 的概率存活，以此类推（即形成一个凹形的灭绝曲线）。对于连续的成种事件，一个物种被随机选出进行成种，每个成种速率假设在时间上是连续的。这个过程持续进行直至达到所有岛屿的全部物种数。通过追踪成种过程和鉴定岛屿的物种，一个模拟的包含进化亲缘关系的物种数据集就能建立。运行 10 000 次模拟使 k 等于 0（无就地成种）、0.6（60%就地成种）和 0.9（90%就地成种）。

Ives 和 Helmus（2011）利用两个实验数据集来构建谱系多样性-面积曲线，即沿海拔梯度的森林样地和加勒比海岛的安乐蜥。前者为取样面积相等的森林样方，使用空间曲线和非空间曲线构建谱系多样性-面积曲线；后者为取样面积大小不同的岛屿型样方，则根据岛屿大小排列构建曲线。研究发现，3 个生态群落构建过程中只有物种分类过程在谱系多样性和面积之间产生了较强的关系。对于森林样地，谱系多样性-面积曲线符合物种分类的预期，但必须将谱系排斥加入模拟中（图 4.3）。区域性谱系多样性和面积的关系只有当物种仅来自于区域内成种时才表现强烈（图 4.4）。

（二）个体种-面积曲线

利用物种个体研究局域多样性的空间格局，Wiegand 等（2007）提出了个体种-面积曲线（individual species-area curve，ISAC）。这是一种将常见的种-面积曲线与 Ripley's K 相结合的空间统计方法，用于测定围绕目标物种任意个体的邻体 α 多样性。函数 ISAC 能在种-群落水平上测量达到离目标种任意个体距离 r 的物种数。为了估计半径为 r 时目标物种 t 平均个体的预期圆形面积内物种数 ISAC(r)，首先计算二元空概率 $P_{tj}(0, r)$，即物种 j 不在目标物种 t 个体周围以 r 为半径的圆内的概率，然后加和 $1-P_{tj}(0, r)$计算圆内所有的物种数。

$$\mathrm{ISAC}(r)=\sum_{j=1}^{N}\left[1-P_{tj}(0,r)\right] \tag{4.26}$$

式中，r 为半径；t 为目标物种；j 为其他物种；N 为总物种数。

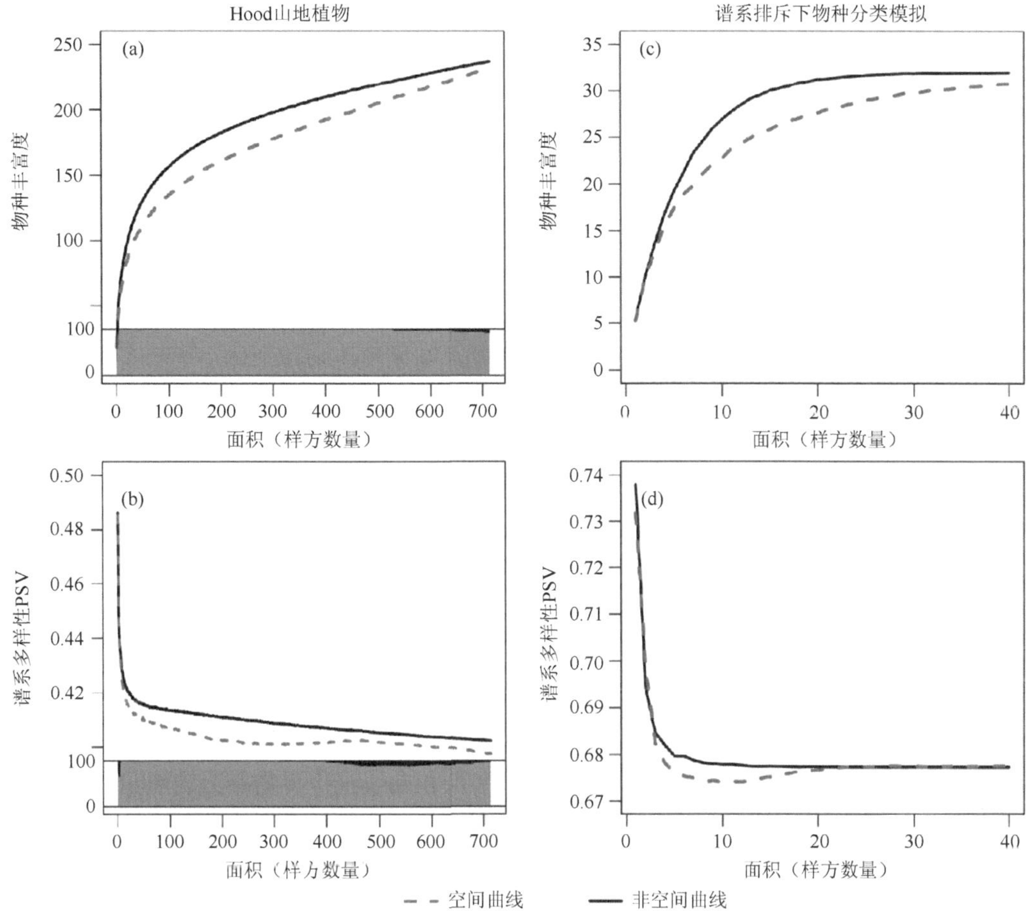

图 4.3　Hood 山地（Oregon，USA）植物的种-面积曲线（a）、谱系多样性-面积曲线（b）及物种分类模型模拟的两种曲线（c、d）（Ives and Helmus 2011）

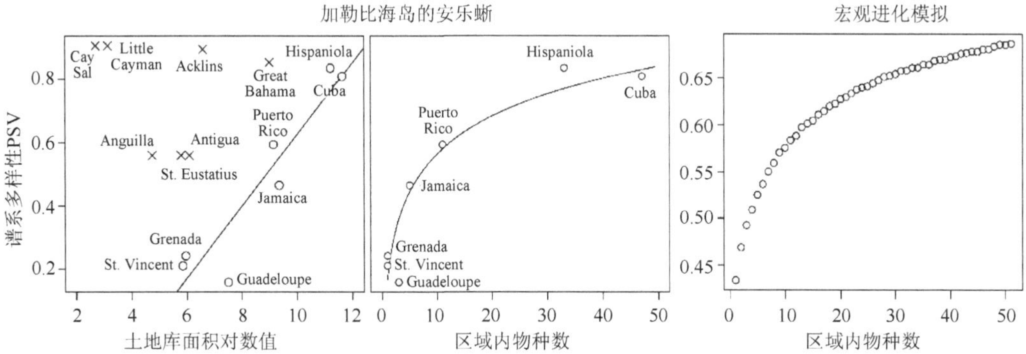

图 4.4　安乐蜥谱系多样性-面积曲线拟合（Ives and Helmus 2011）

图中圈点表示英文地名的位置

ISAC 能敏感评估物种通过与其他物种相互作用对局域多样性产生的影响。如果目标物种与其他物种的种间关系表现为正的相互促进作用占主导，则目标物种可以在其周围聚集和保持一个高比例的多样性，即成为多样性促进者（diversity accumulator）；相反，如果目标物种与其他物种关系主要呈负相互作用，则这个目标种只能在接近它的范围内具有较低比例的多样性而成为多样性排斥者（diversity repeller）；而如果积极或消极的相互作用都很弱甚至没有，则物种表现为中性。

除了种间相互作用，目标物种的空间格局和环境作用也都可能影响 ISAC 产生的曲线，即物种可能由于聚集或发散的空间格局和生境不同而成为多样性促进者或多样性排斥者。解决这个问题可以考虑使用蒙特卡罗（Monte Carlo）中性物种异质性零模型来评估物种在何种空间尺度上为显著的多样性促进者、多样性排斥者或中性者。

Wiegand 等（2007）利用个体种-面积曲线分析了巴拿马科罗拉多岛（Barro Colorado Island）和斯里兰卡 Sinharaja 地区的物种多样性，结果发现物种个体在空间多样性上留下了可识别的信号，但仅体现在小的空间尺度上。多数物种在邻体处于 20m 的范围外时表现为中性。在小尺度上（<20m），他们在两地观察到了两种依赖于森林类型而显著不同的物种角色：在科罗拉多岛主要为多样性排斥者，而 Sinharaja 则为多样性促进者。然而，两个热带森林中都在更大尺度上缺乏影响物种多样性结构的关键物种，这意味着“平衡”的种间相互作用可能是这些高物种丰富度森林的一个特点。

（三）个体-功能多样性和谱系多样性-面积曲线

个体-功能多样性和谱系多样性-面积曲线是功能多样性和谱系多样性-面积曲线和个体种-面积曲线的结合，是把谱系关系考虑到个体种-面积曲线中而形成的一种新的种-面积关系模型。Wiegand（2007）提出的个体种-面积曲线视所有物种为功能和进化上等同，而没有考虑物种间的功能差异和谱系多样性。

Yang 等（2013）提出的个体-谱系-面积曲线（individual phylogenetic area curve，IPAC）与 ISAC 方法相似，计算了目标物种的个体周围圆形面积内物种的谱系多样性（phylogenetic diversity，PD），并比较了是否观察到的谱系多样性比从已知的物种丰富度预期的多样性更高或更低。

对每一个森林样地，他们都单独建立谱系关系并从中生成零模型，因此其他森林的物种不包括在某一森林的零模型中，最终每一个物种的平均个体都有一个 PD 的零假设模型。他们计算了谱系多样性的净效应（standardized effect size of phylogenetic diversity，S.E.S.PD）来比较每个物种平均个体的 PD 与预期 PD 大小关系。具体为减去从零假设模型的均值中得到的观察值，并通过零假设模型的标准差分离出观察值。计算公式如下：

$$\text{S.E.S.PD}=\frac{\dfrac{1}{n}\sum_{i=1}^{n}(\text{PD}_{\text{obs}})_i-\dfrac{1}{999}\sum_{j=1}^{999}\left[\dfrac{1}{n}\sum_{i=1}^{n}(\text{PD}_{\text{null}})_i\right]}{\sqrt{\dfrac{1}{999}\sum_{i=1}^{n}\left[(\text{PD}_{\text{null}})_i-\dfrac{1}{n}\sum_{i=1}^{n}(\text{PD}_{\text{null}})_i\right]^2}} \tag{4.27}$$

式中，i 为目标物种的个体数；j 为零值数；PD_{obs} 为谱系多样性观察值；PD_{null} 为谱系多样性模拟值。

因此，正的 S.E.S.PD 值表示物种的平均个体周围的 PD 值高于预期，负的 S.E.S.PD 值表明低于预期 PD 值。

同时，在 ISAC 的基础上，IPAC 量化了多样性促进者、多样性排斥者和中立物种的谱系分布，方法为两个最常用的谱系扩散标准效应指标——净相关指数（net relatedness index，NRI）和最近邻体指数（nearest taxon index，NTI）（Webb 2002）。负的 NRI 或 NTI 都表明群落（如多样性促进者）在样地的谱系中是发散的，而正的 NRI 或 NTI 表明群落在谱系上聚集，也就是说负值表示物种间没有近的亲缘关系，而正值则表示有近的亲缘关系。

Yang 等（2013）研究了世界从温带到热带 9 个森林动态监测样地区域的 ISAC 和 IPAC，发现物种个体周围的谱系多样性总体上只在非常局域的尺度上非随机。另外，在群落谱系发育上物种中多样性促进者和多样性排斥者的分布是非随机的，这暗示了 ISAC 的谱系信号沿纬度存在。

五、种-面积曲线模型的选择

任何一个描述种-面积关系的合理模型都应该满足一些基本的条件，最明显的一个就是，物种数目 S 应该是面积 A 的非减函数（Buys et al. 1994）。前面的 10 个种-面积曲线模型都满足这个条件。Buys 等（1994）进一步指出，对于给定的一个区域，有限的物种数目 N 应该是模型的一个参数，即除上述最基本的条件以外，随着面积 A 的增加，物种数目 S 应该渐近地趋向于 N，Williams（1995）和 de Carprariis 等（1976）也特别强调了这一点。实际上这一现象早已被一些学者注意到了，有人甚至认为种-面积模型曲线实际上是 S 形的（Archibald 1949；Niering 1963）。种-面积曲线的选择应该依具体的研究目的而定。如果侧重于小尺度的研究，就选择满足第一个条件的曲线；如果着眼于大尺度的研究，就选择满足两个条件的曲线。实际上，种-面积曲线的尺度依赖性已被很多学者注意到（Kilburn 1963，1966；Williams 1943；Palmer and White 1994）。Williams（1943）发现小尺度上的种-面积关系符合指数模型（4.2），而幂函数模型（4.6）对中等尺度是合适的。Kilburn（1963）也发现幂函数模型对相对小的尺度最好，Logistic 模型对大尺度最好（Archibald 1949；He and Legender 1996）。

在同一研究中可以同时选用两个或多个模型进行拟合，并比较它们的结果，以选择最优的模型。

功能多样性和谱系多样性-面积曲线、个体种-面积曲线、个体-功能多样性和谱系多样性-面积曲线需要结合物种功能特征、谱系特征等数据，在有特殊研究需求和在特定条件下使用。

第五章　物种多度格局

第一节　概　　述

一、概念

在现代群落生态和种群生态学研究中，测定物种的多度是最基本的工作。当一个群落中全部物种调查清楚后，就可以排成一个多度谱（spectrum of abundance），它反映了群落中物种间的多度关系，是群落结构的重要特点，不同的群落具有不同的多度组成，我们把一个群落中物种的多度组成比例关系称为该群落的多度格局（abundance pattern）（Tokeshi 1993；张金屯 1995，1997b；Morlon et al. 2009），研究物种多度格局对理解群落的结构具有重要意义。对多度格局的描述、模拟，以及对其形成机制及变化预测等的研究过程称为多度格局分析（analysis of abundance pattern）。对于简单的群落，种类较少，依种的个体数目多寡次序，列出种及相应的个体数，称为多度排列（abundance rank）；对于种类多、结构复杂的群落则给出有 r 个个体种类数的观察频率的分布，称为物种的多度分布（abundance distribution）。

种的多度分布可以用多度分布表表示，也可以用曲线图表示。该图称为“种-多度”曲线（species-abundance curve）。图 5.1 就是种-多度曲线的一个例子。图的横坐标是种数的自然分组，因为每一组的中点是其前一组的 2 倍，故称为“倍程”；纵坐标是每倍程中的种数。图 5.1 较明显地反映了群落中的种数及个体数的分布。

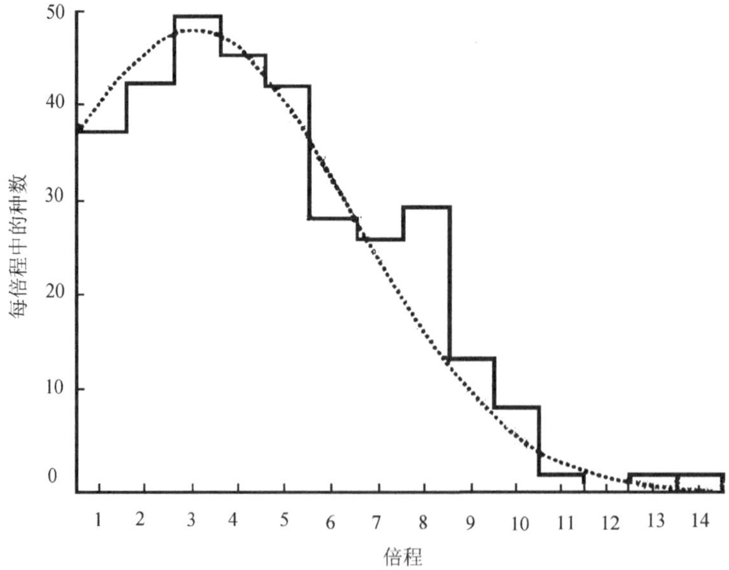

图 5.1　诱虫灯捕获的蛾类集合中种的多度分布

在多度格局分析中，最重要的是用数学的方法结合生态学意义建立多度格局模型（Tokeshi 1990），模拟多度格局在时间和空间上的变化。

二、物种多度格局研究进展

多度格局研究的开创性工作是 1932 年 Motomura 提出了一个几何级数模型，当初他的意图是用于描述群落类型在组成上的特点，并且原文是用日文写成的，没有引起生态学者的注意。直到 20 世纪 50 年代，一些学者在研究资源分配和生态位模型时，才重新提到他的工作。

1943 年 Fisher 等提出了对数级数模型（log-series model），用于描述种的多度分布，该模型有较广泛的应用，尤其对昆虫群落多度格局的研究，该模型中的系数 a 作为物种多样性的指数，也经过了广泛的讨论。Preston 沿着 Fisher 等的思路，提出了对数正态分布模型（log-normal distribution model），后来 Preston（1948）把其称为“典范假设”，20 世纪 60～70 年代，许多学者对该模型产生了兴趣。1975 年 May（1975）对该模型的数学原理和特点做了详细的论述，他认为该模型的生物学意义受到了限制。Ugland 和 Gray（1982）也提出类似的观点，认为研究结果决定了该模型的数学特性，到 80 年代有些学者基于群落的生物学特点，对该模型做了一些修改。另一个统计模型是负二项分布模型（negative binomial distribution model），该模型被广泛用于描述种群的空间分布格局，但在种群多度格局中用得较少。Pielou（1975）对该模型的统计学原理及在多度格局研究中的应用作了详细的分析讨论。

MacArthur（1957）是第一个对生物学意义不明确的统计模型提出质疑的学者，他认为对数级数模型、对数正态分布模型及负二项分布模型都强调了统计学分析过程，生物学和生态学意义不明确，他结合生态位原理，提出了 3 种模型：分割线段模型（broken-stick model）、重叠生态位模型（overlapping niche model）和生态位单元模型（particulate niche model）。MacArthur 自己对第三种模型不大满意。有不少人对这 3 种模型做过理论研究，但对其在实际群落分析中的应用并讨论所存在的问题是最近的工作。Frontier（1985）引入了一组模型称为“Zipf-Mandelbrot 模型”，这组模型起初主要用于社会经济学分析，Frontier 用其分析了生态学数据。但这组模型用的人较少，因为有人认为它是纯数学的，生态意义还不如对数级数模型和对数正态分布模型明确。Hughes（1984）认为对数级数模型和对数正态分布模型不适于物种多度格局分析，提出了动态模型（dynamic model）代替之，他用它描述了 222 组群落数据，认为拟合是较理想的，生态学意义明确。

Tokeshi（1990，1993）特别注重生态学意义，强调了生态位模型的重要性，他详述了生态位模型的发展。在他的研究中应用并比较了 7 个生态位模型，其中有些是他新提出来的。这 7 个模型是几何级数模型、重叠生态位模型、生态位优先模型（niche preemption model）、随机分割模型（random fraction model）、加权随机分割模型（weighted random fraction model）、优势分解模型（dominance decay model）和复合模型（composite model）。1993 年 Tokeshi 对各种模型的性质、特点，以及与生态位、物种多样性的联系作了详尽的论述，现在多数学者喜欢使用生态位模型，因为一个种在群落中的相对多度，反映了其在资源利用、竞争能力、抗干扰能力等方面的综合特征，这些特征多数在生态位占有上可以表现出来。

Hubbell（2001）提出了中性理论模型（neutral theory model），其是一个基于中性、随机假设的机理模型，也是种群和群落动态模型。它有两个基本假设：①群落内生物个体总的数量固定，某一物种多度的上升必然伴随着其他物种个体数量同等程度的减少；②所有物种的个体具有完全相同的出生率、死亡率和扩散率。这种假设受到了不少学者的批评（Walker and Cyr 2007）。2008 年，Zhou 和 Zhang 提出了近中性理论模型（nearly neutral model），模型中放松了对物种等价性的苛刻要求。中性理论模型着重强调随机过程的重要性，将个体迁移率、物种分化形成速率、群落大小等参数包含进模型的构建中，给出了群落物种多度分布的机理性解释，为在个体水平上探讨群落结构形成搭建了理论框架（Hubbell 2006）。近年来，群落中物种共存和多样性维持机制研究成为生态学的热点，多度格局研究有了重要进展（Etienne and Alonso 2005；Morlon et al. 2009）。

第二节　物种多度格局模型

有许多模型用来描述物种多度分布，大致分为两类：一类是资源分配模型，它是以种分配到的资源比例的假设来推导种的多度分布，也称生态位模型；另一类是“统计模型”，它是按统计假设而推导物种多度分布。

多度分布模型有的可推出多度排列表，有的可推出多度分布表，或者二者兼有。一般用种-多度曲线表示，结果较直观。不同模型也可能说明同一分布形式。下面我们将介绍各种分布模型。

一、生态位模型

生态位模型（niche model）是具有明确生态学意义的模型，它认为在群落中一个种个体的多少与该种的生态位大小有密切关系，也就是与种对群落环境资源利用和占有有关。目前生态位模型是多度格局的主要模型。

1. 生态位优先模型

生态位优先模型也称几何级数模型（geometric-series model）。假设一个群落中有 S 个种，有限的资源为 1，最优势的种先占了资源的份额 k，剩下 $1-k$，第二个优势种又先占了剩下部分的份额 k，所以它占了 $k(1-k)$，而剩下 $(1-k)-k(1-k)=(1-k)^2$。第三个优势种，又先占剩下部分的份额 k，即 $k(1-k)^2$，此后剩下 $(1-k)^2-k(1-k)^2=(1-k)^3$……如此下去，第 $S-1$ 个种占有 $k(1-k)^{S-2}$，剩下 $(1-k)^{S-1}$，被最后一个种（第 S 个种）全部占用（图 5.2）。因此，第 i 个种所占的比例为

$$y_i = k(1-k)^{i-1} \tag{5.1}$$

如果仅考虑群落中最常见的一些种，则第 i 个种所占的比例为

$$y_i = \frac{k(1-k)^{i-1}}{1-(1-k)^i} \tag{5.2}$$

对一个群落来讲，k 值应该是一定的。这一模型适用于种类较少的群落分析。

这样，如果种多度与所占资源成比例，则得到从大到小多度排列表（表 5.1）。

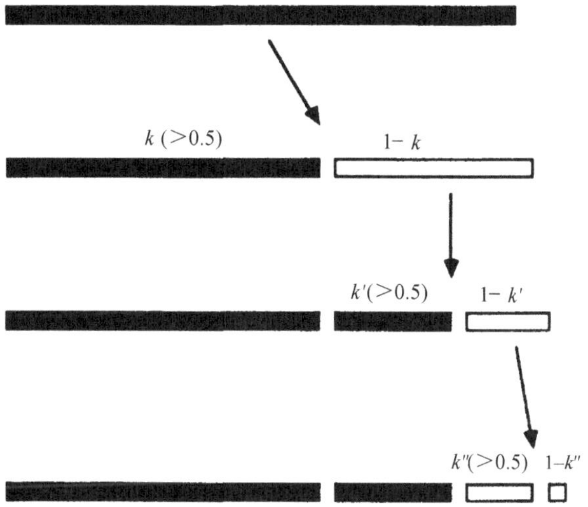

图 5.2　生态位优先模型图示

表 5.1　种多度与所占资源的比例

种 1	种 2	种 3	种 4	……	种 S–1	种 S
k	$k(1-k)$	$k(1-k)^2$	$k(1-k)^3$	……	$k(1-k)^{S-2}$	$k(1-k)^{S-1}$

注：只要 $k \geqslant 0.5$，上述多度就是从大到小排列的，除最后一项外，构成等比级数

如何从上述多度排列表来推导计算相应的种多度分布呢？May（1975）的方法如下。

假设种的多度或“大小”这一度量是连续的（本来只有 S 个离散值，当种 S 很多时，可近似地假设连续），我们要求此变量的概率密度函数为 $f(y)$，累积分布函数为 $F(y)$。

为简便起见，令 S=5、k=0.6，则其累积密度分布为下列阶梯函数，图 5.3 为累积密度分布的阶梯函数（S=5，k=0.6）。

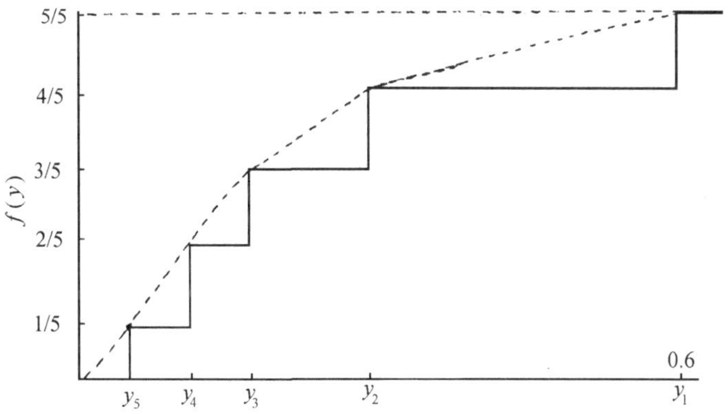

图 5.3　累积密度分布的阶梯函数（S=5，k=0.6）

假设虚线的光滑曲线是 $F(y)$ 的图形，则

$$P(\text{随机取一种}>y)=1-F(y_i) \tag{5.3}$$

而它显然与种 i “多度”的序号成比例，即 $1-F(y_i)\propto i$，由于 $y_i=k(1-k)^{i-1}$，取对数得

$$\lg y_i=\lg k+(i-1)\lg(1-k)=\lg k-\lg(1-k)+i\lg(1-k) \tag{5.4}$$

所以

$$i=\frac{\lg y_i-\lg k+\lg(1-k)}{\lg(1-k)}=\frac{\lg y_i-\lg\left[\dfrac{k}{(1-k)}\right]}{\lg(1-k)} \tag{5.5}$$

因此

$$1-F(y)\propto i=\lg y/\lg(1-k)+C \tag{5.6}$$

故概率密度函数近似于

$$f(y)=F'(y)=\frac{\mathrm{d}}{\mathrm{d}y}\left(\frac{\lg y}{\lg(1-k)}\right)=\frac{C}{y}，\ [(1-k)^{S-1}\leqslant y\leqslant k] \tag{5.7}$$

C 为常数，而使得

$$\int_{(1-k)^{S-1}}^{k} f(y)\mathrm{d}y=1 \tag{5.8}$$

在资源分配不均、某一种占有大部分资源量时，其多度分布符合该模型，也就是说这个模型要求优势种有较强的优势，占全部个体数的大部分。

2. 分割线段模型（broken-stick model）

这是 MacArthur（1957）提出的模型，也是一种资源分配模型。同样假设有限资源总计为 1，想象成单位长的一根棍，现在以随机设置的 S–1 个点，把棍分成 S 个部分，每一部分的长度表示一个种的“多度”（图 5.4）。

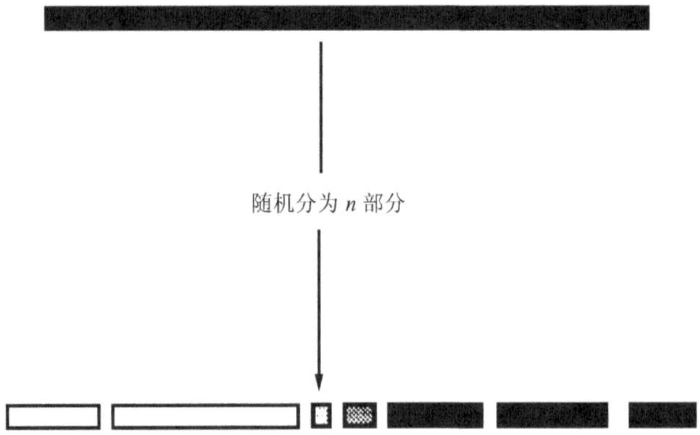

图 5.4　分割线段模型图示

把 S 部分按大小顺序排成 $y_1, y_2, \cdots, y_S$，表示种 $1, 2, \cdots, S$ 的多度。第 i 个种所占的多度比例为

$$y_i=\frac{1}{S}\sum_{x=i}^{S}\frac{1}{x} \tag{5.9}$$

现做简要推导。

令 $d_r=y_r-y_{r+1}$

即 $d_1=y_1-y_2$，$d_2=y_2-y_3$，…，$d_{S-1}=y_{S-1}-y_S$

于是 $y_1=d_1+y_2$，$y_2=d_2+y_3$，$y_3=d_3+y_4$，…，$y_{S-1}=d_{S-1}+y_S$

所以，$1=y_1+y_2+\cdots+y_S=d_1+y_2+d_2+y_3+d_3+y_4+\cdots+d_{S-1}+y_S$

$=d_1+2d_2+2d_3+2y_3+\cdots+d_{S-1}+y_S$

$=d_1+2d_2+3d_3+4d_4+\cdots+(S-1)d_{S-1}+Sy_S$

因为分割点是随机设置的，所以上式中每一项是独立的（共 S 项），其期望值均等于 $1/S$，即 $E(Sy_S)=\dfrac{1}{S}$

所以 $E(y_S)=\dfrac{1}{S^2}$

$$E(rd_r)=\frac{1}{S}$$

所以 $E(d_r)=\dfrac{1}{rS}\qquad (r=S-1,S-2,\cdots,1)$

$$E(y_{S-1})=E(y_S)+E(d_{S-1})=\frac{1}{S^2}+\frac{1}{S-1}\cdot\frac{1}{S}=\frac{1}{S}\left(\frac{1}{S}+\frac{1}{S-1}\right)\tag{5.10}$$

$$E(y_{S-2})=E(y_S)+E(d_{S-1})+E(d_{S-2})=\frac{1}{S}\left(\frac{1}{S}+\frac{1}{S-1}+\frac{1}{S-2}\right)\tag{5.11}$$

依此类推。对于一个种 i，它的个体期望值比例是

$$E(y_i)=\frac{1}{S}\sum_{x=i}^{S}\frac{1}{x}\quad (i=1,2,\cdots,S)\tag{5.12}$$

这样可以得到各个种期望值的多度排列表（表 5.2）。

表 5.2　各个种期望值的多度排列表

种	种 1	种 2	种 3	…	种 S–1	种 S
多度	$\frac{1}{S}\left(1+\frac{1}{2}+\cdots+\frac{1}{S}\right)$	$\frac{1}{S}\left(\frac{1}{2}+\frac{1}{3}+\cdots+\frac{1}{S}\right)$	$\frac{1}{S}\left(\frac{1}{3}+\frac{1}{4}+\cdots+\frac{1}{S}\right)$	…	$\frac{1}{S}\left(\frac{1}{S-1}+\frac{1}{S}\right)$	$\frac{1}{S^2}$

现在，推导它相应的种多度分布；与前面讲的一样，$1-F(y)\propto i$。

为了方便，现将式（5.12）写成 $y_i=\dfrac{1}{S}\sum_{x=i}^{S}\dfrac{1}{x}$，则有

$$y_i=\frac{1}{S}\sum_{x=i}^{S}\frac{1}{x}=\frac{1}{S}\int_i^S\frac{\mathrm{d}x}{x}=\frac{1}{S}\ln\frac{S}{i}\quad (S\text{相当大时})$$

所以，$S_{y_i}=\ln\dfrac{S}{i}$，$\dfrac{S}{i}=\mathrm{e}^{Sy_i}$

$$i=\frac{S}{\mathrm{e}^{Sy_i}}\tag{5.13}$$

于是$1-F(y)=C\cdot S\mathrm{e}^{(-Sy)}$

$$f(y)=F'(y)=CS^2\mathrm{e}^{(-Sy)} \tag{5.14}$$

常数 C 需要使得

$$\int_0^{\infty} f(y)\mathrm{d}y=1，\quad C=\frac{1}{S} \tag{5.15}$$

最后 $f(y)=S\mathrm{e}^{(-sy)}$ （$0<y<\infty$）。

这就是参数 S 的负指数分布。

这个模型适合于少数分类上比较接近的种形成的群落，个体数目分配也比较均匀，在现实中无疑是不常见的情况。

3. 重叠生态位模型

重叠生态位模型（overlapping niche model）允许种类在资源利用上重叠。我们仍将环境资源当成单位长的棍，每个种的多度与棍上随机设置两点间距离成正比，各个种是彼此独立的。现在不是把棍分配给各个种，而是各个种各取其所需资源，它们占用棍长的总和不再是 1，也就是说同一段棍可分为多个种占用的重叠生境（图 5.5）。

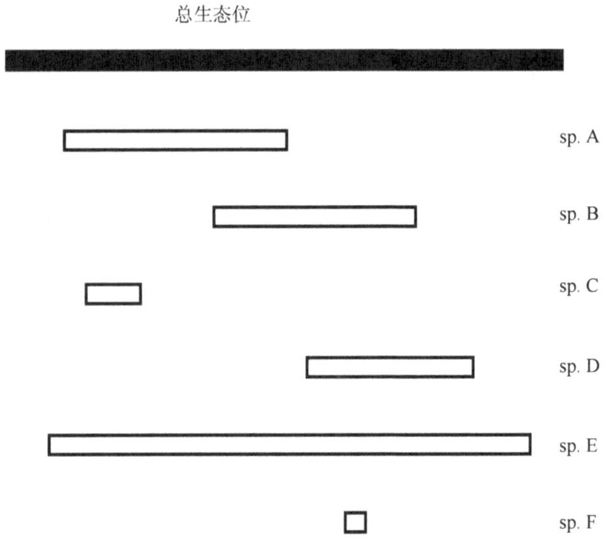

图 5.5　重叠生态位模型图示

这种模型和上面两个模型不同，首先得出的是多度分布，然后推导排列多度分布。种的多度分布就是[0, 1]区间上均匀分布（即矩形分布）的两个点极差的概率密度函数。我们仍假定 $F(y)$和 $f(y)$分别是种多度为 y 的累积密度函数和概率密度函数，则

$$F(y)=(2-y)y$$

$$f(y)=2(1-y) \quad 0\leqslant y\leqslant 1 \tag{5.16}$$

重叠生态位模型的排列多度由 Pielou 和 Arnason（1965）推导，总共 S 个种中，最多的第 i 个种期望值为

$$E(y_i)=1-\frac{S!}{(i-1)!}\times\frac{r(i-0.5)}{r(S+1.5)} \tag{5.17}$$

因此，$1-E(y_i)=\frac{S!}{(i-1)!}\times\frac{r(i-0.5)}{r(S+1.5)}$

$$1-E(y_{i+1})=\frac{S!}{i!}\times\frac{r(i+0.5)(i-0.5)}{r(S+1.5)}$$

两式相除得

$$\frac{1-E(y_i)}{1-E(y_{i+1})}=\frac{S!}{(i-1)!}\times\frac{r(i-0.5)}{r(S+1.5)}\times\frac{i!}{S!}\times\frac{r(S+1.5)}{r(i+0.5)(i-0.5)}=\frac{i}{i+0.5}=\frac{2i}{2i+1}$$

现求得递推公式：

$$1-E(y_i)=\frac{2i}{2i+1}\left[1-E(y_{i+1})\right] \tag{5.18}$$

先令 $i=S$，$E(y_{S+1})=0$ 得

$$1-E(y_S)=\frac{2S}{2S+1}$$

因此

$$E(y_S)=1-\frac{2S}{2S+1}=\frac{1}{2S+1}$$

再令 $i=S-1$

$$1-E(y_{S-1})=\frac{2(S-1)}{2(S-1)+1}\left(1-\frac{1}{(2S+1)}\right)=\frac{2S-2}{2S-1}\times\frac{2S}{2S+1}=\frac{4S^2-4S}{4S^2-1}$$

…

如此类推下去，这个系 $i=S, S-1, S-2, S-3, \cdots, 2, 1$，就容易求得各 K 的多度值（从小到大）。第 i 个种所占的多度比例为

$$y_i=1-\frac{2i}{2i+1}\left(1-y_{i+1}\right) \tag{5.19}$$

生态位重叠在自然群落中非常普遍，所以，该多度模型具有较广泛的代表性。例如，海岸和湖岸的成带群落、山地的垂直群落带谱就是现实中的重叠生态位模型。

上述 3 个模型中，生态位优先模型的优势种最显著，分割线段模型次之，重叠生态位模型更次之。相反，按均匀度来讲，重叠生态位模型最均匀，分割线段模型次之，生态位优先模型最不均匀。

下面的模型数学上是比较简单的，这里只作说明，不再推导。

4．生态位单元模型

生态位单元模型（particulate niche model）假定一个群落有一定的生态位单元，MacArthur 称其为生态位粒子（niche particle），这些生态位单元随机地分配给各个种，因此，各个种应得到相同的生态位单元，即具有一致的多度，该模型适合于种类少、种群生长速度一致、竞争能力弱的群落。理论上讲，该模型导致物种多度的波阿松分布（图 5.6）。

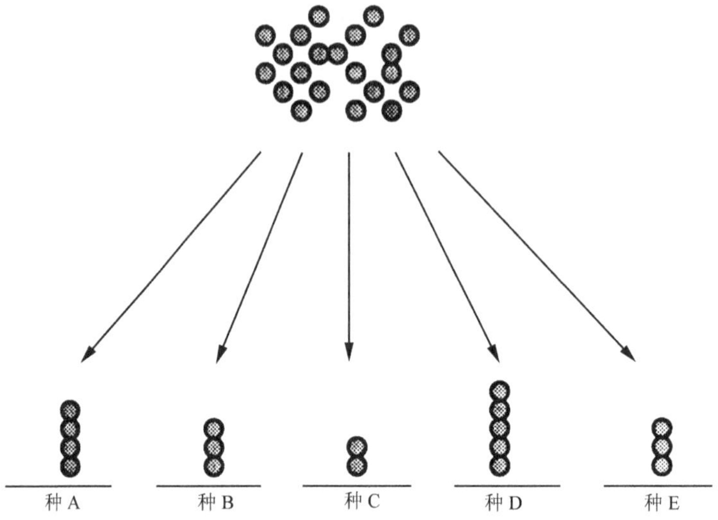

图 5.6　生态位单元模型图示

5. 优势优先模型

优势优先模型（dominance pre-emption model）认为在群落中最优势的种类先占用总生态位的一半以上，次优势种再占用剩余的一半以上，以此类推。因此该模型实际上是几何级数模型的特殊形式，即 $k > 0.5$，该模型保证优势种类优先利用资源，所有种在生态位占有上明显形成一个等级（图 5.7）。Tokeshi（1993）认为该模型 k 值应等于 0.75。

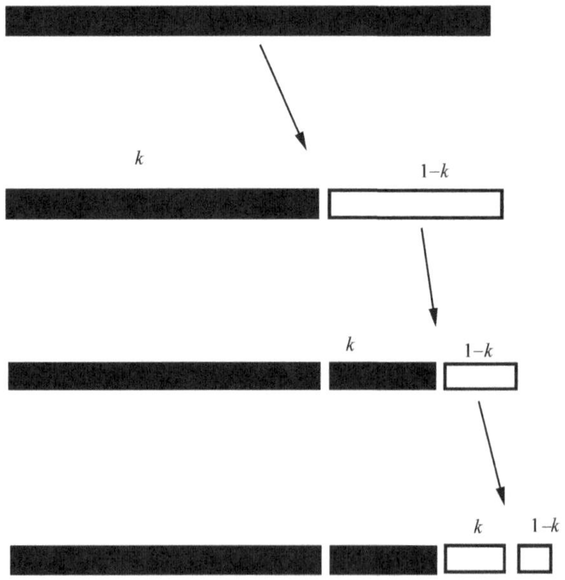

图 5.7　优势优先模型图示

6. 随机分割模型

随机分割模型（random fraction model）仍假定群落的总生态位（资源总量）为一条

棍，首先是棍随机地被分为两段，在这两段中随机选取其中之一，再随机地把它分为两部分，这样棍就被分为 3 段，再随机地选其中之一继续分割，以此类推。这样，一个新侵入的种可以侵占任何种的生态位，Tokeshi（1990）用淡水低等动物群落数据对这一模型进行了拟合，结果较好。

7. 加权随机分割模型

加权随机分割模型（weighted random fraction model）的第一次分割是随机的，即总生态位棍随机地分为两段，但这两段中哪一个被第二次分割，不是随机地选取，而是根据其生态位的大小，选生态位大者进行第二次分割，则棍被分为三段，下次分割再选三段中生态位大者（权重大者）继续分割，该模型含义是新进入群落的种一般侵入多度丰富的种的生态位，而前一模型中，新进入的种侵入每个种生态位的机会是相等的，这一模型的结果可能与分割线段模型一致，但生态学意义不同，它认为群落中的种是逐渐发展起来的而不是同时存在的。

8. 优势分解模型

优势分解模型（dominance decay model）与优势优先模型相反，认为群落中最大生态位总是最先被分割占用，这样新进入群落的种总是先侵占多度最大的种的生态位，这一模型与加权随机模型有些类似，但分割过程有异，它的第一次分割与分割线段模型相同，但 $k>0.5$，而不是随机的，第二次分割是 k 段被分割，而不是 k–1 段被分割，第三次选生态位最大的继续分割，以此类推（图 5.8），这一模型期望物种的多度差异较小。

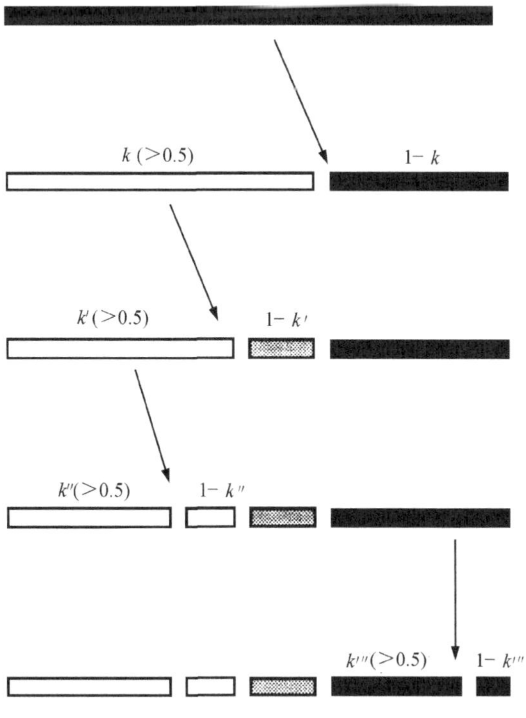

图 5.8　优势分解模型图示

上面第 5～8 个模型实际上可以根据最大生态位被分割的概率而区分开，这一概率顺序由大到小可以排为优势分解模型>加权随机分割模型>随机分割模型>优势优先模型。

9. 随机分配模型

随机分配模型（random assortment model）假定一个群落中各个种的多度之间没有联系，种间竞争不存在，这有两种情况：一是种的多度大小和生态位分配无关，这可能在物种不饱和的群落中存在；二是由于环境不断变化，生态位的分配是变化的、非等级的。由于群落总生态位不断变化，多数情况下，物种不能全部占用其生态位，这样每个种的生态位也总是在变化，该模型认为物种对 n 个独立大小的生态位是随机的选取，这些生态位若从大到小排列，最大的生态位记为 1，次大的生态位为小于 1 的一个值，第三大生态位是小于第二个生态位的一个值，以此类推（图 5.9），这一排列关系可以表示为

$$N_1 = 1$$

$$N_i = r_i N_{i-1}，\ i \geqslant 2$$

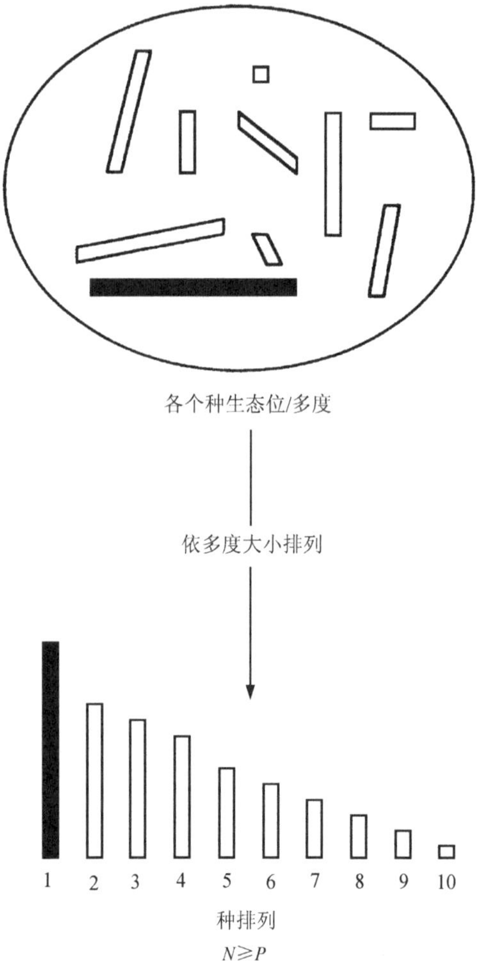

图 5.9　随机分配模型图示

N_i 为第 i 个种生态位的大小，r_i 为独立的随机变量，介于（0, 1），N_i 的估计值为

$$E\left(N_i\right)=0.5^{i-1}$$

当由 S 个种组成的群落被考虑时，第 i 个种的相对多度为

$$y_i=\frac{0.5i}{1-0.5^S} \tag{5.20}$$

因此，这一模型在数学上等同于 k=0.5 的几何级数模型。

10. 复合模型

复合模型（composite model）认为一个群落的结构组成不只遵循一种规律。Tokeshi（1993）认为最可能出现的情况是几个多度最大的种（如多度最大的 3 个种）符合生态位分割模型，而其余多度较小的种则符合随机分配模型。所以在这种情况下，复合模型实际上是两个其他模型的合成，这一模型是 20 世纪 90 年代发表的新模型，它为我们提供了研究复杂群落多度结构的一个新思路。

图 5.10 是上面其中 5 个模型在美国落叶阔叶林中的应用（Zhang 1999），图中相对多度用对数值。这 5 个模型是生态位优先模型、随机分配模型、重叠生态位模型、优势优先模型、分割线段模型。从分析结果看，生态位优先模型、重叠生态位模型和分割线段模型拟合效果较好。

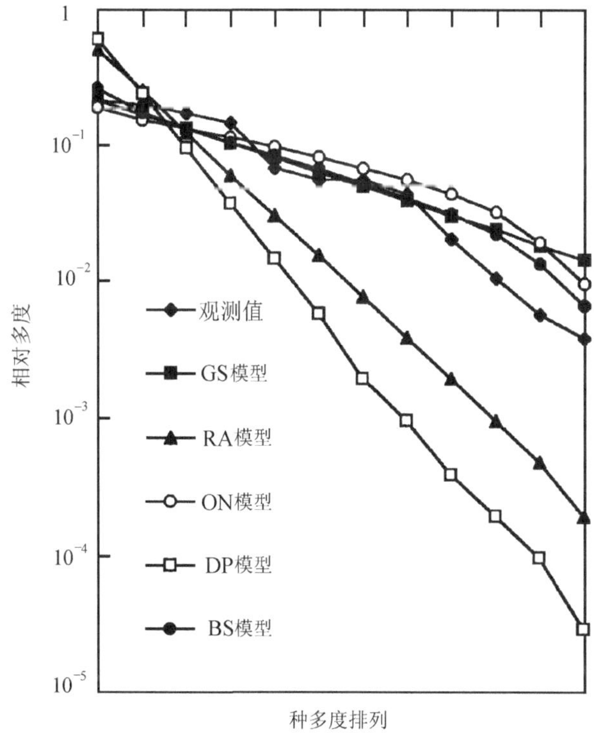

图 5.10　美国落叶阔叶林的多度格局分析（Zhang 1999）

GS 模型. 生态位优先模型；RA 模型. 随机分配模型；ON 模型. 重叠生态位模型；
DP 模型. 优势优先模型；BS 模型. 分割线段模型

二、种多度的统计模型

我们将介绍 3 种由统计模型导出的种多度分布，因为这种分布是在统计的假定下应用数学导出的，所以，即使同自然群落的数据吻合得很好，也还不能得到确切的生态解释。

1. 对数级数分布

对数级数分布（logarithmic series distribution）是 Fisher 等（1943）建立的一个离散分布模型，它适合于不包括 0 的正整数。假设有 r 个个体的种的频数为

$$f_r = \alpha \frac{x^r}{r} (r=1, 2, \cdots) \tag{5.21}$$

式中，$\alpha>0$，x 是常数，$0<x<1$。

基于台劳展式有

$$-\ln(1-x) = x + \frac{x^2}{2} + \frac{x^3}{3} + \frac{x^4}{4} + \cdots (-1 \leqslant x < 1) \tag{5.22}$$

由式（5.21）定义的 f_r 恰好正比于对数展示的项，故称此分布为对数级数分布或对数分布（logarithmic distribution）。

因为

$$S = \sum_{r=1}^{\infty} f_r = \sum_{r=1}^{\infty} \alpha \frac{x^r}{r} = -\alpha \ln(1-x)$$

$$N = \sum_{r=1}^{\infty} r f_r = \alpha \sum_{r=1}^{\infty} r \frac{x^r}{r} = \alpha \sum_{r=1}^{\infty} x^r = \alpha \frac{x}{1-x}$$

故 $x = N/(\alpha + N)$，代入式（5.21）得

$$S = -\alpha \ln\left(1 - \frac{N}{\alpha + N}\right) = \alpha \ln\left(1 + \frac{N}{\alpha}\right) \tag{5.23}$$

式中，α 被称为种的多样性系数，它是多样性大小的一个指标。Williams（1947）算出了一个种数（S）、个体数（N）和多样性（α）的诺谟图。例如，N=100，S=10 时，α=2.77；N=100，S=20 时，α=7.52。后者的多样性大，这个多样性指数曾被用来拟合个体数量大的昆虫和动物的数据，但是它的理论基础仍然是不足的。例如，在热带雨林中应用的一些例子，发现它经常低估了种数，而且野外也经常缺少全部级数，又因为样方太大，只有一个个体的种就变少了。

2. 对数正态分布（logarithmic normal distribution）

Preston（1948）认为种的个体数（N）的对数形式具有正态分布，即 Z=ln$N$ 是正态的，那么 N 就是对数正态分布，假定 Z 的概率密度函数是

$$f(Z) = \frac{1}{2\pi\sigma} \exp\left[\frac{-(Z-\mu)^2}{2\sigma}\right] \tag{5.24}$$

式中，σ 和 μ 分别为随机变量 Z 的方差和均值，由于

$$P(N < N_0) = P(\mathrm{e}^z < N_0) = P(z < \ln N_0) = \frac{1}{\sqrt{2\pi\sigma}} \int_0^{\ln N} \exp\left[\frac{-(Z-\mu)^2}{2\sigma}\right] \mathrm{d}z \tag{5.25}$$

对式（5.25）求导数，即得 N 的概率密度函数为

$$f(N) = \frac{1}{N_0\sqrt{2\pi\sigma}} \exp\left[\frac{-(\ln N_0 - \mu)^2}{2\sigma}\right] \tag{5.26}$$

这就是对数正态分布的概率密度函数，它的均值 $=\exp\left[\mu + \frac{\sigma}{2}\right]$，方差 $=[\exp(\sigma - 1)]\exp[2\mu + \sigma]$。

这个分布对于功能不同的许多种形成的群落能很好地拟合。研究表明，英国的蛾、西班牙的海水藻、巴拿马的蛇、纽约的鸟都符合这种分布。尽管如此，在理论上仍然不能说明种的个体是对数正态分布的原因，而且也没有理由假定种是已经达到平衡状态的。最近在热带雨林当中的应用也发现有高估种数的误差。

3. 截断的负二项分布（truncated negative binominal distribution）

假设群落中有 S 个种，抽样的样方中第 j 个种的个体数构成参数为 λ_j 的 Poisson 分布。而 λ_j 对于不同的种是不同的，它在该群落中构成 S 个来自 τ-分布的独立随机变量。假设 λ 的分布函数为

$$f(\lambda) = \frac{P^{-k}\lambda^{k-1}}{\tau(k)} \exp\left[-\frac{\lambda}{P}\right] (0 \leqslant \lambda < \infty) \tag{5.27}$$

式中，k 和 P 是 τ-分布的参数。于是，任一种在样方中有 r 个个体的概率为

$$P_r = \int_0^{\infty} \frac{\lambda^r \mathrm{e}^{-\lambda}}{r!} f(\lambda) \mathrm{d}\lambda \tag{5.28}$$

将表达式（5.27）代入，并计算其积分，得到

$$P_r = \frac{\tau(k+r)}{r!\tau(k)} \left(\frac{P}{1+P}\right)^r \left(\frac{1}{1+P}\right)^k (r=0,\ 1,\ 2,\ \cdots) \tag{5.29}$$

这正是负二项分布的通项。

令 r=0，得

$$P_0=(1+P)^{-k}>0 \tag{5.30}$$

这就是空白（种不出现）的概率，换言之，在样方中观察不到个体的种有一个不为零的概率。因而能观察到个体的种（现实个体数 $r \geqslant 1$）具有 r 个个体的比例，将 P_r 和 P_0 代入化简即得

$$P_r = \frac{P_r}{1-P_0} = \frac{\tau(k+r)}{r!\tau(k)} \times \left(\frac{P}{1+P}\right)^r \times \frac{1}{(1+P)^{k-1}} \tag{5.31}$$

这就是截断的（去零的）负二项分布的通项。它是一个离散的分布，此分布的一阶、二阶矩分别为

$$\mu_1' = \frac{kP}{1-(1+P)^{-k}} \qquad (5.32)$$
$$\mu_2' = 1 + P(1+k)\mu_1'$$

μ_1'和μ_2'可以从实际数据估测出来，然后从式（5.32）可双解出参数 P 和 k 的值，并且由

$$E(r) = \mu_1' \qquad (5.33)$$
$$\mathrm{var}(r) = \mu_2' - (\mu_1')^2 = (1+P+kP)E(r) - [E(r)]^2$$

可以算出该分布的均值和方差。

种多度的 3 种统计模型，在动物群落研究中用得较多。图 5.11 是一鸟类群落数据对这 3 种模型的拟合曲线（种-多度曲线），图中点线为对数级数分布（$\alpha = 11.18$），破折线为对数正态分布；实线为截断的负二项分布（k=0.20，P=642）。

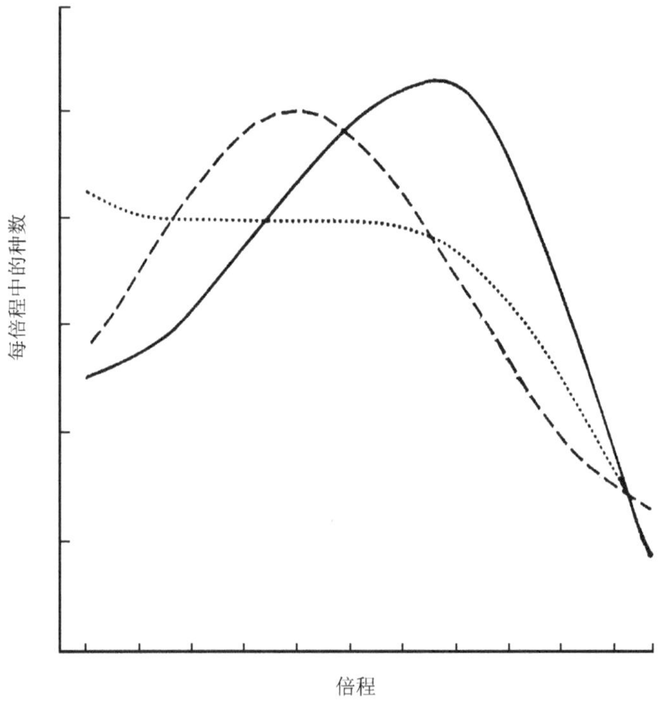

图 5.11　3 种统计模型的种-多度曲线（Brain 1953）

三、群落中性理论模型

群落中性理论有两个基本假设：①个体水平的生态等价性，就是在群落动态中，所有个体具有相同的出生、死亡、迁入和迁出概率，甚至物种形成概率也是如此；②群落饱和性，就是说群落中某个个体死亡或迁出时，马上会伴随着另外一个随机个体的出现以填充其空缺，这样群落大小不变，景观中每个局域群落都是饱和的。基于这两个基本假设，Hubbell（2001）认为群落动态实际上是在随机作用下个体的随机生态漂变过程。由此，群落中性理论能够得出两个主要推测：一是群落物种多度分布符合零和多项式分

布（zero-sum multinomial distribution，ZSM）；二是扩散限制对群落结构有着决定性作用。群落中性理论认为其物种多度分布的零和多项式分布综合了 Fisher 对数级数分布与 Preston 对数正态分布，即在区域（region）集合群落（meta community）中，物种-多度关系符合对数级数分布；而在局域（local）群落内，该关系接近对数正态分布。

在数学形式上，Hubbell（2001）的群落中性理论模型源于 Ewens（1972）提出的无限等位基因模型。群落中性模型认为在满足物种等价和群落饱和两个基本假设的条件下，区域集合群落和局域群落的物种多度分布可分别用式（5.34）、式（5.36）预测。

区域水平模型为

$$\left\langle \phi_n^M \right\rangle = S_M P_0 \frac{b_0 b_1 \cdots b_{n-1}}{d_1 d_2 \cdots d_n} = \theta \frac{x^n}{n} \tag{5.34}$$

式中，M 为区域集合群落；S_M 为区域集合群落 M 中的物种数；P_0 为物种灭绝概率；θ 为基本生物多样性数量，$\theta=S_M P_0 v/b$，为生物多样性参数（也称 Fisher 指数 a 值）；x 为平均出生率（b）和平均死亡率（d）的比率，与个体出生、死亡、迁入和迁出都有关；v 为物种形成速率（Volkov et al. 2003）。在区域水平上群落的物种多度分布符合 Fisher 对数级数分布。

在群落中，不仅常常存在扩散限制和空间自相关，还存在密度制约，两者是相反的作用机制，但其影响都还是中性的（Etienne and Alonso 2005）。为兼容群落内普遍存在的密度制约机制，Volkov 等（2005）提出了新的算式，该算式也可化为对数级数形式，仍属于中性模型。

$$\left\langle \phi_n \right\rangle = SP_0 \left\langle \prod_{i=0}^{n-1} \frac{b_{i,k}}{d_{i+1,k}} \right\rangle_k \tag{5.35}$$

式中，$\left\langle \phi_n \right\rangle$ 为稳定群落中个体数为 n 的物种数的均值；$\left\langle \prod_{i=0}^{n-1} \frac{b_{i,k}}{d_{i+1,k}} \right\rangle_k$ 为所有物种的算术平均值；S 为出现在这类群落的物种数的平均值；P_0 是常数，$b_{i,k}$ 和 $d_{i,k}$ 是第 k 个个体数为 i 的物种的出生率和死亡率。

局域水平模型为

$$\phi_n(x) = \theta \frac{J!}{n!(J-n)!} \frac{\Gamma(\gamma)}{\Gamma(J+\gamma)} \int_0^{\gamma} \frac{\Gamma(n+\gamma)}{\Gamma(1+\gamma)} \frac{\Gamma(J-n+\gamma-y)}{\Gamma(\gamma-y)} \exp(-y\theta/\gamma) \mathrm{d}y \tag{5.36}$$

式中，J 为局域群落中的个体数量；$\Gamma(\gamma)$为 γ 函数；$\theta=2Jvm$，θ 为基本生物多样性数量，Jv 为局域群落的个体总数，m 为个体扩散速率（Volkov et al. 2003）；n 为种群数量；y 为种群个体数量平均值。局域水平上物种相对多度分布接近 Preston 对数正态分布。

群落中性模型明确了 Fisher 提出的参数 α 的意义，其与区域物种数、物种形成速率、物种灭绝速率和平均死亡率有关。另一个参数 m 则是扩散限制程度的指标。局域群落物种多样性一方面取决于种库的多样性水平（即 γ 多样性），另一方面受物种空间分布不均匀性（即 β 多样性）的影响。群落中性理论明确强调扩散限制对群落物种多样性的影响，并通过参数模拟（区域多样性由 θ 表示，扩散过程由 m 表示），将局域群落物种多样性的两种影响因素区分开来。

中性理论自提出以来，在各个群落中进行了广泛的检验，Hubbell（2001）对沙捞越山地国家公园内 52km^2 样地的树木群落的相对多度数据检验也证明中性理论的拟合效果是非常好的。在 Hubbell 的中性理论模型中，对物种的等价性有严格的要求，这一点让人难以接受。Hubbell 本人也承认这一点，但在拟合群落的物种多度时该模型常常表现出非常好的效果，所以他辩解人们感受到的物种间的差异可能是不全面、不真实或微不足道的。

Zhou 和 Zhang（2008）对中性理论模型做了进一步深化，认为物种间可以存在轻微差异，并提出近中性理论模型（nearly neutral theory model）。在这个模型中，放松了对物种等价性的苛刻要求，允许各物种在适合度上存在轻微差异，即允许各物种的个体平均生育率有轻微差异。通过计算机模拟，证明当物种的个体平均生育率存在轻微差异时，用 Hubbell 的中性理论模型可以很好地拟合模拟群落的物种多度格局，但会高估物种的扩散能力 m，低估基本多样性参数 θ。所以，尽管中性理论看起来是成立的，有很好的拟合效果，但物种间未必是绝对平等的，真实的群落也未必是完全中性的。另外，运用近中性理论模型能很容易地解释常见种、稀有种的多度排列次序，即这种排列次序反映了各物种在生育率或环境适合度上的微小、稳定差异。

Clark 等（2007）认为，Hubbell 所说的随机过程并不是真正的随机，也不是源于物种间的平等，而是以随机一词掩盖了很多复杂、未知、相互牵制或冲突的生态学过程，也掩盖了物种间的差异，也就是说，群落的随机过程仅仅是具有生态学差异的物种经过极其复杂的斗争和叠加而达到的妥协结果和表面现象。在局域群落中，中性模型与对数正态分布是基本一致的（Volkov et al. 2003）。Mcgill（2003）对比了以对数正态分布模型和中性模型关于北美鸟类数据及 BCI 数据的拟合效果，结果表明，对数正态分布模型的拟合效果好于中性模型，但效果都不错。后来，Mcgill 等（2006）对 10 种形式的中性模型进行了归纳，并把以它们得到的拟合效果与以对数正态分布模型得到的拟合效果进行全方位、多层次的比较，证明对数正态分布模型的效果通常略好于各种形式的中性模型。目前已证明，不管群落中的物种多度服从哪种分布，当非重复样方的数量无限增加时，群落的物种多度格局都会越来越接近对数正态分布，其道理类似于统计学上的中心极限定理（central limit theorem）（Sizling et al. 2009）。群落多度格局是具有生态学差异的物种经过极其复杂的斗争和叠加而达到的妥协结果和表面现象，这也许是对数正态分布模型有更佳拟合效果的根本原因。对中性理论还有很多其他的反对声音，在用中性理论模型拟合浮游植物的多度分布时遇到了困难，Harpole 和 Tilman（2006）也指出生态位机制是维持明尼苏达州大草原植物群落中物种共存和生物多样性的首要机制。

四、动态模型

动态模型（dynamic model）认为群落是在发展变化的，其种群多度也在变化，因此该模型是一动态模拟多度格局的过程，在每一时间间隔内，模型用 3 个重要因素表示某个种的多度，这 3 个因素可以组成一个三维矩阵。第 i 个种在 t+1 的时间内的多度可以用式（5.37）表示：

$$n_{t+1}^{i}=s\left[n_{t}^{i}+R\left(1+Zn_{t}^{i}\right)\left(k-N_{t}/k\right)\right] \tag{5.37}$$

这一模型的详细原理可参见 Hughes（1984）。这里 s 是一个生存参数，它代表种在环境变化中的生存能力，它是三维矩阵的第一轴，代表潜在的恢复或补充能力，包括新移入群落和繁殖的能力；Z 为与群落中已有个体数有关的参数，也代表一种恢复能力；k 为环境容纳量；N_t 为 t 时群落中所有种的个体总数。所以，这一模型也考虑了环境的制约作用，Hughes（1986）认为模型参数 R、s、Z 不能从实际群落数据中估计，只能人为地给定，在他的研究中建议它们的值应分别在 1～10、0.1～0.9、0～0.5。

Magurran（2007）也强调物种多度格局会因时而变，它与调查取样、群落发育、物种进化的时间跨度有关，通过鉴别物种多度格局的时间动态，可以更好地理解生物、随机过程在群落发育中的作用，也能更好地认识群落中物种稀有性的成因。甚至，他还提出假设，偶见种可能主要受控于中性过程，而常见种可能主要受控于生态位过程。

五、广义物种多度格局

物种多度格局是生态学中少有的普遍现象，但有关研究几乎都仅仅关注了物种的个体数目，未曾关注物种的功能性状，如生物量、资源或能量利用等。Morlon 等（2009）提出广义物种多度格局的概念，建议不要仅仅关注物种的个体数量，还要关注物种的生物量和资源利用等。基于大尺度的群落调查数据，他们尝试建立了鸟类、鱼类和树木的广义物种多度格局（图 5.12）。这些多度格局分别以物种的个体数目、生物量和能量为

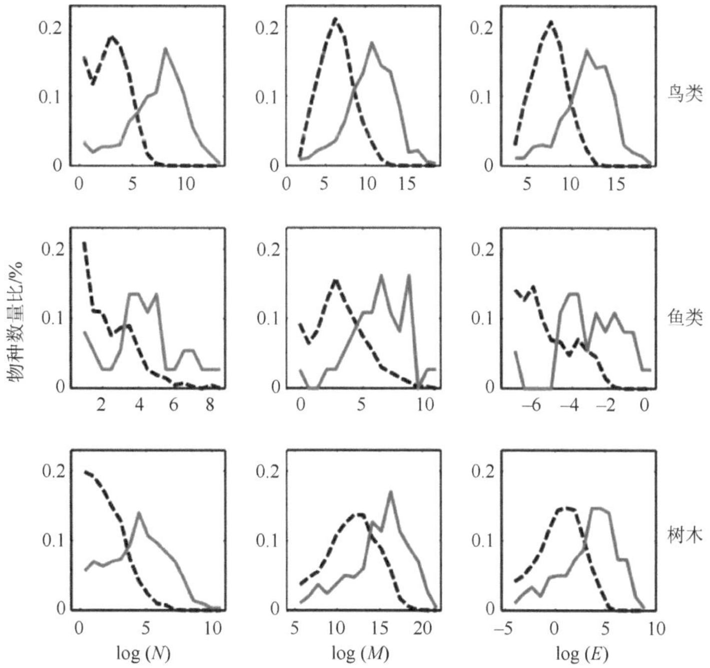

图 5.12　几类生物群落的广义物种多度格局（Morlon et al. 2009）

N. 个体数目；*M*. 生物量；*E*. 能量。灰实线，在最大有效空间尺度上的广义多度；黑虚线，在局域群落中的广义多度的平均值。鸟类数据来自北美洲鸟类调查，是整个大陆尺度上的；鱼类数据来自 Trinidad 岛屿鱼类调查，是岛屿尺度上的；树木数据来自 Barro Colorado Island 50hm^2 的热带森林样地，是局地尺度上的

多度指标，呈现出不同的形状，有不同的统计学特征，同时考察这些不同形式的广义物种多度格局，有助于全面、准确地剖析各类自然群落的结构及成因。

以上是主要的多度分布模型，实际上现有的物种多度分布模型有多种，且各有自己的特点和长处，自然群落是复杂的，有的模型对某些群落多度格局拟合得很好，但对另一些群落则效果较差，研究者最好能够选用3个或3个以上模型进行拟合，并比较它们的结果，然后确定最优模型。对于统计模型，尽管有不少学者提出了批评，但确实有不少群落多度格局符合其所描述的分布，因此也应继续应用并发展之。

六、物种多度格局与物种多样性

在一个群落中，多度格局与多样性指数是密切相关的，因为它们基于同样的信息。二者的主要区别在于，多样性指数是用一个数量值来表示群落中物种的多样性，而多度格局则用一组多度值及其排列来表示群落内的物种多样性，通常可用多度排列图或多度分布图表示。理论上讲，多度格局能更全面地反映群落特征（Southwood 1978；张金屯 997），但实际研究中多样性指数为更多的学者所关注，“多样性”一词在生态学文献中出现的频率大大高于多度格局和多度分布。

现有的物种多样性指数计算公式已达数十种之多（见第六章），有的侧重于物种的丰富度（richness），有的主要测定物种的均匀度（evenness），有的二者兼有。在物种多度格局图上，物种丰富度和均匀度都能清楚地体现出来，种的数目和个体数量是丰富度的主要内涵，也是多度格局的主要分析内容，而均匀度可以从多度格局图（曲线）的变化速率（曲线的陡度）上直观地反映出来，把一个群落中多度最大的种到多度最小的种排列（rank）在横坐标上，而纵坐标反映种的多度大小，这样多度变化曲线是逐渐下降的，如果多度下降很快，即曲线较陡，说明物种均匀性较小，反之，若多度变化较缓，即曲线陡度较小，说明群落中物种较为均匀一致，这一点在群落不同演替阶段的多度格局图上可以非常清楚地看出来。Baxxaz（1975）分析了落叶阔叶林采伐迹地上的恢复演替和发展，随着恢复时间的延长，物种均匀度逐步增加（图5.13）。

如果将物种多度格局和多样性指数结合起来，可能会更好地反映群落的结构特点，尤其是在结构复杂的群落研究中（张金屯 1997）。

七、物种多度格局与取样方法的关系

用来建立物种多度格局的数据是从大范围的区域总体中抽取的有限样本，物种多度格局必然受抽样方法和数量的影响。如果种群服从随机分布，那么样本的多度格局与总体的多度格局是一致的；如果种群服从聚集分布，那么样本的多度格局与总体的多度格局不一致（Green and Plotkin 2007）。相对于区域总体，由于种内聚集，样本的多度格局会使常见种和稀有种的数量虚假增多，使中等频度种的数量虚假减少，即样本的多度格局不能真实地反映区域总体的多度格局。

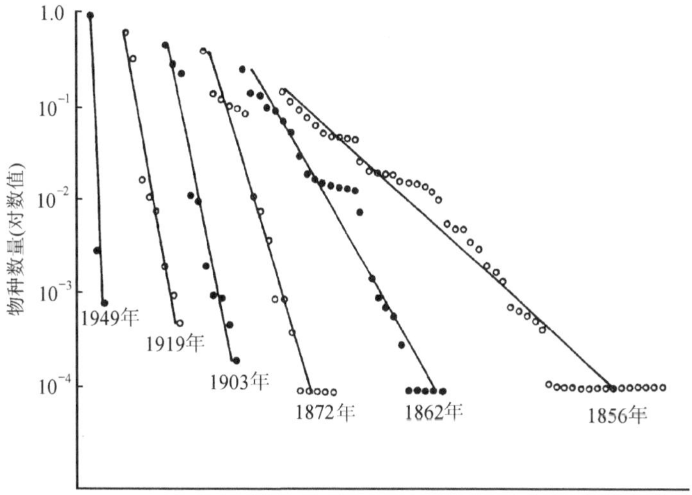

图 5.13　落叶阔叶林采伐迹地上恢复演替中多度格局的变化（Baxxaz 1975）

第六章　物种多样性

物种多样性是生物多样性（biodiversity）的一种。生物多样性是地球上所有生命的总和，是 40 亿年来生物进化的最终结果。它是多样化的生命实体群的特征。每一级生命实体基因、细胞、物种、种群、群落、生态系统等都存在着多样性。生物多样性是一个描述自然界多样性程度的内容广泛的概念，它是时间和空间的函数，因此具有区域性。

生物多样性一般认为有 4 个层次，即基因水平、物种水平、生态系统水平和景观水平，相应地有 4 种生物多样性（马克平 1993；张金屯 1999；Mahdavi et al. 2013）。

遗传多样性（genetic diversity）也称基因多样性（gene diversity），是指种内基因的变化，包括种内显著不同的种群间和同一种群内的遗传变异。种内的多样性是物种以上各水平多样性的最重要的来源。遗传变异、生活史特点、种群动态及其遗传结构等决定或影响着一个物种与其他物种及其环境相互作用的方式。基因是一种遗传信息的化学单位，它能从上一代传到下一代。遗传多样性大都发生在分子水平和基因水平，并且都与 DNA 的理化性质紧密相关。

物种多样性（species diversity）是指物种水平上的生物多样性。它是用一定空间范围物种数量和分布特征来衡量的，这是本章讨论的重点。物种多样性，大多数学者从分类学的角度研究的称为分类多样性（taxa diversity），也有从功能特征和生理功能方面研究的称为功能多样性（functional diversity）（Mason et al. 2005），也有从分子系统学研究的，称为系统发育多样性（phylogenetic diversity）等（Faith 1992；Gómez et al. 2010）。它们研究的对象都以群落或生境中的物种为基础，所以我们将它们全部归在物种多样性一章。近年来这些多样性研究有了重要进展（Casanoves et al. 2011；Zhang et al. 2012b；马克平 2016）。

生态系统多样性（ecosystem diversity）是指生物圈内生境、生物群落和生态过程的多样化，以及生态系统内生境差异与生态过程的多样性，这里生境主要指无机环境，如地貌、气候、土壤、水文等。生境多样性是生物群落多样性甚至是整个生物多样性形成的基本条件。生物群落多样性主要是指群落的组成、结构和动态方面的多样性。从物种组成方面研究群落的组织水平或多样化程度的工作已有较长的历史，方法也比较成熟。

景观多样性（landscape diversity），主要是研究地球上各种生态系统相互配置，景观格局及其动态变化的多样化。这一类生物多样性也逐步得到人们的重视，因为它的研究对土地利用规划、农林牧合理配置、景观设计、城市规划等工作有指导意义。

第一节　物种多样性的定义

当研究一个群落的时候，我们首先碰到的问题就是这个群落是由多少物种组成的？每一物种的个体数目有多少？多少种是稀少的，多少种是常见的？我们前面曾讨论过，有些物种的个体是清晰易数的，有些物种的个体数目是无法数清的。我们还会发现它们的生活型或生长型差异是很大的，从高大的乔木到矮小的草类都可以同时出现在一片森林之内。这些情况在动物群落中就不会存在，动物的个体通常是很清楚的，也不会有生活型或生长型的问题；但是动物的营养级有重大差别，捕食者和被捕食者之间的紧密关系非常明显，而大多数植物是同一营养级的自养生物。

物种多样性是指物种水平上的生物多样性。它是用一定空间范围物种数量和分布特征来衡量的。一般来说，一个种的种群越大，它的遗传多样性就越大。但是一些种的种群增加可能导致其他一些种的衰退，而使一定区域内物种多样性减少。物种多样性主要是从分类学、系统学和生物地理学角度对一定区域内物种的状况进行研究。物种多样性的现状、形成、演化及维持机制等是物种多样性的主要研究内容。Fisher 等（1943）第一次使用物种多样性名词时，他所指的就是群落中物种的数目和每一物种的个体数目。后来人们也用别的特性来说明物种多样性，如生物量、现存量、重要值、盖度等。像地衣、苔藓，盖度才是最适合的一种特性来反映它们的多样性，不过这一点并不妨碍我们下面的讨论，因为不管采用哪种特性，在基本运算原理上都没有什么区别。

从 MacArthur（1957）的论文发表后，50 多年来讨论多样性的文章很多，但是各人研究的对象和目的不同，提出多样性的定义和测定指标也不同，所以造成了很大混乱。Hurlbert（1971）甚至说“多样性本身并不存在”。归纳起来，通常物种多样性具有下面 3 种含义。

1. 物种丰富度或多度

物种丰富度（species richness）或多度（abundance）是指一个群落或生境中种的数目的多寡。Pool（1974）说只有这个指标才是唯一真正客观的多样性指标。在统计种的数目的时候，都需说明多大的调查面积，以便比较。在多层森林里必须说明层次和径级，否则是无法比较的。

2. 物种均匀度或平衡性

物种均匀度（species evenness）或物种平衡性（species equitability）是指一个群落或生境中全部种的个体数目的分配情况，它反映了种属组成的均匀程度。例如，某一群落中有 100 个个体，其中 90 个属于一个种，10 个属于另一种。另一个群落中也有 100 个个体，两个种各居一半，那么前者的均匀度就比后者低得多。在这种情况下，实际上是降低了种的数目的重要性，而强调了个体数目的重要性，特别是应用信息论公式时 lg1=0，也就是说把偶见物种忽略不计了。

3. 种的总多样性

种的总多样性（total diversity）是上述两种含义的综合，又称为种的不齐性（species heterogeneity）（Peet 1974）。Simpson（1949）是第一次这样用的，二者合在一起实际上强调了个体数目，所以有人就称之为优势度多样性（dominance diversity）。

在对一个群落或一个区域物种多样性进行研究时，一般从以上 3 种概念出发，综合分析比较物种多样性及其影响因素（张金屯 1999；张金屯等 2000；张金屯和陈廷贵

2002；胡玉佳和丁小球 2000；Zhang et al. 2015；Harvolk et al. 2015）。

第二节　物种多样性的变化机制

物种多样性有不同的类型，它们随空间和时间的变化而有较大的变化。对于多样性变化的原因和机制是生态学者所关心的一个热点问题，近年来研究得也较多，这里作简要介绍。

一、α多样性、β多样性和γ多样性

Whittaker（1972）提出了以下 3 种多样性，定义如下。

α 多样性，是指某个群落或生境内部的物种多样性。

β 多样性，即在一个梯度上从一个生境到另一个生境所发生的物种多样性变化的速率和范围。它研究群落之间物种多度关系。在植被生态学中，β 多样性受到较多学者的重视。

γ 多样性，即在一个地理区域内（如一个岛屿）一系列生境中物种多样性。它就是用这些生境的 α 多样性和生境之间的 β 多样性结合起来表示的。

α 多样性和 β 多样性多可以用纯量来表示，而 γ 多样性不仅有大小，还有方向变化，因此是一个矢量。

它们三者的关系可以表示为

$$\beta = \frac{\gamma}{\alpha} \tag{6.1}$$

而 β 多样性可以用式（6.2）计算。

$$\beta = \frac{\ln R_0 - \ln R_n}{\ln 2} \tag{6.2}$$

式中，R_0 为两个最大相似群落的相似系数；R_n 为环境梯度上最不相似的两个群落的相似系数。式（6.2）也可以说是种数改变了一半的测度。

根据对北美大烟山的研究，树林和灌木丛的 α 多样性随海拔上升而降低，在同一海拔地点，α 多样性最大的是中等水分状况生境，而不是一般认为的最好的湿润生境。

北美最高的红杉林，α 多样性很低，而附近干旱立地的低矮林，α 多样性则较高。

许多演替系列中的群落 α 多样性比稳定顶级群落要丰富。

中等和较差立地 α 多样性高，因为在良好立地之中物种生存竞争激烈，为少数优势种所占据。但过分恶劣的立地，适应的种类不多，故 α 多样性低。

Auchlair 和 Goff（1971）也有类似的见解，他们清楚地指明两点：①从干到湿的水分梯度来讲，中生环境乔木植物群落的多样性最大，而趋于干湿两个极端环境的多样性逐渐降低。②随着演替的进行，在中生环境中，种间竞争的结果是，优势种过于独占优势地位，物种多样性下降而趋于平衡。在干湿两个极端环境中，物种多样性先趋增加，而随生境的中生化，最后又趋下降而达到平衡。

从目前来看，通常认为在演替过程中，群落的结构逐渐复杂，种的数目逐渐增加，能比较充分利用环境资源，小生境发生分化，每一小生境的范围缩小，而小生境数目增加；进入演替后期，种的数目又趋减少，而物种均匀度有所增加，特别是自然灾害（火灾、风灾、雪压、滑坡土埋）和人工干扰（如刀耕火种），易引起演替方向走向偏途顶级。这类干扰与物种多样性的关系如图 6.1 所示，并且认为中度干扰时，物种多样性最大；后期种数减少，种的个体数目引起的均匀性就起到较大作用。一般 Shannon-Wiener 指数就能反映这一点。

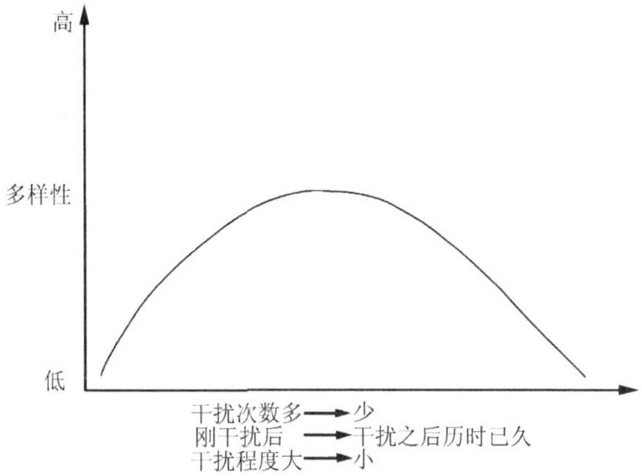

图 6.1　人为干扰对物种多样性的影响

这里还必须注意，物种均匀度可以用干扰因素来解释，而物种多度还牵涉到演化的问题，在现有的基因频率条件下，可以达到平衡，而长期的演化过程中则物种多度是不易监测的。

二、热带雨林物种多样性

热带雨林的三大中心地处东南亚、中南美和西非，物种多样性相差很大，伊藤和宫田（1977）搜集了 30 个群落类型调查数据，用 Fisher 等（1943）的 α 多样性指标计算，得到结果如表 6.1 所示。

表 6.1　世界各地热带雨林物种多样性（α）

地区	面积/hm^2	胸径/cm	种数	个体数	α 多样性指数	Simpson 指数	Shannon-Wiener 指数
东南亚							
马来半岛北部	0.16	>4.5	59	118	30	0.069	4.52
马来半岛北部	0.16	>4.5	58	214	26	0.071	4.52
马来半岛北部	2	>10	276	1167	114		
马来半岛北部	23	>约 30	257	2633	114.2		
马来半岛北部	—	>约 30	73	140	70		
马来西亚	2	>10	251	559	175.2		
马来西亚	1.6	>10	197	289	122.6		

续表

地区	面积/hm²	胸径/cm	种数	个体数	α 多样性指数	Simpson 指数	Shannon-Wiener 指数
东南亚							
加里曼丹	2	>10	199	740	89.3		
加里曼丹	2	>10	219	640	117.6		
加里曼丹	2	>10	198	667	95.2		
沙捞越	1.5	>20	98	184	85		
菲律宾	0.12	高>3m	120	896	37.3		
巴布亚新几内亚	0.8	>10	122	652	44.3		
巴布亚新几内亚	0.8	>10	147	691	57.2		
巴布亚新几内亚	0.8	>10	145	526	66.2		
巴布亚新几内亚	0.8	>10	116	430	52.2		
南美洲							
巴西	6.5	>10	178	1420	56.8	0.029	6.21
圭亚那	1.5	>10	91	432	35.2		
圭亚那	1.5	>10	95	519	34.1		
圭亚那	1.5	>10	71	319	28.2		
圭亚那	1.5	>10	60	310	22.2		
圭亚那	1.5	>10	74	617	22.0		
中美洲							
巴拿马	—	>2.5	115	500	46.1	0.061	5.06
巴拿马	—	>2.5	151	500	76.5	0.046	5.40
哥斯达黎加	1.2	>10	108	647	37.0		
哥斯达黎加	0.7	>10	103	365	47.8		
哥斯达黎加	0.8	>10	101	509	38.0		
哥斯达黎加	0.8	>10	65	328	24.3		
西非							
尼日利亚	1.5	>10	70	390	24.9		
象牙海岸	1.4	>10	74	530	46.4	0.048	5.20

从表 6.1 可以看出，东南亚热带雨林的物种多样性最高，中南美热带雨林次之，西非热带雨林最低。概括起来，一般α值都在 30 以上，而多数都在 50 以上，这比暖温带常绿林的 6～10 显著要高。

再选择其中一部分标地用 Simpson 指数和信息指数计算得到表 6.2 结果。

表 6.2 热带雨林的多样性

群落	Simpson 指数	信息指数
马来半岛北部	0.069	4.52
马来半岛北部	0.071	4.65
巴西	0.029	6.21
巴拿马	0.061	5.06
巴拿马	0.046	5.40
象牙海岸	0.048	5.20

三、山地物种多样性

山地是指具有一定海拔、相对高度和坡度的地面。广义的山地包括高原、山间盆地和丘陵；狭义的山地仅指山脉及其分支。山地是地球表面最主要的生态环境类型。关于山地物种多样性的研究，国内外有大量报道。特别是海拔梯度，由于包含了温度、湿度和光照等诸多环境因子而成为物种多样性梯度格局研究的重要方面。Lomolino（2001）认为，物种多样性与海拔梯度格局的关系在很大程度上依赖于环境变量之间的协变与相互作用。Whittaker 和 Niering（1975）对美国 Santa Catalina 山的研究发现，物种多样性在中海拔地区最高。Ohsawa（1995）对亚洲湿润季风区的 7 个山地的物种丰富度垂直分布格局进行了研究，结果表明，热带山地物种丰富度随海拔升高而迅速降低，而温带山地的物种丰富度随海拔的变化很小。另外，也有人认为物种多样性与海拔梯度间无特定的关系。在国内，近年来很多学者研究了不同山地植物多样性的垂直分布格局（方精云等 2004；Zhang et al. 2014）。

图 6.2 是我国若干有代表性的山地植物多样性（丰富度）随海拔变化的几种主要格局模式。DP 丰富度随海拔的升高而降低，是最普遍的一种格局类型；UP 是单峰分布格局，即丰富度随海拔的升高先增加后降低，也是一种常见的格局；SP 丰富度基本保持不变；TP 为双峰格局，即丰富度随海拔的升高依次出现两次峰值，且第一次峰值大于第二次峰值（朱珣之和张金屯 2005）。

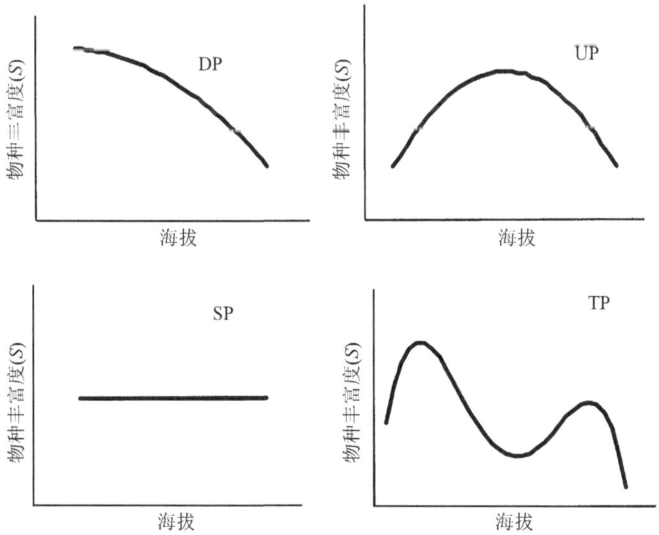

图 6.2　我国山地的几种丰富度格局类型

四、多样性变化机制的学说

地球上从寒带到热带物种多样性是递增的，这是由什么因素决定的？围绕这个问题现已有不少学说，需要指出的是，这不是某一个因素的作用，而是一些复杂因素共同作用的结果，它包括了生物的长期演化过程。所以，应将下述各学说有机地结合起来。

1. 能量因素说

能量因素说（energy theory）认为群落中能量的差异是造成物种多样性不同和变化的主要原因，多样性在空间和时间上的变化都是由能量的变化引起的。这一学说在大尺度物种丰富度研究中得到了广泛的支持（Currie 1987，1991，1996），是现在比较公认的学说之一。北美洲的乔木种，种子植物的科、属、种及高等动物的丰富性都与潜在蒸发量密切相关，Currie（2001）解释说潜在蒸发量实际上代表能量的大小。欧洲高等植物的丰富性空间变化也符合这一学说。

2. 时间因素说（time theory）

温暖湿润的热带环境中，种的演化不活跃，环境稳定，而又未受冰川破坏，长期以来演化形成一些古老种属和群落，种的消亡机会也较少，不过时间是以地质年代来计算的，因此从试验得到证明是不容易的。

3. 空间异质性因素说

空间异质性因素说（spatial heterogeneity theory）认为空间越复杂，物种多样性就越大。从地势的大地形和小地形变化两种角度来讲，山区比平原的地形复杂，生境类型较多，物种多样性也高。例如，厄瓜多尔的面积和美国新英格兰面积接近，但因前者空间异质性很高，前者的鸟类种数 7 倍于后者，可见热带比温带种数多与环境异质性有关。

就小地形来讲，MacArthur（1967）指出，鸟类多样性主要取决于树叶各层密度的复杂性，而与植物种类的多样性无关，所以热带森林层次结构复杂，可能是鸟类数目多的一个原因。可是在灌木和草原地带，鸟类的多样性则取决于某些提供作巢的植物的多样性，因此水平结构的重要性代替了垂直结构性，当然对于鸟类的多样性最好是同时考虑到两种结构的多样性。

4. 竞争因素说（competition theory）

热带种间竞争的因素起到的作用似乎更大，因此小生境的幅度（生态位）也更狭，而且同一生境能够适应的种数也更多。从理论上讲，如果只限于一种资源（水分或养分），则生态位及其重叠程度是两个决定因素［图 6.3（a）］；若没有生态位重叠，则其幅度愈大，种的数目愈少，反之则愈多［图 6.3（b）］；若生态位是常数，则生境重叠程度愈大，种数愈多［图 6.3（c）］。不过这些生态位参数的实际测定很复杂，还未有任何令人信服的研究数据。

温带和热带群落中小生境物种多样性的情况，可以想象二者均由竞争因素决定。

5. 捕食因素说（predation theory）

热带森林的种类很多，但每一种林木的株数较少，分布也比较零散。有人认为可以用捕食动物假说来解释。热带林木的种子散播随离母树距离的增大而减少，因而种苗数目下降，这两个因素就决定了更新幼苗出现的位置。因此专门喜食这些种苗的草食动物（包括昆虫）数目及其活动也随与母树的距离而减弱。

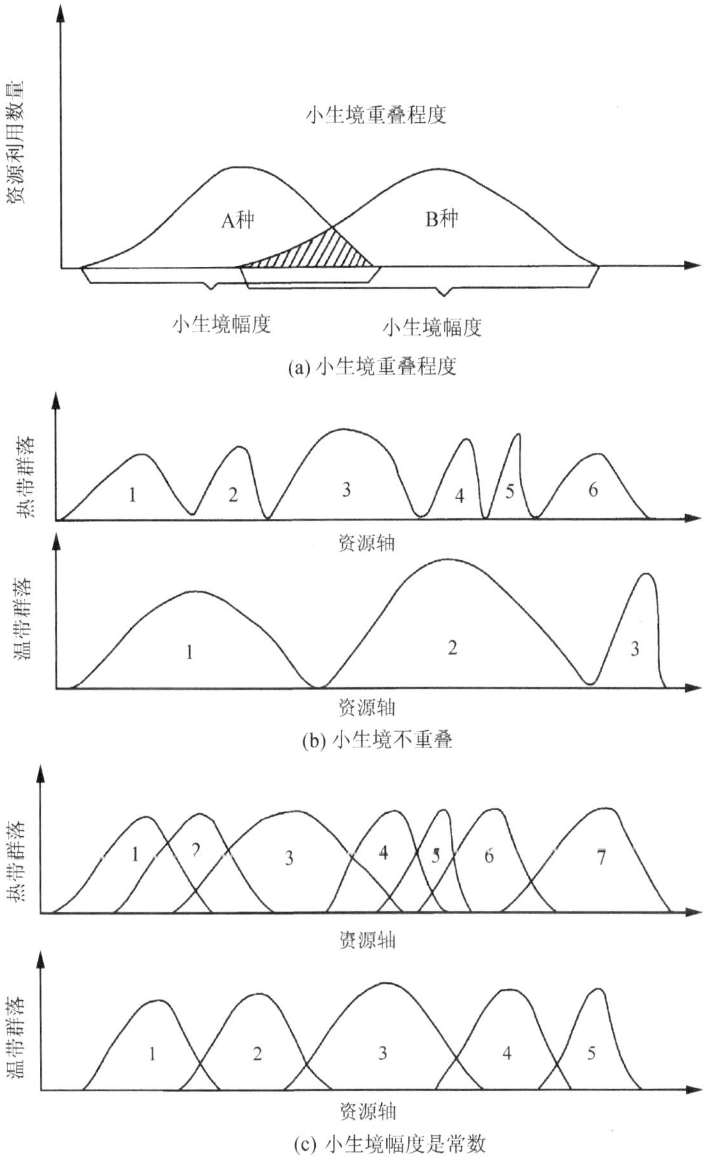

图 6.3 种的生态位与多样性的关系

群落中种数较多，可能捕食因素的作用更大，但是随着捕食动物的数目增多，被捕食者的个体数目减少，因而它们之间竞争削弱，这样就增加了被捕食者的多样性。从这个意义上讲，食物猎取因素的影响是和竞争因素互相矛盾的，不过这种影响只有局部的重要性，在全球或区域的影响可能不大。

6. 环境稳定性因素说（environmental stability theory）

环境条件严酷或者常有灾难性的变化，就会使生物种类减少，只有少数能够适应此环境的种类才会保存下来。在长期进化过程中，地球上唯有热带的气候环境可能是最稳定的，所以，通过自然选择，哪里出现了狭生态位的种类和特殊的种类，哪里就具有较高的多样性。Sanders（1968）认为环境稳定性的作用与时间关系密切，提出了稳定性-时间假说（stability-time hypothesis）。

7. 生产率因素说（productivity theory）

热带生长季节长，因而在时间和空间上可以为更多的种共存提供条件。Driaur（1969）指出，就鸟类来讲，热带提供了温带没有的条件，在热带有专门食蚁群的鸟类，以及在树上食昆虫的鸟类，只有热带才有这种提供食物的生境。这种生境能够满足鸟类生殖生长的需要。另外，由于热带环境稳定，需要用于调节的能量就减少，因此能量能更多地用于生产，使生产率提高。

以上 7 种因素可以同时存在于同一生境中，并共同起作用。所以，可以综合成一个假说，即天然群落说（natural-community theory）。从北美洲东部落叶林的多样性研究分析就可以看出影响因素的综合性。Monk（1967）用 488 个林分的资料，画出了北美洲东部落叶林的多样性地区图。多样性最高的是 Cumberland 和 Alleghevey 山脉（最高 H=6.40），向北更冷地区林木多样性下降，向南更干旱地区也下降。他又分析了其中 162 个林分的林木、大苗木、小苗木多样性，发现林木多样性随演替阶段而增加，干燥和低温的立地都表现为同一趋势。

在演替变化中，土壤水分和土壤含钙量起到主导作用（表 6.3）。

表 6.3　北美洲东部森林群落多样性与某些土壤因素的关系

土壤含钙量/ppm①	每一林分中平均株数	林分多样性（H）	土壤水分	林木多样性
<100	9.9	2.23	干	1.98
101～300	12.9	2.74	湿润	2.78
>300	14.1	2.74	很湿	2.70

表 6.3 数据说明，在中生含钙多的土壤中林木多样性较大。这种情况可能符合前述的稳定性-时间假说。

8. 岛屿物种多样性理论

MacArthur 和 Wilson（1967）提出一个假说，认为岛屿的物种数量与岛屿的面积和岛屿距陆地的距离密切相关，在受干扰后物种恢复过程中更是如此。为了证实 MacArthur 和 Wilson 的假说，1966～1967 年将美国费符利达礁红树林 4 个小岛（直径 10～18m）的全部动物（几乎都是节肢动物）进行熏杀，然后调查种数恢复过程，大都在 8～9 个月后种类达最高，然后趋于稳定，接近原来的种数，最近的小岛（距大陆 2m）比最远的小岛（距大陆 533m）恢复更快，总的趋势与原来的假说是接近的。

岛屿是一个特殊的地貌单位，可以用来研究许多生物地理、生物进化和生态学问题。Galapogas 群岛的特殊位置使得联合国在此成立了一个定位实验点，为这些研究提供了特别有利的条件。

① 1ppm=1×10^{-6}

Preston（1962）对于 Galapogas 群岛（最小的岛的面积为 0.2mile^{2}①，最大的岛的面积为 2249mile^2，陆生植物前者 7 种，后者 325 种）的陆生植物与面积关系得出了以下公式：

$$S\text{（物种数目）}=28.6\,A^{0.32}\text{（}A\text{ 为面积）}$$

岛屿面积与植物种数的关系如图 6.4 所示。

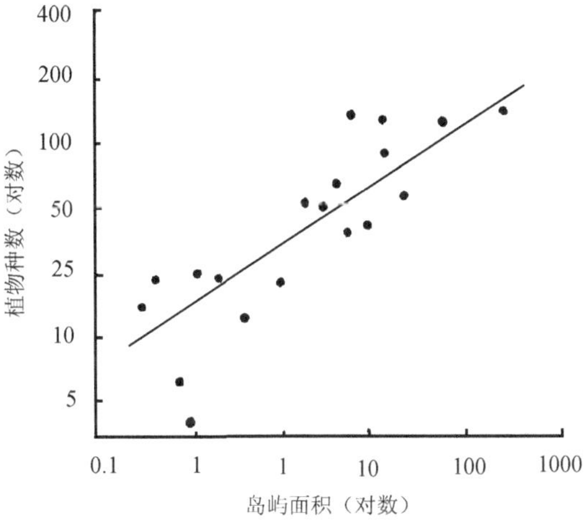

图 6.4　Galapogas 群岛陆生植物种数与岛屿面积的比例（Preston 1962）

任何一个地点物种的数目都是由新种移入与原有种灭亡的速率决定的。在单位时间内两种曲线相交之点即为当时达到平衡的物种数目（图 6.5）。但在岛屿则其距离大陆的远近是决定新种移入的一个因素，如面积相同，则距离大陆较远的岛屿与距离大陆较近的岛屿相比，种的移入速率降低；而距离相等时，则岛屿面积较大时种的灭亡速率要比面积较小的岛屿缓慢一些，二者关系也可以用曲线图表示（图 6.6）。

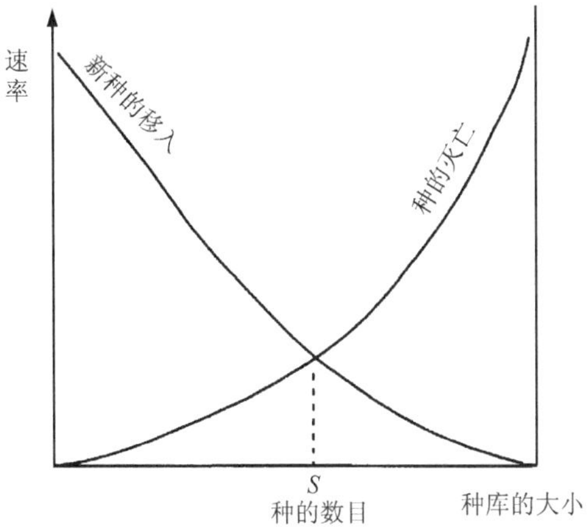

图 6.5　岛屿种数的平衡模型（MacArthur and Wilson 1967）

现有种的数目是移入曲线与灭亡曲线的交叉点（S）

① 1mile^2=2.589 988km^2

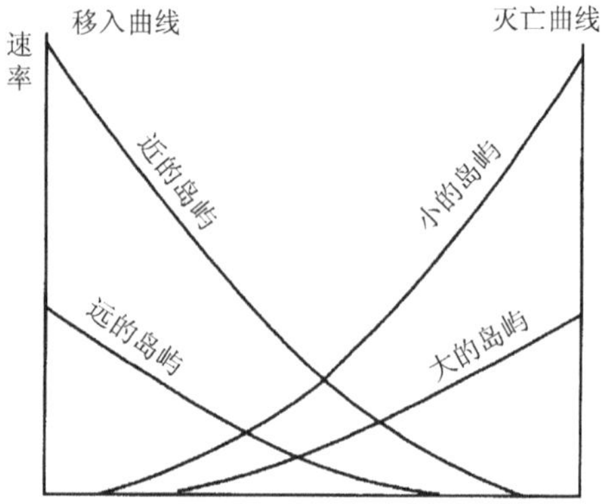

图 6.6　岛屿大小与距大陆远近对于种的平衡的影响模型（MacArthur and Wilson 1967）
距离愈远移入速率越低，岛屿面积愈小则灭亡速率越快

物种移居一个岛屿的平衡过程可以推想经过4个阶段。第一个阶段具有充分的生境，物种进入速率很快，彼此之间相互影响不大，所以称为独立阶段（noninteractive phase）；第二个阶段，竞争和捕食作用进行得激烈而使物种多样性下降，可以称为相互作用阶段（interactive phase）；第三个阶段是通过演替过程，种与种之间发生相互替代，可以称为分选阶段（assortative phase）；第四个阶段就是一个长期的演化阶段（evolutionary phase）；物竞天择，适者生存，有的种灭亡，新种也会产生，物种多样性可能趋于增加。

第三节　物种多样性的测定

对于物种多样性由于理解上的差别，有不同类型的测定方法。每一类中都有许多测定公式，下面我们将简要介绍这些公式。

一、以种的数目表示的多样性

式（6.3）～式（6.5）中 R 表示物种丰富度指数；A 表示所研究的面积；S 表示面积 A 内的种数。

1）Patrick 指数（1949）

$$R=S \tag{6.3}$$

2）Gleason 指数（1926）

$$R=\frac{S}{\ln A} \tag{6.4}$$

3）Dahl 指数（1963）

$$R=\frac{S-\bar{S}}{\ln Q} \tag{6.5}$$

式中，Q 为样方数目；$\bar{S}$ 为样方内的平均种数。

以上3个指数都是物种丰富性指标，是20世纪50～60年代用得比较多的公式，在现代生态学研究中一般使用不多。

不同群落的构造不同，同一面积的意义也不同，因此式（6.5）较好，适于均匀群落互相比较之用。

二、以种的数目和全部种的个体总数表示的多样性

在多数生态学著作中，称这类物种多样性指数为物种丰富度指数。这类指数不需要考虑研究面积的大小，而是以一个群落中的种数和个体总数的关系为基础。

1）Margalef 指数（1958）

$$R = \frac{S-1}{\ln N} \tag{6.6}$$

2）Odum 指数（1960）

$$R = \frac{S}{\ln N} \tag{6.7}$$

3）Menhinick 指数（1964）

$$R = \frac{\ln S}{\ln N} \text{或} \frac{S}{\sqrt{N}} \tag{6.8}$$

4）Monk 指数（1967）

$$R = \frac{S}{N} \tag{6.9}$$

式中，S 为物种数；N 为全部种的个体总数。这类丰富度指数以 Margalef 指数和 Menhinick 指数最为常用。

三、种的数目、全部种的个体总数及每个种的个体数综合表示的多样性

这些指数综合反映了群落中种的丰富程度和均匀程度，是应用较普遍的一类综合多样性指数，用 D 表示。这里 N_i 是物种 i 的个体数，其他物理量含义同式（6.3）～式（6.9）。

1）Simpson 指数（1949）

$$D = \sum_{i=1}^{S} \left(\frac{N_i}{N}\right)^2 \quad (i=1, 2, \cdots, S) \tag{6.10}$$

或者

$$D = \sum_{i=1}^{S} \frac{N_i(N_i - 1)}{N(N-1)} \tag{6.11}$$

2）修正的 Simpson 指数（Romme 1982）

$$D = -\ln\left[\sum_{i=1}^{S} (\frac{N_i}{N})^2\right] \tag{6.12}$$

3）Pielou 指数（1969）

$$D = 1 - \sum_{i=1}^{S} \frac{N_i(N_i - 1)}{N(N-1)} \quad (i=1, 2, \cdots, S) \tag{6.13}$$

可见式（6.11）和式（6.13）关系极为密切，有人将以上三式通称为 Simpson 指数。

4）McIntosh 指数（1967）

$$D = \frac{N - \sqrt{\sum_{i=1}^{S} N_i^2}}{N - \sqrt{N}} \quad (i=1, 2, \cdots, S) \tag{6.14}$$

5）Hurlbert 指数（1971）

$$D = \frac{N}{N-1}\left[1 - \sum_{i=1}^{S}\left(\frac{N_i}{N}\right)^2\right] \quad (i=1, 2, \cdots, S) \tag{6.15}$$

或者

$$D = \sum_{i=1}^{S}\left(\frac{N_i}{N}\right)\left(\frac{N - N_i}{N-1}\right)$$

6）Hill（1973）多样性数（Hill's diversity number）

$$D_A = \sum_{i=1}^{S}\left(\frac{N_i}{N}\right)^{\frac{1}{1-A}} \tag{6.16}$$

Hill 多样性数的第 0、1、2 阶［在式（6.16）中 A=0, 1, 2］正好符合三个重要的多样性测定值，即

数 0：
$$D_0 = S \tag{6.17}$$

S 为种的总数，该数等同于式（6.31）

数 1：
$$D_1 = \mathrm{e}^H \tag{6.18}$$

H 是信息指数［参见式（6.24）］

数 2：
$$D_2 = \frac{1}{D_{\mathrm{Simpson}}} \tag{6.19}$$

式中，D_{Simpson} 是指 Simpson 指数。

以这些种数为单位的多样性测定，Hill 称之为物种的有效数（effective number of species）。Hill 多样性数在生态学上较容易解释（Peet 1974）。

四、以相对密度、相对盖度、重要值或生物量等为基础的多样性指数

这类指数也是综合反映丰富度和均匀度的，而且强调了均匀度，因为个体数目少的种和盖度小的种都相应减小了影响，Whittaker（1972）专门用优势度多样性（dominance diversity）一词来表示这类指标。

1）Whittaker 指数（1972）

$$D = \frac{S}{\ln P_i - \ln P_s} \tag{6.20}$$

或

$$D = \frac{S^2}{4\sum_{i=1}^{S}\left(\ln P_i - \ln \overline{P}\right)} \quad (i=1, 2, \cdots, S) \tag{6.21}$$

式中，P_i 为最小的重要值；P_s 为最大的重要值；$\bar{P}$ 为重要值的几何平均。

2）Auchlair 和 Goff［1971，见（Pielou 1975）］指数

$$D=\sqrt{\sum P_i^2} \tag{6.22}$$

或

$$D=1-\sqrt{\sum P_i^2}\quad (i=1, 2, \cdots, S) \tag{6.23}$$

五、用信息公式表示的多样性指数

信息论中计算熵的公式原来表示信息的不确定程度，我们也可以用来反映种的个体出现的不确定程度，这就是多样性，Margalef（1958）第一次应用，现在应用比较普遍。

在无限总体的情况下，可用 Shannon-Wiener（1949）公式。

1）信息指数（H）

$$H=-\sum_{i=1}^{S}\left(P_i \ln P_i\right) \tag{6.24}$$

式中，P_i 为第 i 个种的多度比例，即 $P_i=\dfrac{N_i}{N_0}$。

对数的底用 e、10、2 均可，Brillouin 公式情况与此相同。

在一般植被被调查时，未必采用随机取样，在有限总体的情况下，可采用 Brillouin 公式。

$$H–N^{-1}\ln N!\ \ln N_1!^{-1}, \ln N_2!^{-1}, \cdots, \ln N_i!^{-1}$$

信息指数具有以下 3 个特点。

a）当各个种的个体数目相等时，即 $P_i=\dfrac{1}{S}$ 时，信息指数最大（H_{max}），故

$$H_{max}=-\sum_{i=1}^{S}\frac{1}{S}\ln\frac{1}{S}=\ln S$$

而全部个体为一个种时，即 $P_i=\dfrac{S}{S}$ 时，则信息指数最小（H_{min}），故

$$H_{min}=-\sum_{i=1}^{S}\frac{S}{S}\ln\frac{S}{S}=\ln 1=0$$

b）两个群落或样方比较时，种数相等，则以个体数目多的种所提供的信息较多。

c）信息可分解为其组成部分而计算分量，而总值不变。

2）不均等性指数（r）

$$r=\frac{H_{max}-H}{H_{max}-H_{min}} \tag{6.25}$$

r 值介于 0 与 1 之间，是物种均匀度的一个测定指标（见本节“六、”），其值越大，说明群落均匀度越高；反之，r 值越小，群落均匀度越低。

六、基于总多样性指数的均匀度指数

当群落中所有的种都同样多时，可直观地看出均匀度最大；当全部个体属于一个种时，均匀度最小。所以，式（6.26）、式（6.27）都可计算均匀度指数（Hurlbert 1971）。

1）
$$E=\frac{D}{D_{\max}} \tag{6.26}$$

2）
$$E=\frac{D-D_{\min}}{D_{\max}-D_{\min}} \tag{6.27}$$

式中，E 代表均匀度指数；D 为我们上面测得的多样性指数；$D_{\max}$ 和 $D_{\min}$ 分别为 D 的最大值和最小值。

在生态学中还有多种均匀度指数，下面的几个指数都与 Hill 多样性数有关。

3）Pielou 均匀度指数（1975）

$$E=\frac{H}{\ln(S)} \tag{6.28}$$

$$E=\frac{\ln(N_i)}{\ln(N_0)} \tag{6.29}$$

$$E=\frac{1-\sum_{i=1}^{S}\left(\frac{N_i}{N}\right)^2}{1-\frac{1}{S}} \tag{6.30}$$

4）Alatalo 均匀度指数

$$E=\frac{1\Big/\sum_{i=1}^{S}\left(\frac{N_i}{N}\right)^2-1}{\exp\left(-\sum_{i=1}^{S}\frac{N_i}{N}\ln\frac{N_i}{N}\right)-1} \tag{6.31}$$

5）McIntosh 均匀度指数

$$E=\frac{N-\sum_{i=1}^{S}N_i^2}{N(1-N_i)} \tag{6.32}$$

式中，H、N_i、N_0、S 的含义见式（6.3）～式（6.9）

6）Sheldon 指数（1969）

$$E=\frac{\mathrm{e}^H}{S}=\frac{N_i}{N_0} \tag{6.33}$$

7）Hill（1973）指数

$$E=\frac{1}{D_{\text{Simpson}}}(\mathrm{e}^H)^{-1}=\frac{N_2}{N_1} \tag{6.34}$$

8）Heip 指数（1974）

$$E=\frac{e^{H}-1}{S-1}=\frac{N_1-1}{N_0-1} \tag{6.35}$$

9）修正的 Hill 指数（Alatalo 1981）

$$E=\left(\frac{1}{D_{\text{Simpson}}}-1\right)\frac{1}{e^{H}-1}=\frac{N_2-1}{N_1-1} \tag{6.36}$$

在研究实践中，用得较多的均匀度指数是 Pielou 指数。Alatalo（1981）认为修正的 Hill 指数更易被接受。

七、含参数的多样性指数

前面讲到的多样性指数都是一个固定的值，在取样面积一定的情况下，每个样方（或群落）都可以计算出一个指数值。在自然群落中，各种生态关系是比较复杂的，一个固定值往往不能全面反映物种多样性特征，因此，含有参数的多样性指数越来越受重视。含参数的多样性指数是指在方程中含有一个或多个可变的参数，参数取不同的值，多样性指数就不同。这样的指数有利于揭示环境的变化或时空尺度的变化对多样性的影响，也有利于多样性大小的生态解释，因此受到重视。

1）Renyi 多样性指数（1961）

$$H_{\alpha}=\frac{1}{1-\alpha}\lg\sum_{i=1}^{S}P_i^{\alpha} \tag{6.37}$$

式中，参数 α 可以取任何正值（$\alpha\geqslant 0$），但 $\alpha\neq 1$，规定当 $\alpha=1$ 时，$H_{\alpha}=H$（Shannon-Wiener 指数），当 $\alpha=0$ 时，H_{α} 值最大。

在使用该指数时，可以选取一系列 α 值，并将 α 和 H_{α} 分别作为横坐标和纵坐标而给出多样性变化曲线，其可以直观地反映多样性的变化特征。

2）Hill 种数多样性指数（1973）

$$N_{\alpha}=\left(\sum_{i=1}^{S}P_i^{\alpha}\right)^{\frac{1}{1-\alpha}} \tag{6.38}$$

式中，N_{α} 是对 H_{α} 有效种的数量，$\alpha\geqslant 0$，$\alpha\neq 1$，规定 $\alpha=1$ 时，$N_{\alpha}=e^{H}$，H 为 Shannon-Wiener 指数；$\alpha=0$ 时，$N_0=S$，$\alpha=2$ 时，$N_2=1/D$，D 为 Simpson 多样性指数。同样可以用图表示物种多样性的变化。

3）Daróczy 多样性指数（1970）

$$H^{\alpha}=\left(\sum_{i=1}^{S}P_i^{\alpha}\right)\frac{1}{2^{1-\alpha}-1} \tag{6.39}$$

式中，$\alpha\geqslant 0$，$\alpha\neq 1$，当 $\alpha=1$ 时，$H^{\alpha}=H$。

4）Tallie 指数（1979）

$$S_{\beta}=\left(\sum_{i=1}^{S}P_i^{\beta+1}\right)^{\frac{1}{\beta}} \tag{6.40}$$

式中，$\beta \geqslant -1$，$\beta \neq 0$，当 $\beta=0$ 时，规定 $S_\beta = H$ 。该指数与 Hill 指数类似。

5）带参数的均匀度指数

以 Hill 指数 N_α 为基础，Hill 提出了计算均匀度指数的公式：

$$E_{\alpha,\beta} = N_\alpha / N_\beta \tag{6.41}$$

Ricotta 和 Avena（2000）认为该指数在某些情况下不能真实反映群落的物种均匀性。他们提出用 $E_{\alpha,0}$ 作为均匀度指数，即

$$E_{\alpha,0} = N_\alpha / N_0 \tag{6.42}$$

这样也可以以 α 和 $E_{\alpha,0}$ 为坐标轴绘出均匀性的变化曲线。

图 6.7 是含参数的多样性指数（Renyi 多样性指数）的应用实例。

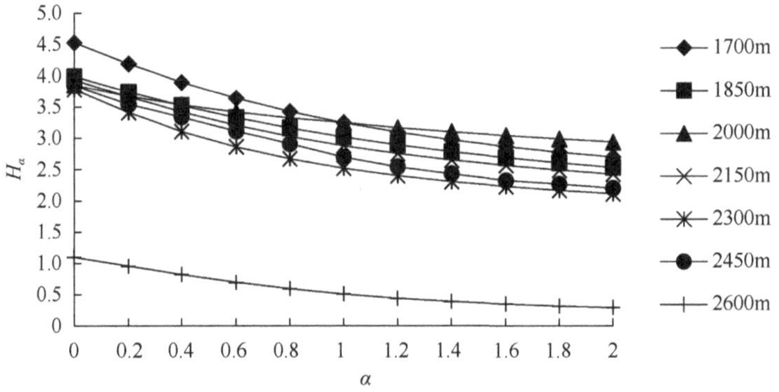

图 6.7　不同海拔 Renyi 多样性指数随 α 值的变化（张金屯和陈廷贵 2003）

八、β 多样性指数

β 多样性是描述在某一环境梯度上的多样性变化。目前也是生态学研究的热点。

（一）简单的 β 多样性指数

1）Whittaker β 多样性指数

$$\beta = \frac{S}{A} - 1 \tag{6.43}$$

式中，S 为研究系统中所记录到的总物种数；A 为环境梯度上（样方）所发现物种的平均数。

2）Wilson β 多样性指数

$$\beta = \frac{G+L}{2A} \tag{6.44}$$

式中，G 为沿环境梯度增加的物种数；L 为沿环境梯度减少的物种数；A 含义同式（6.43）。

3）Cody β 多样性指数

$$\beta = \frac{G+L}{2} = \frac{a+b-2c}{2} \tag{6.45}$$

式中，a、b 分别为两群落的物种数；c 为两群落的共有物种数。

图 6.8 为 β 多样性指数应用的一个例子，它反映了山西关帝山神尾沟森林群落物种 β 多样性指数沿海拔梯度的变化。

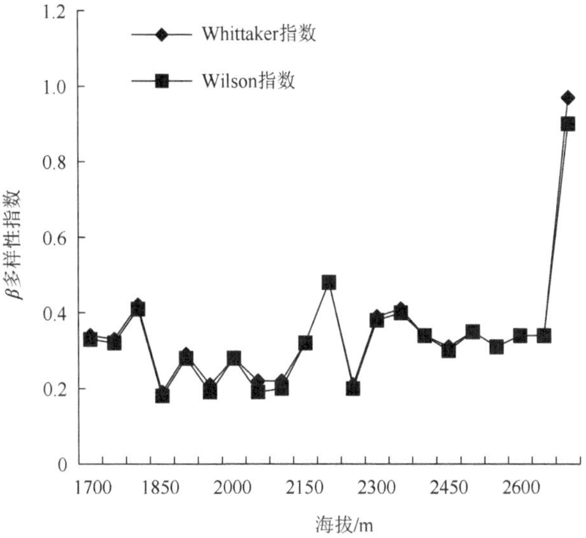

图 6.8　山西关帝山神尾沟 β 多样性指数沿海拔梯度的变化（张金屯和陈廷贵 2003）

（二）群落方向性变化的指数

β 多样性可分为群落方向性的变化和群落结构非方向性的变化（Anderson et al. 2011）；前者通常指成对比较相异性的 β 多样性指数，后者主要应用排序的方法。这里主要介绍群落方向性变化的指数，排序的方法将会在第十章进行具体介绍。

群落方向性 β 多样性是以相异系数为基础计算的，表 6.4 总结了目前常用的集中计算群落方向性变化的指数（Legendre and de Cáceres 2013），其中 y_{1j} 表示在第一个样方中物种 j 的多度，y_{2j} 表示在第二个样方中物种 j 的多度，y_{1+} 表示在第一个样方内所有种的多度之和，y_{2+} 表示在第二个样方内所有种的多度之和，y_{+j} 表示在两个样方内物种 j 的多度之和，p 表示研究区（所有样方）所有物种数（包括两个群落都没有的物种），pp 表示两个样方内所包含的所有物种数，UV 表示两个样方的共有物种数。a 表示两个样方的共有物种数；b 表示在第一个样方中有，在第二个样方中没有的物种数；c 表示在第二个样方中有，在第一个样方中没有的物种数；d 表示在两个样方中都没有的物种数。NA 表示应用卡方距离没有基于频度数据的表示形式。

（三）基于概率的 β 多样性指数

很多用于计算 β 多样性的相异系数受 α 多样性即群落物种丰富度的影响较大。当两个群落的丰富度差异过大时，那么它们共有物种出现的概率理论上就会比较小，增大了 β 多样性的估计结果。为了解决这一问题，生态学家做了很多努力和尝试。

表 6.4 常见相异系数

相异系数	基于多度数据	基于频度数据
欧氏距离	$\sqrt{\sum_{j=1}^{p}[y_{1j}-y_{2j}]^2}$	$\sqrt{p\left(\frac{b+c}{a+b+c+d}\right)}=\sqrt{b+c}$
曼哈顿距离（Manhattan distance）	$\sum_{j=1}^{p}\lvert y_{1j}-y_{2j}\rvert$	$p\left(\frac{b+c}{a+b+c+d}\right)$=b+c
修正的平均值距离（modified mean character difference）（Legendre P and Legendre L 2012）	$\frac{1}{pp}\sum_{j=1}^{p}\lvert y_{1j}-y_{2j}\rvert$	$\frac{b+c}{a+b+c}$
物种边缘距离（species profile distance）（Legendre and Gallagher 2001）	$\sqrt{\sum_{j=1}^{p}\left[\frac{y_{1j}}{y_{1+}}-\frac{y_{2j}}{y_{2+}}\right]^2}$	$\sqrt{\frac{b+c}{(a+b)(a+c)}}$
赫林格距离（Hellinger distance）（Rao 1995）	$\sqrt{\sum_{j=1}^{p}\left[\sqrt{\frac{y_{1j}}{y_{1+}}}-\sqrt{\frac{y_{2j}}{y_{2+}}}\right]^2}$	$\sqrt{2\left(1-\frac{a}{\sqrt{(a+b)(a+c)}}\right)}$
弦距离（chord distance）（Orlóci 1967）	$\sqrt{\sum_{j=1}^{p}\left[\frac{y_{1j}}{\sum_{j=1}^{p}y_{1j}^2}-\frac{y_{2j}}{\sum_{j=1}^{p}y_{2j}^2}\right]}$	$\sqrt{2\left(1-\frac{a}{\sqrt{(a+b)(a+c)}}\right)}$
卡方距离（Lebart and Fénelon 1971）	$\sqrt{y+\sum_{j=1}^{p}\frac{1}{y_{+j}}\left[\frac{y_{1j}}{y_{1+}}-\frac{y_{2j}}{y_{2+}}\right]^2}$	NA
分歧系数（coefficient of divergence）（Clark 1952）	$\sqrt{\frac{1}{pp}\sum_{j=1}^{p}\left(\frac{y_{1j}-y_{2j}}{y_{1j}+y_{2j}}\right)^2}$	$\sqrt{\frac{b+c}{a+b+c}}$
堪培拉制（Canberra metric）（Lance and Williams 1967）	$\frac{1}{pp}\sum_{j=1}^{p}\frac{\lvert y_{1j}-y_{2j}\rvert}{(y_{1j}+y_{2j})}$	$\frac{b+c}{a+b+c}$
Whittaker（1952）指数	$\frac{1}{2}\sum_{j=1}^{p}\left\lvert\frac{y_{1j}}{y_{1+}}-\frac{y_{2j}}{y_{2+}}\right\rvert$	$\frac{1}{2}\left(\frac{b}{a+b}+\frac{c}{a+c}+\left\lvert\frac{a}{a+b}-\frac{a}{a+c}\right\rvert\right)$
Bray-Curtis 距离（Odum 1950）	$\frac{\sum_{j=1}^{p}\lvert y_{1j}-y_{2j}\rvert}{y_{1+}+y_{2+}}$	$\frac{b+c}{2a+b+c}$
Wishart（1969）指数	$1-\left[\frac{\sum_{j=1}^{p}y_{1j}y_{2j}}{\sum_{j=1}^{p}y_{1j}^2+\sum_{j=1}^{p}y_{2j}^2-\sum_{j=1}^{p}y_{1j}y_{2j}}\right]$	$\frac{b+c}{a+b+c}$
Kulczynski（1928）系数	$1-\frac{1}{2}\left[\frac{\sum_{j=1}^{p}\min(y_{1j},y_{2j})}{y_{1+}}+\frac{\sum_{j=1}^{p}\min(y_{1j},y_{2j})}{y_{2+}}\right]$	$1-\frac{1}{2}\left(\frac{a}{a+b}+\frac{a}{a+c}\right)$
Ochiai 指数（Chao et al. 2006）	$1-\sqrt{\mathrm{UV}}$	$\left(1-\frac{a}{\sqrt{(a+b)(a+c)}}\right)$

Raup 和 Crick（1979）提出了一种基于概率的 β 多样性指数计算方法来解决 β 多样性对 α 多样性的依赖性。首先规定 a_1 和 a_2 为两个群落的物种数，然后多次随机从物种库（即 γ 多样性）中分别抽取 a_1 和 a_2 个物种分配到两个群落中，最后用每个物种被抽取的概率数据代替原始数据进行 β 多样性的计算。这样处理的结果是在每个群落物种总

数不变的情况下，共有物种数增多了，从而消除了 α 多样性对 β 多样性的影响。值得注意的是，如果原始数据是多度数据，那么用模型在物种库随机抽取的过程中应进行多度加权。

（四）β 多样性指数的特性

这里介绍 β 多样性指数的 12 个特性，这些特性可以被分为两大类。1～9 个为第一大类，含这 9 个特性指数是可以用于评价 β 多样性的基本要求，也就是说不包含这 9 个特性（欧氏距离、曼哈顿距离、修正的平均值距离、物种边缘距离、卡方距离）的指数不适合用于 β 多样性的测度。第一大类又可以分为两个小类。1～6 个为第一小类，主要针对的是基于统计的问题，如果违背某一特性，会产生与实际情况相悖的矛盾；7～9 个为第二小类，主要针对的问题是使得计算结果可以相互比较，才能够解释生态学问题。10～12 个为第二大类，在评价 β 多样性时，可以选择性地考虑这 3 个特性，未必一定要具有某一特性。这一大类的特性主要针对的是在实际试验中的抽样问题，由于调查方法和手段的不同，取得的原始数据会有很多差异，在实际研究中应根据具体的数据情况，选择合适的相异系数（表 6.5）。这些特性的含义如下。

表 6.5　群落方向性指数所具有的特性

相异系数	P1	P2	P3	P4	P5	P6	P7	P8	P9	P10	P11	P12	D_{max}
欧氏距离	1	1	1	0	0	1	0	0	0	0	0	0	—
曼哈顿距离	1	1	1	0	0	1	0	0	0	0	0	0	—
修正的平均值距离	1	1	1	1	0	1	1	0	0	1	0	0	—
物种边缘距离	1	1	1	1	0	0	0	1	1	0	1	0	$\sqrt{2}$
赫林格距离	1	1	1	1	1	1	1	1	1	1	1	0	$\sqrt{2}$
弦距离	1	1	1	1	1	1	1	1	1	1	1	0	$\sqrt{2}$
卡方距离	1	1	1	1	0	1	1	1	1	NA	0	0	$\sqrt{2y_{++}}$
分歧系数	1	1	1	1	1	1	1	1	1	1	0	0	1
堪培拉制	1	1	1	1	1	1	1	1	1	1	0	0	1
Whittaker 指数	1	1	1	1	1	1	1	1	1	1	1	0	1
Bray-Curtis 距离	1	1	1	1	1	1	1	1	1	1	0	0	1
Wishart 指数	1	1	1	1	1	1	1	1	1	1	0	0	1
Kulczynski 系数	1	1	1	1	1	1	1	1	1	1	0	0	1
Jaccard 指数	1	1	1	1	1	1	1	1	1	1	1	1	1
Sørensen 指数	1	1	1	1	1	1	1	1	1	1	1	1	1
Ochiai 指数	1	1	1	1	1	1	1	1	1	1	1	1	1

注：P1～P12 代表前文所述的 12 个特性；“1”表示具有；“0”表示不具有；“NA”表示因为卡方距离没有基于频度数据的表示形式，所以不能被检验；D_{max} 表示应用该指数计算时的最大值

1. 非负性

显然，相异系数不应该出现负值，当一个群落与其自身比较时，相异系数应该是零，当与其他群落比较时，相异系数应该大于等于零，这取决于物种组成原始数据和相异系

数的选择。在应用某些指数进行计算时，如物种边缘距离（species profile distance）、赫林格距离（Hellinger distance）、弦距离（chord distance）和卡方距离，当数据对应成比例时，所计算的相异系数为零。

2. 对称性

对称性也十分好理解，即 A 与 B 的相异系数和 B 与 A 的相异系数是等价的。

3. 单调性

单调性要求，在保持其他条件不变的情况下，任一物种在两个群落内的多度差异增大时，总体的相异系数也增大。

4. 双零不对称性（double-zero asymmetry）

当增加考虑一个物种，但是这个物种在所比较的两个群落都不出现时，称为双零情况，计算相异系数不受影响；而若这个物种在两个群落均出现，且多度一致，称为双 X 情况，则相异系数计算的结果降低。

根据生态位理论，若两样方均出现物种 j，则在一定程度上说明这两个群落具有一定的相似性，其环境因素应被包含于物种 j 的生态位宽度内。但是，两个样方均不具有物种 j 的原因是不易判断的，可能是相似的生境，但是不适合物种 j 的生长，也可能处于物种 j 生态位宽度的两侧。

所以，双零情况和双 X 情况对于相异系数计算的影响应该是不同的，某些相异系数，如欧氏距离和曼哈顿距离，对待双零情况和双 X 情况的相异系数值没有差异，则不适合用于计算群落间的相异性，即群落方向性的变化。

5. 最大值在两群落无共有物种时取得

每一个相异系数在计算实际问题时都应有最大值，最大值应该在两群落无共有物种时取得，然而有些指数在计算的过程中，共有物种的多度差异对于相异系数所造成的影响会大于是否拥有共同物种所造成的影响，这样的指数也不适合进行 β 多样性的计算。

6. 当增加一个群落或两个群落的特有种时，它们的相异系数不应减少

在其他条件不变，当增加一个群落或两个群落的特有种时，它们的相异系数不应减少，如果违背这一特性，在应用群落的距离矩阵计算群落间的总方差以表示群落间 β 多样性的时候，会出现随着特有种的增加，总的物种数增加，总方差不断趋近于 0 的悖论。

7. 物种复制不变性（species replication invariance）/同质性（homogeneity）

对于一个多群落的物种组成数据矩阵，我们应用某一相异系数计算其相异矩阵。对于原始物种组成数据矩阵的所有列向量，即每个物种在每个群落的多度数据，复制一遍或几遍，添加到原始矩阵的后面，构成一个新的群落物种组成数据矩阵，再次应用这一相异系数计算其相异矩阵。则这两个相异矩阵应该是完全一致的。符合这一特性的相异系数允许不同丰富度的群落进行 β 多样性值的比较，不受丰富度的影响。

8. 度量单位的不变性

这一特性只针对基于多度数据的计算，它允许比较不同数据类型（如多度或生物量），以及不同度量单位之间的β多样性值。在检验某一相异系数是否拥有这项特性时，我们将某一列向量（即某一物种在每个群落的观测值）同时乘以一个非零常数，观察是否影响相异系数的变化。

9. 存在确定的最大值

当相异系数有固定的范围，即同时满足非负性和存在确定的最大值时，不同群落间的相异系数才具有可比性。可以用实际值与最大值的比值，表示相异性的大小。

10. 丰富度不变性（invariance to the number of species）

这项特性要求两个群落本身丰富度的差异并不影响两个群落相异系数的值，这项特性的要求相比于同质性（homogeneity）更为严格。满足这项特性的指数允许不同丰富度的群落之间进行β多样性值的比较。为了验证这一特性，我们基于多样性指数频度数据的形式进行检验，应注意卡方距离没有频度数据的表达式，所以不能检验这一特性。

在基于频度数据计算相异系数中，a表示两个群落的共有物种数，b表示在第一个群落中有，在第二个群落中没有的物种数，c表示在第二个群落中有，在第一个群落中没有的物种数。现在定义$n_1=a+b$，表示群落1的物种数，$p_1=a/n_1=a/(a+b)$，表示共有物种在群落1所有物种中所占的比例；同理，定义$n_2=a+c$，表示群落2的物种数，$p_2=a/n_2=a/(a+c)$，表示共有物种在群落2所有物种中所占的比例。将基于频度数据的相异系数进行一定变换，如果结果中不含有n_1、n_2则说明该指数符合这一特性。举例如下：

$$a=(a+b)\times[a/(a+b)]=n_1\times p_1=(a+c)\times[a/(a+c)]=n_2\times p_2$$

$$b=(a+b)\times\{1-[a/(a+b)]\}=n_1\times(1-p_1)$$

$$c=(a+c)\times\{1-[a/(a+c)]\}=n_2\times(1-p_2)$$

在使用欧氏距离进行计算时

$$E=\sqrt{b+c}=\sqrt{n_1(1-p_1)+n_2(1-p_2)} \tag{6.46}$$

无法消掉n_1和n_2，说明欧氏距离不满足该特性。

在使用Jaccard指数进行计算时

$$J=\frac{a}{a+b+c}=\frac{a}{2a+b+c-a}=\frac{n_1p_1}{(n_1p_1+n_2p_2)+n_1(1-p_1)+n_2(1-p_2)-n_1p_1}$$
$$=\frac{n_1p_1}{n_1+n_2-n_2p_2}=\frac{1}{(1/p_1)+(1/p_2)-1} \tag{6.47}$$

不包括n_1和n_2，说明Jaccard指数满足该特性。

其他相异系数的证明在此不做赘述，可查阅Legendre和de Cáceres（2013）文章的附录III。

11. 密度不变性（density invariance）

一些基于多度数据计算的相异系数只对每个群落的相对多度敏感，而另一些则会受群落总多度的影响。在实际调查中，数据表的每个群落都极有可能会有不同的总多度，

为了便于群落间 β 多样性的相互比较，应选择不受群落总多度影响的相异系数。在检验某一相异系数是否拥有这项特性时，我们将某一行向量（即某一群落中每个物种的观测值）同时乘以一个非零常数，观察是否影响相异系数的变化。

12. 修正采样不足（corrections for under sampling）

某些稀有种未被观测到的原因可能是取样单位过小，因此一些相异系数在计算过程中常常低估了群落间的相异系数，当取样量增加，取样单位扩大时，此偏差将会减小。部分学者（Chao et al. 2006；Jost et al. 2011）对于一些基于频度数据的相异系数提出了基于多度数据对取样误差的修正方法。

（五）β 多样性指数的分解

20 世纪 90 年代及 21 世纪初，Harrison 等（1992）、Williams（1996）和 Lennon 等（2001）开创性地提出群落间物种组成差异起源于两种不同的过程：物种周转或替换（species turnover，or replacement）和物种丧失或增加（species loss，or gain）。其中，物种周转表示不同群落间的物种替换，即物种丰富度不变，物种组成发生变化；而物种丧失会导致群落间物种丰富度的不同（Lennon et al. 2001）。当物种丰富度差异沿着某一梯度呈现出有序排列时，拥有较少物种的群落将是拥有较多物种的群落的子集，此时就会呈现出嵌套格局。β 多样性分解方法就是区分这两种过程对总体 β 多样性的作用，以及探讨这两种过程如何共同影响不同时空维度的物种分布格局（Baselga 2010；Podani and Schmera 2011）。

为了量化 β 多样性的两种不同过程，Baselga（2010）基于 Sørensen 指数系统地提出了 β 多样性的分解方法（简称 BAS 法），即将两两群落间的总体 β 多样性（β_{sor}）分解为物种空间周转组分（β_{sim}）和嵌套组分（β_{sne}）。此后，Podani 和 Schmera（2011）、Carvalho 等（2012）基于 Jaccard 指数提出将两两群落间的总体 β 多样性（β_{cc}）分解为物种空间替换组分（β_{-3}）和物种丰富度差异组分（β_{rich}）（简称 POD 法）（表 6.6）。斯幸峰等（2017）整理了这两种方法的详细计算过程。

表 6.6　BAS 法和 POD 法成对相异系数及各自分解组分的表达式

	BAS 法	POD 法
Sørensen 相异系数	$\beta_{sor}=\dfrac{b+c}{2a+b+c}$	—
周转/替换	$\beta_{sim}=\dfrac{\min(b,c)}{a+\min(b,c)}$	—
嵌套/丰富度差异	$\beta_{sne}=\dfrac{\lvert b-c\rvert}{2a+b+c}\times\dfrac{a}{a+\min(b,c)}$	—
Jaccard 相异系数	$\beta_{jac}=\dfrac{b+c}{a+b+c}$	$\beta_{cc}=\dfrac{b+c}{a+b+c}$
周转/替换	$\beta_{jtu}=\dfrac{2\min(b,c)}{a+2\min(b,c)}$	$\beta_{-3}=\dfrac{2\min(b,c)}{a+b+c}$
嵌套/丰富度差异	$\beta_{sne}=\dfrac{\lvert b-c\rvert}{a+b+c}\times\dfrac{a}{a+2\min(b,c)}$	$\beta_{rich}=\dfrac{\lvert b-c\rvert}{a+b+c}$

注：a 为共有物种数，b 和 c 分别为两个群落各自特有的物种数

1. BAS 法

由于 Simpson 成对相异系数（Simpson pairwise dissimilarity index）（β_{sim}）可以排除物种丰富度的影响（Lennon et al. 2001），因此当两个群落完全不嵌套时，β_{sor}将等于β_{sim}（Baselga 2010；Leprieur et al. 2012）。对于两个不同的群落，β_{sor}和β_{sim}两者之差（β_{sne}）则可以表示 β 多样性的嵌套组分（Baselga 2010）。如表 6.6 所示，β_{sne}指数的前半部分[$|b-c|/(2a+b+c)$]与 β_{gl} 指数[$2|b-c|/(2a+\max(b,c)+\min(b,c))$]相近（Lennon et al. 2001；Koleff et al. 2003），均是计算物种丰富度的差异（difference in richness）；β_{sne}指数的后半部分[$a/(a+\min(b, c))$]是 Simpson 相似性指数（$1-\beta_{\text{sim}}$），因此 β_{sne}能够计算物种丰富度差异中因嵌套而产生的部分。因此，所有形式的总体 β 多样性（β_{sor}）均可以分解成物种周转（β_{sim}）和嵌套（β_{sne}）两个组分（Baselga 2010）。

若要计算多个群落间的总体 β 多样性及其组分值，一种可能的算法就是计算所有群落的成对相异系数的平均值（Cardoso et al. 2014，2015）。但是成对相异系数并没有考虑到多个群落之间物种的共存格局（co-occurrence pattern）（Diserud and Ødegaard 2007），所以需要使用多点相异系数（multiple-site dissimilarity index）计算总体 β 多样性及各自组分（Baselga et al. 2007；Baselga 2013）。通过借鉴 Sørensen 成对相异系数的分解方法，Baselga（2010）把 Sørensen 多点相异系数（β_{SOR}）分解为空间周转组分（β_{SIM}）和嵌套组分（β_{SNE}）。

$$\beta_{\text{SOR}}=\frac{\left[\sum_{i<j}\min(b_{ij},b_{ji})\right]+\left[\sum_{i<j}\max(b_{ij},b_{ji})\right]}{2\left[\sum_i S_i-S_T\right]+\left[\sum_{i<j}\min(b_{ij},b_{ji})\right]+\left[\sum_{i<j}\max(b_{ij},b_{ji})\right]} \tag{6.48}$$

$$\beta_{\text{SIM}}=\frac{\left[\sum_{i<j}\min(b_{ij},b_{ji})\right]}{\left[\sum_i S_i-S_T\right]+\left[\sum_{i<j}\min(b_{ij},b_{ji})\right]} \tag{6.49}$$

$$\begin{aligned}\beta_{\text{SOR}}-\beta_{\text{SIM}}=\beta_{\text{SNE}}=&\frac{\left[\sum_{i<j}\max(b_{ij},b_{ji})\right]-\left[\sum_{i<j}\min(b_{ij},b_{ji})\right]}{2\left[\sum_i S_i-S_T\right]+\left[\sum_{i<j}\min(b_{ij},b_{ji})\right]+\left[\sum_{i<j}\max(b_{ij},b_{ji})\right]}\\&\times\frac{\left[\sum_i S_i-S_T\right]}{\left[\sum_i S_i-S_T\right]+\left[\sum_{i<j}\min(b_{ij},b_{ji})\right]}\end{aligned} \tag{6.50}$$

式中，S_i为群落 i 内的物种数；S_T为所有群落内的物种数（γ 多样性）；b_{ij}和 b_{ji}分别为群落 i 和群落 j 各自所特有的物种数。因此，多点相异系数中的$\sum_{i<j}\min(b_{ij},b_{ji})$和$\sum_{i<j}\max(b_{ij},b_{ji})$分别等同于成对相异系数中的 b 和 c 组分，而$\sum_i S_i-S_T$则等同于成对相异系数中两者共有的 a 组分。

Baselga（2012）亦对 Jaccard 成对相异系数（Jaccard pairwise dissimilarity index）进行了类似的分解。按照 Baselga（2012）的加和分解法，可以把 Jaccard 成对相异系数（β_{jac}）分解为类似的空间周转组分（β_{jtu}）和嵌套组分（β_{jne}）（表 6.6）。同理，Jaccard 多点相异系数（β_{JAC}）可以被分解为空间周转组分（β_{JTU}）和嵌套组分（β_{JNE}）（Baselga 2012）。

此处，BAS 法所指的嵌套组分并不是真正计算嵌套本身（nestedness *per se*），而是计算 β 多样性中由于嵌套格局而产生的部分（nestedness-resultant component），虽然“嵌套”和“因嵌套而产生”之间有一定的联系，但它们是两个不同的概念。

2. POD 法

在成对相异系数中，物种替换表示一个物种被另外一个物种替换，物种丰富度的差异则表示各个群落中特有物种数差值的绝对值，这与物种组成是否嵌套无关（Carvalho et al. 2012）。因此，总体 β 多样性（β_{cc}）可以分解为物种替换（β_{-3}）和物种丰富度的差异（β_{rich}）（Podani and Schmera，2011；Carvalho et al. 2012）（表 6.6）（简称 POD 法）。两个群落间物种的组成差异（$b+c$）与两群落总物种数（$a+b+c$）的比为总体 β 多样性（Jaccard 相异系数，β_{cc}）（Colwell and Coddington，1994）（该表达式与 BAS 法的 Jaccard 成对相异系数相同）。由于群落间会发生物种替换，两两群落间替换的物种数[$2\min(b, c)$]在总物种数中所占的比例则为 β_{-3}（Williams 1996；Cardoso et al. 2009）。物种丰富度差异等于一个群落的物种数（$b+a$）和另外一个群落物种数（$c+a$）差值的绝对值$|(b+a)-(c+a)|$，该值在总物种数中的比例为 β_{rich}（Schmera and Podani，2011；Carvalho et al. 2012）。因此，POD 法的表达式为 $\beta_{cc}=\beta_{-3}+\beta_{rich}$，其中 $\beta_{-3}=2\min(b, c)/(a+b+c)$，$\beta_{rich}=|(b+a)-(c+a)|/(a+b+c)=|b-c|/(a+b+c)$（表 6.6）。

（六）群落间的变化

Legendre 等（2005）提出了利用样方的物种组成矩阵的总方差表示群落总体的 β 多样性，这样的好处是，可以进一步区分单个物种或局部群落对于群落总体 β 多样性的贡献值。具体的计算方法如下。

1）创建群落物种组成数据矩阵 $\boldsymbol{Y}$。

2）计算总体 β 多样性（total beta diversity，BD_{Total}）。

$$BD_{Total}=\mathrm{var}(\boldsymbol{Y})=\frac{\sum_{i=1}^{n}\sum_{j=1}^{p}\left(y_{ij}-\overline{y_j}\right)^2}{n-1} \tag{6.51}$$

式中，$\mathrm{var}(\boldsymbol{Y})$表示群落物种组成矩阵 $\boldsymbol{Y}$ 的总方差；n 表示群落数；p 表示物种数；y_{ij} 表示第 j 个物种在第 i 个群落内的值。

3）计算单个物种对于总体 β 多样性的贡献（species contribution to beta diversity，SCBD）。

$$SCBD_j=\frac{\sum_{i=1}^{n}\left(y_{ij}-\overline{y_j}\right)^2}{\sum_{i=1}^{n}\sum_{j=1}^{p}\left(y_{ij}-\overline{y_j}\right)^2} \tag{6.52}$$

4）计算局部群落对于总体 β 多样性的贡献（local community contribution to beta diversity，LCCBD）。

$$\mathrm{LCCBD}_i=\frac{\sum_{j=1}^{p}\left(y_{ij}-\overline{y_j}\right)^2}{\sum_{i=1}^{n}\sum_{j=1}^{p}\left(y_{ij}-\overline{y_j}\right)^2} \tag{6.53}$$

值得注意的是，在计算中无论是基于多度还是基于频度的原始数据，实质上都是应用了欧氏距离进行计算，然而在前面的章节已经阐明了欧式距离不适合用于 β 多样性测度的原因，所以在应用公式进行计算前，应对原始数据进行转换。常见的转换类型主要有以下 4 种：

物种边缘转换（species profile transformation）： $y'_{ij}=y_{ij}/y_{i+}$

赫林格转换（Hellinger transformation）： $y'_{ij}=\sqrt{y_{ij}/y_{i+}}$

弦转换（chord transformation）： $y'_{ij}=y_{ij}\Big/\sqrt{\sum_{j=1}^{p}{y_{ij}}^2}$

卡方转换（chi-square transformation）： $y'_{ij}=\sqrt{y_{++}}\times\frac{y_{ij}}{y_{i+}\sqrt{y_{+j}}}$

式中， $y_{i+}=\sum_{j=1}^{p}y_{ij}$ ， $y_{+j}=\sum_{i=1}^{n}y_{ij}$ ， $y_{++}=\sum_{i=1}^{n}\sum_{j=1}^{p}y_{ij}$ 。

九、物种多样性指数计算举例

以上所述的各种物种多样性指数的计算都比较简单，现以一个简单群落的数据计算其中的几个指标作为例子（张金屯 2004）。假定我们得到一个由 6 个植物种组成的群落的数据如下（表 6.7）。

表 6.7　由 6 个种组成的简单群落的数据

植物种	个体数
种 1	3
种 2	15
种 3	1
种 4	1
种 5	10
种 6	2
总计 S=6	N=32

现分别计算如下。

1）Patrick 指数

$$R=S=6$$

2）Margalef 指数

$$R=\frac{S-1}{\ln N}=\frac{6-1}{\ln 32}=1.44$$

3）Menhinick 指数

$$R = \frac{S}{\sqrt{N}} = \frac{6}{\sqrt{32}} = 1.06$$

4）Simpson 指数

$$D = \frac{(3\times 2 + 15\times 14 - 1\times 0 + 1\times 0 + 10\times 9 + 2\times 1)}{32\times 31} = 0.31$$

5）信息指数

$$H = -\sum_{i=1}^{S}(P_i \ln P_i) = -\left(\frac{3}{32}\ln\frac{3}{32} + \frac{15}{32}\ln\frac{15}{32} + \frac{1}{32}\ln\frac{1}{32} + \frac{1}{32}\ln\frac{1}{32} + \frac{10}{32}\ln\frac{10}{32} + \frac{2}{32}\ln\frac{2}{32}\right) = 1.33$$

6）Hill 多样性数

$$D_0=S=6$$

$$D_1 = e^H = e^{1.33} = 3.78$$

$$D_2 = \frac{1}{D_{\text{Simpson}}} = \frac{1}{0.31} = 3.22$$

7）Pielou 均匀度指数（1）

$$E = \frac{\ln(N_1)}{\ln(N_0)} = \frac{\ln 3.78}{\ln 6} = 0.74$$

8）修正的 Hill 指数

$$E = \frac{N_2 - 1}{N_1 - 1} = \frac{3.22 - 1}{3.78 - 1} = 0.80$$

图 6.9 是北京百花山山地物种多样性研究实例，物种多样性（Shannon-Wiener 指数，H）、丰富度（物种数，量 S）、均匀度（Pielou 指数，E）沿海拔梯度的变化格局符合“弓形”效应模型，即多样性随海拔的升高先增加，在中海拔处达到最大值，然后下降。这是在水热条件变化的作用下而形成的格局（Zhang et al. 2013）。

十、多样性指数的选择原则

前面介绍了一些多样性指数，这些指数各有特点，在采用时，必须考虑它的效率和适用性，一般依据下面几条原则。

1. 数据收集（特别是野外调查）的困难程度

毫无疑问，种数是最简单的易于调查的数据，除对于不易计数的植物之外，个体明显的植物和动物都易于调查。但是像树木之类，从幼苗到大树，个体大小相差悬殊，需要分别计算。优势度多样性所采用的重要值、盖度或生物量调查的工作量虽然较大，但是在草场和林地群落就比用种数要准确得多，何况禾本科草类在不开花时是不易区别的。

2. 样方大小的影响

种数多少是受样方大小影响的，而优势度多样性所受影响就较小。在用重要值、生物量计算时，也有这个优点。凡是同时包括 N 和 S 的指数，都能避免这个缺点。

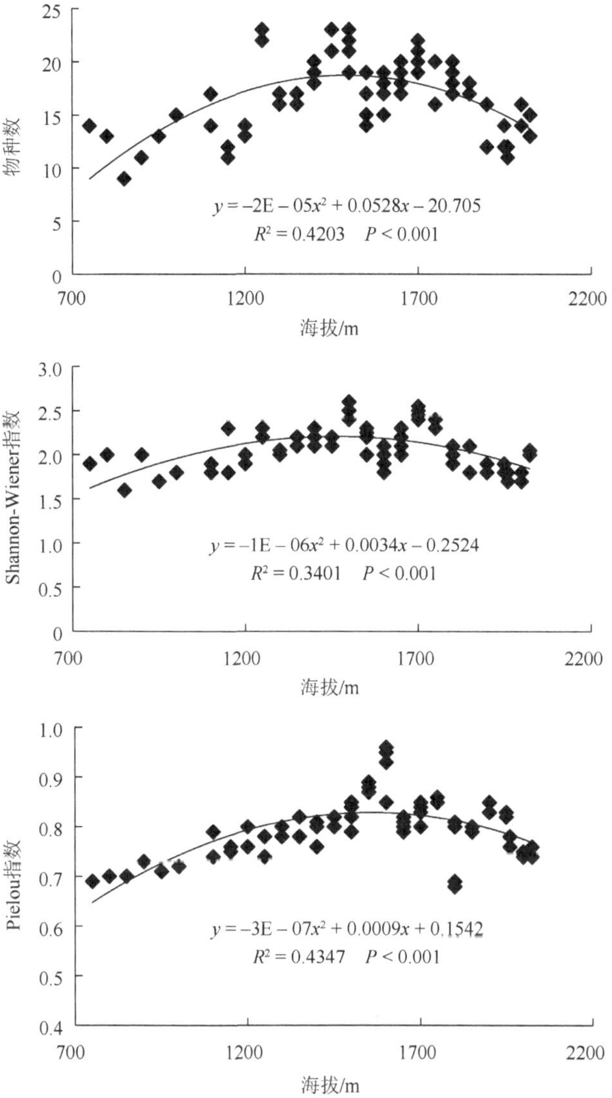

图 6.9　北京百花山山地物种多样性沿海拔梯度的变化格局（Zhang et al. 2013）

3. 引起误差的情况

在计算种数时，必须注意，罕见种是否已经包括。应用信息公式时 ln1=0，实际上是淘汰了罕见种。考虑个体数目的指标必然会冲淡种数的影响，实际上也会引起淘汰罕见种的效果。

4. 概念上的明确性

种数和种均匀度都是明确的概念，但是将二者结合起来就不那么明确了。有时还不如分开种的多度与种的均匀度来分别计算，可以更容易说明问题。

我们还要注意许多公式虽然形式各异，但实质是差不多的。Auchlair 和 Goff（1961）曾将少数公式的相互关系作过计算，它们的相关系数如表 6.8 所示。说明指数之间关系密切。

表 6.8 几个多样性指数间的关系

指数号	1	2	3	4	5	6
1	1					
2	0.981	1				
3	0.921	0.961	1			
4	–0.623	–0.599	–0.593	1		
5	0.653	0.625	0.608	–0.991	1	
6	0.801	0.760	0.748	–0.951	0.968	1

注：1. Patrick 指数；2. Margalef 指数；3. Menhinick 指数；4. Simpson 指数；5. Auchlair 指数和 Goff 指数；6. 信息指数

陈廷贵和张金屯（1999）在对关帝山 89 个样方多样性研究中，比较了 15 个常用的多样性指数的关系（表 6.9）。结果表明，多样性指数之间大都显著相关，丰富度指数之间也显著相关，均匀度指数之间相关性较大。但它们相互之间相关性不十分显著。在反映群落物种多样性沿环境梯度变化关系时，作者给出的指数选择顺序：多样性指数有 Shannon-Wiener 指数、Simpson 指数、Auchlair 和 Goff 指数、种间机遇率、McIntosh 指数、Hurlbert 指数；丰富度指数有 Patrick 指数、Menhinick 指数、Margalef 指数；均匀度指数有 Alatalo 指数、Pielou 指数（3）、修正的 Hill 指数、Pielou 指数（1）、Pielou 指数（2）、McIntosh 指数。

在实际研究中，同一类指数最好选择两个或多个，可以比较它们的结果。

十一、物种多样性变化的预测

物种多样性未来变化可以通过建立关系模型进行预测，如在第三章中介绍的生态回归方法可以完成这样的工作。这里主要介绍一种新的神经网络预测方法——多层感知器神经网络预测方法。

多层感知器（multi-layer perceptron，MLP）应用于预测物种多样性变化。它由输入层（input layer）、隐含层（hidden layer）和输出层（output layer）组成，结构图如图 6.10 所示，其中隐含层可以为一层或多层隐单元，隐单元从输入模式中提取更多有用的信息，使网络可以完成更复杂的任务。输入层神经元的个数为输入信号的维数，隐含层神经元的个数及隐含层节点个数视具体情况而定，输出层神经元的个数为输出信号的维数，每一层的神经元个数都是 MLP 网络的一个重要参数。输入层含独立变量，每个输入层都有对应的输出层，所以通过输入层能预测输出层信息。

多层感知器中每个神经元的激励函数是可微的 Sigmoid 函数，如 $v_i = \dfrac{1}{1+\exp(-u_i)}$，式中，$u_i$ 为第 i 个神经元的输入信号；v_i 为该神经元的输出信号。多层感知器具有独特的学习方法——BP 算法，该网络的多个突触使得网络更具连通性，连接域的变化或连接权值的变化都会引起连通性的变化。

表 6.9　15 个多样性指数的相关系数

	1	2	3	4	5	6	7	8	9	10	11	12	13	14	15
1	1.000														
2	0.852**	1.000													
3	0.830**	0.606*	1.000												
4	0.978**	0.558**	0.919**	1.000											
5	0.875**	0.983**	–0.520*	0.293	1.000										
6	0.883	0.725**	–0.565**	0.338	0.750**	1.000									
7	0.216	0.235	0.454	0.625*	0.205	0.150	1.000								
8	0.484	0.037	0.437	0.453	0.026	0.056	0.963**	1.000							
9	0.225	0.447	0.489	0.869**	–0.553*	0.342	0.652**	0.732**	1.000						
10	0.357	0.463	0.465	0.697**	–0.790**	0.633*	0.512	0.303	0.896**	1.000					
11	0.277	0.442	–0.032	0.162	0.803**	0.738**	0.180	0.259	0.070	0.475	1.000				
12	0.650**	0.4701	–0.027	0.150	0.742**	0.687**	–0.086	0.053	0.070	0.451	0.895**	1.000			
13	0.379	0.361	–0.152**	0.098	0.602*	0.357	0.183	0.300	0.243	0.473	0.643**	0.541*	1.000		
14	0.149	0.260	–0.172	0.028	0.652**	0.709**	–0.035	0.029	0.216	0.530	0.767**	0.728**	0.689**	1.000	
15	0.228	0.243	0.302	0.270	0.226	0.331	0.072	0.027	0.284	0.245	0.071	0.064	0.051	0.233	1.000

*$P<0.05$，**$P<0.01$

注：1. Shannon-Wiener 多样性指数，2. Simpson 多样性指数，3. 种间机遇率多样性指数，4. Hurlbert 多样性指数，5. Auchlair 和 Goff 多样性指数，6. McIntosh 多样性指数；7. Margalef 丰富度指数，8. Menhinick 丰富度指数，9. Patrick 丰富度指数；10. Pielou 均匀度指数（1），11. Pielou 均匀度指数（2），12. Alatalo 均匀度指数，13. Mcintosh 均匀度指数，14. Pielou 均匀度指数（3），15. 修正的 Hill 均匀度指数

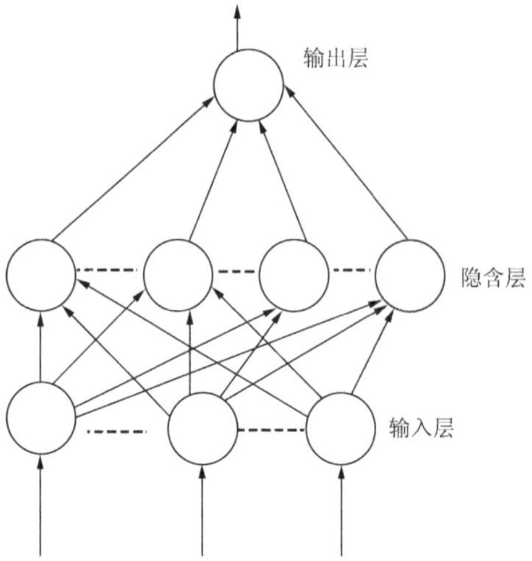

图 6.10　多层感知器模型

BP 标准算法具体实现步骤如下（以一个三层 BP 网络为例）。

先定义以下向量和变量：

输入向量 $\boldsymbol{x}=(x_1, x_2, \cdots, x_n)$；

隐含层输入向量 $\boldsymbol{h}_i=(h_{i1}, h_{i2}, \cdots, h_{ip})$；

隐含层输出向量 $\boldsymbol{h}_o=(h_{o1}, h_{o2}, \cdots, h_{op})$；

输出层输入向量 $\boldsymbol{y}_i=(y_{i1}, y_{i2}, \cdots, y_{iq})$；

输出层输出向量 $\boldsymbol{y}_o=(y_{o1}, y_{o2}, \cdots, y_{oq})$；

期盼输出向量 $\boldsymbol{d}=(d_1, d_2, \cdots, d_n)$；

输入层与隐含层的连接权值 w_{ih}；

隐含层与输出层的连接权值 w_{ho}；

隐含层各神经元的阈值 b_h；

输出层各神经元的阈值 b_o；

样本个数 $k=1, 2, \cdots, m$；

激活函数 $f(\cdot)$。

1）网络初始化。给 w_{ih}、w_{ho}、b_h 和 b_o 分别赋一个区间（$-1, 1$）内的随机数，设定误差函数 $e=\frac{1}{2}\sum_{o=1}^{q}\left[d_o(k)-y_o(k)\right]^2$，给定计算精度值 ε 和最大学习次数 M。

2）随机选取第 k 个输入样本 $x(k)=[x_1(k), x_2(k), \cdots, x_n(k)]$及对应的期望输出 $d(k)=[d_1(k), d_2(k), \cdots, d_q(k)]$。

3）计算隐含层各神经元的输入 $hi_h(k)$，然后用 $hi_h(k)$和激活函数计算隐含层各神经元的输出 $ho_h(k)$。

$$hi_h(k)=\sum_{i}^{n} w_{ih}x_i(k)-b_h\text{，}\ h=1, 2, \cdots, p \tag{6.54}$$

$$ho_h(k)=f(hi_h(k))\text{，}\ h=1, 2, \cdots, p \tag{6.55}$$

$$yi_o(k)=\sum_{h}^{p}w_{ho}ho_h(k)-b_o\text{，}\ o=1, 2, \cdots, q \tag{6.56}$$

$$yo_o(k)=f(yi_o(k))\text{，}\ o=1, 2, \cdots, q \tag{6.57}$$

4）利用网络期望输入向量 $d(k)=[d_1(k), d_2(k), \cdots, d_q(k)]$、网络的实际输出 $yo_o(k)$，计算误差函数对输出层的各神经元的偏导数 $\delta_o(k)$。

$$\delta_o(k)=[d_o(k)-yo_o(k)]yo_o(k)[1-yo_o(k)]\text{，}\ o=1, 2, \cdots, q \tag{6.58}$$

5）利用隐含层到输出层的连接权值 $w_{ho}(k)$、输出层的 $\delta_o(k)$和隐含层的输出 $ho_h(k)$，计算误差函数对隐含层各神经元的偏导数 $\delta_h(k)$。

$$\delta_h(k)=\left[\sum_{o=1}^{q}\delta_o(k)w_{ho}\right]ho_h(k)[1-ho_h(k)] \tag{6.59}$$

6）利用输出层各神经元的 $\delta_o(k)$和隐含层各神经元的输出 $ho_h(k)$来修正连接权值 $w_{ho}(k)$和阈值 $b_o(k)$。

$$w_{ho}^{N+1}(k)=w_{ho}^{N}(k)+\eta\delta_o(k)ho_h(k) \tag{6.60}$$

$$b_o^{N+1}(k)=b_o^{N}(k)+\eta\delta_o(k) \tag{6.61}$$

式中，N 为调整权值前；N+1 为调整权值后；η 为学习率，在（0, 1）之间取值。

7）使用隐含层各神经元的 $\delta_h(k)$和输入层各神经元的输入 $x_i(k)$修正连接权值和阈值。

$$w_{ih}^{N+1}(k)=w_{ih}^{N}(k)+\eta\delta_h(k)x_i(k) \tag{6.62}$$

$$b_h^{N+1}(k)=b_h^{N}(k)+\eta\delta_h(k) \tag{6.63}$$

8）计算全局误差 E。

$$E=\frac{1}{2m}\sum_{k=1}^{m}\sum_{o=1}^{q}[d_o(k)-y_o(k)]^2 \tag{6.64}$$

9）判断网络误差是否满足要求，当 $E<\varepsilon$ 或学习次数大于设定的最大次数 M 时，则结束算法。否则，随机选取下一个学习样本及对应的期望输出，返回到 3）进入下一轮学习过程。

完成学习过程后，可以计算观察值和预测值之间的相关性，检验网络的可预测性。用敏感性分析来决定 MLP 网络中输入层对输出层的贡献。输入层的每个变量加减[–0.1, 0.1]至[–0.5, 0.5]的随机数，计算每个输入层变量在不同干扰水平下的均方误差，估量输出层的反映。

计算过程可以在 Matlab 平台上的 NNToolbox 工具箱（the Neutral Network Toolbox）里完成。苏日古嘎等（2013）用该方法预测了北京松山自然保护区森林群落物种多样性的变化。以海拔、坡度、坡向、枯枝落叶层厚度、土壤深度、土壤紧实度等 6 个环境因子为输入层，分别以乔木层、灌木层、草本层的 Shannon-Wiener 多样性指数为输出层。通过多次训练 MLP 网络，确定隐含层个数，选择均方误差（mean square error）最小的网络（Scardi and Harding 1999）。预测乔木层和灌木层的 Shannon-Wiener 指数时选择输入层 6、隐含层 11、输出层 1（6-11-1 结构）的 MLP 网络，而预测草本层的 Shannon-Wiener 指数时选择输入层 6、隐含层 9、输出层 1（6-9-1 结构）的 MLP 网络。结果显示预测结果比较理想（图 6.11）（苏日古嘎等 2013）。

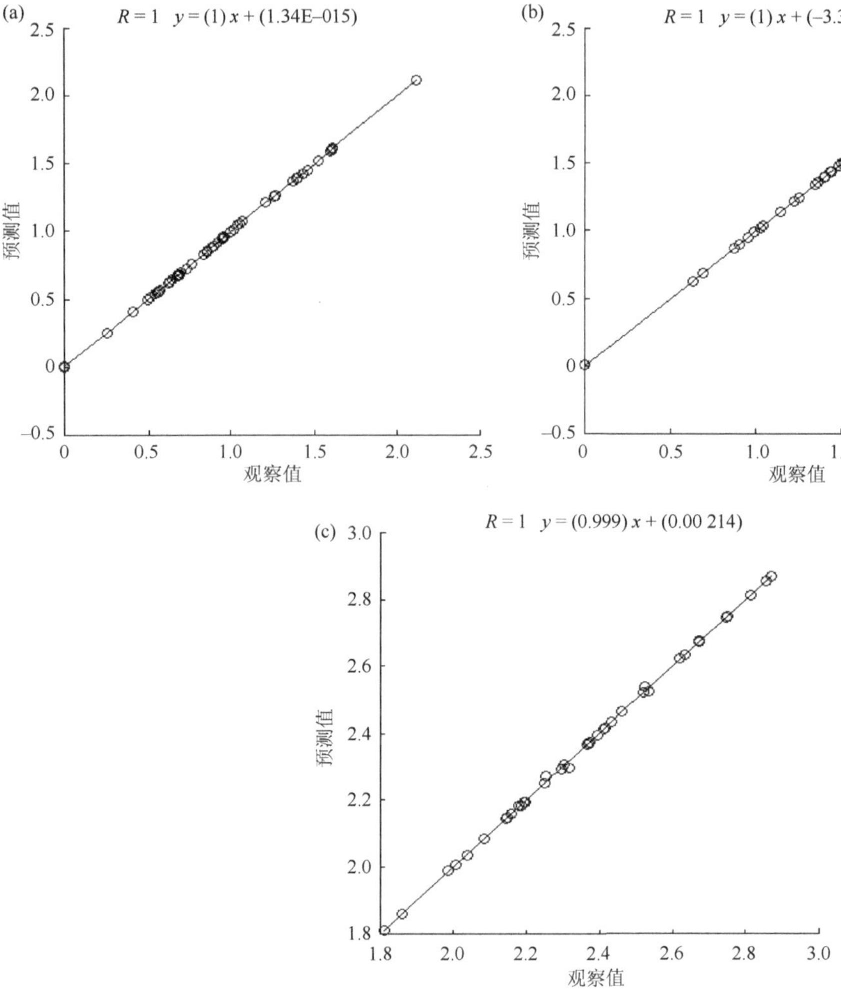

图 6.11　北京松山自然保护区森林群落物种多样性 MLP 预测值和观测值的相关性分析

斜线代表最佳预测结果；（a）乔木层；（b）灌木层；（c）草本层

第四节　系统发育多样性

现代生物技术的快速发展，海量系统发育信息可以免费获取，加之计算机运算能力的提高，以及生物信息学工具软件的开发，促进了生态学家利用系统发育数据和方法来解决群落生态学的问题，催生了群落系统发育学。群落系统发育学分析方法的兴起，为探讨生态位过程和中性过程在决定群落多样性分布机制方面提供了新的思路和手段。

从群落系统发育学的观点来看，生态位过程假定生境过滤和种间竞争是群落的主要构建过程，如果采用种间系统发育关系替代生态相似性，那么必然导致群落系统发育结构显著的聚集或发散；而中性理论假定群落中没有种间差异，群落的结构主要取决于生态漂变和扩散限制，这就会导致随机的群落系统发育结构。群落系统发育结构可以利用群落系统发育结构指数进行衡量。群落的系统发育结构指数可分为两类：一类描述局域群落系统发育结构的指数，即群落系统发育 α 多样性指数；另一类描述群落间系统发育结构差异的指数，即系统发育 β 多样性指数。

一、系统发育 α 多样性指数

1. 群落系统发育多样性

群落系统发育多样性（phylogenetic diversity，PD）最早由 Faith（1992）提出，即用谱系树的总枝长度来代表群落系统发育多样性。

2. 净相关指数

净相关指数（net relatedness index，NRI）（Webb，2000）首先计算出样方中所有物种对的平均谱系距离（mean phylogenetic distance，MPD），保持物种数量及物种个体数不变，将小样方中物种名从物种库中随机抽取 999 次，从而获得该样方中物种在随机零模型下 MPD 的分布，最后利用随机分布结果将观察值标准化，从而获得 NRI。其计算公式为

$$\mathrm{NRI}_{\mathrm{sample}} = -1 \times \frac{\mathrm{MPD}_{\mathrm{sample}} - \mathrm{MPD}_{\mathrm{randsample}}}{\mathrm{SD}\left(\mathrm{MPD}_{\mathrm{randsample}}\right)} \tag{6.65}$$

式中，$\mathrm{MPD}_{\mathrm{sample}}$ 为观察值；$\mathrm{MPD}_{\mathrm{randsample}}$ 为物种在谱系树上通过随机后获得的平均值；SD 为标准偏差。若 NRI>0，说明小样方的物种在谱系结构上聚集；若 NRI<0，说明小样方的物种谱系结构发散；若 NRI=0，则说明小样方的物种在谱系结构上是随机的。

3. 最近邻体指数

最近邻体指数（nearest taxon index，NTI）（Webb 2000）在形式上与净相关指数十分类似，首先计算出每个物种最近谱系距离的平均值（mean nearest phylogenetic distance，MNPD），保持物种数量及物种个体数不变，将小样方中物种的物种名从物种库中随机抽取 999 次，从而获得该样方中物种在随机零模型下 MNPD 的分布，最后利用随机分布结果将观察值标准化，从而获得 NTI。其计算公式为

$$\mathrm{NTI}_{\mathrm{sample}} = -1 \times \frac{\mathrm{MNPD}_{\mathrm{sample}} - \mathrm{MNPD}_{\mathrm{randsample}}}{\mathrm{SD}\left(\mathrm{MNPD}_{\mathrm{randsample}}\right)} \tag{6.66}$$

式中，$\mathrm{MNPD}_{\mathrm{sample}}$ 为观察值；$\mathrm{MNPD}_{\mathrm{randsample}}$ 为物种在谱系树上通过随机后获得的平均值；SD 为标准偏差。若 NTI>0，说明小样方的物种在谱系结构上聚集；若 NTI<0，说明小样方的物种谱系结构发散；若 NTI=0，则说明小样方的物种在谱系结构上是随机的。

4. 整合系统发育指数

整合系统发育指数将物种多度和均匀度整合到一起进行考虑（Cadotte et al. 2010；Helmus et al. 2007）。系统发育多度均匀度整合指数（phylogenetic abundance evenness，PAE）为

$$\text{PAE}=\frac{\text{PD}+\sum_{i=1}^{s}\lambda_i\cdot(n_i-1)}{\text{PD}+(\overline{n}-1)\sum_{i=1}^{s}\lambda_i} \tag{6.67}$$

式中，PD 表示谱系树的总枝长，值得注意的是，这里的总枝长不包括在更大尺度上谱系树的祖先部分，区别于 Faith（1992）提出的 PD 指数；s 表示物种数；λ_i 表示物种 i 独有的枝长，即在谱系树上该物种到距离最近的节点的长度；n_i 表示物种 i 的多度。

5. 群落系统发育均衡性指数

群落系统发育均衡性指数（Heard and Cox 2007）（I_c）用于测度谱系树的偏斜程度，量化表征群落系统发育树的均衡性。

$$I_c=\frac{2}{(n-1)(n-2)}\sum_{\text{nodes}}\left|S_R-S_L\right| \tag{6.68}$$

式中，n 为物种数，S_R 与 S_L 为谱系树中任意节点两侧分支的物种数量。

二、系统发育 β 多样性指数

系统发育 β 多样性指数主要度量群落间的系统发育距离，可以看作是包含（演化）时间维度的 β 多样性（Graham and Fine 2008；Gómez et al. 2010）。一般来说，系统发育 β 多样性指数考虑了不同物种间的系统发育关系，因而比物种 β 多样性指数含有更多的信息。冯刚等（2011）系统地整理和比较了系统发育 β 多样性指数。

1. 平均成对系统发育距离

平均成对系统发育距离（mean pairwise phylogenetic distance，D_{PW}）（Webb 2008）计算两个群落不同物种或个体之间的平均系统发育距离，计算方法如下：

$$D_{\text{PW}}=\frac{\sum_{i=1}^{n_{k_1}}\overline{\delta_{ik_2}}+\sum_{j=1}^{n_{k_2}}\overline{\delta_{jk_1}}}{n_{k_1}+n_{k_2}} \tag{6.69}$$

考虑物种多度加权的计算方法如下：

$$\text{AW-}D_{\text{PW}}=\frac{\sum_{i=1}^{n_{k_1}}f_i\overline{\delta_{ik_2}}+\sum_{j=1}^{n_{k_2}}f_j\overline{\delta_{jk_1}}}{2} \tag{6.70}$$

式中，$i\neq j$；$\overline{\delta_{ik_2}}$ 表示群落 k_1 中物种 i 与群落 k_2 中所有物种的平均成对系统发育距离；n_{k_1} 表示群落 k_1 中的物种数目；f_i 表示在群落 k_1 中物种 i 的相对多度。AW-D_{PW}（abundance-weighted D_{PW}，多度加权的 D_{PW}）表示进行多度加权处理的 D_{PW}，而 D_{PW} 代表不进行多度加权处理。

2. 平均最近系统发育距离

平均最近系统发育距离（mean nearest taxa distance，D_{nn}）（Webb 2008）是指在两个

群落中，一个群落里的物种和另一个群落中与其亲缘关系最近的物种的平均系统发育距离。这个指数也包括两个不同的形式，即是否进行多度加权处理。计算方法如下：

$$D_{\text{nn}} = \frac{\sum_{i=1}^{S_A} \min \delta_{iB} + \sum_{J=1}^{S_B} \min \delta_{jA}}{S_A + S_B} \tag{6.71}$$

考虑物种多度加权的计算方法如下：

$$\text{AW-}D_{\text{nn}} = \frac{\sum_{i=1}^{S_A} f_i \min \delta_{iB} + \sum_{j=1}^{S_B} f_j \min \delta_{jA}}{2} \tag{6.72}$$

式中，$i \neq j$；S_A表示群落 A 中物种的数目；$\min \delta_{jA}$ 表示群落 B 中的物种 j 与群落 A 中所有物种的最近系统发育距离；f_i 表示物种 i 在群落 A 中的相对多度；AW-D_{nn}（abundance-weighted D_{nn}，多度加权的 D_{nn}）表示进行多度加权处理的 D_{nn}，而 D_{nn}代表不进行多度加权处理。

D_{PW}与 D_{nn}的区别在于前者反映的是不同的类群在整个系统发育树上的聚集程度，而后者表示不同的类群在某一特定末端分支上的局部聚集程度。

3. PhyloSør 指数

PhyloSør 指数（phylogenetic Sørensen's index）（Krebs 1999）是指两个群落共有物种的枝长和占两个群落所有物种的枝长和的比例。从名称上可以看出，PhyloSør 是由 Sørensen 指数演变得来的。Sørensen 指数表示两个群落中共有物种占两个群落内所有物种数的比例，该比值越大，说明两个群落的物种组成越相似；而 PhyloSør 则表示两个群落中共有物种之间的枝长和占两个群落所有物种之间枝长和的比例，比值越大，两个群落间的系统发育越小。两个指数在形式上也是相似的。

$$\text{Sør}_{ij} = \frac{2 \times S_{ij}}{S_i + S_j} \tag{6.73}$$

$$\text{PhyloSør}_{ij} = \frac{2 \times \text{BL}_{ij}}{\text{BL}_i + \text{BL}_j} \tag{6.74}$$

式中，Sør$_{ij}$表示群落 i 和 j 的 β 多样性；PhyloSør$_{ij}$表示群落 i 和 j 的系统发育 β 多样性；S_{ij}表示两个群落的共有物种数目；S_i、S_j分别表示两个群落各自所包含的物种数目；BL$_{ij}$表示两个群落共有物种的枝长和；BL$_i$和 BL$_j$分别表示群落 i 和 j 中所含的物种的枝长和。

4. UniFrac 指数

UniFrac 指数（unique fraction index）（Lozupone 2006）是指两个群落中，仅在一个群落中存在的物种之间的枝长和占两个群落所有物种的枝长和的比例。Jaccard 指数是与 UniFrac 指数意义相同的物种 β 多样性指数。两者计算公式如下：

$$\text{Jaccard指数} = \frac{b + c}{a + b + c} \tag{6.75}$$

$$\text{UniFrac指数} = \frac{B + C}{A + B + C} \tag{6.76}$$

式中，a 表示两个群落共有的物种，b 表示只在群落 1 存在的物种，c 表示只在群落 2 存在的物种；A 表示两个群落共有物种之间的枝长和，B 表示群落 1 中仅有的物种之间的枝长和，C 表示群落 2 中仅有的物种之间的枝长和。UniFrac 指数与 PhyloSør 指数生态学意义相似，其区别仅在于前者描述的是两个群落之间的相异性，而后者表示的是相似性。

5. Rao's *D* 指数

Rao's D 指数（Rao 1982）表示群落间的系统发育多样性，即两个群落（k，l）间物种多度加权的平均成对系统发育距离，该指数与 AW-D_{PW} 的生态学意义相同。其计算公式如下：

$$D_{kl} = \sum_i \sum_j t_{ij} x_{ki} x_{lj} \tag{6.77}$$

式中，x_{ki} 表示群落 k 中物种 i 的相对多度；x_{lj} 表示群落 l 中物种 j 的相对多度；t_{ij} 表示 i、j 两物种在系统发育树上的系统发育距离。

6. Rao's *H* 指数

Rao's H 指数是 Rao's D 去除了群落内系统发育多样性影响的群落间系统发育多样性。其计算公式如下：

$$H_{kl} = D_{kl} - \left(D_{kk} + D_{ll}\right)/2 \tag{6.78}$$

式中，D_{kl} 表示群落间平均成对系统发育距离；D_{kk}、D_{ll} 分别表示两个群落内的平均成对系统发育距离，计算方法同 D_{kl}。

7. Π_{ST} 和 P_{ST} 指数

Π_{ST} 指数表示群落间平均成对系统发育距离比群落内平均成对系统发育距离增加的部分，该指数仅需要（0，1）数据，即物种存在与否的数据（Hardy 2007）。P_{ST} 指数与 Π_{ST} 意义相似，区别在于前者包括了物种多度信息。

$$\Pi_{ST} = \frac{\Delta_T^P - \Delta_S^P}{\Delta_T^P} \tag{6.79}$$

$$P_{ST} = \frac{D_T^P - D_S^P}{D_T^P} \tag{6.80}$$

式中，Δ_T^P 表示所有群落的总的系统发育多样性，可以理解为系统发育 γ 多样性；Δ_S^P 表示所有群落内部的系统发育多样性的平均值，可以理解为系统发育 α 多样性；D_T^P、D_S^P 分别表示将多度信息加权处理后的群落之间总的系统发育多样性和群落内部的系统发育多样性的平均值；T 表示总值，S 表示平均值。

8. PCD 指数

PCD（phylogenetic community dissimilarity）指数（Ives and Helmus 2010）有两个组成部分，即反映两个群落共有物种部分的非系统发育部分（PCDc）及反映两个群落不同物种进化关系的系统发育部分（PCDp），并且 Ives 和 Helmus（2011）将三者的关系定义为 PCD=PCDc×PCDp。为了更好地理解这一个系统发育 β 多样性指数的意义，他们假定性状在进化过程中的变化是随机的，即呈布朗运动，在给定了两个群落系统发育关系的前提下，PCD 表示一个群落中性状的变异程度可以被另一群落性状值预测的程度。

$$\mathrm{PCD}=\frac{n_1\mathrm{PSV}_{1|2}+n_2\mathrm{PSV}_{2|1}}{n_1\mathrm{PSV}_1+n_2\mathrm{PSV}_2}\times\frac{1}{\overline{D}\left(n_1\times n_2\times C_{\mathrm{pool}}\right)} \tag{6.81}$$

式中，n_1 表示群落 1 中的物种数；$\mathrm{PSV}_{1|2}$ 表示基于群落 2 中的物种系统发育变异程度（phylogenetic species variability），群落 1 中的物种系统发育变异程度；$\mathrm{PSV}_{2|1}$ 表示基于群落 1 中的物种系统发育变异程度，群落 2 中的物种系统发育变异程度；PSV_1 表示群落 1 中的物种系统发育变异程度；PSV_2 表示群落 2 中的物种系统发育变异程度；$\overline{D}\left(n_1\times n_2\times C_{\mathrm{pool}}\right)$ 被用来去除由 n_1、n_2 带来的偏差，详细的计算过程可参考 Ives 和 Helmus（2010）。

三、系统发育多样性指数选择的原则

在群落系统发育学 α 多样性研究中，应用最多的指数是 NRI 和 NTI，Kraft 等（2007）利用不同功能性状进化模式及竞争排斥、生境过滤和随机构建模拟群落，检验了 NRI 和 NTI 对群落系统发育结构的检测能力。他们发现，NRI 对生境过滤构建过程的群落有较高的检测能力，可能因为 NRI 主要表现了靠近系统发育树基部节点分支（较高分类阶元）的差异，主要反映群落内物种共有的生境特性；而 NTI 对竞争排斥过程构建的群落有较高的识别能力，可能因为 NTI 主要表现了靠近系统发育树末端分支（较低分类阶元）的差异，主要反映群落内种间差异。

冯刚等（2012）用古田山 24hm^2 样地数据比较了各种系统发育 β 多样性指数，指出 AW D_{PW} 与 Rao's D，PhyloSør 与 UniFrac，D_{nn} 与 PhyloSør，D_{nn} 与 UniFrac，Rao's H 与 P_{ST} 有很大的相关性（图 6.12）。D_{PW}、AW-D_{PW}、Rao's D、Rao's H、P_{ST} 及 Π_{ST} 在计

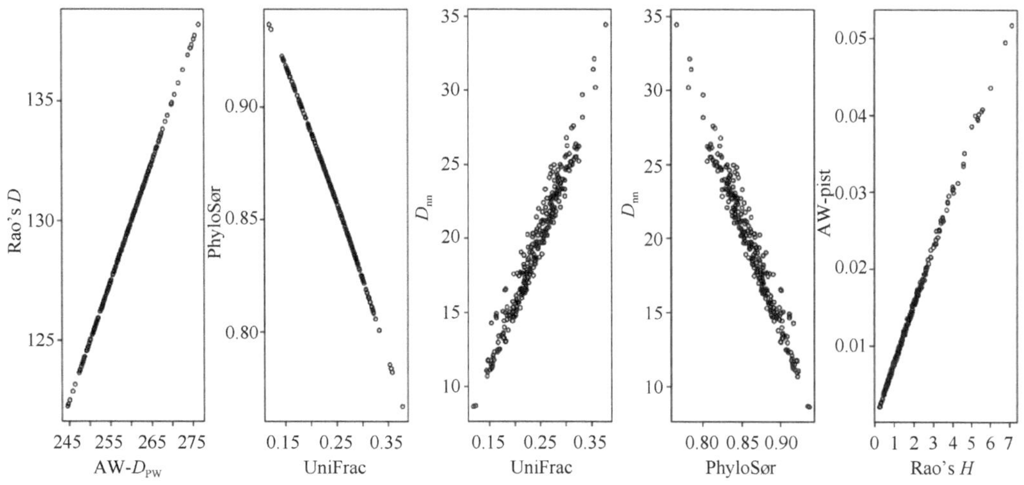

图 6.12　100m×100m 尺度上系统发育 β 多样性指数之间 Spearman 相关系数（冯刚 2012）
AW-pist 表示 P_{ST} 指数

算过程中均以两个物种之间的平均系统发育距离为基础，反映两个群落靠近系统发育树根节点分枝的差异，因而能更好地反映群落生境的差异；而 D_{nn}、AW-D_{nn}、UniFrac 与 PhyloSør 主要反映两个群落靠系统发育树末端分枝的差异，即进化特异性（evolutionary distinctiveness）上的差异（Redding et al. 2006），能更好地反映群落对资源利用策略的差异。多度加权与否的一对指数在小尺度上差别不大，随着尺度的增大，多度的影响逐渐增大；在较大尺度上，P_{ST} 和 Rao's H 可以由生境和空间距离更好地解释；而在小尺度上，AW-D_{nn} 和 D_{nn} 可能会得到更好的解释（图 6.13）。

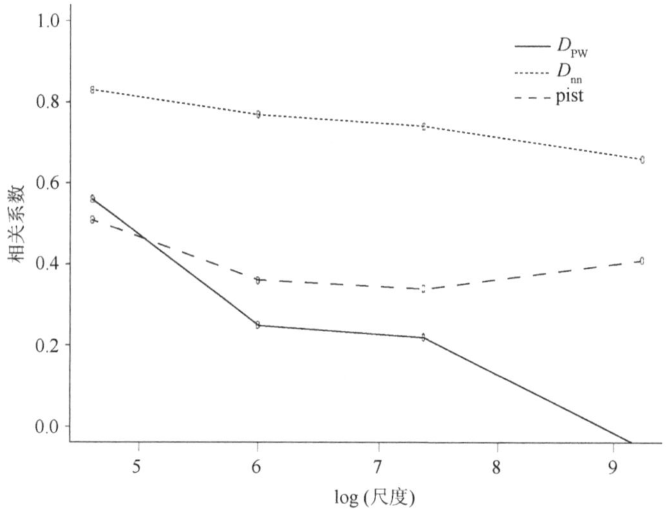

图 6.13　多度加权与否的 β 多样性指数相关性随着尺度变化的趋势（冯刚 2012）
x 轴表示取 log 值后的空间尺度；y 轴表示一个指数加权多度与否的两种形式的相关性值；pist 表示 Π_{ST} 指数和 P_{ST} 指数

对于一个特定的生态学问题，在众多的系统发育多样性指数中选择一个合适的指数是十分复杂的过程。在实际应用中应根据具体的研究问题和实验数据情况进行选择。

第五节　功能多样性

功能多样性（functional diversity，FD）是指特定生态系统中所有物种功能特征的数值和范围，强调群落中物种功能的差异，也称功能性状多样性（functional trait diversity，FTD）（Tilman et al. 2001；Petchey and Gaston 2002）。功能多样性是生物多样性最重要的组成部分（Diaz and Cabido 2001），相比于其他生物多样性指标，功能多样性是影响种群生存、群落和生态系统稳定的重要因子，可以更好地反映生态系统的生产、养分平衡及其他方面的功能，因此是反映生态系统功能的重要特征（Mason et al. 2005）。

功能多样性可用于从物种功能特征的角度探讨群落空间格局及其与环境间的关联性，从而切入到物种共存机制学说的探讨中而成为近年来群落生态研究的热点。功能特征是功能多样性测定的基础，在确定功能多样性过程中最为重要的内容便是功能特征指标的选择（盛芝露 2015；Zhang et al. 2015）。文献中有人用植物盖度作为指标研究群落物种功能多样性，实际上不是功能多样性，因为盖度只反映当年植物营养生长状况，其是不稳定指标。物种功能特征主要指植物种在生理、形态、物候学等方面的特异性。也有人认为个体大小（生物量）、植株高度、叶面积、种子扩散和萌发、资源利用率、生长速度或生活史特征可以看作这样的功能特征。也有人用实验的方法确定物种功能特征。在确定物种功能特征后，可以计算物种功能多样性指数。表 6.10 是 Zhang 等（2015）在研究神农架地区连香树群落功能多样性时用的 13 个植物功能特征。

表 6.10　植物功能特征类型（Zhang et al. 2015）

功能特征类型	数据类型	功能特征及赋值
光合途径	名称数据	1. 景天酸代谢；2. C_3 途径；3. C_3 和 C_4 中间类型；4. C_4 途径
种子扩散	名称数据	1. 自动散播；2. 重力散播；3. 风力散播；4. 动物散播
传粉方式	名称数据	1. 风媒；2. 虫媒；3. 自授粉
固氮类型	名称数据	0. 不固氮；1. 豆科固氮；2. 胡颓子科固氮
生活型	名称数据	1. 乔木；2. 灌木；3. 木质藤本；4. 多年生草本；5. 一年生草本
叶型	名称数据	0. 无叶；1. 针叶；2. 阔叶
叶片被毛	名称数据	0. 无毛；1. 上面被毛；2. 背面被毛
根系	二元数据	1. 直根系；2. 须根系
株高	数值数据	实测平均高度
开花期	数值数据	开始开花的月份
花期时长	数值数据	开花的月份数量
果实成熟期	数值数据	果实开始成熟的月份
果期时长	数值数据	果实成熟时期的月份数量
重要值（作为权重使用）	数值数据	用高度、多度、胸断面积计算值

植物功能性状多样性测定方法，早期的研究通常是把植物群落中的物种根据某一特定功能性状的不同划分成不同功能类群，而功能类群的丰富度即为植物功能性状多样性指标。例如，把草地植物划分为 C_4 和 C_3 植物类群，以及固氮植物和非固氮植物等。研究发现，植物功能类群丰富度增加可以促进生态系统初级生产，抑制生物入侵，调控生态系统对干扰的响应。此外，植物功能类群丰富度的大小也影响着生态系统内的资源利用效率和总量。然而，这种测定方法可能会丢失一些连续变量所呈现的信息，忽略了物种多度的重要性，并且在同一植物群落中，用不同的功能类群划分方法会得到不同的研究结果。最近十多年来研究者发表了许多关于植物功能性状多样性的评价指数的文章，弥补了上述划分方法的不足（雷羚洁 2016）。随着植物功能性状多样性指数的构建和不断发展，研究者逐渐开始使用植物功能性状多样性指数探讨植物功能性状多样性与生态系统功能或过程之间的关系（雷羚洁 2016）。功能多样性指数主要包括功能 α 多样性（描述群落中物种功能的差异）指数、功能 β 多样性（描述不同群落之间功能多样性的组成变化）指数。

一、功能 α 多样性指数

功能 α 多样性（functional alpha diversity）是指特定区域、群落或生态系统中的生物功能特征的多样化。关于功能 α 多样性的度量主要是计算功能 α 多样性指数，目前已有

不少常用的功能 α 多样性指数。

1. 群落功能特征加权平均数指数

群落功能特征加权平均数（community weighted mean，CWM）指数，定义为群落内植物功能特征的加权平均值（Lavorel et al. 2008）。CWM 的计算也是以各物种的特征值及物种相对丰富度为基础而进行的，对于一个特征（trait）而言，其公式如下：

$$\mathrm{CWM} = \sum_{i=1}^{S} p_i \times \mathrm{trait}_i \tag{6.82}$$

式中，p_i 为种 i 的相对贡献率（相对丰富度或相对生物量）；trait_i 为种 i 的特征值；S 为群落中的物种数。研究表明，CWM 指数对于评价群落的动态及生态系统过程具有重要意义。

2. 功能分歧度指数

Mason 等提出功能分歧度（functional divergence）指数是以丰富度权重的平方和为基础的计算方法（Wacker et al. 2009）。该方法使用了群落中每个物种特征的平均值（Mason et al. 2003）。其公式如下：

$$\mathrm{FD}_{\mathrm{var}} = \frac{2}{\pi}\arctan\left\{5 \times \sum_{i=1}^{N}\left[(\ln c_i - \overline{\ln x})^2 \times A_i\right]\right\} \tag{6.83}$$

式中，$\mathrm{FD}_{\mathrm{var}}$ 为包含多项功能特征的功能分歧度指数；c_i 为第 i 项功能特征的数值；A_i 为第 i 项功能特征的相对丰富度；$\overline{\ln x}$ 为物种特征值自然对数的加权平均（即以种的多度为权重）；N 为群落中的物种数。功能分歧度反映了从一个群落中随机抽取两个物种，它们功能特征相同的概率，同时也体现了物种间的生态位的互补程度，定量地描述了群落中特征值的异质性。较高的功能分歧度暗示生态位重叠的效应较弱，生态系统中的资源竞争比较弱。因此功能分歧度较高的群落，由于资源利用效率较高，可以增加生态系统的功能。

3. 功能均匀度指数

功能均匀度指数（functional regularity index，FRI）体现了群落内物种对有效资源的全方位利用，表明了在生态空间中，群落内物种功能特征分布的均匀程度（Mouillot et al. 2005）。对于一个功能特征，其计算公式如下：

$$\mathrm{FRI} = \sum_{i=1}^{S} \min\left(p_i, \frac{1}{S}\right) \tag{6.84}$$

式中，p_i 为种 i 的相对特征值；S 为物种数。对于具有 c 个功能组，其公式为

$$\mathrm{FRI} = \sum_{i=1}^{c} \min\left(p_i, \frac{1}{c}\right) \tag{6.85}$$

式中，p_i 为第 i 功能组对群落的贡献率（生物量）；c 为功能组数。

4. Walker 功能多样性指数

Walker 功能多样性指数（FAD）（Walker et al. 1999）也称功能属性多样性（functional

attribute diversity）指数，属性是指功能特征，该指数是物种对之间的距离之和。

$$\mathrm{FAD}=\sum_{i,\ j} d_{ij} \tag{6.86}$$

式中，d_{ij}为物种 i 和 j 之间的功能特征距离；d_{ij}变化于 0（两物种具有完全相同的特征）与 1（两物种具备完全不同的特征）之间。这里距离矩阵 $\boldsymbol{D}=\{d_{ij}\}$是用功能特征（$N$）与种类（$S$）组成的矩阵为基础而计算的，多个距离系数可以选择（张金屯和范丽宏 2011）。

5. 修正的 Walker 功能多样性（MFAD）指数

Schmera 等（2009）提出了 FAD 的修正版本，克服了非单调性。对于 S 物种和 T 性状的一组给定数据，他们首先定义了所谓的功能物种。这些功能物种的组合是将所有性状中具有相同值的物种组合成只有一个功能物种（组）。数据矩阵中的实体数量将从 S 减少到 N（$N\leqslant S$），并且根据成对不相似性从 $S\times S$ 减少到 $N\times N$ 矩阵。N 实际上是功能丰富度的量度。该指数计算如下：

$$\mathrm{MFAD}=\frac{\sum_{i=1}^{N}\sum_{j>1}^{N} d_{ij}}{N} \tag{6.87}$$

式中，d_{ij}为功能单元 i 和 j 之间的距离；N 为功能单元的数量。

6. 基于树状图的功能多样性指数

Petchey 和 Gaston（2002）提出了一种以树状图为基础的功能多样性的度量方法，该方法包括以下 4 步：首先，获得功能特征矩阵（种类 S×功能特征 T），该矩阵包含了所有的物种功能特征信息；其次，将物种特征矩阵转化为 $S\times S$ 物种距离矩阵；再次，通过等级聚类方法对物种进行聚类分析，得到物种功能聚类树状图；最后，植物的功能多样性（FD）就是功能聚类树状图的分支长度的总和（Petchey and Gaston 2002）。图 6.14 是 7 个物种的功能聚类树状图，功能多样性 $\mathrm{FD}=a+b+c+d+e+f+g+h+i+j+k+l$。

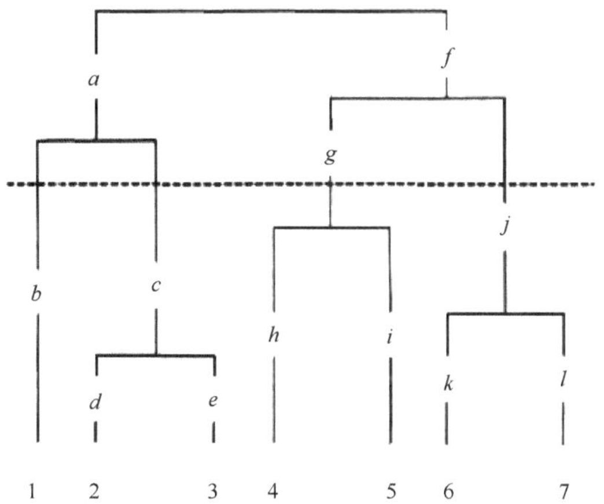

图 6.14　功能聚类树状图示例（张金屯 2011）

该指数度量方法中对距离公式和聚类方法的选择有极大的争论，因为距离公式和聚类方法种类较多，距离公式和聚类方法计算的差异以及二者不同的组合方式会影响最终的功能多样性的值。在生态学中有很多的距离公式，其中 Bray-Curtis 距离公式、Euclidean 距离公式和 Gower 距离公式较为常用（Podani and Schmera 2006）。

7. Rao's 二次方程指数

Rao's 二次方程整合了物种丰富度和物种对之间的功能特征差异的信息(Rao 1982)。

（1）功能 α 多样性指数

$$\mathrm{FD}_{\alpha}=\sum_{i=1}^{S}\sum_{j=1}^{S}d_{ij}p_{i}p_{j} \tag{6.88}$$

式中，FD_{α} 为群落的功能 α 多样性指数；d_{ij} 为物种 i 和物种 j 之间的功能特征距离；p_i 和 p_j 分别为种 i 和种 j 的个体数占群落总物种个体数的比例；S 为群落中总物种数。

Rao's 二次方程指数中物种丰富度的增加会导致 FD_{α} 值的降低，因为群落物种数量的增加会导致随机抽取的两个物种的特征差异平均距离减小。

（2）功能 γ 多样性指数

$$\mathrm{FD}_{\gamma}=\sum_{i=1}^{S}\sum_{j=1}^{S}d_{ij}p_{it}p_{jt} \tag{6.89}$$

$$p_{it}=\sum_{k=1}^{N}p_{ik}/N, \quad p_{jt}\sum_{k=1}^{N}p_{jk}/N$$

式中，FD_{γ} 为功能 γ 多样性指数；k 为样方的序号；N 为样方的数量；p_{it} 为物种 i 的第 t 个特征相对值；p_{jt} 为物种 j 的第 t 个特征相对值。

8. 功能丰富度指数

某群落的功能丰富度（functional richness）既取决于物种所占据的功能生态位，也取决于功能特征值的范围。功能丰富度表明了物种在群落中所占据的功能空间的大小。其计算公式如下（Mason et al. 2005）：

$$\mathrm{FR}_{ci}=\frac{\mathrm{SF}_{ci}}{R_{c}} \tag{6.90}$$

式中，FR_{ci} 为群落 i 中植物功能特征 c 的功能丰富度；SF_{ci} 为群落 i 内物种所占据的生态位空间；R_c 为特征 c 的绝对值范围。

9. Mason 功能多样性指数

（1）Mason 功能 α 多样性指数（F_{α}）（Mason et al. 2003）

$$F_{\alpha}=\sum_{i=1}^{S}p_{i}(x_{i}-\overline{x}) \tag{6.91}$$

式中，x_i 为第 i 个种特征指标的平均值；$\overline{x}=\sum_{i=1}^{S}p_{i}x_{i}$，为群落中各物种特征指标的平均值；$p_i$ 为种 i 个体数占群落总物种个体数的比例；S 为群落中总物种数。

（2）Mason 功能 β 多样性指数（F_β）（Mason et al. 2005）

$$F_\beta = \sum_{k=1}^{N} \frac{1}{n} (\overline{x}_k - \overline{x}_{\text{region}})^2 \tag{6.92}$$

式中，F_β 为功能 β 多样性指数；$\overline{x}_k$ 为第 k 样方特征指标的平均值；$\overline{x}_{\text{region}}$ 为研究区各样方特征指标的平均值；n 为功能特征数量；N 为样方的数量。

10. 基于最小生成树的功能多样性指数（FDM）

以最小生成树（minimum spanning tree，MST）为基础的功能多样性度量方法在 2008 年被提出（Ricotta and Moretti 2008）。求最小生成树就是要在一个连通赋权网络中，寻找最小权数的支撑树。现在求最小生成树的算法已经相当成熟，经典的算法有破圈法、边割法、避圈法等。最小生成树（MST）也是通过物种之间的功能特征距离矩阵来计算的。在 MST 中，每一个节点都有它的生物学意义，代表了一个物种。S 个物种的 MST 由 S–1 个边构成，每个边的长度以种间距离为权重，MST 的总边长和就是功能多样性指数。图 6.15 是 6 个种最小生成树，其 MST 功能多样性指数 FDM=0.159+0.234+0.328+0.448+0.126=1.295。

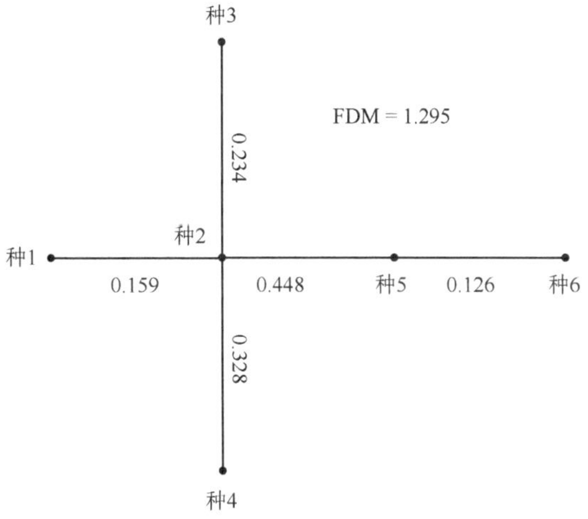

图 6.15　MST 功能多样性图示

11. 模糊功能多样性指数

模糊功能多样性指数（fuzzy-FD）是基于模糊数学理论的，它将模糊等价聚类（详细的聚类过程见第十章）应用于功能多样性的度量中，期望收到较好的效果。首先，计算物种功能特征的模糊相似矩阵；其次，寻找模糊等价关系；再次，根据模糊等价关系进行模糊等价聚类，得到一个动态聚类图；最后，将计算获得的模糊等价聚类树状图，转化为距离聚类树状图，树状图的树枝总和即为所求的功能多样性值（Zhang et al. 2012a）。

12. 自组织神经特征影射网络指数

自组织神经特征影射网络指数（self-organizing feature map index，SOFM 指数）是以人工神经网络理论为基础研究植物群落的功能多样性（Song and Zhang 2013）。首先对

物种功能特征矩阵进行自组织神经特征影射网络排序（详细的排序过程见第九章），然后计算

$$d_{jk}=\sqrt{(x_j-x_k)^2+(y_j-y_k)^2} \qquad (6.93)$$

$$\mathrm{SOFM_{FD}}=\frac{1}{2}\sum d_{jk} \qquad (6.94)$$

（$j=k=1, 2, \cdots, S$=物种数）

式中，d_{jk}为物种 j 和 k 之间的功能特征距离；x_j和 x_k分别为物种 j 和 k 在 x 轴上的排序值；y_j和 y_k分别为物种 j 和 k 在 y 轴上的排序值。

以上就是目前文献中常采用的功能 α 多样性指数的分析方法，有些已在实践中应用。根据山西太岳山脱皮榆群落的功能多样性研究（张钦弟等 2016），文中采用 FAD 指数、Rao's 指数、单一连接（single linking，SL）指数及中心连接（central linking，CL）指数对山西太岳山脱皮榆群落 60 个样方中 7 个群丛的功能多样性进行分析，结果如图 6.16 所示。

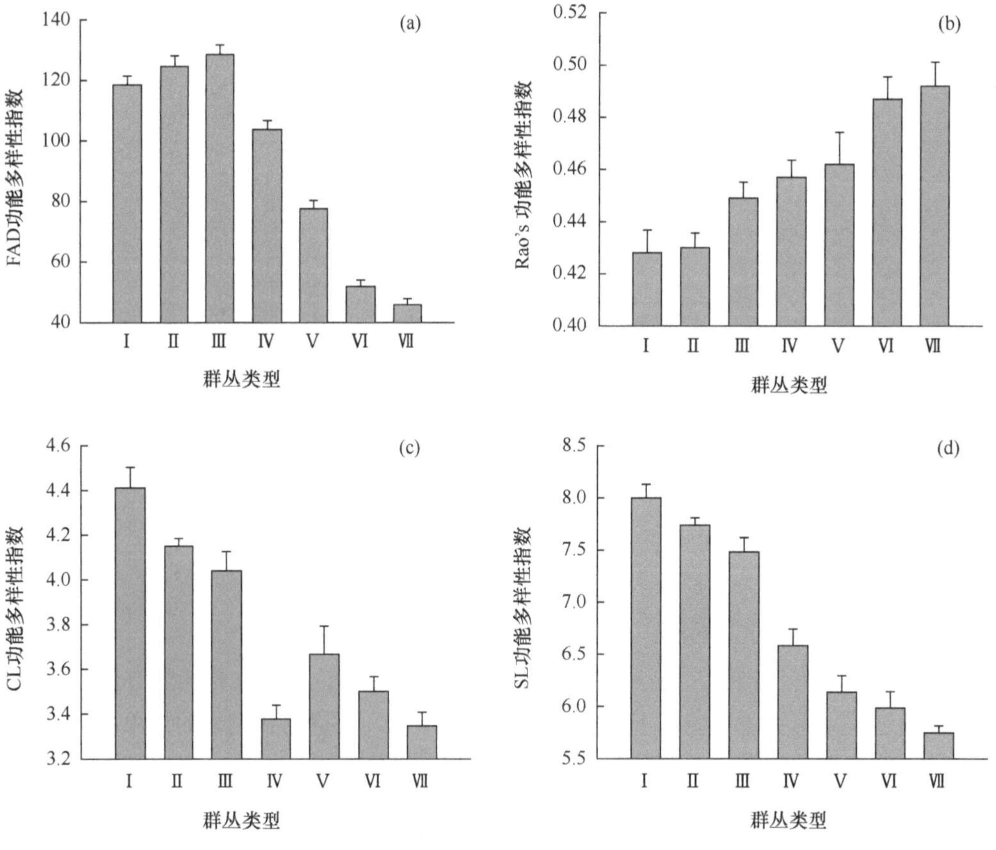

图 6.16　山西太岳山脱皮榆群落不同群丛类型的功能多样性比较（张钦弟 2016）

（a）FAD 功能多样性；（b）Rao's 功能多样性指数；（c）CL 功能多样性指数；（d）SL 功能多样性指数

由图 6.16 可以看出，FAD 指数、SL 指数、CL 指数均表现为从群丛Ⅰ到群丛Ⅶ总体不断下降的趋势，表明 3 个指数代表的功能多样性不断降低。Rao's 指数从群丛Ⅰ到

群丛Ⅶ逐渐增加，但由于 Rao’s 指数法表示的生态学意义是值越小功能多样性越大，因此尽管 Rao’s 指数在群丛间的变化趋势与其余 3 个指数相反，但代表的功能多样性变化趋势是一致的，即都表明从群丛Ⅰ到群丛Ⅶ功能多样性不断降低。这些群丛之间的多样性差异反映了群丛在物种功能特征组成上的差异。

图 6.17 是北京百花山山地森林群落功能多样性研究，4 个功能多样性指数 FAD、MFAD、$FD_{is}(FD_{var})$、$FD_{iv}(FR_{ci})$用于研究功能多样性沿海拔梯度的变化格局，功能多样性随海拔的升高先增加，在中海拔处达到最大值，然后下降。这是在水热条件变化的作用下而形成的格局（Zhang et al. 2014）。

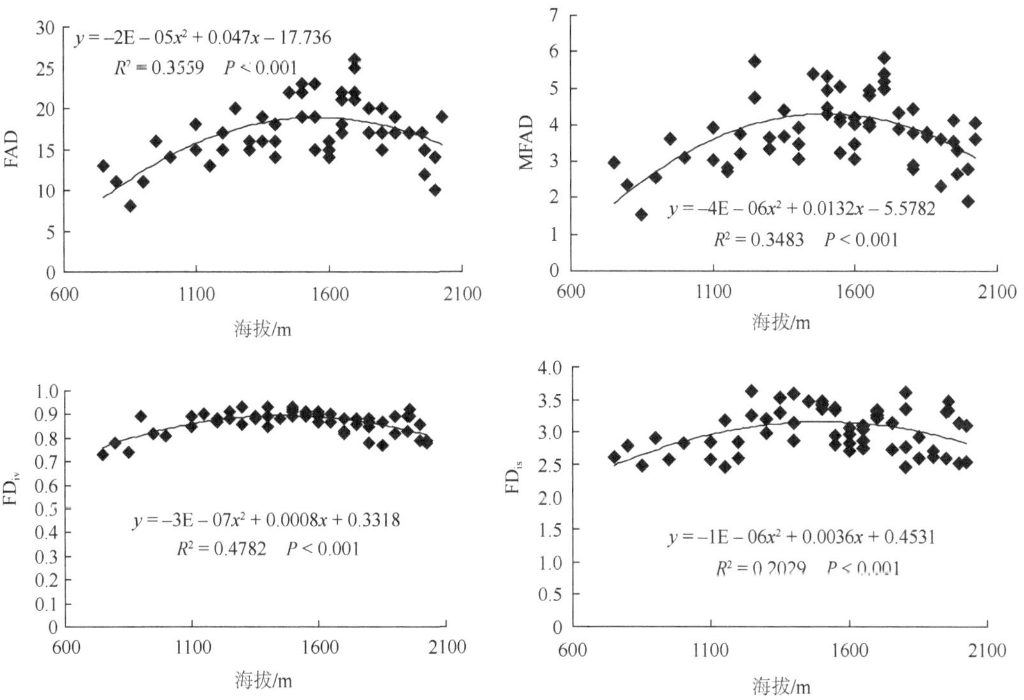

图 6.17　北京百花山山地森林群落功能多样性沿海拔梯度的变化格局

FAD、 MFAD、FD_{iv}、FD_{is}的含义见式（6.82）～式（6.93）

在植物学、生态学研究中，具体选用哪些功能特征指标，采用哪些功能多样性指数，应根据群落的类型、复杂性等综合考虑。

Zhang 等（2013）在对庞泉沟保护区森林群落功能多样性研究中，比较了 9 个以距离为基础的功能多样性指数的关系（表 6.11）。表明功能多样性指数之间大都显著相关，在实际研究中可以同时选用几个指数以比较它们的结果。表中 FAD、Rao’s、MST 含义见前文“功能 α 多样性指数”。SL、CL、UPGMA、UPGMC、Median、模糊指数分别代表以单一连接、完全连接、组平均法、形心法、中线法、模糊聚类法所产生的聚类树状图（dendrogram）为基础而测得的功能多样性（Zhang et al. 2013），聚类方法详见第十章。北京百花山山地森林群落功能多样性研究也表明功能多样性指数间的关系显著相关（表 6.12）。

表 6.11　庞泉沟保护区森林群落功能多样性指数间的关系

指数	FAD	Rao's	SL	CL	UPGMA	UPGMC	Median	模糊指数	MST
FAD	1.000								
Rao's	–0.619***	1.000							
SL	0.729***	–0.534**	1.000						
CL	0.823***	–0.580***	0.927***	1.000					
UPGMA	0.825***	–0.616***	0.949***	0.961***	1.000				
UPGMC	0.794***	–0.546**	0.922***	0.910***	0.911***	1.000			
Median	0.804***	–0.536**	0.926***	0.916***	0.918***	0.959***	1.000		
模糊指数	0.396*	–0.321*	0.728***	0.614***	0.639***	0.677***	0.695***	1.000	
MST	0.721***	–0.582***	0.916***	0.916***	0.940***	0.902***	0.897***	0.702***	1.000

*P<0.05，**P<0.01，***P<0.001

表 6.12　北京百花山山地森林群落功能多样性分析中 6 个指数间的关系

指数	FAD	MFAD	FDp	FDc	FD_{iv}	FD_{is}
FAD	1					
MFAD	0.954***	1	*			
FDp	0.310*	0.382**	1			
FDc	0.458***	0.496***	0.842***	1		
FDiv	0.422***	0.408***	0.619***	0.535***	1	
FDis	0.402***	0.433***	0.831***	0.787***	0.745***	1

* P<0.05，** P<0.01，*** P<0.001

注：FAD、MFAD、FDp、FDc、FD_{iv}和 FD_{is}的含义见式（6.82）～式（6.93）

二、功能 *β* 多样性指数

基于功能 α 多样性，后来有学者提出了功能 β 多样性（functional beta diversity）的概念，以期描述不同群落之间功能多样性的组成变化（Swenson et al. 2011a；Si et al. 2016）。

关于 β 多样性的研究通常滞后于 α 多样性，但是在过去的 10 年里，β 多样性已经迅速成为研究热点（Anderson et al. 2011），β 多样性研究项目的发展对生物多样性的全面理解至关重要。功能 β 多样性的概念和测量仍处于起步阶段，需要进一步地比较各种指标的相对优势。下面介绍一些已有的功能 β 多样性指数。

1. FunSør 指数

FunSør 指数由 Sørensen 指数演变而来（Swenson et al. 2011），FunSør 指数表示两个群落中共有物种之间的枝长和占两个群落中所有物种枝长和的比例，比值越大，两个群落功能性状越相似。公式如下：

$$\mathrm{FunSør}_{ij}=\frac{2\times B'L'_{ij}}{B'L'_i+B'L'_j} \tag{6.95}$$

式中，$\mathrm{FunSør}_{ij}$代表功能 β 多样性；$B'L'_{ij}$表示两个群落共有物种在功能性状树上的枝长和；$B'L'_i$和 $B'L'_j$表示群落 i 和 j 中各自包含的物种在功能性状树上的枝长和。该指数提供了两个群落之间共享功能的总体指标。

零模型可以用来比较不同空间尺度上 β 多样性与随机状态的差异，进而推测影响植物群落 β 多样性格局的主要机制。

零模型假定每个群落的物种数量不变，群落间共同拥有的物种数量不变，随机置换系统发育树和功能性状树末端的物种 199 次，最后通过随机分布结果将观察值标准化（Gotelli and Graves 1996）。

$$SES = \frac{x_{obs} - \mathrm{mean}(x_{null})}{\mathrm{sd}(x_{null})} \tag{6.96}$$

式中，x_{obs} 表示实际观察值；x_{null} 表示 199 次随机模拟值；mean（x_{null}）表示平均值；sd（x_{null}）表示标准差；SES 表示标准化后的观察值。若 SES 偏离零值，则表示系统发育或功能性状 β 多样性偏离随机状态，表明生态位过程起主导作用；否则，则由中性过程起主导作用。

在长白山阔叶红松林系统发育和功能性状 β 多样性的研究中（王均伟等 2016），以长白山阔叶红松林 40hm^2 样地中 45 种木本植物（DBH≥1cm）为研究对象，采集了最大树高、叶面积、比叶面积和叶氮含量 4 种功能性状，采用 FunSør 指数衡量功能性状 β 多样性在不同空间尺度（半径为 10m、20m、25m、50m 和 75m）的变化趋势，并通过比较功能性状 β 多样性格局与零模型的差异，进而推断潜在的生态过程。研究表明：①长白山阔叶红松林功能性状 β 多样性均表现出距离衰减效应，并且随取样尺度的增大，功能性状 β 多样性逐渐降低。②功能性状 β 多样性格局具有非随机的变化趋势。随着取样尺度的增大，功能性状 β 多样性格局则由随机状态（10～50m）逐渐变为低于随机状态（75m）。表明在中小尺度上（10～50m），中性过程占主导作用，但不能排除生态位过程的影响；而随着尺度的增大，生境过滤在维持长白山阔叶红松林群落构建中起主导作用。

功能性状 β 多样性表现出距离衰减效应。在同一取样尺度内，随着空间距离的增大，FunSør 指数逐渐降低，表明功能性状相似性逐渐降低（图 6.18）。功能性状 β 多样性格局随着取样尺度的增大，表现出逐渐降低的趋势。在 10～50m 取样尺度下，与随机状态差异不明显；而在 75m 尺度下则低于随机状态（图 6.19）（王均伟等 2016）。

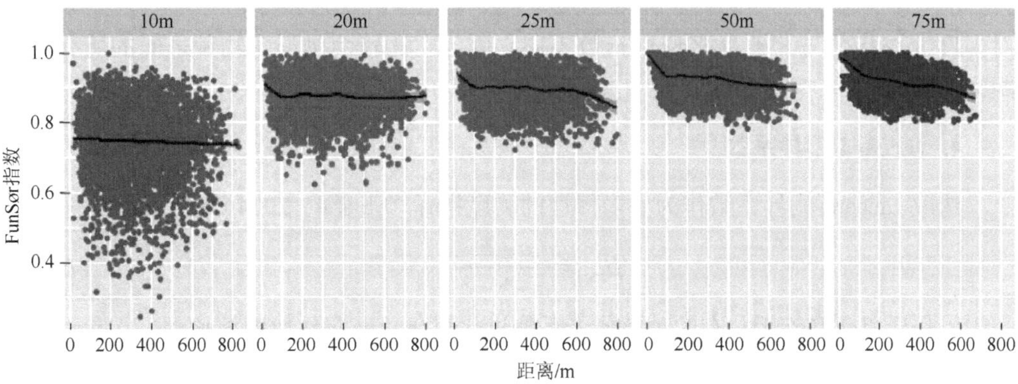

图 6.18　不同空间尺度系统发育和功能性状 β 多样性（王均伟等 2016）

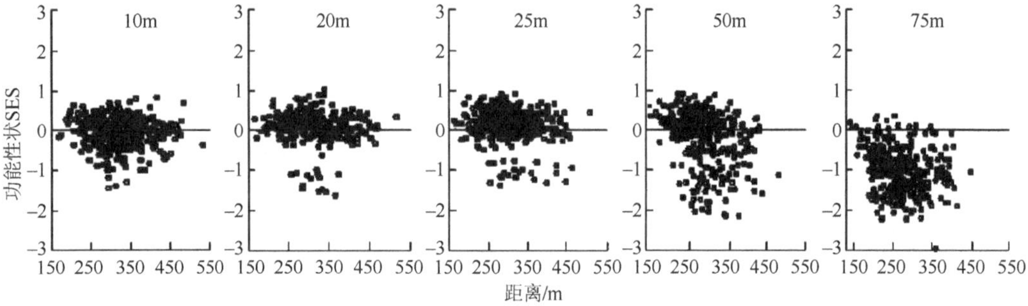

图 6.19　不同空间尺度系统发育和功能性状 β 多样性格局（王均伟等 2016）

2. D_{nn} 指数

采用两个群落 k_1 和 k_2 之间的多度加权最近的功能相邻差异 D_{nn}，这个指数最初由 Ricotta 和 Burrascano（2009）发表，定义为

$$D_{\text{nn}} = \frac{\sum_{i=1}^{nk_1} f_i \min \delta_{ik_2} + \sum_{j=1}^{nk_2} f_j \min \delta_{jk_1}}{2} \tag{6.97}$$

式中，nk_1 和 nk_2 分别是群落 k_1 和群落 k_2 中物种的数量；f_i 是群落 k_1 中物种 i 的相对多度；$\min \delta_{ik_2}$ 是群落 k_1 中物种 i 与具有不同物种的群落 k_2 中最近的功能相似的物种之间的树状分支长度。因此，如果两个群落分享功能类似或近似类似的物种，平均最邻近距离将远低于具有不同群落性状分布的两个群落。

3. D_{pw} 指数

该指数是两个群落 k_1 和 k_2 之间的多度加权相异成对 D_{pw}。此度量值定义为

$$D_{\text{pw}} = \frac{\sum_{i=1}^{nk_1} f_i \overline{\delta_{ik_2}} + \sum_{j=1}^{nk_2} f_j \overline{\delta_{jk_1}}}{2} \tag{6.98}$$

式中，$\overline{\delta_{ik_2}}$ 是群落 1 中的物种 i 到群落 2 中的所有物种的平均成对距离；$\overline{\delta_{jk_1}}$ 是群落 2 中的物种 j 到群落 1 中的所有物种的平均成对距离；f_i 和 f_j 分别是物种 i 和物种 j 的相对多度，该指数与其他 β 多样性指数不同，因为它比较两个群落物种之间的所有成对距离。

4. Jaccard 相异系数

选取 Jaccard 相异系数作为 β 多样性的测度指标（张金屯 2004），公式如下：

$$\beta_{\text{Jac}} = \frac{a+b}{a+b+c} \tag{6.99}$$

式中，a 是两个群落所共有的种数或者系统进化树或功能属性树的枝长；b 是第 1 个群落所特有的种数或者系统进化树或功能属性树的枝长；c 是第 2 个群落所特有的种数或者系统进化树或功能属性树的枝长。

例如，张淼淼等（2016）在野外调查的基础上，分析了汾河中上游湿地植被 T_β（taxon β-diversity）、P_β（phylogenetic β-diversity）和 F_β（functional β-diversity）多样性格局及其与空间距离和生境异质性的关系。研究表明，随着样地间距离的增加，T_β、P_β 和 F_β 整体上表现出逐渐增加的趋势，即表现出群落的距离衰减效应。

β 多样性研究有助于加深人们对群落构建的认识，结合功能性状的 β 多样性研究，能够反映不同生态过程所起的作用，进而揭示生物多样性的形成和维持机制。

第七章　种间亲和性

在一个群落中，有多个植物种共存，相互之间必然发生这样或那样的关系，有人把这种关系称为种间亲和性（inter-specific affinity），亲和性大小可以用种间关联程度和相关程度来表示，也就是我们常说的物种的联结性和种间相关性。

物种的联结性与相关性是植物群落重要的数量和结构特征之一，它们作为两个物种相似性的一种尺度，对于正确认识群落的结构、功能和分类有着重要的指导意义，并能为植被的经营管理、自然植被恢复和生物多样性保护提供理论依据（张金屯 1995，2004，2011）。近年来这方面的研究在不断增加（孙炜和赵士洞 1996；张峰和上官铁梁 2000；张金屯和焦蓉 2002；郭逍宇等 2003；王丽丽等 2012；刘明光 2012；刘海强 2013；张悦等 2015）。

种间联结是指不同种类在空间分布上的相互关联性，通常是以物种的存在与否为依据。作为两个物种出现的相似性尺度，是一种定性的数据；而种间相关性也是指不同种类在空间分布上的相互关联性，但其不局限于物种存在与否的二元数据，同时还涉及它们的数量多少，是一种定量的关系。这种不同种个体在空间联结程度上的客观测定，能有效地反映物种间的相互作用。

第一节　种 间 关 联

种间关联（interspecific association）是指种间相互吸引或排斥的性质。这种关联可以是正的，表示相互“喜欢”，也可以是负的，表示相互排斥，但是这个意义是相对的。

一、总体关联性分析

总体关联性是指一个群落中所有种类的关系，通过计算物种间联结指数（VR）来测定所研究种类的总体关联性（Schluter 1984）。公式如下：

$$\mathrm{VR} = S_T^2 / \sigma_T^2 \tag{7.1}$$

其中

$$\sigma_T^2 = \sum_{i=1}^{S} P_i(1-P_i), \quad S_T^2 = (1/N)\sum_{i=1}^{N}(T_j - t)^2, \quad P_i = n_i / N$$

式中，S 为调查地区总的物种数，N 为总样方数，n_i 为物种 i 出现的样方数，P_i 为物种 i 出现的频度，T_j 为样方 j 内出现的物种总数，t 为全部样方物种的平均数，S_T 为所有样方物种数的方差，σ_T 为所有物种出现频度的方差（Schluter 1984）。

在独立性假设条件下群落内植物种间的总体联结指数 VR 期望值为 1，若 VR＝1，则接受零假设，即种间总体无关联。若 VR>1，则否定零假设，即物种间总体呈正关联；VR<1，则物种总体呈负关联。为检验 VR 偏离 1 是否显著，引入新的统计量 W，W=VR×N。W 服从 χ^2 分布（df=N–1）。若 $W \leqslant \chi^2_{0.95N}$ 或 $W \geqslant \chi^2_{0.05N}$，则物种间总体关联显著（$P$<0.05）；反之，若 $\chi^2_{0.95N} < W < \chi^2_{0.05N}$，则物种间总体关联不显著（$P$>0.05）。

二、种对间关联性分析

种对间关联的研究包括两个内容：一是在一定的置信水平上检验两个种间是否存在关联；二是测定关联程度的大小。判断两个种关联与否一般用 χ^2 检验，就是首先将两个种出现与否的观测值填入 2×2 列联表（表 7.1）。

表 7.1　两个种出现与否的 2×2 列联表

		种 B		
		出现的样方数	不出现的样方数	
种 A	出现的样方数	a	b	$a+b$
	不出现的样方数	c	d	$c+d$
		$a+c$	$b+d$	$a+b+c+d$

假定种 A 和种 B 相互独立，没有联系，则可以通过计算 χ^2 值来检验这一假设。

$$\chi^2 = \sum \frac{(\text{观测值} - \text{估计值})^2}{\text{估计值}} \tag{7.2}$$

如表 7.1 列联表所示，a、b、c、d 是观测值，它们的估计值可以分别计算。

$$a' = \frac{(a+b)(a+c)}{N} \tag{7.3}$$

$$b' = \frac{(a+b)(b+d)}{N} \tag{7.4}$$

$$c' = \frac{(a+c)(c+d)}{N} \tag{7.5}$$

$$d' = \frac{(a+d)(c+d)}{N} \tag{7.6}$$

则 χ^2 值就等于

$$\chi^2 = \frac{(a-a')^2}{a'} + \frac{(b-b')^2}{b'} + \frac{(c-c')^2}{c'} + \frac{(d-d')^2}{d'} \tag{7.7}$$

式（7.7）等同于

$$\chi^2 = \frac{N(ad-bc)^2}{(a+b)(c+d)(a+c)(b+d)} \tag{7.8}$$

式中，N 为样方总数，该式不用计算估计值，较简单，当样方数目较少，以至于估计值小于 5 时，用式（7.9）较好。

$$\chi^2 = \frac{N\left[\left|ad-bc\right|-\frac{1}{2}N\right]^2}{(a+b)(c+d)(a+c)(b+d)} \tag{7.9}$$

得到 χ^2 值后，可以从 χ^2 表中查到不同水准下的 χ^2 理论值，如 P=0.05 的理论值为 3.84（自由度为 1）。如果计算得到的 χ^2 值大于该理论值，说明两个种彼此独立的假设不成立，两个种相互关联。

如果 $a>a'$，则为正关联；若 $a<a'$，说明两个种为负关联。应注意的是 χ^2 的计算结果与样方大小关系较密切，应选择适当大小的样方。通过检验，若两个种有显著的相关性，则可以用一些指数来测定关联程度的大小。这里介绍几种主要的相关指数，它们仍以上面 2×2 列联表为基础。

1）Ochiai 指数（1957）

$$I = \frac{a}{\sqrt{a+b}\sqrt{a+c}} \tag{7.10}$$

式中，I 代表关联指数。

2）Dice 指数（1945）

$$I = \frac{2a}{2a+b+c} \tag{7.11}$$

3）Jaccard 指数（1901）

$$I = \frac{a}{a+b+c} \tag{7.12}$$

在文献中，可以用于描述两个种间关联性大小的公式非常多，像在数量分类中的许多相似系数公式（见第六章）都可以用于此目的，Hubalek（1982）曾评论过 42 个相关指数；Janson 和 Vegelius（1981）也研究了 20 种关联指数。他们都认为，应用于描述两个种种间关联程度大小的方程应满足以下几点：①在 a=0 时，I 值应最小；②当 b=c=0 时，I 应达最大；③I 应是对称的，即不论哪个种为“A”或“B”，I 值应相同；④I 应能区分出正和负的关联；⑤指数 I 应独立于 d。

以上 3 个公式均满足这 5 点。关于两个种都不存在 d 是否含有生态意义曾有大量的争论（Sneath and Sokal 1973；Goodall 1978）。Hulbalek（1982）建议在生态学研究中应对含有 d 的关联指数加以限制。

Pielou（1977）还将两个种的关联分为完全关联（complete association）和绝对关联（absolute association）。前者指种 A 总是随种 B 的出现而出现，而种 B 可以在没有种 A 的样方中出现；而后者是指种 A 和种 B 总是同时出现（即 b=c=0）。

还有一指数用两个种在样方中出现的多度测算联结值。

$$I = 1 - \frac{1}{N}\sum_{i=1}^{N}\frac{n_{1i}-n_{2i}}{n_{1i}+n_{2i}} \tag{7.13}$$

式中，I 为联结值，N 为样方数，n_{1i} 和 n_{2i} 分别代表两个种在样方 i 中出现的个体数。I 值取值区间为[0, 1]，I 值越大，联结关系越大；反之，联结关系越小。这一指数用到数量数据，与后面的相关分析类似。

对于多个种间的关联同样可以计算各种对间的关联系数，结果可以列表表示，但一般用较直观的图示法表示。主要有两种图：一种是群落中种间关联矩阵（association matrix）；另一种是群落中种间关联星座图（constellation diagram）。图 7.1 就是一个关联矩阵的例子，图中的种类见表 7.2。矩阵中也可以用正负数字直接表示正负关联性。

图 7.1　种间关联测定半矩阵图（张金屯和焦容 2002）

正联结：■ $P \leqslant 0.01$，● $0.01 < P \leqslant 0.05$，▲ $P > 0.05$。负联结：□ $P > 0.05$

图 7.2 是一个种间关联星座图。图中字母是种名的缩写，这里画的全部是正相关的种（Agnew 1961）。

表 7.2　图 7.1 中的 43 种植物的种号及其种名

种号	种名	种号	种名
1	败酱 *Patrinia scabiosaefolia*	23	轮叶黄精 *Polygonatum verticillatum*
2	瓣蕊唐松草 *Thalictrum petaloideum*	24	毛茛 *Ranunculus japonicus*
3	并头黄芩 *Scutellaria scordifolia*	25	毛蕊老鹳草 *Geranium platyanthum*
4	粗根老鹳草 *Geranium dahuricum*	26	蒲公英 *Taraxacum mongolicum*
5	北柴胡 *Bupleurum chinensis*	27	祁州漏芦 *Stemmacantha uniflora*
6	穿龙薯蓣 *Dioscorea nipponica*	28	瑞香狼毒 *Stellera chamaejasme*
7	朝天委陵菜 *Potentilla supina*	29	山韭 *Allium senescens*
8	大瓣铁线莲 *Clematis macropetala*	30	沙参 *Adenophora elata*
9	达乌里胡枝子 *Lespedeza davurica*	31	四叶葎 *Galium bungei*
10	地榆 *Sanguisorba officinalis*	32	石竹 *Dianthus chinensis*
11	风毛菊 *Saussurea japonica*	33	歪头菜 *Vicia unijuga*
12	宽叶薹草 *Carex siderosticta*	34	西伯利亚远志 *Polygala sibirica*
13	堪察加景天 *Sedum kamtschaticus*	35	披针薹草 *Carex lanceolata*
14	黄花蓬子菜 *Galium* sp.	36	银莲花 *Anemone cathayensis*
15	火绒草 *Echinops latifolius*	37	圆叶堇菜 *Viola pseudo-bambusetorum*
16	景天三七 *Sedum aizoon*	38	玉竹 *Polygonatum odoratum*
17	龙胆 *Gentiana scabra*	39	胭脂花 *Primula maximowiczii*
18	蓝花棘豆 *Oxytropis mandshurica*	40	糙苏 *Phlomis umbrosa*
19	铃兰 *Convallaria majalis*	41	早熟禾 *Poa annua*
20	柳兰 *Epilobium angustifolium*	42	珠芽蓼 *Polygonum viviparum*
21	铃铃香青 *Anaphalis hancockii*	43	展枝唐松草 *Thalictrum squarrosum*
22	龙芽草 *Agrimonia pilosa*		

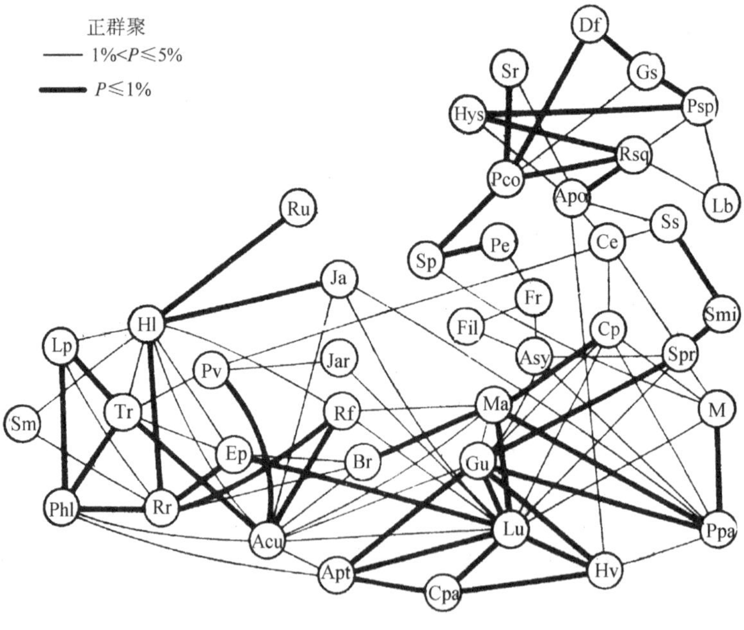

图 7.2　*Juncus* 群落中种间关联星座图（Agnew 1961）

第二节 种 间 相 关

以上讲的关联指数适合于种存在与否的二元数据。在两个种都存在于所有的样方中（绝对关联）的情况下，上面关联指数就不适用。因为关联指数总等于 1。这时我们就要使用数量数据，如多度、盖度等，一般通过计算种间相关系数来衡量两种间的相关程度。

（一）相关系数

$$r_{ik} = \frac{\sum_{j=1}^{N}(x_{ij} - \overline{x}_i)(x_{kj} - \overline{x}_k)}{\sqrt{\sum_{j=1}^{N}(x_{ij} - \overline{x}_i)^2 \sum_{j=1}^{N}(x_{kj} - \overline{x}_k)^2}} \tag{7.14}$$

式中，r_{ik}是种 i 和 k 之间的相关系数，N 是样方数目；x_{ij} 和 x_{kj} 分别是种 i 和种 k 在样方 j 中的多度值；它们分别组成两个向量 $\boldsymbol{x}_i$ 和 $\boldsymbol{x}_k$； $\overline{x}_i$ 和 $\overline{x}_k$ 分别是种 i 和种 k 在所有样方中多度的平均。r_{ik} 可以是 1 和–1 之间的任何值，正值表示正相关，负值表示负相关。r_{ik} 的显著程度可以用 t-检验（自由度=N–2）。一般的统计学书中均附有现成的相关表，可直接查表检验。

相关系数假定 $\boldsymbol{x}_i$ 和 $\boldsymbol{x}_k$ 两向量是正态分布的样本，同时它所计算的 r_{ik} 值与种多度间呈线性相关（Boesch 1977），这两点对它的应用有一定的限制，尽管如此，相关系数在生态学中的应用非常广泛，是一非常有用的指标。

（二）秩相关系数

秩相关系数（rank correlation coefficient）是在双变种群不是正态分布的情况下应用的，可以先将 $\boldsymbol{x}_i$ 和 $\boldsymbol{x}_k$ 多度向量变换为“秩化向量”（rank vector），即根据样方中的变化大小，将种在每个样方中的值换成它的序号值（由小到大）。例如，下面的两个种多度向量：

$$\boldsymbol{x}_i=[7, 6, 4, 0, 2, 1]$$
$$\boldsymbol{x}_k=[4, 14, 0, 6, 6, 2]$$

而秩化的向量是

$$\boldsymbol{x}_i'=[6, 5, 4, 1, 3, 2]$$
$$\boldsymbol{x}_k'=[3, 6, 1, 3.5, 3.5, 2]$$

在 $\boldsymbol{x}_k$ 中由于第四和第五个元数相等，则秩化后有小数（3.5）。

得到秩化后的向量后可有两种方法计算秩相关系数。

1）用式（7.14）计算。就是将秩化后的向量代入普通相关系数公式，计算 r_{ik}，它的值仍变化于 1 和–1 之间。此时计算得到的 r_{ik} 称为秩相关系数（Greig-Smith 1983）。

2）用 Spearman 秩相关系数计算。Spearman 秩相关系数表达式如下：

$$r(i,k) = 1 - \frac{6\sum_{j=1}^{N} d_j^2}{N^3 - N} \tag{7.15}$$

式中，N 为样方数，$d_j = (x_{ij} - x_{kj})$，x_{ij} 和 x_{kj} 为种 i 和种 k 在样方 j 中的秩。

种间相关也可以用前面的半矩阵图或星座图来表示，也可以直接用相关系数表或半矩阵表示，图 7.3 就是一个例子，图中的种号及种名见表 7.3。

下面是一个相关系数和秩相关系数的计算例子。表 7.4 是羊茅（*Festuca ovina*）和 *Cirsium acaule* 两个种在 9 个草地样方中的盖度。

先计算相关系数

$$\bar{x}_i = (99 + 95 + \cdots + 46)/9 = 72$$

$$\bar{x}_k = (10 + 4 + \cdots + 37)/9 = 22.7$$

$$r_{ik} = \frac{[(99-72)(10-22.7)+(95-72)(4-22.7)+\cdots+(46-72)(37-22.7)]}{\sqrt{\left[(99-72)^2+(95-72)^2+\cdots+(46-72)^2\right]\left[(10-22.7)^2+(4-22.7)^2+\cdots+(37-22.7)^2\right]}}$$

$$= -0.89^{**}$$

查相关表，可知所研究的两个种呈显著的负相关（$P<0.01$）。

下面计算秩相关系数，首先将 $\boldsymbol{x}_i$ 和 $\boldsymbol{x}_k$ 两向量转化成秩向量

$$\boldsymbol{x}_i' = [9, 8, 7, 6, 5, 4, 3, 2, 1]$$

$$\boldsymbol{x}_k' = [2, 1, 5, 3, 7, 6, 4, 8, 9]$$

然后将 $\boldsymbol{x}_i'$ 和 $\boldsymbol{x}_k'$ 的值代入相关系数公式，得到秩相关系数

$$r_{ik}' = -0.83^{**}$$

秩相关系数也说明两个种呈显著的负相关。

Spearman 秩相关系数

$$r(i,\ k) = -0.833^{**}$$

对于多个种间的相关或秩相关，可以用同样的方法一一计算。现在都有现成的计算机软件供使用，一次可计算数十种甚至上百种间的相关系数。多种间的相关程度也可以用相关矩阵图和相关星座图表示。

在研究种间关联和相关性时，样方大小对相关性的影响常常被人们所忽略，Pielou（1977）认为样方大小必然局限在一定的范围。样方不能太小，以免其不能包含较大种的两个个体；样方也不能太大，某个种在所有样方中均出现。Greig-Smith（1983）详细分析了样方大小对相关程度的影响，他认为如果某种植物的个体明显大于其他种，该种将会对小个体的种产生空间排斥（spatial exclusion），而使得小个体种之间呈现正相关，而小个体种与大个体种间呈负相关。在这种情况下，样方大小较为重要。随着样方逐渐由小变大，小个体种间的相关性将会消失。

当所研究的两个种受同一环境因子所控制时，样方大小对它们种间相关性的影响将取决于该环境因子的变化格局。在样方较小时，它们一般表现为正相关。随着样方增大，正相关将会逐渐消失。当两个种对某一主要环境因子呈现出相反的反应时，一般表现为负相关，但当样方增大到包含该因子的不同格局规律时，则呈正相关。

1																					
0.401**	2																				
0.495**	0.581**	3																			
0.568**	0.375*	0.656**	4																		
0.050	0.197	0.523**	0.357*	5																	
0.217	0.224	0.468**	0.461**	0.367*	6																
0.271	0.526**	0.505**	0.311*	0.321*	0.603**	7															
0.340*	0.278	0.334*	0.224	–0.096	0.310*	0.349*	8														
0.295	0.612**	0.364*	0.261	0.039	0.112	0.405	0.282	9													
0.211	0.341*	0.489**	0.267	0.188	0.143	0.309*	0.261	0.588**	10												
0.171	0.146	0.249	0.401**	0.256	0.222	0.132	0.176	0.389*	0.508**	11											
2.253	0.028	0.180	0.197	0.129	–0.158	–0.059	0.195	0.139	0.137	0.369*	12										
0.186	0.023	0.166	0.279	0.122	0.260	0.039	–0.017	0.041	0.087	0.314*	0.485**	13									
0.205	0.038	0.283	0.261	0.313*	0.112	–0.006	0.068	0.082	0.351*	0.491**	0.482**	0.486**	14								
0.148	0.106	0.305*	0.187	0.281	0.084	0.212	0.121	0.112	0.315*	0.206	0.181	0.182	0.583**	15							
0.097	0.099	0.165	–0.005	0.107	0.075	0.202	0.100	0.190	0.295	0.187	0.169	0.206	0.565**	0.513**	16						
0.262	0.269	0.224	0.104	0.125	0.370*	0.270	0.259	0.374*	0.353*	0.290	0.081	0.196	0.486**	0.270	0.549**	17					
0.083	0.115	0.206	0.028	0.070	0.123	0.182	–0.088	0.201	0.201	–0.026	0.097	0.410**	0.145	0.197	0.323*	0.278	18				
0.091	0.061	0.232	0.078	0.063	0.151	0.128	0.088	0.190	0.190	0.004	0.105	0.087	0.458**	0.467**	0.552**	0.471**	0.408**	19			
0.396**	0.123	0.309*	0.210	0.031	0.165	0.306*	0.188	0.215	0.215	0.236	0.225	0.232	0.309*	0.512**	0.297	0.211	0.267	0.560**	20		
0142	0.160	0.141	0.141	0.155	–0.037	0.154	–0.106	0.081	0.081	0.129	0.372*	0.081	0.386*	0.390*	0.214	0.202	0.026	0.583**	0.579**	21	
0.139	0.032	0.134	0.060	0.189	0.218	0.098	0.159	0.026	0.026	0.162	0.189	0.096	0.379*	0.371*	0.256	0.338*	0.182	0.556**	0.496**	0.505**	22

图 7.3 山西历山国家级自然保护区山地草甸 22 个优势种种对间 Spearman 相关系数半矩阵图

*P<0.05，**P<0.01

表 7.3　山西历山国家级自然保护区山地草甸 22 个优势种的种编号及其种名

种编号	种名	拉丁学名
1	勿忘草	*Myosotis silvatica*
2	东方草莓	*Fragaria orientalis*
3	湖南连翘	*Hypericum ascyron*
4	火绒草	*Leontopodium leontopodioides*
5	披针薹草	*Carex lanceolata*
6	小红菊	*Chrysanthemum chanetii*
7	橐吾	*Ligularia sibirica*
8	早熟禾	*Poa annua*
9	瓣蕊唐松草	*Thalictrum petaloideum*
10	细叶鸢尾	*Iris tenuifolia*
11	地榆	*Sanguisorba officinalis*
12	双花堇菜	*Viola biflora*
13	乌头	*Aconitum carmichaelii*
14	珠芽蓼	*Polygonum viviparum*
15	金莲花	*Trollius chinensis*
16	红纹马先蒿	*Pedicularis striata*
17	钝裂银莲花	*Anemone obtusiloba*
18	蒲公英	*Taraxacum mongolicum*
19	三裂绣线菊	*Spiraea trilobata*
20	小叶忍冬	*Lonicera microphylla*
21	碱茅	*Puccinellia distans*
22	百里香	*Thymus mongolicus*

表 7.4　两个种在草地 9 个样方中的盖度值

种	样方								
	1	2	3	4	5	6	7	8	9
Festuca ovina	99	95	83	82	68	64	62	49	46
Cirsium acaule	10	4	22	13	35	26	21	36	37

第三节　群落关联和相关分析

在研究一个植物群落种间关系时，我们对种对间的关联和相关可以用上面的方法进行计算，得到种对间的关联或相关系数表，或者半矩阵。从中可以知道一个种对间的关系，也可以分析环境因子对种对间关系的影响，并给予合理的生态学解释。现代群落学研究已不限于此，我们还可以进行下面几方面的分析。

1. 判别生态种组

根据关联和相关的计算结果，参考种的生态位、资源利用、分布范围等划分生态种组。在同一个生态种组的种，具有较大的关联性和相关性，对环境的适应能力、对资源的利用能力、对群落所起的功能作用等均有一致性。某一生态种组的缺失将对群落的结构和功能产生重要影响（张金屯和焦蓉 2002）。因此，通过关联和相关分析，找出这样的种组并进行生态学分析是必要的。

2. 分析种间关系的时空变化

一般认为，一个种对相关性大是因为它们具有一致的生物学特性和生态适应性，要求近似的环境条件，因此，它们的关联和相关关系应该是稳定的（Greig-Smith 1983），也就是时空条件对它们影响不大。但在实际研究中可能会发现，同一个种对的关联和相关关系在不同的群落中或不同的区域，或在同一群落中的不同时间，关联和相关关系会不同，有时甚至是性质上的差异（正负关系不同）。这可能与环境变化、种群变异、演替进程等有关，也可能与研究的尺度、取样方法等有关。对这种现象应进行深入和细致的研究分析，这方面还缺乏可信的研究资料。

3. 分析群落关联结构

一个群落有许多种类组成，种对间的关联关系可能有一个结构比例，它可能与群落环境、群落结构和功能、动态演替、稳定性等有关。表 7.5 是山西关帝山森林 7 个群落灌木层种间相关的统计，可以看出，不同的群落种间相关结构差异很大；较成熟稳定的群落正相关种对数多，演替变化明显的群落负相关种对多，但这只是一个研究例子。这方面还要加强研究，可能会揭示一些规律。

表 7.5　不同群落类型灌木层种间相关统计表

群落类型	显著相关的种对数		不显著相关的种对数		无相关的种对数
	正相关	负相关	止相关	负相关	
Ⅰ	57	0	54	42	0
Ⅱ	17	0	39	77	0
Ⅲ	6	0	5	33	0
Ⅳ	5	0	10	40	0
Ⅴ	48	0	36	69	0
Ⅵ	12	0	17	68	0
Ⅶ	6	0	14	31	1

注：Ⅰ. 山杨白桦林；Ⅱ. 油松林；Ⅲ. 华北落叶松林；Ⅳ. 青扦、白扦林；Ⅴ. 辽东栎林；Ⅵ. 温性落叶灌丛；Ⅶ. 高寒灌丛

第四节　种 间 分 离

种间分离（species segregation）是 Pielou（1961）提出来的。它是指两个种或几个种的个体交错分布的程度。在很大程度上，它与种间关联和种间相关相联系，但它是以第一个种的个体与第二个种的个体的邻体关系为基础，又不同于种间关联，有人还认为它独立于种的分布格局（Greig-Smith 1983）。图 7.4 说明两个种的个体分离情况。

图 7.4（a）和图 7.4（b）说明两个种不分离；图 7.4（c）则是两个种完全分离；图 7.4（d）～（f）表明两个种在一定程度上分离。

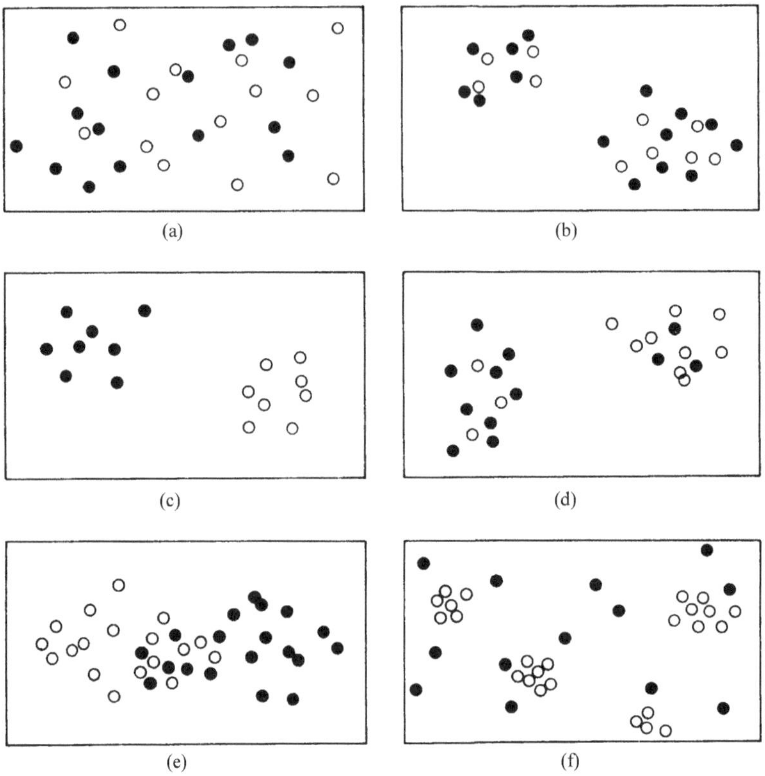

图 7.4　两个种分离程度的 6 种情况（Greig-Smith 1983）

这种分离程度可以通过计算分离指数（segregation index）来表示其分离程度大小。分离指数是基于两个种的最近邻体关系之上的。两个种的最近邻体关系（nearest neighbour relationship）有 4 种情况：①种 A 个体的最近邻体是种 A 的个体；②种 A 个体的最近邻体是种 B 的个体；③种 B 个体的最近邻体是种 A 的个体；④种 B 个体的最近邻体是种 B 的个体。

以上 4 种情况的频率可以用字母表示为 f_{AA}、f_{AB}、f_{BA} 和 f_{BB}，这样我们就可以得到一个 2×2 列联表（表 7.6）。

表 7.6　种频率的 2×2 列联表

		基础植物		
		种 A	种 B	
最近邻体植物	种 A	f_{AA}	f_{BA}	$f_{AA}+f_{BA}$
	种 B	f_{AB}	f_{BB}	$f_{AB}+f_{BB}$
		$f_{AA}+f_{AB}$	$f_{BA}+f_{BB}$	$N=f_{AA}+f_{AB}+f_{BA}+f_{BB}$

表 7.6 中数据可以用普通的 χ^2（自由度等于 1）去检验 f_{AB} 和 f_{BA} 关系是否显著地低于随机期望值。Pielou（1961）提出一个分离指数计算公式：

$$
\begin{aligned}
S &= 1 - \frac{f_{AB}\text{和}f_{BA}\text{的观测值}}{f_{AB}\text{和}f_{BA}\text{的估计值}} \\
&= 1 - \frac{f_{AB} + f_{BA}}{N[(f_{AB} + f_{BA})(f_{BA} + f_{BB}) + (f_{AA} + f_{AB})(f_{AB} + f_{BB})]}
\end{aligned}
\tag{7.16}
$$

式中，分离指数 S 的值变化于–1 和+1 之间。若 $S=-1$，表明种 A 和 B 完全不分离，A 总是以 B 的个体为邻，B 也总是以 A 的个体为邻；若 $S=1$，表明两个种完全分离。

王丽丽等（2012）对山西五鹿山国家级自然保护区白皮松林内物种间分离关系及其共存机制进行了研究（图 7.5），发现群落中随机毗邻种对占绝大多数（80%），正分离种对较少（16.19%），负分离种对极少（3.81%），群落趋于稳定。种间分离在不同种之间存在着一定的差异，正分离常发生在群落中的建群种或优势种之间；而负分离常发生在群落中的优势种和一些伴生种之间。

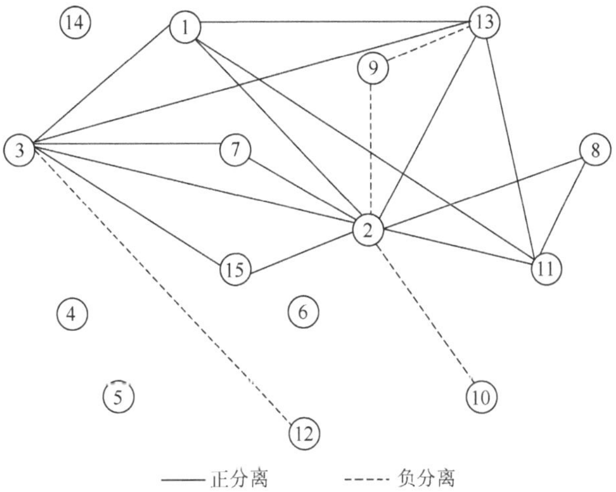

图 7.5 白皮松群落 15 个物种的种间分离星座图

1. 白刺花 *Sophora davidii*；2. 白皮松 *Pinus bungeana*；3. 侧柏 *Platycladus orientalis*；4. 茶条槭 *Acer ginnala*；5. 鹅耳枥 *Carpinus turczaninowii*；6. 细裂槭 *Acer stenolobum*；7. 辽东栎 *Quercus wutaishanica*；8. 蒙古荚蒾 *Viburnum mongolicum*；9. 山柳 *Salix wallichiana*；10. 山杨 *Populus davidiana*；11. 水栒子 *Cotoneaster multiflorus*；12. 土庄绣线菊 *Spiraea pubescens*；13. 巧玲花 *Syringa pubescens*；14. 油松 *Pinus tabuliformis*；15. 榆树 *Ulmus pumila*

第五节 种间竞争

种间竞争（inter-specific competition）是群落中普遍存在的现象，定量研究种间竞争一般要借助实验生态学。自 20 世纪 60 年代以来，很多学者为了预测林木生长，相继提出了许多描述树种间竞争强度的数量指标，其中 Hegyi（1974）的单木竞争模型最为常用。研究树种间竞争，先在群落中选择一定数量的不同径级的对象木（objective tree），测定对象木的胸径，然后以对象木为中心，实测一定距离半径范围内所有乔木（竞争木，competitive tree）的胸径及其与对象木之间的距离。用不同树种数据计算种间竞争强度，同树种数据计算种内竞争强度。其公式为

$$CI_i = \sum_{j=1}^{n}\left(\frac{D_j}{D_i} \times \frac{1}{L_{ij}}\right) \tag{7.17}$$

式中，CI_i为竞争指数，其值越大表明树种间竞争越激烈；D_i为对象木i的胸径；D_j为竞争木j的胸径；L_{ij}为对象木i与竞争木j之间的距离；n为竞争木的株数。

对于一个种在群落中的总竞争指数，就是把各对象木的竞争指数求和，即

$$CI = \sum_{i=1}^{N} CI_i \tag{7.18}$$

式中，CI 为总体竞争指数，N为对象木的数量。

图 7.6 为雾灵山白桦山杨油松林 3 个优势种总体竞争强度。

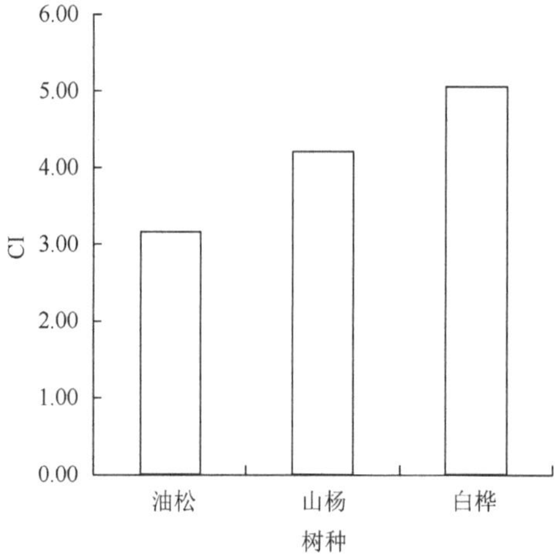

图 7.6 雾灵山白桦山杨油松林 3 个优势种总体竞争强度（张谧等 2007）

表 7.7 是山西五鹿山国家级自然保护区白皮松群落内乔木的种内种间竞争指数（王丽丽等 2012）。

表 7.7 五鹿山白皮松群落内乔木的种内种间竞争指数

对象木	竞争木								
	白皮松 *P. b*	侧柏 *P. o*	辽东栎 *Q. w*	榆树 *U. p*	油松 *P. t*	鹅耳枥 *C. t*	细裂槭 *A. s*	茶条槭 *A. g*	山杨 *P. d*
白皮松 *Pinus bungeana*	10.05	6.35	4.43	2.21	0.24	—	1.75	0.31	12.34
侧柏 *Platycladus orientalis*		7.63	4.87	2.31	—	—	2.06	—	2.08
辽东栎 *Quercus wutaishanica*			5.21	1.97	1.56	1.36	1.23	0.76	1.64
榆树 *Ulmus pumila*				2.45	1.05	0.09	—	0.34	1.12
油松 *Pinus tabuliformis*					5.01	—	0.08	0.42	0.21
鹅耳枥 *Carpinus turczaninowii*						—	0.65	0.48	0.14
细裂槭 *Acer stenolobum*							0.02	2.01	0.03
茶条槭 *Acer ginnala*								—	0.52
山杨 *Populus davidiana*									0.78

第八章　生　态　位

生态位（niche）是现代生态学的重要理论之一，生态位研究在理解群落结构和功能、群落内物种间关系、生物多样性、群落动态演替和种群进化等方面有重要的作用，因此得到了广泛的应用，并已取得了许多研究成果。生态位也是用于解释群落中物种共存、多度分布、生物多样性、种间相互作用等生态过程最有用的生态学理论，这使生态位理论成为近 30 年来生态学研究的热点之一（Sylvain et al. 2000；林开敏和郭玉硕 2001；张桂莲和张金屯 2002；林思祖等 2002；Hirzel 2002；李毅等 2003；Peterson et al. 2011；Arnaud 2015；赵慧宏等 2017）。

第一节　生态位的概念

在生态学中最早使用“生态位”一词的是 Grinnel（1917），他把生态位定义为种的最后分布单位（ultimate distributional unit），而强调生态位的空间概念。1927 年，Elton 把生态位确定为种在其群落中的功能作用和地位（functional role and position），强调一个种与其他种的营养关系。Hutchinson（1957）利用数学上的点集理论，把生态位看成一个种生存条件的总和。Odum（1959）则认为生态位是一个种在其群落和生态系统中的地位和状况，而这种地位和状况决定于该生物的形态适应、生理反应和特有的行为。1973 年，Pianka 提出一个生物单位的生态位（包括个体、种群或物种生态位）就是该生物单位适应性的总和。生物环境（小生境）与生物生态位之间的差异仅仅在于：在生物生态位的概念中，包括生物开拓和利用其环境的能力，也包括生物与环境相互作用的各种方式。目前，生态位的概念已同种间竞争密切联系在一起，而且越来越同资源的利用联系在一起。我们认为生态位概念必须与物种所生存的群落环境相联系，也就是一个种的生态位是指该种在群落中利用资源的能力，这种能力体现在该种个体在群落中的分布范围和生物量的占有上。一个种的生态位受群落内生物和非生物环境的影响，因此一个种在不同的群落中就有不同的生态位。Arnaud（2015）就生态位概念的发展历史和争论进行了系统的论述。

1990 年我国学者刘建国和马世骏提出了扩展的生态位理论。他们认为以前的生态位概念有三点不足之处：一是只将物种（种群）作为生态位的利用者或占有者，而没有包括其他拥有生态位的生物组织层次（如群落、生态系统等）；二是只考虑环境因子（食物、资源等）而忽略了时间因子；三是只谈生态位实际利用性，没有考虑生态位的潜在形式和非存在形式。他们认为所有的生物组织层次均可称为生态元（ecological unit）。生态元包括细胞、组织、个体、种群、群落、生态系统及生物圈等，这些生态元均有相应的生态位。它们将生态位分为存在生态位和非存在生态位，前者又分为实际生态位和潜在生态位，在其生态位定义中均包含空间和时间因素，这一扩展的生态位理论具有较大的潜在应用价值，但目前这方面的资料尚有限。

第二节　生态位的特征

一、生态位的宽度

生态位宽度或广度（niche breadth）是指一个种群（或其他生物单位）在一个群落中所利用的各种不同资源的总和。在可利用资源量较少的情况下，生态位宽度一般应该增加，以使种群得到足够的资源。在可利用资源量丰富的环境中，可导致选择性利用资源（选择采食等），使得生态位宽度变窄。一个种的生态位越宽，该物种的特化程度就越小，也就是说它更倾向于是一个泛化种；相反，一个种的生态位越窄，该种的特化程度就越强，即它更倾向于是一个特化种。泛化种生态位宽，具有较强的竞争能力，尤其是在可利用资源量非常有限的情况下，更是如此；而特化种生态位窄，在资源竞争中处于劣势。

二、生态位的重叠和竞争

当两个物种利用同一资源或共同占有某一资源因素（食物、营养成分、空间等）时，就会出现生态位重叠现象（niche overlap）。在这种情况下，就会有一部分空间为两个生态位所共占，假如两个物种具有完全一样的生态位，就称完全重叠（complete overlap）。但多数情况下，生态位之间只会发生部分重叠，即一部分资源是被共同利用的，而其他部分则是被各自所占据。图 8.1 就是一个虚拟的例子，在由两个生态位维度（两个资源轴）

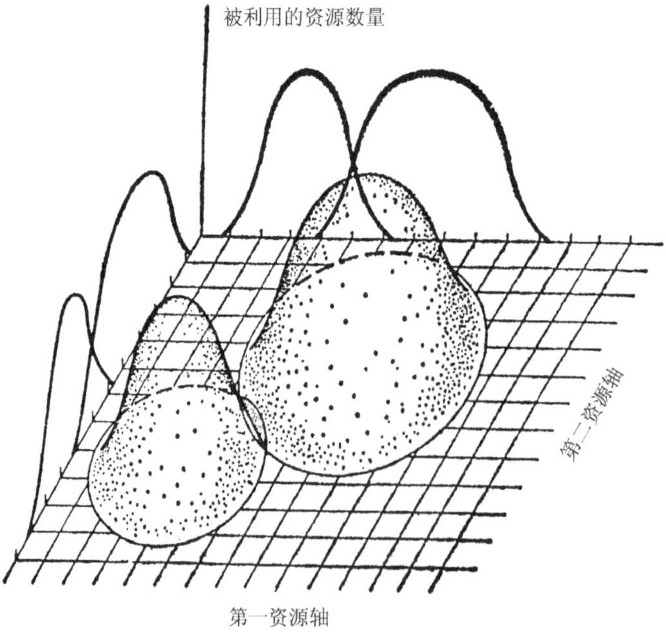

图 8.1　两个生态维度组成的三维生态图（May 1980）
两个种的生态位重叠

组成的三维生态空间，虽然每一个分离的生态位维度之上的三维峰的阴影重叠着，但在两个维度中的实际重叠很小。

Hutchinson（1957）认为生态位重叠是两个种间发生竞争的前提条件。他假设环境已充分饱和，即任何一段时间的生态位重叠都不能忍受。因此，在任何两个生态位重叠部分都必然要发生竞争排斥作用（competitive exclusion）。这种生态位重叠引起的竞争常被称为资源利用性竞争（exploitation competition）。但实际上生态位重叠并不一定能导致竞争，除非共用资源供应不足（May 1980）。图 8.2 表明沿着一个维度生态位显著或完全重叠的一对种，能够通过沿另一维度的生态位分割而避免竞争。不过，在研究种间竞争时，生态位重叠常被作为一个重要的因子加以分析。

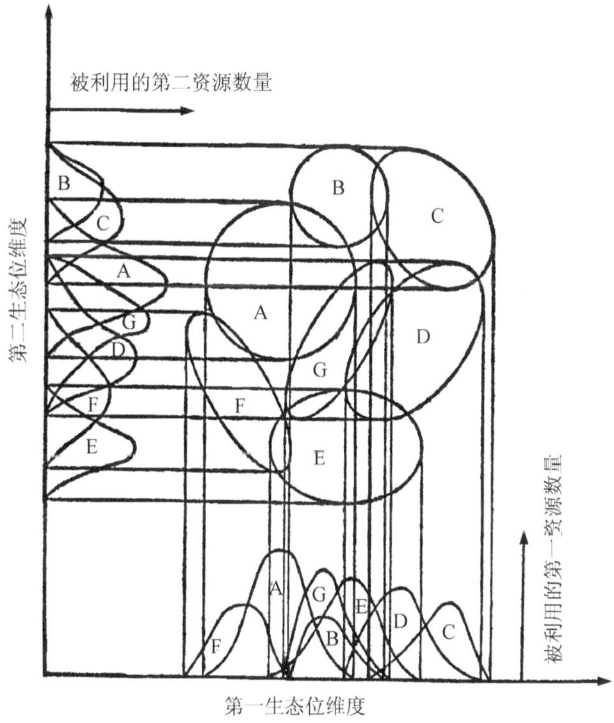

图 8.2　两个维度的生态位重叠与竞争
图中字母代表不同种类

第三节　生态位的测度

生态位测度包括两方面内容，即生态位宽度和生态位重叠的计测。它们是基于种群在一系列资源状态中的分布数据。首先列出资源矩阵（表 8.1），矩阵中的 n_{ij} 表示第 i 个种在第 j 个资源状态下的个体数或者是种 i 对第 j 个资源状态的利用量；S 为总种数（i=1, 2, …, s），r 为资源状态数（j=1, 2, …, r）；N_{i+}为第 i 个种的所有个体数；N_{+j} 为第 j 个资源状态下的全部种个体数之和；N 为资源矩阵中的全部个体总数。

表 8.1 生态位测度资源矩阵

种类	资源状态					合计
	1	2	3	…	r	
1	n_{11}	n_{12}	n_{13}	…	n_{1r}	N_{1+}
2	n_{21}	n_{22}	n_{23}	…	n_{2r}	N_{2+}
3	n_{31}	n_{32}	n_{33}	…	n_{3r}	N_{3+}
⋮	⋮	⋮	⋮		⋮	⋮
S	n_{s1}	n_{s2}	n_{s3}	…	n_{sr}	N_{s+}
合计	N_{+1}	N_{+2}	N_{+3}	…	N_{+r}	

一、生态位宽度的测度

生态位宽度主要由生态位宽度指数（index of niche breadth）来测定。

1）Levins（1968）指数为

$$B_i = \frac{1}{\sum_{j=1}^{r}\left(P_{ij}\right)^2} \tag{8.1}$$

式中，B_i 为种 i 的生态位宽度；$P_{ij}=n_{ij}/N_{i+}$，它代表种 i 在第 j 个资源状态下的个体数占该种所有个体数的比例。因此，该公式实际上是 Simpson（1949）的多样性指数。

2）信息指数（Shannon-Wiener）指数为

$$B_i = -\sum_{j=1}^{r}\left(P_{ij}\ln P_{ij}\right) \tag{8.2}$$

该指数是以 Shannon-Wiener 信息公式为基础的。以上的两个指数 B_i 值越大，说明生态位越宽。当一个种的个体以相等的数目利用每一资源状态时，B_i 最大化，即该种具有最宽的生态位；当种 i 的所有个体都集中在某一个资源状态下时，B_i 最小，该种具有最窄的生态位。

3）Smith 指数是 Smith 于 1982 年提出的一个生态位宽度指数，允许考虑资源的可利用性。

$$B_i = \sum\sqrt{P_{ij}a_j} \tag{8.3}$$

式中，a_j 是第 j 个资源状态下资源占总资源的比例。这一指数对实验数据更为有用。因为实验设计中资源量可以准确量化。

4）资源利用频数。最简单的一种测定种生态位宽度的方法是计测某一量值之上的资源利用频率（Krebs 2000），或者称常用资源的利用次数。这一量值的确定是人为的。在样方调查资料中，就是含该种多少个体以上（量值）样方数，其确实反映了种生态位的宽度。资源利用频数与其他生态位宽度指数有着密切关系。

二、生态位重叠的测度

生态位重叠主要由生态位重叠指数（coefficient of niche overlap）测定。

1）Levins 重叠指数（1968）为

$$O_{ik}=\frac{\sum_{j=1}^{r}\left(P_{ij}P_{kj}\right)}{\sum_{j=1}^{r}\left(P_{ij}\right)^{2}} \tag{8.4}$$

式中，O_{ik}代表种 i 的资源利用曲线与种 k 的资源利用曲线的重叠指数。从式（8.4）的分母可以看出，该指数实际上与种 i 的生态位宽度有关，由式（8.4）可知，O_{ik} 和 O_{ki} 的值是不同的，含义也有异。当种 i 和种 k 在所有资源状态中的分布完全相同时，O_{ik} 最大，其值为 1，表明种 i 与种 k 生态位完全重叠。相反，当两个种不具有共同资源状态时，它们的生态位完全不重叠，O_{ik}=0。

2）Schoener（1974）重叠指数为

$$O_{ik}=1-\frac{1}{2}\sum_{j=1}^{r}\left|P_{ij}-P_{kj}\right| \tag{8.5}$$

同时，$0\leqslant O_{ik}\leqslant 1$，该指数是以相似百分率为基础的。

3）Hurlbert（1978）重叠指数。该指数要考虑每一个资源状态的量值的相对大小，Hurlbert 把其称为资源的相对多度。这是为了改进 Levins 指数而提出来的，其公式为

$$O_{ik}=\sum_{j=1}^{r}\frac{P_{ij}P_{kj}}{C_{j}} \tag{8.6}$$

式中，C_j 为第 j 个资源状态的相对多度（量值）。Hurlbert（1982）指出，两个种按相同比例利用每一资源状态时，重叠指数最大，其值等于 1 。

4）Petraitis（1979）特定重叠指数为

$$O_{ik}=\mathrm{e}^{E_{ik}} \tag{8.7}$$

其中

$$E_{ik}=\sum_{j=1}^{r}(P_{ij}\ln P_{kj})-\sum_{j=1}^{r}(P_{ij}\ln P_{ij}) \tag{8.8}$$

方程右端的基础是信息公式。从式（8.8）中可以看出，Petraitis 特定重叠指数要求两个种 i 和种 k 在每一资源状态中都要出现，因为如果一个种对某一资源状态的利用为 0，即 P_{ij}=0，式（8.8）则没有意义。所以，该指数对野外数据的适合程度较低，在实验研究中效果较好，该指数也介于 0 和 1 之间。

5）Pianka（1973）重叠指数为

$$O_{ik}=\sum_{j=1}^{r}P_{ij}P_{kj}\Bigg/\sqrt{\left(\sum_{j=1}^{r}P_{ij}\right)^{2}\left(\sum_{j=1}^{r}P_{kj}\right)^{2}} \tag{8.9}$$

Pianka 指数的值也介于 0 和 1 之间。

6）百分比重叠指数为

$$O_{ik}=\left[\sum_{j=1}^{r}\left(\min P_{ij},P_{kj}\right)\right]\times 100 \tag{8.10}$$

百分比重叠（percentage overlap）是最简单的生态位重叠计测方法，并便于解释，因为它实际上测定的是两个种资源利用曲线重叠的面积。这一指数经 Schoener（1970）使用，并命名为 Schoener 指数，但实际上其源于 1938 年 Renkonen 的工作，还有人称其为 Renkonen 指数。

7）Morisita（1959）重叠指数为

$$O_{ik}=\frac{2\sum_{j=1}^{r}\left(P_{ij}P_{kj}\right)}{\sum_{j=1}^{r}P_{ij}\left[\left(n_{ij}-1\right)/\left(N_{i+}-1\right)\right]+\sum_{j=1}^{r}P_{kj}\left[\left(n_{kj}-1\right)/\left(N_{k+}-1\right)\right]} \tag{8.11}$$

这一指数一般只用于密度或多度数据，即用个体数为指标，如果数据是其他类型，可以选用下面简化的 Morisita 指数。

8）简化的 Morisita 指数。这一指数是 Horn（1966）提出的，故也称为 Morisita-Horn 指数，该指数为

$$O_{ik}=\frac{2\sum_{j=1}^{r}\left(P_{ij}P_{kj}\right)}{\sum_{j=1}^{r}P_{ij}^{2}+\sum_{j=1}^{r}P_{kj}^{2}} \tag{8.12}$$

这一指数与 Levins 和 Pianka 指数较为接近。经过比较研究，Linton 等（2005）认为这一指数比 Pianka 指数精度高，他们推荐使用该指数。

9）Horn（1966）重叠指数为

$$O_{ik}=\frac{\sum_{j=1}^{r}\left[\left(P_{ij}+P_{kj}\right)\lg\left(P_{ij}+P_{kj}\right)\right]-\sum_{j=1}^{r}\left(P_{ij}\lg P_{ij}\right)-\sum_{j=1}^{r}\left(P_{kj}\lg P_{kj}\right)}{2\lg 2} \tag{8.13}$$

该指数也是基于信息理论之上的，对数可以用常用对数、自然对数或其他对数。

10）王氏重叠指数。王刚（1984）把生态位重叠理解为两个种在其生态因子联系上的相似性。两个种 y_1 和 y_2 的生态位，可用函数表示为

$$y_1=f_1（x_1, x_2, \cdots, x_n）$$

$$y_2=f_2（x_1, x_2, \cdots, x_n）$$

在 f_1 的自变量中不包括 y_2，在 f_2 的自变量中不包括 y_1，f_1 和 f_2 分别代表种 y_1 和 y_2 的基础生态位，这两个种的生态位重叠指数为

$$O_{y_1y_2}=\frac{\sum_{i=1}^{n}\min\left[f_1(x_i), f_2(x_i)\right]l_i}{\max\left[\sum_{i=1}^{n}f_1(x_i)l_i, \sum_{i=1}^{n}f_2(x_i)l_i\right]} \tag{8.14}$$

式中，l_i 为生态因子的间隔，$l_i=x_i-x_{i-1}$，它相当于前面的资源状态间隔；n 为生态因子维数。当生态因子只有一维时，可用一元函数 $y_1=f_1(x)$ 和 $y_2=f_2(x)$ 来表示。当生态因子为二维时，则可用二元函数 $y_1=f_1(x_1, x_2)$，$y_2=f_2(x_1, x_2)$ 来表示，以此类推。

11）生态位分离（niche separation）测度（余世孝和奥乐西 1993）是测定物种生态位的非相似性，所以，它也反映了生态位的重叠。

有学者认为（Hutchinson 1957），一个种的生态位是一超体积，我们假定这一超体积空间是可以分割的，而点 T_1，T_2，…，T_n 是指各个子空间的中点，令点 T_j 到生态位空间的中心点 O 的距离为 D_j，则两个物种 i 和 k 之间的生态位分离为 h 个加权的绝对差值之和。

$$S_{ik}=\sum_{j=1}^{h}D_j\left|P_{ij}-P_{kj}\right| \tag{8.15}$$

式中，P_{ij} 和 P_{kj} 分别指种 i 和种 k 在中点坐标为（$x_{ij}, x_{2j}, \cdots, x_{uj}, \cdots, x_{nj}$）的第 j 个子空间的分布比例量。$x_{\mu j}$ 指第 j 个子空间中点在 μ 个资源维上的坐标，n 为生态位空间维数。若第 μ 个资源维划分梯度数为 m，则有 $h=\prod_{\mu=1}^{n}m\mu$，S_{ik} 的值大于或等于 0，当两个种具有一致的分布时，S_{ik} 值最小，为 0；而当两个物种具有完全不同分布时，S_{ik} 具有最大值。

12）多种群生态位重叠指数。以上的指数均是针对两个种而言，即测定两个种的生态位重叠。对于多个种的生态位重叠，Petraitis（1979）建议用式（8.16）

$$O=\exp\frac{\sum_{i=1}^{s}\sum_{j=1}^{r}\left[n_{ij}\left(\ln c_j-\ln P_{ij}\right)\right]}{N} \tag{8.16}$$

式中，n_{ij}、N、P_{ij} 的含义同前（表 8.1）；c_j 为第 j 个资源状态的相对多度。

生态位重叠指数还有许多种，以上是较为常用的。在生态位重叠指数选择上，应遵守一个原则，即计测的结果要利于物种生物学、生态学及资源利用等方面的解释。Hurlbcrt（1978）认为当重叠指数考虑资源的相对多度时，则可用结果解释的信息量明显增加。

13）种间多元生态位重叠计测。生态位空间可以认为是多维空间的一条封闭的几何曲线或是一个几何面，在正态分布下，生态位的边界在二维空间是一个概率椭圆，在三维空间是一个椭圆体，而多维空间则是多椭圆体。在典范对应分析中，一个种的概率椭圆代表着生态位宽度，其长度与标准差成比例（Pappas and Stoermer 1997）。所以，生态位重叠实际上就是两个种概率椭圆的重叠，它可以通过正态密度函数的指数求之，n 维正态密度函数可写为

$$f\left(x\right)=\frac{1}{\left(2\pi\right)^{n/2}\left|V\right|^{1/2}}\mathrm{e}^{-(x-\mu)'V^{-1}(x-\mu)} \tag{8.17}$$

式中，$\boldsymbol{V}$ 是方差-协方差矩阵，x 是种类在 CCA 排序中典范排序值，μ 是其平均值。以这一函数的指数为基础的两个种的概率椭圆是

$$\left(\boldsymbol{u}_1-\boldsymbol{u}_2\right)'\boldsymbol{V}^{-1}\left(\boldsymbol{u}_1-\boldsymbol{u}_2\right) \tag{8.18}$$

式中，$\boldsymbol{u}_1$、$\boldsymbol{u}_2$ 分别是两个种的 CCA 排序值向量，都为 $n\times1$ 维向量。

因为种类排序值是加数平均求得的，式（8.18）实际上代表着两个种生态位距离

（Pappas and Stoermer 2000）。用一般的形式写出来就是

$$D_{ij}^2=\left(\boldsymbol{u}_i-\boldsymbol{u}_j\right)'\boldsymbol{V}^{-1}\left(\boldsymbol{u}_i-\boldsymbol{u}_j\right) \tag{8.19}$$

式中，$\boldsymbol{u}_i$ 和 $\boldsymbol{u}_j$ 分别代表种 i 和种 j 的 CCA 排序值向量，D_{ij} 代表两个种的生态位距离。因为该距离符合自由度为 n 的 $x_n^2(\alpha)$ 分布，种的生态幅重叠就是一个概率问题，也就是说生态位重叠就是反映重叠程度的概率值。

种对间生态位距离值相差较大，有必要考虑一个常数 g，使得距离值变化在一定的范围之内，即

$$\left(\boldsymbol{u}_i-\boldsymbol{u}_j\right)'\boldsymbol{V}^{-1}\left(\boldsymbol{u}_i-\boldsymbol{u}_j\right)g \tag{8.20}$$

对于含有 n 个环境因子的 n 维空间，方差-协方差矩阵 $\boldsymbol{V}$ 包含几个方差和 $\frac{1}{2}n(n-1)$ 个可能的协方差，这里需要求一般化的标准方差，从几何学上讲，对于 n 维环境空间，标准差与概率椭圆的体积平方呈比例。

$$\left(\boldsymbol{u}_i-\boldsymbol{u}_j\right)'\boldsymbol{V}^{-1}\left(\boldsymbol{u}_i-\boldsymbol{u}_j\right)g|\boldsymbol{V}| \tag{8.21}$$

一般标准方差可以认为是多元生态位宽度的一个测度，如果其值大，说明种类分散分布，生态位宽；若其值小，则说明种类较集中分布，生态位宽度小。多维空间种类生态位重叠或者说重叠概率可用式（8.22）表示。

$$\boldsymbol{N}=\boldsymbol{O}-\left[\left(\boldsymbol{u}_i-\boldsymbol{u}_j\right)'\boldsymbol{V}^{-1}\left(\boldsymbol{u}_i-\boldsymbol{u}_j\right)g|\boldsymbol{V}|\right] \tag{8.22}$$

式中，$\boldsymbol{N}$ 为种间多元生态位重叠值矩阵，$\boldsymbol{O}$ 为全部由 1 组成的矩阵，g 为常数，用以控制 $\boldsymbol{N}$ 的取值范围或标度，使 $\boldsymbol{N}$ 中元素值变化于[0, 1]，如果将 $\boldsymbol{N}$ 的值全部扩大 100 倍，即可认为是百分比生态位重叠值，它受 n 个环境因子的影响，也是种间相互作用的结果。

三、种群生态响应的测定

生态位重叠是群落物种多样性和群落结构的可能决定因素之一，是种群对相同资源的共同利用，或者是共有的生态空间资源区域。种群重叠 O_{ik} 是 i 种群占用 k 种群资源的大小，或者说，k 种群被 i 种群侵占的资源量。因此，利用 O_{ik} 和 O_{ki} 的相对大小，可以说明一个种的生态属性。若 $O_{ik}>O_{ki}$，说明 i 种群属于发展性（或进攻性），而 k 种群属于衰退性；反之，i 种群属于衰退性，k 种群属于发展性。$\sum_{k=1} O_{ik}$ 表明 i 种群占用其他种群的资源量，$\sum_{i=1} O_{ik}$ 说明 k 种群被其他种群侵占的资源量。在 $i=k$ 的情况下，比较 $\Delta O_{ik}=\left(\sum_{k=1} O_{ik}-\sum_{i=1} O_{ik}\right)$ 的大小，就可以说明在不同的生境条件下，不同种群生态习性的变化。即差值的正负，反映该种属于发展性还是衰退性种群；差值的大小，说明该种群发展或衰退的数量变化；若差值为零，说明该种群是中性的。但是 $\sum_{k=1} O_{ik}-\sum_{i=1} O_{ik}$ 的差值并不能

确切地表达种群的生态响应，因为这一差值只是该种群与其他种群竞争的一个结果。

为了更加准确地确定种群的生态响应，还必须考虑到该种群在群落中的地位。生态位宽度可以说明一个种群在群落中的生态优势程度，因此利用速率来衡量不同种群对生境的生态响应。

生态响应速率公式为

$$R=B_i/\Delta O_{ik}(i=k)$$

式中，R 为生态效应速率，B_i 为种 i 的生态位宽度指数。

下面是生态位分析的一个例子。

骆冬玲和张金屯（2003）对山西省广泛分布的白羊草草地生态位进行了分析。表 8.2 是白羊草草地 15 个主要优势种类（种名见表 8.3）在 5 个群落中的生态位宽度。这里生态位宽度是用信息指数计算的。由表 8.3 可知白羊草的生态位宽度分别为 2.56、2.38、2.93、2.30、1.78，且在每一个群落中白羊草均占有最大的生态位宽度，这说明了建群种白羊草对环境的适应性较强，更倾向于泛化种，在山地褐土、钙质石质土、淋溶褐土、潮土、中性石质土、黄土母质等多种山地土壤都可以很好地生长。达乌里胡枝子、毛莲蒿、委陵菜和披针薹草等是白羊草的主要伴生物种。在与白羊草相同的生境下，它们的生态位宽度也较大，达乌里胡枝子生态位的变化为 1.04～2.78，毛莲蒿为 0.69～2.31、披针薹草为 0.64～2.47、委陵菜为 0～2.45。这些数据显示了达乌里胡枝子、毛莲蒿、委陵菜和披针薹草对环境具有较强的生态适应能力，是白羊草的主要伴生种；而白刺花、糙隐子草、本氏针茅、黄背草等在它们出现的群落中的生态位宽度也较大，其他的种群如卷柏、鹅绒委陵菜等生态位宽度则较小。白羊草在 5 个群落中均为建群种，但它的生态位宽度是不同的，说明群落环境对种群生态位有重要影响。

表 8.2　山西省白羊草草地 15 个种的生态位宽度

物种号	群落Ⅰ	群落Ⅱ	群落Ⅲ	群落Ⅳ	群落Ⅴ
1	2.56	2.38	2.93	2.30	1.78
2	1.32	1.48	1.22	—	—
3	1.51	0	2.45	0.61	0.67
4	0	0.68	2.25	2.24	—
5	1.52	2.35	2.78	1.04	1.25
6	0	0.68	1.76	1.08	—
7	—	0.69	1.02	0.39	0.65
8	2.31	1.46	2.19	0.69	1.08
9	0.67	1.05	0	—	—
10	2.27	1.86	2.08	2.23	1.72
11	1.92	1.09	—	0	1.08
12	1.51	1.84	2.47	0.64	1.09
13	0.49	0.28	0.69	—	0
14	—	2.31	—	—	0.84
15	0	0	—	1.64	0.69

注：符号“—”表示种群在群落中未出现

表 8.3　山西省白羊草群落优势种种名及种号

序号	物种名	学名
1	白羊草	*Bothriochloa ischaemum*
2	白刺花	*Sophora davidii*
3	委陵菜	*Potentilla chinensis*
4	糙隐子草	*Cleistogenes squarrosa*
5	达乌里胡枝子	*Lespedeza davurica*
6	远志	*Polygala tenuifolia*
7	酸枣	*Ziziphus jujuba* var. *spinosa*
8	毛莲蒿	*Artemisia vestita*
9	叉枝黄鹌菜	*Youngia tenuicaulis*
10	多花胡枝子	*Lespedeza floribunda*
11	本氏针茅	*Stipa bungeana*
12	黄背草	*Themeda triandra* var. *japonica*
13	披针薹草	*Carex lanceolata*
14	卷柏	*Selaginella tamariscina*
15	鹅绒委陵草	*Potentilla anserina*

我们也用 Petraitis 指数计算了白羊草草地 15 个优势种的生态位重叠，因数据量大，这里只列出建群种白羊草与其他 14 个种在 5 个群落中的生态位重叠（表 8.4）。在整个群落中，白羊草生态位宽度最大，对资源的利用能力强，分布广，因而与其他种群间的生态位重叠较大。但在不同群落中，其重叠值是不等的。表 8.4 中的 GO 代表 Petraitis 的多种群重叠值，即 15 个种的总重叠。可以看出总重叠值在不同群落中也是变化的，这可能与一个群落的环境资源总量有关。

表 8.4　白羊草与其他的 14 个种群的生态位重叠

种号	Ⅰ	Ⅱ	Ⅲ	Ⅳ	Ⅴ
2	0.284	0.175	0.713	—	—
3	0.047	0.183	0.103	0.061	0.054
4	0.101	0.272	0.263	0.899	—
5	0.128	0.011	0.111	0.055	0.001
6	0.04	0.014	0.186	0.014	—
7	—	0.182	0.201	0.018	0
8	0.081	0.018	0.23	0.046	0
9	0	0.031	0.453	—	—
10	0.001	0.017	0.276	0.025	0.003
11	0	0.006	—	0.029	0.003
12	0.001	0.002	0.079	0	0.001
13	0	0.003	0.11	—	0.002
14	—	0.011	—	—	0.068
15	0.001	0.003	—	0	0.018
GO	0.526	0.595	0.638	0.565	0.492

注：符号“—”表示种群在群落中未出现

四、生态位变化机制分析

（一）生态位因子分析

生态位因子分析（ecological-niche factor analysis，ENFA）是研究物种地理分布的一种多变量分析方法，其建立在 Hutchinson 多维生态位概念的基础上，在多维空间上比较目标物种的生境与研究区域的平均生境的差异。其最大优点是只需计算目标物种分布区的数据，而不需要计算物种非分布区的数据，最大的特点是可以将物种的生境需求与生境分布进行综合分析，在生境评价和生境预测中应用广泛（Hirzel 2002）。

该方法采用主成分分析的计算方法，从生态地理变量（ecogeographical variable，EGV）中提取主要信息重新组合为互不相关的特征因子矩阵，特征矩阵和特征向量用来生成生境适宜图。它通过边际性因子和特异性因子 2 个指标来分别研究物种的分布偏离整个研究区域的平均值和物种生态位宽度，从而分析研究区域与物种存在地区之间各个环境变量之间的差异，分析得到其中能够影响物种分布的环境变量因子，得到的生态位因子具有较高的生物学意义。提取的第一个因子使目标物种的边际性最大化，其他因子使这个目标物种的特异性最大化。

边际性（marginality）

$$M = \frac{|m_G - m_S|}{1.96\sigma_G} \tag{8.23}$$

特异性（specialisation）

$$S = \frac{\sigma_G}{\sigma_S} \tag{8.24}$$

耐受性（tolerance）

$$T = \frac{1}{S} \tag{8.25}$$

式中，m_G 为整个研究区域范围内平均生境对应 EGV 的平均值，σ_G 为其标准差；m_S 为目标物种分布范围内生境因子对应 EGV 的平均值，σ_S 为其标准差。这里给出的公式主要是揭示这种方法的原则，我们在软件中运行的操作定义是推导出来的公式（8.23）和公式（8.24）。

边际性（M）为整个研究区域与物种分布均值的差值，除以 σ_G 是消除由全局分布的方差引起的偏差，选择权重系数 1.96 是为了确保边际性指数为 0～1，反映了目标物种的最适生态位需求与整个研究区域平均生境状况的差异，当 M 为正时，表明这个物种偏好于该生境因子平均水平以上的环境；为负则偏好于平均水平以下的环境，绝对值越大，其偏离群落的平均生境越远（物种离全局分布的均值越远）。

S 定义为研究区域环境梯度变异与目标物种分布变异的比值，描述目标物种对生境因子的选择幅度，其值的正负无实际意义，S 的绝对值越大，表明目标物种相对于群落整个生境的范围越小。

T 为耐受性因子，是特异性的倒数，取值范围为 0～1。当 T 接近 0 时，表明物种在研究区内的分布狭窄，为狭域种；当 T 接近 1 时，表明其分布广泛，为广布种。

因子分析具有双重性。第一，因子分析的一个目的是将 V 个相关变量转换成相同数目的不相关因子。这些因子解释相同数目的总方差，接下来的分析也会在不缺失太多信息的基础上限制于几个重要的因子（这些因子会解释方差的绝大部分）；第二，因子分析允许提取显示物种边际性和特异性原始变量的线性组合。采用类似于主成分分析的方法，主成分分析会使分布的方差最大化，而在因子分析第一轴会计算所有物种的边际性，其余轴会使物种的特异性最大化。

由此获得的生境适宜性地图不仅能够得到目标物种的适宜生境，还能够反映出目标物种对研究区范围内生境的实际利用程度，同时能很好地体现目标物种的生境利用与生境因子之间的相互关系。这是研究物种生境丧失机制，进行生境保护和规划的基础。

该方法适用于“非分布点”数据的可靠性很难保证的情况，主要是由于物种出现后不一定能被检测到，出现后不一定留下痕迹，或者即使留下痕迹（如足迹、卧迹）等也不一定能保留下来。

生态位因子分析过程如下。

首先要对 EGV 进行标准化，需先转换成频率型或距离型数据才能在模型中使用（Hirzel 2002）。例如，通过 Box-Cox 转换（Sokal and Rohlf 1981）对数据进行转换。EGV 的标准化通过平均值的差除以标准差获得。

$$z_{ij} = \frac{x_{ij} - \overline{x}_j}{\sigma_{x_j}} \tag{8.26}$$

式中，x_{ij} 是变量 x_j 在单元 i 中的值，$\overline{x}_j$ 是这个变量在所有单元中的平均值，σ_{x_j} 是它的标准差。

让 $\boldsymbol{Z}$ 为标准化后的 $\boldsymbol{Z}_{ij}$ 的矩阵（$N \times V$），依此为基础计算变量中的协方差矩阵。

$$\boldsymbol{R}_G = \frac{1}{N}\boldsymbol{Z}^{\mathrm{T}}\boldsymbol{Z} \tag{8.27}$$

式中，$\boldsymbol{Z}^{\mathrm{T}}$ 是 $\boldsymbol{Z}$ 的转置矩阵。由于标准化［式（8.26）］，$\boldsymbol{R}_G$ 也是一个相关关系矩阵。然后将对应于检测到目标物种的 N_S 个单元在 $\boldsymbol{Z}$ 中的 N_S 行存储在新的矩阵 $\boldsymbol{S}$（$N_S \times V$）中，并计算物种协方差矩阵（$V \times V$）。

$$\boldsymbol{R}_S = \frac{1}{N_S - 1}\boldsymbol{S}^{\mathrm{T}}\boldsymbol{S} \tag{8.28}$$

与 $\boldsymbol{R}_G$ 相反，$\boldsymbol{R}_S$ 不是相关关系矩阵，因为标准化是对全球数据集而不是物种子集进行的。

令 $\boldsymbol{u}$ 为 EGV 空间的标准向量。这个向量上的全局分布的方差是 $\boldsymbol{u}^{\mathrm{T}}\boldsymbol{R}_G\boldsymbol{u}$，而物种分布的方差是 $\boldsymbol{u}^{\mathrm{T}}\boldsymbol{R}_S\boldsymbol{u}$。第一个特殊化因素应该最大化的比率为 $\boldsymbol{\Theta}(\boldsymbol{u}) = \boldsymbol{u}^{\mathrm{T}}\boldsymbol{R}_G\boldsymbol{u} / \boldsymbol{u}^{\mathrm{T}}\boldsymbol{R}_S\boldsymbol{u}$。但是，这个向量也必须与边际性因子 $\boldsymbol{m}$ 正交，给出作为 $\boldsymbol{S}$ 的 V 列上的平均值的向量。

$$\boldsymbol{m} = \left\{ \frac{1}{N_S}\sum_{i=1}^{N_S} z_{ij} \right\} \tag{8.29}$$

因此，问题变成找到向量 $\boldsymbol{u}$ 在 $\boldsymbol{m}^{\mathrm{T}}\boldsymbol{u}=0$ 的限制下 $\boldsymbol{\Theta}(\boldsymbol{u})$ 最大化。这就等价于找 $\boldsymbol{u}$，如下

$$\begin{cases}\boldsymbol{u}^{\mathrm{T}}\boldsymbol{R}_S\boldsymbol{u}=1\\ \boldsymbol{u}^{\mathrm{T}}\boldsymbol{m}=0\\ \boldsymbol{u}^{\mathrm{T}}\boldsymbol{R}_G\boldsymbol{u}_{\max}\end{cases} \tag{8.30}$$

变量的改变允许我们重写这个问题

$$\begin{cases}\boldsymbol{v}^{\mathrm{T}}\boldsymbol{v}=1\\ \boldsymbol{v}^{\mathrm{T}}\boldsymbol{y}=0\\ \boldsymbol{v}^{\mathrm{T}}\boldsymbol{W}\boldsymbol{v}_{\max}\end{cases} \tag{8.31}$$

式中，$\boldsymbol{v}=\boldsymbol{R}_S^{1/2}\boldsymbol{u}$，$\boldsymbol{y}=\boldsymbol{z}/\sqrt{\boldsymbol{z}^{\mathrm{T}}\boldsymbol{z}}$ 和 $\boldsymbol{z}=\boldsymbol{R}_S^{-1/2}\boldsymbol{m}$，$\boldsymbol{W}=\boldsymbol{R}_S^{-1/2}\boldsymbol{R}_G\boldsymbol{R}_S^{-1/2}$ 是一个对称矩阵，可以看出解决方案由第一特征向量给出

$$\boldsymbol{H}=\left(\boldsymbol{IV}-\boldsymbol{yy}^{\mathrm{T}}\right)\boldsymbol{W}\left(\boldsymbol{IV}-\boldsymbol{yy}^{\mathrm{T}}\right) \tag{8.32}$$

需要补充说明的是：①$\boldsymbol{y}$ 是 $\boldsymbol{H}$ 的特征向量，因为 $\boldsymbol{Hy}=\left(\boldsymbol{IV}-\boldsymbol{yy}^{\mathrm{T}}\right)\boldsymbol{W}\left(\boldsymbol{IV}-\boldsymbol{yy}^{\mathrm{T}}\right)\boldsymbol{y}=0$；②$\boldsymbol{H}$ 是对称的，因此允许有正交的特征向量的底，使得 $\boldsymbol{HV}=\boldsymbol{\lambda v}\Rightarrow\boldsymbol{v}^{\mathrm{T}}\boldsymbol{y}=0$；③$\boldsymbol{v}^{\mathrm{T}}\boldsymbol{Hv}$ 是第一特征向量的最大值，它也使 $\boldsymbol{v}^{\mathrm{T}}\boldsymbol{Wv}$ 最大化，因为 $\boldsymbol{v}^{\mathrm{T}}\boldsymbol{y}=0\Rightarrow\boldsymbol{v}^{\mathrm{T}}\boldsymbol{Hv}=\boldsymbol{v}^{\mathrm{T}}\left(\boldsymbol{Iv}-\boldsymbol{yy}^{\mathrm{T}}\right)\boldsymbol{W}\left(\boldsymbol{Iv}-\boldsymbol{yy}^{\mathrm{T}}\right)\boldsymbol{v}=\boldsymbol{v}^{\mathrm{T}}\boldsymbol{Wv}$ 然后，反转换 $\boldsymbol{H}$ 的 $\boldsymbol{v}$ 特征向量，新的特征向量 $\left(\boldsymbol{u}=\boldsymbol{R}_S^{-1/2}\boldsymbol{v}\right)$ 存储在矩阵 $\boldsymbol{U}$ 中。这些向量是 $\boldsymbol{R}_S$ 正交的（所有 $\boldsymbol{Su}$ 分布具有方差 I 并且是不相关的）。此外，由于 $\boldsymbol{u}$ 和 $\boldsymbol{m}$ 正交的约束，该系统具有一个空特征值。因此，从 $\boldsymbol{U}$ 中删除对应的特征向量，并且 $\boldsymbol{m}$ 被替换为第一列。应该指出的是，尽管所有的边际性都是通过第一个因子计算的，但这个因子不是“纯粹的”，因为除了偏离平均值之外，目标物种的生态位还可以对其显示一些限制。该第一轴上的特异性的值由 $\boldsymbol{W}$ 和 $\boldsymbol{H}$ 的迹线之间的差（所有特征值的和）提供。

提取累计贡献率达到需求的前 n 个因子生成生境适宜图。

边际性因子

$$M=\frac{\sqrt{\sum_{i=1}^{v}m_i^2}}{1.96} \tag{8.33}$$

边际性因子的系数 m_i 表达物种在每个 EGV 上的边际性，以研究区域的标准偏差为单位。

特异性指数

$$S=\frac{\sqrt{\sum_{i=1}^{v}\lambda_i}}{V} \tag{8.34}$$

式中，与任何因子相关的特征值 λ_i 表示其所占的特异性的量。

Hirzel（2002）将这种方法应用在了阿尔卑斯野山羊种群研究中，这种野山羊种群在经历灭绝之后被重新引进该地区，但并没有完全占有此地区，且受到政府的严格监控，其“出现点”的数据具有很高的可靠性，结合 34 个 EGV 进行因子分析，结果中总体边际性指数 M=1.1，总体特异性指数 S=2.2，表明野山羊的生存生境与瑞士的平均生境显著不同，野山羊对于该区域有着相当严格的限制条件。保留的前 5 个因子的贡献率占据总特征值总和的 74%（即边际性因子占 100%，特异性因子占 74%）。

边际性因子（表 8.5）显示野山羊主要分布在高海拔、陡峭和岩石倾斜牧场（岩石频率=0.35，高度=0.269，斜率>30°=0.23，草地频率=0.32，与草地的距离= –0.245）。相比之下，山羊往往避免在森林（频率= –0.228）和人类活动（到二级公路的距离=0.222，到农业草甸的距离=0.212）的地方活动。边际性因子表明山羊对此轴上最适条件的偏移非常敏感。解释特异性的因子主要是关于农业草甸的频率和高度（第二个因子）及森林的频率（第三个因子），表示野山羊对这些变量偏离最优值的一些敏感性。这与野外调查的经验是一致的。

表 8.5　前 5 个因子方差解释量（Hirzel 2002）

EGV	边际性（46%）	物种 1（11%）	物种 2（8%）	物种 3（6%）	物种 4（4%）
岩石频率	0.350	–0.105	–0.132	–0.186	–0.163
草地频率	0.321	–0.021	–0.044	–0.043	–0.039
高度	0.269	–0.365	–0.561	0.005	0.111
与草地的距离	–0.245	0.021	–0.096	–0.121	–0.073
与农业草甸的距离	0.231	–0.062	0.017	0.588	–0.784
>30°坡度的频率	0.230	–0.035	0.074	0.011	0.004
茂密森林的频率	–0.228	0.025	–0.727	0.037	–0.001
到二级公路的距离	0.222	–0.012	–0.049	–0.129	0.115
农业草甸的频率	–0.212	–0.907	–0.011	0.236	–0.383
与城镇的距离	0.209	0.012	0.049	–0.021	0.002
高度的 SD	0.204	0.000	–0.005	–0.032	–0.044
与森林的距离	0.203	0.015	0.165	–0.068	0.108
与村庄的距离	0.200	0.003	0.017	–0.097	0.320

注：EGV 通过边际因子上的系数的绝对值减小来排序。该因子的正值意味着山羊喜欢在相应的 EGV 上比瑞士的平均位置具有更高值的位置。系数的负号对专业化因素没有意义。括号中给出了专业化的数量

根据前 5 个因子可以构建整个瑞士的生境适宜性地图，生境适宜型指数（habitat suitability index，HSI）取值范围为 0～1，0 代表最不适宜生境，1 代表最适宜生境，对生境进行直观评价。

模型采用 Jake-Knife 交叉检验方法进行检验。其计算过程为：该方法将物种分布数据随机划分成 k 部分，每一次都使用 k–1 部分校正模型，剩下 1 份用于模型精度计算，模型精度采用绝对验证指数（absolute validation index，AVI）表示，即用于检验的“出现点”在生境适宜图中对应的 HSI 值大于临界值 0.5 的比例。重复上述检验过程 10 次以保证每份“出现点”都参与模型精度计算，取其平均值和标准差作为模型精度检验的参数（王学志 2008）。

（二）平均偏移指数

物种的生态位平均偏移指数（outlying mean index，OMI），用于分析物种生态位与环境之间的相关性。通过计算该物种与调查区域平均环境因子之间的距离，该指标反映的是边际性。OMI 值较小的是非边缘种，物种的生境与群落平均生境距离较近，值较大的是边缘种，即物种的生境与群落平均生境距离较远。在研究区内出现在不同生境下的物种，其生态幅大，而只出现在一些特定的环境中的物种，其生态幅小。物种沿环境梯度变化有的是单峰曲线，有的是部分单峰曲线，这种情况下适合平均偏移指数分析（图 8.3）。

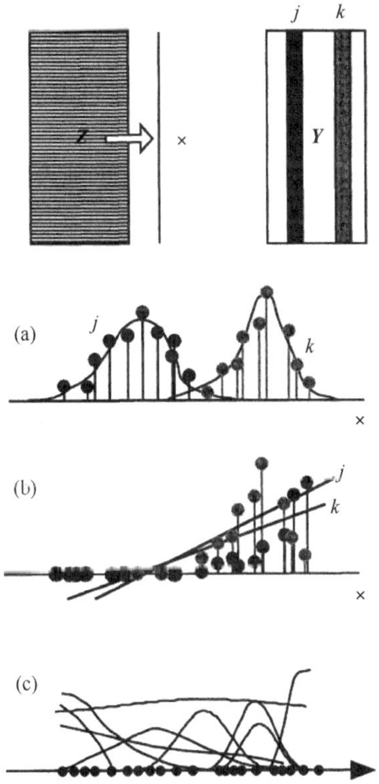

图 8.3 平均偏移指数分析（Hirzel 2002）

Y 为物种组成矩阵，***Z*** 为环境数据矩阵，横轴 *X* 代表综合环境梯度。两个种 *j* 和 *k* 在（a）是单峰反应曲线，适合 CCA 分析；在（b）是线性关系，适合 RDA 分析；在（c）是单峰曲线或部分单峰曲线，适合平均偏移指数分析。×代表相互作用

OMI 试图对所有取样单元（sampling unit，SU）公平加权（即使它们的物种数或个体数很少，只要物种的多样性能够响应环境），以及目标物种对环境的各种响应，解决物种生态位分离和生态位宽度的问题。

通过判定物种是否在一些生境中选择一个特定生境的标准来调查物种的地理分布。

1. 取样单元权重的选择

首先假定有两个矩阵：环境矩阵 $\boldsymbol{Z}$ 和物种组成矩阵 $\boldsymbol{Y}$，环境矩阵 $\boldsymbol{Z}$ $(n\times p)$包含 n 个 SU（作为行）中 p 个变量的测量值（作为列）。物种组成矩阵 $\boldsymbol{Y}$ $(n\times t)$包含在相同的 SU（作为

行）中 t 个物种的多度值（作为列）。矩阵 $\boldsymbol{Y}$ 可以用下列注释通过 CA 进行分析。

$$y_{i\bullet}=\sum_{j=1}^{t}y_{ij}$$

$$y_{\bullet j}=\sum_{i=1}^{t}y_{ij}$$

$$y_{\bullet\bullet}=\sum_{j=1}^{t}y_{\bullet j}$$

式中，$y_{i\bullet}$、$y_{\bullet j}$、$y_{\bullet\bullet}$ 分别表示物种组成矩阵的行总和、列总和及全部总和。

在 CA 中，SU 和物种权重结果分别计算如下

$$f_{i\bullet}=\frac{y_{i\bullet}}{y_{\bullet\bullet}}\ f_{\bullet j}=\frac{y_{\bullet j}}{y_{\bullet\bullet}}\quad 1\leqslant i\leqslant n,\ 1\leqslant j\leqslant t$$

式中，一个传统的选择就是通过物种 j 的相对多度（$f_{\bullet j}$）对其平均位置进行加权，即物种 j 位置的精确度与其频度成比例。此外，SU 的权重（$f_{i\bullet}$）在 SU 具有更大多度的物种具有更大的权重。假定取样量不一致，物种组成矩阵 $\boldsymbol{Y}$ 的研究可能需要这样的加权。现有物种组成矩阵和环境数据矩阵的排序技术如 CCA 对 SU 的加权通常与其多度向量成比例。在这种情况下，使用 SU 加权（$f_{i\bullet}$）来计算环境变量的平均值和方差（环境数据矩阵 $\boldsymbol{Z}$）。因此，加权选项的选择意味着该样方环境变量的重要性与在个体的数量成比例。

2. 边际性和耐受性

接下来，将考虑独立于物种组成矩阵 $\boldsymbol{Y}$ 的环境数据矩阵 $\boldsymbol{Z}$ $(n\times p)$的分析。

利用 PCA 在相关矩阵上进行分析环境矩阵 $\boldsymbol{Z}$ $(n\times p)$包含着得到的标准化数据。SU 的重心在该分析轴的原点处，对应着总体平均生境。令 M_i 代表在多维空间 R^p 中矩阵 $\boldsymbol{Z}_0$ 的 SU$_i$。矩阵 $\boldsymbol{Z}_0$ 的总方差等于

$$I_T=\sum_{i=1}^{n}p_i\,||M_i||_{I_p}^2 \tag{8.35}$$

式中，p_i 是 SU$_i$ 的权重。

将物种矩阵 $\boldsymbol{Y}$ $(n\times t)$转换为物种矩阵，其中包含在 SU$_s$ 中物种的大小比例。

$$f_{i/j}=\frac{y_{ij}}{y_{\bullet j}}$$

式中，y_{ij} 为 SU$_i$ 中物种 j 的多度，$y_{\bullet j}$ 为物种 j 的列总和。物种 j 的总方差如下：

$$I_T(j)=\sum_{i=1}^{n}f_{i/j}\,||M_i||_{I_p}^2 \tag{8.36}$$

该总方差代表由种类 j 的简介加权的矩阵 $\boldsymbol{Z}_0$ 的总方差。因此，不包含物种 j 的 SU 不会对物种 j 的总方差产生影响。

现在我们考虑一个定额 I_p 的向量 $\boldsymbol{u}$（$\|\boldsymbol{u}\|_{I_p}^2=1$），将矩阵 $\boldsymbol{Z}_0$ 的行投射到向量 $\boldsymbol{u}$，结果产生 $\boldsymbol{Z}_0\boldsymbol{u}$ 向量。因此，物种 j 在 $\boldsymbol{u}$（或物种重心）的平均位置被定义为

$$T_j = f^{\mathrm{T}} \boldsymbol{Z}_0 \boldsymbol{u} \quad f^{\mathrm{T}} = (f_{1/j}, \cdots, f_{i/j}, \cdots, f_{n/j}) \tag{8.37}$$

物种 j 沿着 $\boldsymbol{u}$［记为 $m_a(j)$］的边际性或平均偏移指数计算为

$$m_a(j) = T_j^2 = (f \mid \boldsymbol{Z}_0 \boldsymbol{u})_{I_p}^2 = (\boldsymbol{Z}_0^{\mathrm{T}} \boldsymbol{u} \mid f)_{I_p}^2 \tag{8.38}$$

这个边际性矩阵表示物种 j 的平均位置与原点（G）的偏差。因此，这是对物种 j 利用平均栖息地条件与研究区的平均栖息地条件之间距离的测量。

从式（8.37）可以看出，使 $m_a(j)$最大化得到 $\boldsymbol{u}$ 的解是

$$\boldsymbol{u}_j = \frac{\boldsymbol{Z}_0^{\mathrm{T}} f}{\| \boldsymbol{Z}_0^{\mathrm{T}} f \|_{I_p}} \tag{8.39}$$

向量 $\boldsymbol{u}_j$ 定义为物种 j 的平均位置的方向，其尽可能远离原点。

同样也可以解决包含物种 j 的 SU_s 的分散性。令 m_i 为 M_i 在边际轴上的投影。我们通过式（8.40）表示物种 j 的忍耐性 $T_m(j)$

$$T_m(j) = \sum_{i=1}^{n} f_{i/j} \| G_j - m_i \|_{I_p}^2 \tag{8.40}$$

其表示与环境变量 $\boldsymbol{Z}_0$ 相关联的物种 j 的生态位宽度。

此外，定义的子空间与边缘轴正交。SU_s 在垂直于边际轴的平面上的投影产生残余方差记为 $T_r(j)$。该残余方差表示在边际性轴未考虑的物种生态位方差。最后，应用 Pythagorean 定理与式（8.36）、式（8.38）和式（8.40）可以分解

$$I_T(j) = m_a(j) + T_m(j) + T_r(j) \tag{8.41}$$

因此，物种 j 生态位的变异性被分解为 3 个部分：①边际指数，即物种 j 均匀分布下的平均距离；②耐受性或生态位宽度的指数；③残余方差，其有助于确定一组环境条件下对物种 j 生态位定义的可靠性。

3. 平均偏移指数分析

OMI 分析寻求在集合中考虑每个物种在边际轴的中间过程。因此，这种特征分析将在物种组合情况下考虑一个物种所有的生态位组分。特征值分析包括统计三元组（$\boldsymbol{X}$，$\boldsymbol{Q}$，$\boldsymbol{D}$）的广义奇异值分解（GSVD），使用由矩阵 $\boldsymbol{Q}$ 给出的度量和由矩阵 $\boldsymbol{D}$ 给出的行权重来概括矩阵 $\boldsymbol{X}$ 的结构。在线性排序方法的一般模型中，各种多变量分析具有 3 个不同参数：①矩阵（标记为 $\boldsymbol{X}$），其中心选项取决于原始数据；②度量（标记为 $\boldsymbol{Q}$）；③行权重（标注为 $\boldsymbol{D}$）。在下面，我们首先关注行（SU_s）权重。

在 PCA 和 RDA 中，矩阵 $\boldsymbol{X}$ 的行是均匀加权的，而在 CA 和 CCA 中，它们通过它们的多度 $(f_{i\bullet})$ 来加权。在 OMI 分析中，矩阵 $\boldsymbol{X}$ 如下：

$$\boldsymbol{X} = D_t^{-1} P^{\mathrm{T}} \boldsymbol{Z}_0 P = \left[f_{ij} \right]_{1 \leqslant i \leqslant n, 1 \leqslant j \leqslant t} \tag{8.42}$$

其具有 t 个物种（作为行）和 p 个环境变量（作为列），包含每个物种的重心。物种权重的对角矩阵表示为 $\boldsymbol{D}_t = \mathrm{Diag}(f_{\bullet 1}, \cdots, f_{\bullet j}, \cdots, f_{\bullet t})$ 和通过对环境矩阵 $\boldsymbol{Z}$ 的分析施加度量（$\boldsymbol{I}_p$）。所以，我们将 OMI 分析定义为（$\boldsymbol{X}, \boldsymbol{I}_p, \boldsymbol{D}_t$）的 GSVD。通过 OMI 分析计算的总方差由式（8.43）表示。

$$Tr(\boldsymbol{X}^{\mathrm{T}}\boldsymbol{D}_t\boldsymbol{X}\boldsymbol{I}_p)=\sum_{j=1}^{t}f_{\cdot j}m_a(j) \tag{8.43}$$

因此，这个总方差与物种的平均边际性成比例，且代表物种在生态位分离上的环境变量影响。

总方差对于检测两个数据矩阵的独立性是有用的统计量（Kazi-Aoual et al. 1995）。因此，我们可以用它来检测物种边际性的显著性。在实践中，我们用使用蒙特卡罗检验（Manly 1991），它考虑物种简介矩阵 $\boldsymbol{F}=PD_t^{-1}$ 行（SU_s）$n!$ 排列的概率。因此，首先我们将一个物种获得的边际性［式（8.38）］与该物种对环境无关的零假设下获得的 1000 个随机排列值的分布进行比较。然后，我们着重于 OMI 分析的总方差［式（8.43）］并运用相同的方法计算检验观察到的平均边际性的显著性。例如，如果 1000 个置换值中的一个值高于观察到的值，则边际性具有 P=0.001 的显著性概率。

Sylvain 等（2000）运用 OMI 指数计算和测试 17 种石蛾的生态位参数（表 8.6），以描述这些石蛾物种边缘性和耐受性，以及对气象条件响应的变异性，用的数据是 17 个石蛾种类在 49 个夜晚的观测数据和 11 个当地气象因子数据。得到的结果如下：*Hydropsy chemodesta* 对气象条件具有低的边际性和高的残留耐受性，而 *Ceraclea alboguttata* 受气象条件的影响很大。调查的 17 个物种中有 10 个物种显示它们边际性显著，并且受气象条件的显著影响（P<0.001）。温度是影响石蛾被捕捉的主要原因。

表 8.6　17 个石蛾种类的生态位参数（Sylvain et al. 2000）

种类	惯量	OMI	Tol	RTol	*OMI*	*Tol*	*RTol*	Num
Che	6.43	2.77	1.02	2.64	*43.1*	*15.9*	*41.0*	473 (NS)
Hyc	11.91	4.45	2.39	5.08	*37.3*	*20.0*	*42.6*	248 (NS)
Hym	10.57	0.09	2.54	7.94	*0.9*	*24.0*	*75.1*	227 (NS)
Hys	7.62	0.63	0.73	6.26	*8.3*	*9.6*	*82.1*	872 (NS)
Psy	10.47	0.43	3.92	6.11	*4.1*	*37.5*	*58.4*	0
Aga	7.43	1.29	1.55	4.59	*17.4*	*20.9*	*61.8*	0
Glo	14.36	6.18	4.76	3.42	*43.0*	*33.1*	*23.8*	4
Ath	11.24	1.79	2.76	6.68	*16.0*	*24.6*	*59.4*	63 (NS)
Cea	18.71	12.24	4.18	2.29	*65.4*	*22.3*	*12.3*	6
Ced	11.79	0.87	3.24	7.67	*7.4*	*27.5*	*65.1*	0
Set	12.61	4.29	3.72	4.60	*34.0*	*29.5*	*36.5*	0
All	6.80	0.72	1.21	4.87	*10.6*	*17.8*	*71.6*	125 (NS)
Han	10.37	1.21	3.37	5.79	*11.6*	*32.5*	*55.9*	84 (NS)
Hfo	17.54	6.76	7.34	3.44	*38.5*	*41.9*	*19.6*	9
Hsp	13.98	2.90	5.62	5.45	*20.7*	*40.2*	*39.0*	0
Hve	12.25	4.59	3.52	4.14	*37.5*	*28.7*	*33.8*	14
Sta	9.39	0.59	2.52	6.28	*6.3*	*26.9*	*66.9*	2

注：OMI. 平均偏移指数；Tol. 耐受性；RTol. 残留耐受性，其斜体表示各占的百分比。第一列为物种名缩写：Che=*Cheumatopsyche lepida*（Pictet），Hyc=*Hydropsy checontubernalis* McLachlan，Hym=*Hydropsy chemodesta* Navas，Hys=*Hydropsy chesiltalai* Dohler，Psy=*Psychomyia pusilla*（Fabricius），Aga=*Agapetus laniger*（Pictet），Glo=*Glossosoma boltoni* Curtis，Ath=*Athripsodes albifrons*（L.），Cea=*Ceraclea alboguttata*（Hagen），Ced=*Ceraclea dissimilis*（Stephens），Set=*Setodes punctatus*（Fabricius），All=*Allotrichia pallicornis*（Eaton），Han=*Hydroptila angulata* Mosely，Hfo=*Hydroptila forcipata*（Eaton），Hsp=*Hydroptila sparsa*（Curtis），Hve=*Hydroptila vectis* Curtis，Sta=*Stactobiella risi* Felber

第九章　排　　序

第一节　概　　述

一、排序的目的和意义

早在 20 世纪 30 年代，苏联学者 Ranensky 就提出了排序的概念，并发展了一个简单的排序方法（Sobolev and Utekhin 1973），但只限于在苏联传播（Greig-Smith 1980），Ramensky 当时应用一个或两个环境因子梯度去排列植物群落，他用的名词是德文“ordnung”。直到 20 世纪 50 年代，排序对大多数生态学者来说仍是新名词。排序最初的概念是指植被样方在某一空间（一维或多维）的排列，这里的空间是指植物种空间或环境因素空间。它是随着“植被连续体”概念的提出而诞生。50 年代，许多学者强调植被的连续性，认为分类是确定植被间断性的有效方法，但不能用于揭示植被的连续性。因此对排序方法才开始研究而得以发展。当时的排序是用于分析群落之间的连续分布关系。到 50 年代后期，排序概念已趋完善，其不仅排列样方，也可以排列植物种及环境因素，用于研究群落之间、群落与成员之间、群落与其环境之间的复杂关系（Gauch 1982）。20 世纪 70 年代到 80 年代是排序方法发展最快的时期，近 20 多年来应用最广的排序方法基本上都是这个时期发展的，像主分量分析及其衍生的方法、对应分析及其衍生的方法等都是这个时期产生和发展的，目前仍是最常用的方法（张金屯 2011；Legendre P and Legendre L 2012）。20 世纪 80 年代后，排序方法一直是植物生态学研究的主要方法（Šmilauer and Lepš 2014），并在其他相关学科也有广泛应用（Dolédec et al. 1996）。计算机软件的发展大大推动了排序方法的应用（Borcard et al. 2012）。20 世纪 90 年代到现在，也有一些新方法的应用，如模糊数学排序、神经网络排序、四角分析等，表明生态学研究对排序方法的需求仍然旺盛（赖江山 2013；Palmar website 2016）。

排序的过程是将样方或植物种排列在一定的空间，使得排序轴能够反映一定的生态梯度，从而能够解释植被或植物种的分布与环境因子间的关系，也就是说排序是为了揭示植被-环境间的生态关系（张金屯 2011）。因此，排序也称为梯度分析（gradient analysis）。简单的梯度分析是研究植物种和植物群落在某一环境梯度或群落线（coenocline）上的变化，也就是一维排序。复杂的梯度分析是揭示植物种和群落在某些环境梯度（群落面 coenoplane 或群落体 coenocube）上的变化关系，这相当于二维或多维排序。只使用植物种的组成数据的排序称为间接梯度分析（indirect gradient analysis），同时使用植物种的组成数据和环境因子组成数据的排序称为直接梯度分析（direct gradient analysis）。间接梯度分析完成后，研究者需要通过再分析找出排序轴的生态意义，再用其解释植物群落或植物种在排序图上的分布。而直接梯度分析因为使用了环境因子组成数据，排序轴的生态意义往往是一目了然的，在结果解释上比较容易（ter Braak and Šmilauer 2012）。

从数学上讲，排序基本上是一个几何问题，我们要把样方（实体）作为点在 *P* 维种类（属性）空间排列，使得排列结果能客观地反映样方间的相互关系，这种用属性（种或环境因子）来对实体（样方）进行排序的过程称为正分析（normal analysis）或者正排序（normal ordination）；如果反过来用实体去排列属性则称为逆分析（inverse analysis）或者逆排序（inverse ordination）。由于排序的结果能够客观地反映群落间的关系，因此它可以与分类方法结合使用，而检验分类的结果，就是先用某一分类方法对样方进行分类。例如，用传统的定性方法或某一数量方法进行分类，然后再在排序图上圈定群落的界限，这样可以直观地看出各植被类型间的关系，以检验分类的合理性，并且可以用排序轴所含的生态意义来帮助解释分类的结果（张金屯 1995，2004，2011）。正因为如此，有些学者也将排序归入植被数量分类方法中（阳含熙和卢泽愚 1981）。

排序的结果一般用直观的排序图表示，排序图通常只能表现出三维坐标。因此排序的一个重要内容是要降低维数，减少坐标轴的数目，降低维数往往会损失信息。一个好的排序方法是由降低维数引起的信息损失应尽量少，即发生最小的畸变，也就是说它的低维排序轴包含大量的生态信息。在研究中最常用的是二维排序图和三维排序图，前者是用前两个排序轴组成的平面图。样方就是分布在平面上的点；后者是由前三个排序轴绘成的立体三维坐标图。早期的排序方法中，有的只有一维坐标，即一维排序。一维排序图是一条直线，样方就是沿该直线分布的一些点。在现代植被研究中，已很少使用一维排序图。

排序是将样方排列在种类空间或环境因子空间的过程，使得排序轴能够反映一定的生态关系。但大多数排序方法并不是同时使用种类数据和环境数据，而是采用其中之一。因此，要研究植被与环境间的关系，一般是将环境因子的变化作为数值等级或等值线标在种类空间，或者反过来，将种类的多度、盖度等用数值等级或等值线表示在环境因子空间中。这样它们的空间变化趋势可以反映植被-环境间的关系。

图 9.1 是以数量等级来表示 3 个环境因子在植被数据排序图上的变化。在图上，这 3 个因子都表现出明显的变化趋势，说明植被的分布与这 3 个因子密切相关。但各因子的影响又有所不同，比如第一和第二排序轴都与海拔［图 9.1（a）］有较大的相关性，而土壤泥炭深度［图 9.1（b）］则主要与第一排序轴相关联。图 9.2 是 6 个植物种在排序图上的分布，图中数值为频度等级，1 代表频度<25%，2 代表频度为 26%～50%，3 代表频度为 51%～75%，4 代表频度为 76%～100%，短线表示种不存在。实线表示等值线。6 个植物种分别是 *Phleum bertolonii*、鸭茅（*Dactylis glomerata*）、猪殃殃（*Galium verum*）、*Helictotrichon pubeccens*、黄花茅（*Anthoxanthum odoratum*）、*Sieglingia decumbens*。在排序轴的生态意义明确以后，种类分布与环境因子间的关系是显而易见的。

有的排序方法本身要求使用环境因子数据，如梯度分析、模糊数学排序等，可以直接用于研究植被-环境关系的分析。

排序是基于实体或属性间的相似关系之上的，它不同于分类的是在排序方法中，相似（相异）关系的计算，一般各排序方法都有特殊的要求而成为方法的组成部分，所以相似（相异）关系的计算将在第十章中介绍，另外一点不同于分类的是所有排序方法对二元数据和数量数据都适合，没有特殊要求；而分类方法则不同，有的只能使用二元数据（见第十章）。

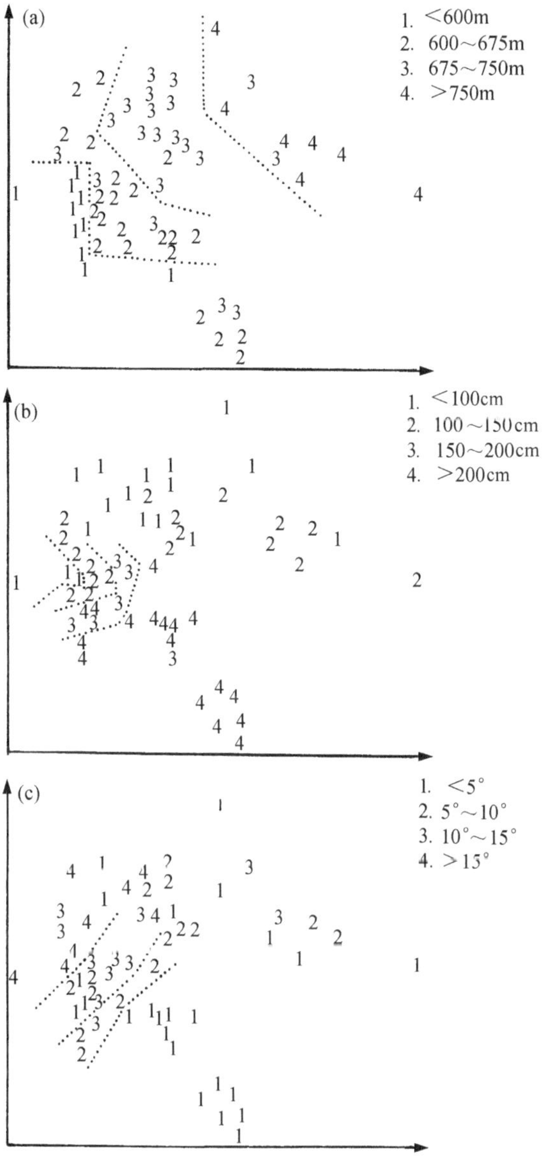

图 9.1　3 个环境因子在排序图上的变化（Tallis 1969）

（a）海拔；（b）泥炭深度；（c）坡度

二、种类环境关系模型

所有排序方法都是基于一定的模型，这种模型反映植物种和环境之间的关系，以及在某一环境梯度上的种间关系。最常用的关系模型有两种：一种是线性模型（linear model），另一种是非线性模型（non-linear model）。

线性模型包括直线和曲线线性关系，其含义是某个植物种随着某一环境因子的变化而呈线性变化，或叫线性反应（linear response）。这样的模型所反映的种间关系也是线性关系［图 9.3（a）～（d）］。大量的研究表明，植物种和环境间的关系多数情况下不是线性关系，而是非线性关系。非线性模型一般是指二次曲线模型，最著名的生态关系模型是高斯模型（Gaussian model）或叫高斯曲线（Gaussian curve）（第三章）。高斯模型是正态曲线，含义是某个植物种的个体数随某个环境因子值的增加而增加。当环境因子增加到某一值时，植物种的个体数达到最大值，此时的环境因子值称为该种的最适值（optimum）；随后当环境因子值继续增加时，种的个体数逐渐下降，最后消失。高斯模型已得到不少生态实验的证实（Austin M P and Austin B O 1980；Zhang 1991）。非线性模型所反映的种间关系复杂化，如图 9.3（e）、（f）所示，它决定于每个种在环境梯度上所处的位置。

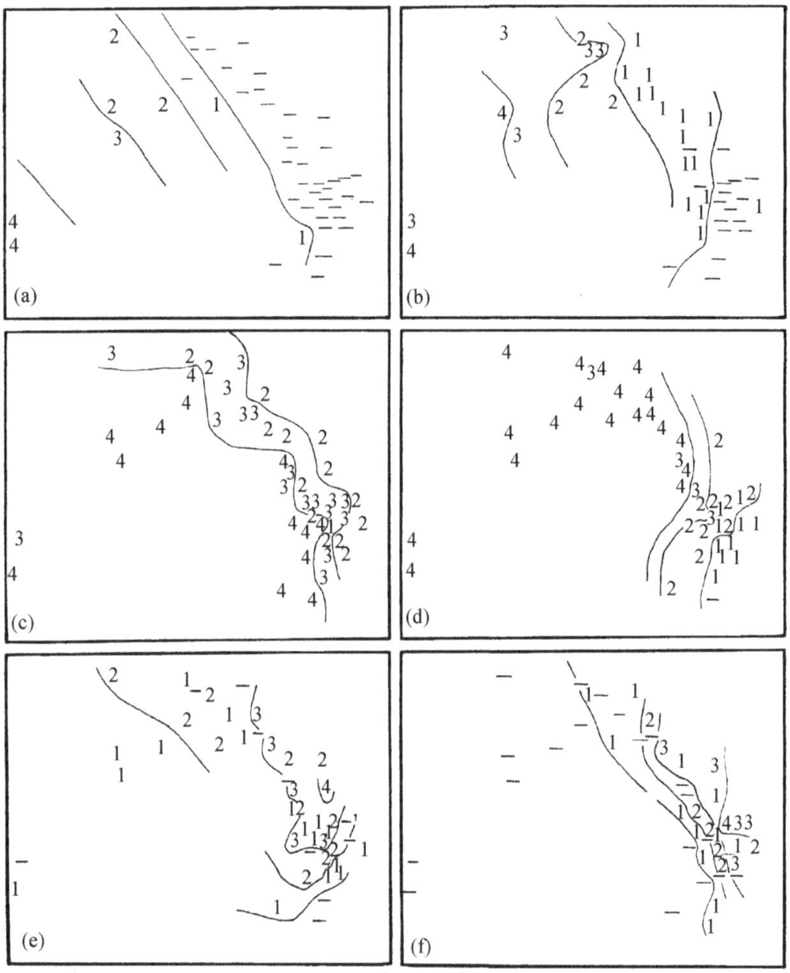

图 9.2　6 个植物种在排序图上的分类（Gittins 1965）

（a）*Phleum bertolonii*；（b）鸭茅；（c）猪殃殃；（d）*Helictotrichon pubeccens*；（e）黄花茅；（f）*Sieglingia decumbens*

在自然植物群落中，植物种和环境间的关系十分复杂，不可能完全符合高斯曲线。研究表明，即使是种的个体数-环境关系不能与高斯曲线（正态曲线）完全吻合，但大多数种也表现为一个单峰曲线，即二次曲线模型。所以有人将植物种的个体数-环境关系模型统称为单峰模型（unimodle model）（ter Braak 1986，1987，1988；ter Braak and Šmilauer 2012）。

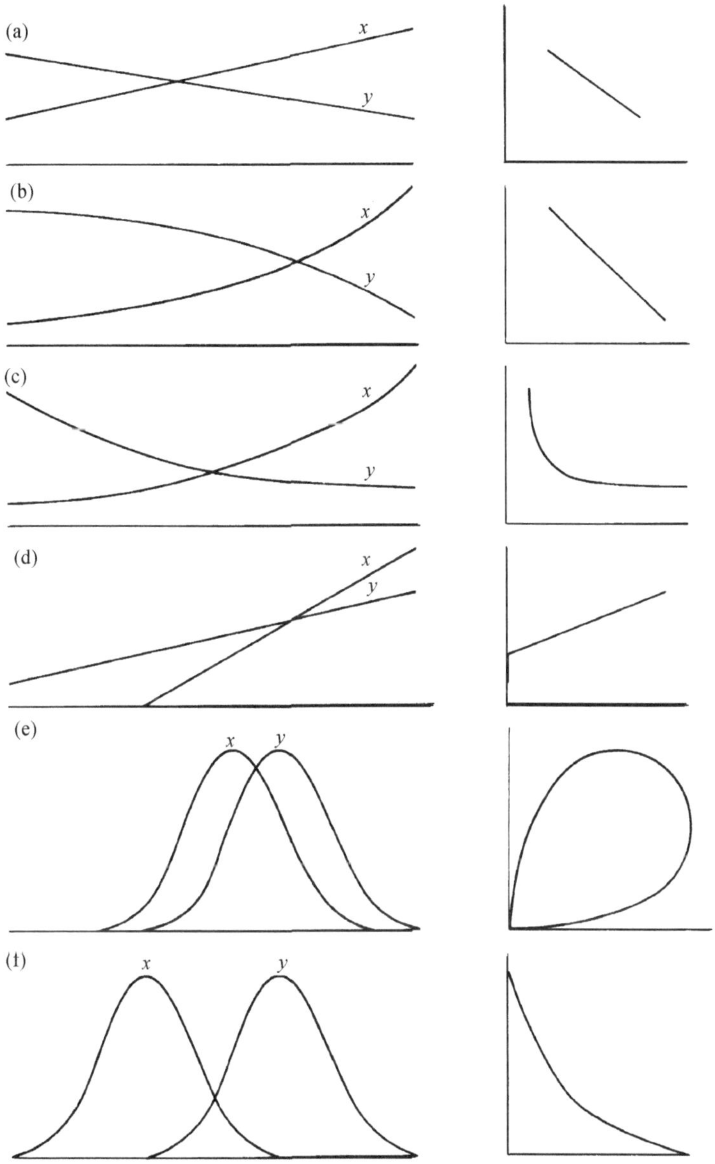

图 9.3 两个种 x、y 在某一环境梯度上的关系类型

左边图表示两个种对环境梯度反应的不同模型，右边图表示模型所对应的关系；（a）～（d）为线性模型；（e）～（f）为单峰模型

三、线性排序和非线性排序

基于线性模型上所建立的排序方法称为线性排序（linear ordination），而基于单峰模型上的排序称为非线性排序（non-linear ordination）。非线性排序结果好于线性排序，因为它能更好地反映种-环境间及种-种间的关系。在现代的排序方法中，依其模型可分为两大类：一类是以主分量分析（principal component analysis，PCA）为主的线性排序方法；另一类是以对应分析（correspondence analysis，CA）为基础而发展起来的非线性排

序方法。在 CA 家族中有的方法如除趋势对应分析（detrended correspondence analysis，DCA）是基于高斯模型，生态学者和统计学者都比较满意，因此，它成为 20 世纪 80 年代以来使用最广泛的排序方法。

对于主分量分析（PCA），线性模型是它的一大缺点。但在过去植被研究实践中，PCA 曾得到了广泛应用，并且大多数研究结果都表明 PCA 是一非常有效的排序方法。关于这一点有不同的解释，最主要的一点是，在应用 PCA 时，大部分学者都对数据进行转换或标准化等处理，使数据结构发生一定的变化，在一定程度上符合 PCA 的线性模型。

在对应分析出现之前，早在 20 世纪 60 年代就有一类排序方法被称为非线性排序（Legendre P and Legendre L 1983，2012），这一类方法主要是通过数据转换（transformation）或排序轴的重新标定（rescaling）来实现非线性化（Legendre P and Legendre L 1987; Leeuw 1987；Gifi 1990）。60 年代，他们也发明了一些具有特点的方法，如 Shepard（1962a，1962b）和 Kruskal（1964）的方法，但这些方法现在被统称为无度量多维标定法（见本章第二节）。这一类所谓的非线性排序方法主要是加拿大法语区和法国、荷兰的一些学者坚持使用，他们多为统计学者。Gifi（1990）编写了《非线性多元分析》，重新描述了他们的方法，但没有什么新内容。英国著名生态学者 Hill（1990）评论该书说："虽然该书文字写得很漂亮，但它最大的特点是落后于时代步伐 10 多年。"这一类方法，在现代植被生态学研究中很少使用。最近发展的人工神经网络排序理论上讲能够较好地解决生态学数据的非线性问题（Foody 1999；Zhang et al. 2008；张金屯和杨洪晓 2007；Zhang and Ru 2010；苏日古嘎和张金屯 2013）。

第二节 排 序 方 法

到目前为止，人们已建立了许多排序方法，确切数值都难以统计（Gauch 1982），有的仅用一次就被淘汰。本节将着重介绍现在国际上最常用的方法和较新的方法。这些方法在以后的植被研究和生态教学中仍起着重要作用，另外还介绍一些早期的和简单的排序方法，它们计算简单，使用方便，并且在植被数量分析方法发展过程中有着特殊地位，方法的排列顺序基本上以该学科历史发展进程为序。

一、简单排序方法

（一）加权平均排序

加权平均排序（weighted average）是最早的排序方法，也是最简单的排序方法。它是沿着某一线性序列排列样方（Dale 1975），这一线性序列反映某一环境梯度。该方法只有一维排序坐标，计算简单，可给出直观的结果。早在 20 世纪 40 年代末就有人开始使用（Whittaker 1948；Ellenberg 1950），后经多位学者使用和改进。它的基本思路是样方排序坐标值是种类观测值的加权平均。

$$S_j = \frac{\sum_{i=1}^{P} A_{ij} W_i}{\sum_{i=1}^{P} A_{ij}} \begin{pmatrix} i = 1, 2, \cdots, P\ (\text{种数}) \\ j = 1, 2, \cdots, N\ (\text{样方数}) \end{pmatrix} \tag{9.1}$$

式中，S_j为第 j 个样方的排序坐标值，W_i是第 i 个种的权重。权重可以是植物种对某个环境因子的适应程度，比如根据喜湿程度分为 1～6 个等级；也可以是演替等级等。该方法也可以进行逆分析计算植物种的一维排序坐标。

加权平均法是最早的排序方法，由于计算简单不少学者曾使用并加以改进。加权平均法因为其权重用某环境因子数据等级或演替等级，有些学者将其归入直接梯度分析法（Gauch 1982）。下面是一个加权平均法的计算例子，Peet 和 Loucks（1977）对 Wisconsin 南部山地森林群落（表 9.1）进行了加权平均排序，他们用种的顶级适应值（climax adaptation value）作为权重，种的顶级适应值是指一个种在演替系列中所处的地位（Curtis et al. 1951），是人为划定的。

依式（9.1），样方 1 的排序坐标为

$$S_1 = \frac{9\times10+8\times2+6\times3.5+3\times3.5+5\times4.0+2\times5.0+3\times6.0+2\times7.5+4\times8.0}{9+8+6+3+5+2+3+2+4} = 3.6$$

同样可得到样方 2～10 的排序值为 3.1、4.2、4.0、9.2、6.5、6.6、7.4、7.7 和 8.0。排序结果可以用一维直线图表示，反映了群落的演替系列。

表 9.1 Wisconsin 南部山地森林数据（Peet and Loucks 1977）

种类	顶级适应值	样方号									
		1	2	3	4	5	6	7	8	9	10
1	1	9	8	3	5	6	0	5	0	0	0
2	2.0	8	9	8	7	0	0	0	0	0	0
3	3.5	6	6	2	7	0	2	0	0	0	0
4	3.5	3	5	6	6	6	4	5	0	4	1
5	4.0	5	4	9	9	7	7	4	6	0	2
6	5.0	2	0	0	0	3	5	6	4	3	0
7	6.0	3	4	0	6	9	8	7	6	4	3
8	7.0	0	0	5	0	2	0	0	2	0	2
9	7.5	2	2	4	5	6	0	5	0	2	5
10	8.0	0	0	0	0	2	7	6	6	7	6
11	8.0	4	0	2	2	5	7	8	8	8	7
12	8.5	0	0	0	0	0	5	6	4	0	3
13	9.0	0	0	0	0	0	0	7	4	6	5
14	10.0	0	0	0	0	0	5	4	8	8	9

Gurtis 和 McIntosh（1951）对加权平均法进行了改进，他们用乔木种的重要值作为计算排序值的基础，即样方排序值是种类重要值和顶级适应值乘积之和，其公式如下：

$$S_j = \sum_{i=1}^{P} I_{ij} C_i \tag{9.2}$$

式中，I_{ij} 是种 i 在样方 j 中的重要值；C_i 为种 i 的顶级适应值。这里样方排序坐标值（S_j）也被称为连续带指标，因此该方法也称为连续带分析。实际上式（9.2）等同于

$$S_j = \frac{\sum_{i=1}^{P} I_{ij} C_i}{\sum_{i=1}^{P} I_{ij}} \tag{9.3}$$

二者的差别仅在于排序轴的标度不同。Curtis 和 McIntosh（1951）分别用样方排序值和种的重要值作为 x 轴和 y 轴，组成一个二维排序图，它反映主要植物种类在演替系列中的变化（图 9.4）。图 9.4（a）代表原始排序图，纵坐标是每个样方的重要值；

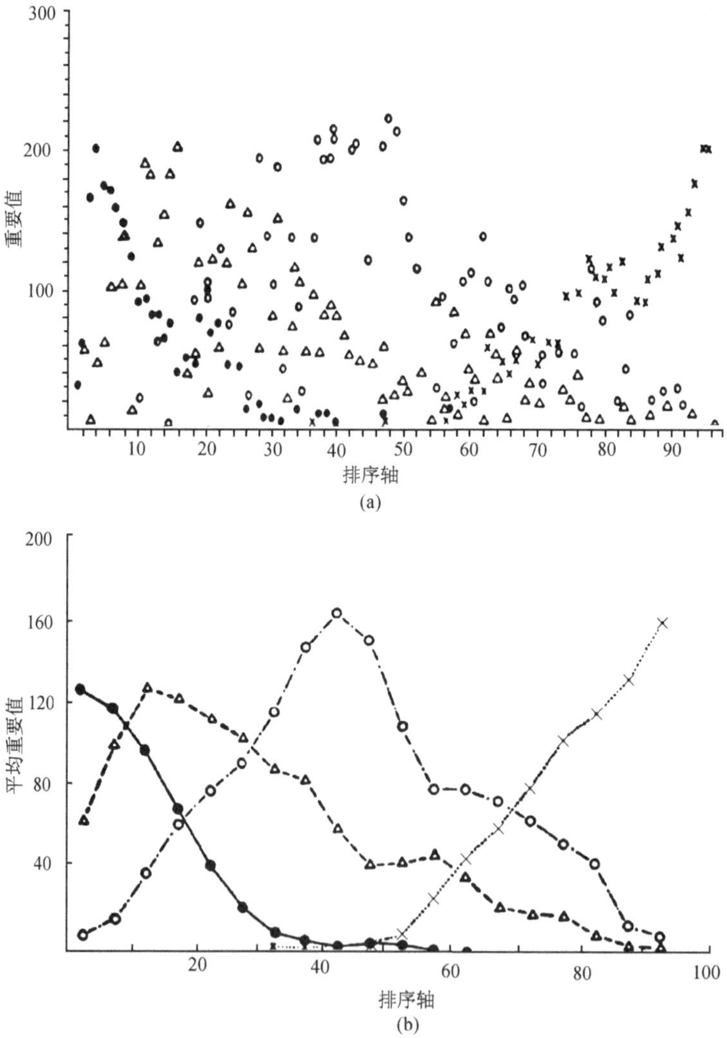

图 9.4　美国 Wisconsin 高地落叶阔叶林的连续带分析

（a）原始排序图；（b）各植被组中的平均值。○代表红橡；△代表白橡；×代表甜槭；●代表毛橡

图 9.4（b）是经过修匀的曲线图，它的纵坐标是同一植被类型中各样方的平均重要值，反映了 4 个主要树种的变化趋势。研究结果的表示一般用修匀的曲线图，这样的排序实际上仍是一维坐标，因为重要值只是一种数据。

加权平均法计算简单，结果直观，在 20 世纪 50 年代，许多生态学家对加权平均进行过尝试性应用研究，并对坐标值的计算和权重的分配进行过各种改进，但由于它只有二维坐标和其权重的主观性选择限制了它的发展。

（二）极点排序

为了改进加权平均法，Bray 和 Curtis（1957）提出了一个多维坐标方法，这一方法首先要计算非相似系数矩阵（距离矩阵），然后基于非相似系数，求其各样方的坐标值。这一计算有严格的几何基础，避免了主观性，使得这一方法得以广泛地应用和发展，这就是后来被称为“极点排序”（polar ordination，PO）的方法（Cottam et al. 1978）。PO 后来经多个作者使用和修改，保留了计算简单、结果直观等特点，并发展了距离计算、端点选择等技术，使其更加合理，成为 20 世纪 50 年代和 60 年代使用最多的方法，直至今天仍有少数研究者喜欢使用这一方法。它的计算步骤如下。

第一步：计算样方（林分）间相异系数矩阵，用 Bray-Curtis 距离公式（第六章）

$$D_{jk}=\frac{\sum_{i=1}^{P}|x_{ij}-x_{ik}|}{\sum_{i=1}^{P}\left(x_{ij}+x_{ik}\right)}\quad i=1,2,\cdots,P(\text{种数}),j,k=1,2,\cdots,N(\text{样方数})\tag{9.4}$$

式中，D_{jk} 是样方 j 和 k 之间的距离系数；x_{ij} 和 x_{ik} 分别为种 i 在第 j 个和第 k 个样方中的观测值。Bray 和 Curtis（1957）在同一矩阵中同时列出相异系数和相似系数。其中：

相似系数=1–相异系数

第二步：选择 x 轴的端点，这是极点排序的一个重要特征，一般是选择相异系数最大的两个样方作为第一排序轴的端点，其中一个坐标值记为 0，另一坐标值等于二端点的相异系数。

第三步：计算其他样方在 x 轴上的坐标和对 x 轴的偏离值（poorness of fit value），即

$$x=\frac{L^2+(D_a)^2-(D_b)^2}{2L}\tag{9.5}$$

$$H=\sqrt{D_a^2-x^2}\tag{9.6}$$

式中，x 为样方 c（图 9.5）在 x 轴上的坐标值；a、b 为 x 轴的两个端点；L 为两端点样方 a、b 间的距离；D_a 和 D_b 分别为样方 c 与样方 a 和样方 b 之间的相异系数；H 为样方 c 对 x 轴的偏离值。

第四步：选择 y 轴的端点，首先选与 x 轴的偏离值最大的样方作为 y 轴的一个端点，以使 y 轴尽量与 x 轴垂直。然后选第二个端点，使其满足两个条件：一是两个端点间的相异系数最大；二是两端点在 X 轴上的坐标值相差最小，但是在大量数据分析中，这两个条件往往难以同时满足（Gauch 1982；张金屯 2011）。

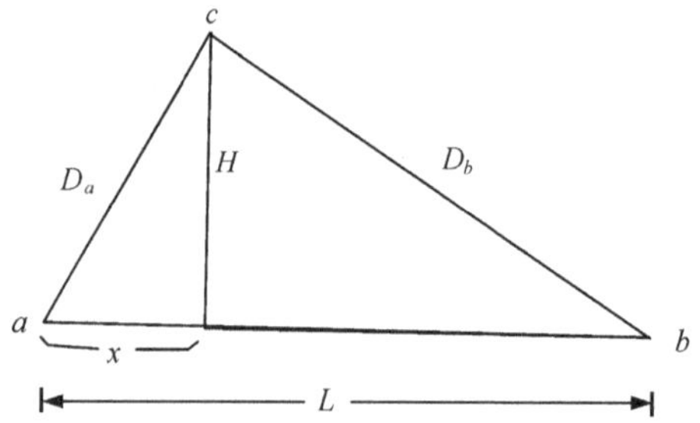

图 9.5　PO 中距离坐标计算示意图

第五步：同样使用式（9.5）计算其他样方在 y 轴上的坐标值。

第六步：用 x 轴和 y 轴组成排序图。

下面用阳含熙和卢泽愚（1981）的例子来说明 PO 的计算。假定我们调查得到 7 个种在 6 个样方中的多度数据（表 9.2），现对其进行极点排序。

表 9.2　7 个种在 6 个样方中的多度

种	样方					
	1	2	3	4	5	6
1	10	0	8	0	1	8
2	8	4	5	0	0	7
3	6	6	7	3	3	1
4	4	10	5	4	2	0
5	2	7	5	5	6	4
6	0	3	0	8	10	8
7	0	0	0	10	8	2

第一步：依式（9.4）计算相异、相似系数矩阵，为了计算方便；这里所得系数值均扩大 100 倍。例如，样方 1 和样方 2 之间的相异系数：

$$D_{12} = \frac{|10+0|+|8-4|+|6-6|+|4-10|+|2-7|+|0-3|+|0-0|}{(10+0)+(8+4)+(6+6)+(4+10)+(2+7)+(0+3)+(0+0)} \times 100 = 47$$

样方 1 和样方 2 之间的相似系数=100–47=53。同样方法计算得 6 个样方的相异系数和相似系数表（表 9.3）。

表 9.3　6 个样方的相异系数和相似系数

种	样方						
	1	2	3	4	5	6	
1		53	83	30	27	60	
2	47		67	50	47	40	
3	17	33		40	37	60	相似系数
4	70	50	60		87	50	
5	73	53	63	13		53	
6	40	60	40	50	47		
相异系数							

第二步：选择 x 轴的端点。由表 9.3 知，样方 1 和样方 5 相异系数最大（73），所以选择这两个样方为 x 轴的两端点，坐标值分别记为 0 和 73。

第三步：依式（9.5）和式（9.6）计算其他样方坐标值和偏离值。例如，样方 2 的坐标值

$$x_2 = \frac{73^2 + 47^2 - 53^2}{2 \times 73} \approx 32$$

样方 2 对 x 轴的偏离值 $H_2 = \sqrt{47^2 - 32^2} \approx 34$

计算结果可以列入表（表 9.4）。

表 9.4　坐标计算表

样方	x 轴坐标	对 x 轴的偏离值 H	y 轴坐标
1	0	0	3.5
2	32	34	0
3	11	13	26
4	69	12	30
5	73	0	35
6	32	24	60

第四步：选 y 轴端点，由表 9.4 知，样方 2 与 x 轴偏离值最大，选其为 y 轴 0 点；样方 6 与样方 2 的距离系数最大（60），并且二样方在 x 轴上的坐标值相等，所以样方 6 是第二端点的理想选择。

第五步：用式（9.5）计算其他样方在 y 轴上的坐标值。例如，

$$y_1 = \frac{60^2 + 47^2 - 40^2}{2 \times 60} = 35$$

经过一一计算，并将结果填入表 9.4 中。最后用 x 轴和 y 轴组成排序图（图 9.6）。

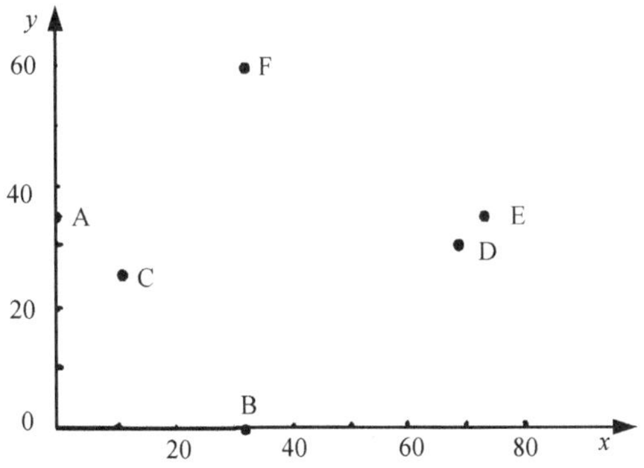

图 9.6　6 个样方的二维极点排序图

图 9.7 是美国威斯康星州高地落叶阔叶林 59 个样方二维极点排序图。图中数值代表美洲椴的胸部面积（100in/acre，1in/acre=6.28×10^{-4}cm/m^2），“—”代表该种不存在，等值线反映了林分类型，该图较客观地反映了优势种的分布规律（Bray and Curtis 1957）。

极点排序往往只求前两个排序轴，其结果能否很好地反映各样方（林分）间的关系需要进行检验，检验方法是以排序坐标为基础求出各样方间的欧氏距离，然后再计算欧氏距离和样方间相异系数（表 9.3）的相关性，如果两者相关系数在 0.9 以上，则认为排序较好地拟合了原始数据所含的信息（阳含熙和卢泽愚 1981）。在 20 世纪 50 年代极点排序是主要的排序方法。因为它计算简单，很容易做。在现代的许多国际通用软件中，仍包括该方法。极点排序的缺点是它的端点选择有一定的人为因素。该方法在以后研究中还会被应用，并且由于简单易做，在教学中有重要意义。

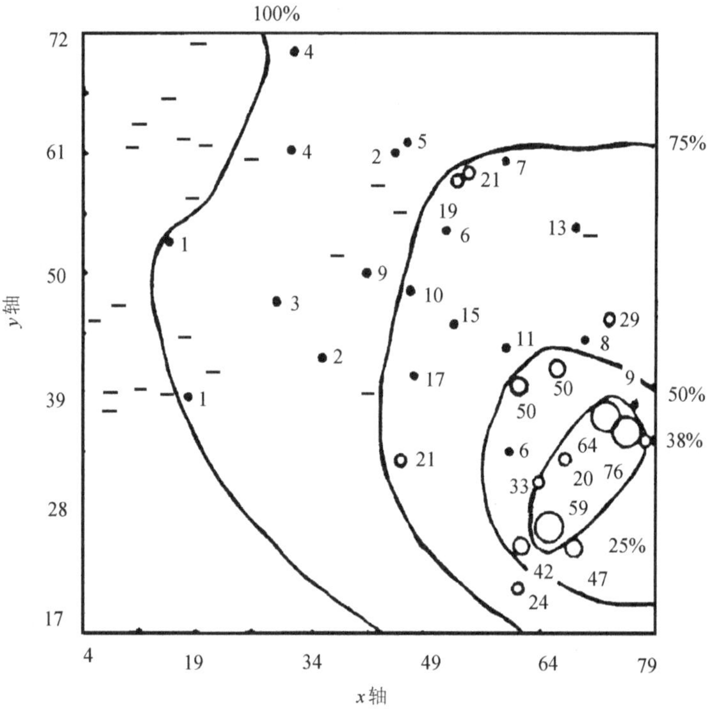

图 9.7 美国威斯康星州高地落叶阔叶林的极点排序

（三）梯度分析

梯度分析（gradient analysis）几乎与加权平均法同时诞生（Whittaker 1952，1956），后来被广泛称为直接梯度分析，以区别间接梯度分析（Whittaker 1956，1960，1967，1973）。梯度分析是沿着环境梯度直接排列植物种和样方，这一方法要求样方设置时必须考虑与环境梯度的关系，在环境因素变化明显的情况下，这一方法相当有效（Gauch 1982；ter Braak and Šmilauer 2012）。该方法没有复杂的计算，仅需要对数据标准化或根据需要进行修匀，因此，很快被生态学家接受。它是一种非常简单的方法，不需要复杂计算。它直接用环境梯度来排列样方。梯度分析所用的环境梯度可以是直接观测值，如海拔，或者经过简单的计算得到。Whittaker（1956）使用土壤湿度指标和海拔作为两个排序轴。其中，海拔（ft，1ft=0.3048m）是直接观测值；土壤湿度指标是经过简单计算获得。其计算方法是先将样方中的树种按对土壤湿度的适应性分成 4 级：中生、亚中生、亚旱生、旱生，分别用 0、1、2、3 数值表示，称为湿度适应值。一个样方的湿度指标等于该样方中各树种的株数乘以各自的湿度适应值的加权平均。例如，一个样方中有种 1（中生）10 株，种 2（亚中生）15 株，种 3（亚旱生）20 株，种 4（旱生）55 株和种 5（亚中生）20 株，则该样方的湿度指标是

$$\frac{10\times0+15\times1+20\times2+55\times3+20\times1}{10+15+20+55+20}=2.0$$

图 9.8 是 Whittaker（1956）的一个排序图，图中虚线表明植被类型间的界限，数值代表树种 *Hamamelis virginiana* 株数占样方中所有树种总株数的百分数；实线表示该种百分数的等值线。该图很清楚地反映出植被分布和土壤水分状况及海拔之间的关系。

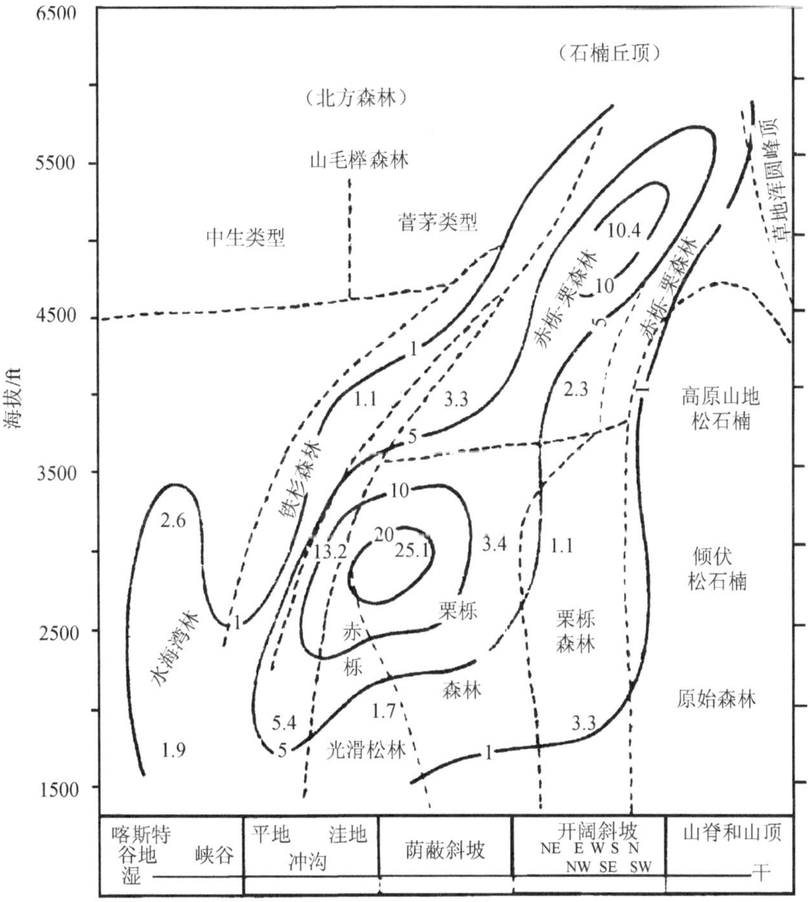

图 9.8　美国大烟山植被梯度分析一例（Whittaker 1956）

梯度分析计算简单，能够直观地反映植物群落与环境因子之间的关系，在 20 世纪 60～70 年代已得到广泛的应用，并在应用中得到了改进和发展。Whittaker（1960）成功地使用了三维坐标排序；Loucks（1962）以二维图解形式将两个因素综合起来确定样方位置；King（1962）沿着土壤类型梯度更精确地排列样方。这一方法在 80 年代仍有人使用，但它要求有明显的环境梯度，这一点限制了它在更大范围内的应用，因为许多植

被研究数据并不满足这一点（Greig-Smith 1983）。

二、主分量分析及其衍生的方法

（一）主分量分析

主分量分析（principal component analysis，PCA）也称为主成分分析，它是 1954 年由 Goodall 引入植被分析的，但该方法的数学分析早在 1933 年 Hotelling 就已开始使用。PCA 是第一个完全基于植被结构或组成数据之上而不需要考虑环境梯度，不需要选择端点和权重的排序方法。Goodall（1954）当时称 PCA 为因子分析（factor analysis），但现在已明确了分量和“因子”的区别，主分量分析的名称早已被公认了。PCA 不需要主观选择端点、权重等，因此其结果更接近实际。但 PCA 计算复杂，必须使用计算机才能完成，致使 PCA 直到 20 世纪 60 年代后期才被大量应用，从那时起到 80 年代中期 PCA 一直是较普遍使用的方法。下面我们介绍 PCA 的分析过程。

1. 标准化

最常用的标准化是中心化和离差标准化。中心化可以用种类（行）中心化，也可以用样方（列）中心化，或者同时用两者中心化。对 PCA 来说，原始数据中心化很重要，尤其是当种类组成差别较大时（Noy-Meir 1973；Greig-Smith 1983；Šmilauer and Lepš 2014）更是如此。

用种中心化：$X_{ij} = Z_{ij} - \bar{z}_i$，$i$=1, 2, …, P(种数)；（9.7）

用样方中心化：$X_{ij} = Z_{ij} - \bar{z}_j$，$j$=1, 2, …, N(样方数)（9.8）

式中，Z_{ij} 为第 i 种在第 j 个样方中的原始数据，$\bar{z}_i$ 为第 i 种在所有样方中原始数据的平均值；$\bar{z}_j$ 是第 j 个样方中所有种类的平均值；X_{ij} 为中心化后的新值。中心化后的数据矩阵为

$$X=\{x_{ij}\}$$

2. 计算属性间内积矩阵 $\boldsymbol{S}$

对于 $P \times N$ 维数据矩阵 $\boldsymbol{X}$，其内积矩阵为

$$\boldsymbol{S}=\boldsymbol{X}\boldsymbol{X}^{\mathrm{T}} \tag{9.9}$$

显然 $\boldsymbol{S}$ 是 P 阶方阵。

以上两步实际上是求相似系数矩阵，在 PCA 中最常用的相似矩阵是协方差矩阵（原始数据中心化）和相关矩阵（原系数据离差标准化）。

3. 求内积矩阵 $\boldsymbol{S}$ 的特征根（参考附录Ⅳ）

根据 $\boldsymbol{S}$ 矩阵的特征方程

$$|\boldsymbol{S}-\lambda \boldsymbol{I}|=\begin{bmatrix} S_{11}-\lambda & S_{12} & \cdots & S_{1P} \\ S_{21} & S_{22}-\lambda & \cdots & S_{2P} \\ \vdots & \vdots & & \vdots \\ S_{P1} & S_{P2} & \cdots & S_{PP}-\lambda \end{bmatrix}=0 \tag{9.10}$$

可以解得 P 个特征根，并依大小排列 $\lambda_1 \geqslant \lambda_2 \geqslant \cdots \geqslant \lambda_P$。

4. 求特征根所对应的特征向量

同样根据 $\boldsymbol{S}$ 矩阵的特征方程，第 i 个特征根和第 i 个特征向量有如下关系：

$$(\boldsymbol{S}-\lambda \boldsymbol{I})\boldsymbol{U}_i=\begin{bmatrix} S_{11}-\lambda_i & S_{12} & \cdots & S_{1P} \\ S_{12} & S_{22}-\lambda_i & \cdots & S_{2P} \\ \vdots & \vdots & & \vdots \\ S_{P1} & S_{P2} & \cdots & S_{PP}-\lambda_i \end{bmatrix}\begin{bmatrix} U_{1i} \\ U_{2i} \\ \vdots \\ U_{Pi} \end{bmatrix}=\begin{bmatrix} 0 \\ 0 \\ \vdots \\ 0 \end{bmatrix} \tag{9.11}$$

解该方程可以得到特征向量 $\boldsymbol{U}_i$，重复多次可得出 P 个特征向量，并将该特征向量作为一个行向量构成矩阵 $\boldsymbol{U}$。

$$\boldsymbol{U}=\begin{bmatrix} U_{11} & U_{12} & \cdots & U_{1P} \\ U_{21} & U_{22} & \cdots & U_{2P} \\ \vdots & \vdots & & \vdots \\ U_{P1} & U_{P2} & \cdots & U_{PP} \end{bmatrix}$$

5. 求排序坐标矩阵 $\boldsymbol{Y}$

根据下式

$$\boldsymbol{Y}=\boldsymbol{UX} \tag{9.12}$$

可求出 N 个样方 P 个分量的坐标。一般来说不需要计算每个分量的值，只取前 K 个主要分量（通常 K=2 或 K=3），以利于结果的图形表示。K 个主要分量所含的信息可以用其特征根所占有特征根之和的百分数表示：

$$\sum_{i=1}^{K}\lambda_i \Big/ \sum_{i=1}^{P}\lambda_i$$

6. 求属性的负荷量

虽然所有的属性在排序中共同起作用，但各个属性的贡献是不等的，这可以用负荷量（loading）表示，即

$$l_{ij}=\sqrt{\lambda_j}\,U_{ij} \quad (i,j=1,2,\cdots,P) \tag{9.13}$$

用矩阵表示为

$$\boldsymbol{L}=\{l_{ij}\}$$

式中，l_{ij} 是第 i 个属性（种）对第 j 个主分量的负荷量。

以上是 PCA 的计算过程，值得注意的一点是，在 PCA 排序中，原始数据中心化（标准化）显得很重要，尤其是当种类组成差别比较大时，更是如此（Greig-Smith 1983）。Noy-Meir（1973）用 10 个样方的模拟数据说明了这一点（图 9.9）。

图 9.9 中Ⅰ、Ⅱ、Ⅲ代表 PCA 前三个排序轴，（a）未经过中心化，（b）～（d）是不同方式中心化的结果。很显然，未经过中心化的结果不能使人满意。另外选用不同的标准化方法，对排序结果也有较大的影响，详见（Greig-Smith 1983；Noy-Meir et al. 1975）。

PCA 的逆分析与正分析有非常密切的关系，逆分析是以样方（实体）间内积矩阵为基础。由于属性间的内积矩阵和实体间的内积矩阵的特征值和特征向量密切相关，原则上可以从一个推出另一个。因此，在许多书上都写着 PCA 的一次分析可以同时完成样方排序和种类排序，但实际上尚需一定的转换计算。为了不增加更多的数学原理和计算问题，我们建议如果需要逆分析时，仍按前面的步骤进行，只是将属性和实体调换即可。下面是一个 PCA 的计算例子。

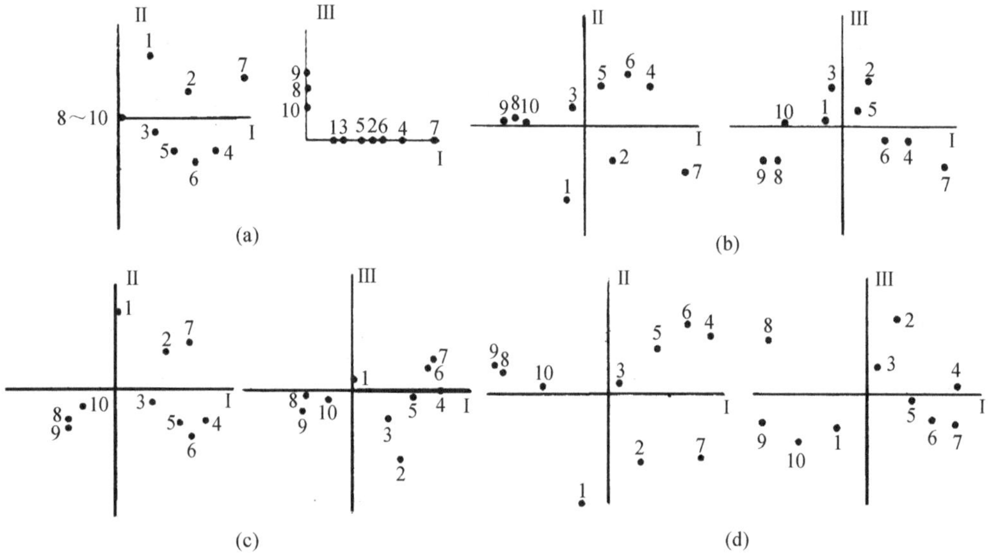

图 9.9　10 个样方模拟数据的 PCA 排序（Noy-Meir 1973）

（a）数据未经中心化；（b）对种中心化；（c）对样方中心化；（d）同时对种和样方中心化

假定我们调查得到 6 个样方两个种的数据，得原始数据矩阵 $\boldsymbol{Z}$

$$\boldsymbol{Z}=\begin{bmatrix}5 & 6 & 4 & 6 & 0 & 3\\ 11 & 8 & 7 & 6 & 2 & 2\end{bmatrix}$$

第一步，数据中心化（对种类中心化）得

$$\boldsymbol{X}=\begin{bmatrix}1 & 2 & 0 & 2 & -4 & -1\\ 5 & 2 & 1 & 0 & -4 & -4\end{bmatrix}$$

第二步，计算内积矩阵 $\boldsymbol{S}$

$$\boldsymbol{S}=\boldsymbol{X}\boldsymbol{X}^{\mathrm{T}}=\begin{bmatrix}1 & 2 & 0 & 2 & -4 & -1\\ 5 & 2 & 1 & 0 & -4 & -4\end{bmatrix}\begin{bmatrix}1 & 5\\ 2 & 2\\ 0 & 1\\ 2 & 0\\ -4 & -4\\ -1 & -4\end{bmatrix}=\begin{bmatrix}26 & 29\\ 29 & 62\end{bmatrix}$$

第三步，求 $\boldsymbol{S}$ 的特征根

$$|\boldsymbol{S}-\lambda\boldsymbol{I}|=\begin{bmatrix}26-\lambda & 29\\ 29 & 62-\lambda\end{bmatrix}=\lambda^2-88\lambda+771=0$$

得λ_1=78.13，λ_2=9.78。

第四步，求 $\boldsymbol{S}$ 的特征向量

$$(\boldsymbol{S}-\lambda\boldsymbol{I})\boldsymbol{U}_i=\begin{bmatrix}26-78.13 & 29\\ 29 & 62-78.13\end{bmatrix}\begin{bmatrix}U_{11}\\ U_{12}\end{bmatrix}=\begin{bmatrix}0\\ 0\end{bmatrix}$$

$$(\boldsymbol{S}-\lambda\boldsymbol{I})\boldsymbol{U}_2=\begin{bmatrix}26-9.87 & 29\\ 29 & 62-9.87\end{bmatrix}\begin{bmatrix}U_{21}\\ U_{22}\end{bmatrix}=\begin{bmatrix}0\\ 0\end{bmatrix}$$

展开两个联立方程

$$\begin{cases}-52.13U_{11}+29U_{12}=0\\ 29U_{11}-16.13U_{12}=0\end{cases}$$

$$\begin{cases}16.13U_{21}+29U_{22}=0\\ 29U_{21}+52.13U_{22}=0\end{cases}$$

分别解联立方程得特征向量的分量比

$$U_{11}/U_{12}=29/52.13$$

$$U_{21}/U_{22}=-52.13/29$$

再依正交矩阵的特点（见附录Ⅳ）

$$U_{11}^2+U_{12}^2=1$$

$$U_{21}^2+U_{22}^2-1$$

可解得特征向量矩阵

$$\boldsymbol{U}=\begin{bmatrix}0.486 & 0.87\\ -0.875 & 0.486\end{bmatrix}$$

第五步，求排序坐标

$$\boldsymbol{Y}=\boldsymbol{U}\boldsymbol{X}=\begin{bmatrix}0.486 & 0.87\\ -0.875 & 0.486\end{bmatrix}\begin{bmatrix}1 & 2 & 0 & 2 & -4 & -1\\ 5 & 2 & 1 & 0 & -4 & -4\end{bmatrix}$$

$$=\begin{bmatrix}4.86 & 2.72 & 0.87 & 0.97 & -5.44 & -3.98\\ 1.55 & -0.78 & 0.49 & -1.75 & 1.56 & -1.07\end{bmatrix}$$

排序结果用图形表示，得 6 个样方的 PCA 排序图（图 9.10）。

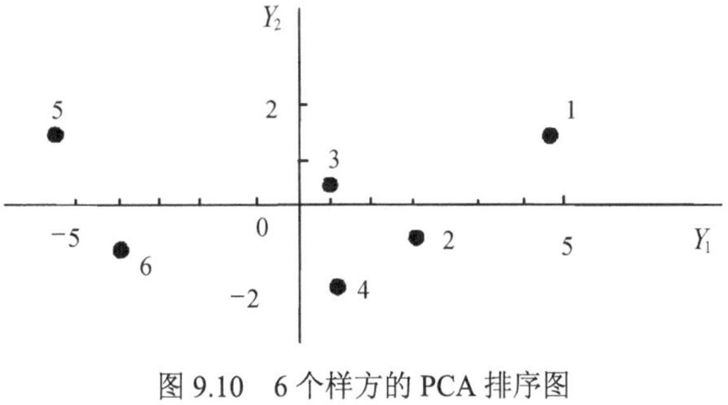

图 9.10　6 个样方的 PCA 排序图

阳含熙等（1979，1981）应用 PCA 对内蒙古呼伦贝尔市羊草草原 40 个样方 32 个种的数据进行了分析（图 9.11）。图中虚线表示 3 个主要植被类型（群丛组）界线，界线以外的为过渡类型。湿润草甸草原群丛组 I 分布在第一主分量的右边，而半干旱草原群丛组 II 分布在左边，说明第一排序轴在很大程度上决定于土壤水分状况；耐盐群丛组 III分布在第二主分量的下方，表明第二排序轴与土壤盐分含量有较大的关系。

从属性对主分量的负荷量来看（表 9.5），同样说明了这一点。对第一主分量作用最大的两个种（正、负）是日阴菅（负荷量 2.60）和寸草苔（负荷量 2.24），对第二主分量

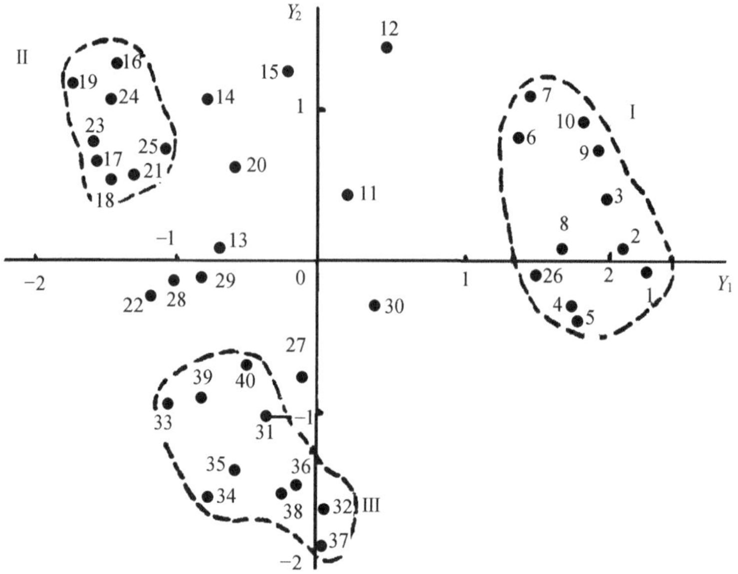

图 9.11　内蒙古呼伦贝尔市羊草草原 40 个样方的 PCA 分析（阳含熙和卢泽愚 1981）

表 9.5　主要种对前三个主分量的负荷量

种	第一主分量	第二主分量	第三主分量
贝加尔针茅	2.17	1.36	0.01
大针茅	–1.66	0.93	–0.89
糙隐子草	–1.92	1.43	1.12
日阴菅	2.6	0.80	–0.09
寸草苔	–2.24	–0.05	–0.13
裂叶蒿	2.31	0.42	–0.30
山野豌豆	1.89	0.66	–0.08
细叶白头翁	2.24	0.84	0.04
展枝唐松草	2.27	–0.39	–0.05
冷蒿	–1.65	0.90	0.74
阿尔泰狗娃花	–1.69	1.52	–0.77
北柴胡	0.33	1.90	0.50
碱蒿	–0.42	–1.81	0.80
特征值（λ_i）	61.85	34.35	14.10
总信息比例/%	28.4	19.9	6.4

作用最大的两个种（正、负）是北柴胡（负荷量 1.9）和碱蒿（负荷量 1.81），这 4 个种的生态适应性的不同主要在于对水分的要求和耐盐程度上的差别（阳含熙和卢泽愚 1981）。

PCA 是首次在低维空间排列样方而包含了大多数数据信息的多元排序方法，受到了不少学者的喜爱，它在排序方法发展的过程中有着重要的地位，至今仍有一些学者坚持使用 PCA（张金屯 1992，2011）。PCA 的最大缺点是它的线性模型，一般认为线性模型不能很好地反映植物种、植被与环境间的关系，因此，PCA 结果的解释较为困难而且带有较大的主观性（Gauch 1982；Šmilauer and Lepš 2014）。另外，在长期的应用中，PCA 得到了不少改进，主要是数据标准化的选择和比较，排序有效性检验方面。也有些学者致力于模型检验和改进研究（Williams 1976；Strong 1980）。因此，一些由 PCA 衍生的新方法出现，主要有两个方面，一是因子分析（factor analysis，FA），一是主坐标分析（principal coordinates analysis，PCoA）。FA（Williams 1976）与 PCA 相似，不同之处在于 FA 假设有一系列独立因子，这些因子与种类出现是否相关联，在计算时必须加以考虑。这使得计算复杂化，只能在变异性较小的群落中使用，所以这一方法没有被广泛使用（Whittaker 1967；Dagnelie 1978；Grig-Smith 1980；张金屯 1995），我们不再介绍这一方法，有兴趣的可参考阳含熙和卢泽愚（1981）。主坐标分析（PCoA）应用比较多，并且在几个国际通用软件中均含有此法，下面将介绍该方法。

（二）典范主分量分析

为了更好地研究环境因子对群落的作用，将主分量分析与环境因子结合起来，就形成了典范主分量分析（canonical principal component analysis，CPCA），也叫冗余分析（redundancy analysis，RDA）（ter Braak and Šmilauer 2012；Šmilauer and Lepš 2014）。由于它结合了环境矩阵，能够更好地反映群落与环境间的生态关系（张金屯 1998a）。和 PCA 一样，CPCA 仍是基于线性模型之上的。

CPCA 是 PCA 与多元回归的结合，其结合方式与后面的 CCA 相同（见后面），即在 PCA 分析的每一步都与环境因子进行回归，再将回归系数结合到下一步排序值的计算之中。其与环境因子的结合方式是

$$y_j=b_0+b_1z_{1j}+b_2z_{2j}+\cdots+b_qz_{qj} \tag{9.14}$$

式中，y_j 为第 j 个实体（样方）的排序值，b_0 为截距，b_i 为第 i 个环境因子的回归系数（i=1, 2, ⋯, q 为环境因子的数目），可以用多元线性回归求得；z_{ij} 为第 i 个环境因子观测值。

这里用迭代过程进行 CPCA 计算。首先对原始数据进行中心化，将中心化后的种类数据矩阵记为 $\boldsymbol{X}=\{x_{ij}\}$，则 CPCA 的分析步骤如下。

第一步为任意选一组样方（实体）排序初始值 y_j，不应全部为 0（j=1, 2, ⋯, N，为样方数）。

第二步为计算种类（属性）排序值 m_k。

$$m_k=\sum_{j=1}^{N}x_{kj}y_k\ (k=1, 2, \cdots, P) \tag{9.15}$$

式中，x_{kj} 为第 k 个种在第 j 个样方中的值，即 $\boldsymbol{X}$ 矩阵中第 k 行第 j 列元素，P 为种数。

第三步为计算新的样方排序值 y_j'，用下式

$$y_j' = \sum_{k=1}^{P} x_{kj} m_k \tag{9.16}$$

以上三步同 PCA，下一步是 CPCA 的特点。

第四步为以多元线性回归求各环境因子的回归系数（$b=b_0, b_1, \cdots, b_q$），这是普通回归分析。然后用式（9.14）求样方排序值，新得到的值就是结合了环境因子的排序值，记作 y_j^*。

第五步为对样方排序值进行离差标准化。

$$y_j^{*\prime}=y_j^*/S \tag{9.17}$$

式中，$y_j^{*\prime}$为标准化后的值，S 为离差，它等于

$$S = \sum_{j=1}^{N} y_j^* \tag{9.18}$$

第六步回到第二步，重新计算种类排序新值，重复迭代，直到两次迭代结果基本一致，这样就得到 CPCA 的第一排序轴，含种类第一排序轴和样方第一排序轴。

第七步求第二排序轴。与第一排序轴一样，先进行第一至四步：首先选样方排序初始值 y_j，其次计算种类排序值 m_k，再计算新的样方排序值 y_j'，第四步计算回归系数，并求样方排序新值 y_j^*。接下来对样方排序值进行正交化，以确保第二轴与第一轴垂直相交。方法如下。

计算正交化系数 v

$$v = \sum_{j=1}^{N} x_j y_j^* \tag{9.19}$$

式中，x_j 表示样方 j 在第一排序轴上的坐标值。

正交化

$$y_j^{*\prime}=y_j^*-vx_j$$

对正交化后的样方排序值再进行标准化，方法同第一轴的第五和第六步，最终求得第二轴的排序值。若要求第三轴，则要针对前两个轴进行正交化，以此类推。用前两个排序轴就可绘制排序图。

图 9.12 为山西历山国家级自然保护区森林群落 58 个样方的 CPCA 排序图（张金屯 2005a），和 CCA 类似，其是双序图。图中数码是样方的序号；箭头表示环境因子，箭头连线的长短表示植物种和群落的分布与该环境因子相关性的大小，箭头连线与排序轴夹角的大小表示环境因子与排序轴相关性的大小，夹角小说明关系密切，箭头所处的象限表示环境因子与排序轴之间的正负相关性。从图中可看出，CPCA 排序较好地描述了群落与环境间的生态关系。由图 9.12 可知，海拔与排序轴的关系最密切，说明群落的分布主要受海拔这一环境因子的制约。土壤有机质、N、P、Cu、Mn、Zn、坡度等对排序有明显作用关系，说明这些因子对植被有明显影响。而土壤 pH、电导率、K 等对植物群落的分布没有显著相关性。CPCA 第一轴主要反映了海拔的梯度变化，即沿 CPCA 第一轴从左到右，海拔逐渐降低。随着海拔的变化，水热条件发生一系列变化，因而对群

落产生影响。第二轴基本上表现出了植物群落所在环境的坡度、坡向的变化趋势，即沿CPCA 第二轴从下到上，坡度渐缓、群落越向阳，说明地形因子对群落也有重要作用。

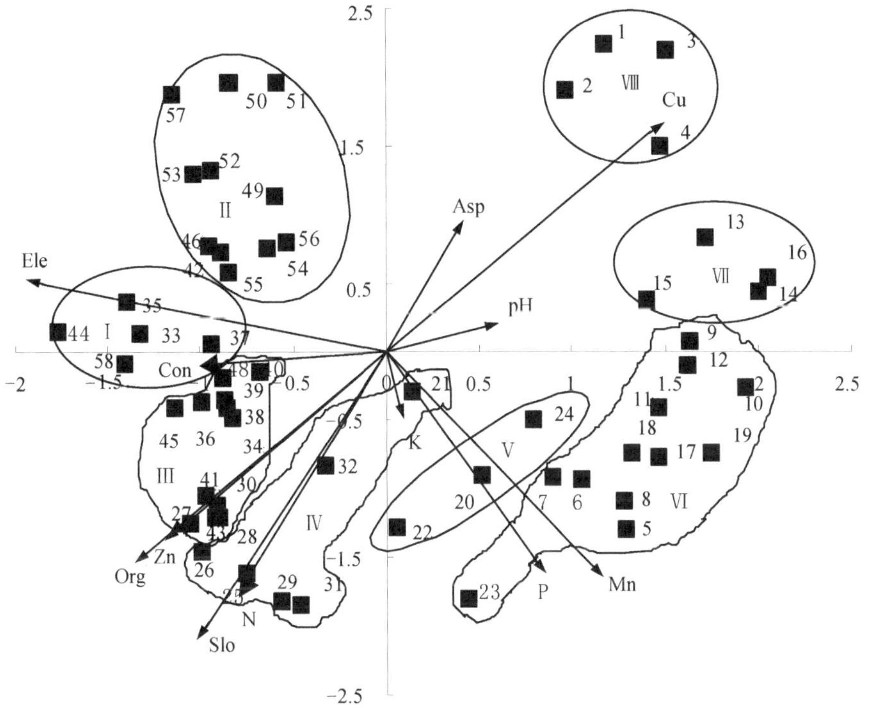

图 9.12 山西历山国家级自然保护区森林群落 58 个样方的 CPCA 排序图（张金屯 2005a）
Ele、Asp、Slo、Org、Con 分别代表海拔、坡向、坡度、土壤有机质、土壤电导率

如果要分析主环境因子与协变量因子对群落和种类的影响，可以用偏典范主分量分析（partial canonical principal component analysis，P-CPCA）或偏冗余分析（partial redundancy analysis，P-RDA）。

CPCA/RDA 仍是基于线性模型之上，这是其缺点，一般在研究梯度（变化范围）较短的情况下，其优于典范对应分析 CCA。在 CPCA/RDA 分析之前，先对物种数据进行 CA 或 DCA 分析，排序轴的梯度若小于 3.5 的情况下用 CPCA，排序轴的梯度若大于 3.5，则用 CCA 分析。CCA 模型是单峰模型，梯度大的情况下，更符合生态学实际。

（三）主坐标分析

主坐标分析（PCoA）在外文文献中也有称为 principal axes analysis（PAA）的（阳含熙和卢泽愚 1981；Grieg-Smith 1983），它是 Gower（1966，1967）建立的排序方法。PCoA 的计算原理与 PCA 相同，只是不像 PCA 只用欧氏距离方程计算点间距离，它可以用各种距离系数（Gauch 1982；Digby et al. 1987；Legendre P and Legendre L 2012）。所以，PCoA 实际上是 PCA 的普通化。这一改进是有益的，并在一些研究中表现出优越性（Digby et al. 1987；Gauch et al. 1981）。

PCoA 的分析步骤如下。

1）计算样方间的距离系数，构成 $N\times N$ 距离矩阵 $\boldsymbol{D}$。可以使用不同的距离系数公式（见第六章），这里使用距离系数的平方

$$D=\left\{d_{jk}^2\right\}(j, k=1, 2, \cdots, N)$$

式中，d_{jk}^2 表示样方 j 和 k 间的距离平方。

2）计算离差矩阵 $\boldsymbol{S}$

$$\boldsymbol{S}=\left\{s_{jk}\right\}(j, k=1, 2, \cdots, N)$$

$$s_{jk}=-\frac{1}{2}\left(d_{jk}^2-d_{j+}^2/N-d_{+k}^2/N+d_{++}^2/N^2\right) \tag{9.20}$$

其中

$$d_{j+}=\sum_{k=1}^{N}d_{jk}^2\text{，}\quad d_{+k}=\sum_{j=1}^{N}d_{jk}^2\text{，}\quad d_{++}=\sum_{j=1}^{N}\sum_{k=1}^{N}d_{jk}^2$$

3）求 $\boldsymbol{S}$ 矩阵的特征根

$$|\boldsymbol{S}-\lambda\boldsymbol{I}|=\begin{bmatrix} S_{11}-\lambda & S_{12} & \cdots & S_{1N} \\ S_{21} & S_{22}-\lambda & \cdots & S_{2N} \\ \vdots & \vdots & & \vdots \\ S_{N1} & S_{N2} & \cdots & S_{NN}-\lambda \end{bmatrix}=0$$

可解得 N 个特征根，依其大小可排成 $\lambda_1\geqslant\lambda_2\geqslant\cdots\geqslant\lambda_N$，其中必有 0 根，因为 N 个点最多只有 N–1 维（阳含熙和卢泽愚 1981）。假定非 0 的特征根的个数为 m。

4）求特征根相对应的特征向量

$$(\boldsymbol{S}-\lambda\boldsymbol{I})\boldsymbol{U}_k=\begin{bmatrix} S_{11}-\lambda_k & S_{12} & \cdots & S_{1N} \\ S_{21} & S_{22}-\lambda_k & \cdots & S_{2N} \\ \vdots & \vdots & & \vdots \\ S_{N1} & S_{N2} & \cdots & S_{NN}-\lambda_k \end{bmatrix}\begin{bmatrix} U_{k1} \\ U_{k2} \\ \vdots \\ U_{kN} \end{bmatrix}=0$$

λ_k 代表第 k 个特征根；$\boldsymbol{U}_k$ 代表第 k 个特征根相对应的特征向量，k=1, 2, …, N 可以用与 PCA 相同的方法解得 N 个特征向量。

5）求排序坐标

$$y_{jk}=U_{kj}\sqrt{\lambda k}\ (j=k=1, 2, \cdots, N) \tag{9.21}$$

式中，y_{jk} 表示样方 j 在第 k 个排序轴上的坐标值；U_{kj} 表示第 k 个特征根 λ_k 所求对应的第 k 个特征向量中的第 j 个值。这样，我们可以求得前 k 个主要排序轴，其保留信息量同样可以表示为

$$\sum_{i=1}^{k}\lambda_i\bigg/\sum_{i=1}^{m}\lambda_i$$

式中，m 是非 0 特征根的数目。

从上面的分析过程看，PCoA 与 PCA 有很大的相似性。可以证明，如果使用欧氏距离矩阵 PCoA 与使用种类中心化的 PCA 正分析相同（Jongman et al. 1987）。

下面是一个计算举例，这里使用阳含熙和卢泽愚（1981）的一个简单例子：假使得

到 3 个样方的数据，它们之间的距离系数分别为 d_{12}=16，d_{13}=10，d_{23}=14，由距离平方所组成的矩阵为

$$\boldsymbol{D}=\begin{bmatrix}0 & 256 & 100\\ 256 & 0 & 196\\ 100 & 196 & 0\end{bmatrix}$$

由 $\boldsymbol{D}$ 计算离差矩阵 $\boldsymbol{S}$。

比如

$$S_{11}=-\frac{1}{2}\times 0+\frac{1}{2\times 3}\times(256+100)+\frac{1}{2\times 3}\times(256+100)$$
$$-\frac{1}{2\times 3^2}(256+100+256+196+100+196)=\frac{4}{3}\times 43$$

同样算出其他元素，最后得到

$$\boldsymbol{S}=\frac{4}{3}\begin{bmatrix}43 & -41 & -2\\ -41 & 67 & -26\\ -2 & -26 & 28\end{bmatrix}$$

再求其特征值

$$|\boldsymbol{S}-\lambda\boldsymbol{I}|=-\lambda\left(\lambda^2-184\lambda+6400\right)=0$$

解此方程：λ_1=137.43，λ_2=46.57，λ_3=0。

同样算出特征向量

$$\boldsymbol{U}=\begin{bmatrix}0.54 & -0.80 & 0.26\\ 0.61 & 0.16 & -0.77\\ 0 & 0 & 0\end{bmatrix}$$

最后计算样方排序坐标。例如，

$$y_{11}=0.54\times\sqrt{137.43}=6.33$$

同法求得其他元素，得到前面两个排序轴的排序坐标

$$Y=\begin{bmatrix}6.33 & -9.39 & 3.08\\ 4.19 & 1.08 & -5.28\end{bmatrix}$$

PCoA 的分析结果一般与 PCA 一致，对某些数据类型稍优于 PCA，但在整个植被研究中 PCoA 用得并不十分普遍。在某些地区，如东欧，该方法用得比较多，匈牙利学者 Podani（1980）编写了一个国际通用软件 SYN-TAX，直到 20 世纪 80 年代末，该软件第三版仍只包括两种排序方法：PCA 和 PCoA。可见，这两种方法得到东欧学者的厚爱。

三、对应分析及其衍生的方法

（一）对应分析

对应分析（correspondence analysis，CA）（Hill 1974）也称为相互平均法（reciprocal averaging，RA）（Hill 1973），这一数学方法发展于20世纪30～40年代，但70年代才被生态学家所认识。CA/RA与加权平均有联系，但它是特征向量排序，与PCA相似。在CA/RA中，种类坐标值是样方坐标值的加权平均。CA/RA经Hill（1973，1974）引入后，很快被生态学者所熟悉。尤其经过Gauch等（1977）对已有的方法进行比较研究，表明其优于其他方法后，应用的速度更快，成为70年代后期到80年代初最常用的方法之一。CA/RA可以提供比较客观的分析结果，不需要主观选择端点和权重，结果的解释和计算无关，它的计算量随着数据的增加只呈线性增长，可以分析大量的数据。CA/RA的模型为单峰模型（Gauch 1982；Greig-Smith 1983；ter Braak 1986，1987；ter Braak and Šmilauer 2012）。因此，它们的分析结果一般优于PCA，在样地数据参数较大的情况下尤为如此（Hill 1973，1974；Noy-Meir et al. 1975；Gauch et al. 1977；Gauch 1982，Šmilauer and Lepš 2014）。

CA/RA在发展中也得到了一些改进，主要表现在标准化和正交化的方法上。在后来基于CA/RA而发展的主要方法中，大多是以修正后的CA/RA为基础。所以，下面我们将分别介绍最初的和修正后的计算过程。对于一个$P \times N$维原始数据矩阵$\boldsymbol{X}_{P\times N}$（$P$=种数，$N$=样方数），CA/RA排序过程如下。

1. 最初的CA/RA分析过程

1）任意给定一组种类排序初始值

$$y_i (i = 1, 2, \cdots, P)$$

为了方便，Hill（1973）限定最大值等于100，最小值为0。

2）求样方排序值z_j，它等于种类排序值的加权平均。

$$z_j = \frac{\sum_{i=1}^{P} x_{ij} y_i}{\sum_{i=1}^{P} x_{ij}} \tag{9.22}$$

得到一组样方排序值，并用式（9.23）调整，使得z_j的最大值为100，最小值为0，这是为了阻止排序坐标值在迭代过程中逐步变小。

$$z_j^{(a)} = 100 \times \frac{z_j - \min z_j}{\max z_j - \min z_j} \tag{9.23}$$

3）将样方排序值$z_j^{(a)}$进行加权平均，求得种类排序新值y_i'。

$$y_i' = \frac{\sum_{j=1}^{N} x_{ij} z_j^{(a)}}{\sum_{j=1}^{N} x_{ij}} \tag{9.24}$$

同样用式（9.23）调整，使得y_i'的最大值为100，最小值为0。

4）以新得到的种类排序值为基础，回到第二步，重复迭代，直到两次迭代的结果基本一致为止。由于迭代过程是必然收敛的，初始值的大小只影响收敛速度而不影响最终的结果。最终我们就得到N个样方和P个种在CA/RA第一排序轴上的坐标值。

式（9.22）和式（9.24）同样用矩阵形式表示如下：

$$\boldsymbol{Z}=\boldsymbol{C}^{-1}\boldsymbol{X}^{\mathrm{T}}\boldsymbol{Y} \tag{9.25}$$

$$\boldsymbol{Y}=\boldsymbol{R}^{-1}\boldsymbol{X}^{\mathrm{T}}\boldsymbol{Z} \tag{9.26}$$

式中，$\boldsymbol{Z}$ 和 $\boldsymbol{Y}$ 分别是由样方和种类排序坐标组成的列向量。

$$\boldsymbol{Z}=\left\{z_j\right\}=\left(z_1,z_2,\cdots,z_N\right)^{\mathrm{T}}$$

$$\boldsymbol{Y}=\left\{y_i\right\}=\left(y_1,y_2,\cdots,y_P\right)^{\mathrm{T}}$$

$\boldsymbol{C}$ 和 $\boldsymbol{R}$ 分别是由原始数据矩阵 $\boldsymbol{X}$ 的列和行所组成的对角线矩阵。

5）求第二排序轴：由于第二轴和第一轴必须是正交的，因此在计算时必须考虑第一轴的坐标值，以确保二者垂直相交。同样先选取第一组初始值，一般选取第一轴迭代过程接近稳定的一组，以使第二轴迭代收敛速度加快。假定我们选取一组种类排序初值，记作 y_i^*（i=1, 2, ⋯, P）。首先要对这一组初始值进行正交化，以使得第一和第二轴垂直，方法如下。

a）计算第一排序轴坐标值的形心 $\overline{y}$

$$\overline{y}=\frac{\sum_{i=1}^{P}r_iy_i}{\sum_{i=1}^{P}r_i} \tag{9.27}$$

式中，$r_i=\sum_{i=1}^{N}x_{ij}$ 为原始数据矩阵行之和，y_i 为第一轴的排序值。

b）求矫正系数 μ

$$\mu=\frac{\sum_{i=1}^{P}r_i\left(y_i-\overline{y}\right)y_i^*}{\sum_{i=1}^{P}r_i\left(y_i-\overline{y}\right)y_i} \tag{9.28}$$

c）矫正第二轴的初始值

$$y_i^{(0)}=y_i^*-\mu y_i \tag{9.29}$$

由 $y_i^{(0)}$（i=1, 2, ⋯, P）就可以进行以上的第二步和第三步计算，并重复迭代，求得第二排序轴的值。值得注意的是迭代过程必然向着第一轴的结果发展。所以在大量的数据分析中可能要进行数次正交化。有的计算机软件已将正交化作为迭代的一个步骤编入程序。在求第三排序轴时，必须同时用第一轴和第二轴的结果进行正交化；若求第四轴，须考虑前三个轴的结果。因此，CA/RA 计算量很大，一般只求前三个排序轴，大多数国际通用的软件一次计算前四个排序轴。

6）特征值的估计。我们所求的每一排序轴都是最终解（$\boldsymbol{L}$ 矩阵）（阳含熙 1981；Hill 1973）的一个特征向量，其特征根 λ_i 可以用最后一次迭代结果［未经式（9.23）调整的值］的最大值与最小值之差除以 100 求得，λ_i（i=1, 2, ⋯, P）大于或等于 0。

下面是 CA/RA 的一个例子。

这里用 Hill（1973）、阳含熙和卢泽愚（1981）的例子来说明，假设我们调查得到 8 个样方和 6 个种的二元数据，原始数据见表 9.6。

表 9.6　8 个样方 6 个种的二元数据

种	样方								r_i
	1	2	3	4	5	6	7	8	
1	1	0	0	1	1	0	0	1	4
2	0	1	1	0	0	1	0	1	4
3	1	1	0	0	0	1	1	0	4
4	1	1	1	1	1	0	0	1	6
5	1	1	0	1	0	0	0	1	4
6	1	0	0	0	1	0	0	0	2
C_j	5	4	2	3	3	2	1	4	24

第一步，任意给出 6 个种的初始值

$$Y=(100, 0, 100, 0, 100, 0)$$

第二步，求样方排序值［见式（9.22）］。例如，

$$z_1=\frac{100\times1+0\times0+100\times1+0\times1+100\times1+0\times1}{1+0+1+1+1+1}=60$$

同法求得 z_2～z_8，得到

$$Z=(60, 50, 0, 66.7, 33.3, 50, 100, 50)$$

z_j 的最大值和最小值正好是 100 和 0，无须调整。

第三步，求种类排序新值［见式（9.24）］。例如，

$$y_1'=\frac{60\times1+50\times0+0\times0+66.7\times1+33.3\times1+50\times0+100\times0+50\times1}{1+0+0+1+1+0+0+1}=52.5$$

同法求得 y_2'～y_8'，得到

$$Y'=(52.5, 37.5, 65, 43, 3, 56.7, 46.7)$$

其中最大值为 65，最小值为 37.5，需用式（9.23）调整。例如，

$$y_1'^{(a)}=100\times\frac{52.5-37.5}{65-37.5}=55$$

依次计算，最后得到

$$Y'^{(a)}=(55, 0, 100, 21, 70, 33)$$

第四步，回到第二步，对 $Y'^{(a)}$加权平均再求样方排序新值，重复迭代，最后得到基本稳定的种类排序（第 15 次迭代结果）和样方排序（第 14 次结果）的坐标值。

$$Y=(16, 53.3, 66.3, 27.3, 29.5, 12.5)$$

$$Z=(33.4, 59, 52, 22.3, 11.7, 88, 100, 39.8)$$

调整标度后，6 个种的排序坐标依次为 7、76、100、28、32、3；8 个样方的坐标为 25、54、46、12、0、84、100、27。

它们的特征值分别为

$$\lambda_{1种} = \frac{66.3 - 12.5}{100} = 0.538$$

$$\lambda_{1样方} = \frac{100 - 11.7}{100} = 0.883$$

第五步，求第二排序轴。选取种类在第二轴上的排序初始值，这里取第一轴的第 8 次迭代结果，即

$$Y^* = (2, 67, 100, 21, 25, 0)$$

现在需要对 Y^*进行正交化，先求 $\overline{y}$［见式（9.27）］

$$\overline{y} = \frac{4\times7 + 4\times76 + 4\times100 + 6\times28 + 4\times32 + 2\times0}{1+4+4+6+4+2} = 42.83$$

再计算μ［见式（9.28）］

μ=[4×(7–42.83)×2+4×(76–42.83)×67+4×(100–42.83)×100+6×(28–42.83)×21+4×(32–42.83)×21+2×(0–42.83)×0]/[4×(7–42.83)×7+4×(76–42.83)×76+4×(100–42.83)×100+6×(28–42.83)×28+4×(32–42.83)×32+2×(0–42.83)×0]=1.016

矫正初始值［见式（9.29）］。例如，

$$y_1^{(0)} = 2 - 1.016\times7 = -5.1$$

同法计算得

$$Y^{(0)} = (-5.1, -10.2, -1.6, -7.4, -7.5, 0)$$

用式（9.23）调整标度得

$$Y=(50, 0, 85, 8, 27, 100)$$

然后再从第二步开始，进行加权平均，求得样方的坐标，重复迭代至稳定，由于第二轴的初始值选得比较好，迭代三次就比较稳定，得到

$$Y=(43.8, 22.5, 58.2, 34.3, 36, 62)$$

$$Z=(61.6, 38.5, 15, 39.3, 61.3, 45, 90, 29.5)$$

调整标度后得 6 个种在第二排序轴上的坐标为 54、0、90、30、34、100；8 个样方在其第二轴上的坐标为 62、31、0、32、62、40、100、19。

它们的特征值分别为

$$\lambda_{2种} = 0.395$$

$$\lambda_{2样方} = 0.75$$

用前两个排序轴可以分别绘出样方和种类的二维排序图（图 9.13）。

由于这一例子比较简单，第二轴的迭代只进行了三次，因此只进行一次正交化结果也比较满意。

Hill（1973）应用相互平均法对英国北威尔士沙地草原植被进行了分析，原始数据含 47 个种和 112 个样方，结果见图 9.14。种类排序图中的数值代表对排序起重要的作用的 14 个种（种名略），排序结果表明水分梯度对种类分布和植被分布起着重要作用（详见 Hill 1973）。

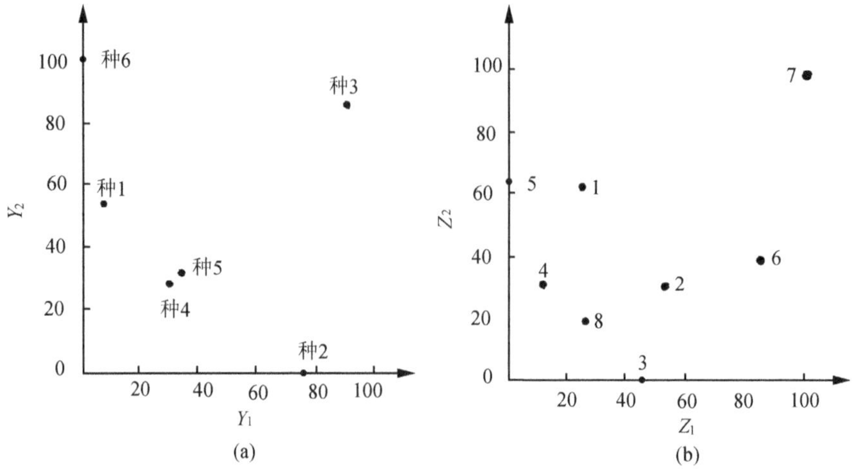

图 9.13　6 个种 8 个样方的 CA/RA 排序图

（a）种排序；（b）样方排序

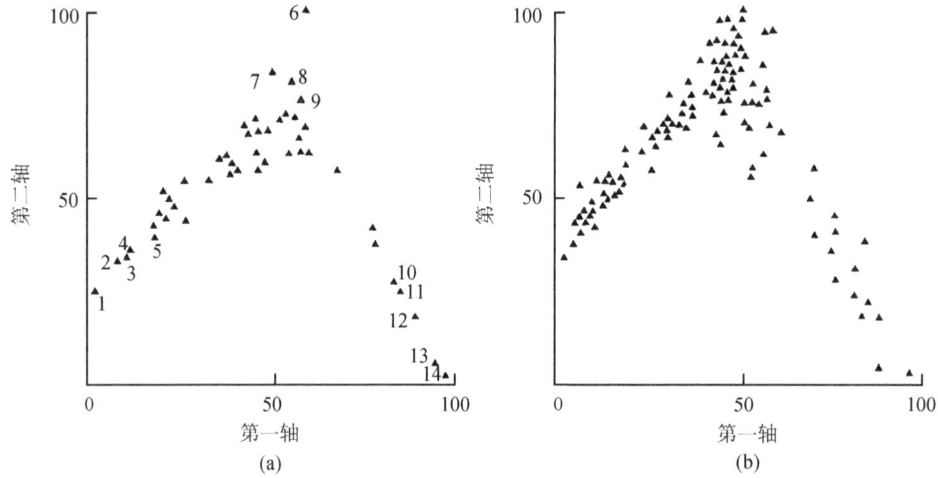

图 9.14　英国北威尔士沙地草原植被的 CA/RA 排序（Hill 1979a）

（a）种类排序；（b）样方排序

2. 修正后的 CA/RA

CA/RA 由于其效果优于 PCA，在研究中得到了广泛的应用，在应用中同时得到了一些修正，主要表现在标准化和正交化方法上的不同，这些修正说起来比较容易，但做起来很复杂，因为大部分现行的国际通用软件都是用修正后的方法写成，这里有必要对其一般过程做一介绍。其基本步骤与前面的一致，但这里我们先选择样方初始值。

1）任意给定样方排序初始值（不应全部相等）。

2）用式（9.24）求种类排序新值。

3）再计算新的样方排序值［式（9.22）］z_j（j=1, 2, ⋯, N）。

4）对样方排序值标准化。方法如下（ter Braak 1987）。

a）计算样方坐标值的形心 V

$$V = \sum_{j=1}^{N} C_j z_j \Big/ \sum_{j=1}^{N} C_j \tag{9.30}$$

式中，C_j 为原始数据矩阵列和

$$C_j = \sum_{i=1}^{P} x_{ij}$$

b）计算离差

$$S = \sqrt{\sum_{j=1}^{N} C_j \left(z_j - V\right)^2 \Big/ \sum_{j=1}^{N} C_j} \tag{9.31}$$

由最后一次迭代结果所求得的 S 实际上等于特征值 λ。

c）标准化得新值

$$z_j^{(a)} = \frac{z_j - V}{S} \tag{9.32}$$

式中，$z_j^{(a)}$为标准化后的样方排序值，z_j 是其未经标准化的值。这一标准化使得样方排序轴和种类排序轴具有相等的特征值 λ（Hill 1979a；ter Braak 1986）。由于种类排序和样方排序具有相互平均的关系，也可以种类排序进行标准化以代替对样方的标准化，其最终结果是一致的。

5）回到第二步，重复迭代，直到两次迭代结果基本一致。

6）求第二排序轴。同第一轴一样，先进行：①选样方初始值（第二轴）；②计算种类排序新值；③计算样方排序新值。然后，要对样方排序值 z_j 进行正交化，以使其与第一轴正交，正交化用 ter Braak（1987）的方法。如果将样方在第一排序轴上的坐标记为 e_j（j=1, 2, ⋯, N），则正交化步骤如下。

a）计算正交化系数 μ

$$\mu = \sum_{j=1}^{N} C_j z_j e_j / \sum_{j=1}^{N} C_j \tag{9.33}$$

b）正交化

$$z_j^{(b)} = z_j - \mu e_j \tag{9.34}$$

式中，$z_j^{(b)}$是正交化后的样方坐标值，z_j 是其未经正交化的值。当然也可以使用式（9.27）～式（9.29）进行正交化。

对正交化后的样方排序值再进行以上的第四步——标准化。这里需要注意的是，每一次迭代均要进行正交化，因此，在求第二轴时，我们可以将以上的步骤 4）写成：

（4.1）正交化

（4.2）标准化

如果要求第三轴，需用式（9.33）、式（9.34）和前面每个轴的坐标值分别进行正交化，以此类推，接下来的过程同第一轴。

同样我们用虚拟例子来说明计算过程。假定我们调查得到 5 个样方 4 个种的数据矩阵（表 9.7）。

表 9.7　5 个样方 4 个种的数据

种类	样方					r_i
	1	2	3	4	5	
1	1	0	0	1	0	2
2	0	0	1	0	1	2
3	0	2	0	1	0	3
4	3	0	0	1	1	5
C_j	4	2	1	3	2	

第一步，任意选样方排序初始值。例如，我们给定初始值：1、2、3、4、5。

第二步，计算种的排序值。例如，

$$y_1 = \frac{1\times1+0\times2+0\times3+1\times4+0\times5}{1+0+0+1+0} = 2.5$$

同法得 y_2～y_4 的值：4.0，2.7，2.4

$$Y=(2.5, 4.0, 2.7, 2.4)$$

第三步，计算样方新值。例如，

$$z_1 = \frac{1\times2.5+0\times4+0\times2.7+3\times2.4}{1+0+0+3} = 2.43$$

同样求得 z_2～z_5：2.7、4.0、2.5、3.2。

$$Z=(2.43, 2.7, 4.0, 2.5, 3.2)$$

第四步，对 z_j 进行标准化计算

$$V = \frac{4\times2.43+2\times2.7+1\times4.0+3\times2.5+2\times3.2}{4+2+1+3+2} = 2.75$$

$$S = \left[\frac{4\times(2.43-2.75)^2+2\times(2.7-2.75)^2+1\times(4-2.75)^2+3\times(2.5-2.75)^2+2\times(2.4-2.75)^2}{4+2+1+3+2}\right]^{\frac{1}{2}} = 0.45$$

标准化，例如，

$$z_1^{(a)} = \frac{2.43-2.75}{0.45} = -0.71$$

最后得到

$$Z^{(a)} = (-0.71, 0.11, 2.77, -0.56, -0.78)$$

第五步，回到第二步，重复迭代，直到第 20 次迭代，得到稳定的结果：

5 个样方在第一轴上的坐标值为

0.10，–19.3，2.00，–0.53，1.11（λ=0.780）

4 个种在第一轴上的坐标值为

–0.21，1.56，–1.19，0.18（λ=0.780）

下一步是求第二轴。首先选任一组初始值，我们可以选第一次迭代过程中某一步的结果作为初始值，以加快第二轴的迭代速度。例如，我们选一组值为–0.647、0.825、1.043、–1.55、0.197，由于这一组值参考了第一轴的迭代过程，可以直接进行正交化。

计算如下：

$$\mu=[4\times(-0.647)\times0.10+2\times0.825\times(-1.53)+1\times1.043\times2.0+3\times(-0.153)\times(-0.53)+2\times0.197\times1.11]/(4+2+1+3+2)=-0.001$$

正交化，例如

$$z_1^{(b)}=-0.647-\left(-0.001\times0.10\right)=-0.647$$

依次计算得到

$$Z^{(b)}=(-0.647,\ 0.823,\ 1.045,\ -0.156,\ 0.198)$$

然后，同第一轴一样进行标准化，重复迭代过程。因为这一组初始值选得比较好，只进行三次就可以得到稳定的结果。

样方在第二轴上的排序值为–1.073，1.393，1.751，–0.262，0.348（λ=0.598）。

种类在第二轴上的排序值为–0.647，1.045，0.836，0.632。

用前两个排序轴可以分别组成种类和样方排序图（图 9.15）。

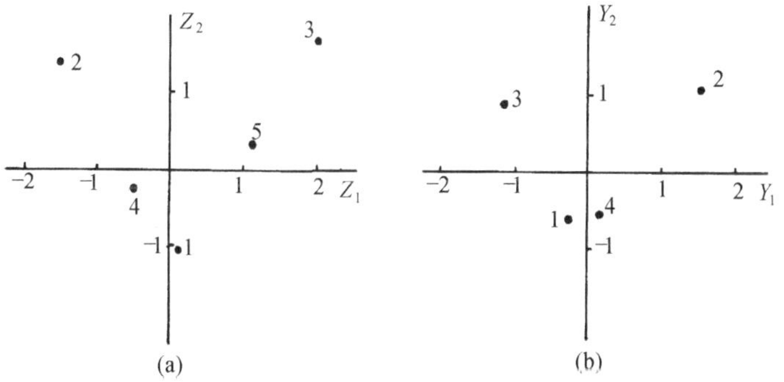

图 9.15 5 个种 4 个样方的修正 CA/RA 排序

（a）样方排序；（b）种类排序

CA/RA 的模型是非线性的，排序明显优于 PCA，这一点在研究中得到了广泛的证实。因此，使用较为普遍。但它有一个重大缺点，就是 CA/RA 的第二排序轴在许多情况下是第一轴的二次变形，即所谓的“弓形效应”（arch effect）或者“马蹄形效应”（horse-shoe effect）。如图 9.16 所示，18 个样方在第二轴上的坐标与第一轴上的坐标是二次曲线关系，这是正交化的必然结果（Gauch 1982）。弓形效应也可以从图 9.14 中明显看出来。弓形效应对排序的精度有所影响（Hill and Gauch 1980；Gauch 1982；Greig-Smith 1983）。为了克服弓形效应这一缺点，产生了一个新方法，就是下面所要讲的除趋势对应分析。

（二）除趋势对应分析（DCA）

为了克服 CA/RA 的缺点，Hill 和 Gauch（1980）提出一个新的方法称为除趋势对应分析（detrended correspondence analysis，DCA）。DCA 是以 CA/RA 为基础修改而成的一个特征向量排序。DCA 把第一轴分成一系列区间，在每个区间将平均数定为零而对第二轴的坐标值进行调整，从而克服了弓形效应，提高了排序精度。Hill（1979a）还为 DCA 编写了国际性程序（DECORANA），使得 DCA 很快被接受和应用，成为

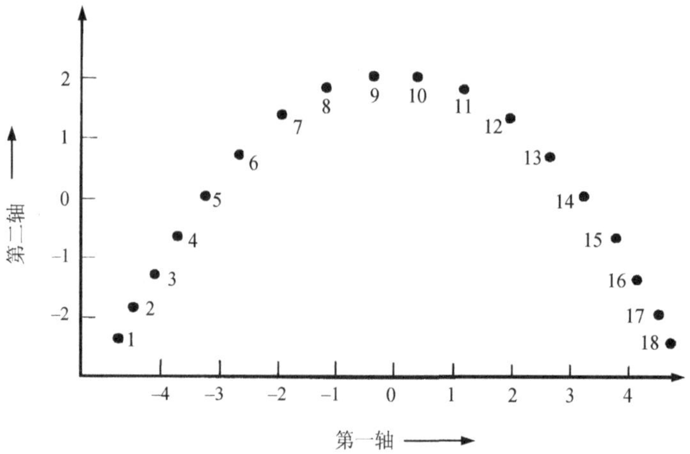

图 9.16　18 个样方的 CA/RA 二维排序，表明弓形效应（Hill and Gauch 1980）

20 世纪 80 年代最常用的排序方法。与 CA/RA 相比，DCA 的结果更为理想（Hill and Gauch 1982）。在现有的方法中，DCA 与高斯的群落模型最为吻合，也是在植被分析中最为有效的一种方法（Gauch 1982；Causton 1988；张金屯 1991，1995，2011；邱扬和张金屯 1998，1999，2000；ter Braak and Šmilauer 2012）。

弓形效应只影响第二排序轴而不影响第一排序轴，所以 DCA 第一轴的计算与 CA/RA 相同，为了消除弓形效应，需要将第一排序轴分成几个长度相等的区间，在每一区间内对第二轴的坐标值进行中心化，即将某个样方或种类在第二轴上坐标轴的平均值减去该样方或种类所在的区间内全部样方或种类在第二轴上坐标值的平均值。这一个除趋势（detrending）过程可以由图 9.17 说明。图中将第一轴分成 5 个区间，在每一区间内分别进行中心化，这样得到的值（黑点）基本上消除了弓形效应的影响（Gauch 1982，Hill 1979a，Šmilauer and Lepš 2014）。这样的除趋势的方法受到一些学者的批评，他们认为任意将第一轴分成数个区间，在数学上不严密。但是它确实是一种有效的方法，并且在后来发展的新方法中也有不少仿效了此方法。下面我们将介绍 DCA 的一般计算过程。

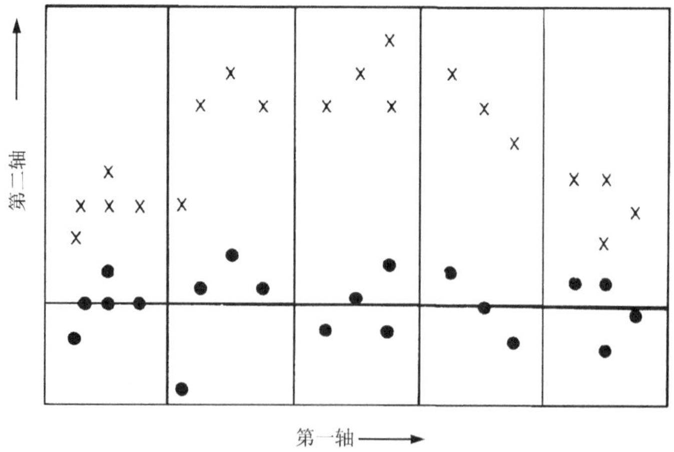

图 9.17　DCA 中的除趋势过程图示（Hill and Gauch 1980）
×和•分别代表除趋势前和除趋势后的样方排序

基于 CA/RA 之上的 DCA 分析，第一排序轴计算同修正的 CA/RA，即

1）任意选定一组样方排序初始值。

2）求种类的排序值 y_i（i=1, 2, …, P）。其为样方初始值的加权平均（9.24）。

3）计算样方排序新值 z_j（j=1, 2, …, N）[见式（9.22）]。

4）对 y_i 进行标准化 [见式（9.30）～式（9.32）]。

5）以标准化后样方排序值为基础回到第二步重新迭代，得到稳定的值。

6）求第二排序轴，和第一排序轴一样，先任选一组样方排序初始值，再计算种类排序值，然后再计算出样方新值，这里不需要进行正交化，取而代之的是除趋势。即将第一轴分成数个区间，在每一区间内对第二轴的排序值分别进行中心化。用经过除趋势处理的样方排序值，再进行加权平均求种类排序新值。其后步骤同第一轴。这里有一个问题就是除趋势时，应该将第一轴分为多少个区间，这里需要考虑研究数据的量，Hill（1979a）在 DECORANA 计算机软件中建议在大量数据分析中，选择 26 个区间较佳，在少量数据分析中用 10 个区间为好，其实是经验数值。还应该注意到，在最后一次（或最后几次）迭代中，应该省去除趋势过程，否则种类排序值和样方排序值之间就不具备相互平均的关系。另外，除趋势过程也可以针对种类排序进行，其结果是一样的。

以上是现在通用的 DCA 分析的基本过程。在最早的 DCA 分析中（Hill and Gauch 1980）及其计算机软件 DECORANA 中（Hill 1979a）还有一些不同的做法：一是对计算机得到的排序坐标值要重新标定（rescaling），使得样方内种间方差接近于 1 以克服 CA/RA 的另一个缺点，即在排序轴末端的点往往较为密集，标定后的样方排序值全部大于或者等于 0，即仅允许种类排序值可以有负值（Hill 1979a）。但这一做法现在比较少用，因为研究表明，CA/RA 的这一缺点对排序结果影响不大（ter Braak 1987；Jongman et al. 1987），另外重新标定有时歪曲了生态关系（Pielou 1984；Minchin 1987）。另一不同的做法是，在 DECORANA 中，要求样方排序值严格是种类排序值的加权平均，就是说标准化和除趋势过程只能针对种类排序值进行，然后再用加权平均法求得样方排序值，详细内容请参考 DECORANA 使用手册（Hill 1979a）。

现在仍以修正的 CA/RA 为例子来说明计算方法，同样使用 4 个种和 5 个样方的数据（表 9.8）。

表 9.8　4 个种和 5 个样方的数据

项目	样方					r_i
种类	1	0	0	1	0	2
	0	0	1	0	1	2
	0	2	0	1	0	3
	3	0	0	1	1	5
C_j	4	2	1	3	2	

第一轴的计算与修正的 CA/RA 相同，最终得到第一排序轴的排序坐标如下。

样方排序值：0.10，–0.153，2.00，–0.53，1.11（λ=0.78）。种类排序值：–0.21，1.56，–1.19，0.18（λ=0.78）。

下面求第二排序轴，先任选一组初始值，可选第一轴迭代过程中的某一步，以加快迭代收敛速度，比如我们选一组样方值为–0.647，0.825，1.043，1.55，0.197，现在我们可以对这一组数值进行除趋势。由于只有 5 个样方，这里将第一轴分成两个区间（–2～0 和 0～2），如图 9.18 所示，样方 2 和样方 4 在一个区间内，样方 1、样方 3、样方 5 在一个区间内。除趋势就是在每一区间内分别对第二轴的坐标值进行中心化，所以，首先要计算两个区间的平均值，在样方 2 和样方 4 区间中，平均值为(0.825+1.55)/2=1.188。

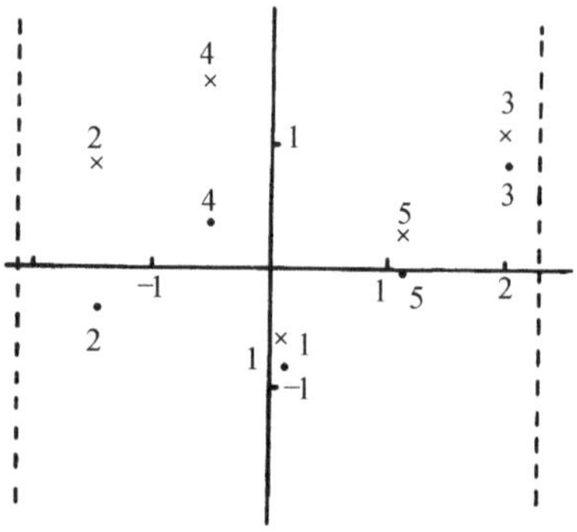

图 9.18　5 个样方 DCA 排序的第一次除趋势

×和•分别代表除趋势前和除趋势后的样方位置

在样方 1、样方 3、样方 5 区间中，样方平均值为

（–0.647+1.043+0.197）/3=0.198

然后分别进行中心化，即将样方 2 和样方 4 的值减去 1.188，将样方 1、样方 3、样方 5 的值减去 0.198，得到一组新值（–0.845、–0.363、0.845、0.363、–0.001）。这一组值即是经过除趋势后的样方排序值，先对其进行标准化，并以标准化后的值为基础，用与第一轴相同的方法求种类排序值。重复迭代过程。由于初始值选得比较好，迭代三次基本稳定，最后得

第二轴的种类排序值：–0.159、0.719、0.576、–0.575（λ=0.42）。

第二轴的样方排序值：–0.41、0.576、0.719、–0.051、0.072（λ=0.42）。

这一组样方排序值不再进行除趋势和标准化，以使其与种类坐标间保持互相平均的关系。

用第一轴和第二轴组成排序图（图 9.19）。比较前面修正 CA/RA 的排序图，可以看出 DCA 第二轴的坐标值明显不同，这就是除趋势的效果。这里仅仅说明计算过程，由于数据太小，难以解释二者生态意义上的差别。

图 9.20 是 211 个欧洲石楠灌丛样方的 DCA 排序，图中Ⅰ、Ⅱ、…、Ⅷ代表 8 个石楠灌丛植物群落类型，a，b 表示一个群落又可分为两个亚群落。不同符号代表分布在不同欧洲区域的石楠灌丛样方。DCA 第一轴反映了群落湿度的梯度变化，即沿第一轴从左向右群落水分逐渐减少；DCA 第二轴反映了海拔的梯度变化，即沿第二轴由下向上，海拔逐渐升高，说明 DCA 排序较好地反映了石楠灌丛的生态关系。

自从 20 世纪 80 年代初 DCA 被引入生态学以后，其一直是最常用的方法，一是因为它的结果客观地反映了群落生态关系；二是因为它有国际通用软件 DECORANA；

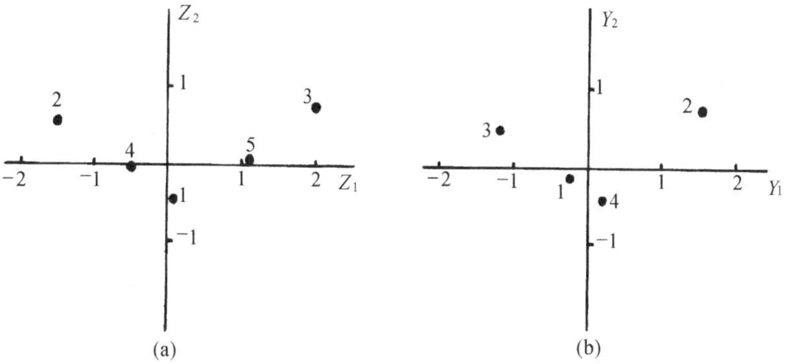

图 9.19 5 个样方 4 个种的 DCA 排序

（a）样方排序；（b）种类排序

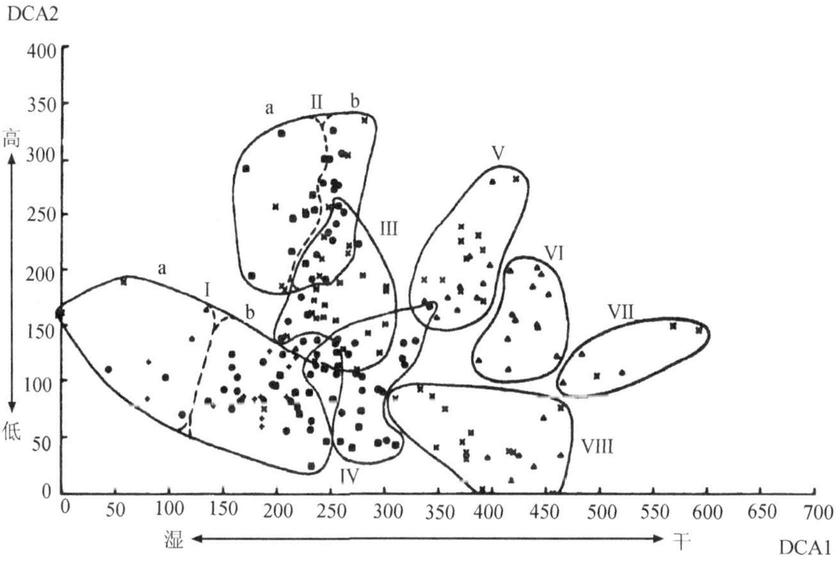

图 9.20 欧洲 211 个石楠灌丛样方的 DCA 二维排序（Jongman et al. 1987）

Ⅰ、Ⅱ、…、Ⅷ代表 8 个石楠灌丛植物群落类型，不同符号代表分布在不同欧洲区域的石楠灌丛样方

并且在后来发展的大多数新的计算机软件当中，如 CANOCO 等均包括该方法。我国学者在 20 世纪 90 年代也大量使用了该方法（张峰和张金屯 2001），预计在以后的植被研究中，DCA 仍会占有重要地位（Borcard et al. 2012）。

（三）典范对应分析（CCA）

典范对应分析（canonical correspondence analysis，CCA）（ter Braak 1986，1987）也是由 CA/RA 修改而产生的新方法。它是把 CA/RA 和多元回归结合起来，每一步计算结果都与环境因子进行回归，从而详细地研究植被与环境的关系。ter Braak（1986，1987）把这一方法称为多元直接梯度分析，以区别前面简单的直接梯度分析。CCA 要求两个数据矩阵，一个是植被数据矩阵，一个是环境数据矩阵。不同于以前的直接梯度分析，CCA 可以结合多个环境因子一起分析从而更好地反映群落与环境的关系。在种类和环境因子不特别多的情况下，CCA 可将样方排序、种类排序及环境因子排序表示在一个图上，可以直观地看出它们之间的关系。1986 年以来，ter Braak 及其合作者多次应用 CCA，并取得了较满意的结果（ter Braak and Šmilauer 2012）。

CCA 的基本思路是在 CA/RA 迭代过程中，每次得到的样方坐标值都要与环境因子相结合，其结合方式为多元线性回归，即

$$z_j = b_0 + \sum_{k=1}^{q} b_k U_{kj} \tag{9.35}$$

式中，z_j 为第 j 个样方的排序值；b_0 是截距（常数），b_k（k=1, 2, …, q；q 为环境因子数）是样方与第 k 个环境因子之间的回归系数：U_{kj} 是第 k 个环境因子在第 j 个样方中的测量值。

这一方法首先要计算出一组样方排序值和种类排序值（同 CA/RA），然后将样方排序值与环境因子用回归方法结合起来，这样得到的样方排序值反映了区系组成对群落的作用，同时也反映了环境因子的影响。再用样方排序值加权平均求种类排序值，使得种类排序坐标也间接地与环境因子相联系。

下面是基于 CA/RA（修正的 CA/RA）的 CCA 排序基本步骤：

1）任意选取一组样方初始值；

2）用加权平均法求种类排序值；

3）再用加权平均法求新的样方排序值，我们将这一样方坐标记为 z_j^*（j=1, 2, …, N）。

以上三步完全与 CA/RA 相同。

4）用多元回归法计算样方与环境因子之间的回归系数 b_k，这一步是普通的回归分析，用矩阵形式表示为

$$\boldsymbol{b} = (\boldsymbol{U}\boldsymbol{C}\boldsymbol{U}^{\mathrm{T}})^{-1}\boldsymbol{U}\boldsymbol{C}(\boldsymbol{Z}^*)^{\mathrm{T}} \tag{9.36}$$

式中，$\boldsymbol{b}$ 为一列向量，$\boldsymbol{b}$=（$b_0, b_1, \cdots, b_q$）^{T}；$\boldsymbol{C}$ 是种类×样方原始数据矩阵列和 C_j 组成的对角线矩阵；Z^*为第三步得到的样方排序值。

$$Z^* = \{z_j^*\} = (z_1^*, z_2^*, \cdots, z_N^*)$$

$\boldsymbol{U}$=$\{U_{kj}\}$，为（q+1）×N 维矩阵，包括环境因子原始数据矩阵和一行 1（用于计算 b_0）。

$$\boldsymbol{U} = \begin{bmatrix} 1 & 1 & 1 & \cdots & 1 \\ U_{11} & U_{12} & U_{13} & \cdots & U_{1N} \\ U_{21} & U_{22} & U_{23} & \cdots & U_{2N} \\ \vdots & \vdots & \vdots & & \vdots \\ U_{q1} & U_{q2} & U_{q3} & \cdots & U_{qN} \end{bmatrix}$$

关于矩阵运算见附录Ⅳ。由最后一次迭代所求出的 b 称为典范系数（canonical coefficient），它反映了各个环境因子对排序轴所起的作用的大小，是一个生态学指标。

5）计算样方排序新值 z_j（j=1, 2, …, N）

$$Z=Ub \tag{9.37}$$

式（9.37）是式（9.35）的矩阵形式。

6）对样方排序值进行标准化，同 CA/RA 和 DCA［见式（9.30）～式（9.33）］。分别计算

$$V=\sum_{j=1}^{N}C_j z_j/\sum_{j=1}^{N}C_j$$

$$S=\sqrt{\sum_{j=1}^{N}C_j\left(z_j-V\right)^2/\sum_{j=1}^{N}C_j}$$

同样，最后一次迭代所求出的 S 等于特征值λ。

标准化

$$z_j^{(a)}=\frac{z_j-V}{S}$$

7）回到第二步，重复以上过程，直至得到稳定值为止。

从上面过程看，CCA 和 CA/RA 所不同的是增加了第四、第五两步，其他步骤没有变化。

8）求第二排序轴，与第一排序轴一样，进行 1）～5）步。在选初始值时可以选第一轴某一步的结果，以加快迭代收敛速度。到第 6）步，与 CA/RA 一样，先进行正交化，再进行标准化，正交化方法同式（9.33）和式（9.34）。

计算如下：

$$\mu=\sum_{j=1}^{N}C_j z_j e_j/\sum_{j=1}^{N}C_j$$

正交化

$$Z_j^{(b)}=z_j-\mu e_j$$

式中，e_j 为样方在第一轴上的坐标值。

以后的计算同 CA/RA。

9）计算环境因子的排序坐标。由于 CCA 的排序图同时表示样方、种类和环境因子在排序图上的分布及其关系，这里需要计算环境因子的坐标值，即

$$f_{km}=\left[\lambda_m\left(1-\lambda_m\right)\right]^{\frac{1}{2}}a_{km} \tag{9.38}$$

式中，f_{km} 代表第 k 个环境因子在第 m 排序轴上的坐标值；λ_m 为第一排序轴的特征值；a_{km} 为第 k 个环境因子与第 m 个排序轴间的相关系数，可以用普通方法求得。这一相关系数不同于典范系数，它是最终求出的样方坐标值与环境因子之间的相关系数。它的生态学意义与典范系数基本一致。

10）排序的图形表示。CCA 排序一般是将其种类、样方和环境因子绘在一张图上，这样可以直观地看出种类分布、群落分布与环境因素之间的关系。这种排序图称为双序图（biplot）。环境因子一般用箭头表示，箭头所处的象限表示环境因子与排序轴间的正负相关性，箭头连线的长度代表着某个环境因子与群落分布和种类分布间相关程度的大小，连线越长，相关性越大；反之，越小。箭头连线和排序轴的夹角代表着某个环境因子与排序轴的相关性大小，夹角越小，相关性越高；反之，越低。在数据较多的情况下，

种类和样方可以分别绘图。

现在我们举一个虚拟的计算例子：假使我们得到7个样方5个种的多度数据（表9.9）及两个环境因子的数据（表9.10）（张金屯 1995）。

表9.9　7个样方5个种的多度数据

种	样方							r_i
	1	2	3	4	5	6	7	
1	1	0	0	1	0	2	0	4
2	0	0	1	0	1	0	1	3
3	0	2	0	1	0	1	0	4
4	3	0	0	1	1	0	2	7
5	1	1	2	0	0	1	0	5
C_j	5	3	3	3	2	4	3	

表9.10　两个环境因子在7个样方中的数据

环境因子	样方						
	1	2	3	4	5	6	7
1	0.2	0.1	0.1	0.3	0.6	0.6	0.2
2	0.5	0.9	0.8	0.4	0.4	0.8	0.7

由于环境因子间的测量指标往往差别悬殊，一般需要对环境数据进行标准化，这里是一个简单的例子，我们将两个环境因子中心化得到新的矩阵（表9.11）。

表9.11　环境因子经中心化后的数据

环境因子	样方						
	1	2	3	4	5	6	7
1	–0.03	–0.13	–0.13	0.07	0.37	–0.13	–0.03
2	–0.14	0.26	0.16	–0.24	–0.24	0.16	0.06

下面是CCA排序基本过程。

第一步，任意给定样方排序初始值：(1, 2, 3, 4, 1, 2, 3)。

第二步，计算种类排序值，其是样方初始值的加权平均：(2.25, 2.33, 2.5, 2.0, 2.2)。

第三步，再用加权平均法求样方新值，得(2.09, 2.57, 2.24, 2.25, 2.17, 2.30, 2.11)。

第四步，用多元回归分析计算样方排序值与环境因子间的回归系数，得 b_0=2.25，b_1=0.255，b_2=0.655。

第五步，计算样方新值。例如，$z_1=2.25+0.255\times(-0.03)+0.655\times(-0.14)=2.15$，

同法求得

$$Z=(2.15, 2.38, 2.32, 2.11, 2.19, 2.32, 2.28)$$

第六步，对 Z 值进行标准化。计算如下：

$$V=2.42;\ S=0.18$$

$$Z^{(a)}=(1.06, 0.22, -0.56, -1.72, -1.28, -0.56, -0.78)$$

第七步，以 $Z^{(a)}$为基础回到第二步，重复以上过程，最后得到：7 个样方在第一排序轴上的坐标为 0.059，–0.129，–0.078，0.011，0.098，–0.061，0.113（λ=0.269）；5 个种在第一排序轴上的坐标为 0.010，0.054，–0.121，0.143，–0.144（λ=0.269）。

第八步，求第二排序轴。第二排序轴的基本过程与第一轴一致，不同的是要进行正交化。而正交化方法与修正的 CA/RA 方法完全一致。所以，我们不再列出计算过程，只给出最终的结果：7 个样方在第二排序轴上的坐标为–0.053，0.017，0.065，–0.042，0.108，–0.062，0.060（λ=0.18）；5 个种在第二排序轴上的坐标为–0.130，0.252，0.040，–0.036，–0.028（λ=0.18）。

第九步，计算环境因子的排序坐标。先求得以上得到的两个样方排序轴与环境因子间的相关系数 a_{km}，得表 9.12。

表 9.12　环境因子与样方排序轴间的相关系数

环境因子	第一排序轴	第二排序轴
1	0.630	0.383
2	–0.720	0.125

再计算环境因子的坐标［见式（9.38）］，例如，环境因子在第一坐标轴上的坐标

$$f_{11}=\sqrt{0.269(1-0.269)}\times 0.630=0.279$$

同法可得

$$f_{12}=0.170,\ f_{21}=-0.274,\ f_{22}=0.047$$

第十步，绘双序图。为了便于图形表示，我们将上面求得的坐标值全部扩大 1000 倍，绘得图 9.21。

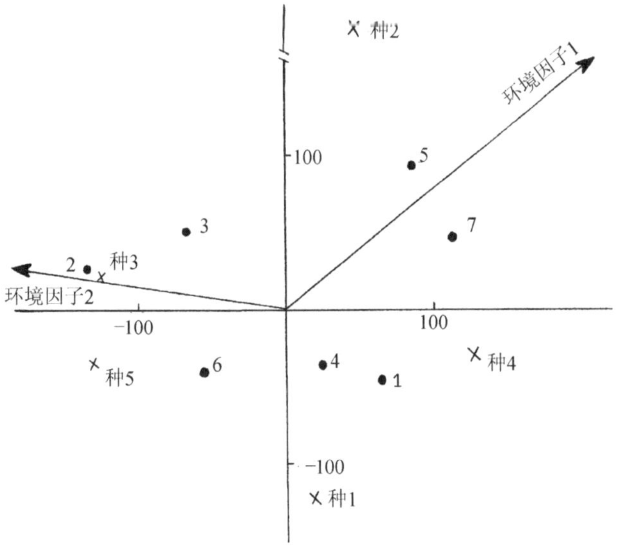

图 9.21　5 个种 7 个样方和两个环境因子的 CCA 排序

从图 9.21 我们知道，第一个环境因子与前两个排序轴都是强正相关；而第二个环境因子与第一轴是强负相关，与第二轴则是正相关，但关系不十分密切（因为其与第二轴

的夹角很大）。从样方分布看，样方 5 和样方 7 与第一环境因子密切相关；样方 2 则与环境因子 2 有较密切的关系。种类分布也同样可做这样的解释，如种 3 和环境因子 2 相关联。由于这个例子很简单，从原始数据矩阵我们就可以看到这些关系。

Zhang 等（2006）用 CCA 方法对太行山中段植被进行了分析。表 9.13 反映了植被类型与 11 个环境因子之间的关系，它们是海拔（Ele）、坡度（Slo）、坡向（Asp）、土壤有机质含量（Org）、N、P、K、Cu、Zn、pH 和土壤电导率（Con）。从图 9.22 可以看出，植物群落的分布与海拔、土壤有机质含量、N、P、K 等有较为密切的关系。

表 9.13　太行山中段植物群落环境因子与 CCA 排序排序轴的典范系数和相关系数

环境因子	相关系数			典范系数		
	CCA 1	CCA 2	CCA 3	CCA 1	CCA 2	CCA 3
N	−0.215	0.536***	0.038	0.094	0.835	−0.380
Org	−0.374**	0.439***	0.189	−0.142	0.155	0.245
P	−0.482***	−0.184	0.054	−0.063	−0.693	−0.224
K	0.045	−0.468***	−0.001	0.041	−0.269	0.217
Mn	0.015	−0.135	−0.308**	−0.081	−0.103	−0.375
Zn	0.419***	−0.185	0.033	0.134	−0.072	0.026
Cu	−0.186	−0.179	0.047	0.091	−0.156	0.439
Con	0.424***	0.224	0.311**	0.071	−0.132	0.529
Asp	−0.394***	−0.108	0.306**	−0.044	−0.187	0.370
Slo	0.289*	0.157	0.501***	0.018	0.175	0.552
Ele	−0.940***	−0.028	0.037	−0.852	0.170	0.263
pH	−0.054	0.075	0.228	0.030	10.179	0.415

* P<0.05，** P<0.01，*** P<0.001

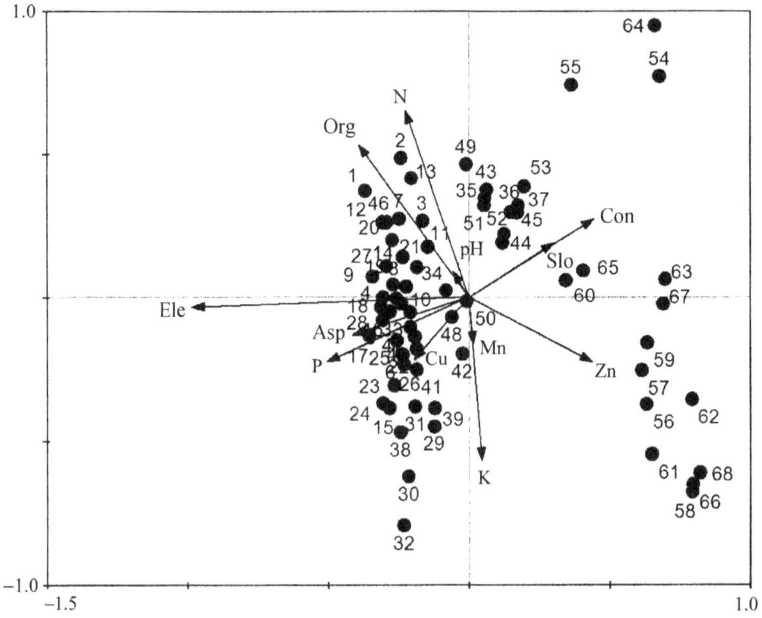

图 9.22　太行山中段 68 个样方的 CCA 排序双序图（Zhang et al. 2006）

种类排序可以绘制全部种类排序图，也可以绘制优势种排序图。图 9.23 是小五台山国家级自然保护区森林群落优势树种的 CCA 二维排序图。群落中乔木层优势种的分布格局所揭示的环境梯度与群落类型的分布梯度有很大的相似性，各个群落沿海拔梯度依次分布，华北落叶松、青扦、红桦于高海拔、冷凉的生境；白桦、中国黄华柳、山杨生境相似，要求温度、光照逐渐增高；辽东栎、色木槭、油松喜温暖光照充足的气候；杏生长在温暖向阳的山坡（白晓航等 2017）。特定优势种和单个环境因子之间的关系可以用它们间的回归系数 *t*-检验结果来分析单个环境因子是否显著影响该优势种，就是用 CCA 前两轴绘制 *t* 值双序图，从而解释各个环境因子对群落优势种的影响（图 9.24）。图 9.24 中圆圈代表重点分析的环境因子，箭头代表物种与环境因子的相关性，箭头落在圆圈内，表示该物种与环境因子显著相关，落在实线圈内，代表显著正相关，落在虚线圈内，代表显著负相关（白晓航等 2017）。

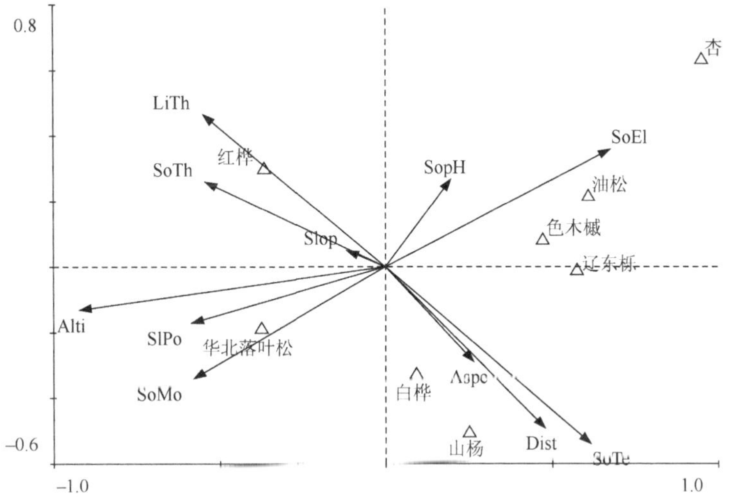

图 9.23　小五台山国家级自然保护区森林群落优势树种的 CCA 二维排序图（白晓航等 2017）

Alti、Aspe、Slop、SlPo、Dist、LiTh、SoTh、SopH、SoMo、SoTe 和 SoEl 分别代表海拔、坡向、坡度、坡位、干扰、凋落物厚度、土壤深度、pH、湿度、温度和土壤电导率。图 9.24 同

如果要分析主环境因子与协变量因子对群落和种类的影响，可以用偏典范对应分析（partial canonical correspondence analysis，P-CCA）。

CCA 是以 CA/RA 为基础的，它存在 CA/RA 的缺点，即弓形效应。为了修正这一点，ter Braak（1987）又将 CCA 与 DCA 结合起来，产生一种叫除趋势典范对应分析（detrended canonical correspondence analysis，DCCA）的新方法，克服了弓形效应。下面我们将介绍这一方法。

（四）除趋势典范对应分析（DCCA）

DCCA 采用与 DCA 相同的除趋势方式，也就是将第一轴分成数个区间，在每一区间内通过中心化调整第二轴的坐标值，而去除弓形效应的影响。DCCA 是 CCA+除趋势，也可以说是 CCA 和 DCA 的结合，所以参考前面的 CCA 和 DCA 计算过程，DCCA 的分析程序就清楚了。这里只简单列出分析步骤，不再详细说明。

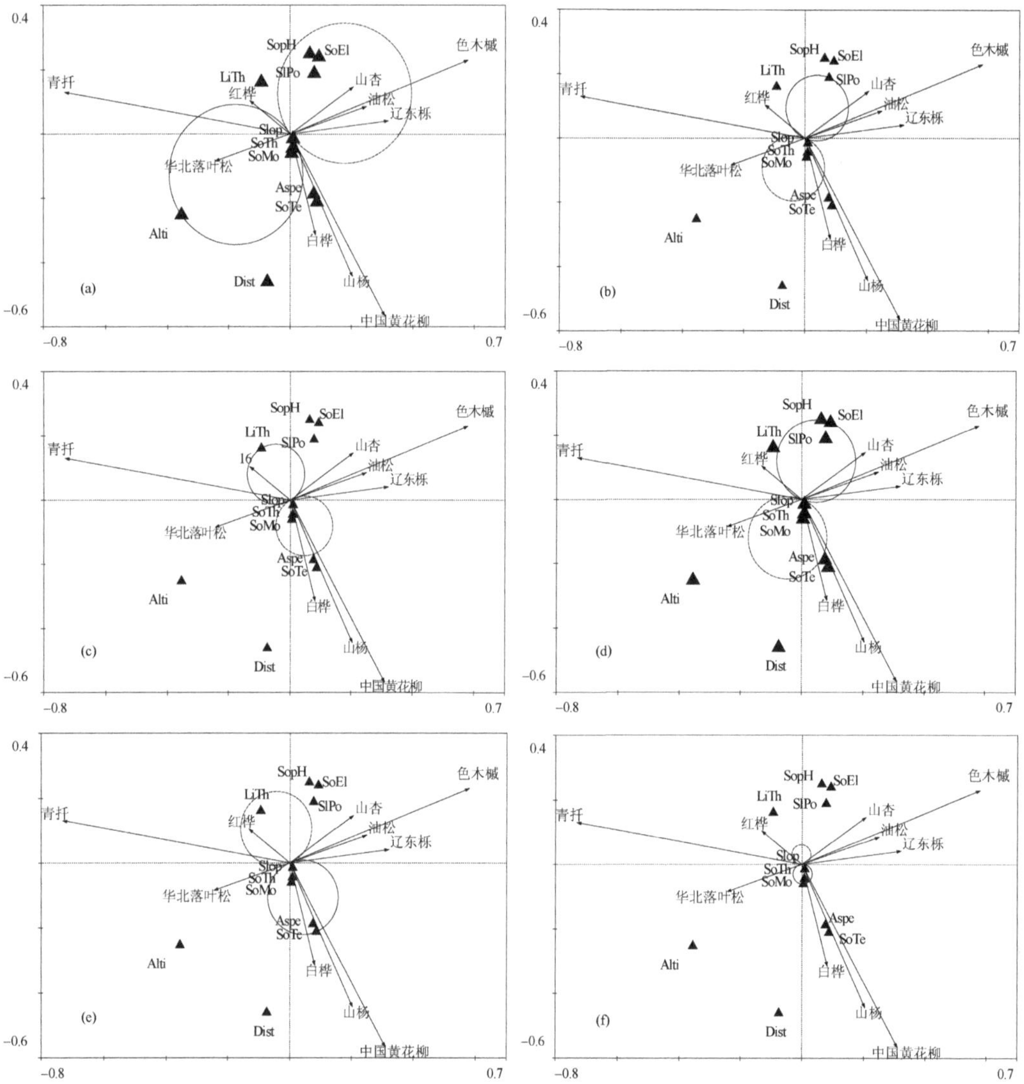

图 9.24　小五台山国家级自然保护区乔木层优势种的 *t* 值双序图（白晓航等 2017）

1）选择样方排序的初始值。

2）计算种类排序的初始值。

3）求样方排序新值。

4）计算样方与环境因子之间的回归系数［见式（9.36）］。

5）计算样方新值［见式（9.37）］。

6）对样方排序值进行标准化。

7）回到第 2）步，重复迭代过程，得到稳定的值。

8）求第二排序轴，这一步同 CCA 第 8 步，只是将正交化换成除趋势（见 DCA）。

9）求环境因子坐标值。

10）绘排序图，同 CCA 一样组成双序图。

ter Braak 等（ter Braak 1988，1991，1998；ter Braak and Šmilauer 2012）在国际通

用软件 CANOCO 中，还提供了一种多项式除趋势方法（detrending by polynornials），使用者可以自行选择。不过多项式除趋势方法的结果和上面介绍的除趋势方法结果相一致，这里不再介绍。

经过除趋势的 DCCA 的结果应好于 CCA，但是有一些研究表明二者结果一致（ter Braak 1987），这与数据结构有关系。张金屯（1992c，2011）根据自己的分析比较，建议在研究中最好使用 DCCA，因为它至少可以提供与 CCA 一样的结果，且在大多数情况下要优于 CCA。

DCCA 和 CCA 都是为分析植被和环境的关系而设计的方法，它们在植物群落与环境分析中无疑具有优越性。CCA 和 DCCA 出现的时间短，现在逐步地被广泛采用。可以预料，在未来的研究中，这两个方法会被大量使用。这不仅因为它们结合环境因素，给出客观结果，而且因为它们有国际通用软件 CANOCO（ter Braak 1987，1991，1998；ter Braak and Šmilauer 2002，2012）。

DCCA 和 CCA 要求具备两个原始数据矩阵，一个是种类组成矩阵，一个是环境因素矩阵，但在实际研究中，并不都具备这两个数据矩阵。所以，DCCA 和 CCA 并不能代替其他排序方法，另外，由于 DCCA 和 CCA 使用两个数据矩阵，它们的排序轴不仅反映样方间在种类组成上的相似性，而且也反映样方间在环境因子组成上的相似性，而这两种相似性又往往相互联系。一般情况下种类组成接近的植物群落，在其环境因子组成上也比较接近，这是由植物种、植物群落和环境因子之间相互作用的生态关系所决定的，因此 DCCA 和 CCA 排序结果使样方在排序图上更加集中，群落间的界限变得更加模糊，所以，如果同分类方法结合使用，DCA 的效果要好于 DCCA 和 CCA（张金屯 1992b，1992c）。

张峰等（2002a，2002b）用 DCCA 对山西历山国家级自然保护区森林群落生态关系进行了研究，图 9.25 和图 9.26 为 DCCA 样方和主要种类的二维排序图，分别表示群落和种类与环境的关系。图 9.25 和图 9.26 中，箭头表示环境因子，箭头连线的长短表示植物群落和种类的分布与该环境因子相关性的大小，箭头连线在排序中的斜率表示环境因子与排序轴相关性的大小，箭头所处的象限表示环境因子与排序轴之间相关性的正负。从图 9.25 和图 9.26 中可看出，第一轴基本上反映各植物群落所在环境的海拔梯度，即沿 DCCA 第一轴从左到右，海拔逐渐升高（海拔与 DCCA 第一轴相关系数为 0.866）；第二轴基本上表现出了植物群落所在环境的坡度、坡向的变化趋势（坡向与第二轴相关系数为 0.594，坡度与第二轴的相关系数为–0.530），即沿 DCCA 第二轴从下到上，坡度渐缓、群落越向阳。尽管如此不难看出，海拔梯度是所有因子中对植物群落分布起决定性作用的环境因子。同时，DCCA 排序图也很好地反映出各植物群落所在生境的土壤营养状况和种类与它们的关系（表 9.14）。

（五）协惯量分析

协惯量分析（co-inertia analysis，COIA），也能结合环境因子，并有理论优势（Dray et al. 2003）。简单来说，协惯量分析就是基于协方差矩阵，找出物种空间和环境空间存在的协同结构，并将物种变量和环境变量投影到同一空间（有时称为协惯量平面，

co-inertia plane）的一种多元统计方法，方法的证明和计算过程请详见参考文献（Dolédec et al. 1996；Dray et al. 2003）。在许多研究中已有不少应用（Kandji et al. 2001；Figueira et al. 2002），效果也很理想。这里只介绍PCA和CA相结合的协惯量分析（PCA-CA co-inertia analysis）（Prato et al. 2009；张斌等 2009）。

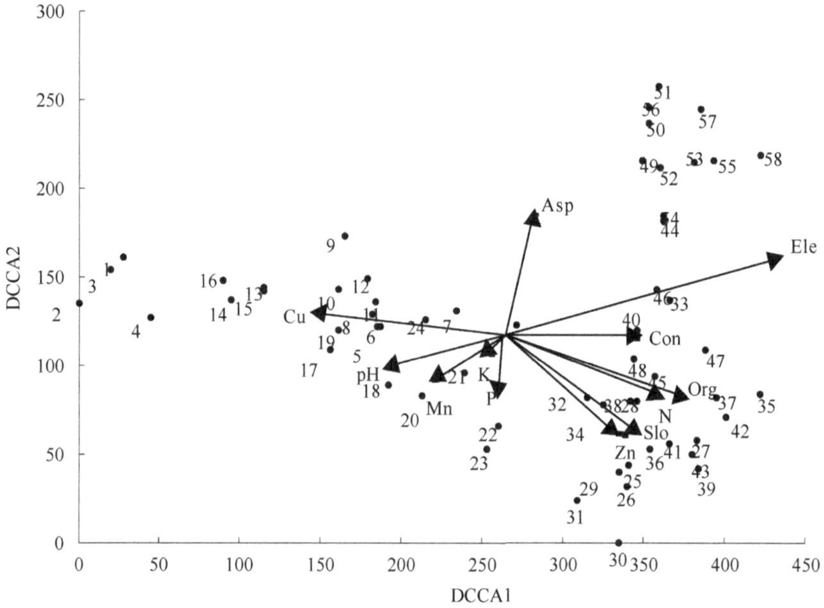

图 9.25　山西历山国家级自然保护区 58 个森林群落样方的 DCCA 二维排序（张峰和张金屯 2002）

Ele. 海拔；Asp. 坡向；Org. 土壤有机质；Slo. 坡度；Con. 土壤电导率；pH、N、P、K、Cu、Mn、Zn 都是土壤特征

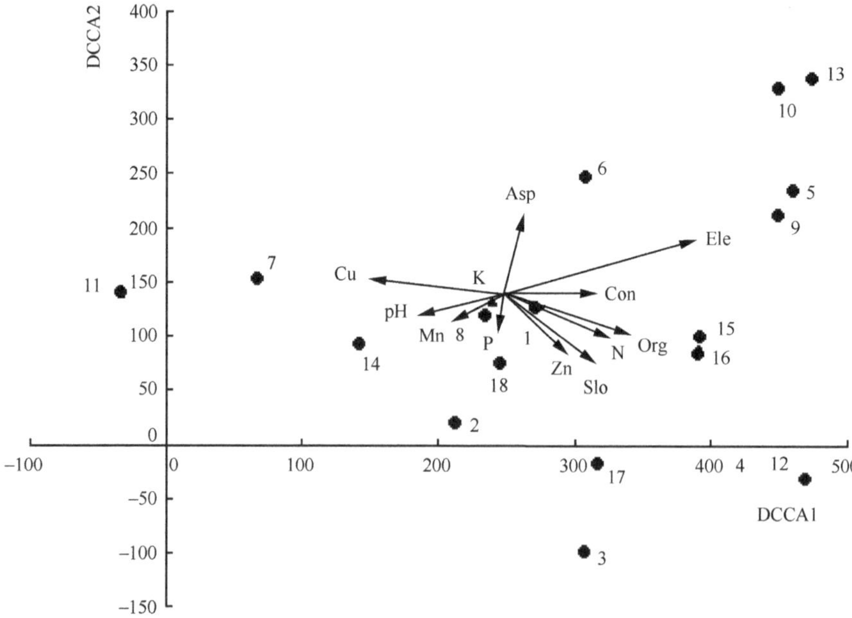

图 9.26　山西历山国家级自然保护区森林群落主要种类的 DCCA 二维排序

Ele 等符号含义同图 9.25

表 9.14　山西历山国家级自然保护区森林群落环境因子与 DCCA 排序轴的典范系数和相关系数

环境因子	典范系数			相关系数		
	Ax1	Ax2	Ax3	Ax1	Ax2	Ax3
海拔	0.792	0.316	0.183	0.866	0.315	0.019
坡度	0.185	0.119	–0.343	0.398	–0.530	–0.191
坡向	–0.067	0.361	–0.247	0.048	0.594	–0.038
pH	–0.004	0.062	–0.039	–0.403	–0.144	–0.038
有机质	0.003	–0.085	0.035	0.575	–0.356	0.072
电导率	0.141	–0.024	–0.074	0.4 16	–0.049	–0.081
N	0.168	–0.102	0.159	0.501	–0.356	0.255
P	0.059	–0.092	0.267	–0.038	–0.254	0.567
K	0.001	0.126	–0.061	–0.068	–0.100	–0.2477
Cu	–0.160	0.121	0.071	–0.645	0. 137	0.181
Mn	–0.099	0.067	0.181	–0.25 1	–0.209	0.379
Zn	0.172	–0.361	–0.052	0.375	–0.523	–0.172

假设 $\boldsymbol{X}$（$n\times p$）为环境数据矩阵，$\boldsymbol{Y}$（$n\times q$）为物种数据矩阵，那么样方 n 就可看作排列在物种空间和环境空间中的点，协惯量就是衡量样方点在物种空间和样方空间中协同结构（co-structure）的指标：若协惯量较大则说明两空间相关，协同性可能正向或是反向；若协惯量较小则说明两空间之间彼此独立（Dray et al. 2003）。其定义为

$$Co\text{-}I=\sum_{k=1}^{p}\sum_{j=1}^{q}\left(u_k^{\mathrm{T}}\boldsymbol{QX}^{\mathrm{T}}\boldsymbol{DYR}v_j\right)^2=\sum_{k=1}^{p}\sum_{j=1}^{q}\left([\boldsymbol{X}^k]^{\mathrm{T}}\boldsymbol{DY}^j\right)^2$$
$$=\mathrm{trace}\left(\boldsymbol{XQX}^{\mathrm{T}}\boldsymbol{DYRY}^{\mathrm{T}}D\right) \tag{9.39}$$

或

$$Co\text{-}I=\mathrm{trace}\left(\boldsymbol{XQX}^{\mathrm{T}}\boldsymbol{DYRY}^{\mathrm{T}}D\right) \tag{9.40}$$

式中，$\boldsymbol{X}$（$n\times p$）为环境数据矩阵，$\boldsymbol{Y}$（$n\times q$）为物种数据矩阵，$\boldsymbol{D}$（$n\times n$）为两空间中行权重值的对角线矩阵（一般情况下是相等的，即 $\boldsymbol{D}_{\mathrm{X}}=\boldsymbol{D}_{\mathrm{Y}}$）；$\boldsymbol{X}^{\mathrm{T}}$、$\boldsymbol{Y}^{\mathrm{T}}$ 分别是环境矩阵和物种矩阵的转置矩阵；$\boldsymbol{Q}$（$p\times p$）为环境空间中列权重值的对角矩阵，$\boldsymbol{R}$（$q\times q$）为物种空间列权重值的对角矩阵。

PCA-CA COIA 方法是先对环境矩阵进行主成分分析（PCA），再对物种矩阵进行对应分析（CA），最后将两矩阵进行协惯量分析。PCA-CA COIA 的协惯量（Thioulouse et al. 2004；张斌等 2009）可表示为

$$W_{\text{PCA-CA}}=\left(\frac{n_i}{n}\right)^2\times\left(\frac{n_j}{n}\right)^2\boldsymbol{XX}^{\mathrm{T}}\boldsymbol{YY}^{\mathrm{T}} \tag{9.41}$$

式中，$n_i=\sum_j n_{ij}$，$n_j=\sum_i n_{ij}$，$n=\sum_i n_i=\sum_j n_j$，n_{ij} 为物种 j 在样方 i 中的重要值。

COIA 也是直接梯度分析，一般情况下，若环境变量个数较少或彼此相关性很小，多是采用 CCA 或 CPCA 分析，因为此时的多元线性回归就变成了类似一元线性回归的扩展形式（Thioulouse et al. 2004），分析起来效果明显；而在环境变量较多且共线性效应明显的情况下就采用协惯量分析，因为其无需进行回归计算，这样就避免了相应的共线性问题。

图 9.27 和图 9.28 分别是北京小龙门黄檗群落的 PCA-CA COIA 样方排序和主要种

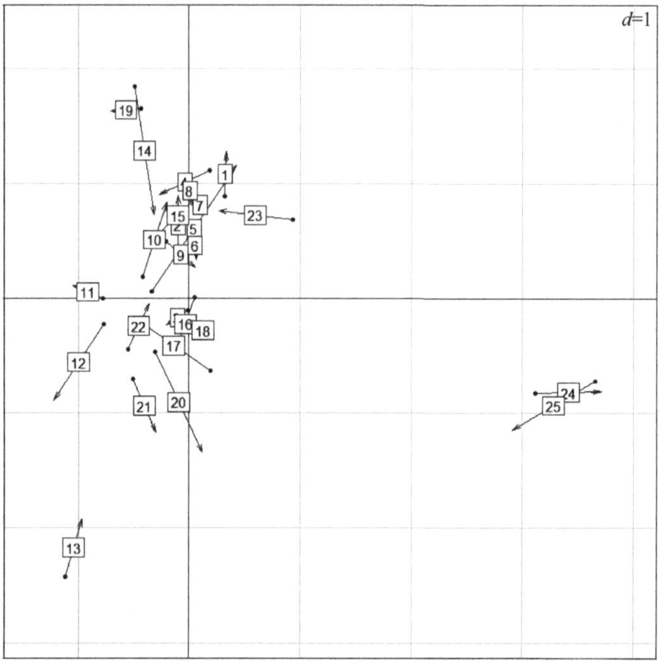

图 9.27　北京小龙门黄檗群落的 PCA-CA COIA 排序图（张斌等 2009）

箭头头部表示由环境变量所确定的样方位置，箭头尾部表示由物种变量所确定的样方位置

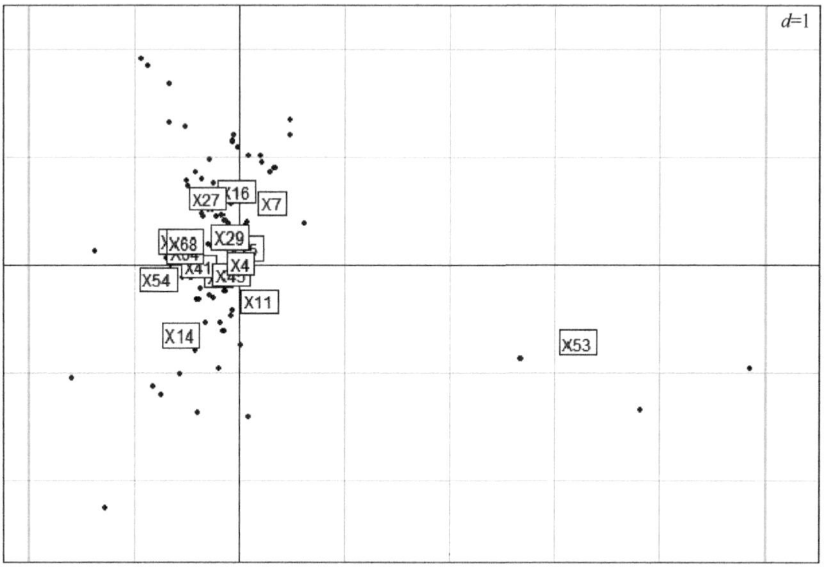

图 9.28　北京小龙门黄檗群落的 PCA-CA COIA 主要物种排序图

X4. 大叶白蜡树 *Fraxinus rhynchophylla*；X6. 胡桃楸 *Juglans mandshurica*；X7. 黄檗 *Phellodendron amurense*；X11. 青杨 *Populus cathayana*；X14. 元宝槭 *Acer truncatum*；X16. 土庄绣线菊 *Spiraea pubescens*；X25. 小花溲疏 *Deutzia parviflora*；X27. 元宝槭（灌木）*Acer truncatum*；X29. 大叶白蜡树（灌木）*Fraxinus rhynchophylla*；X30. 白花碎米荠 *Cardamine leucantha*；X41. 等齿委陵菜 *Potentilla simulatrix*；X45. 短毛独活 *Heracleum moellendorffii*；X53. 歧茎蒿 *Artemisia igniaria*；X54. 草地早熟禾 *Poa pratensis*；X64. 蓝萼香茶菜 *Rabdosia japonica*；X68. 龙须菜 *Asparagus schoberioides*

类排序图（张斌等 2009），第一协惯量轴反映的意义是海拔梯度的变化，海拔沿第一轴从左向右，逐渐降低；此外第一轴还反映了坡向的变化，沿第一轴从左向右，坡向从西北坡到东南坡变化。第二协惯量轴基本反映了坡位和土壤厚度的变化，沿第二轴从下到上，坡位由上位坡向下位坡变化，土壤厚度则由薄变厚。排序图很好地反映了群落和物种与环境的关系。

四、模糊数学与神经网络排序

（一）模糊数学排序

模糊数学排序，也叫模糊集排序（fuzzy set ordination，FSO），它发表于 1986 年（Roberts 1986），它基于模糊集理论，也是一种直接梯度分析。FSO 首先要求选择适当的环境梯度，并将环境数据转化成一模糊子集。以环境模糊子集和样方相似矩阵为基础求其排序坐标（新模糊子集）。也可以用两个或多个环境梯度，以便结果更好地反映植被与环境的关系（Zhang 1991；张金屯 1992d；Roberts 2008）。

这一方法是模糊数学应用的一个新尝试，在已有的应用例子中，都说明了 FSO 较好地反映了植被与环境的关系（Roberts 1986；Zhang 1991；Zhang and Oxley 1994a；张金屯 1992d；Song and Zhang 2017）。

模糊集合理论是传统集合理论的扩展，模糊集合中元素的值变化于[0, 1]闭区间，而传统集合元素非 0 即 1。我们可以通过一定的方式得到模糊子集。例如，我们通过调查得 10 个样方的环境因子指标（表 9.15）。

表 9.15　10 个样方的环境因子值（模拟）

样方	x_1	x_2	x_3	x_4	x_5	x_6	x_7	x_8	x_9	x_{10}
海拔/m	1000	1400	1100	1150	1450	1250	1300	1500	1450	1150
坡向	N	NW	NE	N	S	SE	S	E	SE	NE
坡度/（°）	10	20	22	24	30	25	21	24	22	15

假若我们仅对海拔 1300m 以上的样方感兴趣，这些样方可以用集合表示为

$$A=\{x_2, x_5, x_7, x_8, x_9\}$$

我们也可以将海拔≥1300m 的值记作 1，海拔小于 1300m 的记为 0，得到另一集合：

$$B=\{0, 1, 0, 0, 1, 0, 1, 1, 1, 0\}$$

B 是一种传统集，而不是模糊集。我们可通过某种方式使得样方的值介于 0 和 1 之间以代替非 0 即 1 的选择。例如，我们将海拔最高的样方的值记为 1，海拔最低的样方记为 0，其他样方的值介于二者之间，即用式（9.42）表示。

$$C=\begin{cases}1 & h=1500\\ 1-\dfrac{1500-h}{1500-1000} & 1000<h<1500\\ 0 & h=1000\end{cases} \tag{9.42}$$

式中，*h* 是海拔。由式（9.44）得到一新的集合 *C*。

$$C=\{0, 0.8, 0.2, 0.3, 0.9, 0.5, 0.6, 1.0, 0.9, 0.3\}$$

C 是模糊集，因为其值变化于[0, 1]闭区间（Roberts 1986；贺仲雄 1982）。模糊集 C 可记为

$$C=\{x, \mu_C(x)\} \tag{9.43}$$

式中，x 为论域中任一元素，$\mu_C(x)$为元素 x 在模糊集 C 中的隶属度，式（9.44）为隶属函数。在一个论域中，可以有多个模糊集，每一个集可以称为一个模糊子集。用同样的方法我们可以定义其他模糊子集，如坡度模糊子集、坡向模糊子集等。

给定两个模糊子集 A 和 B；我们可以求它们的并集（union）、交集（intersection）、余集（complement）、差集（difference）和反换差集（anticommutative difference）（Zadeh 1965；Roberts 1986；Zhang 1991，1993；Roberts 2008）：

并集

$$\mu_{A\cup B}(x)=\max(\mu_A(x), \mu_B(x)) \tag{9.44}$$

交集

$$\mu_{A\cap B}(x)=\min(\mu_A(x), \mu_B(x)) \tag{9.45}$$

余集

$$\mu_{\bar{A}}(x)=1-\mu_A(x) \tag{9.46}$$

差集

$$\mu_{A-B}(x)=\min(\mu_A(x), \mu_{\bar{B}}(x)) \tag{9.47}$$

反换差集

$$\mu_{A-\bar{B}}(x)=\left[1+\left(\mu_{\bar{B}}(x)\right)^2-\left(\mu_{\bar{A}}(x)\right)^2\right]/2 \tag{9.48}$$

这些是模糊集的基本运算规则，下面是基于以上运算规则上的模糊数学排序步骤：

1）选一环境梯度，并将其变成一模糊子集。

假定，我们选用海拔为环境梯度，可以用式（9.42）将其变成模糊子集，记为 A，我们定义 A 为高海拔样方模糊子集。

2）计算低海拔样方模糊子集 B，B 是 A 的余集，其值等于 1 减去 A 的值。

3）定义模糊子集 C，使其相似于高海拔样方子集，用式（9.49）表示。

$$\mu_C(x)=\frac{\sum_{x\neq y}\left[R_{xy}\left(\mu_A(y)\right)\right]}{\sum_{x\neq y}\left(\mu_A(y)\right)} \tag{9.49}$$

式中，$\mu_C(x)$是样方 x 在模糊子集 C 中的值（隶属度）；$\mu_A(y)$是样方 y 在模糊子集 A 中的值，xy 是样方 x 和 y 间的相似系数，可用不同的计算方法计算。

4）同法定义模糊子集 D，使其相似于低海拔样方子集。

$$\mu_D(x)=\frac{\sum_{x\neq y}\left[R_{xy}\left(\mu_B(y)\right)\right]}{\sum_{x\neq y}\left(\mu_B(y)\right)} \tag{9.50}$$

式中，$\mu_D(x)$是样方 x 在模糊子集 D 中的值，$\mu_B(y)$是样方 y 在模糊子集 B 中的值。

5）计算 C 和 D 的反换差集 E，用式（9.48）。然后，用模糊子集 A 和 E 分别作为 x 轴和 y 轴，可以组成二维排序图。

以上是模糊数学排序的基本步骤（Roberts 1986），仅使用一个环境梯度。为了更好地反映植被与环境的关系，我们可以选用两个或多个环境因子作为排序的基础。例如，选用两个环境梯度，分别进行以上 5 个步骤，则可以得到两个反换差集，以这两个反换差集作为排序轴所得到的排序图，反映这两个环境因子与植被之间的关系，这样排序效果更好（Zhang 1991；张金屯 1992e；Roberts 2008）。

对于多个环境因子，我们可以先用基础排序方法（如 DCA）来综合环境信息，即先用 DCA 对环境数据矩阵进行分析，得到环境因子排序轴的坐标值作为模糊数学排序的基础，排序结果反映多个环境因子与植被间的关系（Zhang 1992；Zhang and Oxley 1994a；张金屯 1995）。

这里用一个虚拟例子来说明 FSO 的计算方法。假定我们调查得到 4 个种在 5 个样方中的多度值和样方的海拔位置，如表 9.16 所示。

表 9.16　4 个种在 5 个样方中的多度数据

种	样方	1	2	3	4	5
	海拔/m	1000	1400	1300	1500	1200
1		5	2	5	1	2
2		5	3	5	5	4
3		3	4	2	3	5
4		2	5	3	1	1

现在对其进行模糊数学排序：

1）将海拔转换成模糊子集 A，得

$$A=\{0, 0.8, 0.6, 1.0, 0.4\}$$

2）计算模糊子集 B。例如，B_1=1.0–0=1.0，得

$$B=\{1.0, 0.2, 0.4, 0.0, 0.6\}$$

3）计算模糊子集 C。这里需先计算样方间的相似矩阵 $\boldsymbol{R}$，我们用绝对值减数方法：

$$r_{jk}=\begin{cases}1 & (\text{当} j=k)\\ 1-c\sum_{i=1}^{P}|x_{ij}-x_{ik}| & (\text{当} j\neq k)\end{cases} \tag{9.51}$$

$$i=1, 2, \cdots, P;\ j=k=1, 2, \cdots, N$$

式中，r_{jk} 为样方 j 和 k 的相似系数，x_{ij} 和 x_{ik} 为原始数据矩阵中第 i 个种在第 j 个和第 k 个样方中的观测值，用其计算得

$$\boldsymbol{R}=\begin{bmatrix}1 & 0.1 & 0.8 & 0.5 & 0.3\\ 0.1 & 1 & 0.1 & 0.2 & 0.4\\ 0.8 & 0.1 & 1 & 0.3 & 0.1\\ 0.5 & 0.2 & 0.3 & 1 & 0.6\\ 0.3 & 0.4 & 0.1 & 0.6 & 1\end{bmatrix}$$

再计算 C 值，例如，

$$C_1=\frac{0.1\times0.8+0.8\times0.6+0.5\times1.0+0.3\times0.4}{0.8+0.6+1.0+0.4}=0.48$$

同法算得

$$C=\{0.48, 0.21, 0.19, 0.32, 0.41\}$$

4）计算模糊子集 D，例如，

$$D_1=\frac{0.1\times0.2+0.8\times0.4+0.5\times0+0.3\times0.6}{0.2+0.4+0+0.6}=0.43$$

同样计算其他元素，得

$$D=\{0.43, 0.19, 0.49, 0.46, 0.26\}$$

5）计算 C 和 D 的反换差集 E，例如，

$$E_1=[\,1+(1-0.43)^2-(1-0.48)^2]/2=0.53$$

一一计算最后得

$$E=\{0.53, 0.52, 0.30, 0.41, 0.60\}$$

以模糊子集 A 和 E 分别为 x 轴和 y 轴组成排序图（图 9.29）。

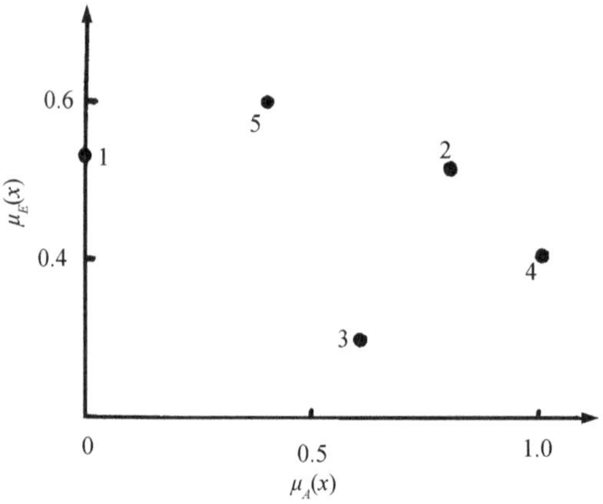

图 9.29　5 个样方的 FSO 排序

Zhang（1991）用模糊数学排序对英国北威尔士北部山地草甸的 166 个样方进行了分析。作者首先选择海拔作为环境梯度，得到一个排序图（图 9.30）。这一排序虽然也反映了植被与环境间的关系，但由于只使用一个环境因子，结果不太满意。作者又选择了第二个环境因子——土壤有机质含量。使用这两个环境梯度得到一个新的排序图（图 9.31），海拔和土壤有机质含量是两个重要因子，因为海拔的变化会引起一系列其他元素的变化，如水分、温度等，而土壤有机质是许多营养元素的来源。所以，这两个因子能够反映植被环境的特点。因此，图 9.31 较好地反映了植被之间，植被与环境之间的关系。其排序轴不仅仅反映了海拔和土壤有机质含量与植被的关系，而且也反映了其他因子的作用。例如，从图的左下角向右上角，土壤水分逐渐增加，从图的左面向右面，坡度逐渐降低。植被类型在图上虽有重叠现象，但各类型的分布中心和分布区域明显可辨（Zhang 1991，1993）。

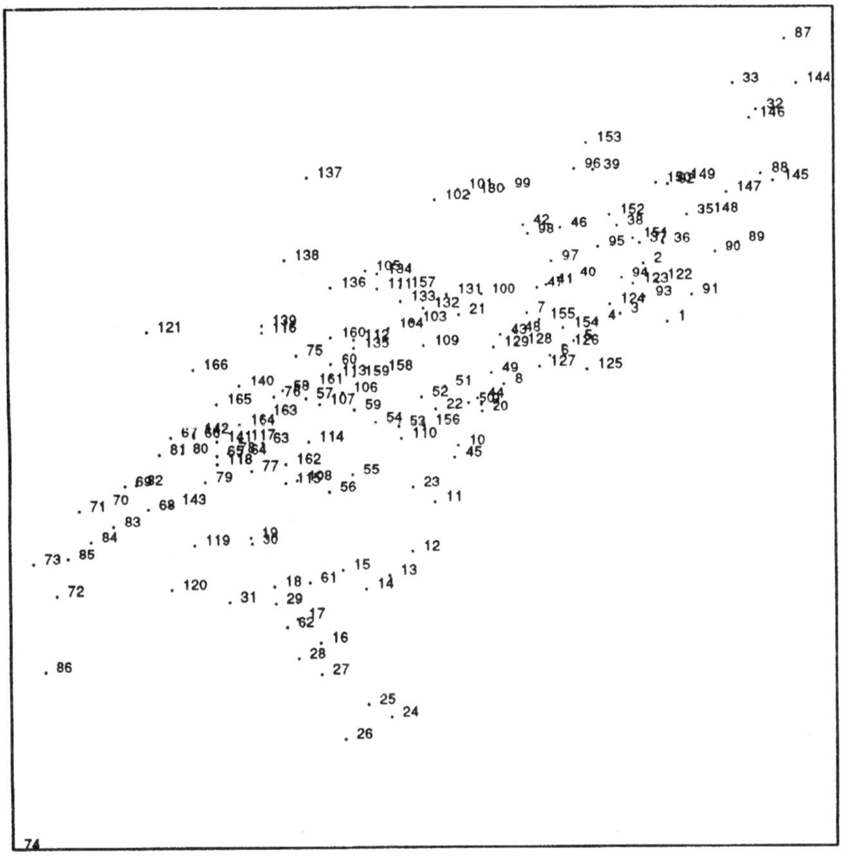

图 9.30　北威尔士山地草甸 166 个样方的 FSO 排序（Zhang 1993）

仅使用一个环境因子——海拔

（二）自组织神经特征影射网络排序

1. 自组织神经特征影射网络的基本原理

自组织神经特征影射网络（self-organizing feature map，SOFM）是 Kohonen 在基本竞争网络模型基础上提出的一种无指导学习的神经网络模型。SOFM 就是基于该生物结构原理而建立，它能够对输入模式进行自组织训练和判断，实现功能相同的神经元在空间上的聚集。SOFM 网络结构包含一个输入层和一个输出层，输入层的节点数等于输入矢量的维数（Chon et al. 1996；Lek and Guegan 2000；Lek et al. 2007）。因为网络学习中竞争特性表现在输出层，所以输出层也叫竞争层。输出层一般是一维或二维阵列，对于二维的输出层，其拓扑结构可以是矩形、六边形、随机连接等类型。网络上层为输出层（竞争层），有输出节点 M 个，按二维形式排成一个节点矩阵（$\boldsymbol{M}=m^2$）；下面的输入层有 N 个节点，代表 N 个输入矢量。所有输入节点到所有输出节点之间都有权值连接，竞争层节点之间也有权值连接，代表着相互作用（Manomaisupat et al. 2006；Penczak et al. 2006）。SOFM 实质上是从任意维离散或连续空间（输入矢量空间）到一维或二维离散空间（输出空间）的一种非线性映射，对于输入矢量空间中的一个向量，首先根据其特征映射确定在输出空间中的最佳匹配单元 BMU（best match unit），它的权重向量 $\boldsymbol{W}_{ij}$ 可视为它投影到输入空间的坐标。通过调整权重矩阵 $\boldsymbol{W}$，可以使得输出空间表示输入空间的特征。SOFM 是以无教师示教的方式进行网络训练，网络结构和连接权值根据运算规则自动对周围的模式样本进行学习和调整，直到网络结构能够合理反映训练样本的分布规律（Foody 1999）。具体地讲，对每个网络输入，只调整部分权值，使权向量更接近输入矢量。这一重复调整过程就是竞争学习过程，在该过程中 SOFM 进行自动识别，并实现排序（Zhang et al. 2010；Zhang and Li 2010；李林峰等 2014）。

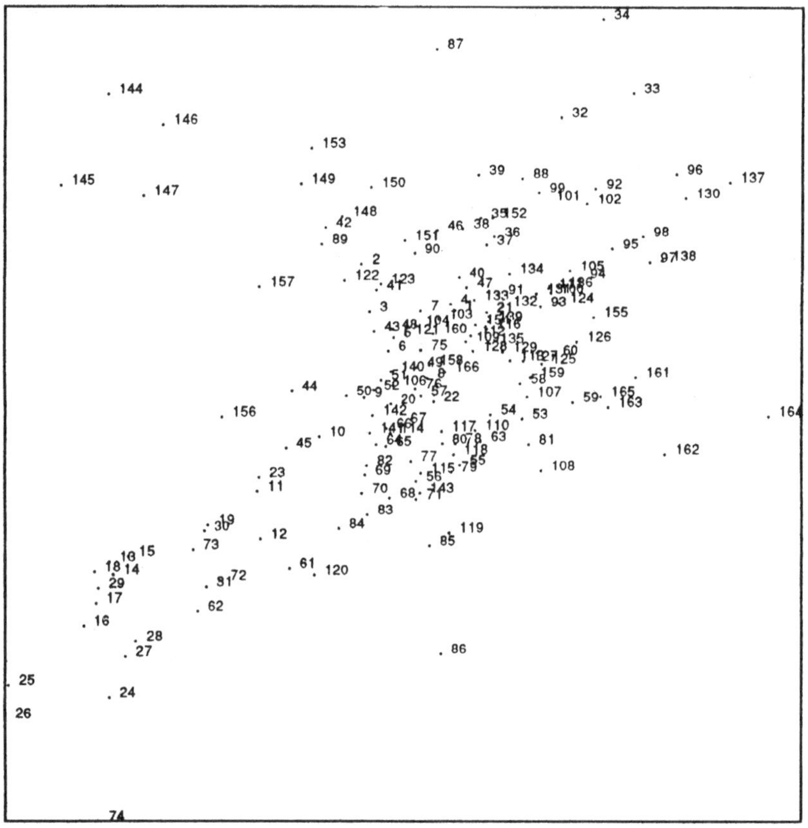

图 9.31　北威尔士山地草甸 166 个样方的 FSO 排序（Zhang 1993）

使用两个环境因子——海拔和土壤有机质含量

2. 自组织神经特征影射网络排序计算方法

设 SOFM 网络的输入模式为

$$P_k=(P_1^k,P_2^k,\cdots,P_N^k)\,(k=1,2,\cdots,q) \tag{9.52}$$

竞争层神经元的矢量为 $\boldsymbol{A}_j(a_{j1},a_{j2},\cdots,a_{jM})(j=1,2,\cdots,M)$

竞争层神经元与输入层神经元之间的连接权为

$$\boldsymbol{W}_{ij}=(W_{j1},W_{j2},\cdots,W_{ji},\cdots,W_{jN})\,i=1,2,\cdots,N;\ j=1,2,\cdots,M \tag{9.53}$$

SOFM 排序分析的计算步骤如下。

1）初始化。将网络的连接权$\{\boldsymbol{W}_{ij}\}$赋予[0, 1]区间的随机值（$i=1,2,\cdots,N$；$j=1,2,\cdots,M$）。

确定学习率 $\eta(t)$的初始值 $\eta(0)(0<\eta<1)$；确定邻域 $N_g(t)$的初始值 $N_g(0)$。邻域 $N_g(t)$是指以下面第 4）步确定的获胜神经元 g 为中心，且包括若干神经元的区域范围，$N_g(t)$的值表示第 t 次学习过程中邻域所包含的神经元个数；确定总的学习次数为 T。

2）任选一学习模式，将输入矢量的原始值 P_k 提供给网络输入层，并进行归一化处理。

$$\overline{P}_k=\frac{P_k}{\|P_k\|}=\frac{(P_1^k,P_2^k,\cdots,P_N^k)}{[(P_1^k)^2+(P_2^k)^2+\cdots+(P_N^k)^2]^{1/2}} \tag{9.54}$$

3）对连接权矢量 $\boldsymbol{W}_{ij}$ 进行归一化处理。

$$\overline{W}_j=\frac{W_j}{\|W_j\|}=\frac{(W_{j1},W_{j2},\cdots,W_{jN})}{[(W_{j1})^2+(W_{j2})^2+\cdots+(W_{jN})^2]^{1/2}} \tag{9.55}$$

4）计算 $\overline{W}_j$ 和 $\overline{P}_k$ 间的欧氏距离。

$$d_j=\left[\sum_{i=1}^{N}(\overline{P_i^k}-\overline{W_{ji}})^2\right]^{1/2},\ j=1, 2, \cdots, M \tag{9.56}$$

5）找出最小的距离 d_g，确定获胜神经元 g（最佳匹配单元 BMU）。

$$d_g=\min(d_j),\ j=1, 2, \cdots, M$$

6）调整连接权值，对竞争层神经元与输入层神经元之间的连接权值进行修正。

$$\overline{W_{ji}(t+1)}=\overline{W_{ji}(t)}+\eta(t)\times[\overline{P_i^k}-\overline{W_{jt}(t)}]\ (j=1, 2, \cdots, M;\ 0<\eta(0)<1) \tag{9.57}$$

7）选取另一学习模式提供给网络的输入层，返回到步骤 3)，重复以上过程，直到 q 个学习模式全部提供给网络。

8）得出新的学习率 $\eta(t)$和邻域 $N_g(t)$。

$$\eta(t)=\eta(0)(1-t/T) \tag{9.58}$$

式中，$\eta(0)$为初始学习率，t 为学习次数，T 为总学习次数。

设竞争层某神经元 g 在二维阵列中的坐标值为（x_g, y_g），则邻域的范围是以点 $[x_g+N_g(t), y_g+N_g(t)]$和点$[x_g-N_g(t), y_g-N_g(t)]$为右上角和左下角的正方形。其修正公式为

$$N_g(t)=\mathrm{INT}\ [N_g(0)(1-t/T)]$$

式中，INT[x]为取整符号，$N_g(0)$为 $N_g(t)$的初始值。

9）令 $t=t+1$，返回到步骤 2)，重复以上过程，直到 $t=T$ 为止。

将样方数据矩阵导入 SOFM 网络，输出层为 $n\times n$ 的矩形连接的网格。在 MATLAB 神经网络工具箱中，选择 SOFM 网络类型，排列阶段学习速率取默认值 0.1，排列阶段学习次数设为 5000 次，调整阶段学习速率取默认值 0.02，调整阶段邻域半径取默认值 1.0。通过训练使得输出层中获胜神经元 g 及其邻域内的权值向量逼近输入矢量，而实现模式聚集排列。根据输入向量在拓扑结构中的聚集可以实现聚类（Lek and Guegan 2000）。

10）重新标定：就是将样方在拓扑空间的分布位置值（$n\times n$ 的矩形网格）转化为 0～1 的坐标值而实现排序（张金屯和杨洪晓 2008；Zhang et al. 2008；Zhang and Ru 2010）。

图 9.32 是山西南方红豆杉（*Taxus chinensis* var. *mairei*）林 95 个样方的 SOFM 排序图（Zhang and Ru 2010），第一排序轴主要反映地形因子如海拔、坡度、坡向等的作用，第二排序轴主要反映土壤因子如土壤有机质、土壤营养成分等的作用，结果生态意义明

确（Zhang and Ru 2010）。SOFM 排序是相对较新的方法，应用还较少（张金屯和杨洪晓 2008）。

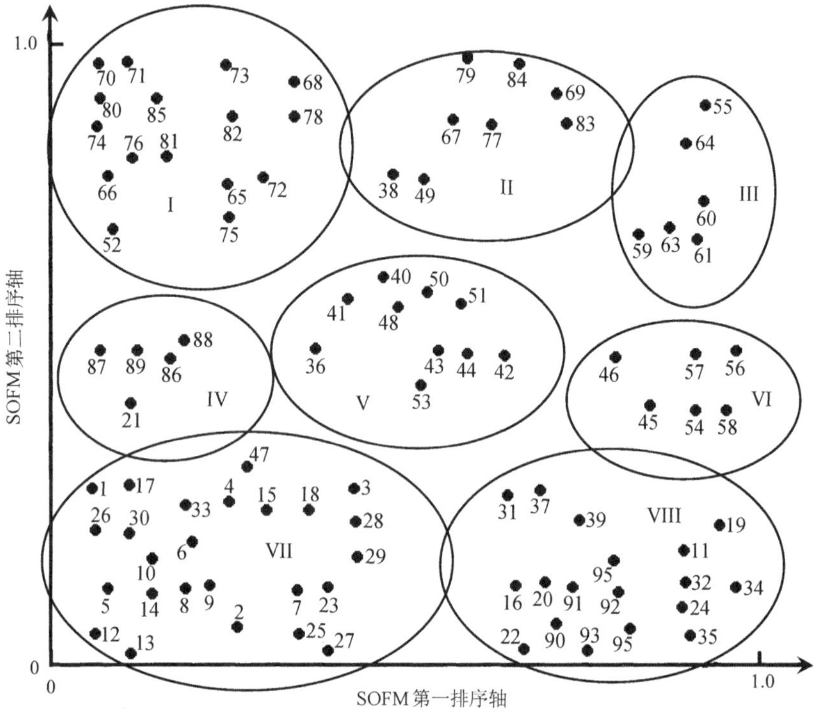

图 9.32 山西南方红豆杉林 95 个样方的 SOFM 二维排序图（Zhang and Ru 2010）
图中数字代表样方号，Ⅰ～Ⅷ代表森林类型

种类和环境因子的变化也可以反映在 SOFM 排序上。图 9.33 是北京松山亚高山草甸优势种重要值在 SOFM 排序图上的变化，深颜色表示物种重要值高，浅色表示物种重要值低（苏日古嘎和张金屯 2013）。

五、其他排序方法

（一）典范相关分析

典范相关分析（canonical correlation analysis，CCoA）也是用于分析植被与环境因子之间的关系。它同时需要两个数据矩阵：一个群落组成数据矩阵，一个环境因素组成数据矩阵。与 CCA 和 DCCA 不同的是，它的种类排序值是通过回归分析的方法求得。阳含熙和卢泽愚（1981）、张金屯（1995）较详细地介绍了该方法的矩阵运算公式，这里我们简单列出 CCoA 的另一种实现途径——迭代计算过程（Jongman et al. 1987）。

1）任意选一组样方排序初始值，不应全部为零。

2）用多元回归方法求种类排序值，其是样方排序初始值与 P 个种类间的回归系数 b_i。

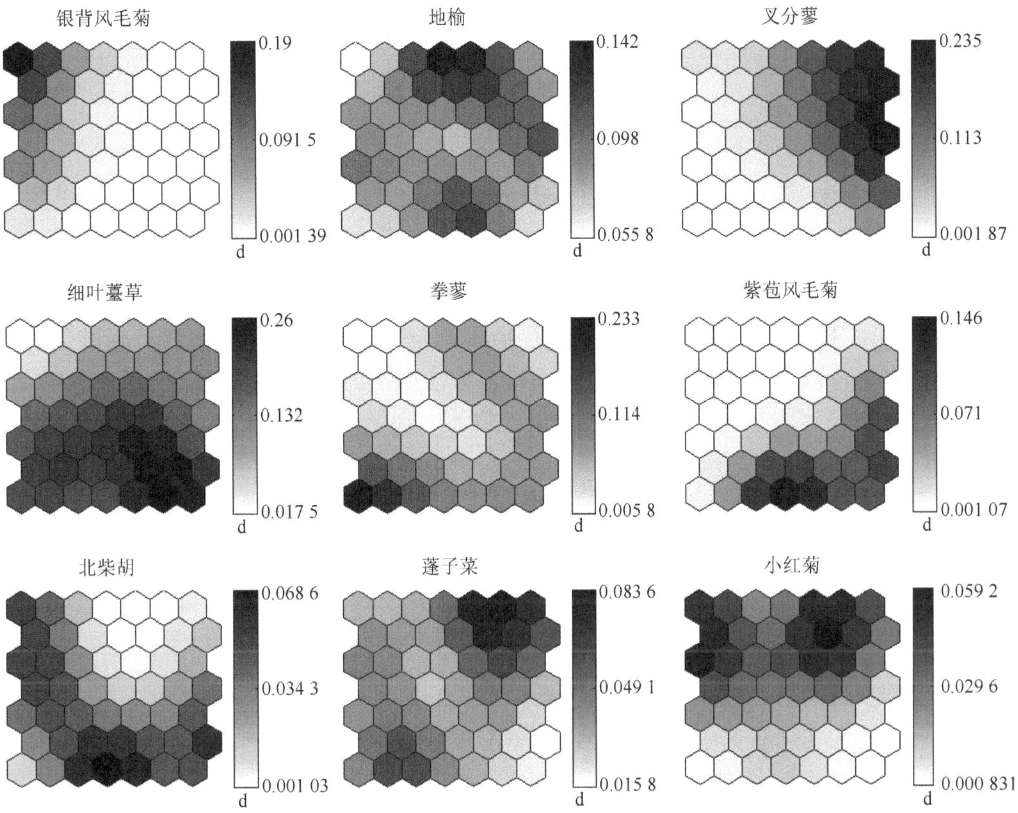

图 9.33 北京松山亚高山草甸优势种 SOFM 训练图上的分布

3）计算样方排序新值 Z_j。

$$Z_j = \sum_{i=1}^{p} X_{ij} b_i \tag{9.59}$$

式中，$\boldsymbol{X}=\{X_{ij}\}$为种类数据矩阵，$X_{ij}$ 代表第 i 个种在第 j 个样方中的观测值。

4）用多元回归计算样方排序与环境因素间的回归系数 C_k（k=1, 2, ···, q，q 为环境因子数）。

5）再计算样方排序新值。

$$Z_j^* = \sum_{k=1}^{q} U_{kj} C_k \tag{9.60}$$

式中，$\boldsymbol{U}=\{U_{kj}\}$为环境数据矩阵；$U_{kj}$ 表示 k 个环境因子在第 j 个样方中的值。

Z_j^*实际上是基于环境数据上的样方排序值，而上面的 Z_j 则是基于种类组成数据的样方排序值，有的作者将这两类排序值分开，分别做出排序图。

我们可以计算 $Z^*=\{Z_j^*\}$和 $Z=\{Z_j\}$之间的相关系数，这是 CCoA 分析的一个特点，由最后一次迭代结果所求出的相关系数称为典范系数，它反映了种类和环境之间的关系。可以证明，典范系数等于相应排序轴特征值的平方根。

即 $r_i = \sqrt{\lambda_i}$

6）对样方排序值进行标准化。

$$S=\sqrt{\sum_{j=1}^{N}Z_j^{*2}} \tag{9.61}$$

$$Z_j^{(a)}=\frac{Z_j^*}{S} \tag{9.62}$$

最后一次迭代求得的 S 等于特征值 λ。

7）再以 $Z_j^{(a)}$为基础回到步骤 2），重复以上过程，直到两次迭代结果近似相等。

8）求第二排序轴。与第一轴一样进行步骤 1）～5），但步骤 6）在进行标准化前先应进行正交化，以使第一、第二排序轴垂直，方法如下。

计算

$$\mu=\sum_{j=1}^{N}Z_j^*e_j \tag{9.63}$$

正交化

$$Z_j^{(b)}=Z_j^*-\mu e_j \tag{9.64}$$

式中，e_j 是样方 j 在第一轴上的坐标值。

以后的步骤同第一轴。

这一方法在实际研究中应用较少，这里不再举例。

（二）无度量多维标定排序

一般的排序方法都要求 P（种）×N（样方）的原始数据矩阵，再从原始数据出发去进行排序。但是还有一类排序方法不是从原始数据出发，而是以样方间相异距离矩阵为起点，这一距离矩阵可以是基于某个相异系数而计算出来的，也可以是通过观察直接得到的样方间的某种差异。这样排序的目的是将 N 个样方排列在一定的空间，使得样方间的空间差异与原始距离矩阵保持一致，这类排序方法称为多维标定排序（multi-dimensional scaling）。如果排序依赖于相异系数的数量值，就称为有度量多维标定法（metric multi-dimensional scaling）；如果排序仅仅决定于相异系数的大小顺序，则称为无度量多维标定法（non-metric multi-dimensional scaling，NM-MDS）。前面讲到的主坐标分析就是一个有度量多维标定法（张金屯 1995；余世孝 1995b）。

无度量多维标定法包括一类排序方法，它们原设计的目的是克服以前排序方法中包括 PCA、PCoA 在内的缺点，即线性模型，NM-MDS 的模型是非线性的，能更好地反映生态学数据的非线性结构，在当时受到不少学者的重视。

在生态文献中，有人将这一类方法称为非线性排序方法（non-linear ordination），但在现代排序方法中，对应分析及其衍生的方法都是非线性排序方法。

NM-MDS 一般是通过迭代计算完成，NM-MDS 的迭代结果与初始值的选取有较大关系，也就是说不同的初始值导致不同的结果，这与 CA/RA、DCA、CCA 和 DCCA 不同，所以，采用这些方法要有工作经验，并要求使用者对数据结构比较熟悉。1977 年 Fasham 对 NM-MDS 这一类方法进行了较详细的介绍。这些方法在研究中用的频率不高，它们被少数学者所喜爱，在某些研究中据说好于 PCA 和 CA/RA（Clymo 1980；Brawn et al. 1984）。

在研究中使用较多的 NM-MDS 方法是 Shepard（1962a，1962b）和 Kruskal（1964）两种方法。下面仅简单介绍这两种方法，不再给出计算例子。

1. Shepard 方法

这一方法也称为连续性分析（continuity analysis）（Shepard 1962；Shepardand Carrol 1966），意思是说要使排序的连续性最大，即排序后样方的空间差异性与原距离矩阵差异最小。连续性大小用连续性指标 K 来表示，排序要使得 K 最小化。下面是该方法的基本步骤。

1）计算样方间的距离系数，构成 $N \times N$ 维距离平方矩阵（同 PCoA），可使用多种相异系数公式计算（见第六章）。

$$\delta = \left\{ \delta_{jk}^2 \right\} (j=k=1, 2, \cdots, N)$$

2）给出初始排序坐标值 Y。

$$Y = \left\{ y_{ij} \right\} (i=1, 2, \cdots, m;\ j=1, 2, \cdots, N)$$

式中，m 为事先确定的排序维数。

3）根据 m 维排序坐标计算样方间欧氏距离矩阵，并构成距离平方矩阵。

$$D = \left\{ d_{jk}^2 \right\} (j=k=1, 2, \cdots, N)$$

$$d_{jk}^2 = \sum_{i=1}^{m} (y_{ij} - y_{ik})^2 \tag{9.65}$$

式中，y_{ij} 和 y_{ik} 分别是样方 j 和 k 在第 i 个排序轴上的坐标初始值。

4）计算连续性指标 K。

$$K(\delta, Y) = \frac{\sum_{j=1}^{N-1} \sum_{k=j+1}^{N} \delta_{jk}^2 / d_{jk}^4}{\left[\sum_{j=1}^{N-1} \sum_{k=j+1}^{N} 1 / d_{jk} \right]^2} \tag{9.66}$$

5）调整坐标值，继续迭代过程。对于初始的排序坐标 Y 进行调整，这里的调整是根据经验进行，没有客观的标准。然后回到步骤 3），重复迭代，直到连续性指标 K 基本稳定。

赵鸣飞等（2014）基于属级“区系谱”数据，用 NM-MDS 分析了黄土高原山地森林群落植物区系，图 9.34 是 NM-MDS 二维排序图。第一排序轴主要反映了各山垂直高度不同所引起的植物属垂直分异。沿该轴从左往右，海拔依次递减。第二排序轴则反映了山地的水平分布情况，各山地沿该轴由北向南依次排开。属于同一山脉的不同山地在排序图上彼此位置接近，表明其区系组成比例接近，如同属吕梁山脉的芦芽山和关帝山，中太行和太岳山，同位于黄土高原中心位置的子午岭和黄龙山，以及六盘山脉的六盘山与其南部支脉关山等。大青山和贺兰山则与其他山地相对距离较远，反映出二者因居于区域北部和西北部边缘，大陆性气候特征凸显，对应在区系组成上与其他地区迥异。

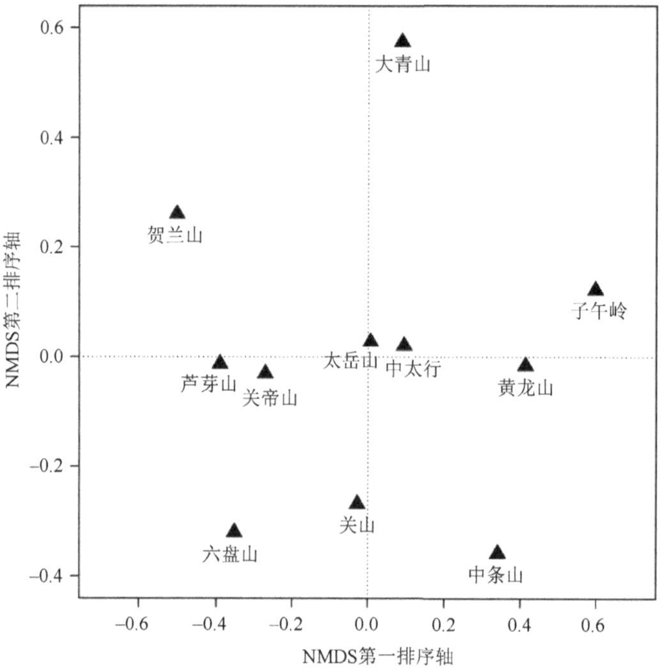

图 9.34　基于属级“区系谱”数据的黄土高原山地森林群落植物区系的 NM-MDS 二维排序图（赵鸣飞等 2014）

2. Kruskal 方法

Kruskal（1964）的方法同其他 NM-MDS 方法一样，要使得 N 个样方在 m 维排序空间中的距离与预先已知的距离保持一致。但其计算过程是通过回归分析实现的。其主要步骤如下。

1）同 Shepard 方法一样，计算样方间距离，构成 $N \times N$ 维距离矩阵（注意这里不是距离平方）。

$$\delta = \left\{\delta_{jk}\right\}$$

2）任选初始排序值，构成矩阵。

$$\boldsymbol{Y} = \left\{y_{ij}\right\} (i=1, 2, \cdots, m; \ j=1, 2, \cdots, N)$$

3）计算 N 个点排序的欧氏距离矩阵。

$$\boldsymbol{D} = \left\{d_{jk}\right\} (j, k=1, 2, \cdots, N)$$

$$d_{jk} = \sqrt{\sum_{i=1}^{m}\left(y_{ij} - y_{ik}\right)^2} \tag{9.67}$$

4）求 δ 与 $\boldsymbol{D}$ 之间的回归方程。为了衡量已知距离 δ 和初始排序距离 $\boldsymbol{D}$ 的差异程度，Kruskal 方法先要用回归分析找出这两个距离间的回归方程（或称曲线方程）。这一步是一般的回归分析，可以选用直线回归或二次、三次等非线性回归方程，但是次数越高计算就越复杂，使用者可根据情况而定。假定我们通过回归得到以下关系方程。

$$d_{jk} = f\left(\delta_{jk}\right) \tag{9.68}$$

5）重新估计样方间的排序距离。根据以上得到的回归方程，将 δ 的值代入，可一一得到 N 个点排序距离的估计值，记作 $\hat{d}_{jk}$，并构成矩阵。

$$\hat{\boldsymbol{D}} = \left\{\hat{d}_{jk}\right\}$$

6）计算 $\boldsymbol{D}$ 与 $\hat{\boldsymbol{D}}$ 的畸变指标 δ。

$$\sigma\left(\boldsymbol{D},\hat{\boldsymbol{D}}\right) = \sqrt{\frac{\sum_{j=1}^{N-1}\sum_{k=j+1}^{N}\left(d_{jk}-\hat{d}_{jk}\right)^2}{\sum_{j=1}^{N-1}\sum_{k=j+1}^{N}\left(d_{jk}-\overline{d}\right)^2}} \tag{9.69}$$

式中，$\overline{d}$ 是 $N(N–1)/2$ 个 d_{jk} 的平均值，也就是 $\boldsymbol{D}$ 矩阵对角线以上元素的平均值。

畸变指标是衡量二距离 $\boldsymbol{D}$ 和 $\hat{\boldsymbol{D}}$ 之间差异程度的指标，畸变指标 δ 的值越大，说明二距离的差异越大，反之越小。

7）调整坐标值，回到第二步，重复迭代，直到 δ 值小于我们事先给定的阈值。与连续性分析方法一样，这里调整坐标值，没有客观的方法可循，只能凭工作经验。阳含熙和卢泽愚（1981）称这种调整方法为“瞎子爬山法”，一旦摸错方向，就会大大增加工作量。

NM-MDS 方法在现代植被研究中用得较少。在英美学派的著作中，一般不作详细介绍，只是简单提及，在欧洲大陆学派中，有时有人使用。

（三）以分类为基础的排序

排序和分类是植被分析的两个主要方面。植被研究的实践证明，将排序和分类结合使用能更好地反映群落间的生态关系。目前已有不少基于排序之上的分类方法，如 TWINSPAN 分类、模糊 *C*-均值聚类等（见第六章），它们的效果优于一般的分类方法（张金屯 1994a，1996a，2011）。

这里我们介绍一个以分类为基础的排序方法，假定我们调查得到原始数据矩阵 $\boldsymbol{X}$（$P\times N$），P 为种数，N 为样方数，则该方法的分析步骤如下。

1）以原始数据矩阵 $\boldsymbol{X}$ 为基础，对样方进行分类，可选用数量分类方法或传统定性分类方法。排序只与分类的结果有关，而与分类方法无关，这样 N 个样方被分为 K 个群落类型。

2）对每一群落类型计算每个种的形心值，它等于该种在某类型所有样方中观测值的平均。这样得到一个形心矩阵 $\boldsymbol{C}(P\times K)$，$P$ 为种数，K 为群落类型数。

3）计算排序坐标值。

$$\boldsymbol{Y}=\boldsymbol{C}^{\mathrm{T}}\boldsymbol{X} \tag{9.70}$$

式中，$\boldsymbol{Y}$ 为 $K\times N$ 维矩阵，代表 K 个排序轴的坐标值，这里 $\boldsymbol{C}$ 可以看作一个由 K 个特征向量组成的矩阵，而 $\boldsymbol{Y}$ 相当于 PCA 正分析的前 K 个主分量（Orloci 1978）。但在生态意义解释上，该方法较 PCA 容易，因为 ***C*** 矩阵中的值是种类在群落类型中的平均值，所以，***Y*** 矩阵中的值反映了每个样方与群落类型之间的关联程度。从数学原理上讲，*K* 个排序轴没有顺序性，它决定于群落类型的排列顺序。在二维排序图上一般选在种类组成上相差最大的两个群落类型所对应的排序轴作图，以使排序较好地反映一定的生态梯度。

张金屯（1996b）用该方法对德国西北部 Hopsten 自然保护区草地植被的 37 个样方 45 个种的数据进行了分析，结果证明该方法是一个有效的排序方法，排序轴的生态意义明确，群落类型界限清晰（图 9.35）。作者还将该方法的结果与目前国际上最常用的排序方法——除趋势对应分析（DCA）的结果进行了比较，证明二者有很高的吻合性，进一步肯定了它的排序结果。

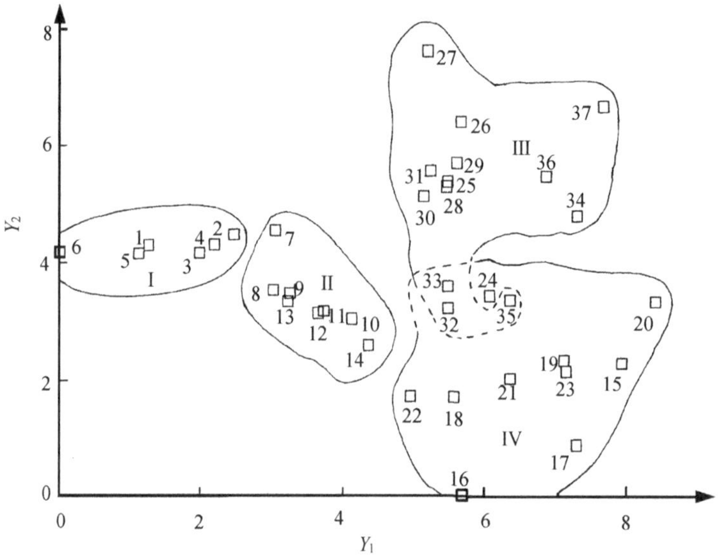

图 9.35 德国 Hopsten 自然保护区草地以分类为基础的排序（张金屯 1996b）

（四）四角分析

四角分析（fourth-corner analysis）通过群落数据能直接检验物种功能性状和环境结构之间的联系，提供了一种分析与二元数据（种存在-不存在）的行和列相关联的补充变量之间关系的方法，还可用于多度数据。它同时需要四个数据矩阵，第一个矩阵 ***R***$(n\times m)$ 包括 *n* 样方的 *m* 个环境变量，第二个矩阵 ***L***$(n\times p)$ 包括 *n* 样方的 *p* 个物种多度（或存在与否二元数据），第三个矩阵 ***Q***$(p\times s)$ 表示 *p* 物种的 *s* 个功能性状，第四个矩阵 ***D***$(m\times s)$ 包括 *m* 环境变量和 *s* 功能性状的关系（Legendre et al. 1997；Dray and Legendre 2008）。分析步骤如下。

（1）原始数据矩阵转换

R 和 ***Q*** 的变量可以是定量变量或定性变量，通过两种方式转换原始数据（图 9.36），第一种方式是依据对应表，***L*** 表的 *c* 非空单元格（图 9.37），第二种方式是依据发生表（如 ***L*** 表的 *o* 个体）（图 9.38）。

L（$n \times p$）

n	1	0
	3	2
	0	2

R（m）

1.8
1.2
0.7

$\boldsymbol{Q}^t$（s）

2	1.4

图 9.36　原始数据矩阵

$\boldsymbol{R}_c$（m）	$\boldsymbol{X}_c$（n）			$\boldsymbol{D}_c$（权重）	$\boldsymbol{Y}_c$（p）		$\boldsymbol{Q}_c$（s）
1.8	1	0	0	1/8	1	0	2
1.2	0	1	0	3/8	1	0	2
1.2	0	1	0	2/8	0	1	1.4
0.7	0	0	1	2/8	0	1	1.4

图 9.37　依据对应表转换原始数据矩阵

$\boldsymbol{R}_o$（m）	$\boldsymbol{X}_o$（n）			$\boldsymbol{D}_o$（权重）	$\boldsymbol{Y}_o$（p）		$\boldsymbol{Q}_o$（s）
1.8	1	0	0	1/8	1	0	2
1.2	0	1	0	1/8	1	0	2
1.2	0	1	0	1/8	1	0	2
1.2	0	1	0	1/8	1	0	2
1.2	0	1	0	1/8	0	1	1.4
1.2	0	1	0	1/8	0	1	1.4
0.7	0	0	1	1/8	0	1	1.4
0.7	0	0	1	1/8	0	1	1.4

图 9.38　依据发生表转换原始数据矩阵

（2）连接两个定量变量

假设 $\boldsymbol{R}$ 和 $\boldsymbol{Q}$ 包含单个定量变量，计算 Pearson 相关系数 r 以测定物种功能性状和环境变量连接，可以用三种不同方式计算：

1）用发生表的相关系数 $r = \boldsymbol{Q}_o^t \boldsymbol{D}_o \boldsymbol{R}_o$

2）用对应表的加权相关系数 $r = \boldsymbol{Q}_c^t \boldsymbol{D}_c \boldsymbol{R}_c$

3）使用原始表的加权互相关系 $r = \boldsymbol{Q}^t \boldsymbol{P}^t \boldsymbol{R}$

（3）连接两个定性变量

假设定性物种功能性状（k_q 类别）和定性环境变量（k_r 类别），计算χ^2 统计量测定物种功能性状和环境变量连接。

$$\chi^2 = \operatorname{trace}\left[\left(\boldsymbol{D}_{k_q}^{-1}\boldsymbol{Q}^t\boldsymbol{P}^t\boldsymbol{R}\boldsymbol{D}_{k_r}^{-1} - 1_{k_q}1_{k_r}^t\right)\times \boldsymbol{D}_{k_r}\left(\boldsymbol{D}_{k_r}^{-1}\boldsymbol{R}^t\boldsymbol{P}\boldsymbol{Q}\boldsymbol{D}_{k_q}^{-1} - 1_{k_r}1_{k_q}^t\right)\boldsymbol{D}_{k_q}\right] \tag{9.71}$$

（4）连接一个定性变量和一个定量变量

假设定性环境变量（k_r类别）和定量物种功能性状，计算相关比 η^2 统计量以测定定量物种功能性状和定性环境变量连接。

$$\eta^2 = \text{trace}\left[\left(\boldsymbol{Q}^t\boldsymbol{P}^t\boldsymbol{R}\right)\boldsymbol{D}_{k_r}^{-1}\left(\boldsymbol{Q}^t\boldsymbol{P}^t\boldsymbol{R}\right)^t\right] \tag{9.72}$$

（5）多元统计

假设 $\boldsymbol{R}$ 和 $\boldsymbol{Q}$ 包含多个定量变量和定性变量，定量变量标准化后表示为 $\boldsymbol{D}_p(\boldsymbol{Q})$，$\boldsymbol{D}_n(\boldsymbol{R})$，定性变量编码为虚拟变量。

$$S_{RLQ} = \text{trace}(ZD_rZ^tD_q) \tag{9.73}$$

$$Z = \left(\boldsymbol{Q}\boldsymbol{D}_q^{-1}\right)^t\left(\boldsymbol{P} - \boldsymbol{D}_n 1_n 1_p^t D_p\right)^t\left(\boldsymbol{R}\boldsymbol{D}_r^{-1}\right) \tag{9.74}$$

式中，矩阵 $\boldsymbol{D}_r$ 和 $\boldsymbol{D}_q$ 包含 $\boldsymbol{R}$ 和 $\boldsymbol{Q}$ 的列的权重。

（6）检验生态学假设

第一步是物种功能性状和环境连接的数量化；第二步是如果连接可能归功于机会，则需评估它是简约假设或者是否反映生态过程。检验程序必须应用原始数据矩阵，而不是膨胀的表，排列程序可以解决这个问题。

（五）RLQ 分析及与四角分析的结合

RLQ 分析（RLQ analysis）是一般的三个表格的排序方法，$\boldsymbol{R}$ 指的是样地的环境变量数据矩阵，$\boldsymbol{Q}$ 指的是物种的功能性状数据矩阵，$\boldsymbol{L}$ 指的是样地-物种的数据矩阵，包括样地中出现的物种的个体数量，描述物种的栖息地利用信息。为了连接有机体的生物学特性和居住环境，提出了 RLQ 分析（$\boldsymbol{R}$ 模式联系 $\boldsymbol{Q}$ 模式，*R*-mode linked to *Q*-mode）。四角分析和 RLQ 分析均与样地的物种功能性状（$\boldsymbol{Q}$ 矩阵）、环境变量（$\boldsymbol{R}$ 矩阵）、物种多度矩阵（$\boldsymbol{L}$，多度或存在与否数据）相关。

RLQ 分析为了连接 $\boldsymbol{R}$、$\boldsymbol{L}$ 和 $\boldsymbol{Q}$ 的结构，需要建立三矩阵（$\boldsymbol{R}^t\boldsymbol{D}_I\boldsymbol{L}\boldsymbol{D}_J\boldsymbol{Q}$，$\boldsymbol{D}_q$，$\boldsymbol{D}_p$）。RLQ 分析的目标是寻找 $\boldsymbol{D}_p$-规范轴 b_1 和 $\boldsymbol{D}_q$-规范轴 c_1，内部关系最大化：

$$\left(\boldsymbol{R}^t\boldsymbol{D}_I\boldsymbol{L}\boldsymbol{D}_J\boldsymbol{Q}\boldsymbol{D}_q c_1 \mid b_1\right)_{\boldsymbol{D}_p} = \left(\boldsymbol{Q}^t\boldsymbol{D}_J\boldsymbol{L}^t\boldsymbol{D}_I\boldsymbol{R}\boldsymbol{D}_p b_1 \mid c_1\right)_{\boldsymbol{D}_q} \tag{9.75}$$

为了得到 RLQ 分析的更多的功能性状，使 $x_1 = \boldsymbol{R}\boldsymbol{D}_p b_1$ 和 $\overline{x}_1$ 对应正常的向量：

$$\overline{x}_1 = \frac{\boldsymbol{R}\boldsymbol{D}_p b_1}{\left\|\boldsymbol{R}\boldsymbol{D}_p b_1\right\|_{D_I}} \tag{9.76}$$

进一步，使 $y_1 = \boldsymbol{R}\boldsymbol{D}_q c_1$ 和 $\overline{y}_1$ 对应正常的向量：

$$\overline{y}_1 = \frac{\boldsymbol{Q}\boldsymbol{D}_q c_1}{\left\|\boldsymbol{Q}\boldsymbol{D}_q c_1\right\|_{D_J}} \tag{9.77}$$

然后，内部关系被 RLQ 分析最大化，重新写为

$$\left(\boldsymbol{L}\boldsymbol{D}_J\boldsymbol{Q}\boldsymbol{D}_q c_1 \mid \boldsymbol{R}\boldsymbol{D}_p b_1\right)_{\boldsymbol{D}_I} = x^t\boldsymbol{D}_I\boldsymbol{L}\boldsymbol{D}_J y = \left(\boldsymbol{L}\boldsymbol{D}_J\overline{y}_1 \mid \overline{x}_1\right)_{\boldsymbol{D}_I}\left\|\boldsymbol{R}\boldsymbol{D}_p b_1\right\|_{\boldsymbol{D}_I}\left\|\boldsymbol{Q}\boldsymbol{D}_q c_1\right\|_{\boldsymbol{D}_J} \tag{9.78}$$

Dolédec 等（1996）沿着城市-乡村梯度调查了 51 个样地，用丰富度的点指数（point indices of abundance，IPA）方法记录了 40 种鸟类。每个样地用 11 个生境特征描述城市化程度（村庄、建筑、人类活动，如道路工程、工厂）和风景建设（植被覆盖）。记录

取食和繁殖属性的取食习性、取食层、繁殖层、迁徙策略 4 个物种功能性状。

总结 RLQ 分析结果，用图 9.39 来表示 RLQ 分析的第一轴的三矩阵排序。从环境变量（***R***）来看 RLQ 分析保留了城市-乡村梯度，根据城市-乡村梯度和选定的一组物种功能性状（***Q***），物种在样地中的分布被安排（***L***），结果是 RLQ 分析能区分主要与饲养层相关的类别。地面饲养普遍存在于乡村地区，而鸟类飞行中取食发生在城市地区。此外，鸟类在农村地区的地面和下层繁殖，而在城市地区的建筑物上繁殖。

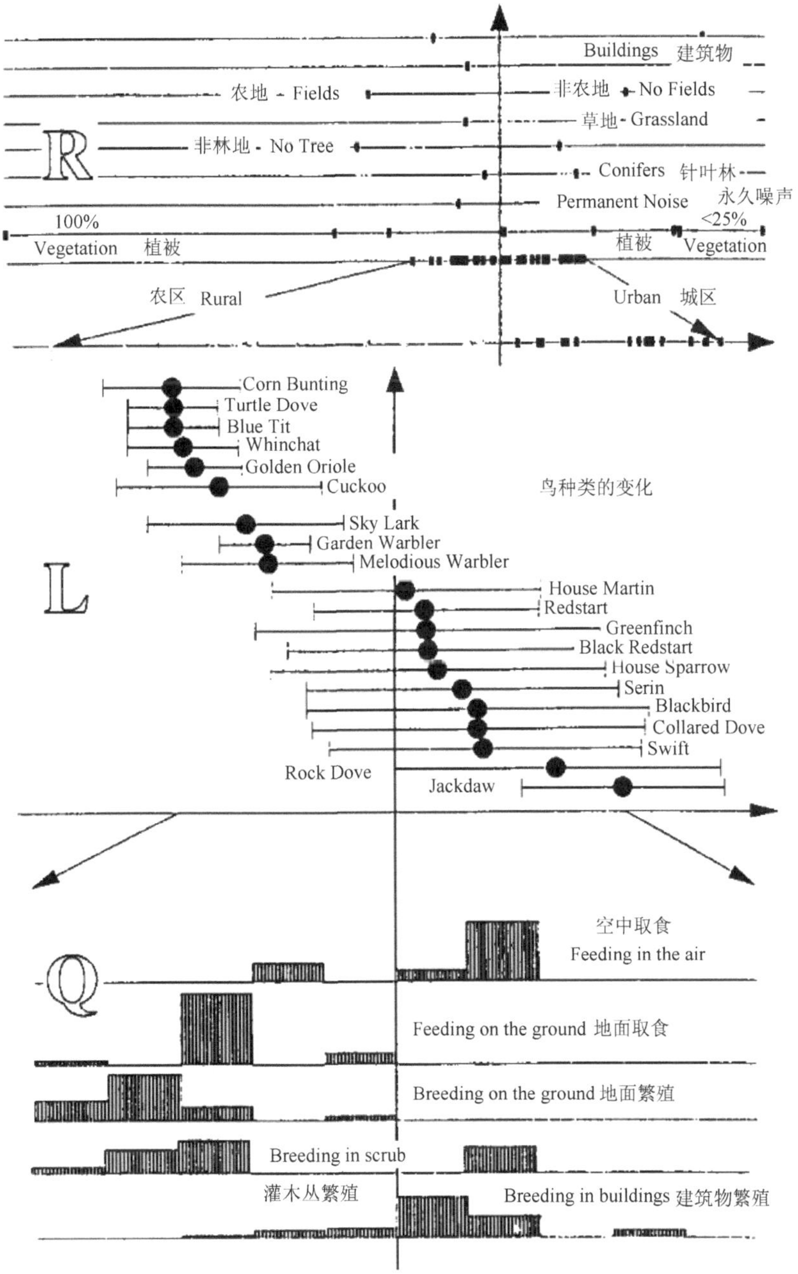

图 9.39 鸟类沿着城市-乡村梯度的 RLQ 分析结果图

六、邻体矩阵主坐标分析和方差分解

（一）邻体矩阵主坐标分析（PCNM）

邻体矩阵主坐标分析（principal coordinate analysis of neighbor matrices，PCNM）就是要考虑样方空间位置关系的主坐标分析。生态学调查取样点之间往往具有空间位置关系，这些空间关系一方面可能是因为环境因素自相关造成的，另一方面可能是因为生物传播限制造成的，所以结合环境变量和取样点之间的空间结构可以更好地解释物种或者群落属性的变化。有了 N 个取样点的空间位置坐标，我们就可以通过这个 x，y 坐标来模拟各种可能存在的空间结构。如何获取或模拟各种各样的空间结构，就是通过主坐标分析来实现。PCNM 将邻体距离（样方间的欧氏距离）组成的矩阵，转换成一系列所有尺度上的空间解释变量，选取与响应变量（生态属性值）相关的空间解释变量进行生态学分析。PCNM 是通过空间自相关理论来分析的（Borcard et al. 2004），其功能相当于 Moran 的特征向量图（描述空间自相关）的特例。

首先计算 N 个取样点之间的距离矩阵，然后选择样方位置间地理距离矩阵的阈值，利用阈值来截取（truncate）邻体距离矩阵，即对样方间的距离矩阵中大于阈值的距离按阈值的 4 倍进行计算，然后对按阈值截取后的邻体距离矩阵进行主坐标分析，那么得到第 1 到第 N 个主坐标变量都是潜在的空间结构。这些空间结构可以用 N 个变量构成的取样点-主坐标矩阵来表示，这个就是空间变量矩阵（PCNM 变量），然后筛选出显著的空间变量，它和普通的环境因子矩阵一样，可以作为解释变量，参与多元回归预测或典范对应分析（Legendre et al. 2009）。响应变量可以是单变量也可以是多变量。

如果通过各种不同的方法模拟出来的空间结构能够很好地解释响应变量，说明响应变量之间存在着预想的空间结构。那么为什么响应变量会存在这些空间结构呢？有可能是某些环境因子具有这种空间结构，导致了这种空间特征。这些环境因子可能已经被测量，也可能还没有被测量，所以获得 PCNM 变量后，就是要将 PCNM 作为一组解释变量，跟已经测得的环境变量一起，对响应变量进行解释（方差分解），可以检验已测环境因子是否有类似的空间结构而导致响应变量的空间结构。当然，也可能是响应变量本身具有的此类结构，而不是由环境因子引起，这就是 PCNM 单独解释的部分。

PCNM 首先计算样方间距离矩阵，然后选择距离阈值，样方间的距离大于或等于阈值的距离保留，小于阈值的距离被削减，对削减后的距离矩阵进行主坐标分析，结果会产生一系列空间解释变量（PCNM 变量），然后筛选出显著的空间变量参与多元回归预测或典范分析（图 9.40）。

PCNM 分析步骤如下。

1）根据样方位置信息计算样方间的欧氏距离，得距离矩阵 $\boldsymbol{D}$。

$$\boldsymbol{D}=\left\{d_{ij}\right\}$$

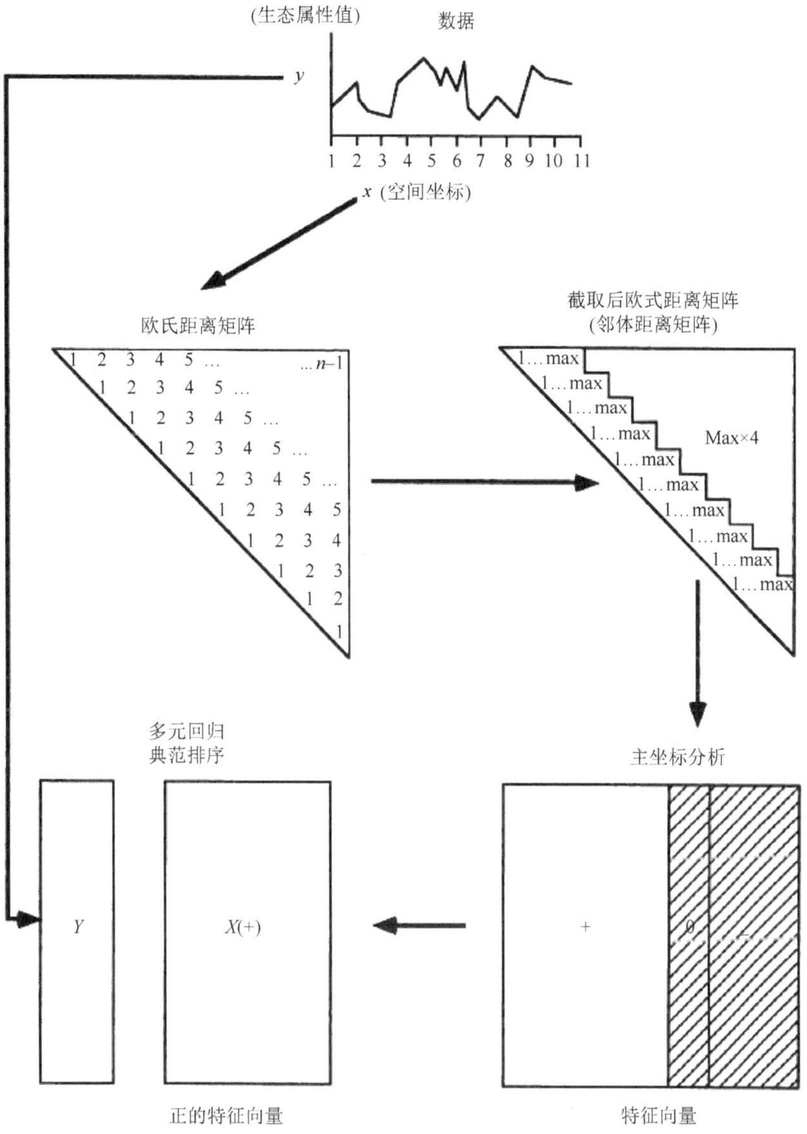

图 9.40 PCNM 分析过程示意图（Borcard and Legendre 2002）

2）选择一个临界值 t，得到一个截取的距离矩阵 $\boldsymbol{D}^*$。

$$\boldsymbol{D}^* = \left\{ {d^*}_{ij} \right\} = \begin{Bmatrix} d_{ij}, \text{如果} d_{ij} \leqslant t \\ 4t, \text{如果} d_{ij} > t \end{Bmatrix} \tag{9.79}$$

3）PCoA 主坐标分析：对上面生成的 $\boldsymbol{D}^*$矩阵进行主坐标分析，对角化之后可以计算得出特征向量、特征根。选取特征根值为正对应的特征向量（特征根值大的特征向量，代表较大尺度上的空间关系；特征根值小的特征向量，代表较小尺度上的空间关系）。

a）计算离差矩阵 $\boldsymbol{S}$。

$$\boldsymbol{S} = \left\{ S_{ij} \right\} \ (i, j = 1, 2, 3, \cdots, n)$$

$$S_{ij}=\left[-1/2\left(d_{ij}^{*2}-d_{i.}^{*2}-d_{.j}^{*2}+d_{..}^{*2}\right)\right]=-\frac{1}{2}\left(\boldsymbol{I}-\frac{11^t}{n}\right)D_2^*\left(\boldsymbol{I}-\frac{11^t}{n}\right) \tag{9.80}$$

$$d_{ij}^{*2}=\frac{1}{n}\sum\nolimits_{j=1}^{n}d_{ij}^{*2},\ d_{.j}^{*2}=\frac{1}{n}\sum\nolimits_{i=1}^{n}d_{ij}^{*2},\ d_{..}^{*2}=\frac{1}{n}\sum\nolimits_{i=1}^{n}d_{i.}^{*2},\ D_2^*=\left[\left(d_{ij}^*\right)^2\right]$$

式中，$\boldsymbol{I}$ 是单位矩阵，1 代表距离是 1 的向量。

b）求 $\boldsymbol{S}$ 矩阵的特征根，公式同其他排序方法。

$$|\boldsymbol{S}-\lambda\boldsymbol{I}|=\begin{bmatrix} S_{11}-\lambda & S_{12} & \cdots & S_{1N} \\ S_{21} & S_{22}-\lambda & \cdots & S_{2N} \\ \vdots & \vdots & & \vdots \\ S_{N1} & S_{N2} & \cdots & S_{NN}-\lambda \end{bmatrix}=0 \tag{9.81}$$

可解得 n 个特征根，依其大小可排成 $\lambda_1 \geqslant \lambda_2 \geqslant \cdots \geqslant \lambda_n$，其中必有 0 根，因为 n 个点最多只有 n–1 维。假定非 0 的特征根的个数为 m。

c）求特征根相对应的特征向量。

$$\left(\boldsymbol{S}-\lambda\boldsymbol{I}\right)U_k=\begin{bmatrix} S_{11}-\lambda_k & S_{12} & \cdots & S_{1N} \\ S_{21} & S_{22}-\lambda_k & \cdots & S_{2N} \\ \vdots & \vdots & & \vdots \\ S_{N1} & S_{N2} & \cdots & S_{NN}-\lambda_k \end{bmatrix}\begin{bmatrix}\boldsymbol{U}_{k1} \\ \boldsymbol{U}_{k2} \\ \vdots \\ \boldsymbol{U}_{kN}\end{bmatrix}=0 \tag{9.82}$$

式中，λ_k 代表第 k 个特征根；$\boldsymbol{U}_k$ 代表第 k 个特征根相对应的特征向量，k=1, 2, $\cdots$, n。

d）求排序坐标。

$$y_{jk}=U_{kj}\sqrt{\lambda k}\ (j=k=1, 2, \cdots, N) \tag{9.83}$$

式中，y_{jk} 表示样方 j 在第 k 个排序轴上的坐标值；U_{kj} 表示第 k 个特征根 λ_k 所求对应的第 k 个特征向量中的第 j 个值。这样，我们可以求得前 k 个主要排序轴，其保留信息量同样可以表示为

$$\sum_{i=1}^{k}\lambda_i \Big/ \sum_{i=1}^{m}\lambda_i$$

式中，m 是非 0 特征根的数目。

4）选取保留具有空间正相关的 PCNM 变量。虽然在标准的特征根图（MEM）分析内，Moran 指数是特征根的线性函数，但在 PCNM 分析中特征根与空间相关系数并没有简单的关系，因此需要及时计算 Moran 指数，用 Z-检验 Moran's I 指数。

Moran's I 指数公式

$$I=\frac{N\sum_{i=1}^{N}\sum_{j=1}^{N}\boldsymbol{W}_{ij}(x_i-\overline{x})(x_j-\overline{x})}{\left(\sum_{i=1}^{N}\sum_{j=1}^{N}\boldsymbol{W}_{ij}\right)\sum_{i=1}^{N}(x_i-\overline{x})^2}\quad (i\neq j) \tag{9.84}$$

式中，$\boldsymbol{W}_{ij}$ 是权重矩阵。

$\boldsymbol{W}_{ij}$=1，当 i 与 j 样方距离在划分距离范围内；$\boldsymbol{W}_{ij}$=0，当 i 与 j 样方距离超出距离范围外。

Moran's I 值的期望值

$$E(I) = -1/(n-1) \tag{9.85}$$

Moran's I 值的方差

$$V(I) = E(I^2) - E(I)^2 \tag{9.86}$$

Z_I 值的计算

$$Z_I = \frac{I - E(I)}{\sqrt{V(I)}} \tag{9.87}$$

查对应显著水平 $P \leqslant 0.01$ 下的正态分布表，与 Z_I 值比较，选择大于 Z_I 的 Moran's I 指数，最后选择对应的 PCNM 变量（选取 $P \leqslant 0.01$ 的特征向量）。

5）PCNM 变量与生态属性建立回归关系并检验偏回归显著性。把上面选出的特征向量作为解释变量，生态属性值（如物种丰富度、重要值等）作为响应变量使用向前选择（forward selection）方法（可用 CACOCO 进行）建立回归关系，同时采用 999 次模拟的置换检验（permutation test）方法检验 PCNM 变量是否与生态属性有显著关系。

用 Bonferroni 方法对回归方程进行显著性检验，最终选择满足显著水平 α/n 的 PCNM 变量（其中 α 是显著水平 0.01，n 为检验次数）。

6）环境变量的置换检验。采用 999 次模拟的置换检验（permutation test）方法，把环境变量与生态属性值进行回归，选择显著的环境因子。

7）拟合 PCNM 变量。用地统计学中的变异函数模型，如球状模型或指数模型等去拟合 PCNM 因子的变程（variogram range），最终可根据 PCNM 变量的变程将 PCNM 变量划分为多个尺度下的子模型。

基于尺度相似性原则，多个检验显著的 PCNM 特征向量将划分成多个子模型。由于不同子模型对应不同尺度，故以子模型为响应变量，检验显著的环境变量为解释变量，可以得到多个尺度上的线性回归方程。

8）对空间变量和环境变量进行多元回归或典范分析。可以把筛选出的 PCNM 变量和环境变量作为解释变量，生态属性为解释变量进行回归分析或者典范分析进行分解方差，判定它们的关系和贡献。方差分解方法见后面部分。

图 9.41 是两个随机样点数据集（各 100 个样点）的 PCNM 模拟分析例子，横轴表示样方（样点）。分别取第 1 和第 15 PCNM 特征向量（1a、ab、2a、2b）和第 1 和第 15 PCNM Moran's 特征向量（3a、3b、4a、4b）。两个随机样点数据集的分析采用不同的权重，结果相差很大，详见 Dray 等（2006）。

图 9.42 是一个 1hm^2 样地数据 PCNM 分析的 Moran 特征向量图。1hm^2 样地被分为 25 个 20m×20m 的样方进行 PCNM 分析，所得经 PCoA 分析和检验选出的 PCNM 15 个变量，这里列出其中 6 个变量。可以看出前面的变量（PCNM 1～PCNM 4）在大尺度上空间自相关显著（同色方格集中分布），后面的变量（PCNM 14、PCNM 15）在小尺度上自相关显著（同色方格分散分布）。

PCNM 多用于生态野外数据分析，可表示多个空间尺度上和任何取样设计中样点之间的空间关系（Borcard et al. 2004）。缺点是缺少数学形式体系表达，阈值选择需谨慎（Dray et al. 2006），另外，在研究区域没有的测量环境因子也可能存在空间自相关，也往往计入空间关系，导致群落间的空间关系被高估（Smith and Lundholm，2010）。

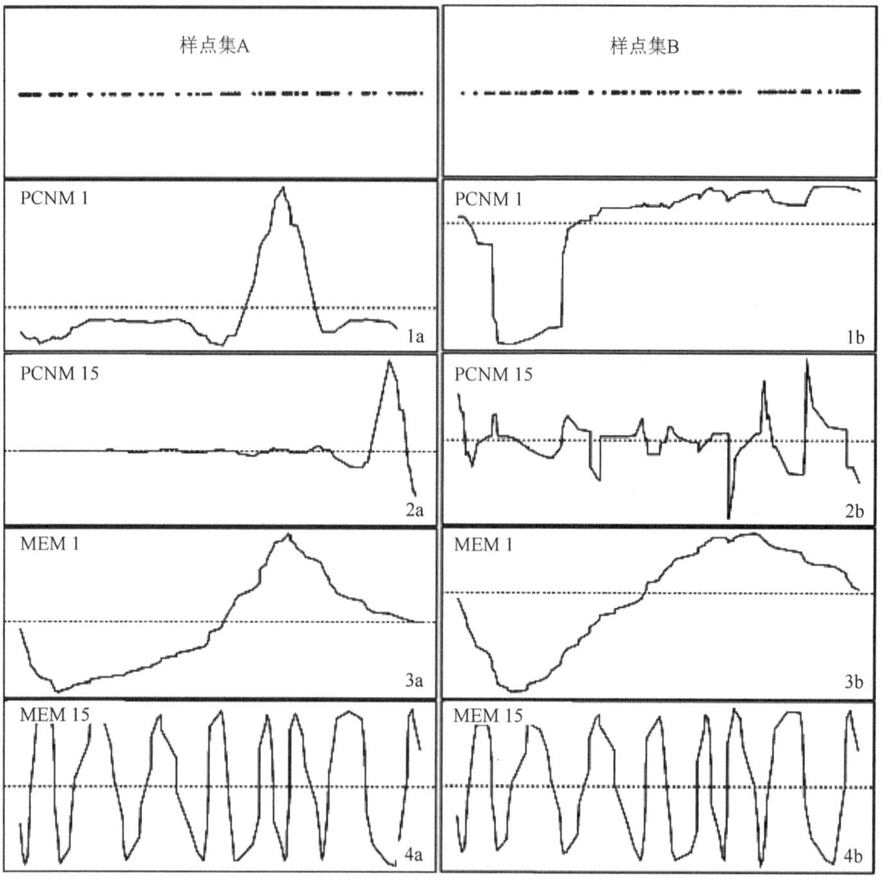

图 9.41　两个随机样点数据集（各 100 个样点）的 PCNM 模拟分析图（Dray et al. 2006）
分别取第 1 和第 15 PCNM 特征向量（1a、ab、2a、2b）和第 1 和第 15 PCNM Moran's 特征向量（3a、3b、4a、4b）；横轴表示样点

通过方差分解，我们可以了解到每个解释变量对响应变量的单独贡献率及多个解释变量对响应变量的共同解释量。方差分解可以通过多元回归或典范排序分析实现，后者在 CANOCO 软件中很容易完成。

（二）生态方差分解

方差分解（variance decomposition）可分析当两个或多个互补的假设来解释生态响应变量时的变化方差（Borcard et al. 1992，2004；Borcard and Legendre 2002）。例如，研究 β 多样性时，环境因子的影响和取样地空间变化的影响可以通过方差分解来区分，不同环境因子的作用同样也可以通过方差分解来判定。现举一简单例子说明，以两个解释变量为例。如图 9.43 为两变量 α 和 β 对物种数据总方差解释量的示意图，图 9.43 中[a]表示唯一被变量 α 所解释而没有被变量 β 所解释的方差部分，图 9.43 中[b]表示唯一被变量 β 所解释而没有被变量 α 所解释的方差部分，图 9.43 中[c]表示被变量 α 和 β 共同解释的方差部分，图 9.43 中[d]表示未被解释的方差部分（残留方差），矩形即物种数据的总方差。

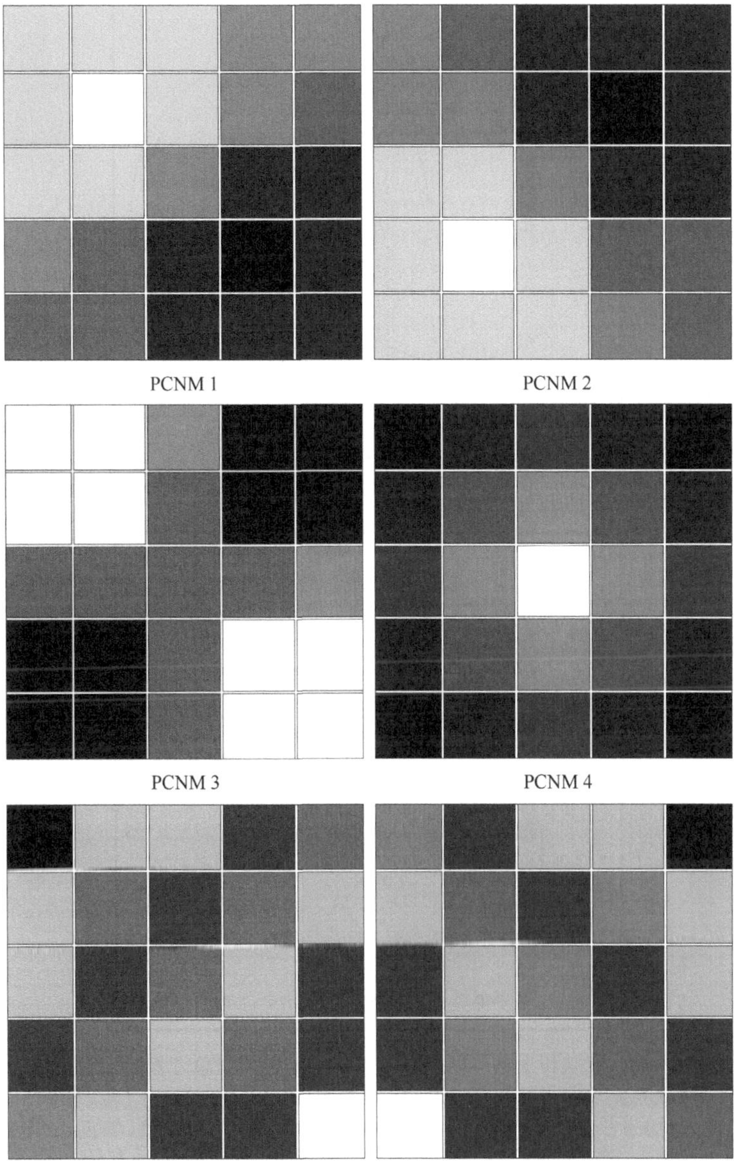

图 9.42 1hm^{2}样地 PCNM 分析的 Moran 特征向量图

这里以小龙门林场的黄檗生存群落为例进行方差分解。张斌（2010）研究表明，小龙门林场的黄檗生存群落具有较高的 β 多样性，即群落组成数据的总方差较大。排序分析表明海拔、坡向（朝北程度）和土壤厚度这 3 个环境因子对群落的空间分布有显著影响。由于小龙门林场的黄檗主要沿南沟分布，取样点也是依沟设置，暂且不考虑空间变量的影响，这里考虑环境变量的方差问题，也可以清楚知道各个排序轴对群落组成数据方差的解释量大小。

选取的 3 个环境变量分别是海拔、坡向（朝北程度）和土壤厚度。由它们所解释的群落数据总方差的方差分解如图 9.44 所示。

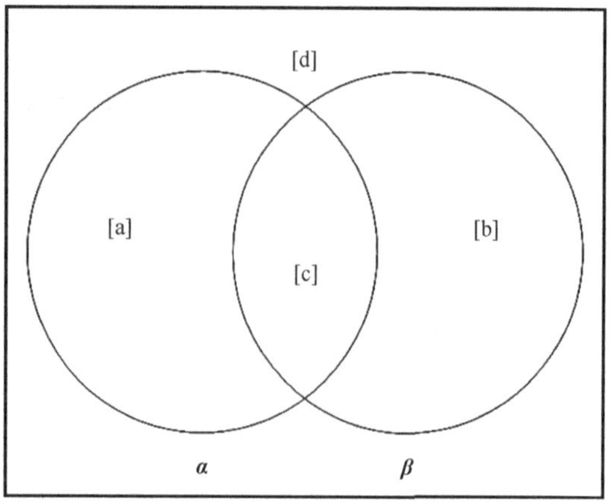

图 9.43　物种数据方差分解 Venn 示意图

α 和 β 为解释变量，包括[a]、[b]、共同解释部分[c]和残留方差[d]，矩形代表物种数据总方差

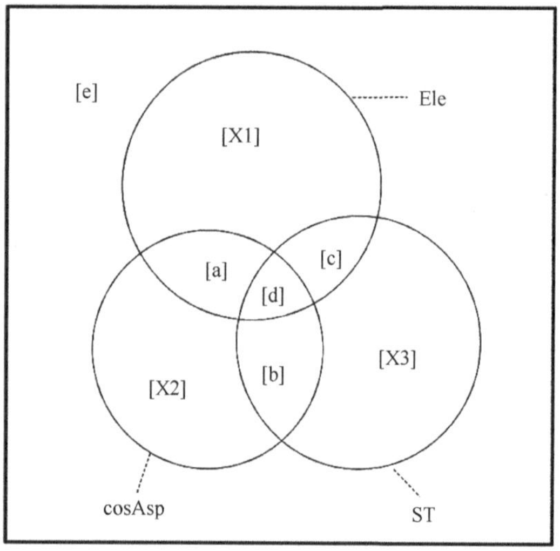

图 9.44　由海拔、坡向和土壤厚度所解释的群落物种数据总方差的方差分解 Venn 图

Ele. 海拔；cosAsp. 坡向余弦值；ST. 土壤厚度。[X1]、[X2]、[X3]分别表示海拔、坡向（朝北程度）、土壤厚度独立解释的方差部分；[a]、[b]、[c]分别表示海拔-坡向（朝北程度）、坡向（朝北程度）-土壤厚度、海拔-土壤厚度两变量所解释方差的交集；[d]表示海拔-坡向（朝北程度）-土壤厚度三变量所解释方差的交集；[e]表示未解释的方差（残留方差）；矩形表示物种数据总方差

（1）方差分解的步骤

若用 ***Y*** 表示物种数据矩阵，***E*** 表示海拔矩阵，***C*** 表示坡向（朝北程度）矩阵，***S*** 表示土壤厚度矩阵，方差分解步骤依次如下。

1）***Y***～（***E***，***C***，***S***）的典范排序

对物种数据矩阵和由海拔-坡向-土壤厚度三变量构成的环境矩阵进行典范分析，得到三变量对物种数据方差的解释量，即图 9.44 中 3 个圆合起来的面积，记为 *M*，*M*=[X1]+[X2]+[X3]+[a]+[b]+[c]+[d]。

2）***Y***～（***E***，***C***），（***S***）的典范排序

对物种数据矩阵、海拔-坡向构成的环境矩阵和土壤厚度矩阵进行典范分析，其中

土壤厚度矩阵作为协变量参与分析，得到除去土壤厚度外（包括三变量解释的交集[d]，***S*** 与 ***E***、***S*** 与 ***C*** 共同解释的部分），海拔-坡向两变量对物种数据方差的解释量，记为[X1]+[X2]+[a]。

3）***Y***～（***S***），（***E***，***C***）的典范排序

对物种数据矩阵、土壤厚度矩阵和海拔-坡向构成的环境矩阵进行典范分析，其中海拔-坡向构成的环境矩阵作为协变量参与分析，得到除去海拔-坡向两变量外（包括三变量解释的交集[d]，***E*** 与 ***C***、***S*** 与 ***E***、***S*** 与 ***C*** 共同解释的部分），土壤厚度对物种数据方差的解释量，记为[X3]。

至此可以得到 ***S*** 与 ***E-C*** 共同解释的方差部分，为[M]-([X1]+[X2]+[a]+[X3])=[b]+[c]+[d]，记为 m_1。

4）***Y***～（***E***，***S***），（***C***）的典范排序

对物种数据矩阵、海拔-土壤厚度构成的环境矩阵和坡向矩阵进行典范分析，其中坡向矩阵作为协变量参与分析，得到除去坡向外（包括三变量解释的交集[d]，***C*** 与 ***E***、***C*** 与 ***S*** 共同解释的部分），海拔-土壤厚度两变量对物种数据方差的解释量，记为[X1]+[X3]+[c]。

5）***Y***～（***C***），（***E***，***S***）的典范排序

对物种数据矩阵、坡向矩阵和海拔-土壤厚度构成的环境矩阵进行典范分析，其中海拔-土壤厚度矩阵作为协变量参与分析，得到除去海拔-土壤厚度两变量外（包括三变量解释的交集[d]，***E*** 与 ***S***、***C*** 与 ***E***、***C*** 与 ***S*** 共同解释的部分），坡向对物种数据方差的解释量，记为[X2]。

至此可以得到 ***C*** 与 ***E-S*** 共同解释的方差部分，为[M]-([X1]+[X3]+[c]+[X2])=[a]+[b]+[d]，记为 m_2。

6）***Y***～（***C***，***S***），（***E***）的典范排序

对物种数据矩阵、坡向-土壤厚度构成的环境矩阵和海拔矩阵进行典范分析，其中海拔矩阵作为协变量参与分析，得到除去海拔外（包括三变量解释的交集[d]，***E*** 与 ***C***、***E*** 与 ***S*** 共同解释的部分），坡向-土壤厚度两变量对物种数据方差的解释量，记为[X2]+[X3]+[d]。

7）***Y***～（***E***），（***C***，***S***）的典范排序

对物种数据矩阵、海拔矩阵和坡向-土壤厚度构成的环境矩阵进行典范分析，其中坡向-土壤厚度矩阵作为协变量参与分析，得到除去坡向-土壤厚度两变量外（包括三变量解释的交集[d]，***C*** 与 ***S***、***E*** 与 ***C***、***E*** 与 ***S*** 共同解释的部分），海拔对物种数据方差的解释量，记为[X1]。

至此可以得到 ***E*** 与 ***C-S*** 共同解释的方差部分，为[M]-([X2]+[X3]+[d]+[X1])=[a]+[c]+[d]，记为 m_3。

8）方差组分的计算

以上七步分别得到[M]、[X1]、[X2]、[X3]、m_1、m_2、m_3，由[M]减去（[X1]+[X2]+[X3]）可得[a]+[b]+[c]+[d]，记为 m_0，并依次求得[a]=m_0-m_1，[b]=m_0-m_3，[c]=m_0-m_2，[d]=$(m_1+m_2+m_3)-2m_0$。

（2）方差分解的结果及解释

各组分的情况如下：[M]=0.521，[X1]=0.181，[X2]=0.128，[X3]=0.167，[a]=0.038，[b]= –0.003，[c]=0.005，[d]=0.005，其中[b]为负值，可将其解释为零（Legendre P and Legendre L 1983）。具体结果参见图 9.45。

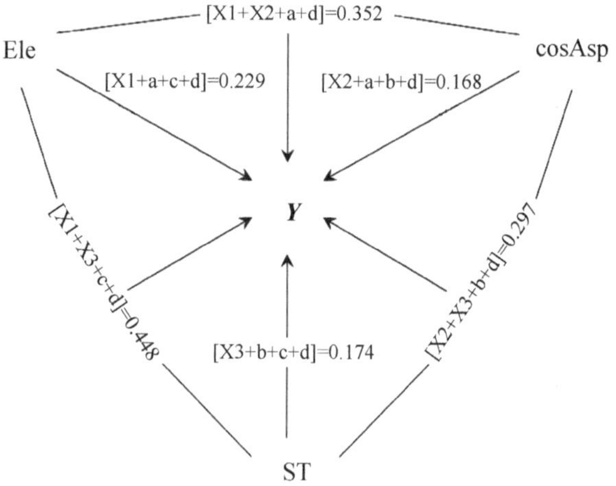

图 9.45　海拔、坡向和土壤厚度所解释的群落物种数据总方差的方差分解示意图

Ele. 海拔；cosAsp. 坡向余弦值；ST. 土壤厚度；*Y*. 物种数据矩阵

由图 9.45 可知，海拔对物种数据方差的解释量达到了 0.229（独立解释部分[X1]加上与其他两变量的共同解释部分，包括[a]、[c]、[d]）。同样，坡向（朝北程度）和土壤厚度的解释量分别为 0.168 和 0.174，可以看出，土壤厚度的解释量相比于坡向（朝北程度）来说还是略高的。再看海拔和坡向（朝北程度）的解释量达到了 0.352（两变量的独立解释部分[X1]和[X2]加上共同解释部分[a]，这里还算上了[d]）。坡向（朝北程度）和土壤厚度的解释量为 0.297，海拔和土壤厚度的解释量达到 0.448，占据了三变量解释量 0.521 的绝大部分，并且土壤厚度的独立解释量[X3]=0.167，接近于海拔的独立解释量[X1]=0.181，由此说明土壤厚度也是影响黄檗生存群落的重要因子。同时注意到海拔和土壤厚度的共同解释量[c]=0.005 明显小于海拔和坡向（朝北程度）的共同解释量[a]=0.038，共同解释量越低说明两变量的相关性越小。

第三节　排序方法的比较

对于同一样方集合，可以用不同的数据进行排序，如用种类数据和环境数据、数量数据和二元数据等。比较不同的排序结果有重大的生态意义。在某些情况下，研究凭经验难以判断数据的结构，因此较难决定哪一种排序方法更适合于该数据类型。通常需要用两种或几种排序方法对同一数据类型进行处理，然后比较它们的结果。所以，我们需要有比较排序结果的方法。这里我们介绍两种比较简单的方法。

一、相关分析

相关分析（correlation analysis）就是计算排序轴间的相关系数。对只有一维排序轴的方法，如加权平均法、连续带分析等，可以直接进行相关分析，计算相关系数。

$$r=\frac{\sum_{i=1}^{N}(y_{1i}-\overline{y}_1)(y_{2i}-\overline{y}_2)}{\sqrt{\sum_{i=1}^{N}(y_{1i}-\overline{y}_1)^2\sum_{i=1}^{N}(y_{2i}-\overline{y}_2)^2}}\quad (i=1, 2, \cdots, N) \tag{9.88}$$

式中，r 代表两个排序方法排序轴间的相关系数；y_{1i} 和 y_{2i} 分别代表第 i 个样方在第一个和第二个排序方法中排序坐标值；$\overline{y}_1$ 和 $\overline{y}_2$ 分别代表它们的平均值；N 为样方数，相关系数的检验可查相关表。

对于二维和多维排序，要看排序轴所揭示的生态梯度是否一致，如果不一致一般不用相关分析法；如果两种排序方法相对应的排序轴所反映的生态梯度一致，也可以计算相应排序轴间的相关系数，以比较它们的结果。不过二维和多维排序一般用排序图比较它们的结果。

二、排序图的比较

排序的结果一般都用排序图表示，所以，比较这两种方法所构成的排序图是一个较为直观的方法。排序图的比较一般分三步：首先，将两个排序图上下重叠；其次，平行移动其中之一，使二者的坐标原点重合；最后，在保持第一个排序图不动的情况下，以坐标轴原点为中心，适当转动第二个排序图，使得二者所反映的生态梯度重合一致。图 9.46 中的（a）（b）（c）分别表示以上三个步骤。转动以后的图就可以直接作为比较的依据，图 9.40（c）表明两个排序方法所产生的结果完全一致，尽管它们相应的点并不重合，这是因为两个排序的标度（尺度）不同。对于实际研究数据，两个排序完全一致，可能性非常小，只要二者所反映的梯度趋势一致，一般就认为两个排序结果相吻合，在梯度明显的情况下，不进行转动也可以直观地看出二者的差异。

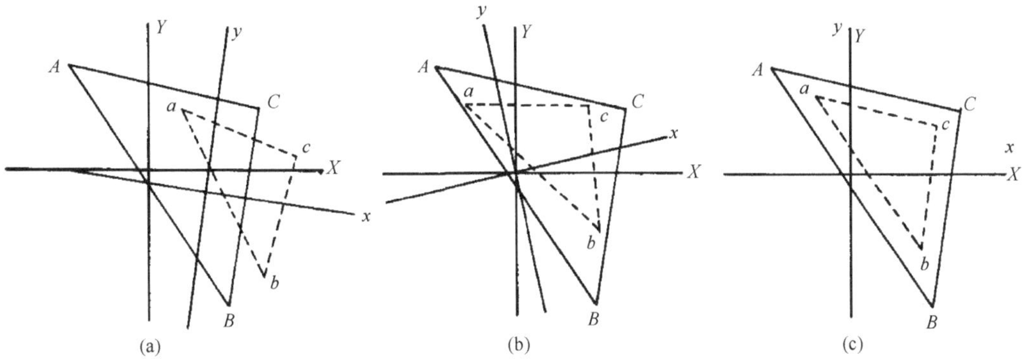

图 9.46　排序图形比较示意图

A、*B*、*C* 代表 3 个样方在第一个方法中的结果位置；*a*、*b*、*c* 代表相同的 3 个样方在第二个方法中的结果位置

第十章　数 量 分 类

第一节　分类的目的和意义

植被数量分类不同于排序，它是以有相当发展的传统分类为基础发展起来的。分类是人们认识自然的一种手段，在各个学科中均有重要意义。植被分类的重要性早在 21 世纪初就被人们所认识，从那时起，许多传统的分类方法和分类系统逐渐建立，由此也导致形成了许多植物学派。

对植物群落进行分类，不是为分类而分类，而是为了揭示生态关系，即分类的结果要反映一定的生态规律。因为群落类型的形成、发展与其周围的环境有较密切的关系，分类就是要在一定程度上揭示这些关系，从而为植被的管理、利用和改造，以及农林牧的发展提供科学依据。

植被数量分类是植被分类的分支学科，它是用数学方法来完成分类过程。数量分类可以处理大量数据，获得的信息量大，分类的精度较高，速度也快。数量分类是基于实体或属性间相似关系之上的（Legendre P and Legendre L 2012。因此，大部分分类方法首先要求计算出实体间或属性间的相似（或相异）系数，再以此为基础把实体或属性归并为组，使得组内成员尽量相似，而不同组的成员则尽量相异。不同的分类方法只是进行此项工作的不同实现过程（张金屯 2011）。

分类同样可以用几何模型来解释。假定将要分类的样方总体当作多维空间中的点集，它的坐标轴代表着群落（样方）的不同特性。虽然，对空间的任一划分都自然地构成一种分类，但科学的分类要使得同一组内成员的空间距离最小，而不同组成员间的空间距离尽可能大。分类要尽可能地揭示群落间断性的特性（Goodall 1973；Blayo and Demartines 1991；Rolecek et al. 2009）。

与排序一样，分类也有正分析和逆分析，前者是用属性对实体进行分类，后者是用实体对属性进行分类。在植物生态学中，实体可以是样方，或群落片断或植被地段等，变化范围较大。属性可以是种类的观测值，也可以是环境因子等。在分类方法中，有的方法只能使用二元数据，但大部分方法对二元数据和数量数据均适用。

数量分类一直是生态学的重要方法，几十年来得到了重要的发展，应用面也越来越广，从微观的分子生态、遗传多样性、谱系分析、生物信息学的系统树构建，到宏观的群落、生态系统、景观等的类型划分都需要数量分类方法。所以数量分类仍有良好的发展势头（张金屯 2011；Legendre P and Legendre L 2012；张文静等 2015）。

第二节 分类的基础

一、基本概念

在我们要讲的分类方法中，有不少成对的概念，我们在这里先解释一下。

1. 单元和多元

单元（monothetic）是指在样方分类中仅依据一个种（特征种）或临界种的存在与否；多元（polythetic）则依据整个数据矩阵，所以多元好于单元。

2. 单向和双向

单向（single）是指仅完成样方分类的方法；双向（duale）是指同时完成样方分类和种类分类。

3. 等级法和非等级法

等级法（hierarchical）的分类结果提供了一个可以用树状图表示的等级分类系统。在现代分类中，等级分类是最常用的方法。非等级法（nonhierarchical）结果只给出所分类群及每一类所含的样方。

4. 聚合和分划

聚合（agglomerative）是从单个样方开始，逐步聚合，最后成为一个类群；分划（divisive）则是从样方总体开始，逐步分成低级类群。聚合和分划均是等级法。

分划从样方总体开始逐步划分，但我们并不需要完全分成单个样方，而是划分到某一步，得到我们所需要的含有一定生态意义的类群时为止，因此，需要有终止原则（endrule）。终止原则可以是统计学指标，也可以是生态学指标或人为规定。

5. 重叠和非重叠

重叠（overlapping）分类的结果是用隶属度表示，说明某个样方属于某个类群的程度，而不是属于或不属于某个类群。对一个样方来说，它对所分的每个类群均有隶属度，所以有重叠现象。重叠分类在某些学科中称为软分类（soft classification）。在后面讲的方法中模糊 *C*-均值聚类是唯一的重叠分类。非重叠分类（non-overlapping）的结果只给出某个样方属于或不属于某个类群。

6. 内在和外在

内在（intrinsic）分类是指仅使用植物种类组成数据的分类方法；外在（extrinsic）分类是指能够结合环境因子数据的分类方法。大部分分类方法都是内在分类方法。理想的外在分类方法在文献中很少，在实际研究中用得也少。

7. 空间扩张、空间压缩和空间保持

这组概念主要是对多元聚合方法而言的。空间扩张（space-dilating）是指某些样方

合并后，其新合成的组与其他组间的距离加大。这好比把样方作为点画在一块橡皮上，一旦某些点聚合成组，就在组的边缘把橡皮拉开一点；空间压缩（space-contracting）正好相反，当某些样方合并成组后，所形成的组与其他组间的距离减小，这就好比某些点合并后，就把橡皮的边缘压缩一点；空间保持（space-conserving）是样方聚合成组后，新组与其他组间的距离保持不变。

8. 单调性和非单调性

单调性（monotonicity）是每一次新聚合时所用的距离指标均大于或等于前一次聚合时的距离指标，反映在树状图上就是得到没有逆转的正常树状图。非单调性（non-monotonicity）则相反，有时新聚合时的距离指标小于前一次的距离指标，在树状图上就会出现逆转现象。

二、相似系数和相异系数

分类是以样方间的相似性为基础的，也就是分类结果使得同一组样方间的相似性尽可能大（相异性尽可能小），而不同组样方之间的相似性尽可能小（或相异性尽可能大）。所以，不论哪一种分类方法，首先要计算样方或种类间的相似系数（similarity）或相异系数（dissimilarity），即距离（distance）。相似性和相异性在数学上是互补的概念，前者数值越大表示越相似，后者数值越小表示越相似。二者可以通过一定的方式相互转换。下面我们介绍一些主要的相似系数和相异系数的计算方法。

1. 仅适合二元数据的相似关系

对于种存在与否的二元数据，两个样方 j、k 之间的相似性可以通过以下参数计算：a，两个样方共有种数；b，存在于样方 j 之中但不存在于样方 k 中的种数；c，存在于样方 k 中但不存在于样方 j 中的种数；d，两个样方中都不存在的种数。a、b、c、d 的值可以由两个样方的 2×2 列联表获得（表 10.1）。r_{jk} 代表样方 j、k 间的相似系数。

表 10.1　两个样方的 2×2 列联表

	样方 j 存在	样方 j 不存在
样方 k 存在	ac	$a+c$
样方 k 不存在	bd	$b+d$
	$a+bc+d$	$a+b+c+d$

1）Jaccard 系数（1907）

$$r_{jk}=a/(a+b+c) \tag{10.1}$$

2）Czekanowski 系数（1913），许多学者称其为 Sørensen 系数

$$r_{jk}=2a/(2a+b+c) \tag{10.2}$$

3）Ochiai 系数（1957）

$$r_{jk}=a/\sqrt{(a+b)(a+c)} \tag{10.3}$$

4）Yule 系数（1912）

$$r_{jk}=(ad-bc)/(ad+bc) \tag{10.4}$$

5）Dagneliel 系数（1962）

$$r_{jk}=(ad-bc)/\sqrt{(a+b)(c+d)(a+c)(b+d)} \tag{10.5}$$

6）X^2 系数

$$X_{jk}^2=\frac{(ad-bc)^2(a+b+c+d)}{(a+b)(c+d)(a+c)(b+d)} \tag{10.6}$$

7）均方系数

$$V_{jk}^2=\frac{(ad-bc)^2}{(a+b)(c+d)(a+c)(b+d)} \tag{10.7}$$

可以看出：均方 $V_{jk}^2=\dfrac{X_{jk}^2}{N}$，$N=a+b+c+d$ 为样方总数。

2. 通用于二元数据和数量数据的相似关系

以上的相似关系实际上是以种存在与否的 2×2 列联表为基础的。下面，我们从原始数据矩阵 $\boldsymbol{X}=\{x_{ij}\}$ 出发，x_{ij} 和 x_{ik} 分别代表第 i 个种在第 j 个和第 k 个样方中的观测值，同样用 r_{jk} 代表样方 j 和 k 间的相似系数，而用 d_{jk} 表示二样方间的相异系数。

1）欧氏距离

$$d_{jk}=\sqrt{\sum_{i=1}^{p}\left(x_{ij}-x_{ik}\right)^2}\ [i=1, 2, \cdots, P(\text{种数});\ j=k=1, 2, \cdots, N(\text{样方数})] \tag{10.8}$$

2）Bray-Curtis 距离

$$d_{jk}=\frac{\sum_{i=1}^{p}|x_{ij}-x_{ik}|}{\sum_{i=1}^{p}\left(x_{ij}+x_{ik}\right)} \tag{10.9}$$

3）绝对值距离

$$d_{jk}=\sum_{i=1}^{p}|x_{ij}-x_{ik}| \tag{10.10}$$

4）Orloci 距离（1967）

$$d_{jk}=\sqrt{\sum_{i=1}^{p}\left(\frac{x_{ij}}{\sqrt{\sum_{i=1}^{p}x_{ij}^2}}-\frac{x_{ik}}{\sqrt{\sum_{i=1}^{p}x_{ik}^2}}\right)} \tag{10.11}$$

5）夹角余弦

$$r_{jk}=\frac{\sum_{i=1}^{p}x_{ij}x_{ik}}{\sqrt{\sum_{i=1}^{p}x_{ij}^2\sum_{i=1}^{p}x_{ik}^2}} \tag{10.12}$$

6）相关系数

$$r_{jk}=\frac{\sum_{i=1}^{p}\left(x_{ij}-\overline{x}_j\right)\left(x_{ik}-\overline{x}_k\right)}{\sqrt{\sum_{i=1}^{p}\left(x_{ij}-\overline{x}_j\right)^2\times\sum_{i=1}^{p}\left(x_{ik}-\overline{x}_k\right)^2}} \tag{10.13}$$

7）方差-协方差

$$r_{jk}=\frac{1}{N-1}\sum_{i=1}^{p}\left(x_{ij}-\overline{x}_j\right)\left(x_{ik}-\overline{x}_k\right) \tag{10.14}$$

8）绝对值减数法

$$r_{jk}=\begin{cases}1 & (j=k)\\ 1-c\sum_{i=1}^{p}\left|x_{ij}-x_{ik}\right| & (j\neq k)\end{cases} \tag{10.15}$$

式中，c 是一个适当常数，使得 $0\leqslant r_{jk}\leqslant 1$。

9）Ball 相似系数（1966）

$$r_{jk}=\frac{\sum_{i=1}^{p}x_{ij}x_{ik}}{\sum_{i=1}^{p}x_{ij}^2+\sum_{i=1}^{p}x_{ik}^2-\sum_{i=1}^{p}x_{ij}x_{ik}} \tag{10.16}$$

这一相似系数在现代生态学研究中应用较多。

10）百分比相似系数（Gauch 1982）

$$r_{jk}=200\frac{\sum_{i=1}^{p}\min\left(x_{ij},x_{ik}\right)}{\sum_{i=1}^{p}x_{ij}+\sum_{i=1}^{p}x_{ik}} \tag{10.17}$$

以上是比较重要的和一些常用的相似、相异指标。尚有多种其他方法，这里不再介绍，有兴趣者请参考阳含熙（1980）、阳含熙和卢泽愚（1981）、张金屯（1995，2011）Legendre P 和 Legendre L（2012）等的著作。上面的公式是针对样方（实体）间的关系而表述的，它们同样可以用来计算种（属性）间的相似性。还有个别系数是与特定的数量方法相联系而成为方法中的一部分，这将在方法中叙述。

三、分类结果的图形表示

分类结果一般用分类图来表示，比较直观，可使结果一目了然。分类图一般有三种类型：一是树状图（dendrogram，有的译作树谱图）；二是星座图（constellation diagram）；三是双向分类矩阵（two-way classification matrix）。树状图适合于等级分类方法。

如图 10.1 所示，树状图的顶端是树根，表示样方总体，可以看作一个样品组；底端是树梢，表示单个样方或最终的分类组。树状图的结构反映等级分类的过程及各组类之间的关系。树状图的左边一般有一竖直的坐标轴，是一相似或相异系数坐标，它可以反映聚合或分化过程的各级水平。树状图所反映的分类结果及各类型之间关系非常直观，是一有效方法，在研究中得到了广泛的应用。

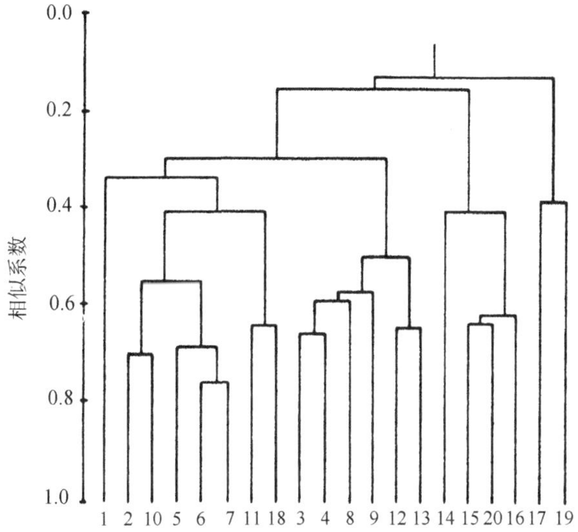

图 10.1 树状图一例（ter Braak 1987）

星座图是用于表示非等级分类的结果，它不管分类过程如何，只是将最后结果表示成星座图。即同一组内的样方用实线连接起来，而不同组间用虚线或不连接。有的星座图连线需考虑样方间的相似或相异程度，有的则不考虑。图 10.2 是一分类星座图的例子，该图中线段的长度不表示相似程度的大小。

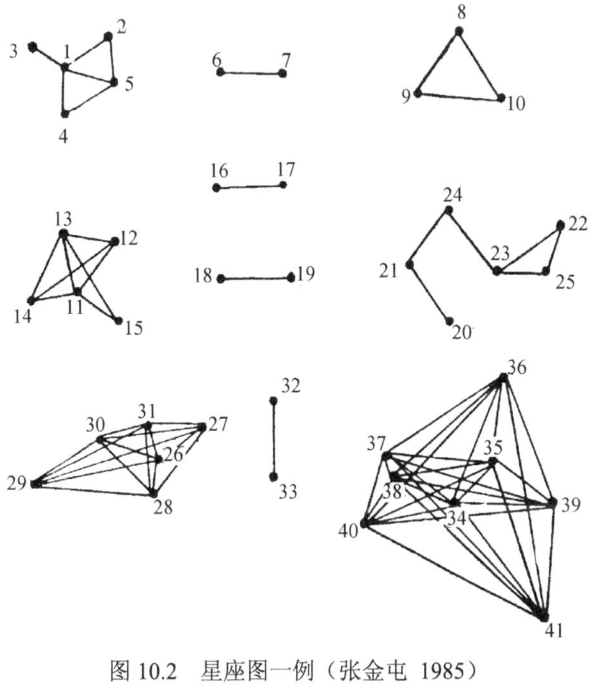

图 10.2 星座图一例（张金屯 1985）

双向分类矩阵对等级分类和非等级分类方法都适用，但它需要样方分类结果，同时也需要种类分类结果，否则，不能排成此矩阵。如果我们使用某种方法同时进行样方分类（正分析）和种类分类（逆分析），我们就可以将样方的类型作为列，种类的类型作为行而排成一个矩阵。图 10.3 就是一个双向矩阵。图的上面是样方类型及各类型的样方组成，左边是种类组及其种类组成；矩阵中的“+”表示种的存在，“·”表示不存在。

	样方	①					②				③				④						
	种类	3	8	13	19	20	7	10	11	17	2	9	12	14	1	4	5	6	15	16	18
Ⓐ	1 *Calluna vulgaris*	+	+	+	+	+	+	+	+	+	+	+	+	+	+	+	+	+	+	+	+
	4 *Erica cinerea*	+	+	+	+	·	+	·	+	+	·	·	·	·	+	·	·	+	·	+	+
	3 *E. tetralix*	·	+	·	+	·	·	·	+	+	+	+	+	+	+	+	+	+	+	+	+
	2 *Molinia caerulea*	+	+	+	+	+	+	+	+	+	+	+	+	+	+	+	+	+	+	+	+
	10 *Polygala serpyllifolia*	+	+	·	+	·	·	·	+	+	·	·	·	·	·	+	·	+	+	+	+
	8 *Ulex minor*	+	·	·	+	+	·	·	·	+	·	·	·	·	·	·	·	+	+	+	+
Ⓑ	23 *Drosera intermedia*	·	·	·	·	·	·	·	·	·	+·	+·	+·	+·	·	·	·	·	·	·	·
	18 *D. rotundifolia*	·	·	·	·	·	·	·	·	·	+·	+·	+·	+·	·	·	·	·	·	·	·
	15 *Eriophorum angustifolium*	·	·	·	·	·	·	·	·	·	+·	+·	+·	+·	·	·	·	·	·	·	·
	27 *Juncus squarrosus*	·	·	+	·	·	·	·	·	·	+	·	+	·	·	·	+	·	·	·	·
	32 *Pinus sylvestris*	·	·	·	·	·	+	·	·	+	·	·	+	·	·	·	+	·	·	+	·
	6 *Trichophorum cespitosum*	·	·	·	·	·	·	·	·	·	+	+	+	+	·	+	+	·	+	+	·
Ⓒ	9 *Agrostis setacea*	+	·	·	+	+	+	·	·	+	·	·	·	·	·	·	·	·	·	·	+
	36 *Carex pilulifera*	+	+	+	+	·	+	+	+	+	·	·	·	+	·	·	·	·	·	·	+
	21 *Festuca ovina*	·	+	+	·	·	+	·	+	·	·	·	·	·	·	·	·	·	·	·	·
	11 *Potentilla erecta*	+	+	+	+	+	+	·	+	+	·	·	·	·	·	·	·	·	·	·	·
	5 *Pteridium aquilinum*	+	+	+	·	·	+	+	+	·	·	·	·	·	·	·	·	·	·	·	·
	43 *Quercus robur*	·	·	·	·	·	+·	+·	+·	+·	·	·	·	·	·	·	·	·	·	·	·
Ⓓ	14 *Carex panicea*	+	·	·	+	+	·	·	·	·	·	+	·	+	·	·	·	·	·	·	
	19 *Juncus acutiflorus*	·	·	·	·	·	·	·	·	·	·	+	·	+	·	·	·	·	·	·	·
	17 *Northecium ossifragum*	·	·	·	·	·	·	·	·	·	·	+	·	+	·	·	·	·	·	·	·
	13 *Pedicularis sylvatica*	·	+	·	+	·	·	·	·	+	·	+	·	·	·	·	·	·	·	·	·
Ⓔ	56 *Anemone nemorosa*	·	+	·	·	·	·	·	·	·	·	·	·	·	·	·	·	·	·	·	·
	58 *Anthoxanthum odoratum*	·	+	·	·	·	·	·	·	·	·	·	·	·	·	·	·	·	·	·	·
	44 *Betula verrucosa*	·	+	+	·	·	·	·	+	·	·	·	·	·	·	·	·	·	·	·	·
	57 *Campanula rotundifolia*	·	+	·	·	·	·	·	·	·	·	·	·	·	·	·	·	·	·	·	·
	12 *Carex binervis*	·	+	·	·	+	·	·	·	·	·	·	·	·	·	·	·	·	·	·	·
	61 *Castanea sativa*	·	+	·	·	·	·	·	·	·	·	·	·	·	·	·	·	·	·	·	·
	46 *Cerastium vulgatum*	·	+	+	+	·	·	·	·	·	·	·	·	·	·	·	·	·	·	·	·
	35 *Galium hercynicum*	+	+	·	+	·	·	·	+	·	·	·	·	·	·	·	·	·	·	·	+
	37 *Hieracium pilosella*	+·	+·	+·	+·	+·	·	·	·	·	·	·	·	·	·	·	·	·	·	·	·
	41 *Hypericum humifusum*	+	+	·	·	·	·	·	·	·	·	·	·	·	·	·	·	·	·	·	·
	38 *Hypochaeris radicata*	·	+	·	+	+	·	·	·	·	·	·	·	·	·	·	·	·	·	·	·
	50 *Lathyrus montanus*	·	+	·	·	·	·	·	·	·	·	·	·	·	·	·	·	·	·	·	·
	48 *Lonicera periclymenum*	·	+	·	·	·	·	·	+	·	·	·	·	·	·	·	·	·	·	·	·
	54 *Lotus corniculatus*	·	+	·	·	·	·	·	·	·	·	·	·	·	·	·	·	·	·	·	·
	55 *L. uliginosus*	·	·	·	·	·	·	·	·	·	·	·	·	·	·	·	·	·	·	·	·
	52 *Luzula multiflora*	·	+	+	+	·	·	·	·	·	·	·	·	·	·	·	·	·	·	·	·
	45 *Orchis ericetorum*	·	+	·	·	·	·	·	·	·	·	·	·	·	·	·	·	·	·	·	·
	39 *Sieglingia decumbens*	+	+	·	+	+	·	·	·	·	·	·	·	·	·	·	·	·	·	·	·
	34 *Succisa pratensis*	+	+	·	·	·	·	·	·	·	·	·	·	·	·	·	·	·	·	·	·
	49 *Teucrium scorodonia*	·	+	·	·	·	·	·	·	·	·	·	·	·	·	·	·	·	·	·	·
	53 *Veronica chamaedrys*	·	+	·	+	·	·	·	·	·	·	·	·	·	·	·	·	·	·	·	·
Ⓕ	+ 33个其他种																				

图 10.3　双向分类矩阵一例（Lambert and Williams 1962）

这里用的是二元数据。如果用数量数据，矩阵中可以直接用种的观测值（如多度），这一矩阵图可以很直观地反映出植被类型和植物种间的关系，同时如果排得好，还可以反映出一定的环境梯度。因此，这一方法值得提倡。但是双向分类矩阵的排列是一费时间的工作，尤其是当具有庞大的数据时，更是如此，因此在实际研究中，双向分类矩阵应用得较少。Hill（1979b）将这一矩阵排列过程作为 TWINSPAN 方法的一部分编入计算机程序，在使用 TWINSPAN 进行分类时，结果一般采用双向分类矩阵表示（见本章第三节分类方法）。

第三节　分 类 方 法

数量分类和排序一样在过去的几十年中也产生了大量的方法，这里我们不能对所有的方法都介绍，仅是介绍主要的和常用的方法，以满足植被生态实际研究的需要。本节将按方法的特点分四部分介绍：等级聚合方法、等级分划法、非等级分类方法和模糊数学分类法。

一、等级聚合方法

等级聚合方法均是多元方法，大多数适合于数量数据，也适合于二元数据。它们在 20 世纪 60 年代后期到 80 年代初在研究中占有重要的位置，90 年代又有了一些新发展，现在仍有不少学者使用。多元聚合方法除信息聚合法以外，大多基于同一模型之上，我们首先介绍这一类方法，然后再讲述信息聚合法。下面的第一到第七个方法是基于同一模型的，它们的一般步骤如下。

1）计算样方间相异系数矩阵 $\boldsymbol{D}$，各种距离公式均可选择。欧式距离最为常用。

2）选相异系数最小的两个样方 A 和 B，首先合并为一组。

3）再计算该样方组 $A+B$ 与其他样方或样方组间的距离。用模型

$$D_{CA+B}=\alpha_A D_{CA}+\alpha_B D_{CB}+\beta D_{AB}+\gamma\,|D_{CA}-D_{CB}| \tag{10.18}$$

式中，D_{CA+B} 是样方组 $A+B$ 和样方 C 间的距离，D_{AB}、D_{CA} 和 D_{CB} 分别是样方 A 和 B、C 和 A 及 C 和 B 之间的距离系数；α_A、α_B、β和γ是常数。

4）回到步骤 2），选距离最小的两个样方或两个样方组或一个样方和一个样方组进行合并。重复以上计算过程，直到所有的样方合并为一组。

根据不同的聚合策略，等级聚合方法可分为最近邻体法、最远邻体法、中值法、形心法（图 10.4）、组平均法、平方和增量法、可变聚合法等。我们将用下面简单的数据矩阵（6 个样方×3 个种）（表 10.2）（阳含熙和卢泽愚 1981）来说明它们的计算。

表 10.2　6 个样方 3 个种的数据

种类	样方					
	1	2	3	4	5	6
1	2	5	2	1	0	3
2	0	1	4	3	1	2
3	3	4	1	0	0	2

1. 最近邻体法

首先，计算样方间的相异矩阵，我们选用欧氏距离公式

$$\boldsymbol{D}=\begin{bmatrix} 1 & 2 & 3 & 4 & 5 & 6 \\ 0 & 3.317 & 4.472 & 4.359 & 3.742 & 2.449 \\ & 0 & 5.196 & 6.000 & 6.403 & 3.000 \\ & & 0 & 1.732 & 3.742 & 2.449 \\ & & & 0 & 2.236 & 3.000 \\ & & & & 0 & 3.742 \\ & & & & & 0 \end{bmatrix}$$

最近邻体法（nearest-neighbor）（Sneath and Sokal 1973；Orloci 1978）也称为单一连接法（single linkage clustering）。该方法将一个样方和一个样方组间的距离定义为该样方与这组中最近的一个样方间的距离；两个样方组间的距离定义为两个组中最近的两个样方间的距离［图 10.4（a)］。

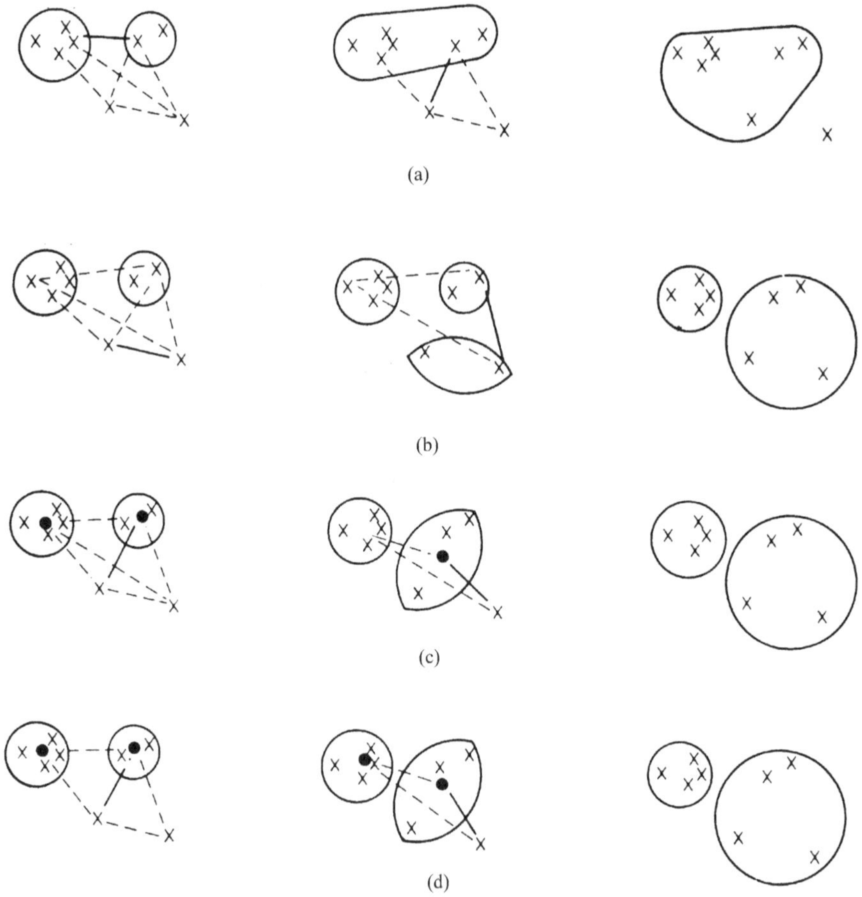

图 10.4　等级聚合的 4 种策略（Greig-Smith 1983）

（a）最近邻体法；（b）最远邻体法；（c）中值法；（d）形心法

这一聚合策略相当于取系数值 $\alpha_A=\frac{1}{2},\alpha_B=\frac{1}{2},\beta=0,\gamma=-\frac{1}{2}$，即

$$D_{CA+B}=\frac{1}{2}D_{CA}+\frac{1}{2}D_{CB}-\frac{1}{2}|D_{CA}-D_{CB}| \tag{10.19}$$

现在用表 10.2 中的数据来说明计算。

由 **D** 矩阵知，样方 3 和样方 4 最相似（距离最小），现将这两个样方合并为一组，记为 3′，然后用式（10.19）计算 $D_{13'}$、$D_{23'}$、$D_{53'}$、$D_{63'}$。例如，

$$D_{13'}=\frac{1}{2}\times 4.472+\frac{1}{2}\times 4.359-\frac{1}{2}\times(4.472-4.359)=4.359$$

这一值是 D_{13} 和 D_{14} 的较小者（最近邻体）。同样计算，得到新的矩阵

$$\begin{bmatrix} 1 & 2 & 3' & 5 & 6 \\ 0 & 3.317 & 4.359 & 3.742 & 2.449 \\ & 0 & 5.196 & 6.403 & 3.000 \\ & & 0 & 2.236 & 2.449 \\ & & & 0 & 3.742 \\ & & & & 0 \end{bmatrix}$$

重复以上过程，直到 6 个样方全部合并为一组。结果见图 10.5。

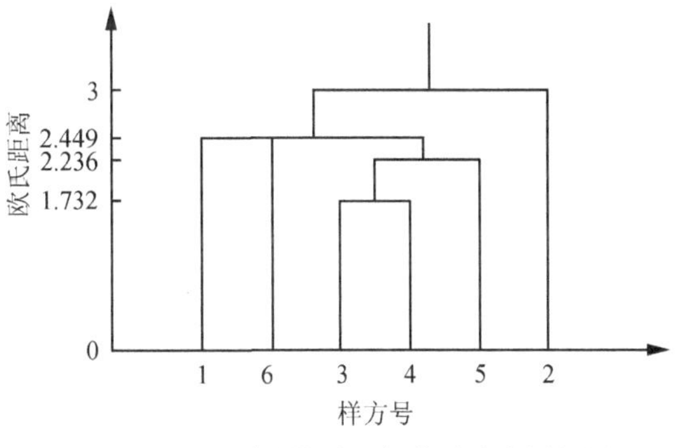

图 10.5　6 个样方的最近邻体法聚合树状图

很明显，最近邻体法是空间压缩的，这样使相异较大的样方很快合并在一起。因此错分的可能性较大，这一方法在早期用得较多，现在很少使用。

2. 最远邻体法

最远邻体法（furthest neighbor）（Lance and Williams 1967；Sneath and Sokal 1973）也叫完全连接法（complete linkage clustering）。该方法与最近邻体法相反，它把某样方与一样方组间的距离定义为该样方与这组中最远一个样方间的距离；两个样方组间的距离定义为这两个组中最远的两样方间的距离［图 10.4（b）］。

该策略要求系数 $\alpha_A=\alpha_B=\frac{1}{2},\beta=0,\gamma=\frac{1}{2}$，即

$$D_{CA+B}=\frac{1}{2}D_{CA}+\frac{1}{2}D_{CB}+\frac{1}{2}|D_{CA}-D_{CB}| \tag{10.20}$$

同样计算距离矩阵 **D**，与最近邻体法完全一致，并将相异性最小的两个样方 3 和样方 4 合并为一组 3′，再用上式计算样方组 3′与其他样方间的距离。

比如：$D_{13'}=\frac{1}{2}\times 4.472+\frac{1}{2}\times 4.359+\frac{1}{2}\times(4.472-4.359)=4.472$

这一值是 D_{13} 和 D_{14} 的较大者（最远邻体）。

同法计算，得新矩阵

$$\begin{bmatrix} 1 & 2 & 3' & 5 & 6 \\ 0 & 3.317 & 4.472 & 3.742 & 2.449 \\ & 0 & 6.000 & 6.403 & 3.000 \\ & & 0 & 3.742 & 3.000 \\ & & & 0 & 3.742 \\ & & & & 0 \end{bmatrix}$$

重复以上步骤，最后合并为一组，结果见图 10.6。

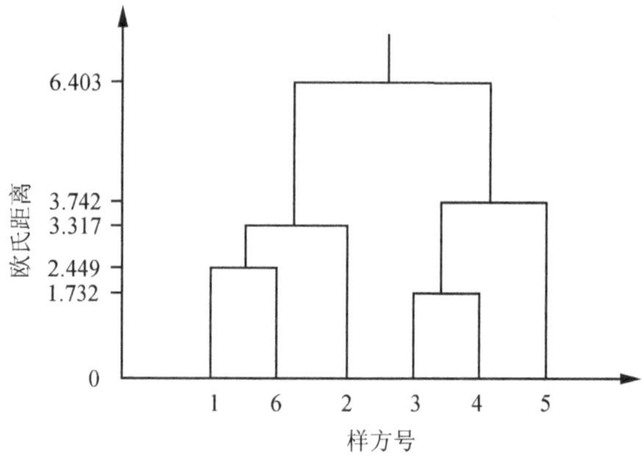

图 10.6　6 个样方的最远邻体法聚合树状图

最远邻体法使两个样方组合并后，并组与其他样方组的距离是原来距离的最大者，这就加大了并组与其他组间的距离，所以是空间扩张的，这一空间扩张过程对进一步合并起着阻碍作用，但并不影响最后的分组结果。比较而言，该方法使最相似的样方首先合并是较客观的。

3. 中值法

中值法（mid-value clustering），也称为中线法（median）。当两个样方合并时，中值法将新形成的组置于两个样方的中间（中点），并把这个新组当作一个新样方。重复此过程，实际上每一步的聚合都是两个样方的合并，该方法结果较为合理。这一聚合策略相当于取 $\alpha_A=\alpha_B=\frac{1}{2},\beta=-\frac{1}{4},\gamma=0$，即

$$D_{CA+B}=\frac{1}{2}D_{CA}+\frac{1}{2}D_{CB}-\frac{1}{4}D_{AB} \tag{10.21}$$

这里距离系数代表距离平方，所以我们先计算欧氏距离平方矩阵，得

$$
\boldsymbol{D}=\begin{bmatrix}
1 & 2 & 3 & 4 & 5 & 6 \\
0 & 11 & 20 & 19 & 14 & 6 \\
 & 0 & 27 & 36 & 41 & 9 \\
 & & 0 & 3 & 14 & 9 \\
 & & & 0 & 5 & 9 \\
 & & & & 0 & 14 \\
 & & & & & 0
\end{bmatrix}
$$

同样先合并样方 3 和样方 4，记为 3′，再依式（10.21）计算 3′与其他样方间距离。例如，

$$D_{13'}=\frac{1}{2}\times 20+\frac{1}{2}\times 19-\frac{1}{4}\times 3=18.75$$

同法计算，得新矩阵

$$
\begin{bmatrix}
1 & 2 & 3' & 5 & 6 \\
0 & 11 & 18.75 & 14 & 6 \\
 & 0 & 30.75 & 41 & 9 \\
 & & 0 & 8.75 & 6.75 \\
 & & & 0 & 14 \\
 & & & & 0
\end{bmatrix}
$$

重复聚合过程，得到分类图（图 10.7）。

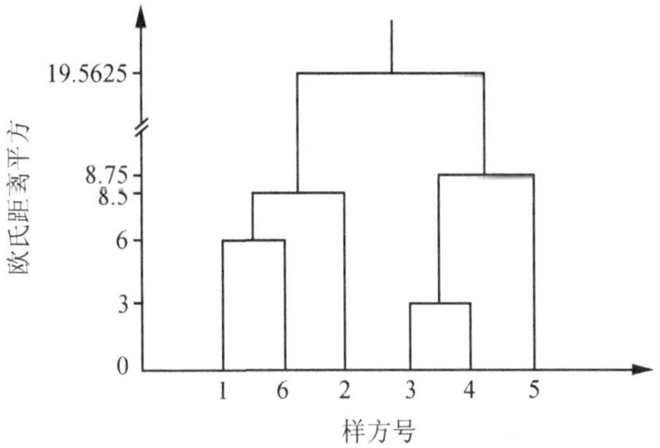

图 10.7　6 个样方中值法的聚合树状图

中值法由于两个样方合并后，并组被置于两样品连线的中点，因此它保持了并组与其他样方（组）间的距离，是空间保持的，这是它的一个优点，所以，结果比前两个方法均好（Gauch 1982）。它的一个缺点是非单调性，就是树状图上有逆转现象。不过有些学者认为逆转现象并不影响分类结果的合理性（Gauch 1982；Jongman et al. 1987）。

4. 形心法

形心法（centroid）（Lance and Williams 1967）将两个样方组间的距离定义为两个组形心间的距离。组形心是指组内所有样方间距离的平均。

该方法的系数与将要合并的两个样方组所含的样方数有关，即 $\alpha_A=\dfrac{n_A}{n_A+n_B}$，

$\alpha_B = \dfrac{n_B}{n_A + n_B}, \beta = -\dfrac{n_A n_B}{(n_A + n_B)^2}, \gamma = 0$。这里 n_A 和 n_B 分别是样方组 A 和 B 所含的样方数，则模型（10.18）就可写成

$$D_{CA+B} = \frac{n_A}{n_A + n_B} D_{CA} + \frac{n_B}{n_A + n_B} D_{CB} - \frac{n_A n_B}{(n_A + n_B)^2} D_{AB} \tag{10.22}$$

显然，在单个样方或只有两个样方组成的样方组合并时，形心法与中值法完全相同，但如果样方组中的样方数大于 3 时，则不同于中值法。

同中值法一样，这里也使用距离平方矩阵。先将样方 3 和样方 4 合并为样方组 3′，这一步与中值法完全相同，再用式（10.22）计算 3′与其他样方间的距离。

比如：$D_{13'} = \dfrac{1}{1+1} \times 20 + \dfrac{1}{1+1} \times 19 - \dfrac{1 \times 1}{(1+1)^2} \times 3 = 18.75$

同样计算，得新矩阵

$$\begin{bmatrix} 1 & 2 & 3' & 5 & 6 \\ 0 & 11 & 18.75 & 14 & 6 \\ & 0 & 30.75 & 41 & 9 \\ & & 0 & 8.75 & 6.75 \\ & & & 0 & 14 \\ & & & & 0 \end{bmatrix}$$

这一矩阵与中值法第一次合并后计算的矩阵一样，因为在 $n_A = n_B = 1$ 时，其形心和两个样方的中点一致。

重复以上步骤，最后得分类图 10.8。

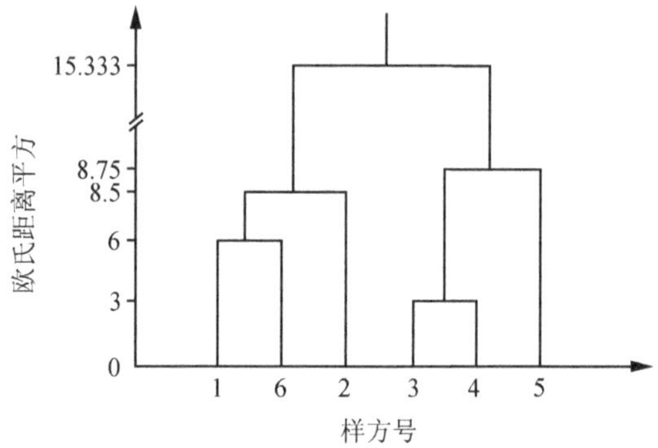

图 10.8　6 个样方的形心法聚合树状图

图 10.8 和图 10.7 几乎完全相同，仅最后一次合并时的距离指标不同，这是因为我们的例子太小，在大量数据分析中，二者差别是明显的。

形心法有一大缺点，就是当两个组的样方数目相差悬殊时，新合并的组将更接近较大的一组，使较小组的特征消失而影响聚类结果（Greig-Smith 1983）。

一般认为，形心法的结果不如中值法好。另外，和中值法一样，形心法也是非单调的，即树状图上有逆转现象。

5. 组平均法

组平均法（group averaging）（Sokal and Michener 1958），又称为平均连接法（average linking clustering）。两个样方组间的距离取其两个组间所有可能的样方对距离的平均值。

可以证明，该聚合策略相当于取系数 $\alpha_A = \dfrac{n_A}{n_A + n_B}, \alpha_B = \dfrac{n_B}{n_A + n_B}, \beta = \gamma = 0$，即

$$D_{CA+B} = \frac{n_A}{n_A + n_B} D_{CA} + \frac{n_B}{n_A + n_B} D_{CB} \tag{10.23}$$

这里可以使用任何距离系数，我们仍选欧氏距离（见最近邻体法）。

同样先合并样方 3 和样方 4 得样方组 3′，再计算样方组 3′与其他样方间的距离。例如，

$$D_{13'} = \frac{1}{1+1} \times 4.472 + \frac{1}{1+1} \times 4.359 = 4.416$$

一一计算，得到新距离矩阵

$$\begin{bmatrix} 1 & 2 & 3' & 5 & 6 \\ 0 & 3.317 & 4.416 & 3.742 & 2.449 \\ & 0 & 5.598 & 6.403 & 3.000 \\ & & 0 & 2.989 & 2.725 \\ & & & 0 & 3.742 \\ & & & & 0 \end{bmatrix}$$

重复以上聚类过程，得到分类图 10.9。

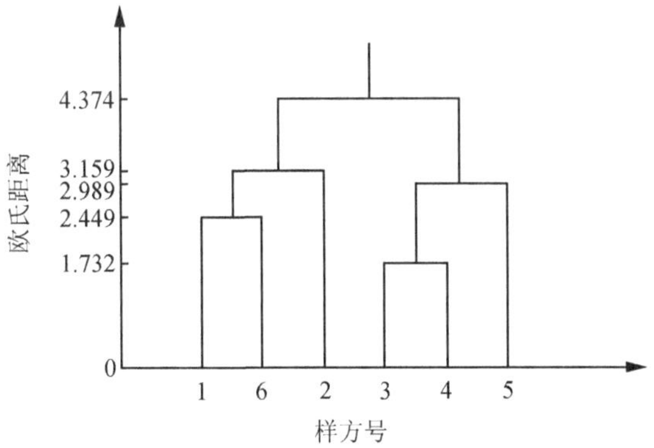

图 10.9　6 个样方的组平均法聚合树状图

组平均法的结果较令人满意，受到较多学者的喜爱和应用，而且组平均法也是研究中用得最多的方法。Prichard 和 Anderson（1971）比较了大部分聚合方法，认为组平均是最满意的方法之一。Sneath 和 Sokal（1973）曾建议如果使用多元聚合方法，在没有特殊理由的情况下，应该首先考虑组平均法。

6. 平方和增量法

平方和增量法（incremental sum of square）也称最小方差聚类法（minimum variance clustering），是由 Ward（1963）提出的，后经 Orloci（1967）发展（也见 Cormack 1971）。

该方法将两个样方组间的距离定义为这两个组合并后所带来的离差平方和的增加量。

该聚合策略要求取系数 $\alpha_A = \dfrac{n_C + n_A}{n_C + n_A + n_B}, \alpha_B = \dfrac{n_C + n_B}{n_C + n_A + n_B}, \beta = -\dfrac{n_C}{n_A + n_B + n_C}$，$\gamma = 0$，即

$$D_{CA+B} = \frac{n_C + n_A}{n_C + n_A + n_B} D_{CA} + \frac{n_C + n_B}{n_C + n_A + n_B} D_{CB} - \frac{n_C}{n_A + n_B + n_C} D_{AB} \qquad (10.24)$$

式中，n_A、n_B、n_C 分别代表样方组 A、B、C 所含的样方数。

可以证明：当两个单个样方聚合时，它们合并后的平方和增量等于这两个样方间欧氏距离平方的 0.5 倍。所以，这里最初的距离系数用欧氏距离平方的 1/2 倍，即 $\boldsymbol{D} = \left\{\frac{1}{2} d_{jk}^2\right\}$。

$$\boldsymbol{D} = \begin{bmatrix} 1 & 2 & 3 & 4 & 5 & 6 \\ 0 & 5.5 & 10 & 9.5 & 7 & 3 \\ & 0 & 13.5 & 18 & 20.5 & 4.5 \\ & & 0 & 1.5 & 7 & 3 \\ & & & 0 & 2.5 & 4.5 \\ & & & & 0 & 7 \\ & & & & & 0 \end{bmatrix}$$

其中 D_{34}=1.5 是最小值，先合并样方 3 和样方 4 为样方组 3′，再用式（10.24）计算其他距离。例如，

$$D_{13'} = \frac{1+1}{1+1+1} \times 10 + \frac{1+1}{1+1+1} \times 9.5 - \frac{1}{1+1+1} \times 1.5 = 12.5$$

分别计算 $D_{23'}$、$D_{53'}$、$D_{63'}$，得新距离矩阵

$$\begin{bmatrix} 1 & 2 & 3' & 5 & 6 \\ 0 & 5.5 & 12.5 & 7 & 3 \\ & 0 & 20.5 & 20.5 & 4.5 \\ & & 0 & 5.83 & 4.5 \\ & & & 0 & 7 \\ & & & & 0 \end{bmatrix}$$

重复合并过程，最后得到分类图 10.10。

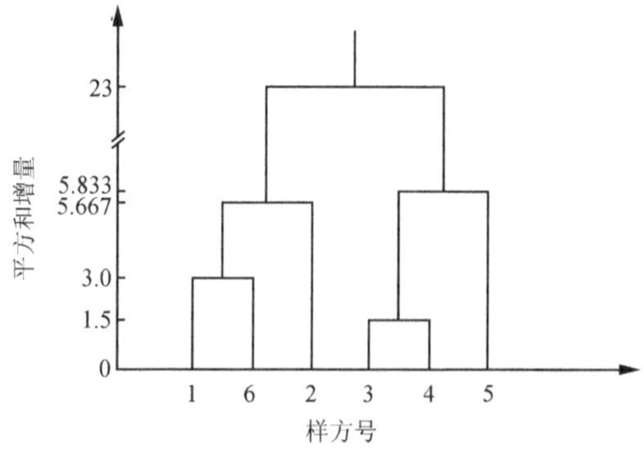

图 10.10　6 个样方的平方和增量法聚合树状图

平方和增量法是单调的，不会产生逆转现象，它稍有空间压缩性质，结果不如组平均法好。该方法在生态学文献中使用频率不大。

7. 可变聚合法

可变聚合法（flexible clustering）没有自己固定的聚合策略，它是 Lance 和 Williams（1967）在研究模型（10.18）时从代数的角度规定的一种方法。

该方法主要是模型（10.18）中的系数可以变化，并具有关系：$\alpha_A = \alpha_B, \beta < 1, \alpha_A + \alpha_B + \beta = 1, \gamma = 0$，即

$$D_{CA+B} = \frac{1}{2}(1-\beta)D_{CA} + \frac{1}{2}(1-\beta)D_{CB} - \beta D_{AB} \tag{10.25}$$

式中，β称为聚集强度系数（cluster-intensing coefficient），β的取值不同就产生不同的聚类结果。当β>0 时，聚合是空间压缩的；当β=0 时，是空间保持的；而当β<0 时，是空间扩张的。事实上，一定程度上的空间扩张可以提高分类分辨率（阳含熙等 1981），Lance 和 Williams（1967）的分析比较也证实了这一点。他们认为，取负值效果好。如图 10.11 所示，下面的 3 个图明显好于上面的 3 个图。在研究中，一般选取β= –0.25（阳含熙和卢泽愚 1981）。这样式（10.25）就可以写成

$$D_{CA+B} = 0.625D_{CA} + 0.625D_{CB} - 0.25D_{AB} \tag{10.26}$$

这里可使用任何相异系数，我们仍用欧氏距离得矩阵（同最近邻体法），首先将样方 3 和样方 4 合并成样方组 3′，再分别计算 $D_{13'}$、$D_{23'}$、$D_{53'}$和 $D_{63'}$，例如，

$$D_{13'} = 0.625 \times 4.472 + 0.625 \times 4.359 - 0.25 \times 1.732 = 5.086$$

最后得到新矩阵

$$\begin{bmatrix} 1 & 2 & 3' & 5 & 6 \\ 0 & 3.317 & 5.086 & 3.742 & 2.449 \\ & 0 & 6.565 & 6.403 & 3.000 \\ & & 0 & 3.303 & 2.973 \\ & & & 0 & 3.742 \\ & & & & 0 \end{bmatrix}$$

重复以上分类过程，得到分类图 10.12。

最后我们将以上各种聚合方法的聚合策略及其性质列入表 10.3，以便查阅和比较。

以上聚合方法的过程基本一致，这里仅举一个例子——组平均法。

张金屯（1985）应用组平均法对山西中条山的荆条（*Vitex negundo* var. *heterophylla*）灌丛进行了分类，结果见图 10.13，取距离系数为 22，41 个样方被归入了 10 个组，代表 10 个群丛，这一结果和模糊等价聚类、传统分类结果基本一致，反映了不同类型间在生态关系上的差异，是比较满意的（张金屯 1985）。

8. 多元聚合模型的扩展

以模型（10.18）为基础的方法都是寻求组间距离最小化，而没有考虑组内关系。近年来一些学者扩展了模型（10.18），使其既要考虑组内的距离，也要参考组内样方间的

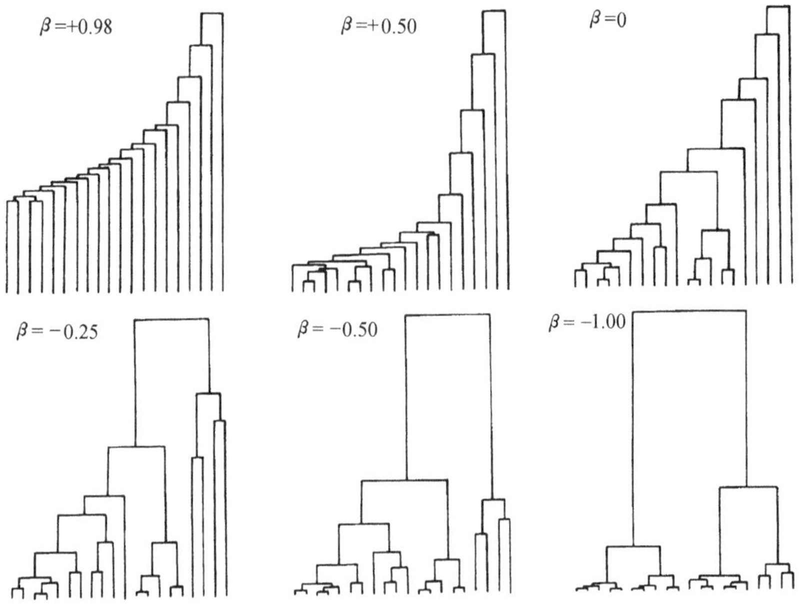

图 10.11　β值与可变聚合法聚类结果的关系（Lance and Williams 1967）

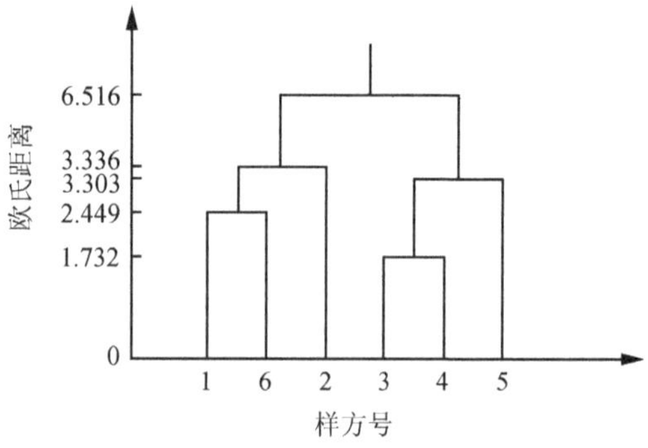

图 10.12　6 个样方的可变聚合法聚合树状图（β=−0.25）

表 10.3　各种聚合策略的系数和性质

方法名称	模型系数				样方间距离	空间性质	单调性
	α_A	α_B	β	γ			
最近邻体法	$\frac{1}{2}$	$\frac{1}{2}$	0	$-\frac{1}{2}$	任何相异系数	压缩	单调
最远邻体法	$\frac{1}{2}$	$\frac{1}{2}$	0	$\frac{1}{2}$	任何相异系数	扩张	单调
中线法	$\frac{1}{2}$	$\frac{1}{2}$	$-\frac{1}{4}$	0	欧氏距离平方	保持	非单调
形心法	$\frac{n_A}{n_A+n_B}$	$\frac{n_B}{n_A+n_B}$	$-\frac{n_A n_B}{(n_A+n_B)^2}$	0	欧氏距离平方	保持	非单调
组平均法	$\frac{n_A}{n_A+n_B}$	$\frac{n_B}{n_A+n_B}$	0	0	任何相异系数	保持	单调
平方和增量法	$\frac{n_C+n_A}{n_C+n_A+n_B}$	$\frac{n_C+n_B}{n_C+n_A+n_B}$	$-\frac{n_C}{n_C+n_A+n_B}$	0	1/2 欧氏距离平方	压缩	单调
可变聚合法	$\frac{1-\beta}{2}$	$\frac{1-\beta}{2}$	<1	0	任何相异系数	扩张	单调
常用可变聚合法	0.625	0.625	−0.25	0	任何相异系数	扩张	单调

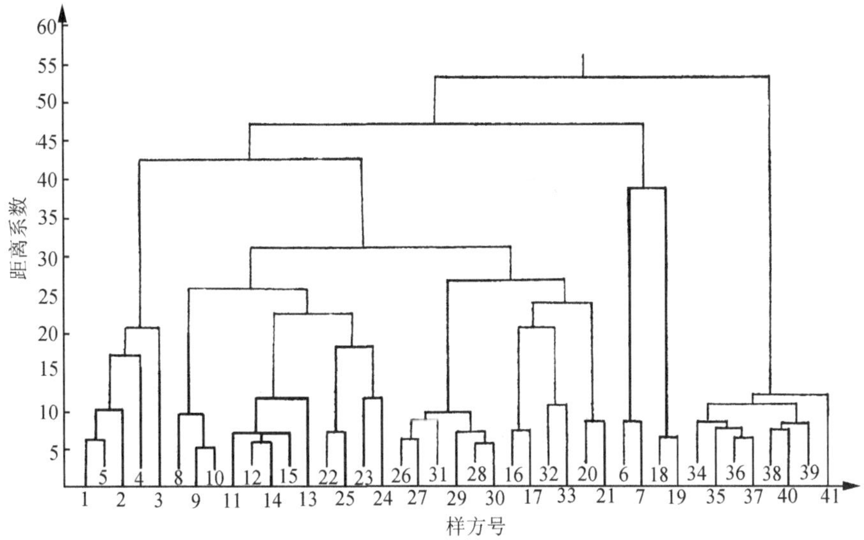

图 10.13 山西中条山荆条灌丛 41 个样方的组平均聚合分类图（张金屯 1985）

同质性，以求得到更合理的聚类结果。模型（10.18）可以扩展为（Podani 1989，2000；张金屯 1996b，1997a，1998c）

$$D_{C,A+B}=\alpha_A D_{CA}+\alpha_B D_{CB}+\beta D_{AB}+\gamma\left|D_{CA}-D_{CB}\right|+\lambda_C D_C+\lambda_A D_A+\lambda_B D_B \quad (10.27)$$

式中，D_C、D_A 和 D_B 分别表示样方组 C、A 和 B 组内各样方对间的平均距离或平方和方差，如果 C、A 和 B 只有一个样方，则 D_C、D_A 和 D_B 就等于 0，λ_C、λ_A 和 λ_B 是常数。这样 α_A、α_B、β、γ、λ_C、λ_A、λ_B 的取值不同，将代表不同的聚合策略。

基于模型（10.27），一些学者已引入了不少聚合新方法，这里我们介绍其中 4 种方法。

4 种聚合方法：新组内离差平方和法（sum of square of new cluster），新组内方差法（variance of new cluster），新组内平均距离法（average distance of new cluster）和加权平均距离法（weighted average distance）。

（1）新组内离差平方和法

该方法把样方之间的距离定义为离差平方和。在聚合过程中，如果两个样方或两个样方组 A 和 B 合并为一个新组 $A+B$，使得新组 $A+B$ 组内离差平方和最小，即

$$S_{A+B}=\min\left\{\mathrm{SSQ}\left(A+B\right)\right\}$$

则它们应最先合并。式中 SSQ（$A+B$）表示样方组 $A+B$ 的组内离差平方和。

组内离差平方和等于组内各样方到该样方组形心间的欧氏距离平方和，也等于组内各样方点两两之间欧氏距离平方和（每对点只算一次）对所有样方点的平均，即

$$D_{AB}=\frac{1}{\left(n_A+n_B\right)}\sum_{j,k\in A+B}d_{jk}^2 \quad (10.28)$$

$$D_{AA}=\frac{1}{\left(n_A\right)}\sum_{j,k\in A}d_{jk}^2 \quad (10.29)$$

$$D_{CA}=\frac{1}{\left(n_C+n_A\right)}\sum_{j,k\in C+A}d_{jk}^2 \quad (10.30)$$

同理可求得 D_{CB}、D_{CC} 和 D_{BB}。式中，n_A、n_B、n_C 分别代表样方组 A、B、C 所含的样方数。d_{jk}^2 为样方 j、k 之间的欧氏距离平方。不难推出（n_A+n_B）D_{AB} 和（n_C+n_A）D_{CA} 都包含有 n_AD_{AA}，同样 n_BD_{BB} 和 n_CD_{CC} 也出现了两次。因此，对于新组 $C+A+B$ 来说，其欧氏距离平方和就要减去 n_AD_{AA}、n_BD_{BB} 和 n_CD_{CC}，即

$$\sum d_{jk}^2=(n_C+n_A)D_{CA}+(n_C+n_B)D_{CB}+(n_A+n_B)D_{AB}-n_CD_{CC}-n_AD_{AA}-n_BD_{BB}$$

用欧氏距离平方和除以组中样方总数 $n_C+n_A+n_B$ 就是新组 $C+A+B$ 离差平方和，则

$$\begin{aligned}D_{C,A+B}=&\frac{(n_C+n_A)}{(n_C+n_A+n_B)}D_{CA}+\frac{(n_C+n_B)}{(n_C+n_A+n_B)}D_{CB}+\frac{(n_A+n_B)}{(n_C+n_A+n_B)}D_{AB}\\&-\frac{(n_C)}{(n_C+n_A+n_B)}D_{CC}-\frac{(n_A)}{(n_C+n_A+n_B)}D_{AA}-\frac{(n_B)}{(n_C+n_A+n_B)}D_{BB}\end{aligned}\tag{10.31}$$

式（10.31）是新组内离差平方和法的聚合策略，它是模型（10.18）的特殊形式。

（2）新组内方差法

新组内方差法将距离定义为方差，如果两个样方或两个样方组 A、B 合并为一个新组 $A+B$，使得新组 $A+B$ 组内方差最小，即

$$V_{A+B}=\min\{\mathrm{Var}(A+B)\}\tag{10.32}$$

则 A 和 B 应最先合并。式中，$\mathrm{Var}(A+B)$ 表示样方组 $A+B$ 的组内方差。

组内方差等于组内离差平方和除以该组所含的样方数，故由式（10.28）、式（10.29）可得出

$$D_{AB}=\frac{1}{(n_A+n_B)^2}\sum_{j,k\in A+B}d_{jk}^2\tag{10.33}$$

$$D_{AA}=\frac{1}{n_A^2}\sum_{j,k\in A+B}d_{jk}^2\tag{10.34}$$

同理可以得到 D_{CA}、D_{BB}，最终得到新组 $C+A+B$ 欧氏距离平方和。

$$\begin{aligned}\sum_{j,k\in C+A+B}d_{jk}^2=&(n_C+n_A)^2D_{CA}+(n_C+n_B)^2D_{CB}+(n_A+n_B)^2D_{AB}\\&-(n_C)^2D_{CC}-(n_B)^2D_{BB}\end{aligned}\tag{10.35}$$

式（10.35）除以样方总数 $n_A+n_B+n_C$ 的平方，就得到新组 $C+A+B$ 的组内方差。

$$\begin{aligned}D_{C,A+B}=&\frac{(n_C+n_A)^2}{(n_C+n_A+n_B)^2}D_{CA}+\frac{(n_C+n_B)^2}{(n_C+n_A+n_B)^2}D_{CB}+\frac{(n_A+n_B)^2}{(n_C+n_A+n_B)^2}D_{AB}\\&-\frac{(n_C)^2}{(n_C+n_A+n_B)^2}D_{CC}-\frac{(n_A)^2}{(n_C+n_A+n_B)^2}D_{AA}-\frac{(n_B)^2}{(n_C+n_A+n_B)^2}D_{BB}\end{aligned}\tag{10.36}$$

这就是新组内的方差，它也是模型（10.18）的特殊形式。

（3）新组内平均距离法

该方法把样方和一个样方组间的距离定义为组内平均距离，要使得合并后新组内的

平均距离最小，如果两个样方或两个样方组 A 和 B 合并为一个新组 $A+B$，使得

$$D_{A+B}=\min\left\{\mathrm{DIS}\left(A+B\right)\right\} \tag{10.37}$$

则它们应最先合并。所以，该方法也可以称为新组内平均联结法。

要计算组内平均距离，首先要计算组内距离和，即

$$D_{AB}=\frac{1}{b_{AB}}\sum_{j,k\in A+B}d_{jk} \tag{10.38}$$

$$D_{A}=\frac{1}{b_{A}}\sum_{j,k\in A}d_{jk} \tag{10.39}$$

式中，D_A、D_{AB} 分别代表样方组 A 和样方组 $A+B$ 的组内距离和；$b_A=\left(\dfrac{n_A}{2}\right)$ 为样方组 A 内的样方对的数目；$b_{AB}=\left(\dfrac{n_A+n_B}{2}\right)$；$n_A$ 和 n_B 分别是样方组 A 和 B 所含的样方数；d_{jk} 表示样方 j 和 k 间的欧氏距离。同理可求得 D_{CA}、D_C、D_{CB} 和 D_B。

不难看出，当样方组 C 和样方组 $A+B$ 合并为新组 $C+A+B$ 时，新组内的距离和为

$$\sum_{j,k\in C+B+A}d_{jk}=b_{CA}D_{CA}+b_{CB}D_{CB}+b_{AB}D_{AB}-b_{C}D_{C}-b_{A}D_{A}-b_{B}D_{B} \tag{10.40}$$

用新组内距离和除以 $b.$，就得到新组 $C+A+B$ 的组内平均距离，即

$$D_{C,A+B}=\frac{b_{CA}}{b.}D_{CA}+\frac{b_{CB}}{b.}D_{CB}+\frac{b_{AB}}{b.}D_{AB}-\frac{b_{C}}{b.}D_{C}-\frac{b_{A}}{b.}D_{A}-\frac{b_{B}}{b.}D_{B} \tag{10.41}$$

式中，$b-\left(\dfrac{n_i}{2}\right), n_i=n_C+n_A+n_B$ 为新组 $C+B+A$ 的样方总数。

（4）加权平均距离法

加权平均距离法要使得新组内平均距离增加最小，如果两个样方合并为一组 $A+B$，只要

$$D_{A+B}=\min\left\{\mathrm{DIS}\left(A+B\right)-1/2\mathrm{DIS}\left(A\right)-1/2\mathrm{DIS}\left(B\right)\right\} \tag{10.42}$$

则样方组 A 和 B 应最先合并，加权平均距离法忽略了样方组的大小，因此，样方组 $A+B$ 的平均距离为

$$\mathrm{DIS}\left(A+B\right)=D_{AB}+1/2D_{A}+1/2D_{B} \tag{10.43}$$

同理

$$\mathrm{DIS}\left(C+A\right)=D_{CA}+1/2D_{C}+1/2D_{A} \tag{10.44}$$

$$\mathrm{DIS}\left(C+B\right)=D_{CB}+1/2D_{C}+1/2D_{B} \tag{10.45}$$

样方组 $C+A+B$ 的平均距离为

$$\begin{aligned}\mathrm{DIS}\left(C+A+B\right)=1/b.\big[&b_{CA}\mathrm{DIS}\left(C+A\right)+b_{CB}\mathrm{DIS}\left(C+B\right)\\&+b_{AB}\mathrm{DIS}\left(A+B\right)-b_{C}D_{C}-b_{A}D_{A}-b_{B}D_{B}\ \big]\end{aligned} \tag{10.46}$$

样方组 C 和 $A+B$ 合并前的平均距离为

$$\mathrm{DIS}\left(C,A+B\right)=1/2D_C+1/2\mathrm{DIS}\left(A+B\right) \quad (10.47)$$

将式（10.43）～式（10.45）代入式（10.46）和式（10.47）后，并由式（10.46）减去式（10.47），就得到样方组 C 和 $A+B$ 合并后的平均距离增加量：

$$D_{C,A+B}=\frac{b_{CA}}{b.}D_{CA}+\frac{b_{CB}}{b.}D_{CB}+\left(\frac{b_{AB}}{b.}-\frac{1}{2}\right)D_{AB}-\frac{b_C+n_An_B}{2b.}D_C-\frac{b.-2b_A-2n_Cn_B}{4b.}D_A-\frac{b.-2b_B-2n_Cn_A}{4b.}D_B \quad (10.48)$$

这 4 种方法的模型系数列于表 10.4 中，比较表 10.3 和表 10.4，可以看出表 10.2 中的所有方法都可以看作模型(10.18)的特殊形式，即它们是该模型在 $\lambda_A=0,\lambda_B=0,\lambda_C=0$ 时的特殊形式。

张金屯（1998c）应用这 4 种方法对德国西北部 Hopsten 干草地进行了分类，取得了较好的效果（图 10.14）。

这 4 种方法都是基于扩展了的聚合模型（10.27）之上的，理论上讲它们应比传统的基于模型（10.18）之上的方法更合理，因为它们既考虑了样方组间的距离关系，同时也考虑了组内的同质性，这样的聚类结果使得组内更相似，而组间距离更明显，有利于最后的解释。

9. 信息聚合法

到 20 世纪 60 年代中期，信息统计学吸引了不少学者的兴趣，由此产生了信息分析方法（information analysis）。信息分析是单元的，一般只适合二元数据，但它既可以是聚合的，也可以是划分的。

信息聚合法（information clustering）（Williams et al. 1966）在合并前首先要计算各样方组的信息量，公式如下：

$$I(A)=Pn\ln n-\sum_{i=1}^{p}\left[a_i\ln a_i+(n-a_i)\ln(n-a_i)\right]\ (i=1, 2, \cdots, P, P\ \text{为种数}) \quad (10.49)$$

式中，I（A）表示含有 n 个样方的样方组 A 的信息量，a_i 是 n 个样方中含种 i 的样方数。式（10.49）也叫信息系数（information coefficient）。

两个样方组 A 和 B 间的相异系数定义为这两个样方组合并后的信息增加量，即

$$\Delta I(A,B)=I(A+B)-I(A)-I(B) \quad (10.50)$$

当 A 和 B 是单个样方时，式 10.50 就可以简化为

$$\Delta I(A,B)=2(b+c)\ln 2 \quad (10.51)$$

式中，b 是只存在于样方 A 中而不存在于样方 B 中的种数，c 是仅存在于样方 B 中而不存在于样方 A 中的种数。下面是一个计算的例子，原始数据是 5 个样方 6 个种的二元数据（表 10.5）。

用式（10.51）计算相异系数，例如，

$$\Delta I(1,2)=2(2+1)\ln 2=4.1589$$

表 10.4 扩展模型聚合策略的系数和性质

方法名称	模型系数							样方间距离	空间性质	单调性
	α_A	α_B	β	γ	λ_C	λ_A	λ_B			
新组内离差平方和法	$\frac{n_C+n_A}{n_C+n_A+n_B}$	$\frac{n_C+n_B}{n_C+n_B+n_A}$	$\frac{n_A+n_B}{n_C+n_A+n_B}$	0	$-\frac{n_C}{n_C+n_A+n_B}$	$-\frac{n_A}{n_C+n_A+n_B}$	$-\frac{n_B}{n_C+n_A+n_B}$	1/2 欧氏距离平方	保持	单调
新组内方差法	$\left(\frac{n_C+n_A}{n_C+n_A+n_B}\right)^2$	$\left(\frac{n_C+n_B}{n_C+n_B+n_A}\right)^2$	$\left(\frac{n_A+n_B}{n_C+n_A+n_B}\right)^2$	0	$\left(-\frac{n_C}{n_C+n_A+n_B}\right)^2$	$\left(-\frac{n_A}{n_C+n_A+n_B}\right)^2$	$\left(-\frac{n_B}{n_C+n_A+n_B}\right)^2$	1/4 欧氏距离平方	保持	单调
新组内平均距离法	$\frac{b_{CA}}{b.}$	$\frac{b_{CB}}{b.}$	$\frac{b_{AB}}{b.}$	0	$\frac{b_C}{b.}$	$\frac{b_A}{b.}$	$\frac{b_B}{b.}$	欧氏距离	保持	单调
加权平均距离法	$\frac{b_{CA}}{b.}$	$\frac{b_{CB}}{b.}$	$\frac{b_{AB}}{b.}-\frac{1}{2}$	0	$-\frac{b_C+n_An_B}{2b.}$	$-\frac{b.-2b_A-2n_Cn_B}{4b.}$	$-\frac{b.-2b_B-2n_Cn_A}{4b.}$	欧氏距离	保持	单调

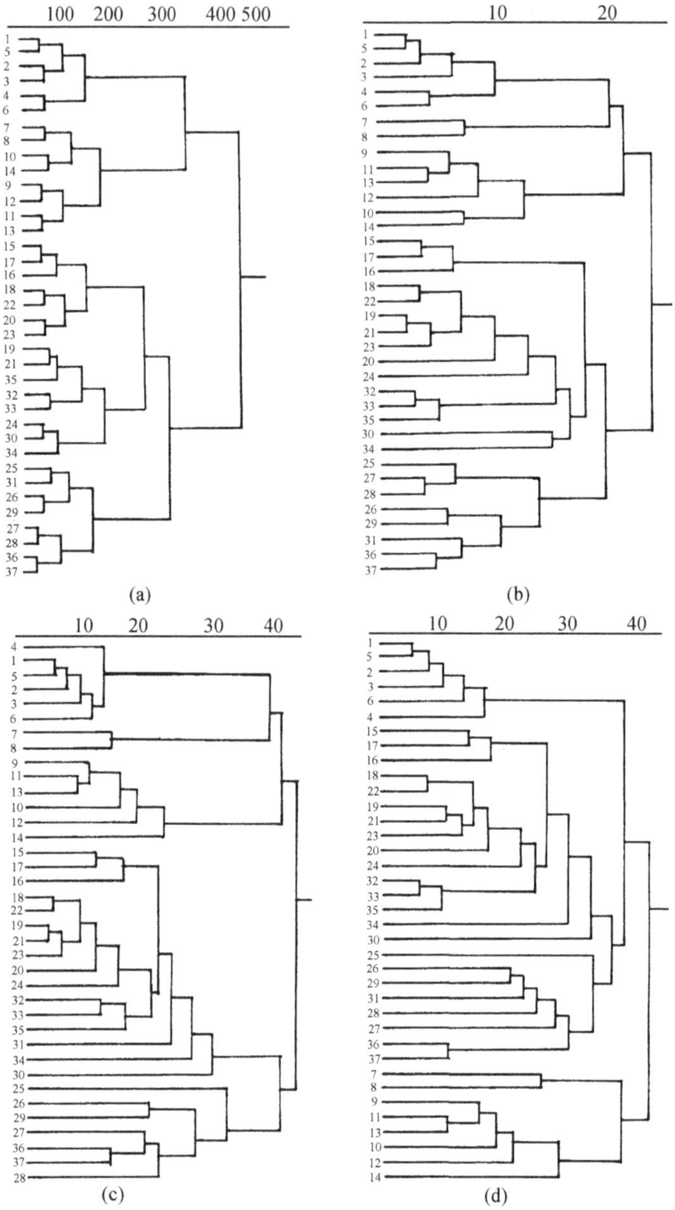

图 10.14　基于扩展聚合模型之上的 Hopsten 干草地进行分类

（a）新组内离差平方和法；（b）新组内方差法；（c）新组内平均距离法；（d）加权平均距离法

同法计算得矩阵

$$
\begin{bmatrix}
1 & 2 & 3 & 4 & 5 \\
0 & 4.1589 & 2.7926 & 6.9315 & 6.9316 \\
 & 0 & 1.3863 & 2.7726 & 2.7726 \\
 & & 0 & 4.1589 & 4.1589 \\
 & & & 0 & 0 \\
 & & & & 0
\end{bmatrix}
$$

表 10.5　5 个样方 6 个种的二元数据

种类	样方				
	1	2	3	4	5
1	1	1	1	0	0
2	1	0	0	0	0
3	0	1	0	1	1
4	1	1	1	1	1
5	0	0	0	1	1
6	1	0	0	0	0

由相异系数矩阵知，样方 4 和样方 5 相异性最小（系数为 0），首先合并这两个样方为 4′样方组。然后，计算其他样方和 4′之间的距离系数（10.50）。例如，

$$\begin{aligned}\Delta I(1,4') &= I(1+4') - I(1) - I(4') \\ &= 6\times 3\ln 3 - (3\times 2\ln 2 + 2\times 2\ln 2 + 3\ln 3) - 0 - 0 = 9.5477\end{aligned}$$

同样方法计算，得到新矩阵

$$\begin{bmatrix} 1 & 2 & 3 & 4' \\ 0 & 4.1589 & 2.7726 & 9.5477 \\ & 0 & 1.3863 & 3.8191 \\ & & 0 & 5.7286 \\ & & & 0 \end{bmatrix}$$

重复以上过程，最后得到聚类图 10.15。

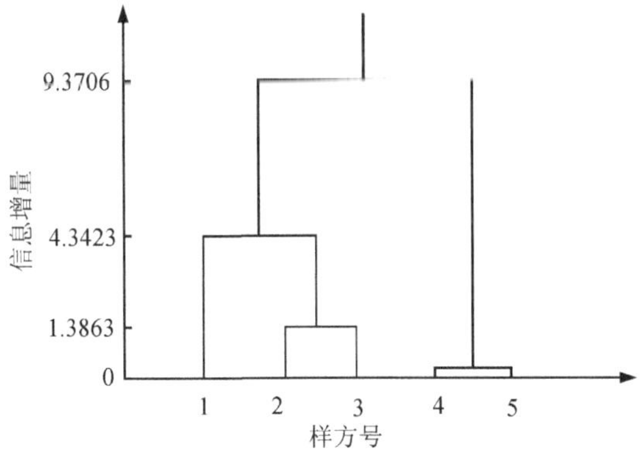

图 10.15　5 个样方的信息聚合分类树状图

信息聚合使用种类存在与否的定性数据，错分概率较大。Pielou（1969）指出数量数据如果都是正整数，同样可以使用。Orloci（1968，1970）和 Dale（1971）对数量数据进行过尝试，但结果并不满意。在后来的研究中，很少有人使用数量数据，信息聚合法的每一次计算均要使用原始数据矩阵，因而，计算量较大。另外，它具有较强的空间扩张性质（阳含熙和卢泽愚 1981），该方法在 20 世纪 60 年代和 70 年代初应用较多。

阳含熙等（1979b）用信息聚合法对内蒙古自治区呼伦贝尔市羊草（*Aneurolepidium chinensis*）草原的 40 个样方进行了分类，结果（图 10.16）合并成 4 个大组，代表 4 个

群丛组。Ⅰ、Ⅲ、Ⅳ三个群丛分别代表半湿润草甸草原群丛组、半干旱草原群丛组和耐盐植物群丛组。而第Ⅱ组为过渡类型。这一分类与传统分类结果一致，可以用生态意义加以解释（阳含熙等 1979b）。

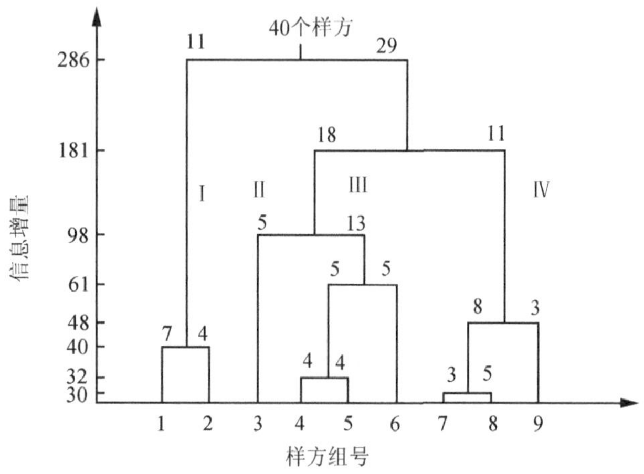

图 10.16　羊草草原 40 个样方信息聚合图

二、等级分划法

等级分划法（hierarchical divisive）是从样方总体开始，逐步一分为二，直到根据终止原则不能再分为止。等级分划法可以分为两类：单元分划法和多元分划法。

（一）单元分划法

单元分划法是数量分类发展早期的一类方法，只适用于二元数据，并且每次分划仅依据一个种的存在与否，但这类方法在 20 世纪 60 年代和 70 年代曾被广泛的应用，至今仍有人使用。

1. 关联分析法

关联分析（association analysis）（Williams and Lambert 1959）是第一个被广泛应用的数量分类方法，它是基于 Goodall（1953）工作之上的，所以也是最早出现的数量分类方法。Goodall 最初用 2×2 列联表计算种间的相关性，而且仅考虑正相关。在划分时，选择一个与其他种明显相关的标志种，根据该种的存在与否，将样方分为两组。但 Goodall 方法在标志种选择和终止原则确定上有很大的主观性。1959 年 Williams 和 Lambert 对该方法进行了详细的研究和多方面的改进，标志种选择和终止原则都采用了定量指标（X^2 值），以避免主观性。1960 年他们成功地使用计算机完成了关联分析计算。这大大提高了工作速度，并可以处理大量的数据，最多可达 1000 个样方，这是促进该方法广泛应用的关键。

下面是关联分析的步骤。

1）计算种间关联系数矩阵：一般用 X^2 系数［式（10.6）］或均方系数［（式 10.7）］，二者结果是一致的，均方系数等于 X^2/N，即

$$X^2 = \frac{(ad-bc)^2(a+b+c+d)}{(a+b)(c+d)(a+c)(b+d)}$$

$$V^2 = X^2 / N$$

式中，a、b、c、d 是两个种 2×2 列联表中的数值（表 10.6）；N 为样方总数。

表 10.6　两个种 2×2 列联表

		种 2		
		存在的样方	不存在的样方	
种 1	存在的样方	a	b	$a+b$
	不存在的样方	c	d	$c+d$
		$a+c$	$b+d$	$a+b+c+d=N$

使用 X^2 或 V^2 系数可以进行显著性检验，如果我们确立了显著性水准，如 0.1 或 0.05 显著性水准，则相应的 X^2 临界值为 2.706 或 3.841，也就是说，当 X^2 值小于临界值时，则认为两个种间关联不明显，可以将其 X^2 系数记为 0。另外，将一个种的自身关联系数定义为 0，不必计算。由此，我们得到对角线元素全部为 0 的关联矩阵：

$$C = \{C_{ij}\} \ (i{=}j{=}1, 2, \cdots, P)$$

2）决定临界种（critical species）并据此划分。

对上面得到的关联矩阵求行和或列和，即

$$C_i = \sum_{j=1}^{P} c_{ij} \ (i{=}1, 2, \cdots, P)$$

它表示在整个样方组中，种 i 和其他种的总关联。选 C_i 值最大的种作为临界种。

根据临界种的存在与否，将样方组划分为两个新的样方组。

3）回到步骤 1)，对以上得到的两个样方组进行再分划。对每个样方组的再分划需要重新计算关联矩阵。重复以上过程，直到新得到的样方组内种间关联系数全部为 0，也就是全部处于显著水准以下，这样的样方组可以认为是同质的，不必再分划。

这里我们可以看到，X^2 的显著性水准实际上是分划的终止原则。

在新的一次分划中，上次分划所依据的临界种就不必再考虑，因为它的值要么全部为 0，要么全部为 1，对分类已不起作用。

下面我们用一个虚拟的例子说明计算。

假定我们调查得到 6 个种 7 个样方的二元数据（表 10.7）。现对其进行分类。

表 10.7　6 个种 7 个样方的二元数据

种类	样方						
	1	2	3	4	5	6	7
1	1	1	1	0	0	1	1
2	1	0	0	0	1	1	0
3	0	1	0	1	1	0	0
4	1	1	1	1	0	1	1
5	0	0	0	1	1	1	0
6	1	0	0	1	1	1	0

第一步，计算关联系数矩阵，我们用均方关联系数，$V^2 = X^2 / N$。比如

$$X^2(1,2) = \frac{(2\times1-3\times1)^2 \times (2+4+1)}{5\times2\times3\times4} = 0.06$$

这里我们选用 0.1 的显著性水准（临界值为 2.706），X^2（1, 2）的值小于该临界值，应记为 0。再比如

$$X^2(1,3) = \frac{(0-2\times4)^2 \times 7}{120} = 3.733$$

该值大于临界值，所以有

$$V_{13} = X_{13}^2 / N = 3.73/7 = 0.5333$$

分别计算，得关联矩阵

$$\begin{bmatrix} 1 & 2 & 3 & 4 & 5 & 6 \\ 0 & 0 & 0.5333 & 0.4167 & 0.5333 & 0 \\ 0 & 0 & 0 & 0 & 0 & 0.5625 \\ 0.5333 & 0 & 0 & 0 & 0 & 0 \\ 0.4167 & 0 & 0 & 0 & 0 & 0 \\ 0.5333 & 0 & 0 & 0 & 0 & 0.5625 \\ 0 & 0.5625 & 0 & 0 & 0.5625 & 0 \end{bmatrix}$$

第二步，分别计算行和 C_i。比如

$$C_{(1)} = 0+0+0.5333+0.4167+0.5333+0 = 1.48$$

同法计算

$C_{(2)}$=0.5625，$C_{(3)}$=0.5333，$C_{(4)}$=0.4167，$C_{(5)}$=1.0958，$C_{(6)}$=1.125

可见 $C_{(1)}$最大，故选种 1 为临界种。据此，7 个样方被分为两组{1, 2, 3, 6, 7}和{4, 5}。

第三步，回到第一步，对以上得到的两个样方组进行再分划。根据所确立的显著性水准（0.1），样方组{4, 5}不能再分划。对样方组{1, 2, 3, 6, 7}进行再分划。最后 7 个样方被分为三组：{1, 6}，{2, 3, 7}，{4, 5}。

结果如图 10.17 所示，图中每次分划都标明临界种。“+”表示含该临界种；“–”表示不含该种；方块中的数字表示分组中的样方数。

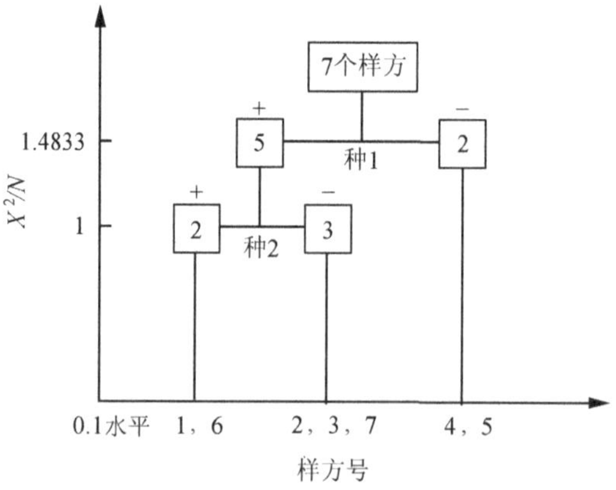

图 10.17　7 个样方关联分析树状图

阳含熙等（1979a）使用关联分析对前面的40个羊草草原样方进行了分析，结果见图 10.18。他们采用均方系数，图中标有每一次分划的临界种，“+”表示含有临界种的样方，“–”表示不含临界种的样方，在显著性水准为 0.01 时，40 个样方被归入 4 个样方组，其中样方组Ⅰ、Ⅲ、Ⅳ，分别为半湿润草甸草原、半干旱草原、耐盐植物群丛组；样方组Ⅱ为过渡类型，这一结果与前面的信息聚合结果基本一致（阳含熙等 1979a；阳含熙和卢泽愚 1981）。

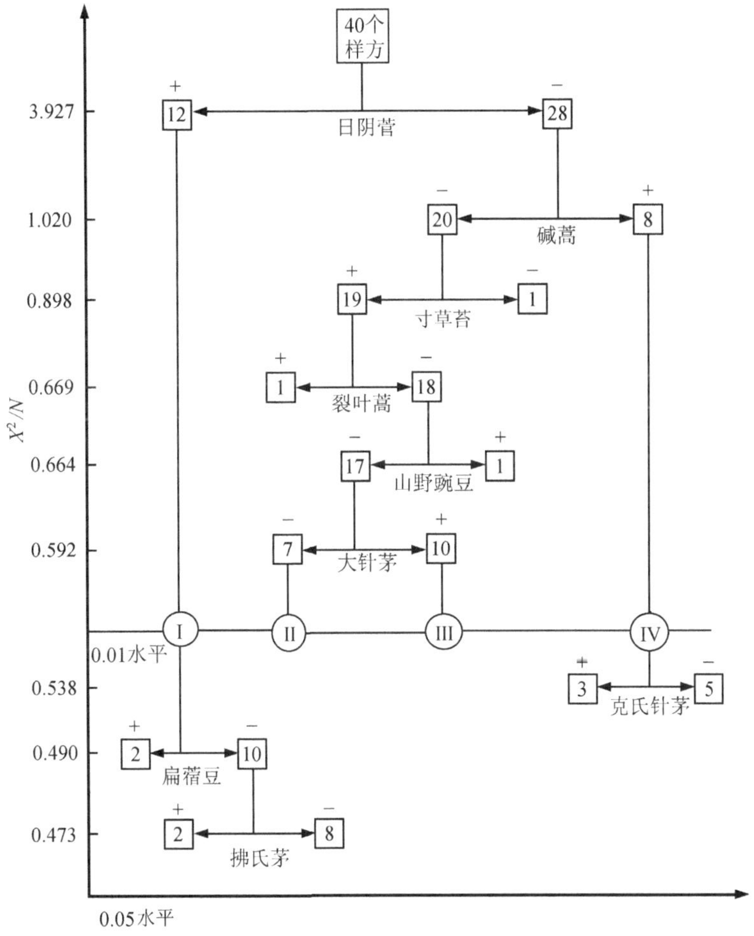

图 10.18 羊草草原 40 个样方的关联分析（阳含熙等 1979a）

关联分析是单元的，而且仅根据种的存在与否的定性数据，这对其结果的精度必然有所影响，有时会出现错划分。但在大面积的为人们所不熟悉的植被研究中非常有效，尤其在种类丰富多样的群落研究中，更会令人满意（Noymeir and Austin 1970）。这使得该方法在 1960～1975 年成为最主要的数量分类方法。

如果用关联分析的正分析和逆分析编制分类矩阵，该矩阵类似于以存在度、恒有度、确限度为基础的 Braun-Blaunquet 排表法所分的群丛表。Beeftink（1972）用此方法整理了 5 万个世界盐生沼泽的群丛表。

2. 组分析法

组分析法（group analysis）（Crawford and Wishart 1967，1968）是对关联分析修改而成的一个单元分划方法，它是基于某一组特征种的存在与否而进行连续划分，特征种组是根据它们与其他种共同出现的频率而决定的。但在划分时仍以一个临界种的存在与否为依据，所以仍是单元分划方法。

这一方法的结果并不比关联分析好多少，只是计算要比关联分析简单。我们举一个例子加以说明。我们有 6 个种 7 个样方的二元数据（表 10.8），计算过程如下。

表 10.8　组分析计算表

种类	样方							r_i	P_i	M_i	w_i	$\mu^2(i)$
	1	2	3	4	5	6	7					
1	1	1	1	0	0	1	1	5	0.7143	16	0.6667	0.0223
2	1	0	0	0	1	1	0	3	0.4286	13	0.5417	0.6603
3	0	1	0	1	1	0	0	3	0.4286	11	0.4583	0.0001
4	1	1	1	1	0	1	1	6	0.8571	20	0.8333	0
5	0	0	0	1	1	1	0	3	0.4286	13	0.5417	0.4917
6	1	0	0	1	1	1	0	4	0.5714	17	0.7083	0.9316
C_j	4	3	2	4	4	5	2	24		90		
S_j	0.7333	0.5222	0.40	0.6777	0.60	0.877	0.40			S=4.2109		

1）计算原始数据矩阵的行和 r_i、列和 C_j 及总和（表 10.8），并计算每个种所出现的频率比，它等于该种出现的样方数除以样方总数。

$$P_i = r_i / N \tag{10.52}$$

比如

$$P_1 = 5/7 = 0.7143$$

一一计算，并列入表中。

2）对每个种计算组元势（group element potential）W_i。

$$W_i = M_i \Big/ \sum_{j=1}^{N} C_j \tag{10.53}$$

式中，W_i 是衡量种出现频率的一个指标，当种 i 出现在全部样方中时，W_i=1；M_i 是含有种 i 的样方中所出现的全部种的总数，它等于含种 i 样方的 C_j 之和。比如，

$$M_1 = 4+3+2+5+2 = 16$$

$$W_1 = 16/24 = 0.6667$$

3）对每个样方计算集元势（set element potential）S_j：样方 j 的集元势等于存在于该样方中的种类 M_i 之和占总的 M_i 之和的比，比如，

$$S_1 = \frac{M_1 + M_2 + M_4 + M_6}{90} = 0.7333$$

然后对所有 S_j 求和，记为 S

$$S = \sum_{j=1}^{N} S_j$$

在我们的例子中，S=4.2109

4）决定临界种：对每个种计算临界指数[$\mu^2(i)$]。

$$\mu^2(i) = 4(D_i - P_i S)^2 \tag{10.54}$$

式中，D_i是含种i样方的S_i之和。比如，

$$\mu^2(1) = 4[(0.7333 + 0.5222 + 0.400 + 0.8777 + 0.40) - 0.7143 \times 4.2109]^2 = 0.0223$$

选具有最大$\mu^2(i)$值的种作为临界种，并据此进行分划。在我们的例子中，种 6 应为临界种，根据种 6 的存在与否，7 个样方被分划为两组{1, 4, 5, 6}和{2, 3, 7}。

Crawford 和 Wishart（1967，1968）给出一个人为的终止指标（非统计学指标），称为组系数（group coefficient），它是样方集元势的总和 S 与样方总数的比值（S/N）。当组系数超过 0.5 时就应停止分划。据此指标，我们的例子就不应分划，不过，这里我们仅依其说明计算过程。

Crawford 和 Wishart（1967）应用组分析法对 554 个样方进行了分类（图 10.19），图中 A、B 等大写字母代表某个临界种的存在，a、b 等小写字母代表相应的临界种不存在，

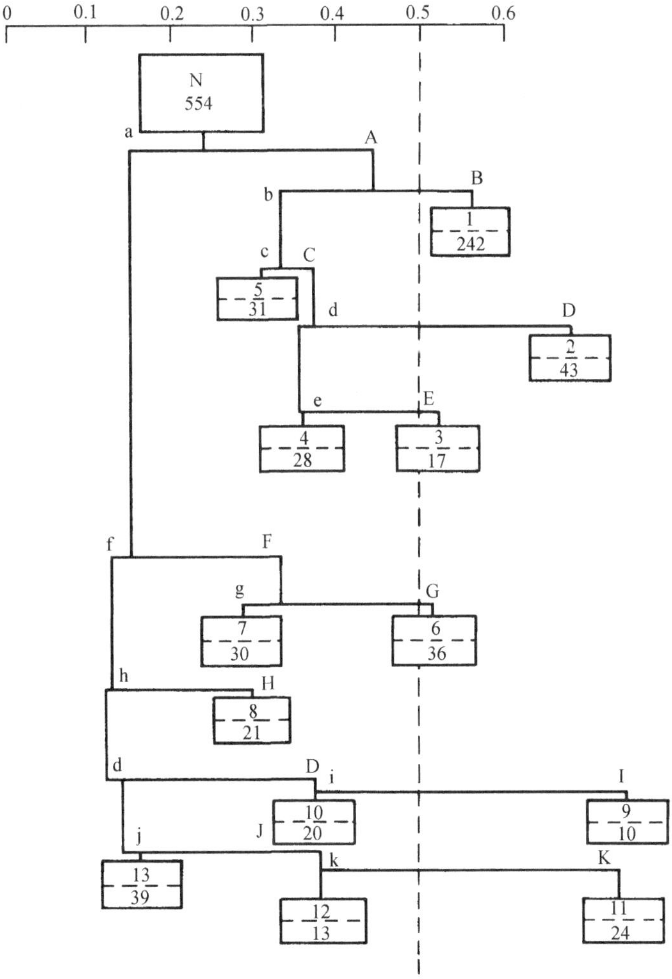

图 10.19 554 个样方的组分析分类图（Crawford and Wishart 1967）

上部的坐标值为组系数，虚线代表终止原则，S/N=0.5，方框中上面的数代表最终的样方组号，下面的数值表示每个组中所含的样方数。

根据组系数 0.5 的终止原则，第一样方组中包含 242 个样方。从生态学角度考虑，如果说，242 个样方是同质的，一般是难以解释的，所以在研究中，终止原则还需从实际考虑。也可以对一些大样方组，如上面含 242 个样方的组进行再分类（组分析）。

3. 信息分划法

信息分划法（information division）是 Lance 和 Williams（1967）提出来的，它也是单元分划方法。与信息聚合法相似，它要计算样方组的信息量。一个样方组被分成两组，要使得所分的两组包含的信息量最小，也就是使样方总体到两个子组划分过程中信息量降低的幅度最大，即信息减量最大，该方法分析过程如下。

1）对每一个种计算由它所决定的分类的信息减量。

$$\Delta I_{(i)} = I_{(A)} - I_{(B)} - I_{(C)} \tag{10.55}$$

式中，$\Delta I_{(i)}$ 是以种 i 为标准而将样方组 A 分为两个组 B 和 C 后的信息减少量，$I_{(A)}$、$I_{(B)}$ 和 $I_{(C)}$是样方组 A、B、C 的信息量，均用信息系数公式（10.49）计算。

$$I_{(A)} = PN\ln n - \sum_{i=1}^{p}\left[a_i \ln a_i + (N-a_i)\ln(N-a_i)\right]$$

2）选临界种并进行一次分划。选信息减少量最大的种作为临界种，即 $\max \Delta I_{(i)}$ 的种，依次将样方组 A 分成两个新组 B 和 C。

3）回到步骤 1），对新得到的样方组 B 和 C 进行再分划。

信息分划法没有客观的终止原则，使用者须依据经验判断是否继续分下去，或者依一个事先规定的人为标准而进行，如预定分为几个组。

下面是一个计算例子，原始数据为 7 个样方 6 个种（表 10.9）。

表 10.9　7 个样方 6 个种的二元数据

种类	样方						
	1	2	3	4	5	6	7
1	1	1	1	0	0	1	1
2	1	0	0	0	1	1	0
3	0	1	0	1	1	0	0
4	1	1	1	1	0	1	1
5	0	0	0	1	1	1	0
6	1	0	0	1	1	1	0

同样，从原始数据出发。

第一步，对每个种分别计算信息减量，如种 1。如依种 1，7 个样方（A）将被分为两组

$$B=\{1, 2, 3, 6, 7\}$$
$$C=\{4, 5\}$$

则 $I_{(A)} = 6\times 7\ln 7 - 6\ln 6 - 5\ln 5 - 4\ln 4 - 4\times 3\ln 3 - 2\ln 2 = 26.18$

$I_{(B)} = 6\times 5\ln 5 - 2\times 5\ln 5 - 2\times 4\ln 4 - 2\times 3\ln 3 - 2\ln 2 = 11.73$

$I_{(C)} = 2\times 2\ln 2 = 2.77$

于是按种 1 划分的信息减量为

$$\Delta I = 26.18 - 11.73 - 2.77 = 11.67$$

同法计算，得

$$\Delta I_{(1)} = (11.67, 9.02, 8.84, 7.86, 11.79, 11.97)$$

第二步，选种 6（$\Delta I_{(6)} = 11.97$）为临界种，7 个样方被分划为两组{1, 4, 5, 6}和{2, 3, 7}。

第三步，回到第一步，对以上得到的两个样方组进行再分划。最后得到 3 个组：{1, 6}、{2, 3, 7}和{4, 5}。这里参考了相关分析的结果，所以对第一次分划所产生的组{2, 3, 7}没有进行再分划。

信息分划法一般只适用于二元数据，有人曾对多元状态数据进行过尝试，但结果并不满意。信息分划法在 20 世纪 60 年代和 70 年代初用得较多。进入 70 年代，由于计算机的飞速发展，出现了许多更客观的多元方法，使单元分划方法的使用减少。信息分析法到 80 年代已很少使用。

（二）多元分划法

多元分划法是以整个数据矩阵为基础的，结果应优于单元分划法，我们在这里主要介绍 3 种多元分划法：一是平方和减量法；二是现在最常用的分类方法——双向指示种分析；三是排序轴分类法。

1. 平方和减量法

平方和减量法（decremental sum of square）也称为最佳二歧分划法（optimal bidivision）（Edward and Cavalli-Sforza 1965）。它需要考虑所有可能产生的二歧分划，选择最佳的二歧分划，使得所分的两组组内离差平方和最小。离差平方和用式（10.56）计算。

$$Q_A = \frac{1}{m}\sum_{i=1}^{P}(X_{ij} - X_{ik})^2 \qquad (10.56)$$

式中，Q_A 为样方组 A 的组内离差平方和；m 为组 A 所含的样方数；X_{ij} 和 X_{ik} 分别是第 i 个种在第 j 和第 k 个样方中的观测值[i=1, 2, …, P, P 为种数；j=1, 2, …, (m–1)；k=j+1]。

要使所分组内离差平方和最小，就是使样方组 A 分成两组 B 和 C 后的离差平方和减少量最小，而 ΔQ 最大。

$$\Delta Q(B,C) = Q_A - Q_B - Q_C \qquad (10.57)$$

所以这一方法就是要针对所有可能的二歧分划，分别计算 Q_B 和 Q_C，选 ΔQ 最大的作为第一次分划。对 N 个样方来说，分为两组由（2^{N-1}–1）种不同的做法，可见该方法计算量非常大。完成第一次分划后，对产生的新组重复以上过程。

这里没有客观的终止原则，根据事先规定或经验判断。

从式（10.56）我们知道，组内离差平方和实际上是组内样方的欧氏距离平方的平均，所以如计算出欧氏距离的矩阵，对后面的计算较为方便。

下面我们从一个虚拟的例子来说明计算，该方法计算量非常大，所以这里我们仅考虑一个 3 个样方 3 个种的数据矩阵

$$\boldsymbol{X}=\begin{bmatrix}2&2&1\\0&4&3\\3&4&1\end{bmatrix}$$

先将样方总体作为一个样方组 A，计算

$$Q_A=\frac{1}{3}\left[(2-2)^2+(0-4)^2+(3-4)^2+(2-1)^2(4-3)^2+(4-1)^2\right]=9.3$$

3 个样方的二歧分类有 3 种可能性：{1, 2}，{3}；{1, 3}，{2}；{2, 3}，{1}。现在我们计算各组内的离差平方和，比如，

$$Q_{B_1}=\frac{1}{2}\left[(2-2)^2+(0-4)^2+(3-4)^2\right]=8.5$$

单个样方的离差平方和记为 0，即

$$Q_{C_1}=0$$

同法计算

$$Q_{B_2}=7.0,\quad Q_{C_2}=0;\quad Q_{B_3}=5.5,\quad Q_{C_3}=0$$

然后计算平方和减量得

$$\Delta Q(B_1,C_1)=9.3-8.5=0.8$$

$$\Delta Q(B_2,C_2)=9.3-7.0=2.3$$

$$\Delta Q(B_3,C_3)=9.3-5.5=3.8$$

可见，$\Delta Q(B_3,C_3)$ 最大，其是最佳的二歧分划，则 3 个样方被分为两组{1}和{2, 3}。

从上面的计算可以看出，我们可以不用平方和减量指标，直接用组内离差平方和作为判断依据，即所分两组的离差平方和之和最小的二歧分划是最佳分划。

平方和减量法对二元数据和数量数据均适合，但一般使用二元数据较少，该方法的一个缺点是计算量特别大，原作者建议样方不能超过 15 个，显然这不能满足研究者的需要。

2. 双向指示种分析

双向指示种分析（two-way indicator species analysis，TWINSPAN）（Hill 1979b）是由指示种分析（indicator species analysis）（Hill et al. 1975）修改而成的。指示种分析仅给出样方分类，TWINSPAN 同时完成样方和种类分类（张金屯 2011；Legendre P and Legendre L 2012）。

TWINSPAN 首先对数据进行 CA/RA 进行排序，同时得到样方和种类第一排序轴，分别用于样方分类和种类分类。样方分类和种类分类的过程是一致的，下面我们以样方

分类来说明基本过程。

1）以排序轴为基础进行预分组。先求出坐标轴的形心，即平均值

$$\overline{y}=\sum_{j=1}^{N} y_j / N \qquad (10.58)$$

式中，y_j为第 j 个样方的排序坐标值。

以排序轴的形心为界，将样方分为正负两组，负组 A_1（$y_j \leqslant \overline{y}$），正组 A_2（$y_j > \overline{y}$）。

2）选取指示种。指示种（indicator species）是对分类有重要意义的种，一般是分布于排序轴两端的种。某个种指示意义的大小用一个数量指标——指示值（indicator value）来衡量。

$$D(i)=\left|\frac{n_1(i)}{N_1}-\frac{n_2(i)}{N_2}\right| (i=1, 2, \cdots, P) \qquad (10.59)$$

式中，$D(i)$为种 i 的指示值；N_1 和 N_2 分别是上面得到的 A_1 和 A_2 两组所含的样方数；$n_1(i)$是种 i 在 A_1 中出现的样方数；$n_2(i)$是种 i 在 A_2 中出现的样方数。

当 $D(i)=1$ 时，种 i 是完全指示种；当 $D(i)=0$ 时，种 i 没有指示意义。

选取 $D(i)$ 最大的几个种作为指示种，一般选取 5 个种（Hill et al. 1975）。

3）计算样方指示分（indicator score）。对选出的指示种，视其在正组和负组哪一边占优势，分别称为负指示种和正指示种。当 $n_1(i)/N_1 > n_2(i)/N_2$ 时，则种 i 是负指示种；反之，$n_1(i)/N_1 < n_2(i)/N_2$ 时，则种 i 是正指示种，在一个样方中，如果它含一个正指示种，应得 1 分，如果它含一个负指示种，应得–1 分，将它所有的分数加起来，应得到该样方的指示分，记作 Z_j。

4）按指示分将样方分组。选一个适当的指示域值，根据指示分值的大小将样方分为正负两组。指示域值的选取要使得所分的两组与前面用排序坐标所分的预分组的吻合程度更高，也就是错分类（misclassification）的样方最少。如图 10.20 所示，选域值为–0.5 错分类较少。

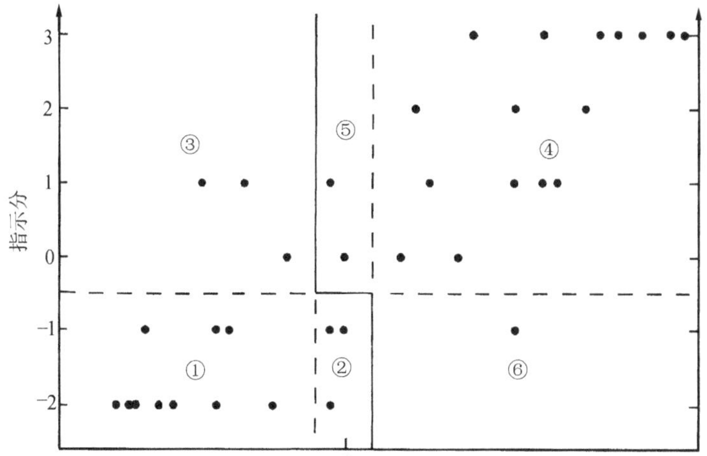

图 10.20 TWINSPAN 样方分类图示（Hill et al. 1975）

5）对预分组进行调整。如果两次所分的组不完全一致，需要适当的调整。调整就是以排序轴形心为中心向两侧扩展，划出一个较窄的中性带（indifference zone），如图 10.20 所示，②区和⑤区组成中性带。处于中性带内的错分类，可以人为调整过来。在图上⑤区中的两个样方原分在 A_1 组中，是错分类，可以调整到 A_2 组中；在②区中的 3 个样方两次划分一致，不必调整。调整后得到第一次分划的结果，即负组包括图上①、②、③区中的样方，正组包括④、⑤、⑦区中的样方。

6）再分划。以上是一次分划的过程，重复以上过程，对上面得到的两个组进行再分划，直到组内样方数降到一个规定数值（终止原则）时为止。最后得到一个样方等级分类。这里需要注意的是，进行再分划时，对将要分划的组需要重新计算排序坐标，这样在整个分划过程中，排序轴可能代表不同的环境梯度，生态意义更加明确。

7）用与样方分类相同的方法进行种类分类，同样得到一个种类等级分类。样方分类和种类分类可以分开，以树状图表示，不过多数情况下，是将二者结合起来排在一个矩阵中，称为双向分类矩阵（two-way classification matrix），这是 TWINSPAN 的一个特点。

下面是一个虚拟的例子，6 个种 8 个样方，这里用二元数据（表 10.10）。

表 10.10　6 个种 8 个样方的二元数据

种类	样方							
	1	2	3	4	5	6	7	8
1	1	0	0	1	1	0	0	1
2	0	1	1	0	0	1	0	1
3	1	1	0	0	0	1	1	0
4	1	1	1	1	1	0	0	1
5	1	1	0	1	0	0	0	1
6	1	0	0	0	1	0	0	0

第一步，用对应分析法（CA/RA 未经修正的方法）对原始数据进行排序，得到样方排序坐标

$$Y = (25, 54, 46, 12, 0, 86, 100, 27)$$

$$\overline{y} = (25 + 64 + 46 + 12 + 86 + 100 + 27)/8 = 43.75$$

据此，8 个样方被分为两组，负组（A_1）{1, 4, 5, 8}和正组（A_2）{2, 3, 6, 7}。

第二步，对每个种计算指示值 $D(i)$。比如

$$D(1) = |4/4 - 0/4| = 1$$

分别计算，得 6 个种的指示值

$$D = (1, 0.5, 0.5, 0.5, 0.5, 0.5)$$

这里除种 1 外，其他种的值均为 0.5，很不利于选择种。为了说明计算，我们选种 1、3、4 作为 3 个指示种。其中，种 1 和种 4 存在于 A_1 组的全部样方中，故为负指示种；而种 3 存在于 A_2 组的 3 个样方中，而在 A_1 组中仅见于一个样方中，故为正指示种。

第三步，计算样方的指示分。比如

样方 1 指示分 Z_1=（−1）+1+（−1）=1

同样算得其他样方的指示分，得

$$Z=(-1, 0, -1, -2, -2, +1, +1, -2)$$

用指示分和排序轴可以组成一个图（图 10.21）。

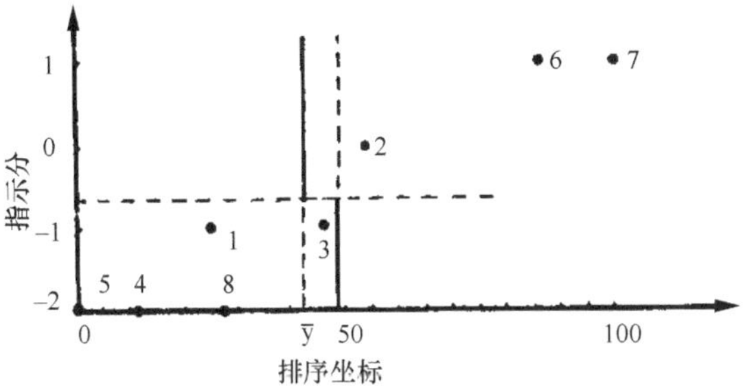

图 10.21　8 个样方 TWINSPAN 分类第一次划分图示

第四步，选取指示域值并据此进行划分。

我们要选一域值，使得错分类的样方最少。如图 10.21 所示，若以–0.5 或–1.5 为域值，都产生一个错分类，但因为样方 3 距排序轴形心很近，可以划在中性带中进行调整，所以我们选–0.5 为域值，依其 8 个样方被分为{1, 3, 4, 5, 8}和{2, 6, 7}。

第五步，对预分组进行调整。

样方 3 在两次分组中不一致，并且它处于排序轴近于形心处，我们以排序轴形心为中心向两侧扩展划分出一中性带，样方 3 被划在其中，所以可以对其调整，得到第一次分划结果：{1, 3, 4, 5, 8}和{2, 6, 7}。这一结果与以指示值为准划分的组吻合，不过这只是一个小例子。

第六步，再分划。

假若我们规定，一个样方组中如果有 3 个或 3 个以下的样方，就停止划分的话（终止原则），则组{1, 3, 4, 5, 8}尚可继续分划。重复以上过程，该组被划为两个新组{1, 4, 5}和{3, 8}。根据我们的规定，样方分类应到此结束。最终得到一个等级分类：

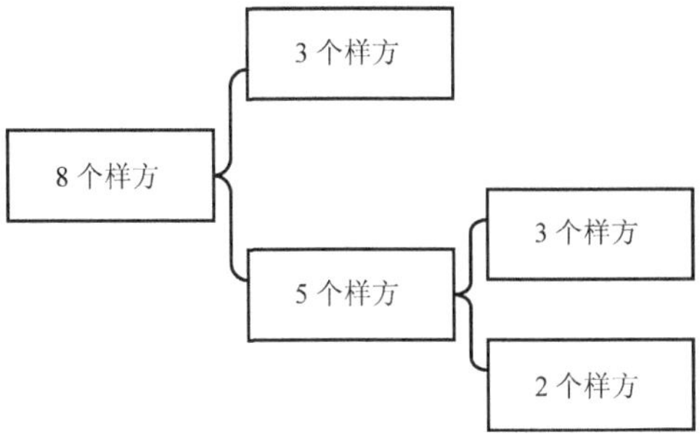

第七步，用同样的方法我们对 6 个种进行分类。这里只进行一次分划得到两个种组{1, 4, 5, 6}和{2, 3}。

第八步，将样方分类和种类分类排成双向分类矩阵。

一般是以种类为行，样方为列而排成一个矩阵。矩阵上面是样方号，下面是所分的类型。其中“0”代表一次分划所得的一个组；“1”代表另一个组，矩阵的左边是种名或种号，右边是它们所分的类型，这里种类仅进行了一次分划。矩阵中心是每个种在各样方中的观测值。因为是二元数据，“1”代表存在，“–”代表不存在。在排列时，要使得种类观测值集中分布在矩阵对角线及其附近，结果使矩阵从左到右，从上到下能反映一定的环境梯度（表 10.11）。该矩阵排列过程可以用计算机完成。

表 10.11　6 个种 8 个样方的 TWINSPAN 分类结果

种类	样方								种类分类结果
	4	5	1	8	3	2	6	7	
种 1	1	1	1	1	–	–	–	–	0
种 4	1	1	1	1	1	1	–	–	0
种 5	1	–	1	1	–	1	–	–	0
种 6	–	1	1	–	–	–	–	–	0
种 2	–	–	–	1	1	1	1	–	1
种 3	–	–	1	–	–	1	1	1	1
样方分类结果	0	0	0	0	0	1	1	1	
	0	0	0	1	1				

TWINSPAN 在 20 世纪 80 年代以后得到了广泛的应用，有许多应用实例。这里引用英国威尔士北部 Aber 山谷植被 TWINSPAN 分类的例子（张金屯 1994a）。图 10.22 是双向分类矩阵，上面是 76 个样方的序号，左边是 100 多个种名的缩写，即属名的前 4 个字母和种名的前 3 个字母，下面和右边分别是样方和种类分类的结果。这里使用的是二元数据，这一矩阵明显反映出两个环境梯度，一是海拔；二是土壤水分状况。矩阵从左到右海拔逐渐升高，水分逐渐减少，植被类型从分布于山谷底部常年积水的沼泽、草地、湿生林地逐渐过渡到分布于山坡上的排水良好的中生林地和草地类型；矩阵从上到下是种类的变化，也反映了这两个环境梯度的作用。上部的种主要是湿生种类，多分布在海拔较低的谷底，下部则大多为中生植物，多见于山坡草地之中。另外，矩阵图明显反映了群落和种类之间的关系，详见张金屯（1994a）。

TWINSPAN 的结果也可以用树状图表示，使类型间的关系更清楚，图 10.23 是北京云蒙山国家森林公园森林群落 TWINSPAN 分类的树状图，该图从左向右同样反映了生态梯度，保持了 TWINSPAN 的特点。在研究实践中，有人喜欢使用双向分类矩阵，有人喜欢使用树状图，还有人同时使用双向分类矩阵和树状图（Zhang et al. 2015）。

TWINSPAN 是 20 世纪 80 年代至今使用最多的方法，并且可以预期在未来一定时间内，它在植被研究中仍将占主导地位。

3. 排序轴分类法

在研究中，一些学者直接在排序空间划分样方，并将其称为排序空间划分法（ordination space partitioning）。因此，也有人将排序方法全部归入数量分类方法中。但事实上由排序难以直接完成分类，因为在排序空间划分样方带有很大的主观性，一般都是在其他分类的基础上，如以传统分类或某一数量分类方法的结果为基础，再在排序空间圈定群落类型的界限。这样的方法实际上只起着验证其他分类结果的作用。一般来说，一个分类方法必须自身能够完成分类过程，而无需参考其他方法。

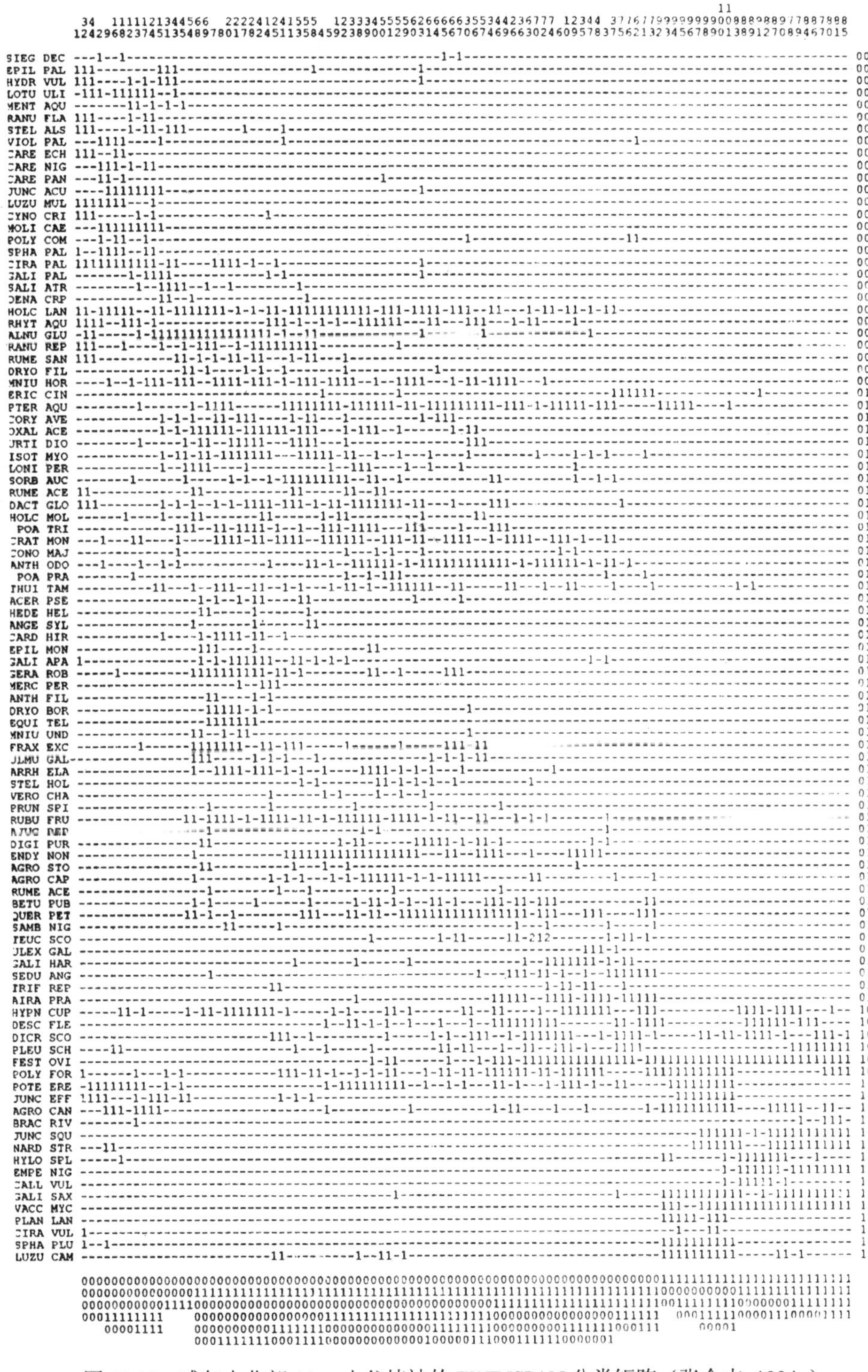

图 10.22 威尔士北部 Aber 山谷植被的 TWINSPAN 分类矩阵（张金屯 1994a）

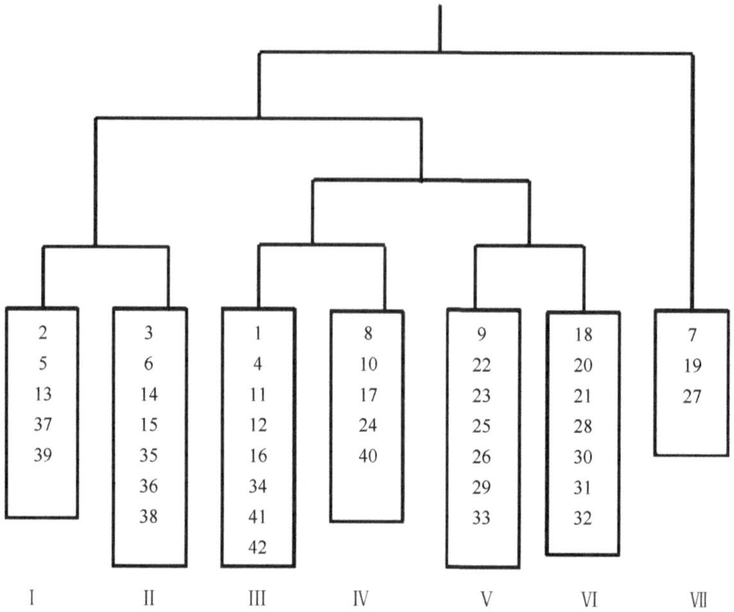

图 10.23　北京云蒙山国家森林公园森林群落 TWINSPAN 分类的树状图（Zhang et al. 2015）

排序轴分类法（ordination axes clustering）是以排序为基础的（张金屯 1994e）。首先要对原始数据进行排序。各种排序方法均可使用，其步骤如下。

1）对 $P\times N$ 维的原始数据矩阵进行排序，取前 m 个排序轴，这里 P 为植物的种数，N 为样方数。

2）以第一排序轴为依据，进行第一次分划。第一次分划是以第一排序轴的形心为界，将 N 个样方分为正负两组：A_1 和 A_2，排序轴的形心 $\overline{y}$ 由式（10.60）计算。

$$\overline{y}=\sum_{j=1}^{N}y_j/N \tag{10.60}$$

式中，y_j 代表第 j 个样方在第一排序轴上的坐标值。以 $\overline{y}$ 为界，若 $y_j<\overline{y}$，划入 A_1 组，为负组；若 $y_j>\overline{y}$ 划入 A_2 组，为正组。对于 $y_j=\overline{y}$ 的样方，划入 A_1 和 A_2 组的概率是相等的。因此，这些样方的归并容易出现错分类。在 TWINSPAN 分类中，是用指示种来调整这样的错分类的，这里用离差平方和直接判断这种样方的归组。假定一个样方 k 的坐标值 $y_j=\overline{y}$，则分别计算离差平方和。

$$S_{kA_1}^2=\sum_{j\in A_1}(y_j-\overline{y})^2 \tag{10.61}$$

$$S_{kA_2}^2=\sum_{j\in A_2}(y_j-\overline{y})^2 \tag{10.62}$$

式中，$S_{kA_1}^2$ 和 $S_{kA_2}^2$ 分别是样方 k 与 A_1 组和 A_2 组中所有样方间的离差平方和。离差平方和是一种距离。因此，该样方应该属于距离较小的组，即如 $S_{kA_1}^2>S_{kA_2}^2$，则样方 k 归入 A_2 组；反之，若 $S_{kA_1}^2\leqslant S_{kA_2}^2$，则样方 k 归入 A_1 组。

这样完成第一次分划，N 个样方被分为两个组。

3）再分划，对以上得到的两个新样方组，重复第二步分划过程，进行再分划。但此次分划以第二排序轴为基础。这样，分类可以基于不同的生态梯度之上，生态意义更明确。以第二排序轴为依据，以上两组被分为 4 组。然后，再以第三排序轴为依据，4 组又被分为 8 组，等等，以此类推。分划的终止原则可以人为规定，例如，事先确定要分几个组，或以每组中的样方数为标准。但是，我们认为最终应分为几组，该不该继续划分的重要依据是生态学知识。所要分的组数，决定着使用几个排序轴，我们说用前 m 个排序轴，m=2 时分为 4 组，当 m=3 时分为 8 组，m=4 时则分为 16 组。所以，在一般情况下，前 3 个或前 4 个排序轴就可以满足分类的要求。前 4 个排序轴包含绝大多数生态信息，可提供客观结果。

张金屯（1994e）用该方法对山西中条山的荆条灌丛数据进行了分类，他选用以 DCA 排序轴为分类的基础，结果 41 个样方被分为 10 个组，代表 10 个群丛，生态意义明确，并与多个数量方法的结果一致（张金屯 1994e）。

三、非等级分类方法

非等级分类方法的结果只能给出所分的组及各组所含的样方，而不能用树状图来表示各组间的联系，但它能更好地考虑组内的同质性。

（一）相似分类法

相似分类法（similarity classification）是一个非常简单的分类方法，它以相似系数为基础，选一个适当的域值 β，相似系数大于或等于该域值的样方合并为一组。

例如，我们通过原始数据计算，得到下列 7 个样方的相似系数矩阵。

$$\begin{bmatrix} 1 & 2 & 3 & 4 & 5 & 6 & 7 \\ 1 & 0.61 & 0.39 & 0.32 & 0.46 & 0.43 & 0.43 \\ & 1 & 0.37 & 0.33 & 0.34 & 0.38 & 0.38 \\ & & 1 & 0.40 & 0.61 & 0.64 & 0.64 \\ & & & 1 & 0.43 & 0.42 & 0.48 \\ & & & & 1 & 0.92 & 0.92 \\ & & & & & 1 & 0.98 \\ & & & & & & 1 \end{bmatrix}$$

假定我们选域值 β=0.61，则 7 个样方被分为 3 组：{1, 2}，{4}和{3, 5, 6}。选不同的 β 值，得不同的结果，所以需要从生态意义上考虑 β 值的选取。

（二）相异聚类法

相异聚类法（dissimilarity clustering）也称距离聚类法（distance clustering），是以相异系数（距离）为基础的。最简单的相异聚类法与上面的相似分类相似，先计算距离矩阵，再选一距离域值 β，距离系数小于或等于该值的样方合并为一组，这里不再赘述了。

下面介绍一种较有特色的相异聚类法。

复合分类法（composite clustering）（Gauch 1979，1982）首先计算距离矩阵，然后随机选一个样方，并确定一个距离半径，在该距离半径以内的样方合并为一组，重复这一过程直到全部样方均做过考虑。如果这样得到的结果尚有很多单个样方，则要适当扩大半径，再进行聚合。例如，我们得到下面 6 个样方的相异系数矩阵

$$\begin{bmatrix} 1 & 2 & 3 & 4 & 5 & 6 \\ 0 & 3.13 & 4.47 & 4.36 & 3.74 & 2.45 \\ & 0 & 5.19 & 6.01 & 6.40 & 3.0 \\ & & 0 & 1.73 & 3.74 & 2.65 \\ & & & 0 & 2.24 & 3.21 \\ & & & & 0 & 3.74 \\ & & & & & 0 \end{bmatrix}$$

选取距离半径为 2.5，再随机选一样方，如样方 4，以样方 4 为中心，位于半径之内（距离小于 2.5）的合并为一组：{4, 3, 5}。再随机选另一样方 1，则合并成另一组{1, 6}，还有一个样方 3 独为一组{3}。如果这一结果不十分满意，可以适当扩大半径，例如，再选半径 3.1，则样方 3 应被归入样方 1 的组中，得{1, 6, 3}。

Gauch（1979）编了一个计算机程序，即 COMPCLUS 来完成复合分类。

（三）图论聚类法

图论是数学的一个分支，其研究一些点（称为顶点，vertex）和点间连线（称为边，edge）所组成的简单几何图形。其中，“边”表示点间关系，可以用一个函数定义。在分类中，这个函数可以是一个相似系数计算公式。

图论聚类法（graph clustering）（Cliford and Stephenson 1975；Sneath and Sokal 1973）以图论为基础，是较为简单的方法，结果用连通图表示。目前应用于分类的有两种图，一种是无边长图，就是两个样方间连线的长度不代表相似性大小；另一种是有边长图，就是两个样方间连线的长度代表两个样方间的距离大小。

无边长图论聚类类似于相似分类，以相似系数为基础，选取某一域值 β，相似系数大于或等于该值的样方连接在一起构成一样方组，但它的结果用连通图表示，可以看出组内的同质性。

例如，我们计算得到 6 个样方的相似系数矩阵

$$\begin{bmatrix} 1 & 2 & 3 & 4 & 5 & 6 \\ 1 & 0.91 & 0.32 & 0.81 & 0.75 & 0.60 \\ & 1 & 0.22 & 0.45 & 0.60 & 0.71 \\ & & 1 & 0.11 & 0.92 & 0.80 \\ & & & 1 & 0.24 & 0.35 \\ & & & & 1 & 0.85 \\ & & & & & 1 \end{bmatrix}$$

若选取 β=0.8，则得连通图（图 10.24）。

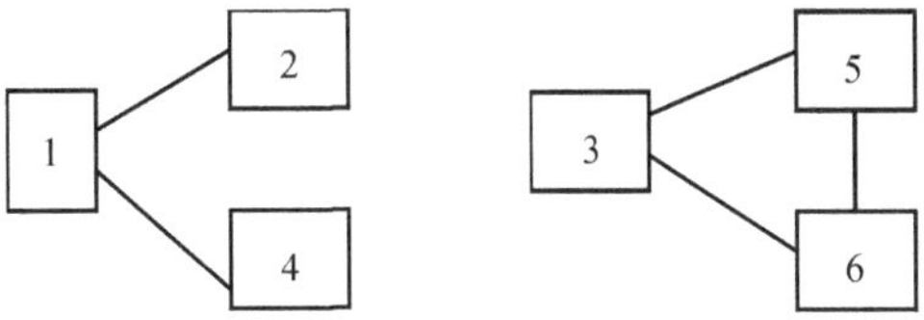

图 10.24　连通图

6 个样方被分为两组。从图 10.24 可以看出，组 2{3, 5, 6}同质性大于组 1{1, 2, 4}，因为它的 3 个样方相互之间都达到了相似指标 β，有三条边：而组 1 中的样方 2 和样方 4 相似性小于 β，只有两条边。

有边长图论聚类和相异分类接近，但它的边长可以直观地反映样方间的异质性。这一方法 般先要找到一个最小生成树（minimum spanning tree）。最小生成树是指边长之和是所有可能的生成树中最小的生成树。生成树是将所有样方联系在一起的连通图。然后，将最小生成树最长的边去掉，样方就被分为两组；再将次长的边去掉，就被分为 3 组。以此类推，可以得到所需的分类组数。有不同的方法构成最小生成树（阳含熙和卢泽愚 1981）。

（四）逐步聚类法

逐步聚类法（successive clustering method）（Astrahn 1970）也是非等级分类方法，其是保证样方组内具有较高的同质性，以离差平方和为判据，通过迭代来实现分类。

假设野外调查获得 N 个样方的数据，目标函数定义为

$$S=\sum_{i=1}^{m}n_i(\overline{x}_i-\overline{x})'(\overline{x}_i-\overline{x})\qquad (i=1,2,3,\cdots,m)\tag{10.63}$$

式中，n_i 为第 i 个样方组的样方数，$\overline{x}_i$ 为其均值；x 为 N 个样方的总均值，m 为 N 个样方所分的组数。显然，$N=\sum_{i=1}^{m}n_i$。

实际上，S 与统计学中求离差平方和的表达式是相同的。当 n_i=1 时，S 则为 N 个样方分为 N 组的总离差平方和；当 $n_i\geqslant 2$ 时，此时 S 则为 N 个样方被分为 m 组的组间平方和。由于总离差平方和为常数且等于组间平方和加上组内平方和，因此，若组间平方和越大，则组内平方和就越小，即组内的同质性（相似性）就越大，异质性（相异性）就越小。分类结果要使得样方组间具有最大的异质性，样方组内具有最大的同质性。

这一方法首先要求确定初始分类组数，初始分类组数的确定很大程度上是靠生态学家的野外工作经验和对植被类型的初步判断。譬如，N 个样方经判断可预分为 j 组，在确定最小分类组数后，逐步聚类法是按样方序号均匀地划分样方形成初始分类。

在获得 N 个样方的初始分类结果后，一般来说这一结果并不是最优的。因此只有通过反复调整各样方组内样方的数目，才能逼近最优分类，最终实现上述目标。调整过程为：若第 i 个样方原分在第 p 个样方组中，将它移入第 q 个样方组内（$p\neq q$），此时 S 必然要发生变化，将产生一个增量 $\Delta S_{pq}^{(i)}$。若 $\Delta S_{pq}^{(i)}<0$，则意味着第 i 个样方在第 p 个样方

组比在第 q 个样方组合理，则无需调整；若 $\Delta S_{pq}^{(i)}>0$，则说明第 i 个样方在第 q 个样方组比在第 p 个样方组合理，那么找出一个最大的 $\Delta S_{pq}^{(i)}$，将第 i 个样方移入该样方组。$\Delta S_{pq}^{(i)}$ 用式（10.64）求得

$$\Delta S_{pq}^{(i)}=\frac{\left(C_p-\overline{x}_i\right)'\left(C_p-\overline{x}_i\right)}{n_p-1}+\frac{\left(C_q-\overline{x}_i\right)'\left(C_q-\overline{x}_i\right)}{n_q-1}-\frac{C_p'C_p}{n_p}-\frac{C_q'C_q}{n_q} \tag{10.64}$$

式中，C_p、C_q 分别为第 p 个样方组和第 q 个样方组数值的列向量，n_p、n_q 分别为第 p 个样方组和第 q 个样方组的样方数，$\overline{x}_i$ 为第 i 种的平均值。

按照上述方法，将 N 个样方全部移一遍，便可得到新的分类结果。与原分类结果相比，目标函数会产生总增量 $\Delta S_{pq}^{(i)}$。将新的分类结果作为初始分类，重复上述过程，直到所有样方不再发生变化为止，此时 $\Delta S_{pq}^{(i)}=0$，分类过程完成。

这是逐步聚类法的一种实现过程，实际上还有多种途径可以完成，例如，Macqueen（1967）的 K 平均法，Forgy（1965）的“最小距离法”等。

张峰和上官铁梁（1996）用该方法对翅果油树群进行了分类，取得了较满意的结果。周志强等（2007）用逐步聚类对新疆奇台荒漠植物群落的 48 个样地进行了数量分类研究，将新疆奇台天然荒漠植被划分为 4 种植物群落：芦苇（*Phragmites australis*）+芨芨草（*Achnatherum splendens*）群落，梭梭（*Haloxylon ammodendron*）-枇杷柴（*Reaumuria songarica*）+西伯利亚白刺（*Nitraria sibirica*）群落，梭梭-心叶驼绒藜（*Ceratoides ewersmanniana*）-白茎绢蒿（*Seriphidium terraealbae*）群落和心叶驼绒藜-骆驼刺（*Alhagi sparsifolia*）群落（图 10.25）。

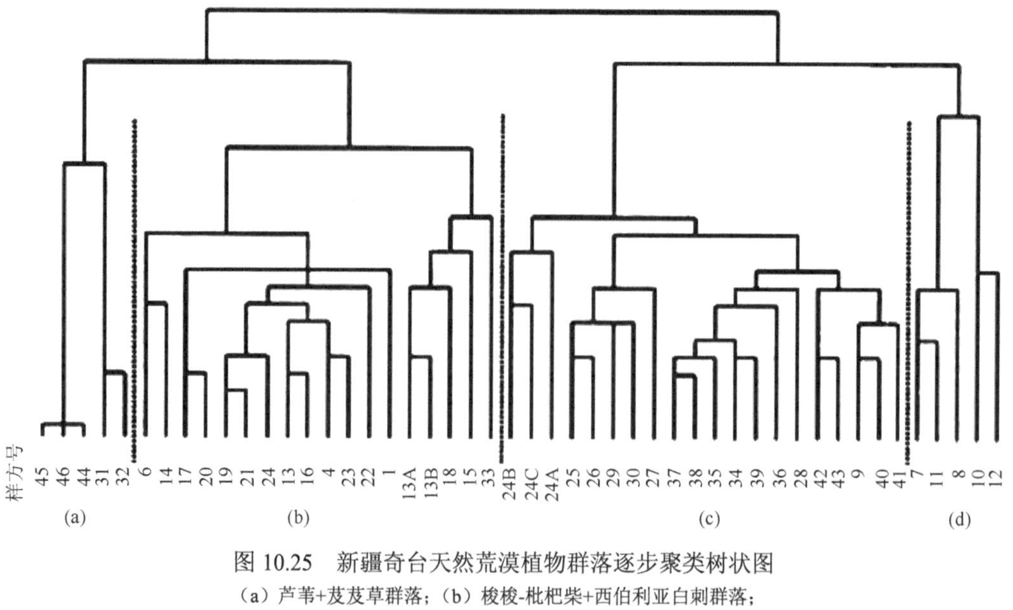

图 10.25 新疆奇台天然荒漠植物群落逐步聚类树状图

（a）芦苇+芨芨草群落；（b）梭梭-枇杷柴+西伯利亚白刺群落；
（c）梭梭-心叶驼绒藜-白茎绢蒿群落；（d）心叶驼绒藜-骆驼刺群落

（五）有序样方聚类法

有序样方聚类法（ordered quadrat clustering）同样是一非等级分类方法。所谓有序样方是指野外调查的样方在空间或时间上以某种规律先后顺序出现，如落叶阔叶林地带从原生裸地到落叶阔叶林的各个演替阶段，某一水域从中心到滨岸的不同植物群落，以及某一山地从基带到山顶依次出现的各个植被垂直带等。

有序样方聚类理论是基于黄金分割法（Fisher 1958；Fisher and Ness 1971）。它是按照样方序号和确保样方组内相似性最大，而样方组间的相似性最小为标准，对全部样方进行分类，因而其结果是最优的。具体步骤如下。

1）定义样方组内相异性指标（或类直径）$D(i, j)$。常用的相异系数是组内的离差平方和。

$$D(i,j)=\sum_{j=1}^{N}\sum_{k=1}^{p}\left(x_{jk}-\bar{x}_k\right)'\left(x_{jk}-\bar{x}_k\right) \qquad (10.65)$$

式中，x_{jk} 为第 k 个种在第 j 个样方中的值，$\bar{x}_k$ 为第 k 个种的平均值，p 为种数，N 为样方数。

2）确定分类组数并定义误差函数 $\Delta\left[f\left(m,n\right)\right]$。假定 N 个样方可分为 m 个样方组，m 是人为给定的，这里 m=5，这一分类的结果记为 $f(m, N)$，相应的误差函数为 $\Delta\left[f\left(m,N\right)\right]$，定义如下：

$$\Delta\left[f\left(m,N\right)\right]=\sum_{j=1}^{m}D\left(i_j,i_{j+1}-1\right) \qquad (10.66)$$

式中，当 j=1 时，i_j=1。因为所有样方的离差平方和为一常数，且等于各样方组内的平方和加上各方组间的平方和，所以，$D\left(i_j,i_{j+1}-1\right)$越小，$\Delta\left[f\left(m,N\right)\right]$就越小，说明每一个样方组内的相似性越大，各样方组间的相似性就越大，因此，分类结果就越好。

3）计算最小误差函数$\Delta\left[f_0\left(m,N\right)\right]$获得分类结果。通过归纳法，可以得到计算最小误差函数的递推公式$\Delta\left[f_0\left(m,N\right)\right]$。

$$\Delta\left[f_0\left(m,N\right)\right]=\min\left\{\Delta\left[f_0\left(m-1,j-1\right)\right]+D\left(j,N\right)\right\} \qquad \left(m<j<N\right) \qquad (10.67)$$

依 3）求得最小误差函数，可以得到 $G_1, G_2, \cdots, G_m-1$ 各组的上限 $j_2-1, j_3-1, \cdots, j_m-1$ 与 $G_2, G_3, \cdots, G_m$ 各组的下限 $j_2, j_3, \cdots, j_m$，于是便可获得一最优分类。

这一方法在 1958 年就出现，但在生态学中有的较少，其计算较为简单，但在目前计算机功能渐强的情况下，这已不是优点。张峰和上官铁梁（1997）曾在山西绵山植被垂直带的划分中应用过。

四、模糊数学分类法

模糊数学分类法是基于模糊集理论之上的分类方法。从模糊集理论诞生距今只有 30 多年历史，但由于它能较好地描述、反映自然现象和规律，已在各方面表现出强大的生命力。模糊数学在生态学上应用较多的就是分类方法。

模糊数学分类是20世纪80年代开始在植被分析中应用的，主要包括模糊等价聚类、模糊图论聚类、模糊编网法、模糊 *C*-均值聚类等。

（一）模糊等价聚类

模糊等价聚类（fuzzy equivalence clustering）（张金屯 1985，1989，1992，2011）也称为模糊系统聚类（fuzzy systematic clustering）（贺仲雄 1982）。它是基于模糊等价关系之上的，该方法的分类结果比较满意，可以用生态意义加以解释。该方法在国内用得较多。它的分析步骤如下。

1. 计算模糊相似矩阵 $\underset{\sim}{\boldsymbol{R}}$

设 U 是需要分类的对象的全体，即为论域，建立 U 上的相似关系 $\underset{\sim}{\boldsymbol{R}}$，$\underset{\sim}{\boldsymbol{R}}$（$i,j$）表示 i 与 j 之间的相似程度。当 U 为有限集时，$\underset{\sim}{\boldsymbol{R}}$是一矩阵，叫模糊相似矩阵。相似系数的计算，可以照搬普通分类的相似系数确定方法，可有多种选择。

2. 寻找模糊等价关系

给定一个模糊关系 $\underset{\sim}{\boldsymbol{R}}$，如果它满足以下3个条件：

（a）自反性 $r_{ij}=1$

（b）对称性 $r_{ij}=r_{ji}$（$i=j=1, 2, \cdots, N$, N 为样方数）

（c）传递性 $\underset{\sim}{\boldsymbol{R}} \circ \underset{\sim}{\boldsymbol{R}} \subseteq \underset{\sim}{\boldsymbol{R}}$

则 $\underset{\sim}{\boldsymbol{R}}=(r_{ij})_{N\times N}$ 是一个模糊等价关系。一般以相似系数组成的模糊相似矩阵只满足前两个条件，而不满足传递性，不是模糊等价关系，因此需对其进行改造。取

$$\underset{\sim}{\boldsymbol{R}}^2, \underset{\sim}{\boldsymbol{R}}^4, \underset{\sim}{\boldsymbol{R}}^8, \cdots$$

这里计算策略选“∨”和“∧”，因为这一策略得到的聚类结果最佳（Bezdek 1987; Zhang 1992）。具体运算参见附录Ⅳ。即

$$\underset{\sim}{\boldsymbol{R}}^2=\underset{\sim}{\boldsymbol{R}}(\vee\wedge)\underset{\sim}{\boldsymbol{R}} \tag{10.68}$$

若在某一步，有 $\underset{\sim}{\boldsymbol{R}}^k=\underset{\sim}{\boldsymbol{R}}^{2k}\triangleq\underset{\sim}{\boldsymbol{R}}^*$，则 $\underset{\sim}{\boldsymbol{R}}^*$是一个模糊等价关系。

3. 根据模糊等价关系 $\boldsymbol{R}^*$聚类

选一系列置信水平进行聚类，得一动态聚类图。最后选一个适当的水平，便得到所需要的分类。

下面我们以一虚拟的4×5数据矩阵（表10.12）例子说明计算过程。

表 10.12　4 个种 5 个样方数据

种类	样方				
	1	2	3	4	5
1	5	2	5	1	2
2	5	3	5	5	4
3	3	4	2	3	5
4	2	5	3	1	1

首先计算相似系数矩阵

$$\boldsymbol{R}=\begin{bmatrix}1 & 0.1 & 0.8 & 0.5 & 0.3\\0.1 & 1 & 0.1 & 0.2 & 0.4\\0.8 & 0.1 & 1 & 0.3 & 0.1\\0.5 & 0.2 & 0.3 & 1 & 0.6\\0.3 & 0.4 & 0.1 & 0.6 & 1\end{bmatrix}$$

不难看出，$\boldsymbol{R}$ 满足自反性和对称性，但不满足传递性，为此，计算

$$\boldsymbol{R}^2=\begin{bmatrix}1 & 0.3 & 0.8 & 0.5 & 0.5\\0.3 & 1 & 0.2 & 0.4 & 0.4\\0.8 & 0.2 & 1 & 0.5 & 0.3\\0.5 & 0.4 & 0.5 & 1 & 0.6\\0.5 & 0.4 & 0.3 & 0.6 & 1\end{bmatrix}$$

继续取 $\boldsymbol{R}^4$、$\boldsymbol{R}^8$；经计算：$\boldsymbol{R}^4=\boldsymbol{R}^8\triangleq\boldsymbol{R}^*$

$$\boldsymbol{R}^*=\begin{bmatrix}1 & 0.4 & 0.8 & 0.5 & 0.5\\0.4 & 1 & 0.4 & 0.4 & 0.4\\0.8 & 0.4 & 1 & 0.5 & 0.5\\0.5 & 0.4 & 0.5 & 1 & 0.6\\0.5 & 0.4 & 0.5 & 0.6 & 1\end{bmatrix}$$

$\boldsymbol{R}^*$ 为模糊等价关系矩阵，现可以依其进行分类。例如，我们取 $\lambda=0.5$，将 $\boldsymbol{R}_{ij}^*\geqslant 0.5$ 的换成 1，将 $\boldsymbol{R}_{ij}^*<0.5$ 的换成 0，就得到 $\lambda=0.5$ 的截矩阵：

$$\boldsymbol{R}_{0.5}^*=\begin{bmatrix}1 & 0 & 1 & 1 & 1\\0 & 1 & 0 & 0 & 0\\1 & 0 & 1 & 1 & 1\\1 & 0 & 1 & 1 & 1\\1 & 0 & 1 & 1 & 1\end{bmatrix}$$

因此，5 个样方被分为两类{1, 3, 4, 5}和{2}。取不同的 λ 值，如此重复，直到全部样方被归为一组为止。这样，便可得到一个动态聚类图。因为这仅是一个简单的例子，不便表示动态图。

张金屯（1985）用模糊等价聚类对山西中条山的 41 个荆条灌丛样方进行了分类；结果见动态图（图 10.26）。取定 $0.8\geqslant\lambda>0.75$，41 个样方被分为 11 个样方组，代表 11 个群丛，其中包括了 3 个过渡性群丛。这一结果比较满意。可以用生态意义解释所得的分组，作者同时用组平均法和图论聚类法进行了分类，结果表明模糊等价聚类分辨力强，优于其他两种方法（张金屯 1985）。

模糊等价聚类阈值 λ 的选取带有一定的主观性，且所选的值越大，最后分组越多；反之，分组越少，这里需要用生态学专业知识判断 λ 值的合理性。

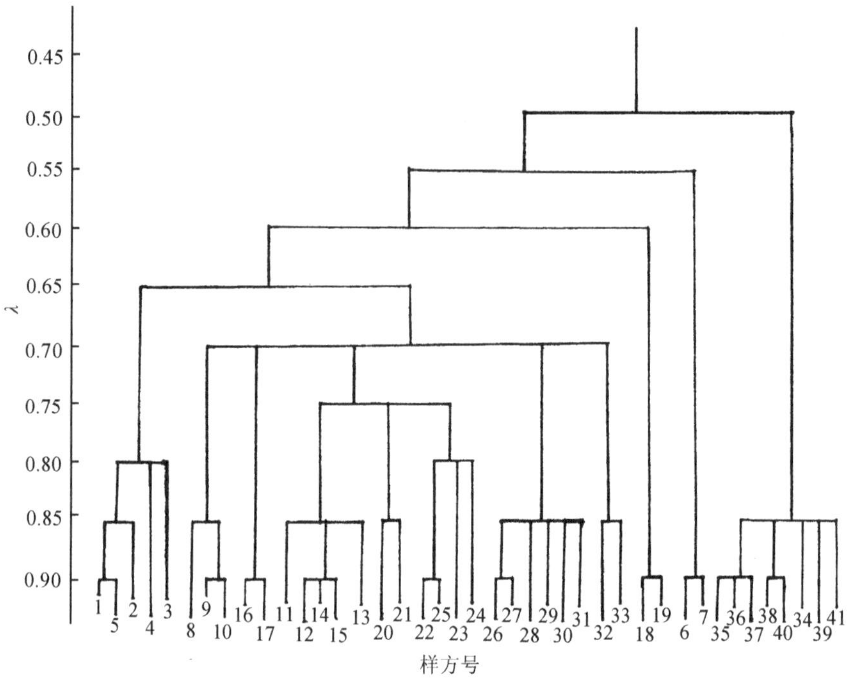

图 10.26　41 个荆条灌丛样方的模糊等价聚类图（张金屯 1985）

（二）模糊图论聚类

模糊图论聚类（fuzzy graph clustering）是以模糊图论为基础的。与传统的图论相似，模糊图论也是研究顶点、边所组成的图形，但其是用集合表示的。给定一个模糊图

$$G=(V, E, \psi) \tag{10.69}$$

它由三部分组成：

V 为顶点集合

$$V=\{v_1, v_2, v_3, \cdots, v_n\}$$

E 为边的集合

$$E=\{e_1, e_2, e_3, \cdots, e_{n-1}\}$$

ψ 是点和边的对应函数，可以是一个模糊相似关系。

模糊图论聚类首先要组成模糊图，它是基于模糊关系之上的，与前面讲的图论聚类法相似，这里也有有边长图和无边长图，但现在用于分类的都是无边长图。模糊图的组成有不同的方法。

最简单的就是先计算模糊相似关系矩阵（详见"模糊等价聚类法"），选一个相似系数域值 β，相似系数大于或等于 β 的连接起来，这样实质上模糊图论聚类与传统图论聚类，无论二者在理论上差别多大（理论上前者是以几何和集合理论为基础的，后者仅是基于几何理论之上），它们所产生的分类都是一致的。

模糊图论聚类也可以基于模糊等价关系之上，这样它的聚类结果又必然与模糊等价聚类相一致，所以这里不再多讲，其详细介绍可参考贺仲雄（1982）、张峰和上官铁梁（1986，1991）的著作。

（三）模糊编网法

模糊编网法是赵汝怀（1980）提出来的，由张金屯（1988）引入植被分析。它是直接由模糊矩阵 $\underset{\sim}{\boldsymbol{R}}$出发，经过“编网”直接完成聚类的。

所谓“编网”，就是先取定置信水平$\lambda\in[0, 1]$，作截距阵 $\underset{\sim}{\boldsymbol{R}}_\lambda$，并将 $\underset{\sim}{\boldsymbol{R}}_\lambda$ 的对角线上填入元素符号，在对角线下方，以节点号“*”代替 $\underset{\sim}{\boldsymbol{R}}_\lambda$ 中的“1”，而“0”则略去不写。由节点向对角线上引经线和纬线，交错成网。其聚类过程有以下 3 步。

1）计算模糊相似矩阵 $\underset{\sim}{\boldsymbol{R}}$，此步同模糊等价聚类。

2）作截矩阵，选取适当置信水平λ（域值）把 $\underset{\sim}{\boldsymbol{R}}$转变为截矩阵 $\underset{\sim}{\boldsymbol{R}}_\lambda$，即将$\geqslant\lambda$ 的元素转变成 1，将$<\lambda$的元素转变为 0。

3）编网，以“*”代替 $\underset{\sim}{\boldsymbol{R}}_\lambda$ 中的“1”，而“0”则略去不写。划出经纬线，完成分类。

张金屯（1988）用该方法对广东车八岭中亚热带常绿阔叶林的 8 个类型进行了分类，当 λ=0.81 时，结果如下：

$$
\boldsymbol{R}_{0.81}=\begin{bmatrix}
1 &&&&&&& \\
* - & 2 &&&&&& \\
&& 3 &&&&& \\
&& * - & 4 &&&& \\
&& * - & * - & 5 &&& \\
&& * - & * - & * - & 6 && \\
&&&&&& 7 & \\
&&&&&& * - & 8
\end{bmatrix}
$$

8 个林型被分为 3 组，符合实际情况（杨远攸 1987）。

（四）模糊 *C*-均值聚类

模糊 *C*-均值聚类（fuzzy *C*-means clustering）也称 ISO-DATA 聚类（fuzzy iterative self-organizing data clustering）（Bezdek 1981，1987；Equihua 1990）。

该方法的结果用隶属度（membership）表示，表明属于某类型的程度。它是目前唯一的重叠分类方法。

模糊 *C*-均值聚类是以所分组内平方和最小化为判据，组内平方和定义为

$$J_m(\boldsymbol{U},V,\boldsymbol{A})=\sum_{i=1}^{N}\times\sum_{j=1}^{C}(U_{ij})^m(d_{ij}\boldsymbol{A})^2 \tag{10.70}$$

i=1, 2, $\cdots$, N，N 为样方数；j=1, 2, $\cdots$, C，C 为预分组数。其中

$$\left(d_{ij}A\right)^2=\| X_i-V_j \|^2\ A=\left(X_i-V_j\right)^{\mathrm{T}}A\left(X_i-V_j\right) \tag{10.71}$$

$(d_{ij}A)^2$ 为一距离指标。$\boldsymbol{U}$ 为隶属度矩阵，$\boldsymbol{U}=\{U_{ij}\}$，$U_{ij}$ 指第 i 个样方在第 j 个分组中的隶属度，V_j 为第 j 类的中心，X_i 为第 i 个样方的基础值，一般为一排序坐标值；m 为模糊

参数（1≤m<∞）；C 为要分的组数，是预先确定的；$\boldsymbol{A}$ 为任一个 N 维矩阵，是人为给定的，以使数据保持一定的空间结构。如果 $\boldsymbol{A}$ 取单位矩阵，则式（10.71）就简化为

$$\left(d_{ij}\boldsymbol{A}\right)^2 = \| X_i - V_j \|^2 \tag{10.72}$$

模糊参数 m 可以取大于或等于 1 的任何值，但当 m=2 时，聚类结果最满意（Equihua 1990），所以一般取 m=2。

模糊 C-均值聚类要求组内平方和最小化，这一过程是通过迭代实现的。下面是聚类的基本过程。

1）对原始数据矩阵进行排序，比如说用对应分析进行排序，得到第一个排序轴。其坐标值 X_i 是分类的基础。这一步与双向指示种分析类似。

2）任意给定一组隶属度初始值。隶属度是某个样方属于某一类型的程度。理论上讲它的初始值可以是任意的，但为了加快迭代速度，一般凭经验判断，给某个样方最可能属于的类型以最大值。这里应注意，一个样方在所分组中的隶属度之和应等于 1。初始值的好坏只影响迭代收敛速度，但不影响最终结果。

3）计算聚类中心 V_j 和距离$(d_{ij}A)^2$。

聚类中心用式（10.73）计算。

$$V_j = \sum_{i=1}^{N}(U_{ij})^m \ X_i / \sum_{i=1}^{N}(U_{ij})^m \tag{10.73}$$

然后再将 V_j 和前面的排序坐标值代入式（10.71）或式（10.72），求距离$(d_{ij}A)^2$。

4）计算样方隶属度新值，用式（10.74）。

$$U_{ij} = \left\{ \sum_{k=1}^{C} \left[\frac{\left(d_{ij}A\right)^2}{\left(d_{ik}A\right)^2} \right]^{\frac{1}{m-1}} \right\}^{-1} \quad (i=1, 2, \cdots, N)(j=k=1, 2, \cdots, C) \tag{10.74}$$

5）以新得到的隶属度 $\boldsymbol{U}=(U_{ij})$为基础，回到步骤 3），反复迭代，直到两次得到的隶属度值基本一致为止。稳定的 $\boldsymbol{U}$ 必然满足式（10.70）的要求，使组内平方和最小化，这里不加证明。

6）依据最终的隶属度值对样方进行归类，即某样方最大隶属度值所对应的分组就是该样方所属的类型。

模糊 C-均值聚类以隶属度表示结果有一定的优点，因为它表示属于某一类型的程度。例如，某样方对两个分组 A 和 B 的隶属度分别为 0.45 和 0.50，根据最大隶属度，其应归入 B 组，但它在 A 组中的隶属度接近于 B 组，从而说明 A 和 B 组是较相似的两个样方组。这样的分类方法称为重叠分类（overlapping）或软分类（soft classification）。

下面是一个计算举例。

第一步，假定我们有一个 6 个样方的原始数据矩阵，现在要对其进行模糊 C-均值聚类，并确立预分组 C=3。首先对其进行对应分析排序（见第五章）（未经修正的方法），得到第一排序轴的坐标：X={25, 54, 46, 12, 0, 100}。

第二步，给定样方隶属度初始值（表 10.13）。

表 10.13 6 个样方在 3 个预分组中的初始隶属度值

样方	预分组		
	1	2	3
1	0.90	0.05	0.05
2	0.05	0.90	0.05
3	0.05	0.05	0.90
4	0.90	0.05	0.05
5	0.90	0.05	0.05
6	0.05	0.90	0.05

这里注意，每个样方在 3 个分组中的隶属度值和等于 1。

第二步，计算聚类中心［式（10.73）］和距离［式（10.72）］（这里 $\boldsymbol{A}$ 取单位矩阵）。比如

$$V_1 = \frac{(0.90^2 \times 25 + 0.05^2 \times 54 + 0.05^2 \times 46 + 0.90^2 \times 12 + 0.90^2 \times 0 + 0.05^2 \times 100)}{0.90^2 + 0.05^2 + 0.05^2 + 0.90^2 + 0.90^2 + 0.05^2} = 12.5$$

分别计算得

$$V=(12.50, 710.65, 45.88)$$

再计算距离(d_{ij}^2)，比如

$$(d_{11}^2)=|25-12.5|^2=156.25$$

重复计算得矩阵

$$(d_{ij}^2)=\begin{bmatrix} 1 & 2 & 3 \\ 156.25 & 2667.72 & 435.97 \\ 1772.25 & 513.02 & 65.93 \\ 1122.25 & 539.42 & 0.01 \\ 0.25 & 4179.62 & 1147.85 \\ 156.25 & 5872.22 & 2104.97 \\ 7656.25 & 545.22 & 2928.97 \end{bmatrix}$$

第四步，计算隶属度新值（10.74）（这里 m=2）。比如

$$U_{11} = \left\{ \left(\frac{156.25}{156.25} + \frac{156.25}{2667.72} + \frac{156.25}{435.97} \right)^{\frac{1}{2-1}} \right\}^{-1} = 0.7057$$

分别计算，然后得到新的隶属度矩阵

$$\boldsymbol{U} = \begin{bmatrix} 1 & 2 & 3 \\ 0.7057 & 0.0414 & 0.2529 \\ 0.0328 & 0.1101 & 0.8571 \\ 0.0001 & 0.0001 & 0.9998 \\ 0.9997 & 0.0001 & 0.0002 \\ 0.9084 & 0.0242 & 0.0674 \\ 0.0566 & 0.7952 & 0.1481 \end{bmatrix}$$

第五步，再以 $\boldsymbol{U}$ 为基础，回到第三步，重复迭代直到 $\boldsymbol{U}$ 值稳定为止。由于这是一个简单例子，只迭代 3 次就得到基本稳定的 $\boldsymbol{U}$。

$$\boldsymbol{U}=\begin{bmatrix} 1 & 2 & 3 \\ 0.7175 & 0.0270 & 0.2555 \\ 0.0129 & 0.0120 & 0.9751 \\ 0.0072 & 0.0032 & 0.9896 \\ 0.9985 & 0.0002 & 0.0013 \\ 0.9443 & 0.0110 & 0.0447 \\ 0.0002 & 0.9993 & 0.0005 \end{bmatrix}$$

这一隶属度矩阵可以作为最终的分类结果。从中可以看出每个样方对各植被类型的隶属程度，如样方 1 在第一组中隶属度为 0.7175；在第三组中为 0.2555。说明虽然它应归入第一组，但它在第三组中的作用也较明显。我们也可以继续进行第六步，以明确最终的分组。

第六步，以隶属度为基础进行分类。

模糊数学上的一般做法是将样方最大隶属度值换为 1，其余写成 0，构成一个截矩阵，即

$$\begin{bmatrix} 1 & 2 & 3 \\ 1 & 0 & 0 \\ 0 & 0 & 1 \\ 0 & 0 & 1 \\ 1 & 0 & 0 \\ 1 & 0 & 0 \\ 0 & 1 & 0 \end{bmatrix}$$

很明显，所分 3 组的样方组成是{1, 4, 5}，{6}和{2, 3}。

我们用模糊 *C*-均值聚类对英国威尔士北部 Snowdonia 山地的 76 个湿生林地和沼泽草地样方进行了分类，结果 76 个样方被分成 8 个植被类型，这 8 个类型在环境组成和种类组成上均有明显的不同，生态意义很明确。作者还比较了模糊 *C*-均值聚类和 TWINSPAN 分类的结果，证明二者结果的吻合程度很高，由于模糊 *C*-均值聚类的结果用隶属度表示，在一定程度上优于 TWINSPAN（张金屯 1994a）。

模糊 *C*-均值聚类引入植被分析的时间较短，还没有被广泛应用，但可以预计，在以后的研究中，它将会逐渐地被推广，并且它有可能成为目前唯一能够向 TWINSPAN（占主导地位）挑战的方法。这不仅因为它的结果客观、合理，而且因为它已被写入 SYN-TAX 国际通用软件的第四版 SYN-TAX Ⅳ和第五版 SYN-TAX Ⅴ中（Podani 1991, 2000）。

五、神经网络聚类

神经网络聚类有不同的实现途径，包括 BP 网络聚类、自组织神经特征影射网络聚类

等。我们只介绍自组织神经特征影射网络聚类（self-organizing feature map clustering，SOFM），其与自组织神经特征影射网络排序原理相同，是一种自组织神经竞争网络（Stuart et al. 2006；Song et al. 2006；Zhang et al. 2010）。

SOFM 网络是由单层神经元网络组成，其输入节点（神经元）与输出节点之间为双向权连接。因为网络学习中竞争特性表现在输出层，所以输出层也称竞争层。SOFM 是以无教师示教的方式进行网络训练，网络结构和连接权值根据聚类规则自动对周围的模式样本进行学习和调整，直到网络结构能够合理反映训练样本的分布规律。其分析步骤与自组织神经特征影射网络排序的前 9 步是一致的（见第九章）。

1）初始化。

2）任选一学习模式，将输入矢量的原始值提供给网络输入层并进行归一化处理。

3）对连接权矢量进行归一化处理。

4）计算欧氏距离。

5）找出最小的距离，确定获胜神经元。

6）调整连接权值。

7）选取另一学习模式提供给网络的输入层，返回到步骤 3），重复以上过程，直到全部学习模式全部提供给网络。

8）得出新的学习率和邻域。

9）令 t=t+1，返回到步骤 2），直到 t=T 为止。

通过训练使得输出层中获胜神经元及其邻域内的权值向量逼近输入矢量。样方在拓扑空间 $n \times n$ 的矩形网格分布位置代表着类型的聚集关系，依其可以实现模式分类。

图 10.27 是五台山亚高山草甸 78 个样方的自组织神经特征影射网络聚类图，SOFM 聚类将 78 个样方分成 8 个群落类型，具有明确的生态意义（张金屯等 2010）。

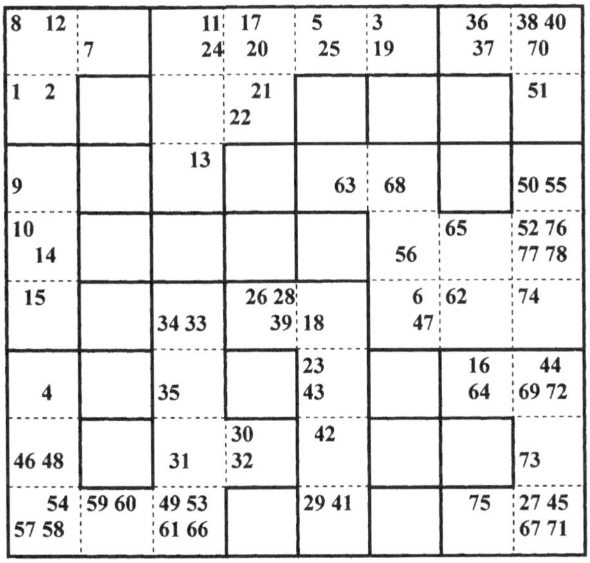

图 10.27　五台山亚高山草甸 78 个样方的 SOFM 聚类图（张金屯等 2010）

六、群落排表分类

群落排表分类是 Braun-Blanpuet 学派的主要研究方法。由于该方法设计合理，在过去半个多世纪中得到了广泛的应用，至今仍有不少学者坚持使用。在研究实践中，不少学者试图用数学方法来完成群落排表分类。Lambert 和 Williams（1962）用关联分析的正分析和逆分析结合起来排成一个分类表；Hill（1979b）发展了指示种分析法，提出 TWINSPAN 分类方法，其结果可以用双向分类矩阵表示。他们的分类表或分类矩阵，可以帮助解释分类的结果，但不是真正的排表分类。Maarel 等（1978）建立了第一个数学排表分类法，尽管它们的结果并不十分理想，但是一个良好的开端。最近，群落排表分类方法有了较大的发展，包括 Wildi 和 Orloci（1980）、Podani（1991）、张金屯（1994f，1998d，2011）等的工作。

这里介绍 3 种群落排表分类方法：χ^2 分类法（χ^2 block classification）、信息熵分类法（information entropy classification）和离差平方和分类法（sum square classification）。χ^2 分类法适合于二元数据，信息熵分类可以用有序多状态数据，如 Braun-Blanquet 的多度盖度等级等；离差平方和分类则可用各种数据。这几种方法都是通过迭代而得到最佳分类的。

排表分类法一般是将 N 个样方和 P 个种分成 m 个样方组和 q 个种组，每个样方组和一个种组在群落表中形成一个长方形的小区，其中的数据为种类观测值。所以一个群落表由 $m\times q$ 个长方形的小区组成。最佳分类要使得种的观测值尽可能地集中在群落表对角线的小区中。不同的分类策略所用的最佳分类的判据不同。

1. χ^2 分类法

χ^2 分类法的判据是

$$\chi^2(m,q)=\sum_{i=1}^{m}\sum_{j=1}^{q}\left[\left(F_{ij}-\frac{F_{i+}+F_{+j}}{F_{++}}\right)\bigg/\frac{F_{i+}+F_{+j}}{F_{++}}\right] \tag{10.75}$$

式中，F_{ij} 是第 i 个种组和第 j 个样方组所组成的小区中种存在的频率（表 10.14）。在表 10.14 中，F_{11}=9，F_{12}=0，F_{13}=0，…；F_{i+}和 F_{+j} 分别是群落表的行和、列和，F_{++}为总频数。如果种的观测值完全集中在对角线的小区中，如表 10.14 所示，则具有最大的χ^2 值。所以我们的分类结果要使得式（10.75）最大。

χ^2 值的计算是以种的存在频率为基础的，所以它只能用种存在与否的二元数据。

2. 信息熵分类法

信息熵分类法用的是等级数据，这是传统欧洲大陆学派最常用的数据类型，它的判据是

$$I(m,q)=\sum_{i=1}^{m}\sum_{j=1}^{q}\left(n_i n_j \ln n_i n_j-\sum_{k=1}^{s}F_{kij}\ln F_{kij}\right) \tag{10.76}$$

式中，n_i 和 n_j 分别是种组 i 中的种数和样方组 j 中的样方数；s 是数据的等级数，比如使用 Braun-Blanquet 的 5 级制盖度等级等，加上不存在的记为 0，s=6；F_{kij} 是第 k 个数据

等级在由种组 i 和样方组 j 组成的小区中的频数；$I(m, q)$实际上是整个群落表中的信息量，它的值越小，结果越好，所以，这一判据要求排表的结果使式（10.76）最小化。信息熵分类法也可以使用二元数据，它是 s=2 的特殊情况。

表 10.14　二元数据表的频率计算

		样方组									F_{i+}
		I			II			III			
		1	1	1	—	—	—	—	—	—	
	I	1	1	1	—	—	—	—	—	—	9
		1	1	1	—	—	—	—	—	—	
		—	—	—	1	1	1	—	—	—	
种组	II	—	—	—	1	1	1	—	—	—	9
		—	—	—	1	1	1	—	—	—	
		—	—	—	—	—	—	1	1	1	
	III	—	—	—	—	—	—	1	1	1	9
		—	—	—	—	—	—	1	1	1	
F_{+j}		9			9			9			F_{++}=27

3. 离差平方和分类法

离差平方和分类的判据是

$$S(m,q)=\sum_{i=1}^{p}\sum_{j=1}^{N}\left(X_{ij}-C_{ij}\right)^2 \tag{10.77}$$

式中，$S(m, q)$表示由 $m\times q$ 个小区组成的群落表的平方和；X_{ij} 为第 i 个种在第 j 个样方中的观测值；C_{ij} 为含有 X_{ij} 的小区中所有观测值的平均。这一判据要求排表的结果使式（10.77）最小化。

使式（10.75）最大化，式（10.76）和式（10.77）最小化，就是要计算所有可能的群落表的 X^2 值、信息熵和离差平方和，选其最大 X^2 值，最小信息熵和离差平方和所对应的群落表。如果我们逐个种逐个样方的去计算，则计算量太大，即使使用计算机也难以完成。所以我们这里用迭代方法实现，步骤如下。

1）给定分类组数。为了简化计算，我们事先给定所要分的样方组数 m 和种组数 q，可以凭经验确定，也可以参考别的分类结果。

2）将 N 个样方任意分为 m 个组，P 个种任意分为 q 个组，构成一个分类表，计算该表的 X^2 值［式（10.75）］或信息熵［式（10.76）］或离差平方和［式（10.77）］。

3）将一个样方或一个种移入其他组，每移动一次都要计算 X^2 值或信息熵或离差平方和，该样方或种属于 X^2 值最大或信息熵和离差平方和最小的组；这一步要重复多次，直到移动任何一个样方或种都不能再增加 X^2 值或减小信息熵和离差平方和时为止。最后我们得到的群落表必然满足式（10.75）最大或式（10.76）和式（10.77）最小。这一计算过程是 X^2 值逐渐增大，信息熵和离差平方和逐渐减小的过程。

第三步最少要计算 $N(m-1)+P(q-1)$次，所以计算量仍然比较大，一般需用计算机完成。

4）制作最终分类表，完成排表分类。张金屯（1994b）用这 3 种群落排表分类方法对德国北部干草地的数据进行了分类。其结果直观、清楚地反映了植被类型与种类之间的关系，基本上体现了 Braun-Blanquet 排表分类的特点。图 10.28 是 X^2 分类法所排的群落表，表中“1”代表种存在、“-”代表种不存在。该图很好地描述了群落类型与种组间的关系，生态意义清楚。

种名	样方			
		11111	2222233333	1111122222333
	123456	78901234	5678901467	5678901234235
Cerastium holosteoides	1111-1	11------	----------	-------------
Holocus lanatus	111111	-1------	----------	-------------
Ranunculus acris	111111	--------	----------	-------------
Rumex acetosa	11-111	--------	----------	-------------
Cardamine pratensis	1-1111	--------	----------	-------------
Cirsium palustre	111-1-	--------	----------	-------------
Carex leporina	1-1-1-	--------	----------	-------------
Galium palustre	1--1-1	--------	----------	-------------
Agrostis tenuis	11-111	11111-11	11111-1---	----------11-
Festuca rubra	111111	1111111-	111--1----	-------------
Anthoxanthum odoratum	111111	-1111111	1-11-1----	-------------
Plantago lanceolata	111111	11111111	----------	-------------
Poa pratensis	111111	111-111-	----------	-------------
Trifolium repens	111-11	-1111-1-	----------	-------------
Taraxacum officinale	-1-11-	1----1-1	----------	-------------
Brachythecium albicans	------	1111111-	----------	-------------
Rhytidiadelphus squarrosus	------	11111111	----------	-------------
Achillea millefolium	------	-1111111	----------	-------------
Hhpochoeris radicata	------	-1111-11	----------	-------------
Hieracium pilosella	------	--111111	11--1-1---	-------------
Ornithopus perpusillus	------	--111111	----------	-------------
Coelocaulon aculeatum	------	--111-11	----------	---1---1-----
Polytrichum piliferum	------	---11111	----------	-------1-----
Cladonia rei	------	11111111	----------	-------------
Luzula campestris	------	--------	111111--11	---------111-
Pleurozium schreberi	------	--------	11111-1111	---11-1---111
Nardus stricta	------	--------	--1--1-1--	---------1---
Viola canina	------	--------	111-1-----	-------------
Veronica officinalis	------	--------	11-11-1---	-------------
Galium harcynicum	------	--------	11111-1-11	----1-------1
Carex pilulifera	------	--------	11---1--11	-----1---1---
Potentilla erecta	------	--------	1-1111-111	-------------
Agrostis coarctata	------	--------	-1111-1111	-------------
Pseudoscleropodium purum	------	--------	1111-11---	-------------
Hypnum jutlandicum	1111--	1--111-1	1-11111-1-	---1--11-1111
Rumex acetosella	------	-1111111	11111-1111	1111111111111
Cladina portentosa	------	---11111	----------	-1111-11111--
Festuca tenuifolia	------	-1---1-1	11-1111111	1111111111111
Dicranum scoparium	------	---11--1	-1-111-1-1	11111-11-1-11
Cladonia gracilis	------	---1---1	----------	-1-1---------
Cladonia merochlorophaea	------	--------	----------	111-111-11---
Cladonia bacillaris	------	--------	----------	1-11-1--1----
Cladonia uncialis	------	--------	----------	1---111-1----
Cladonia subulata	------	--------	----------	-1111-1------
Calluna vulgaris	------	--------	1--1-1----	---111-1-111-

图 10.28　德国干草地的 X^2 分类群落表（张金屯 1994b）

七、外在分类

外在分类是同时处理两类属性数据，在植物生态学中，最常用的是植物种的数量数据和环境因子数据。这类方法有利于找出植被类型与环境间的关系，是生态分类的一个发展方向。到目前为止，外在分类方法还较少，这里介绍仅有的 3 种方法。

（一）二集关联法

二集关联法（two sets association）是 Macnaughton-Smith（1965）提出来的，Tracey（1968）曾在草场研究中应用。该方法只能用二元数据，并且一次只能结合一个环境因子。该方法步骤如下。

1. 将样方随机分为两个集合

原始数据矩阵 $\boldsymbol{X}$ 为（P+1）×N 维。P 为种数；第 P+1 行为环境因子；N 为样方数；N 个样方被分为预测集（N_1）和确认集（N_2）：

$$\begin{bmatrix} 1 & 2 & \cdots & N_1 & 1' & 2' & \cdots & N_2 \\ X_{11} & X_{12} & \cdots & X_{1N_1} & X_{11'} & X_{12'} & \cdots & X_{1N_2} \\ X_{21} & X_{22} & \cdots & X_{2N_1} & X_{21'} & X_{22'} & \cdots & X_{2N_2} \\ \vdots & \vdots & & \vdots & \vdots & \vdots & & \vdots \\ X_{P1} & X_{P2} & \cdots & X_{PN_1} & X_{P1'} & X_{P2'} & \cdots & X_{PN_2} \\ X_{P+11} & X_{P+12} & \cdots & X_{P+1N_1} & X_{P+11'} & X_{P+12'} & \cdots & X_{P+1N_2} \end{bmatrix}$$

2. 对预测集进行分类

先将预测集的 N_1 个样方，用类似于关联分析的方法进行分类。但现在选用临界种的标准是每个种与环境因子的关联系数，而不是种间关联系数。同样用 2×2 列联表，决定 a、b、c、d 的值，再用式（10.6）计算关联系数$\chi^2(i)$。

同样用χ^2 检验显著性，如不显著，令$\chi^2(i)=0$；若显著，原值不变。假若所有种与环境因子没有显著关联，都有$\chi^2(i)=0(i=1, 2, \cdots, P)$，若$\chi^2(i)$不全为 0，则找出最大值的种作为临界种。由此，$N_1$ 个样方被分为两组。重复以上过程，继续分划，直到不能再分为止（详细计算参考关联分析）。最后，预测集被分为若干样方组，组内尚未定为临界种的种与环境因子没有显著关联性。

3. 以预测集的临界种分划确认集

在对预测集分划中，我们找到了一系列的临界种，现以这些临界种为依据，对确认集进行分划。N_2 个样方也被分为若干组。

4. 检验确认集分组的差异性

一般认为，确认集的分划已减弱了环境因子的影响，应该反映出植物种组成的差异性。于是，我们可以用确认集的最后分组，去检验它们之间在植物种组成上是否存在显著差异。如果有显著差异，就说明按种类的分类确与环境因子有关，因为临界种的选择考虑的是种与环境因子之间的关联性；如果没有显著差异，说明按种类组成的分类与环境因子无关。

这种检验只能对确认集的分组进行。检验方法是对确认集的 N_2 个样方 P 个种进行关联分析。如果发现每次分划的临界种和前面按预测集分划的临界种一致，而且直到最后一级分划的临界种用χ^2检验确实存在种间显著关联，就表明最终组间有显著差异。或者直接用χ^2检验最后一级分划的临界种是否有显著关联，而不必重新划分。

Tracey（1968）用二集关联法对草场植被进行过研究。他用 169 个样方，其中预测集为 85 个样方，确认集为 84 个样方，种类数据是 69 个种存在与否的二元数据。环境因子为放牧和不放牧的二元数据。研究结果表明放牧对草场的类型和分异有明显的影响。

二集关联法一次只能结合一个环境因子，而且限于二元数据。这样环境因子的数量值必须转化为非 0 即 1 的二元数据，信息损失太大，后来在研究中用得很少。

（二）典范指示种分析

典范指示种分析（canonical indicator species analysis）是以 CCA 排序轴为基础进行分类。CCA 排序需用两个数据矩阵，一个环境因子数据矩阵，其排序轴包含了种类组成信息，也包括了环境因子信息。因此，以 CCA 排序轴为基础的分类方法也可以实现植被数据与环境数据的结合，是一外在分类方法。这一方法与 TWINSPAN 分类有类似之处，可以说是 CCA 和指示种分析的结合，所以称典范指示种分析（张金屯 1994d）。该方法分析步骤如下。

1）对原始数据进行 CCA 排序，取前 K 个排序轴（参考第九章）。

2）以 CCA 第一排序轴为依据进行一次分划，这一步和 TWINSPAN 相同，采用指示种分析法进行分类；即首先以排序轴的形心为界，将 N 个样方分为正负两个预分组；其次计算每个种的指示值，并选取指示值最大的几个种（一般为 5 个种）作为指示种；再次，计算每个样方的指示分，并依指示分对样方进行分组；最后，依指示分的分组对预分组进行调整，消除错分类。这样就完成了第一次分划，得到两个样方组。

3）再分划。对已得到的两个新组重复第二步进行再分划，但此次分划以 CCA 第二排序轴为依据，以反映不同的生态梯度，使生态意义更加明确。这样，2 个组就被分为 4 个组，然后再以 CCA 第三排序轴为依据，4 个组就被分为 8 个组，等等，以此类推。直到我们认为没有必要再分时为止。终止原则可以人为规定，比如事先确定应分几个组，或以每组中的样方数为标准。但最终判断分组数应从生态学意义上考虑。一般的研究工作利用前 3 个或前 4 个排序轴即可满足分类要求。

从上面的步骤可以看出来，典范指示种分析与 TWINSPAN 分类有很大相似之处，不同的是所用的排序方法不同。另外，TWINSPAN 只用第一排序轴，而每次再分划均需要重新进行排序，以实现反映多个生态梯度的目的。

张金屯（1994d）对英国威尔士北部山地草甸的数据进行了分析。图 10.29 是聚类树状图，图 10.30 是关系图。结果清楚地反映了植被类型与环境因子之间的关系。很明显，植被类型 I 与坡度有很大关系；类型Ⅵ与海拔密切相关；类型Ⅷ主要与土壤有机质和营养成分相关联，实际上与积水有很大关系。其他类型集中在图的中间，说明它们与单个环境因子的关系都不十分显著，这些类型以广布的 *Nardus stricta* 占优势，其生态幅度非常广，对环境要求不严，因此关系不十分密切。从图 10.28 和图 10.29 还可以看出，在测定的 8 个环境因子中，海拔和坡度在本区植被分异中起着重要作用，其次是土壤有机质及 Ca、K、Mg 的含量。

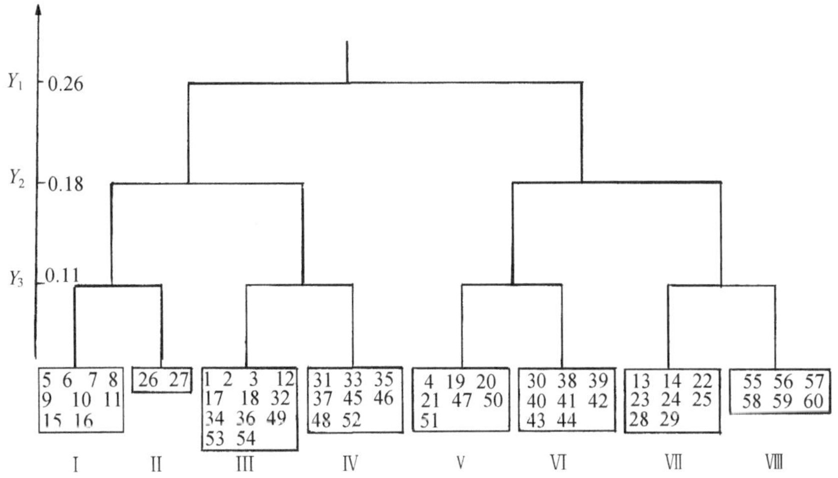

图 10.29 威尔士北部山地草甸的典范指示种分析聚类图（张金屯 1994d）

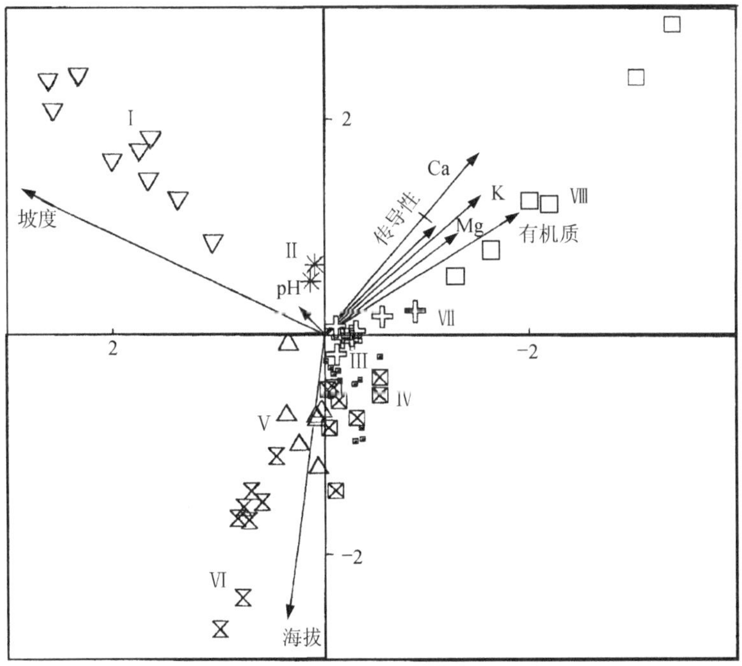

图 10.30 典范指示种分析结果关系图（张金屯 1994d）

Ⅰ，Ⅱ，…代表群落类型；箭头及连线表示环境因子

典范指示种分析被引入植被研究时间不长，还未得到广泛应用，但由于它的结果更好地反映了植被类型和环境因子间的关系，而且可以同时分析多个环境因子数据（理论上讲无限制），具有较大的优越性，预计将来会被广泛应用。

（三）典范排序轴分类法

典范排序轴分类法（canonical ordination axes clustering），与上一方法类似，是 CCA 或 DCCA 与排序轴分类的结合，而后者是 CCA 和指示种分析的结合。该方法也需要两个数据矩阵，一个是植被数据矩阵，一个是环境因子数据矩阵。植被数据矩阵为 $P\times N$ 维的物种数据矩阵，其中，P 为植物的种数，N 为样方数；环境因子数据矩阵为 $Q\times N$ 维，Q 为环境因子数。这里用 DCCA 排序作说明。

DCCA 排序的详细过程参见前面。用 DCCA 对数据进行排序。一次给出样方前 4 个排序轴的坐标值。

DCCA 典范排序轴分类（OAC）的具体步骤如下。

1）对原始数据进行 DCCA 排序。

2）以第一排序轴为依据，进行第一次分划。第一次分划是以第一排序轴的形心为界，对 N 个样方逐一判别，分为 A_1 和 A_2 正负两组。排序轴的形心 $\overline{y}$ 由式（10.78）计算。

$$\overline{y}=\sum_{j=1}^{N}y_i\Big/N \tag{10.78}$$

式中，$\overline{y}$ 代表排序轴的形心，y_j 代表第 j 个样方在第一排序轴上的坐标值。以 $\overline{y}$ 为界，若 $y_j<\overline{y}$，划入 A_1 组，为负组；若 $y_j>\overline{y}$ 划入 A_2 组，为正组。对于 $y_j=\overline{y}$ 的样方，划入 A_1。

以排序轴形心为中心向两侧扩展，划出一个较窄的中性带（indifference zone），因为样方在排序图上的分布不均匀，所以位于该带内的样方可能错分划。一般说来，该中性带的宽度为全部样方排序值的最大值与最小值差的 5%。采用离差平方和来判断这种样地的归组。假定一个样方 k 位于中性带内，y_k 为其第一排序轴的坐标值，则分别计算离差平方和。

$$S_{kA_1}^2=\sum_{j\in A_1}(y_j-\overline{y})^2 \tag{10.79}$$

$$S_{kA_2}^2=\sum_{j\in A_2}(y_j-\overline{y})^2 \tag{10.80}$$

式中，$S_{kA_1}^2$ 和 $S_{kA_2}^2$ 分别是样方 k 与 A_1 组和 A_2 组中所有样方间的离差平方和。离差平方和是一种距离；因此，该样方应该属于距离较小的组，即 $S_{kA_1}^2>S_{kA_2}^2$，则样方归入 A_2 组；反之，若 $S_{kA_1}^2<S_{kA_2}^2$，则样方归入 A_1 组。

这样，完成了第一次分划，N 个样地被分成两个组。

3）再分划，对以上得到的两个新样方组，对每个样方逐一判别，重复第二步分划过程，进行再分划。但此次分划是以第二排序轴的坐标值为基础。这样，分类可以基于不同的生态梯度之上，生态意义更明确。以第二排序轴为依据，以上 2 组被分为 4 组。然后，再以第三排序轴为依据。4 组又被分成 8 组，等等，以此类推。分划的终止原则可以人为规定，但最重要的依据是生态学知识。所分的组数，决定着使用几个排序轴。一般说来，前 3 个或前 4 个排序轴就可以满足分类的要求了。前 4 个排序轴包含绝大多数生态信息，可提供客观结果。

邱扬和张金屯（2000）用该方法对关帝山八水沟植被进行了分类。经 DCCA 排序，利用前 2 个排序轴值进行两次分划，结果得到 4 种群落类型。前 3 个类型已经非常清楚了，不再做进一步的划分；可是，第 4 类还包含着灌丛和草甸，因此利用第 3 排序轴值对第 4 类做进一步的划分，区分为灌丛类和草甸类，共得 5 个群落类型，结果是满意的。

八、回归树与多元回归树分类

（一）分类与回归树

分类与回归树（classification and regression tree，CART）是由 Leo Breiman 等于 1984 年提出，既可用于分类也可用于回归。如果目标变量是离散变量，则是分类树（classification tree）；如果目标是连续变量，则是回归树（regression tree）。CART 采用一种二分递归分割的技术，分割方法采用基于最小距离的基尼指数估计函数，将当前的样本集分为两个样本子集，使得生成的每个非叶子节点都有两个分支。

计算过程包括回归树生成、分类树生成和剪枝 3 个步骤。

1. 回归树生成

假设 X 与 Y 分别是输入和输出向量，并且 Y 是连续变量，给定训练数据集

$$D=\{(x_1,y_1),(x_2,y_2),\cdots,(x_N,y_N)\}$$

考虑如何生成回归树。一个回归树对应着输入空间（即特征空间）的一个划分及在划分的单元上的输出值。假设已将输入空间划分为 M 个单元 R_1，R_2，…，R_m，并且在每个单元 R_m 上有一个固定的输出值 c_m，于是回归树模型可表示为

$$f(x)=\sum_{m=1}^{M}c_m I(x\in R_m) \tag{10.81}$$

当输入空间的划分确定时，可以用平方误差来表示回归树对训练数据的预测误差，$\sum\limits_{x_i\in R_m}\left(y_i-f(x_i)\right)^2$。

用平方误差最小为准则求解每个单元上的最优输出值。单元 R_m 上的 c_m 的最优值 $\hat{c}_m$ 是 R_m 上所有输入 x_i 对于输出 y_i 的均值，即

$$\hat{c}_m=\text{ave}\left(y_i\mid x_i\in R_m\right)$$

选择第 j 个变量 $x^{(j)}$ 和它取的值 S，作为切分变量和切分点，并定义两个区域：

$$R_1(j,s)=\{x\mid x^{(j)}\leqslant s\},R_2(j,s)=\{x\mid x^{(j)}>s\}$$

然后寻找最优切分变量 j 和最优切分点 s。具体求解

$$\min_{j,s}=\left[\min_{c_1}\sum\nolimits_{x_1\in R_1(j,s)}\left(y_i-c_1\right)^2+\min_{c_2}\sum\nolimits_{x_1\in R_2(j,s)}\left(y_i-c_2\right)^2\right] \tag{10.82}$$

对固定输入变量 j 可以找到最优切分点 s

$$\hat{c}_1=\text{ave}\left(y_i\mid x_i\in R_1(j,s)\right),\hat{c}_2=\text{ave}\left(y_i\mid x_i\in R_2(j,s)\right)$$

遍历所有输入变量，找到最优切分变量 j，构成一个对（j,s），依次将输入空间划分为两个区域。接着，对每个区域重复上述划分过程，直到满足终止条件。这样就生成一棵回归树，这样的回归树通常被称为最小二乘树。

2. 分类树生成

分类树用基尼指数选择最优特征，同时决定该特征的最优二值切分点。

分类过程中，假设有 k 个类，样本点属于第 k 个类的概率为 p_k，则概率分布的基尼指数定义为

$$\mathrm{Gini}(p)=\sum_{k=1}^{k}p_k\left(1-p_k\right)=1-\sum_{k=1}^{k}p_k^2 \tag{10.83}$$

对于二类分类问题，若样本点属于第 1 个类的概率是 p，对于给定 $\mathrm{Gini}(p)=2p(1-p)$ 的样本集合 D，其基尼指数为

$$\mathrm{Gini}(D)=1-\sum_{k=1}^{k}\left(\frac{|C_k|}{|D|}\right)^2 \tag{10.84}$$

式中，C_k 是 D 中属于第 k 类的样本子集，k 是类的个数。如果样本集合 D 根据特征 A 是否取某一可能值 a 被分割成 D_1 和 D_2 两部分，即

$$D_1=\{(x,y)\in D\mid A(x)=a\},D_2=D-D_1 \tag{10.85}$$

则在特征 A 的条件下，集合 D 的基尼指数定义为

$$\mathrm{Gini}(D,A)=\frac{|D_1|}{|D|}\mathrm{Gini}(D_1)+\frac{|D_2|}{D}\mathrm{Gini}(D_2) \tag{10.86}$$

基尼指数 $\mathrm{Gini}(D)$ 表示集合 D 的不确定性，基尼指数 $\mathrm{Gini}(D,A)$ 表示经 A=a 分割后集合 D 的不确定性。基尼指数越大，样本集合的不确定性越大，这一点与熵相似。

根据训练数据集，从根结点开始，递归地对每个结点进行以下操作，构建二叉决策树。

1）设结点的训练数据集为 D，计算现有特征对该数据集的基尼指数。此时，对每个特征 A，对其可能取得每一个值 a，根据样本点 A=a 的测试为“是”或“否”将 D 分成 D_1 和 D_2 两部分，计算 A=a 时的基尼指数。

2）在所有可能的特征 A 及它们所有可能的切分点 a 中，选择基尼指数最小的特征及其对应的切分点作为最优特征与最优切分点，依据最优特征与最优切分点，由现结点生成两个子结点，将训练数据集依据特征分配到两个子结点中去。

3）对两个子结点递归地调用 1），2），直至满足停止条件。

4）生成 CART 决策树。

算法终止计算的原则是结点中的样本个数小于预定的阈值，或样本集的基尼指数小于预定的阈值（样本基本属于同一类），或者没有更多特征。

3. CART 剪枝

CART 剪枝算法从“完全生长”的决策树的底端剪去一些子树，使决策树变小（模型变简单），从而能够对未知的数据有更准确的预测。CART 剪枝算法由两步组成：首先从生成算法产生决策树 T_0 底端开始不断剪枝，直到 T_0 的根结点，形成一个子序列 $\{T_0, T_1, \cdots, T_n\}$；然后通过交叉验证法在独立的验证数据集上对子树序列进行测试，从中选择最优子树。

通过 CART 生成的树，记为 T_0，然后从 T_0 的底端开始剪枝，直到根节点。在剪枝的过程中，计算损失函数

$$C_\alpha(T)=C(T)+\alpha|T| \tag{10.87}$$

式中，$\alpha \geqslant 0$，$C(T)$ 为训练数据的预测误差，$|T|$ 为模型的复杂度。对于一个固定的 α，在 T_0 中一定存在一棵树 T_α 使得损失函数 $C_\alpha(T)$ 最小。也就是每一个固定的 α，都存在一颗相应的使得损失函数最小的树。这样不同的 α 会产生不同的最优树，而我们不知道在这些最优树中，到底哪棵最好，于是我们需要将 α 在其取值空间内划分为一系列区域，在每个区域都取一个 α 然后得到相应的最优树，最终选择损失函数最小的最优树。

现在对 α 取一系列的值，分别为 $\alpha_0<\alpha_1<\cdots<\alpha_n<+\infty$ 产生一系列的区间 $[\alpha_i,\alpha_{i+1})$。在每个区间内取一个值 α_i，对每个 α_i，我们可以得到一颗最优树 T_i。于是我们得到一个最优树列表 $\{T_0, T_1, \cdots, T_n\}$。那么对于一个固定的 α，如何找到最优的子树？

现在假如节点 t 就是一棵树，一棵单节点的树，则其损失函数为

$$C_\alpha(T)=C(T)+\alpha\times 1$$

对于一个以节点 t 为根节点的树，其损失函数为

$$C_\alpha(T_t)=C(T_t)+\alpha|T_t|$$

当 $\alpha=0$ 时，即没有剪枝时，$C_\alpha(t)>C_\alpha(T_t)$。然而，随着 α 的增大，$C_\alpha(t)$ 和 $C_\alpha(T_t)$ 的大小关系会出现变化。当 $C_\alpha(t)=C_\alpha(T_t)$ 时，即

$$C(t)+\alpha=C(T_t)+\alpha|T_t| \Rightarrow \alpha=\frac{C(t)-C(T_t)}{|T_t|-1} \tag{10.88}$$

据上分析，在 T_0 中的每个内部节点 t，计算 α 的值，它表示剪枝后整体损失函数减少的程度。在 T_0 中剪去 α 最小的子树 T_t，将得到的新的树记为 T_1，同时将此 α 记为 α_1。即 T_1 为区间 $[\alpha_1,\alpha_2)$ 上的最优树。α 与损失函数之间的关系是：当 $\alpha=0$ 时，此时未进行任何剪枝，因为产生过拟合，所以损失函数会较大，而随着 α 的增大，产生的过拟合会慢慢消退，所以，损失函数会慢慢减小。当 α 增大到某一值时，损失函数会出现一个临界值，所以 α 超过此临界值继续增大的话损失函数就会因模型越来越简单而开始增大。所以我们需要找到一个使损失函数最小的临界点 α。

依次遍历生成树的每一个内部节点，分别计算剪掉该内部节点和不剪掉该内部节点时的整体损失函数，当这两种情况的损失函数相等时，我们可以得到一个 α，此 α 表示当前需要剪枝的最小 α。这样每个内部节点都能计算出一个 α。此 α 表示整体损失函数减少的程度。选择最小的 α 来进行剪枝。在选出 α 之后，我们就需要计算该 α 所对应的损失函数最小的子树。即从树的根节点出发，逐层遍历每个内部节点，计算每个内部节点处是否需要剪枝。剪枝完之后的树便是我们所需要的树。

刘海等（2013）采用 CART 预测了西藏尼洋河着生藻类总丰度与环境因子之间的关系（图 10.31），即低海拔水域着生藻类总丰度较高海拔水域的高，高矿化度水域的着生藻类总丰度较低矿化度的高。

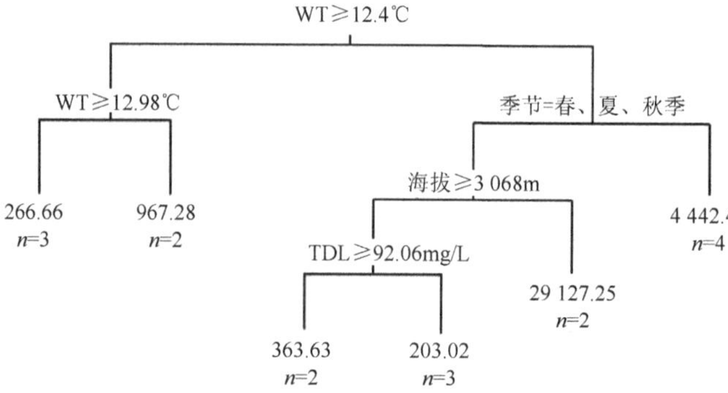

图 10.31 基于分类回归树分析尼洋河着生藻类总丰度与环境因子之间的关系
分支左侧代表条件成立，右侧代表相反条件成立

（二）多元回归树

多元回归树（multivariate regression tree，MRT）是在决策树（decision-tree）基础上发展起来的一种较新的分类技术（De'Ath and Fabricius 2000；De'Ath 2002；Lai 2008）。同一般回归模型一样，MRT 也需要因变量（群落学中一般是物种数据）和自变量（一般为环境因子数据）。不同的是，MRT 不需要在因变量和自变量之间建立参数估计的回归关系，而是以自变量为分类节点，利用二歧式的分割法（binary split），将由因变量定义的空间（样方）逐步划分为尽可能同质的类别，每一次划分都由某一自变量（环境因子）的一个最佳划分值来完成，将因变量定义的空间（样方）分成两个部分（也称为节点，node），最佳划分原则是让两个节点内部的差异尽量小，节点间的差异尽量大，重复此过程，直到分割结果满足某种条件或不能再分割为止（Vayssieres et al. 2000；曹铭昌等 2005）。

多元回归树计算包含以下两个步骤。

1. 条件限制数据分割

对每一个解释变量，将样点划分成两个类群的所有可能都给出。对于数量变量，首先将要样点按照解释变量排序，之后，顺序地将其划分成两类，从第一个，第二个，第 n–1 个点处划分。对于分等级的变量，将样点划分为两个类群，将所有可能组合均给出。在所有可能的情况下，计算响应变量的每个组内各数据和组平均值的平方和。保留平方和最小的划分方案，记录该划分方案中解释变量或等级变量的数值。

对划分出的两个子类群，分别再重复上述过程，分别筛选出最优的划分方案，并记录该划分方案中解释变量或等级变量的数值。

重复上述过程，直至所有的样点均被划分到自己的类群中。继而搜寻类群数适当的划分方案，以满足研究的需要。如果数据分析的目的是预测，那么就必须进行下一步的交叉验证，以便找到预测效果最优的树。

给出了末端样点的数量，也就是所谓的“叶片”的数量和组成之外，相对误差（relative error，RE）也是多元回归树的一个重要特征。在没有经过交叉验证时，应该保留的是使得 RE 最小的回归树。这与保留 R^2 最大的情形类似。但是，这种情况下，回归树只具有解释功能，而缺乏预测功能。De'Ath（2002）指出："RE 给出的是回归树对于新数据的预测能力的过优化估计，而回归树预测的准确性能够从交叉验证相对误差（cross-validated relative error，CVRE）获得更准确的估计"。

2. 对结果的交叉验证

将样点划分成两个子集，其中一个为"训练集合"，另一个为"验证集合"。具有良好预测能力的回归树会将验证集合中的各样点划分到合适的类群中。例如，验证集合中新增加的样点，其响应变量的数值与预测的数值差较小。回归树的预测能力可以用其预测误差进行评估。

预测误差的度量为 CVRE，其公式为

CVRE=sum(sum((*y*[*i*, *j*][*k*]–*y*_estimate[*k*])^2))/sum(sum((*y*[*i*, *j*]–*y*_mean[*j*])^2))（10.89）

式中，*y*[*i*, *j*][*k*] 为验证数据集 *k* 的一个样点，*y*_estimate[*k*]是该点的预测值，分母部分表示数据的总方差。

因此，CVRE 可以定义为回归树没有解释的方差除以响应数据的总方差。当然，回归树的划分有一点变化，则相应的分支也会发生变化。理想的预测情况下，CVRE 的值为 0，而回归树的预测效果越差，CVRE 的值越接近于 1。

以下是多元回归树分析与交叉验证的总过程。

1）将数据随机划分成 *k* 组（默认为 10 组）。

2）随机保留其中一组作为"验证组"（test group），利用条件限制分类，按照组内平方和最小的原则，选取一棵最优的回归树。

3）将以上过程重复 *k*–1 次，每次保留一个预测组。

4）在以上的 *k* 个划分方案中，重新指派训练集合。计算每个划分方案的 CVRE。

5）对回归树进行剪接，保留 CVRE 最小的划分方案。另一种方法是，保留 CVRE 与 CVRE 标准误相加最小的划分方案。这种方法称为标准误原则。

6）为了获得这一过程的误差，将其他随机分配的对象划分成 *k* 组，将这一过程重复多次（如 500～1000 次）。

7）最后获得的回归树是所有随机排列组合中 CVRE 值最小的，或者是 1–SE 值最小的。

综合看来，要兼顾树的规模和误差的大小，通常采用"成本复杂性"（cost complexity）的标准来对树的规模进行限制，最后达到的目的是误差和树的规模都尽可能小（谢益辉 2007）。误差的计算基于交叉验证，即抽取原始数据的一部分建立模型，而剩下的那部分用来验证模型预测的误差大小（De'Ath and Fabricius 2000；De'Ath 2002）。

R 的 mvpart 程序包可以实现 MRT 的计算，张文静等（2015）采用 MRT 对吕梁山南段 41 个森林样方进行划分。如图 10.32 所示，根据 1–SE 规则，最终把"A"点作为回归树规模（Borcard et al. 2011）。全部样方以海拔和土壤含水量为划分节点，划分为 4 类群落，按照《中国植被》的分类原则和方法对应 4 个群系（图 10.33）。分别为侧柏（*Platycladus orientalis*）群系、青榨槭（*Acer davidii*）群系、辽东栎（*Quercus wutaishanica*）群系、柿（*Diospyros kaki*）群系。

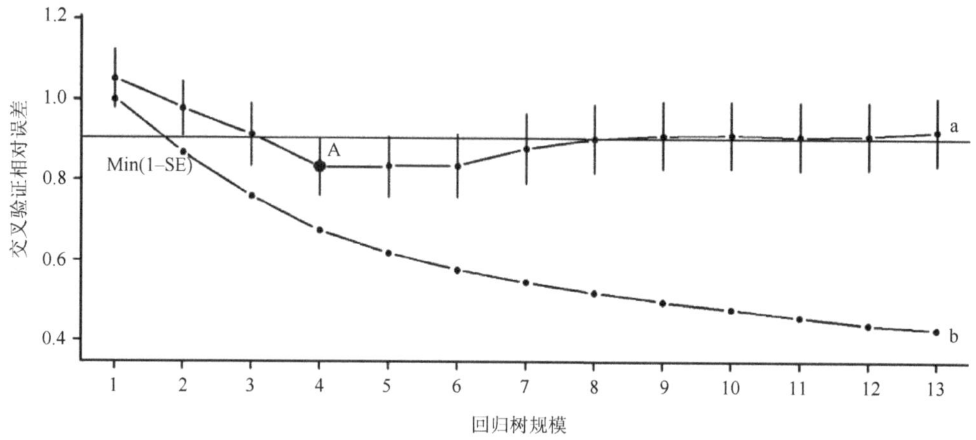

图 10.32　吕梁山南段森林群落分类相对误差及交叉验证相对误差变化图

a 为相对误差变化趋势；b 为交叉验证相对误差变化趋势；| 表示标准差；A 点为根据“1–SE”规则确定的分类树规模点

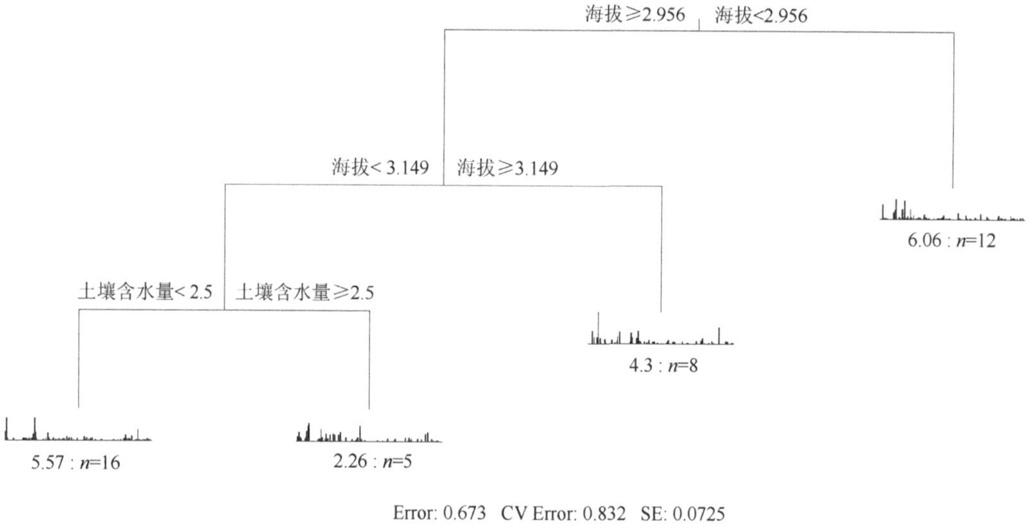

图 10.33　吕梁山南段森林群落划分多元回归树图

n 表示每个群系包含的样方数；Error 为相对误差；CV Error 为交叉验证相对误差；SE 为标准差

（三）随机森林分类

随机森林（random forest）是新的强大的统计分类方法，它是机器学习（machine-learning）的一种，在其他学科（如生物信息学）中已经得到了广泛的应用，但对生态学研究者却相对陌生。该方法最先由 Breiman 在 2001 年提出。随机森林顾名思义，是用随机的方式建立一个森林（回归树组成），森林里面由很多的决策树组成，随机森林的每一棵决策树之间是没有关联的。在得到森林之后，当有一个新的输入样本进入的时候，就让森林中的每一棵决策树分别进行一下判断，看看这个样本应该属于哪一类（对于分类算法），然后看看哪一类被选择最多，就预测这个样本为那一类。随机森林通过综合多个分类树的信息而生成更准确的分类。它可以处理大量的输入变量，有很高的准确度，学习过程很快，又不会产生过拟合问题。随机森林的计算包括变量重要性的测度、聚类数据点相似性的测度、多维尺度测度、图形展示与缺失值填补。随机森林在生态学中的应用主要有回归、存分析、缺失值填补、聚类等。

随机森林由多棵分类和回归树 CART（classification and regression tree）构成。首先建立分类树。在标准的分类情况下，我们已经获得两个或多个已知类群的观测值，同时希望利用数量或类别预测变量开发出分配新的观测值的规则。Logistic regression 和线性判别分析（LDA）可以通过决定预测变量的线性组合来区分观测值而达到此目的。分类树随分类变量和同质性区域的增加而建立。这些同质性区域称为节。在每一步组装分类树时，选择一个节、一个预测变量和一段或者一组节（数字变量或者类别变量）的最优结果，由基尼指数（Gini index）判定同质性最高的亚组。这个过程持续直到细分的组不能减少基尼指数。这样的分类树被认为已充分生长，最终的区域被称为终点节。一个典型修剪的分类树有 3～12 个节。分类树的解释复杂性随着节的数量增加而增加。

随机森林模型具有两个非常重要的自定义参数：分类树的数量（k）和分割节点的随机变量的数量（m）。每一个分类树可以通过原始数据集（X）中的一个自助法取样子集（X_i）进行生长，并利用在 m 个预测变量中随机选择的最佳预测变量进行节点分割。随机森林将许多分类树安装到一个数据集中，然后组合所有树的预测值。

含 k 个分类树的随机森林模型的建模过程如下。①当 i 从 1 变到 k 时，建立一个包含原始数据集 X 中 2/3 数据量的自助法子集 X_i；以上述子集 X_i 为基础，在每个节点上随机选择 m 个预测变量，并在这些随机变量中选择一个最好的进行节点分割分类，建立一个不需修剪的深度最大的分类树。②通过 k 个分类树的反馈信息预测新数据。利用 k 个分类树组合中的多数选择，随机森林结果就是具有最多选择的分类。由于随机森林只采用了 2/3 的数据进行建模，因此不会产生模型过度拟合。

算法开始从数据中选择许多（如 500）引导程序样品。在一个典型的引导程序样品中，大约 63%的原始观测值至少出现一次。那些没有出现在引导程序样品中的原始数据集中的观测值被称为“范围外”（out-of-bag）观测值。分类树与每一个引导程序样品相匹配，但在每一个节，只有一些随机选择的变量可用来进行二元划分。这些树“充分生长”，每一个都被用来预测“范围外”观测值。一个观测值的预测分类通过那个观测值的“范围外”预测来计算。

每个观测值的准确性和误差率通过“范围外”预测来计算，然后所有观测值进行平均。由于“范围外”观测值并没有用在匹配树中，因此“范围外”估计本质上是准确性地交叉验证。在不同集合中成员的概率通过每个集合“范围外”预测的比例来估测。

大多数回归或者分类的统计程序通过利用统计显著性和 Akaike 信息量标准等选择变量来达到间接测量变量重要性的目的。随即森林却完全不同，对于森林中的每一个树来说，“范围外”观测值都有一个错误分类率。为了评价特定预测变量的重要性，变量的值被随机进行“范围外”观测排列，然后这些修改过的“范围外”数据沿着树传下去而获得新的预测。修改后的和原始的“范围外”数据的分类错误率之差除以标准误，就是一个变量的重要性测度。

Cutler 等（2007）利用美国加利福尼亚州熔岩层国家遗迹的入侵植物物种数据、美国西北太平洋的稀有地衣物种数据，以及美国犹他州尤因塔山洞穴筑巢的鸟类巢穴位置数据，比较了随机森林和其他 4 种常用统计分类方法的准确性。与其他常用分类方法相比，随机森林在所有案例中都具有高度的分类准确性。此外，还发现随机森林判定的入侵植物种类最重要的变量与文献预测相一致。

张雷等（2014）以云南松（*Pinus yunnanensis*）分布模拟预测为例，介绍了随机森林所具有的特点。当利用分类变量（物种存在、不存在的数据）作为响应变量建立模型时，云南松地理分布模拟预测结果是二元分布图；当利用数值变量作为响应变量建立模型时，预测结果是云南松概率分布图。随机森林具有较高的预测结果，其中分类分析的预测误差是 0.058；回归分析的预测误差是 0.044。其预测结果精度较高，在多维度降维图中也有表现，在由前两个主成分维数组成的分布图中，存在值和不存在值较容易分开（图 10.34）。

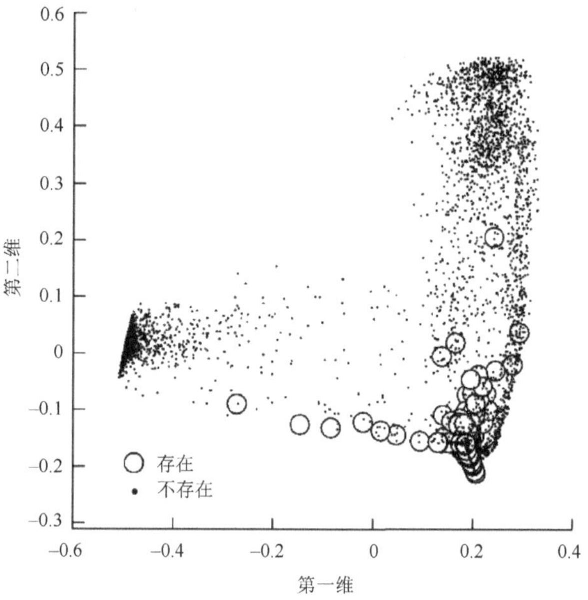

图 10.34　云南松（*Pinus yunnanensis*）分布的随机森林模拟预测变量降维图（张雷等 2014）

九、仿射传播聚类分析

仿射传播聚类（affinity propagation clustering，APC）是一种新的数量分类方法，它广泛应用于生物信息学、天文学、物理学等的研究中，并于近年开始引入生态学研究中，目前用得较多的是自适应仿射传播聚类。相比于其他分类方法，自适应仿射传播聚类不预先指定分类数目，而是将所有的样方都作为潜在的聚类中心，通过计算吸引度（responsibility）和隶属度两种相似度信息，扫描偏向参数空间，搜索聚类数目空间，寻找最优的聚类结果（Frey and Dueck 2007，2008）。

1. 仿射传播聚类

仿射传播聚类是一种新聚类方法，其优势体现在处理数据很多的情况时运算速度快。APC 计算以 N 个样方之间的相似系数矩阵或距离矩阵 $\boldsymbol{S}$（$N \times N$，N 为样方数）为基

础组，$\boldsymbol{S}$ 中每个元素再加上负号成为负数。比如

$$\boldsymbol{S}(i, j) = -\left\| x_i - x_j \right\|^2 \tag{10.90}$$

式中，$\boldsymbol{S}(i,j)$表示两个样方间的相似系数的负值。

在计算开始时将所有的样方都视为潜在的聚类中心（称为类代表）。假设在属性数据的特征空间中存在一些比较紧密的聚类，且聚类的能量函数为各样方与其聚类中心的相似度之和，即

$$E(C) = -\sum_i \boldsymbol{S}(i, C_i) \tag{10.91}$$

式中，$i \in C_i$，C_i为点 i 的聚类中心。将负的两个点之间的距离设想为吸引度或隶属度，则点 k 对较近的点 i 吸引力比较大，同样点 i 认同点 k 为其聚类中心的归属感也较大。这样，处于聚类中心处的样方 k 对其他样方的吸引力之和较大，成为聚类中心的可能性也越大；反之，处于聚类边缘处的样方对其他样方的吸引力之和比较小，成为聚类中心的可能性也较小。从此角度出发，APC 为选出合适的类代表而不断从数据中搜集有关的证据：为候选类代表样方点 k 从每个样方 i 搜集证据 $R(i, k)$（称为点 k 对点 i 的吸引度）来描述样方 k 适合作为样方 i 的类代表的程度，也为样方 i 从候选类代表点 k 搜集证据 $A(i, k)$（称为点 i 对点 k 的隶属度）来描述样方 i 选择样方 k 作为其类代表的适合程度。证据越强（即 $R(i, k)$与 $A(i, k)$越大），点 k 作为最终聚类中心的可能性就越大。APC 计算通过一个迭代循环不断进行证据的搜集和传递（亦称为消息传递）以产生 m 个高质量的类代表和对应的聚类，同时聚类的能量函数也得到了最小化。将各样方分配给最近的类代表所属的类，则找到的 m 个聚类即聚类结果。

APC 计算中有两个重要参数：置于相似系数矩阵 $\boldsymbol{S}$ 对角线的偏向参数 p 和迭代中针对 R 与 A 更新的阻尼因子 lam。偏向参数 $p(i)$（通常是负数）表示样方 i 被选作聚类中心的倾向性，并对哪些类代表会作为最终的聚类中心产生重要影响。吸引度 R 和隶属度 A 的计算公式：

$$R(i,k) = \boldsymbol{S}(i,k) - \max\{A(i,j) + \boldsymbol{S}(i,j)\} \quad j \in \{1, 2, \cdots, N\}, j \neq k \tag{10.92}$$

$$A(i,k) = \min\{0, R(k,k) + \sum_j \{\max(0, R(j,k))\}\} \quad j \in \{1, 2, \cdots, N\}, j \neq i, j \neq k \tag{10.93}$$

可知参数 p 出现在 $R(k, k)=p(k)-\max\{A(k, j)+\boldsymbol{S}(k, j)\}$中。这样，当 $p(k)$较大使得 $R(k, k)$较大时，$A(i, k)$也较大，从而类代表 k 作为最终聚类中心的可能性较大；同样，当越多的 $p(i)$较大时，越多的类代表倾向于成为最终的聚类中心。因此，增大或减小 p 可以增加或减少 APC 输出的聚类数目。在无先验知识时将所有的 $p(i)$设定为 pm（$\boldsymbol{S}$ 中元素的中值）。然而，在许多情况下 pm 不能使 APC 计算产生最优的聚类结果，这是由于 pm 的设定并不是依据数据集本身的聚类结构。此外，p 与 APC 输出的聚类数目之间没有一一对应关系，这很难用聚类有效性方法来寻找最优聚类结果（最优分类数）。因此，使用 APC 计算时如何找出最优的聚类结果是尚未解决的问题。

在 APC 计算的每一步循环迭代 i 中，吸引度 R_i 和隶属度 A_i 要与上一步的 R_i-1 与 A_i-1 进行加权更新：$R_i=(1-\text{lam})\times R_i+\text{lam}\times R_i-1$，$A_i=(1-\text{lam})\times A_i+\text{lam}\times A_i-1$，其中 lam∈[0, 1]，默认值为 0.5，这体现了阻尼因子 lam 的作用。lam 的另一个作用是改进收敛性，当 APC

计算发生振荡（迭代过程中产生的类数不断发生摆动）不能收敛时，增大 lam 可消除振荡。发生振荡时，需手动增大 lam 并重新运行计算，直到计算收敛；另一种做法是直接将 lam 设定为接近 1 的值来避免振荡，但 R 与 A 更新很慢使得计算运行缓慢。因此，当振荡发生时，如何自动消除振荡是一个需要解决的重要问题。为了解决这两个问题，王开军等（2007）提出了自适应仿射传播聚类。仿射传播聚类可在 Matlab 中完成计算，也可用 R 中的 apcluster 程序完成。

2. 自适应仿射传播聚类

自适应仿射传播聚类（adaptive affinity propagation clustering，AAPC）是设计自动消除振荡的方法和扫描偏向参数空间来搜索聚类个数空间的自适应方法，然后讨论采用聚类有效性方法从计算产生的一系列聚类结果中找出最优的聚类结果。下文中提及的偏向参数 p，除特别指明外，均指置于矩阵 $\boldsymbol{S}$ 对角线的 $p(i)$，且给 p 赋值时，$p(i)$均取相同的值。AAPC 的目标是在振荡发生时既能消除振荡又能保持计算快速。虽然将 lam 增大到接近 1 消除振荡的可能性更大，但 lam 越大，R 更新越慢，计算需要越多的迭代循环以达到 lam=0.5 时的更新效果，故在检测到振荡后逐步增大 lam 并同时查看并选择效果更好的。依此思路，自适应调整阻尼因子技术设计如下步骤。

1）APC 计算进行一次循环，检测是否发生振荡。

2）若有振荡发生，以一个步幅（如 0.05）增大 lam，否则转到步骤 1）。

3）继续 w 次循环（目的是等待 w 次循环再查看效果）。

4）重复以上步骤直到计算达到终止条件。

振荡的检测是自适应阻尼技术的关键，但要描述振荡的特征很困难，于是定义易于描述的非振荡特征，即在计算的迭代过程中产生的类代表数目不断下降或保持不变，这也是计算走向收敛的特征。为了记录在连续的迭代循环过程中出现非振荡特征的次数，特设计一个移动监视窗 Kb(j)（j=1, 2, ⋯, w, w 为窗宽）进行记录。例如，在第 i 次迭代循环非振荡特征出现时，Kb(i)=1；否则 Kb(i)=0。振荡发生与否的判定准则设计如下：若 Kb 中 1 的数目小于窗宽的 2/3，则振荡发生。这种准则是一种容忍设计，考虑了偶尔出现的少量振荡情况及计算刚开始阶段的不稳定情况。当自适应阻尼技术效果不佳（例如，lam=0.85 或更大，但振荡仍存在）时，需要启用自适应逃离振荡技术。很大的 lam 仍不能抑制振荡说明在给定的 p 下振荡是固执的，因而替代方法是离开这个 p 值以摆脱振荡。这种逃离方法可行的原因在于 AAPC 中的 p 值是可变的，这与 APC 工作在一个固定的 p 值下是不同的。

自适应逃离技术设计如下：当振荡发生且 lam≥0.85 时，逐步降低 p 值，直到振荡消失。这项工作只需要添加在自适应阻尼技术的步骤 2）中。若有振荡发生，以一个步幅（如 0.05）增大 lam；若 lam≥0.85，以某个步幅 pstep 降低 p，否则转到步骤 1）。自适应逃离是对自适应阻尼技术的补充，两者同时使用有利于尽早消除振荡。依据分类结果，监视窗宽 w=40 是兼顾计算速度的合适选择（w 太小不能实现容忍设计的目的；而 w 太大会增加计算的迭代次数）。

APC 输出的聚类数目依赖于输入的 p，但对给定的数据集，p 取何值能产生最优的聚类结果却是未知的。聚类有效性技术（通常使用聚类有效性指标）是评价聚类结果质量的有效方法，它需要一个聚类计算产生一系列具有不同类数的聚类结果，然后从聚类有效性指标中找出最优的聚类结果。考虑到 p 与输出的聚类个数之间没有一一对应关系，故设计扫描偏向参数空间的方法来搜索聚类个数空间，以获得一系列具有不同类数的聚类结果。为了保持计算快速，偏向参数空间的扫描设计在迭代循环计算的过程中，但不改变 APC 计算的核心内容：计算从初始给定的 p 出发，每次迭代循环过程都更新吸引度 R 和隶属度 A（但相似系数矩阵 $\boldsymbol{S}$ 固定不变）；若循环过程收敛到某个类数 K，以步幅 pstep 逐步减小 p［即改变 $\boldsymbol{S}$ 对角线上的 $p(i)$］并重复同样的循环过程（p 扫描的实施），以获得不同的 K（p 扫描的目的）。为避免可能的重复计算，在 p 扫描的实施中设计每次减小 p［即减小 $\boldsymbol{S}(i; j)=p(i)$，而 $\boldsymbol{S}$ 的其他元素未变］后以当前的 $R(i; j)$与 $A(i; j)$值作为起点，继续计算 $R(i; k)$与 $A(i; k)$。自适应扫描技术设计如下。

1）确定一个较大的 p 启动计算。

2）APC 计算进行一次循环，产生 K 个类代表。

3）检测 K 个类代表是否收敛（收敛条件是满足预先设定的连续不变次数 v）。

4）若收敛，转步骤 5）；否则，转步骤 2）。

5）若连续 delay 次循环均收敛到 K（等待 delay 次循环是使计算更加可靠），以某个步幅 pstep 减小 p，否则转步骤 2）。

6）转步骤 2）。下降步幅的选择是自适应扫描技术的关键。依据经验，一般可将下降步幅设定为 pstep=0.01pm。这个扫描间隔是一种折中设计。

现在 AAPC 方法通过搜索类数空间能够输出一系列具有不同聚类数目的聚类结果，于是可以采用聚类有效性方法来评价聚类结果的质量，并且通常采用聚类有效性指标来评价聚类计算产生的哪个聚类结果是最优的。在众多有效性指标中，Silhouette 指标以其对明显的聚类结构具有良好评价的能力而被广泛应用。Silhouette 指数反映了聚类结构的组内紧密性和组间可分性，既可用于估计最优的聚类数目，也可应用于评价聚类质量。因此，这里以 Silhouette 指标为例来求解最优聚类结果。设一个具有 n 个样方的数据集被划分为 K 个类 C_i（i=1, 2, ⋯, K），$a(t)$为聚类 C_j 中的样方 t 与 C_j 内所有其他样方的平均非相似度或距离，$d(t;\ C_i)$为 C_j 的样方 t 到另一个类 C_i 的所有样方的平均非相似度或距离，则

$b(t)=\min\{d(t, C_i)\}$，其中 i=1, 2, ⋯, K，且 $j \neq i$。于是，一个样方 t 的 Silhouette 指数为

$$\mathrm{Sil}(t) = \frac{b(t) - a(t)}{\max\{a(t), b(t)\}} \tag{10.94}$$

由 Sil(t)容易计算一个聚类 C_i 的所有样方的平均 Sil 值，它反映了组 C_i 的紧密性（如组内平均距离）和可分性（如最小组间距离）；而一个数据集的所有样方的平均 Sil 值则可以反映聚类结果的质量。对于一系列聚类结果的 Silhouette 指数值，值越大表示聚类质量越好，最大值对应的类数是最优的聚类个数，对应的聚类结果也是最优的。聚类结果的 Silhouette 值超过 0.5 说明各个聚类能明显地分开（好的分类），低于 0.5 表明一些聚类有重叠的情况，而 0.2 以下是缺乏实质的聚类结构。

该方法也可在 Matlab 中完成计算，或用 R 中的 apcluster 程序完成。图 10.35 是金沙江干旱河谷植物群落 524 个样方的自适应仿射传播聚类，结果将金沙江干旱河谷的植

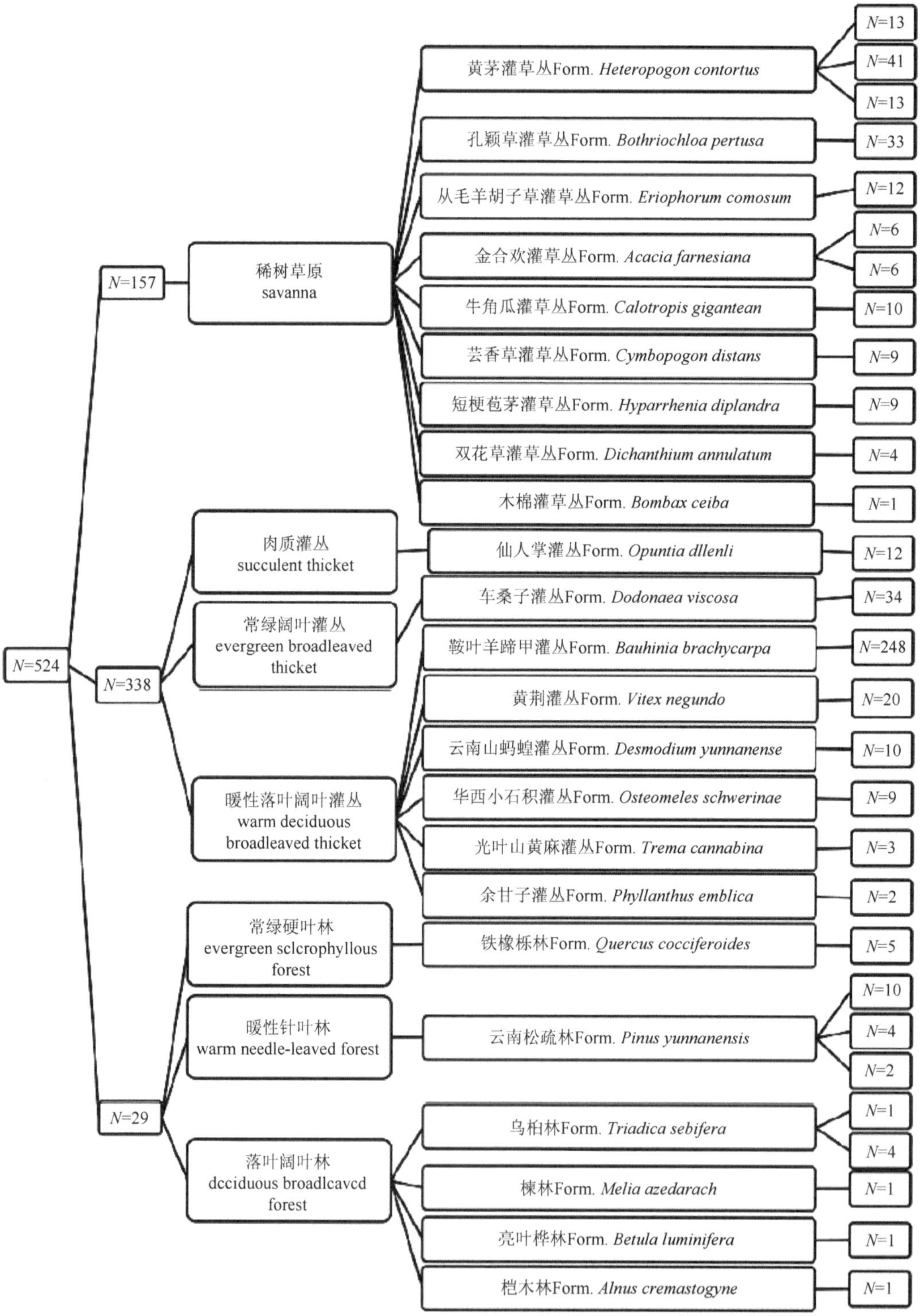

图 10.35　金沙江干旱河谷植物群落 524 个样方的自适应仿射传播聚类图（刘晔等 2016）

物群落分为 30 组，归为 7 个植被型，23 个群系，以稀树草原、暖性落叶阔叶灌丛为最主要的植被类型，很好地反映了金沙江干旱河谷植物群落的生态类群（刘晔等 2016）。

十、判别分析

判别分析（discriminatory analysis）是利用已知类别的样方建立判别函数模型，为未知类别的样方判别属于哪一类的多元统计方法。判别分析有非参数方法和参数方法。参数方法假定每个类的观测来自正态分布样方组（总体），各类的分布平均值（中心）可以不同。非参数方法不要求知道各类来自样方组的分布，它对每一类使用非参数方法估计该类的分布密度，然后据此建立判别准则。

记 X 为用来建立判别准则的 P 维随机变量，$\boldsymbol{S}$ 为合并协方差矩阵估计，t=1，…，G，G 为组数。记 n_t 为第 t 组中训练样方的个数，$\boldsymbol{mt}$ 为第 t 组的自变量平均值向量，$\boldsymbol{S}_t$ 为第 t 组的协方差矩阵，$|S_t|$为 $\boldsymbol{S}_t$ 的行列式，q_t 为第 t 组出现的先验概率，$p(t|x)$为 x 的观测属于第 t 组的后验概率，$f_t(x)$为第 t 组的分布密度在 X=x 处的值，$f(x)$为非条件密度 $\sum_{t=1}^{G} q_t f_t(x)$。

按照贝叶斯（Bayes）理论，自变量为 x 属于第 t 组的后验概率为 $p(t \mid x)=q_tf_t(x)/f(x)$。于是，可以把自变量 X 的取值空间 $R \times P$ 划分为 G 个区域 R_t，t=1, …, G，使得当 X 的取值 x 属于 R_t 时 d 的后验概率在第 t 组最大，即

$$p(t \mid x) = \max_{s=1,\cdots,G} p(s \mid x), \forall x \in R_t \tag{10.95}$$

判别准则：计算自变量 x 到每一个组中心的广义平方距离，并把 x 判入最近的类。广义平方距离的计算可能使用合并的协方差矩阵估计或者单独的协方差矩阵估计，并与先验概率有关，定义为

$$D_t^2(x) = d_t^2(x) + g_1(t) + g_2(t) \tag{10.96}$$

其中

$$d_t^2(x) = (x - m_t)' V_t^{-1} (x - m_t) \tag{10.97}$$

$$g_1(t) = \begin{cases} \ln |S_t| & \text{用单类协方差矩阵} \\ 0 & \text{用合并协方差矩阵} \end{cases}$$

$$g_2(t) = \begin{cases} \ln q_t & \text{类先验概率相等} \\ 0 & \text{类先验概率不等} \end{cases}$$

V_t=S_t（使用单类协方差矩阵估计）或 V_t=S（使用合并协方差矩阵估计）。m_t 可以用第 t 组的平均值代替。在使用合并协方差矩阵时

$$D_T^2(x) = (x - \bar{X}_t)' S^{-1} (x - \bar{X}_t) - 2\ln q_t = x'S^{-1}x + (\bar{X}'S^{-1}\bar{X} - 2\ln q_t) - 2x'S^{-1}\bar{X}_t \tag{10.98}$$

式中，$x'S^{-1}x$ 是共同的可以不考虑，于是在比较 x 到各组中心的广义平方距离时，只要计算线性判别函数

$$D_t^2(x) = \left(-\frac{1}{2}\bar{X}_t' S^{-1} \bar{X}_t + \ln q_t\right) + x'S^{-1}\bar{X}_t \tag{10.99}$$

当 x 到第 t 组的线性判别函数最大时把 x 判入第 t 组。如果使用单类协方差矩阵估计 $V_t=S_t$，则距离函数是 x 的二次函数，称为二次判别函数。

后验概率可以用广义距离表示为

$$p(t\mid x)=\frac{e^{-\frac{1}{2}D_t^2(x)}}{\sum_{u=1}^{G}e^{\frac{1}{2}D_u^2(x)}} \tag{10.100}$$

因此，参数方法的判别先要决定是使用合并协方差矩阵还是单类协方差矩阵，计算 x 到各组的广义距离，把 x 判入最近的组；或者计算 x 属于各组的后验概率，把 x 判入后验概率最大的组。如果 x 的最大的后验概率都很小（小于一个给定的阈值），则把它判入其他组。

非参数判别方法仍使用 Bayes 后验概率密度的大小来进行判别，但这时第 t 组在 x 处的密度值 $f_t(x)$不再具有参数形式，不像参数方法那样可以用 m_t 和 S_t 表示出来。非参数方法用核方法或最近邻体方法来估计概率密度 $f_t(x)$。

最近邻体估计和核估计也都需要定义空间中的距离。除了可以用欧氏距离外，还可以用 Mahalanobis 距离，定义为

$$d_t^2(x,y)=(x-y)'V_t^{-1}(x-y) \tag{10.101}$$

式中，V_t 为以下形式之一：$V_t=S$，合并协方差矩阵；V_t=diag(S)，合并协方差矩阵的对角阵；$V_t=S_t$，第 t 组内的协方差矩阵；V_t=diag(S_t)，第 t 组内的协方差矩阵的对角阵；$V_t=I$，单位阵，这时的距离即普通欧氏距离。

判别分析可以分为距离判别、贝叶斯（Bayes）判别、费歇尔（Fisher）判别等方法。

1. 距离判别

距离判别是根据各样方与各组类之间的距离远近做出判别，即建立关于各组类的距离判别函数，将各样方数据逐一代入计算，得出各样方与各组类之间的距离值，样方属于距离值最小的那个组类。

距离判别法先根据已知分类的数据，分别计算各类的向心，然后计算待判样方与各类的距离，与哪一类距离最近，就判待判样方 x 属于哪一类。

判别函数为

$$W(x)=D(x,\ G_2)-D(x,\ G_1) \tag{10.102}$$

判别准则为

$$x\in G_1, W(x)>0$$
$$x\in G_2, W(x)<0$$

x 属于其他组，$W(x)=0$

2. 贝叶斯判别

贝叶斯判别是根据先验概率求出后验概率，并依据后验概率分布做出统计推断。先验概率，就是用概率来描述人们事先对所研究的对象的认识程度；后验概率，就是根据具体数据、先验概率、特定的判别准则所计算出来的概率。它是对先验概率修正

后的结果。

设有两个样方组，它们的先验概率分别为 q_1、q_2，各样方组的密度函数为 $f_1(x)$、$f_2(x)$，在观测到一个样方 x 的情况下，可用贝叶斯公式计算它来自第 k 个样方组的后验概率

$$P(G_k / x) = \frac{q_k f_x(x)}{\sum_{k=1}^{2} q_k f_x(x)} \quad k=1,\ 2 \tag{10.103}$$

常用判别准则：对于待判样方 x，如果在所有的 $P(G_k/x)$中 $P(G_z/x)$是最大的，则判定 x 属于第 z 组。通常会以样方的频率作为各样方组的先验概率。

3. 费歇尔判别

费歇尔判别法是通过将多维数据投影至某个方向上，投影的原则是将样方组与样方组之间尽可能分开，然后再选择合适的判别准则，将待判的样方进行分类判别。所谓的投影实际上是利用方差分析的思想构造一个或几个超平面，使得两组间的差别最大，每组内的差别最小。

费歇尔判别函数

$$y = \left(\bar{x}_1 - \bar{x}_2\right)' \sum^{-1} X \tag{10.104}$$

判别准则

$x \in G_1$，$y_1>y_2$，$y>y_0$；

$x \in G_2$，$y_1>y_2$，$y<y_0$；

$x \in G_2$，$y_1<y_2$，$y>y_0$；

$x \in G_1$，$y_1<y_2$，$y<y_0$。

将两类均值及待判样方 x 的各项指标代入判别函数可求得 3 个函数值 y_1、y_2、y，一般将 y_1、y_2 的加权平均值记为 y_0。

文畅平等（2016）综合考虑天然草地的生态状况、可再生产能力和经济条件等因素，选择植被覆盖度、可食风干牧草产量、牧草利用率、草地可利用面积系数、草群中优良牧草比率和羊单位需草地面积 6 个参数作为判别因子，建立了天然草地分类的贝叶斯判别分析函数。将新疆准噶尔盆地西部地区天然草地分为温性荒漠类、温性草原类和低山地草甸类 3 个类别，以贝叶斯线性函数值和后验概率对样方的归属进行识别，结果表明，贝叶斯判别分析模型可以很好地反映不同类型天然草地间的资源属性。

第四节　分类方法的比较与检验

在植被研究中，面对众多的分类方法，研究者有时难以抉择使用哪一种方法更好。通常的做法是，选两种或几种方法对同一组数据进行分类，然后比较它们的结果。另外，有时使用同一分类方法，而选不同数据类型，如数量数据和二元数据，区系组成数据和环境组成数据等，比较它们的结果具有重要的生态意义。因此我们需要掌握一些比较两种分类结果的方法。另外，一般分类的结果都没有进行统计学检验，类型间是否有显著

的差异，从统计学角度考虑得很少。

这里介绍简单的列联表法以比较两种分类最终的分组。同时介绍一种对分类的结果进行统计学检验的方法。

一、最终分组数相等的结果比较

假定 N 个样方用两种分类方法分类得到相等的分组 m，这样我们就可以将两种结果列于 $m\times m$ 列联表中（表 10.15）。表 10.15 行代表方法 I 的结果，列代表方法 II 的结果表中是按方法 I 的结果属于第 i 组，同时按方法 II 的结果又属于 j 组的样方数。如果两种方法完全吻合，则唯有列联表的对角线上的元素不为 0，而其余的值均为 0。若两种方法不完全吻合，则对角线上的元素之和占总样方数 N 的百分数是测量这两种方法吻合度的一个指标。一般如果同类型的方法（如多元聚合法）使用相同的数据，吻合度应在 80%以上。这是一个人为指标，也没有相应的检验方法。

表 10.15 分组相等的两个分类方法分类结果比较表

分组		方法 II				
		1	2	3	…	m
方法 I	1	n_{11}	n_{12}	n_{13}	…	n_{1m}
	2	n_{21}	n_{22}	n_{23}	…	n_{2m}
	…	…	…	…	…	…
m		n_{m1}	n_{m2}	n_{m3}	…	n_{mm}

下面是一个简单的例子，假如我们用两种方法对 20 个样方进行分类，得到 6 个分组的结果，列于列联表中（表 10.16）。

N=20，则两种方法的吻合程度=（2+4+2+3+5+2）/20=90%

表 10.16 两种方法对 20 个样方分类的结果比较

分组		方法 II					
		1	2	3	4	5	6
方法 I	1	2	0	0	0	0	0
	2	0	4	1	0	0	0
	3	0	0	2	0	0	0
	4	0	0	0	3	0	0
	5	0	0	0	1	5	0
	6	0	0	0	0	0	2

表 10.17 是两种分类方法，即 SOFM 神经网络聚类和模糊 C-均值聚类在管涔山群落分类中的结果比较，它们的分类组数相等，对角线上的元素之和占总样方数的百分数是 81.1%，说明两种方法分类结果是吻合的（Zhang et al. 2010）。

表 10.17 SOFM 神经网络聚类和模糊 C-均值聚类在管涔山群落分类中的结果比较

聚类方法		SOFM 神经网络聚类							
		I	II	III	IV	V	VI	VII	VIII
模糊 C-均值聚类	I	**4**	1	0	0	0	0	0	0
	II	1	**3**	0	0	0	0	0	0
	III	0	0	**7**	2	0	0	0	0
	IV	0	0	0	**5**	0	2	0	0
	V	0	0	0	0	**6**	0	0	0
	VI	0	0	0	0	0	**7**	0	1
	VII	0	0	0	0	0	0	**6**	0
	VIII	0	0	0	1	0	2	0	**5**

注：表中数值为每个类群中的样方数；加粗字表示对角线元素

二、最终分组数不等的结果比较

若 N 个样方用两种分类方法分类得到最终的分组数不等，则不能用上面的比较指标。同样用列联表（$m \times k$），方法 I 的 m 个分组作为行，方法 II 的 k 个分组作为列（表 10.18）。

表 10.18 分组不等的两个方法分类结果比较表

分组		方法II					合计 n_i
		1	2	3	…	k	
方法 I	1	n_{11}	n_{12}	n_{13}	…	n_{1k}	n_1
	2	n_{21}	n_{22}	n_{23}	…	n_{2k}	n_2
	…	…	…	…	…	…	…
	m	n_{m1}	n_{m2}	n_{m3}	…	n_{mk}	n_m
合计 S_j		S_1	S_2	S_3	…	S_k	N

现在我们要计算每一方法的信息量和两方法的联合信息量。首先计算列联表的行和 n_i 及列和 S_j (i=1, 2, …, m; j=1, 2, …, k)，则信息量分别为

$$\text{方法 } I_{\text{I}} = N\ln N - \sum_{i=1}^{m} n_i \ln n_i \tag{10.105}$$

$$\text{方法 } I_{\text{II}} = N\ln N - \sum_{j=1}^{k} s_i \ln s_i \tag{10.106}$$

$$\text{方法 } I_{\text{I+II}} = N\ln N - \sum_{i=1}^{m}\sum_{j=1}^{k} n_{ij} \ln n_{ij} \tag{10.107}$$

用这 3 种信息量计算两种方法的结合系数（coherence coefficient）。

$$r = \sqrt{1 - \left(1 - \frac{I_{\text{I}} + I_{\text{II}} - I_{\text{I+II}}}{I_{\text{I+II}}}\right)^2} \tag{10.108}$$

r 值介于 0 和 1 之间，其值越大，说明两种分类的吻合度越高；反之，吻合度越低。这里 r 不可能等于 1，因为两种方法的分组数不等，就不可能完全吻合。当然，在两种方法分组数相等的情况下，也可使用这一系数比较，所以，r 有可能等于 1，下面是一个简单的例子。

假如我们用两种方法对 20 个样方进行分类，第一种方法分为 6 组，第二种方法分为 4 组，其列联表见表 10.19。

表 10.19　20 个样方分组不等的结果比较

分组		方法 II				合计 n_i
		1	2	3	4	
方法 I	1	2	0	0	0	2
	2	0	4	1	0	5
	3	0	0	4	0	4
	4	0	0	0	5	5
	5	0	1	1	1	3
	6	0	0	1	0	1
合计 S_j		25	7	6		N=20

分别计算信息量，比如

$$I_{\text{I}}=20\ln20-(2\ln2+5\ln5+4\ln4+5\ln5+3\ln3+1\ln1)=33.59$$

同样计算得

$$I_{\text{II}}=210.11，I_{\text{I+II}}=39.39$$

则结合系数

$$r=\sqrt{1-\left(1-\frac{33.59+26.11-39.39}{39.39}\right)^2}=0.88$$

除列联表法比较最终分组之外，还有以分类图为基础而比较方法之间的差异性的方法，如树状图之间的比较，这里不再讲述。有兴趣者请参考 Orloci（1978）及阳含熙和卢泽愚（1981）的著作。

表 10.20 是北京松山森林群落 SOFM 神经网络聚类和 TWINSPAN 分类的结果比较。两种分类方法分的组数不等，所以计算信息量和结合系数 r，得出 r=0.8018，说明两个方法的分类结果相吻合。TWINSPAN 分了 13 个群丛，SOFM 分了 7 个群系类型，主要差别是群落分类等级的不同（Suriguga et al. 2011）。

表 10.20　北京松山森林群落 SOFM 和 TWINSPAN 分类的结果比较

分组		SOFM 聚类							合计 n_i
		I	II	III	IV	V	VI	VII	
TWINSPAN 分类	I	4	0	0	0	0	1	0	5
	VII	0	8	1	0	0	1	0	10
	IX	0	2	8	0	0	0	0	10
	XII	0	1	0	6	0	0	0	7
	III	0	1	1	1	2	2	0	7
	VI	0	2	0	0	4	5	0	11

续表

分组		SOFM 聚类							合计 n_i
		I	II	III	IV	V	VI	VII	
TWINSPAN 分类	XIII	0	0	0	0	0	0	4	4
	II	0	0	0	2	2	0	0	4
	IV	0	0	0	0	0	1	0	1
	V	0	0	0	0	1	3	0	4
	XIII	0	0	0	1	0	0	0	1
	X	0	0	0	2	0	0	0	2
	XI	0	0	0	2	0	0	0	2
	合计 S_j	4	13	11	14	9	13	4	N=68

三、分类结果的显著性检验

对聚类分析来说，研究者往往需要选择一个适当的分组水平，通常情况下没有严格的标准。Pillar 提供了一种从统计学上检验聚类分析中分组是否显著的方法。该方法运用了引导重复取样（bootstrap resampling）。其通过比较引导重复取样样方的分组和分类取样样方分组的相似度来实现。该方法的零假设认为，在引导重复样方中的分组（cluster）是它们最相似的分组。结果概率表示划分的组别与重新取样划分的组别是否显著一致。尽管该方法需要大量的计算工作，但在电脑中利用 C++程序是可以轻易实现的。下面以模拟数据来说明该检验的具体方法。

假设一个数据集中有 n 个样方和 p 个种类。该方法估算分组稳定性的概率。包含整数 1 到 k 的 n 个样方的 k 个组的划分。这些值代表了每个样方所属的组。通过重取样，使用迭代算法来比较完整的样方和 k 组划分的样方。每迭代一次都进行引导重复取样。然后算出 G^*，这是引导重复取样中的 k 组划分与分类取样中的 k 组划分的相似性。同时计算 G^0，也就是划分是显著的零假设。比较 G^*和 G^0 的完成一次迭代。

下面用一组模拟数据来说明这一方法。

1）一个完整的数据矩阵（种类是行，样方是列）

$$\begin{bmatrix} 14 & 14 & 27 & 21 & 16 \\ 5 & 9 & 8 & 5 & 0 \\ 5 & 8 & 0 & 0 & 10 \end{bmatrix}$$

2）样方距离矩阵

$$\begin{bmatrix} 0 & 34 & 134 & 41 & 51 \\ & 0 & 234 & 129 & 89 \\ & & 0 & 45 & 285 \\ & & & 0 & 15 \\ & & & & 0 \end{bmatrix}$$

3）聚类生成的两个组参考划分

样方： 1 2 3 4 5

组别： 1 1 2 2 1

4）生成引导重复取样

样方： 1 5 4 4 5

5）样方的距离矩阵（参考和引导重复取样）

$$\begin{bmatrix} 0 & 34 & 134 & 41 & 51 & 0 & 51 & 41 & 41 & 51 \\ & 0 & 234 & 129 & 89 & 34 & 89 & 129 & 129 & 89 \\ & & 0 & 45 & 285 & 134 & 285 & 45 & 45 & 285 \\ & & & 0 & 150 & 41 & 150 & 0 & 0 & 150 \\ & & & & 0 & 51 & 0 & 150 & 150 & 0 \\ & & & & & 0 & 51 & 41 & 41 & 51 \\ & & & & & & 0 & 150 & 150 & 0 \\ & & & & & & & 0 & 0 & 150 \\ & & & & & & & & 0 & 150 \\ & & & & & & & & & 0 \end{bmatrix}$$

6）用组别 3 和组别 4 进行的引导重复取样的划分

样方：1 5 4 4 5

组别：3 4 3 3 4

7）样方的组别的平方和（行代表参考取样，列代表引导重复取样）；矩阵进行了变换

$$\begin{array}{ccc} & 3 & 4 \\ 1 & 78.2 & 32.8 \\ 2 & 28.6 & 206 \end{array} \rightarrow \begin{array}{cc} 4 & 3 \\ 32.8 & 78.2 \\ 206 & 28.6 \end{array}$$

8）从步骤 5）的距离矩阵计算的总平方和

$$T=(34+\cdots+51+\cdots+150)/10=411.6$$

一对一最近邻体的平方和

$$S=32.8+28.6=61.3667$$

最近邻体组别：1，4；2，3；

$$G^{*}=1-S/T=0.8509$$

9）引导重复取样零假设（每个组别的取样是从参考样方中的最近组别取出的）

样方：3 1 3 4 5

组别：3 4 3 3 4

10）样方的距离矩阵（参考样方加上零假设引导重复取样）

$$\begin{bmatrix} 0 & 34 & 134 & 41 & 51 & 134 & 0 & 134 & 41 & 51 \\ & 0 & 234 & 129 & 89 & 234 & 34 & 234 & 129 & 89 \\ & & 0 & 45 & 285 & 0 & 134 & 0 & 45 & 285 \\ & & & & 0 & 285 & 51 & 285 & 150 & 0 \\ & & & & & & 0 & 134 & 41 & 51 \\ & & & & & & & 0 & 45 & 285 \\ & & & & & & & & 0 & 150 \\ & & & & & & & & & 0 \end{bmatrix}$$

11）在参考和零假设引导重复取样中的最近邻体取样的平方和

1, 4: 6.5

2, 3: 1.5

12）从步骤 10）的距离矩阵计算的总的平方和

$$T^0=(34+\cdots+51+\cdots+285+150)/10=495.8$$

两个划分之间的最近邻体的平方和

$$S^0=6.5+1.5=8,\ G^0=1-S^0/T^0=0.9839$$

由于 $G^0>G^*$，因此这次迭代将增加 0 到频率 F。

13）重复步骤 4）～12）直到预定迭代次数。这里 10 000 次迭代 P=0.3839，G^*平均值=0.9068。

Pillar 利用 Cadenazzi（1996）研究中来自巴西 Porto Alegre 附近的 20 个草地样方的数据，以及 Teacenco 和 Pillar（1996）研究中来自巴西 Santa Catarina 州人工草地 37 个样方的数据，检验它们分类的显著性。结果表明，Cadenazzi 的 20 个样方无论在哪个聚类层次上都是不显著的，而 Teacenco 和 Pillar（1996）的聚类在划分为 2 组、3 组及 4 组时均是显著的（表 10.21）。

表 10.21 巴西 Porto Alegre 草地和 Santa Catarina 人工草地数据分类的显著性检验（Pillar 1999）

样方数	种类数	分组数							
		2	3	4	5	6	7	8	9
20*	67	0.0446	0.0233	0.0203	0.0205	0.0154	0.008	0.0036	0.0029
37**	12	0.4128	0.2364	0.0979	0.0394	0.0278	0.0193	0.0099	0.0061

注：*Cadenazzi（1996）；**Teacencoand 和 Pillar（1996）数据；迭代 10 000 次

第十一章　空间格局分析

第一节　概　　述

一、基本概念

植物种、植物群落和植被景观在空间的分布上都有自己的规律性，这种规律性就是广义分布格局（extensive pattern）。广义分布格局范围很广，小到一个低等植物（菌、地衣等）在一块岩石或一个树干上的分布，大到整个世界植被的分布规律。大格局属于地理学范畴，中度格局可以用排序和分类的方法研究。本章主要指小范围的格局，即狭义格局（intensive pattern）。一个植物种在一个群落中的分布有随机分布（random distribution）和非随机分布（non-random distribution）。非随机分布称为种群的分布格局（pattern），即狭义格局。非随机分布包括集群分布（contagious distribution）和均匀分布（regular distribution）。但在自然群落中，后者很少见，所以这里说的种群格局主要指集群分布。种群集群分布是植物群落斑块和植被景观斑块的基础，因此，种群分布格局与群落格局和景观格局是密切相关的。

一个植物种的分布可以用 3 种特征加以描述，即格局规模（scale）、格局强度（intensity）和格局纹理（grain）。格局规模是指种的一个斑块（patch）和一个斑块间隙（gap）之和的平均长度，它等于一个斑块的中心到另一个相邻斑块中心的距离，或者一个斑块间隙的中心到另一个斑块间隙中心的距离。对一个种群来讲，它可以有不同大小的斑块，因而就有不同大小的规模。格局强度是指某一规模下，斑块与斑块间隙的密度差异程度。在一个群落中，一个种的斑块是它的个体集中分布之地，而它的斑块间隙，多数情况下仍含有该种少数个体。如果一个种的斑块间隙完全不含该种个体，这种格局就称为完全格局（perfect pattern）。在自然群落中，完全格局较少见。格局纹理是指斑块和间隙的大小，一般以同一规模下的平均直径表示。纹理不同于规模，因为规模包括一个斑块和它的间隙，而纹理则分别包括斑块大小和斑块间隙的大小。斑块较大格局称为粗纹理（crude grain），斑块较小的格局称为细纹理（fine grain）。研究格局规模、强度和纹理的科学称为格局分析（pattern analysis）。格局分析过程就是用数学方法确定格局规模、强度和纹理，它的分析结果一般用格局分析图表示。该图的横坐标一般为区组大小，纵坐标可以是均方或方差，用以确定格局规模；也可以是其他指标来确定格局强度或纹理（见后述）。图上峰值所对应的区组代表着格局规模（或强度或纹理）的大小（张金屯 2011）。

格局与尺度有密切关系，研究这种关系也是格局分析的重要内容。近年来，格局的形成与变化机制成为格局研究的热点（Wiegand and Moloney 2004）。

二、格局分析的目的和意义

对群落中各个种的格局分析是研究群落内部镶嵌结构的重要方法。因为一个种斑块的形成、变化都影响着整个群落结构的变化。对优势种来说更是如此。在格局分析研究的早期，一般均以群落优势种为主要研究对象，随着植被科学的发展，研究的深度和精度要求越来越高，格局分析逐渐从单个种群格局分析到多个种群格局分析，再到群落格局分析，现在又与植被景观格局相联系。这一过程是与数量科学的发展密切相关的。群落格局分析是研究小群落和小群落间隙或群落斑块和群落斑块间隙镶嵌结构的过程，而景观格局分析则是研究各种群落和生态系统在空间的分布、配置及其相互功能关系过程的科学。

种群格局的形成，一方面决定于种自身的特性，另一方面则与群落环境密切相关。群落环境包括生物因子和非生物因子，生物因子如种间竞争。一般，在群落优势种形成的斑块中，其他种就难以形成自己的斑块。这是因为优势种具有较强的竞争力。非生物因子包括土壤因子、气候因子、地形因子等。在一个群落内部，格局一般与土壤因子有较大的关系。在取样时，如果我们同时获得环境因子数据，可以用同样的方法进行环境格局分析，将种群格局或群落格局与环境因子格局进行比较，就可以揭示它们之间的生态关系。图 11.1 就是用格局分析研究草地群落生物量格局规模和 4 个土壤营养元素关系的例子。

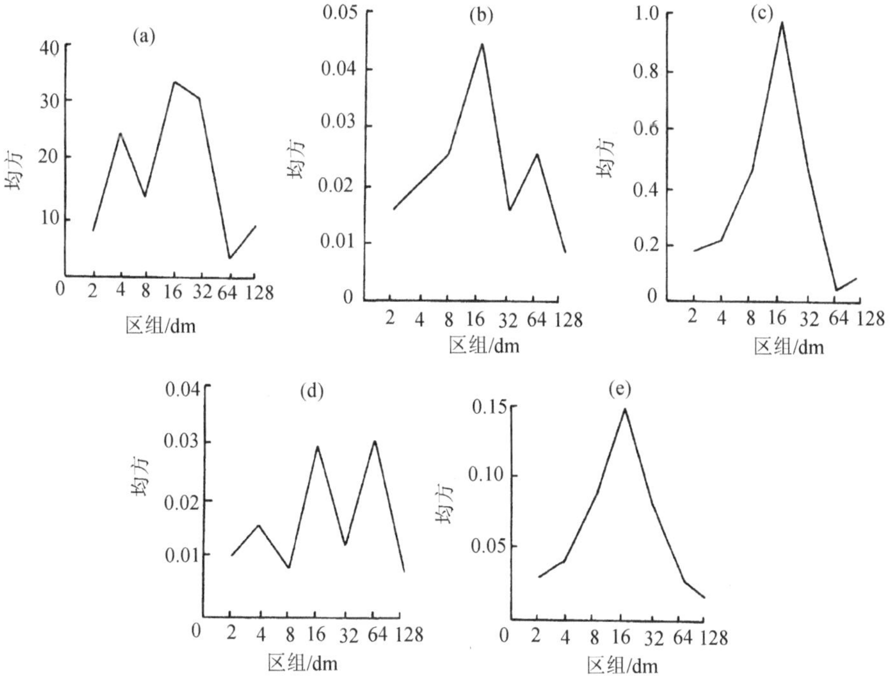

图 11.1　草地群落生物量格局规模与环境因子格局之间的关系

（a）生物量；（b）～（e）分别为土壤钾、钙、钠、镁的含量从图 11.1 可以明确地看出，群落生物量的第一个规模（区组=4）仅与钠元素相关，而第二规模（区组=16）则与 4 个元素均有一致的峰，说明它们之间都有密切的关系。因此可以说明，格局分析也就是研究种类、群落和环境之间相互关系的重要方法。

早期的种群格局分析方法就是在一种尺度下（样方大小一致）判定种群是随机分布、集群分布还是均匀分布（张金屯 2011）。自从 Greig-Smith（1952）创造了第一个植物种群格局规模分析方法以来，格局分析才与空间尺度联系起来，这方面研究得到了重大的发展。早期的方法多是研究格局规模的，到 20 世纪 70 年代一些判定格局强度的方法出现。而格局纹理分析较为理想的方法是近几年才出现的。在植物生态学中，格局规模的生态定义比较明确，有些学者认为只要格局规模研究清楚，种群与群落的结构关系就已明了，没有必要进行格局强度和纹理分析。相应的格局分析方法大多都是为研究格局规模而设计的。在文献中，对格局规模进行研究的论文也大大多于对格局强度和纹理研究的论文。对于植被景观格局研究，是 20 世纪 80 年代后期才逐渐发展起来的，到 90 年代，已形成一些独特的方法（张金屯等 2000）。点格局分析自从 20 世纪 80 年代应用以来，有了较大的发展（Wiegand and Moloney 2004）。

我国在此方面起步较晚，20 世纪 80 年代植物种群分布格局的研究才得以进行。阳含熙的《种群格局》的非正式出版及他对内蒙古草原群落水平格局的研究工作，推动了该方面的研究。随后，许多生态学者做了一些分布类型判定方面的研究。张金屯（1995）在《植被数量生态学方法》中较全面地介绍了国内外的格局研究的方法和发展动态，开阔了生态学家的视野，促进了该领域的研究。近年来，不少人进行了植被格局的研究，主要是实际应用研究，也有一些方法研究，例如，张金屯引入点格局分析（1998b，2011），马克明等（1999）将分形理论运用于格局研究，将格局分析领域进一步拓宽。现在格局研究中点格局分析已成为主体（杨洪晓等 2008；Schiffets et al. 2008）。

本章第二节简要介绍种群格局分布类型检验方法，就是利用分散的样方数据进行格局的分析和判定。这部分都是简单的统计学方法。第三节主要介绍主要的格局研究方法，包括格局规模的研究方法和一些重要的格局强度和纹理分析方法。对近几年来的研究热点——小格局分析、点格局分析、二维格局分析、景观格局分析等，也给予叙述。另外，为了使读者对空间格局分布研究方法有一个较完整的了解，还将介绍一种大规模格局判定方法。

第二节 种群分布类型的判定

种群格局分析是研究种群分析格局的方法，而分布格局指的是个体的非随机分布，所以，我们首先要判定一个种在群落中的分布类型。

一、植物分布的类型及其模型

植物种在空间的分布一般有 3 种类型，即随机分布（random distribution）、均匀分布（regular distribution）和集群分布（contagious distribution）。它们反映了植物种的特征及环境特征。

1. 随机分布

随机分布指的是植物种的个体在群落中任何地方出现的机会是相等的。也就是说在空间任何地方发现该植物种个体的概率是一致的。随机分布的数学模型就是波阿松分布（Poisson distribution），即

$$P(x) = \mathrm{e} - m\frac{m^x}{x!} \qquad (x = 1, 2, \cdots) \tag{11.1}$$

式中，$P(x)$表示含有 x 个个体的样方数的概率，m 为每个样方中的平均个体数，! 为阶乘号。

需要注意的是，随机分布必然符合波阿松分布，但符合波阿松分布的实际调查数据不一定是随机分布，还要考虑取样、个体间的独立性等问题。

2. 均匀分布

均匀分布也称为规则分布，它是指植物种的个体以等距的间隔在群落中出现，一般人工群落中有这种分布，但自然群落中很少见到这种分布类型的种，均匀分布的数学模型是正二项分布（positive binomial distribution）。

$$P(k) = \frac{n!}{k!(n-k)!} p^n q^{n-k} \tag{11.2}$$

式中，q=1–p，n 是单个样方中可能出现的最大个体数，k 是个体间的聚集程度，由式（11.3）计算。

$$k = \frac{m^2}{S^2 - m} \tag{11.3}$$

式中，m 是每个样方中的平均个体数，S^2 是方差。

3. 集群分布

集群分布也称为成群分布，它是指植物种的个体集中分布形成个体群、个体簇、个体斑块等的分布形式，在自然界中集群分布的种是最多见的，集群分布的数学模型是负二项分布。

$$P(x) = \left(1 + \frac{m}{k}\right)^{-k} \frac{(k+x-1)!}{x!(k-1)!} \left(\frac{m}{m+k}\right)^x \tag{11.4}$$

式（11.4）中字母的含义同前。

另外，还有一种分布类型有时在植物种群中也可见到，就是负二项分布（negative binomial distribution），它是指植物种的个体集中成群，而个体群又呈规则分布的分布类型，该分布也称为嵌式分布（mosaic distribution）。它的数学模型同集群分布一样，也是负二项分布［式（11.4）］。

二、格局分布类型的检验

格局分布类型检验就是以分散样方数据为基础的格局分析（Zhang et al. 2007）。这

里介绍几种主要的格局分布类型检验方法。这些方法都是通过检验观测值对波阿松分布的偏离程度来实现的。波阿松分布假定个体分布是随机的。所以我们假设某个种的分布符合波阿松分布。通过分析检验，如果这一假设成立，则个体分布是随机的；如果假设被推翻，则是非随机的——集群分布或均匀分布。

格局分布类型的检验都是以一组样方观测值为基础的，我们这里给出一组虚拟数据以便于以下的分析计算。假定我们在某一植物群落中设一由小样方组成的样带，共有200个小样方，在每一个小样方中记录某个种的个体数，得到原始数据，然后依原始数据统计不同个体数的样方频率，得表11.1。

表11.1　不同个体数的样方频率

个体数	频数（样方数）	
0	134	
1	34	
2	12	
3	8	
4	8	
5	0	
6	1	
7	1	
8	1	
9	0	N=200
10	1	$\overline{X}$ =0.72

1. 方差均值比

方差均值比可以衍生出几个相关的指数。

（1）偏离系数（deviation coefficient）或扩散系数（diffusion coefficient）（Blackman 1942）

假定以 V 代表方差（variance），$\overline{X}$ 代表平均值，方差/均值比为 $V/\overline{X}$ 。该比值的含义是，如果 $V/\overline{X}=1$，则个体分布符合波阿松分布，是随机分布；如果 $V/\overline{X}>1$，则个体分布趋向于集群分布；若 $V/\overline{X}<1$，则趋向于均匀分布。该值的显著性可以用 t-检验。方差/均值比可以直接计算：

$$V=\frac{\sum X^2-\frac{(\Sigma X)^2}{N}}{N-1} \tag{11.5}$$

$$\overline{X}=\frac{\sum X}{N} \tag{11.6}$$

下面将以表11.1的数据作为各方法的计算例子。

这里 X 为每个样方的观测值。t 值计算如下：

$$t = \frac{\frac{V}{\overline{X}} - 1}{S} \tag{11.7}$$

式中，S 是标准误差，计算如下：

$$S = \sqrt{\frac{2}{N-1}} \tag{11.8}$$

现在用我们的例子分别计算：

$$V = \frac{(0^2 \times 134 + 1^2 \times 34 + 2^2 \times 12 + \cdots + 10^2 \times 1)}{200-1} - \frac{(0 \times 134 + 1 \times 34 + 2 \times 12 + \cdots + 10 \times 1)^2}{200-1} = 2.1401$$

$$\overline{X} = \frac{0 \times 134 + 1 \times 34 + 2 \times 12 + \cdots + 10 \times 1}{200} = 0.725$$

$$S = \sqrt{2/(200-1)} = 0.1003$$

$$V/\overline{X} = 2.1401 / 0.725 = 2.9518$$

$$t = (2.9518 - 1) / 0.1003 = 19.46^{***} \text{(自由度=199)}$$

t 的显著性水准可以从 t-分布表中查得，任何一本统计学书后均附有此表。我们的结果说明所检验的种非常显著地偏离波阿松分布，其个体在所研究的群落中是呈集群分布的。

（2）聚集指数

聚集指数（aggregation index）（Ludwig et al. 1997）与方差均值比相反，反映个体聚集程度。

$$\mathrm{CI} = \frac{V}{\overline{X}} - 1$$

CI=0 时为随机分布；CI>0 时为聚集分布；CI<0 则为均匀分布。

（3）平均拥挤度（average congestion degree）

$$m^* = \overline{X} + \left(\frac{V}{\overline{X}} - 1\right)$$

式中，m^*代表每个个体在一个样方中的含有其他个体平均数（或称邻居数），指的是一个样方内每个个体的平均拥挤程度。

（4）聚块性指数

聚块性指数（aggregation-patch index）（Pielou 1988）定义为平均拥挤度与平均密度的比率。

$$\mathrm{PAI} = \frac{m^*}{\overline{X}}$$

$\frac{m^*}{\overline{X}}$意味着每个个体平均有多少个其他个体对它产生拥挤的测度。$\frac{m^*}{\overline{X}}=1$ 时，为随机分布；$\frac{m^*}{\overline{X}}<1$ 时，为均匀分布；$\frac{m^*}{\overline{X}}>1$ 时，为聚集分布。

在方差均值比衍生的这几个指数中，偏离系数是使用最多的。

2. χ^2检验

χ^2检验是一种常用的方法，它是通过检验不同个体样方频率的观测值和波阿松分布的预测值之间的差异性来实现的。

$$\chi^2 = \sum \frac{(\text{观测值}-\text{预测值})^2}{\text{预测值}} \tag{11.9}$$

自由度=组数–2

式中，观测值指的是不同个体数出现频率的实测值，即表 11.1 中的第二列数据。预测值用普通的方法求得（表 11.2）。

表 11.2　频率预测值表

样方中的个体数	0	1	2	3	4	…
频率预测值	Ne^{-m}	Nme^{-m}	$N\frac{m^2}{2!}e^{-m}$	$N\frac{m^3}{3!}e^{-m}$	$N\frac{m^4}{4!}e^{-m}$	…

注：$N\frac{m^4}{4!}e^{-m}$ 是具有 4 个个体的样方频率预测值；4！=4×3×2×1；N 是样方总数；m 为平均值（$m=\bar{X}$），e=2.7183，e^{-m} 可以计算或查表得到（附Ⅱ表 1）

由于统计学的原因，预测值一般应大于 5。很明显个体数较多的样方频率难以满足这一条件。通常的做法是将个体数目较多的样方预测值加起来。下面用我们的例子来计算，m=0.725，e^{-m}=0.4843（表 11.3）。

表 11.3　所用例子的χ^2计算过程

个体数	样方频率预测值	观测值	χ^2
0	$200e^{-m}$=96.866	134	14.24
1	$200me^{-m}$=72.228	34	18.69
2	$\frac{200m^2e^{-m}}{2!}=25.458$	12	11.11
3	$\frac{200m^3e^{-m}}{3!}=6.152$ } 11.448	20	21.15
>3	1.296		
合计	200	200	61.19

因为个体数大于 3 的样方观测值之和（1.296）小于 5，所以将其与个体数为 3 的预测值合并，我们共计算了 4 个组，自由度=4–2=2，则 χ^2=61.19***，说明所研究的种个体是非随机分布的，即为集群分布。

3. $\varPsi$检验

$\varPsi$检验是 Meore（1953）提出来的，也称为 Meore 检验，该检验仅考虑前 3 个个体组的频率，即个体数为 0、1 和 2 的样方频率（表 11.1），首先计算 $\varPsi$ 值：

$$\varPsi = (2n_0n_2)/n_1^2 \tag{11.10}$$

式中，n_0、n_1、n_2 分别是含有 0、1 和 2 个个体的样方数（频率）。对波阿松分布来说 Ψ=1，集群分布 Ψ>1，均匀分布 Ψ<1。Ψ 值的显著性检验还要计算 R 值，它是一个均值百分数：

$$R=\frac{n_0+n_1+n_2}{N}\times 100 \tag{11.11}$$

这里 N 是样方总数，用 R 和 N 值可以查表求得，Ψ 值的显著性水准值（见附Ⅱ表 2）。用我们的例子计算：

$$\Psi=\frac{2\times 134\times 12}{34^2}=2.782$$

$$R=\frac{134+34+12}{200}\times 100-90$$

0.05 显著性水准值为 1.66，说明该种的个体呈集群分布。

4. Morisita 指数检验

该方法是 Morisita 于 1959 年提出来的，需要计算 Morisita 指数：

$$I_\delta=q\frac{\sum n(n-1)}{N(N-1)} \tag{11.12}$$

式中，n 代表 n_1，n_2，n_3，…，n_q，分别是 q 个样方中观测到的个体数［注意这里 n 相当于式（11.5）中的 X，q 相当于其他方法中的 N］。N 是所有样方中观测到的总个体数。

如果个体是随机分布的，Morisita 指数 I_δ=1，如果 I_δ<1，趋向于均匀分布；若 I_δ>1，则为集群分布。该方法的检验可用 F-检验。

$$F=\left[I_\delta(N-1)+q-N\right]/(q-1) \tag{11.13}$$

显著性水准值可以从 F-分布表中查得；分子自由度等于 q–1，分母自由度为∞（Greig-Smith 1983）。现在用我们的例子计算。

$$I_\delta=200\times\frac{134\times 0\times(0-1)+34\times 1\times(1-1)+12\times 2\times(2-1)+\cdots+1\times 10\times(10-1)}{(134\times 0+34\times 1+\cdots+1\times 10)\left[(134\times 0+34\times 1+\cdots+1\times 10)-1\right]}=3.6973$$

$$F=\frac{3.6973\times(145-1)+200-145}{200-1}=2.953^{***}$$

说明我们所研究的种的个体显著偏离随机分布，呈集群分布。

以上是较为常用的 4 种检验方法，这些方法的统计学基础是严密的，效果也是比较好的，但它们各自又有优缺点，不尽统一。从统计学上讲，χ^2 检验是最满意的检验偏离波阿松分布的方法（Greig-Smith 1983），但它的缺点是要求预测值大于 5，这样在少数具有特别多个体的样方或大量的空白样方存在下，必须将个体数目较多的样方合并，结果有可能出现谬误。下面 100 个样方例子可以说明这一点（表 11.4）。

在进行 χ^2 检验前，须合并（表 11.5）。

结果 χ^2=5.55，自由度=3，说明波阿松分布的假设成立，即个体为随机分布。但是如果用方差/均值比检验，则表明非常显著地偏离波阿松分布，个体呈集群分布。所以，在这个极端的例子中，χ^2 检验出现了谬误。

表 11.4　100 个样方的频率值

样方中的个体数	频率观测值	频率预测值
0	21	14.09
1	27	211.61
2	22	211.06
3	14	111.68
4	8	8.66
5	2	3.40
6	3	1.11
7	1	0.31
8	2	0.08　m=1.96

表 11.5　合并后的频率值

样方中的个体数	频率观测值	频率预测值
0	21	14.09
1	27	211.61
2	22	211.06
3	14	111.68
>3	16	13.56

χ^2 检验的谬误可以通过增加样品的数量而避免，但这在实践中又往往受到人力、时间等的限制。我们建议在研究中同时使用两种检验方法，以做比较为佳。

方差/均值比是比较理想的方法，它适合于各种数据结构，在实践中用得也比较多。有人曾批评该方法，认为样方大小对方差/均值比影响较大。但是正如 Greig-Smith（1983）所指出的那样，这不是方差/均值比的特有缺点。因为所有的检验方法都受样方大小的影响。

Ψ 检验与方差/均值比较相似，它在平均值（m）异常多的情况下很有效，但在平均值很低的情况下，不如方差/均值好。它的一个优点是计算简单迅速。在 20 世纪 50 年代，不少学者喜欢使用。但随着计算机功能的增强，人们不再认为这是一个优点。

还有许多其他检验方法，有的仅适合于某种特殊类型的数据，这里不再赘述，有兴趣者可参考 Greig-Smith（1983）、张金屯（2011）的著作。

上面的检验方法都是基于小样方的观测值之上，在无样地取样时，这些方法则不能使用。下面介绍一种基于无样地取样法测量值的检验。

5. 检验负二项分布法

集群分布普遍符合二项分布模型，所以可以用负二项分布模型来检验个体是否符合集群分布。假设所研究的植物种个体符合负二项分布，则它符合理论式$(q-p)^{-k}$，其展开就是

$$p(x)=(1+\frac{m}{k})^{-k}\frac{(k+x-1)!}{x!(k-1)!}\left(\frac{m}{m+k}\right)^{x} \tag{11.14}$$

式中，$p(x)$为含 x 个个体的样方数的概率，m 为平均数，k 是个体聚集程度的参数，可用下面方法分别求出

$$m=\sum_{j=1}^{N}x_j/N$$

式中，x_j 为第 j 个样方中的个体数，N 为样方总数。k 值可以通过迭代方法估计，即按

$$\lg\left(N/N_0\right)=k'\lg\left(1+\frac{m}{k'}\right)$$

式中，k'是 k 的估计值，N_0 为个体数为 0 的样方数。首先选一初始估计值 k'，将其代入方程式右侧，并与方程左侧值进行比较。逐步调整估计值 k'，多次迭代，直到方程两侧的值近相等，此时的 k'可以认为是我们要求的 k 值。k'的初始值可以用式（11.15）估计。

$$k'=\frac{m^2}{S^2-m} \tag{11.15}$$

式中，S^2 为方差。当 $m<4$ 时，式（11.15）估计 k'是有效的，但当 $m>4$ 时，只有种群个体是高度集群时式（11.15）才有效（Ludwig and Reynolds 1988）。

将 k 和 m 代入式（11.14）中，就可以求得频数期望值的概率，再用其与 N 求出频数期望值。用实际分布频数和频数期望值进行检验，自由度为 q–3，q 是频数级的数目。若前面的假设成立，则为集群分布，若假设不成立，则不是集群分布。

6. 群集系数法

群集系数（coefficient of aggregation）定义为

$$A=\sum_{i=1}^{N}P_i^2\Big/\sum_{i=1}^{N}I_i^2 \tag{11.16}$$

式中，A 为群集系数；P_i 为在第 i 个随机样点测得的最近个体距离；I_i 为第 i 个随机样点测得的最近邻体间的距离（见第一章无样地取样法、最近个体法和最近邻体法）；N 为随机样点数。当 A=1 时，个体为随机分布；A>1 为集群分布；A<1 为均匀分布。

群集系数的显著性检验可以用指数 X：

$$X=\frac{A}{1+A} \tag{11.17}$$

在随机的情况下 X=0.5，方差为 $\frac{1}{4(2N+1)}$，随着样点数目的增加，X 趋于正态分布。在样点总数小于 50 时，可以用 X 值从 Hopkins 图上（图 11.2）直接查得概率，以达到显著性检验的目的。当 N>50 时，可以检验 $2(X-0.5)\sqrt{2N+1}$ 的值是否偏离正态分布（查正态表）而实现显著性检验。

7. T 方指数

（1）T 方格局指数

T 方格局指数也是用无样地法获取数据，其定义为

$$C=\frac{\sum_{i=1}^{N}\left[P_i^2\Big/\left(P_i^2+\frac{1}{2}I_i^2\right)\right]}{N} \tag{11.18}$$

式中，C 为 T 方格局指数，P_i 为第 i 个随机样点的最近个体距离，I_i 为第 i 个样点的最近邻体距离，N 为随机样点总数。

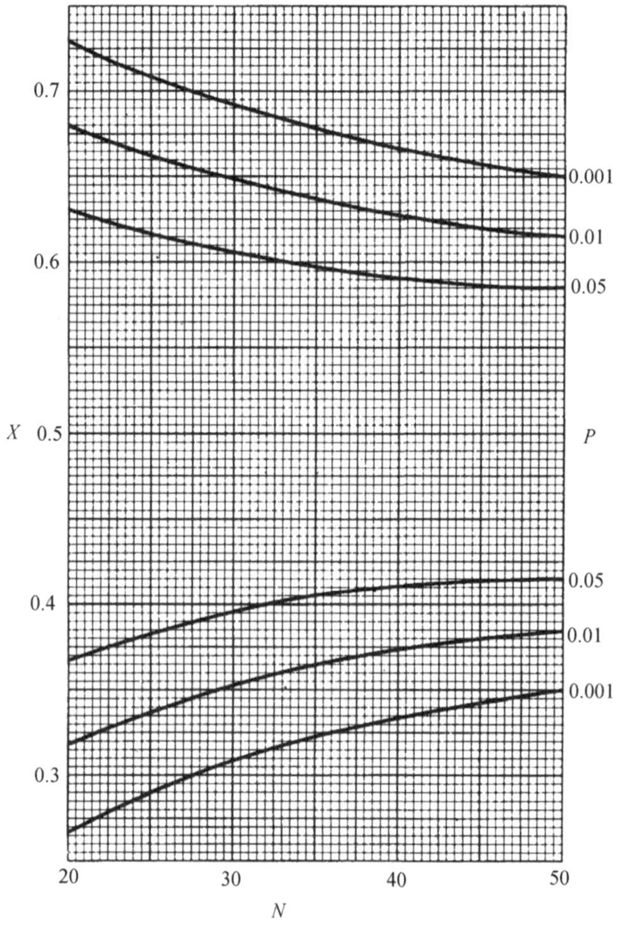

图 11.2 Hopkins 的检验群集系数法（Hopkins 1954）

P 为概率

在随机分布情况下，C 接近于 1/2，若 C 显著大于 1/2，则个体为集群分布，若 C 小于 1/2，则个体趋于均匀分布，C 的显著性可用式（11.19）检验。

$$z=\frac{C-0.5}{\sqrt{1/(12N)}} \tag{11.19}$$

因为 C 接近于正态分布，其方差估计为 $1/(12N)$，则可以用 Z 值查正态表检验 C 是否偏离正态分布，在 95%（P=0.05）置信区间，Z 值等于 1.96。

可以看出这一指数与前面的聚集指数是接近的。

（2）T 方离散指数

该指数只用随机样点到最近个体间的距离 P_i，其定义为

$$I=(N+1)\frac{\sum_{i=1}^{N}\left(P_i^2\right)^2}{\left[\sum_{i=1}^{N}\left(P_i^2\right)\right]^2} \tag{11.20}$$

式中，I 为离散指数，N 为样点总数。在随机分布下，I 值近似等于 2，若 $I<2$，则个体趋于均匀分布，若 $I>2$，个体趋于集群分布（Johnson and Vegelius 1981）。在样点数较多的情况下，I 趋于正态分布，同样可以用 Z 值检验。

$$Z=\frac{I-2}{\sqrt{4(N-1)/(N+2)(N+3)}} \tag{11.21}$$

可以通过查正态分布表而检验 I 值的显著性。

第三节　格局分析方法

对于第二节讲的格局类型检验，取样时可以用连续的小样方，也可以用不连续的小样方。但对于种群和群落格局分析，因为要判定斑块和间隙的大小，则必须使用连续样方。连续样方的取样有两种方法，一是用由小样方组成的网格取样；二是用由连续小样方组成的样带，前者是最早使用的方法，它使样方较为集中，代表性欠佳，现在用得较少；后者在群落内涉及的范围大，代表性强，应用也方便，是现代格局分析研究的主要取样方法。

由于样方较小，像密度、多度、生物量（干重）等都是较容易测量的数据，在格局分析中，这些均是常用的数据类型。在环境因子数据中，微地形（小样方中最高点和最低点之差）、土壤组成、化学成分等是较常用的。在得到一组数据后，我们就可以开始进行格局分析。

一、单种格局分析

格局分析起初都是以单个种群的分布格局为对象的，一般是研究群落中的优势种或主要种类的格局。现在已有不少方法。这些方法都是以连续小样方的观测值为基础，对不同的区组进行方差分析（少数方法除外），结果用区组大小与均方（或方差）图表示（在只有一组数据时，均方和方差相等）。下面就区组等一些概念先作一点说明。假设我们用一个由 32 个小样方组成的连续样带调查得到某个种在 32 个小样方中的观测值，如图 11.3 所示。

在表中，区组 1 就是原始的 32 个小样方数据；区组 2 的值等于区组 1 中两相邻样方值相加；区组 4 的值等于区组 2 中两相邻样方组之和，以此类推。这是 Greig-Smith（1952）所用的方法。区组大小是 2 的乘方，这是一个缺点（见后述）。以后发展的方法对这一点进行了修改，区组大小不必是 2 的乘方。区组大小也可以直接用长度表示。例

如，假设我们所用的样方是 10cm×10cm，则区组 1 的单位就代表 10cm，区组 2 则代表 20cm，区组 4 代表 40cm，……，区组 32 代表整个样带。

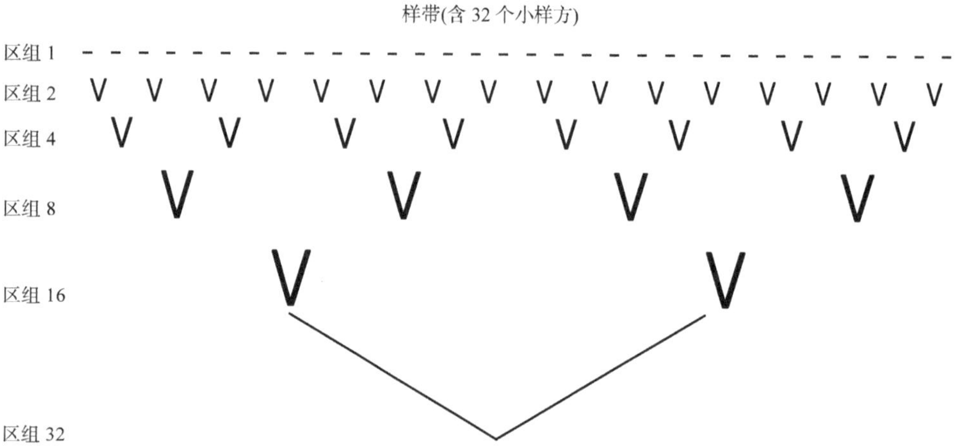

图 11.3　区组合并示意图

从图 11.3 中我们得到各区组的观测值，然后分别对各区组进行方差分析（analysis of variance）得均方或方差。以区组大小为横坐标，均方或方差为纵坐标作图（区组-均方图）。图 11.4 上曲线的峰值所对应的区组大小代表着种的分布格局规模。不同的方法在计算均方和方差的方法上有异。

1. 等级方差分析法

等级方差分析法（hierarchical analysis of variance，HAOV）是 Greig-Smith（1952）提出来的。它是格局分析的开创性工作，在这一学科中占有特殊的地位。由于起初该方法使用网格法取样，因此也称为网格法。到 1957 年，Kershaw 的研究表明，由小样方组成的样带更为有用。后来两种取样方法都有应用。等级方差分析法在 20 世纪 50～60 年代广为使用。下面是该方法的分析过程。

假设我们得到一系列连续样方的数据，分别记作 a_1，a_2，…，a_n（n 为小样方数）。

第一步，对每一区组计算各个元素的平方，并将其值相加。

区组 1 $$\sum X_1^2 = a_1^2 + a_2^2 + \cdots + a_n^2 \tag{11.22}$$

区组 2 $$\sum X_2^2 = (a_1 + a_2)^2 + (a_3 + a_4)^2 + \cdots + (a_{n-1} + a_n)^2 \tag{11.23}$$

区组 4 $$\sum X_4^2 = (a_1 + a_2 + a_3 + a_4)^2 + (a_5 + a_6 + a_7 + a_8)^2 + \cdots + (a_{n-3} + a_{n-2} + a_{n-1} + a_n)^2 \tag{11.24}$$

依此类推。

第二步，计算各区组的平方和 SS（sum of square）。

区组 1 $$\mathrm{SS}_1 = \frac{\sum X_1^2}{1} - \frac{\sum X_2^2}{2} \tag{11.25}$$

$$区组2\ \ SS_2=\frac{\sum X_2^2}{2}-\frac{\sum X_4^2}{4} \tag{11.26}$$

$$区组4\ \ SS_4=\frac{\sum X_4^2}{4}-\frac{\sum X_8^2}{8} \tag{11.27}$$

以此类推。

第三步，计算各区组的均方（mean square），它等于各区组的平方和除以各自的自由度 $ms=\frac{平方和}{df}$。各区组的自由度（df）等于相应区组元素数减 1 再减去上面计算已经考虑过的自由度。例如，我们有 32 个小样方（n=32），各区组的自由度如下：

区组 1　df=32–1–15=16

区组 2　df=16–1–7=8

区组 4　df=8–1–3=4

…

最大的区组——区组 32 的自由度为零，不能求其均方，所以区组均方图上最大的区组为 $\frac{1}{2}n$。最后以区组大小为横坐标，各区组的均方为纵坐标就可绘出格局分析图。

下面是一个计算的例子。假设我们调查得到一个种在 16 个连续小样方中的多度值：0 0 2 1 3 1 3 0 0 2 1 0 4 2 5 2

现对其进行格局分析。

第一步，计算各元素的平方并相加。

区组 1：$\sum X_1^2=2^2+1^2+3^2+1^2+3^2+2^2+1^2+4^2+2^2+5^2+2^2=78$

同样计算得

$$\sum X_2^2=124, \sum X_4^2=236, \sum X_8^2=356, \sum X_{16}^2=676$$

第二步，计算各区组平方和。比如

$$区组1\quad SS_1=\frac{78}{1}-\frac{124}{2}=16$$

同法计算得

$$SS_2=3, SS_4=14.8, SS_8=2.25$$

第三步，计算均方。比如

$$ms_1=16/8=2$$

重复计算得

$$ms_2=0.75, ms_4=11.25, ms_8=2.25$$

我们省去格局分析图，从数据上可以看出来，均方在区组 4 的地方有峰值，说明所研究的种，小斑块的规模为 4×样方边长。由于例子较简单，大斑块的规模未能表现出来。图 11.4 是该方法的一个应用例子。

细弱剪股颖（*Agrostis tenuis*）在草地群落中表现出两个格局规模，即区组 8 和区组 64。这里样方是 5cm×5cm，相应的格局规模是，小斑块（包括间隙）直径为 40cm，大斑块直径大约为 320cm（Kershaw 1957）。

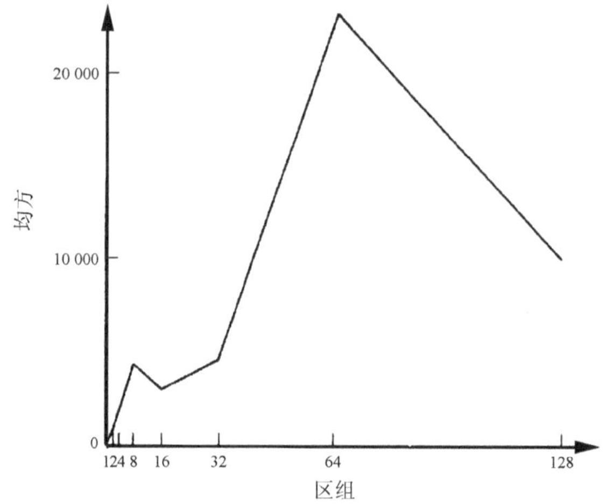

图 11.4 细弱剪股颖在草地群落中的格局规模（Kershaw 1957）
等级方差分析法一例

等级方差分析法是最早的格局分析方法，它不可能十全十美。它的缺点主要有四点。一是起点样方对分析结果有较大的影响；二是区组必须是 2 的乘方，这样在两个较大区组之间的规模可能被忽略；三是它不能对峰值进行显著性检验；四是大区组的自由度太少，可信度降低。在数量方法发展过程中，不少学者致力于改进这些缺点，因而产生了不少新的方法。

2. 双项轨迹方差法

双项轨迹方差法（two-term local variance，TTLV）是 Hill（1973）为了改进等级方差法而提出来的。它消除了 HAOV 的前两个缺点，即每一区组均方的计算都用平均值，因而与起点样方无关，另外。它的区组可以是$\leqslant \frac{1}{2}n$的任何值，这两点的改进使其明显优于 HAOV，所以在研究中得到了广泛的应用，迄今仍有不少学者喜欢使用。它的计算过程如下。

我们仍从一个连续样方的数据 a_1，a_2，…，a_n 出发，来说明它的计算，它可以直接求各区组的均方。

区组 1 的均方等于

$\frac{1}{2}(a_1-a_2)^2, \frac{1}{2}(a_2-a_3)^2, \frac{1}{2}(a_3-a_4)^2, \cdots, \frac{1}{2}(a_{n-1}-a_n)^2$ 的平均；

区组 2 的均方等于

$\frac{1}{4}(a_1+a_2-a_3-a_4)^2, \frac{1}{4}(a_2+a_3-a_4-a_5)^2, \frac{1}{4}(a_3+a_4-a_5-a_6)^2, \cdots, \frac{1}{4}(a_{n-3}+a_{n-2}-a_{n-1}-a_n)^2$

的平均。

区组不必是 2 的乘方，例如，我们可以求区组 5 的均方，它等于

$$\frac{1}{10}\left(a_1+a_2+a_3+a_4+a_5-a_6-a_7-a_8-a_9-a_{10}\right)^2,$$

$$\frac{1}{10}\left(a_2+a_3+a_4+a_5+a_6-a_7-a_8-a_9-a_{10}-a_{11}\right)^2, \cdots,$$

$\frac{1}{10}(a_{n-9}+a_{n-8}+a_{n-7}+a_{n-6}+a_{n-5}-a_{n-4}-a_{n-3}-a_{n-2}-a_{n-1}-a_n)^2$ 的平均。

结果用区组大小和均方绘制格局分析图。这里最大的区组同样是 $\frac{1}{2}n$。

现在我们仍用前面 16 个样方的数据为例说明计算。

计算均方，比如区组 1 的均方：

$$ms_1=\left[\frac{1}{2}(0-0)^2+\frac{1}{2}(0-2)^2+\frac{1}{2}(2-1)^2+\cdots+\frac{1}{2}(5-2)^2\right]\Big/15=2.33$$

同法计算得 ms_2=1.33，ms_4=3.32，ms_8=0.375，这个方法的结果得到两个峰值，区组 1、区组 4 都是小斑块规模。

图 11.5 是双项轨迹方差分析一例。图中分析了山西五台山亚高山草甸植被 3 个群落优势种的格局规模（张金屯和米湘成 1999）。薹草+珠芽蓼草甸的 4 个主要优势种为小嵩草、薹草、雪白委陵菜（*Potentilla nivea*）和珠芽蓼，它们的格局分别见［图 11.5（a）～（d）］；薹草+瓣蕊唐松草草甸所分析的 4 个优势种分别为薹草、瓣蕊唐松草、珠芽蓼和地榆（*Sanguisorba officinalis*），它们的格局见［图 11.5（e）～（h）］。北方嵩草+小嵩草草甸中所分析的 4 个优势种为小嵩草、瓣蕊唐松草、北方嵩草（*Kobresia bellardii*）和火绒草（*Lcontopodium*），分析结果分别见图 11.5（i）～（l）。群落格局分析表明，各类型的群落格局与它们的优势种的格局密切相关，尤其是主要优势种格局在群落中起着重要作用。

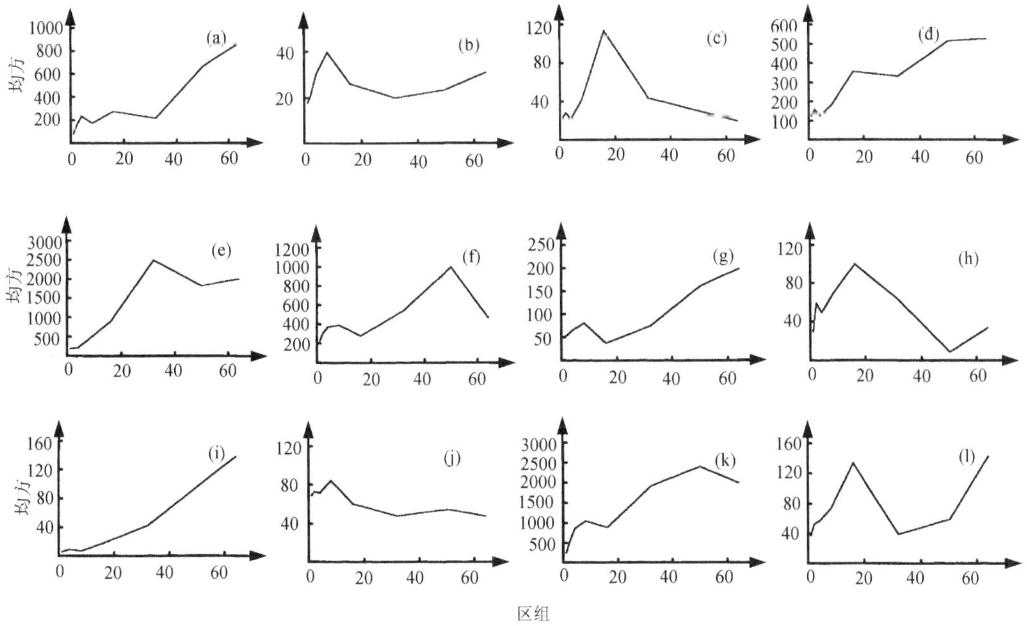

图 11.5　山西五台山亚高山草甸 3 个群落优势种的格局分析（张金屯和米湘成 1999）

（a）～（d）是薹草+珠芽蓼草甸的 4 个主要优势种小嵩草、薹草、雪白委陵菜和珠芽蓼的格局；（e）～（h）为薹草+瓣蕊唐松草草甸的 4 个优势种薹草、瓣蕊唐松草、珠芽蓼和地榆的格局；（i）～（l）是北方嵩草+小嵩草草甸的 4 个优势种小嵩草、瓣蕊唐松草、北方嵩草和火绒草的格局双项轨迹方差法结果优于等级方差法，但它仍存在后者的两个缺点。一是对峰值不能进行显著性检验，二是大区组的自由度太少。这两个缺点受到了统计学者的批评，不过由于兴趣的不同，生态学者不太注意这两点。比如后来的新方法中有的可以进行显著性检验，但在实际研究中很少有人这样做。因此，在植被研究实践中，双项轨迹方差分析法成为最常用的方法之一是不难理解的。

3. 三项轨迹方差法

三项轨迹方差（three-term local variance analysis，TTLVA）分析与双项轨迹方差分析相似，也是 Hill（1973）引入植被分析的，它需要考虑相邻的 3 个小样方，即

区组 1 的均方等于

$\frac{1}{6}(a_1-2a_2+a_3)^2, \frac{1}{6}(a_2-2a_3+a_4)^2, \cdots, \frac{1}{6}(a_{n-2}-2a_{n-1}+a_n)^2$ 的平均。

区组 2 的均方等于

$\frac{1}{12}(a_1+a_2-2a_3-2a_4+a_5+a_6)^2, \frac{1}{12}(a_2+a_3-2a_4-2a_5+a_6+a_7)^2, \cdots, \frac{1}{12}(a_{n-5}+a_{n-4}-2a_{n-3}-2a_{n-2}+a_{n-1}+a_n)^2$ 的平均。

依此类推。

该方法的计算类似于上一方法，这里不再举例。需要注意的是该方法的最大区组是 $\frac{1}{3}n$。它的结果与双项轨迹方差法相似，但由于最大区组是 $\frac{1}{3}n$，在揭示同样大小的规模时，样带则要长于上一方法，也就是小样方数要增加。在实际研究中，该方法用得较少。

4. 新双项轨迹方差法

新双项轨迹方差法（new tow-tern local variance，NTTLV）是对 TTLVD 的改进，其效果优于双项轨迹方差分析（Galiano 1983），但后来研究证明二者结果一致（Dale and Quadraccia 1989）。NTTLV 的计算如下。

区组 1 的均方等于

$\frac{1}{2}\left|(a_1-a_2)^2-0\right|, \frac{1}{2}\left|(a_2-a_3)^2-(a_1-a_2)^2\right|, \frac{1}{2}\left|(a_3-a_4)^2-(a_2-a_3)^2\right|, \cdots, \frac{1}{2}\left|(a_{n-1}-a_n)^2-(a_{n-2}-a_{n-1})^2\right|$ 的平均。

区组 2 的均方等于

$\frac{1}{4}\left|(a_1+a_2-a_3-a_4)^2-0\right|, \frac{1}{4}\left|(a_2+a_3-a_4-a_5)^2-(a_1+a_2-a_3-a_4)^2\right|, \cdots, \frac{1}{4}\left|(a_{n-3}+a_{n-2}-a_{n-1}-a_n)^2-(a_{n-4}+a_{n-3}-a_{n-2}-a_{n-1})^2\right|$ 的平均。

这一方法在实际研究中很少使用。

5. 随机配对法

随机配对法（random pairing）与双项轨迹方差几乎同时出现，它是 Goodall（1974）为了改进等级方差法的缺点。它的第一个样方是随机选取，这在统计学是无可指责的；它的区组可以是小于 *n* 的任何值，不必是 2 的乘方；它的峰值可以进行显著性检验；并且各区组的自由度基本相等。在理论上，该方法是较完美的，Carpenter 和 Chaney（1983）用规模大小已知的人为数据对 4 种常用的方法进行了比较研究，结果证明随机配对法所描述的格局规模最为确切。该方法从 20 世纪 70 年代后期起到现在，一直是常用的方法之一。

随机配对法首先要从 *n* 个小样方中随机地选一小样方，再根据不同的区组来计算两个小样方的方差。其方差等于$\frac{1}{2}\left(a_i - a_j\right)$，其中 a_i 和 a_j 分别是小样方 *i* 和 *j* 的观测值；*i* 是随机选取的小样方，而 *j* 有两个选择。对于区组 1 来说，它可以是 $i-1$ 也可以是 $i+1$；对区组 2，*j* 的两个选择为 $i-2$ 和 $i+2$，等等。对这两个选择，仍用随机的方法确定。在计算中考虑过的小样方就被淘汰不再考虑。该方法对所有区组先计算一个方差，然后重复进行，最后用平均值，这样使得不同的区组具有一致的自由度。现在以一个例子来说明这一方法的计算过程。假设我们有某个种在 20 个连续小样方中的测量值，如表 11.6 所示。

表 11.6　20 个连续小样的数据

小样方号	1	2	3	4	5	6	7	8	9	10
测量值	1.6	1.9	0.6	0	2.3	0.3	1.8	0.2	5.3	3.8
小样方号	11	12	13	14	15	16	17	18	19	20
测量值	1.2	0	2.1	2.3	0.3	0	1.5	2.1	0.6	1.3

首先要确定我们感兴趣的区组，理论上讲任何大小（*n*–1）区组均可计算，但对特别大的区组随机选取机会非常小，一般选最大的区组为$\frac{1}{2}n$。假定我们只对区组 2、3 和 4 感兴趣，下面分别计算。

第一步，计算区组 2 的一个方差。随机选一小样方，我们选小样方为 4，即 *i*=4；对区组 2 来讲，*j* 的两个选择为 4–2 或 4+2，即小样方 2 或 6，这两个样方只能用一个，需要用 0 和 1 的随机数来确定，0 为最小值，1 为最大值。我们的随机数是 1，选择样方 6，则方差为$\frac{1}{2}\left(a_6 - a_4\right)^2 = \frac{1}{2}(0.3-0)^2 = 0.045$。样方 4 和样方 6 用过一次，将其淘汰。

第二步，计算区组 3 的一个方差。重新随机选一样方 *i*，是样方 12，*j* 的两个选择是 12–3 或 12+3，即样方 9 或样方 15，同样用 0 和 1 的随机数确定为样方 9，其方差=$\frac{1}{2}(5.3-0)^2 = 14.045$。

第三步，计算区组 4 的一个方差。再随机选一样方 *i* 为样方 1，对样方 1 来讲，区组 4 的 j 只有一个选择，即样方 5，则方差为 $\frac{1}{2}(1.6-2.3)^2=0.245$ 。

第四步，回到第一步重复以上过程，直到剩下的样方不能再计算我们所感兴趣的区组的方差为止。要注意的是，上面计算已经用过的样方不能再用。这里给出计算结果，第二轮计算得，区组 2 方差=2.645（样方 12 和样方 14），区组 3 方差=1.62（样方 18 和样方 15），区组 4 的方差=0.18（样方 7 和样方 11）。

第三轮计算得区组 2 方差=0.405（样方 19 和样方 17），区组 3 的方差=1.445（样方 10 和样方 13）。对区组 4 来说，剩下的 4 个没有考虑过的样方 2、样方 3、样方 8 和样方 20 已经不能计算方差，对其他的区组也不能再计算。所以我们在这里就完成了单个随机对的方差计算。

第五步，综合各区组的方差，得平均值。即得我们所要求的各区组的方差：

区组 2 的方差=$\frac{0.045+2.645+0.405}{3}=1.032$　自由度=3

区组 3 的方差=$\frac{14.045+1.62+1.445}{3}=5.703$　自由度=3

区组 4 的方差=$\frac{0.245+0.18}{2}=0.2125$　自由度=2

最后，以区组大小（或距离）和方差为坐标可绘制格局分析图。该方法求出各区组的方差，并且各区组的自由度是一目了然的。因此，可以用 F-检验来衡量两个方差的差异性，从而实现峰值的显著性检验，这是该方法的一个优点。但在实际研究中，进行显著性检验的人较少。

图 11.6 是山西芦芽山亚高山草甸 4 个优势种珠芽蓼（*Polygonum viviparum*）、细叶薹草（*Carex rigescens*）、北方嵩草和禾草（grass）的格局规模（张金屯和李素清 2008）。

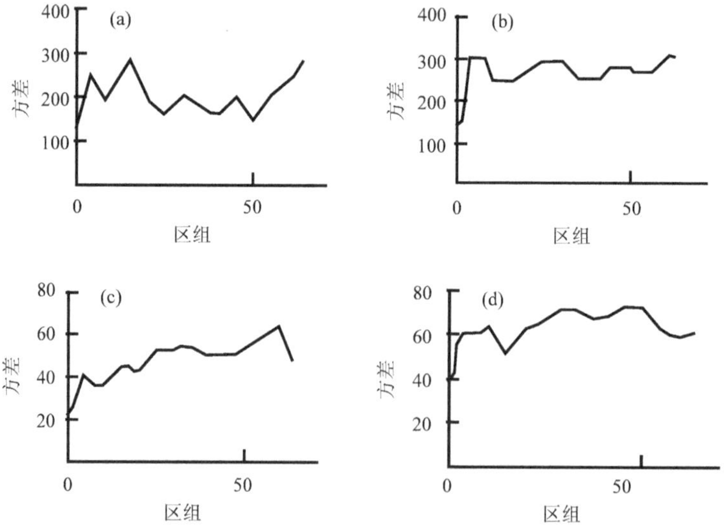

图 11.6　芦芽山亚高山草甸 4 个优势种随机配对法格局分析图（张金屯和李素清 2008）

（a）珠芽蓼；（b）细叶薹草；（c）北方嵩草；（d）禾草

6. 谱分析法

谱分析法（spectral analysis）是基于物理学光谱理论而发展起来的一个方法。在生态学中 Ripley（1978）首先描述和使用。光谱原理认为一个小样方在其样带上的值可以用一系列光波函数来描述，即

$$X_i = C_0 f_0(i) + C_1 f_1(i) + C_2 f_2(i) + \cdots \tag{11.28}$$

式中，X_i是第 i 个小样方的值；$f_k(i)$是样方 i 的函数值；C_k是常数。谱分析法只考虑正弦波和余弦波，因为这两个波不受起点样方的影响，所以对一个由 n 个连续小样方 X_1，X_2，…，X_n，组成的样带来说，由关系

$$X_i = C_0 + \sum_{j=1}^{\frac{n}{2}-1}\left\{C_j\cos\left(\frac{2\pi ij}{n}\right) + S_j\sin\left(\frac{2\pi ij}{n}\right)\right\} + C_{n/2}(-1)^i \tag{11.29}$$

式中，j 是区组大小，可以取 1 到$\frac{n}{2}-1$之间的任何值。常数分别用下面的公式计算。

$$C_0 = (X_1 + X_2 + \cdots + X_n)/n$$

$$C_j = \left\{\sum_{i=1}^{n} X_i\cos\left(\frac{2\pi ij}{n}\right)\right\}\frac{2}{n}$$

$$S_j = \left\{\sum_{i=1}^{n} X_i\sin\left(\frac{\pi ij}{n}\right)\right\}\frac{2}{n}$$

在光谱理论上，一个重要的概念是周期图（periodogram），反映某因子的周期性变化。在给定一个区组 j 后，分别计算其常数 C_j 和 S_j，则它的周期图可以表示为

$$I_j = \left(C_j^2 + S_j^2\right)n/8\pi \tag{11.30}$$

在格局关系上，I_j 与平方和的减少成比例。经过适当修匀（smooth）的 I_j 和区组 j 就可以构成格局分析图，其峰值所对应的区组代表格局的规模。

该方法在生态学文献中，仅 Ripley（1978）、Carpentar 和 Chaney（1983）使用过。后来很少有人仿效。因为它并不比其他更简单的方法优越（Greig-Smith 1983）。我国学者伍业钢等（1985）曾应用该方法对红松林的格局进行过分析。

7. 二维网函数插值法

二维网函数插值法（two dimensional net function interpolation method）（杨在中等 1984）取样时不用网格法，也不用连续小样方组成的样带。它首先要求设置一大样方［杨持等（1984）在草地研究中用 12m×40m 大样方］。在大样方中，按间隔 1m 来纵横拉线，形成 1m^2 的二维网格。然后从每条网线的端点以 20cm 为区间（行从左到右，列从上到下），观测记录各区间线段两旁各 1cm 范围内某种植物存在与否，计为 1 和 0 的二元数据。对于 12m×40m 的样方来讲，最后形成 61×201 的原始数据矩阵，共有 12 261 个结点，每个结点代表 400cm^2。实测结点 4580 个，其余的 7681 个结点的数值可用插值公式求出。如图 11.7 所示，其插值公式为

$$a(x_i,y_j)=\frac{5-i}{5}a(x_0,y_j)+\frac{i}{5}a(x_5,y_i)+\frac{5-j}{5}a(x_i,y_0)+\frac{i}{5}a(x_j,y_5)-\frac{5-j}{5}\left[\frac{5-j}{5}a(x_0,y_0)+\frac{j}{5}a(x_0,y_5)\right]-\frac{i}{5}\left[\frac{5-j}{5}a(x_5,y_0)+\frac{j}{5}a(x_5,y_5)\right] \tag{11.31}$$

按式（11.31）计算的 $a(x_i, y_j)$的值变化于 0 和 1 之间，为了将它换为二元数据，要选择一阈值 r，当 $a_{ij}\geqslant r$ 时，取值为 1，否则取为 0。r 值是$\geqslant r$ 的结点数与总结点数的比值。全部数据换算为二元数据后，可由计算机打印成各个种与结点配置一致的分布格局图，格局图可提供各种信息，如斑块大小、斑块相对位置、斑块总面积等。

二维网函数插值法有一些缺点。其一，是它只能使用二元数据，对环境因子数据几乎无能为力，因为，若武断地分析，信息损失太大；其二，是一个结点代表一定的面积，某种的存在表示该面积为这个种的个体所占据，实际上这种代表性受许多因素的影响，如个体大小、种的生物学特性等。因此所绘的格局图偏差较大，且难以估计；其三，这种方法的分析过程并不简单。由于这些缺点，该方法出现已 20 年，至今仍没有被广泛地接受和应用。

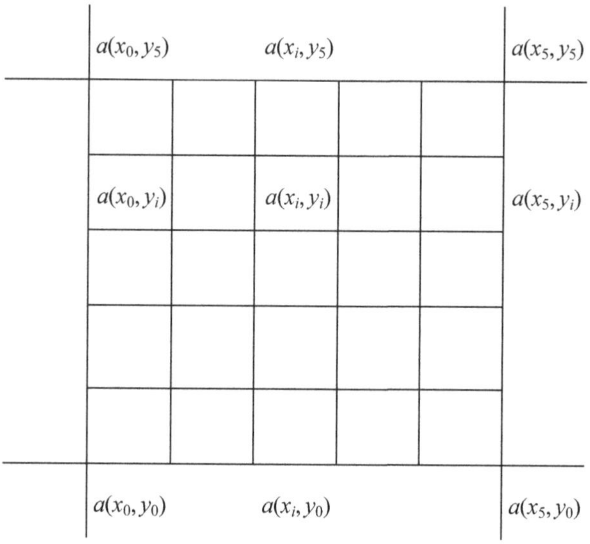

图 11.7　二维网函数插值法计算图示

8. 格局强度分析

用以上的分析方法确定格局规模后，格局强度的分析是比较简单的。格局强度是种群高密区和低密区在密度上的平均差异程度（Hill 1973）。也就是说它反映斑块和斑块间隙之间密度上的差异趋势。Hill 认为，在自然稀疏原则下，格局强度应保持大体稳定，即不论用什么方法计算格局强度都应一致，因此他提出格局强度计算公式为

$$I=(\text{方差}-\text{平均值})/(\text{平均值})^2 \tag{11.32}$$

这一计算值确实受所用统计方法的影响甚微（Greig-Smith 1983）。针对不同的区组大小，计算格局强度，结果可以用图形表示。一般格局强度的峰值与格局规模相吻合，但它可以用来比较同一种不同时间的密度变化，或者同一种的不同年龄、不同大小个体

的密度差异程度。图 11.8 就是一个格局强度分析图。该图说明种 *Acacia ehrenbergiana* 在半荒漠灌丛植物群落中，随着个体体积的增大，高密区和低密区的差异降低（Greig-Smith 1979）。

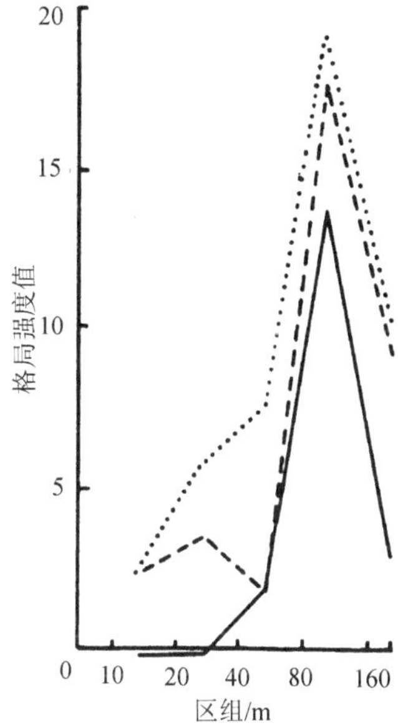

图 11.8　*Acacia ehrenbergiana* 不同大小个体格局强度分析（Greig-Smith 1979）
…… 子实苗；-----植冠小于 $1m^2$ 的个体；—— 植冠大于 $1m^2$ 的个体

Hill 的确定格局强度方法只适合于密度数据（Greig-Smith 1983）。

Kershaw（1970）建议对多度数据用“观测值的方差/预测值的方差”表示格局强度（预测值的计算参考随机判定部分中的χ^2检验）。Greig-Smith（1983）提出用$\frac{方差}{(平均值)^2}$表示格局强度。它适合于环境因子数据及不能计算预测值的种类数据。对于不同的数据类型应选择不同的方法。

9. 格局纹理分析：斑块-间隙分析法

以上介绍的方法都是研究格局的规模和强度。由于它们不能确切计算各种规模下的斑块及其间隙的大小而不能研究格局的纹理。

斑块-间隙分析（patch-gap analysis）是专门为研究斑块和间隙大小而设计的，它需要和其他方法结合使用，即用别的方法确定格局规模后，再用其来确定斑块和间隙的大小，以研究格局的纹理。Dale 和 Macisaac（1989）建议该方法最好同双项轨迹方差法结合使用。

对于只有一个规模的格局，斑块及其间隙的大小是容易确定的。就是选一适当的阈值（多度或密度等），将大于或等于该值的小样方记为 1，小于该值的记为 0。这样 1 的长度代表斑块，而 0 的长度代表斑块间隙，取其平均值就得到单一规模下斑块和斑块间隙的大小。对两个或两个以上规模的格局，则要用下面复杂的方法来计算。

假设有一个由 n 个连续小样方组成的样带，用 a_1，a_2，a_3，…，a_n 表示各样方中的观测值（密度、多度等）。首先，要求根据观测值的大小将样方用其序数号表示，即用一组正整数 1，2，…，n 表示。例如，样方 i 的值 a_i，如果在所有样方中是最大值就将其记为 1。如果是最小值则记为 n。其他的样方一律按顺序换成相应的正整数。对于观测值相等的样方，可任排先后，不影响结果。例如，我们有下列观测值：

0.6　0.9　0.5　0.4　0.5　0.1

现按顺序换成正整数

2　1　3　5　4　6

第二步，以正整数序数为基础，对于斑块间隙来讲，我们要从第 i 个样方开始（$1 \leqslant i \leqslant n-k$）找出"$k$-谷"的数目。这里 k 是一个样方数，"谷"是最低值；例如，当 k=2 时，一个"2-谷"就是指有两个相邻的样方，其序数值都小于两侧样方的值；当 k=3 时，一个"3-谷"指有 3 个相连的样方的值都小于它们两侧样方的值。例如，下面的样方值中有两个"3-谷"：

13，9，<u>4，1，3</u>，8，11，12，7，<u>2，5，6</u>，10，14

对于一个确定的 k 来讲，我们用 m_k 来表示"k-谷"的数目，例如，上面的"3-谷"可以表示为 m_3=2。

第三步，计算斑块间隙指数 W_k：

$$W_k = \left[m_k - E_{(mk)} \right] \Big/ \sqrt{V_{(mk)}} \tag{11.33}$$

式中，m_k 是上面求出来的，$E_{(mk)}$和 $V_{(mk)}$分别计算如下

$$E_{(mk)} = \frac{2n}{(k+1)(k+2)} \tag{11.34}$$

$$V_{(mk)} = \frac{2nk(4k^2+5k-3)}{(k+1)(k+2)^2(2k+1)(2k+3)} \tag{11.35}$$

然后，以 k 值为横坐标，斑块间隙指数 W_k 为纵坐标绘曲线图，其曲线的峰所对应的 k 值就是斑块间隙的大小（直径）。

第四步，再以正整数序数为基础来求斑块的大小。与斑块间隙相反，我们要找出"k-峰"的数目。k 同样是一样方数，峰是最大值。例如，当 k=3 时，一个"3-峰"是指 3 个相连的样方的值均高于它们两侧的值。例如，下面的样方值中有 3 个"3-峰"。

<u>13，9，4</u>，1，3，<u>8，11，12</u>，7，2，5，<u>6，10，14</u>

我们用 U_k 来表示"k-峰"的数目，如上面的 U_3=3，可以证明，U_k 和 m_k 具有相等的平均值和方差，因为在解消假设下，它们有相同的概率（Dale and Moon 1988），可以用相同的方法计算斑块指数 y_k：

$$y_k = \frac{U_k - E_{(U_k)}}{\sqrt{V_{(U_k)}}} \tag{11.36}$$

其中

$$E_{(U_k)} = \frac{2n}{(k+1)(k+2)} \tag{11.37}$$

$$V_{(U_k)} = \frac{2nk(4k^2 + 5k - 3)}{(k+1)(k+2)^2(2k+1)(2k+3)} \tag{11.38}$$

分别以 k 和 y_k 为轴作曲线图，其峰值所对应的 k 值代表着斑块的大小。

图 11.9 是一个例子，上面显示出两个格局规模的斑块间隙的大小，一个 k=13，另一个 k=22，这里 k 是样方区组。若要换算成距离，用其乘以样方边长即可。斑块也表现出两个规模来，一个 k=7，另一个 k=29。

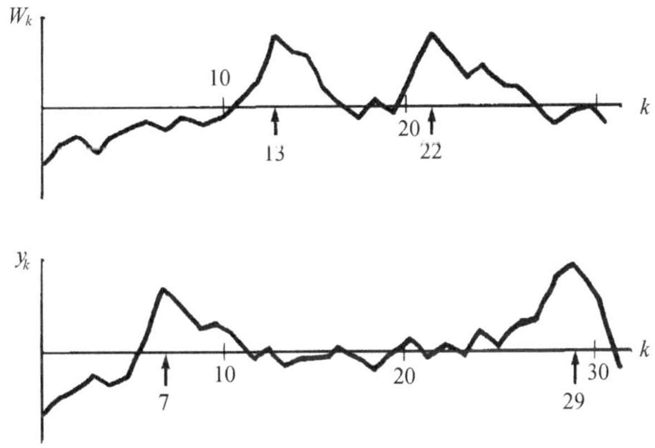

图 11.9　格局纹理分析（Dale and Macisaac 1989）
斑块-间隙分析一例

二、多种格局和群落格局分析

前面介绍的格局分析方法只适合于判定单个种群的格局规模。现在我们要考虑多个种群在一个群落中的镶嵌结构，或一个群落的斑块和间隙的结构关系。要进行多个种群或群落的格局分析，首先是借用排序方法来综合多个种群或群落中全部的信息，再以排序坐标值作为格局分析的基础，任选一个前面讲过的格局分析方法来判定多个种群或群落的格局。但这里的取样方法不能使用一般排序所要求的方法，必须使用连续小样方组成的样带或网格，也就是要与格局分析的取样方法相一致。

Galiano（1983）使用相互平均（CA/RA）排序和新双项轨迹方差法研究了多个种群的分布格局。张金屯（1992）用 DCA 排序和双项轨迹方差法对威尔士山地草甸群落的格局进行了分析。在这里，使用 DCA 排序要优于 CA/RA。因为，CA/RA 排序坐标有正负之分，在格局分析时，排序轴须分为两部分进行（Galino 1983），这样排序轴的形心（0 值）的生态意义就被忽略了。而 DCA 国际通用软件 DECORANA 只允许种类坐标值有负值，样方坐标值不会有负值，所以不存在这一问题。在进行群落格局分析的同时，也可以对群落的优势种群的格局进行分析。从而可以研究优势种格局与群落格局的关系。图 11.10 是群落格局分析一例。图 11.10（a）是基于 DCA 第一排序轴上的群落格局，图 11.10（b）是基于 DCA 第二排序轴上的格局规模。分析表明，DCA 第一轴所反映的格局主要与群落第一层片（上层）中的两个优势种相联系，而 DCA 第二轴所反映的格局与群落第二层片（下层）的优势种密切相关。

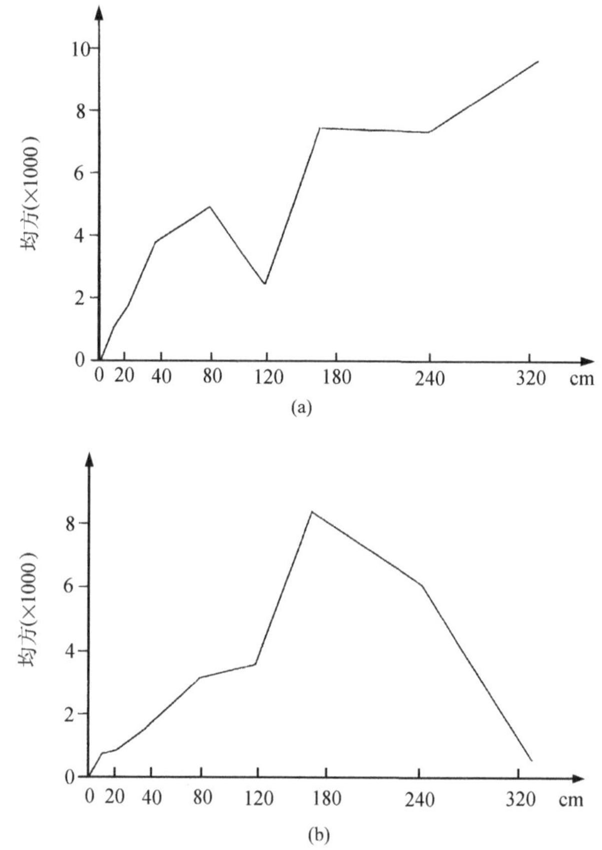

图 11.10　威尔士山地草甸 *Nardu stricta* 群落格局分析图（张金屯 1992e）

（a）基于 DCA 第一排序轴上的群落格局；（b）基于 DCA 第二排序轴上的格局

排序和格局分析方法的结合，同样可以研究群落中多个环境因子的格局规模，如果将群落格局与环境格局加以比较，就可以反映群落结构与环境因子间的关系。

Whittaker 等（1973）曾用 CA/RA 排序坐标值沿样带的连续变化表示群落分布的格局，但这样做缺乏严格的统计学分析，数学基础不太严密。

三、小格局分析

上面讲的格局分析方法一般适用于研究规模在 20cm 以上的格局。但对于变化于几个厘米之内甚至几个毫米之内的格局，不能用上述方法。

因为在很小的样方中多数情况下只有一个种。因此要用小格局分析方法（small-scale pattern analysis）。小格局分析也称为微格局分析（micro-scale pattern analysis）。

小格局分析以研究小范围内的种间关系为主。由于它的样方很小，需要特殊的取样方法，有人称其为微取样法（micro-sampling）。一般在草地研究中，样方为 1cm×1cm 或 2cm×2cm，小的还有 0.5cm×0.5cm，最小的以毫米为单位沿样线记录植物出现的种。样方大小可以用一统计方法来确定，就是选一适当大小的样方，以便使得空白样方不超过样方总数的 5%。由此可见，覆盖很密的植被样方可以适当地小，而覆盖度较低的植被样方应适当地大些。在小样方中通常记录出现的植物种。如果一个小样方中没有植物种出现，就记为一个空隙。空隙可以当作一个植物种来计算。最简单的取样方法是用样针间隔为 1cm 或 2cm（相当于样方边长）的样针仪，针所刺中的植物即代表一个小样方中的植物种。沿着一条样线可得到种类观测值。它是不同样方中所出现的植物种。如果用大写字母 A、B、C、…代表不同的植物种，则所观测的数据就是一个字母系列：

AABBBADBBBCC…

其中每一字母代表一个小样方中记录的种。例如，第一个字母 A 就表示种 A 存在于第一个小样方中，BBB 代表连续 3 个小样方中都是种 B。下面介绍以字母系列数据为基础的小格局分析方法。

1. 种毗连法

种毗连法（species-juxtaposition）是 Stowe 和 Wade（1979）首次使用的方法，后经 Whittaker（1982）、Zhang（1993）等应用，证明是一有效的方法。

该方法是检验在小格局中一个种 i 是否显著地与另一个种 j 为邻，也就是两个种的关联程度。因此它是研究小格局中种间关系的方法。

第一步，该方法要求对上面字母系列数据中相同字母段进行合并，并用 1 个字母表示，例如，3 个相连的 BBB 合并成 1 个 B，因为我们的兴趣是种间关联，而不是种内关联。像上面的字母系列合并为 ABADBC… 。

第二步，我们要统计每个种以其他种为邻的频率，以列联表（表 11.7）表示。经过相同字母段合并处理后，该表对角线元素必然为 0，其他元素 n_{ij} 表示第 j 个种紧跟着第 i 个种的频率；这里 n_{ij} 不一定等于 n_{ji}，二者虽然都表示种 i 和 j 相邻，但后者是第 i 个种紧跟着第 j 个种的频率。该表中的数据为实际观测值。

表 11.7　种的频率统计表

种	A	B	C	D	…	n_{i+}
A	0	n_{12}	n_{13}	n_{14}	…	n_{1+}
B	n_{21}	0	n_{23}	n_{24}	…	n_{2+}
C	n_{31}	n_{32}	0	n_{34}	…	n_{3+}
D	n_{41}	n_{42}	n_{43}	0	…	n_{4+}
⋮	⋮	⋮	⋮	⋮	⋮	
n_{+j}	n_{+1}	n_{+2}	n_{+3}	n_{+4}	…	

第三步，计算频率的预测值。

用准独立模型（model of quasi-independence）计算，其是一个迭代过程。对于一个 $N \times N$ 列联列表，首先计算其行和 n_{i+}和列和 n_{+j}，则迭代过程如下：

$$m_{ij}^{(1)} = \frac{m_{ij}^{(0)} n_{i+}}{m_{i+}^{(0)}} \tag{11.39}$$

式中，$m_{ij}^{(1)}$ 代表第 j 个种紧跟着第 i 个种的频率的第一次估计值；$m_{ij}^{(0)}$ 是其迭代初始值，通常取作 1，但在对角线为 0 的情况下，当 $i \neq j$ 时，$m_{ij}^{(0)}=1$；当 $i=j$ 时，$m_{ij}^{(0)}=0$，$m_{i+}^{(0)}$ 是由迭代初始值组成的列联表的行和。再计算

$$m_{ij}^{(2)} = \frac{m_{ij}^{(1)} n_{+j}}{m_{+j}^{(1)}} \tag{11.40}$$

式中，$m_{ij}^{(2)}$是m_{ij}的第二次估计值，$m_{+j}^{(1)}$是第一次计算得到的$m_{ij}^{(1)}$列联表的列和。这样完成一次迭代。用新得到的值回到式（11.39）重新计算，重复此过程直到两次的结果相差很小时为止。最后得到一个频率预测值列联表。

第四步，计算种间毗连系数。

$$J_{ij} = \frac{1}{2}\ln\frac{n_{ij}n_{ji}}{m_{ij}m_{ji}} \tag{11.41}$$

式中，J_{ij}表示两个种i和j的毗连系数，n_{ij}和n_{ji}是实际测到的频率值；m_{ij}是相应的预测值。J_{ij}如果等于0，表明两个种彼此独立；如果$J_{ij}>0$，表示两个种呈正相关；如果$J_{ij}<0$，表示两个种呈负相关。

第五步，对毗连系数进行显著性检验。

计算Z值

$$Z = \frac{J_{ij}}{\sqrt{V(J_{ij})}} \tag{11.42}$$

式中，$V(J_{ij})$是J_{ij}的方差。Stowe 和 Wade（1979）给出一个计算方差的方法，但这里建议使用一个很简单的方法（Zhang 1991；张金屯 1995）：

$$V(J_{ij}) = \frac{1}{4}\left(\frac{1}{m_{ij}} + \frac{1}{m_{ji}}\right) \tag{11.43}$$

上面的Z值应该是正态分布的，因此根据正态表中的显著性水准值可以检验Z的显著性。最终结果可用毗连系数J_{ij}来表示，也可以用星座图来表示种间的毗连关系。图 11.11 就是一例。

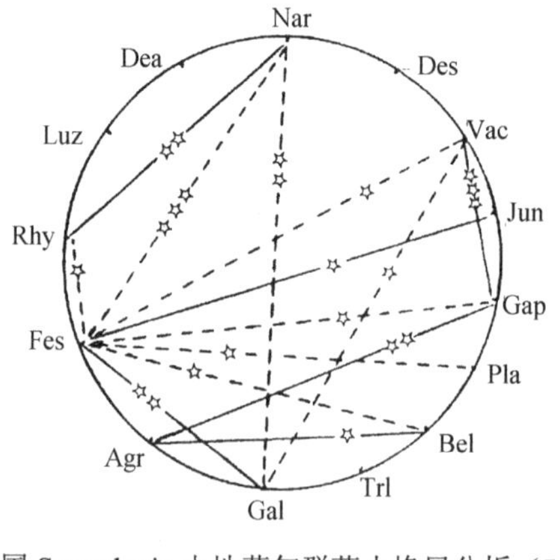

图 11.11　英国 Snowdonia 山地草甸群落小格局分析（Zhang 1991）

图 11.11 反映了威尔士山地草甸中 13 个种之间的关系。种名用属名的前 3 个字母表示。图中实线表示正相关，虚线表示负相关，没有连线表示没有显著的相关性。五角

形表示显著性水准（$P<0.05$，$P<0.01$ 和 $P<0.001$）。Stowe 和 Wade（1979）认为小格局分析可以揭示种间在小范围内的生态关系，例如，一个种的分泌物对另一个种的毒害作用等。

以上我们考察了植物种在小格局中的关联性。对于小格局的规模来讲，可以用简单的统计学方法——组织图（histogram）来表示。就是通过统计字母系列（未经过合并的）数据中同一个种的各种不同长度的频率，其最大频率所对应的长度（组织图上的峰值）表示小格局规模。例如，对下面数据中的种 A 来说：

AABBAAABCCAACBAACCABABBAAC···

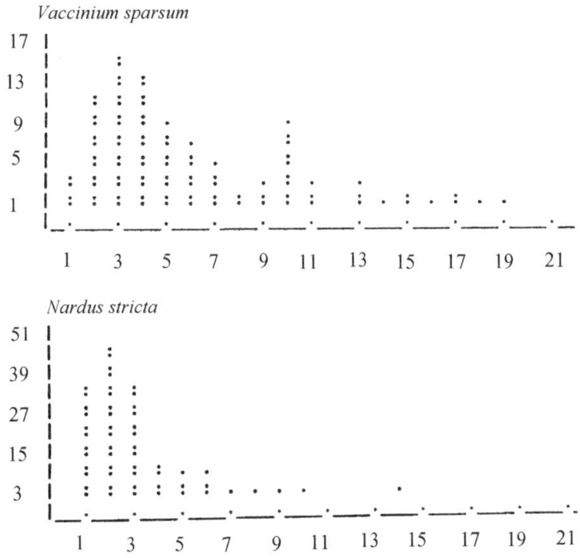

图 11.12　两个种的小格局规模（张金屯 1993d）

只有一个样方长度 A（区组 1）的频率为 2，两个样方长度 AA（即两个字母相连）的频率为 4，三个样方长度 AAA 的频率为 1，由此可以说两个样方长度（相当于前面的区组）是种 A 的一个小格局规模。如果样方为 1cm×1cm，则该规模为 2cm。这种小格局规模可能反映细叶种类的丛生叶或大叶种类的叶片在群落中的分布状态。它可以揭示群落很细微的结构关系。图 11.12 是两个种的组织图的例子，其中 *Vaccinium* 表现出两个规模，一个在样方长度为 3 时，另一个在样方长度为 10 时，而 *Nardus* 仅有一个规模。

2. 种小区法

种小区法（species-region）（Stowe and Wade 1979；Whittaker 1991；Zhang 1993；张金屯 1995）和种毗连法一样，也是研究小格局中的种间关系。该方法则将样带围绕某个种 A（称为第一个种）分成若干个小区，来检验种 B（称为第二个种）是否显著地存在于或者不存在于种 A 的小区内。这种方法可变性比较大，划分小区有多种选择。一般较为方便的是圆形。取一适合的半径 r，以种 A 为圆心，r 为半径划出一系列圆，在每个小区内统计出现的种类。一个小区内出现不止一次的种仅记录一次，实际上这等于字母系列数据中相同种段的合并，位于小区界线上的种可记录在它的两边的任一小区中，但只能统计一次。如果两个小区有重叠的部分，其中的种类只能统计一次，如果一个小区中没有植物种，就记为一个空隙，空隙同样按一个种类来处理。这里我们仍以小样方组成的样带为基础，用字母系列数据来说明。比如我们有下列数据：

AACCCAADBBBDHHCAABDDCC

先对相同种的字母段进行合并得

ACADBDHCABDC

我们规定 3 个字母代表一个小区，则对种 A 来说有两个小区，即 ACAD 和 CAB。对第一个字母 A 如果划一小区，则完全与第二个 A 的小区相重叠，所以将二者划在一个小区内。接下来，如果要检验第二个种 B 是否显著地存在于第一个种 A 的小区内，首先要以种 A 的小区为基础，统计以下的频数：

a=出现于种 A 小区内的种 B 的频数

b=出现于种 A 小区内的除过 A 和 B 的其他种的频数

c=不出现于种 A 小区内的种 B 的频数

d=不出现于种 A 小区内的除过 B 的其他种的频数

在上面的例子中，a=1，b=3，c=1，d=4。将 a、b、c、d 的值列入 2×2 列联表，就可以用χ^2 检验它们的显著性。我们还可以计算两个种的联合系数 R_{ij}：

$$R_{ij}=\frac{ad}{bc} \tag{11.44}$$

式中，R_{ij} 表示种 i 和 j 的联合系数，这里 i 是第一个种，j 是第二个种。$R_{ij}>1$ 代表两个种正相关，$R_{ij}<1$ 表示两个种负相关。对两个种来讲，可仍有两个联合系数，即 R_{ij} 和 R_{ji}，前者种 i 为第一个种，种 j 为第二个种；后者则相反，种 j 为第一个种，种 i 为第二个种。R_{ij} 和 R_{ji} 一般相差不十分明显，只有在极端的例子中差别较大（Stowe and Wade 1979）。

同样，联合系数可以列表或者绘图表示。表 11.8 是该方法应用于 Illinois 草地小格局分析的结果（Stowe and Wade 1979）。

表 11.8　美国 Illinois 草地 6 个种在小格局中的联合系数（R_{ij}）表

	Fes	Poa	Mis	Cor	Day	Agr
Fes	—	1.39**	0.826	1.34*	2.01**	0.501**
Poa	1.52**	—	1.42**	1.20	1.35*	1.85**
Mis	0.745*	1.23	—	0.783	0.353**	2.11**
Cor	1.07	0.827	0.680*	—	1.49*	0.479**
Day	1.53*	0.834	0.339**	1.71**	—	0.148**
Agr	0.404**	1.57*	1.88**	0.446**	0.193**	—

*$P<0.05$，**$P<0.01$

表 11.8 中，种名是属名的前 3 个字母，它们是黄牛尾 *Festuca elatior*、加拿大早熟禾 *Poa compressa*、*Miscellaneous forbs*、绣球小冠花 *Coronilla varia*、鸭茅 *Dactylis glomerata*、偃麦草 *Agropyron repens*。

在确定了种间在小格局内的关系后，同样可以使用组织图来研究小格局的规模，与前面讲的方法相同。

种毗连法和种小区法的结果一般是一致的（Stowe and Wade 1979），不过 Whittaker（1991）经过比较后认为种小区法的结果优于种毗连法，但这一结论尚待进一步研究证实。

四、点格局分析

植物种群的分布格局与尺度有很大关系，这一问题早就受到许多学者的关注，长期以来，生态学家发明了许多方法研究不同尺度下的格局，如大尺度格局分析方法——趋势面分析（trend surface analysis），中尺度格局分析方法——双项轨迹方差法（two term local variance），小尺度格局分析方法——种毗连法（species-juxtaposition）等。这里介绍能够分析各种尺度的种群格局分析方法——点格局分析法（point pattern analysis）（张金屯 1997；Wiegand and Moloney 2004），它是以植物种的个体在空间的坐标为基本数据，每个个体都可以视为二维空间的一个点，这样所有个体就组成了在空间分布的点图，以点图为基础进行格局分析，称为点格局分析。它可以分析各种尺度下的种群格局和种间关系，在拟合分析的过程中最大限度地利用了坐标图的信息，因而检验能力较强。

点格局分析的常用步骤大致分为 4 步。

1）确定点格局的数据类型，分析数据是同质性还是异质性。

2）选择合适的统计方法描述点格局的特性，一般建议多种统计方法同时使用。

3）选择合适的零模型和点过程模型。①对于探索性的研究，研究者可使用有显著特点的模型如聚集模型来描述点过程的特性。②对于验证性的研究，研究者可使用由 1 个或多个生态学过程驱动的点格局作为零模型。

4）分别将真实数据与零模型进行统计分析，对比与零模型的偏离程度，得出结论。

（一）一次统计量

一次统计量（first-order statistics）是基于个体数量而定义的。主要用途是用于检验研究对象在研究尺度上是否存在某种趋势。

一次统计量描述平面内期望的个体密度，在生态学中反映在抽样空间中一个个体在特定地点被发现的概率。在位点 $x=(x_1,x_2)$ 周围个体的密度或者强度表示为 $\lambda(x)$，那么 $\lambda(x)\mathrm{d}x$ 是以 x 为中心，面积无限小且为 dx 的点过程 N 的概率（Diggle 1983）。

（二）二次统计量

二次统计量（second-order statistics）描述个体之间的相对位置。常用的二次统计量依次介绍如下。

1. Ripley K 函数分析

（1）种群分布格局分析

Ripley K 函数分析也称 Diggle 函数分析（Ripley 1981；Diggle 1983）。由数学知识我们知道，平均数（m）和方差（v^2）是一维数集的一次和二次特性，同理，密度（λ）和协方差（k）是二维数集的一次和二次特征结构。对于点格局，λ 是单位面积内的期望点数，k 是点间距离分布的测定指标，k 随着尺度的变化而变化。Diggle（1983）证明该

二次特征结构可以简化为一个函数方程 $K(t)$，其定义为

$$K(t)=\lambda^{-1}\text{（从某一随意点起距离 } t \text{ 以内的其余的期望点数）} \tag{11.45}$$

式中，t 可以是>0 的任何值，λ 为单位面积上的平均点数，可以用 n/A 来估计，A 为样地面积，n 为总点数（植物个体数）。在实践中，用式（11.46）估计（Diggle 1983）。

$$\hat{K}(t)=\left(\frac{A}{n_2}\right)\sum_{i=1}^{n}\sum_{j=1}^{n}\frac{1}{W_{ij}}I_t(u_{ij})\,(i\neq j) \tag{11.46}$$

式中，u_{ij} 为两个点 i 和 j 之间的距离，当 $u_{ij}\leqslant t$ 时，$I_t(u_{ij})=1$，当 $u_{ij}>t$ 时，$I_t(u_{ij})=0$；W_{ij} 为以点 i 为圆心，u_{ij} 为半径的圆周长在面积 A 中的比例，其为一个点（植株）可被观察到的概率，这里为权重，是为了消除边界效应（edge effect），实际上 $\hat{K}(t)/\pi$ 平方根在表现格局关系时更有用，因为在随机分布下，其可使方差保持稳定，同时它与 t 有线性关系，我们用 $H(t)$表示 $\hat{K}(t)/\pi$，

$$H(t)=\sqrt{\hat{K}(t)/\pi} \tag{11.47}$$

将 $H(t)$的值减去 t，得到估计值 $\hat{H}(t)$ 的值：

$$\hat{H}(t)=\sqrt{\hat{K}(t)/\pi}-t \tag{11.48}$$

在随机分布下，$\hat{H}(t)$在所有的尺度 t 下均应等于 0，若 $\hat{H}(t)>0$，则在尺度 t 下种群为集群分布，若 $\hat{H}(t)<0$，则为均匀分布。不同尺度的点格局分析就是要计算各种尺度下的 $\hat{H}(t)$值。

用蒙特卡罗拟合检验计算上下包迹线（envelopes），即置信区间。假定种群是随机分布，则用随机模型拟合一组点的坐标值，对每一 t 值，计算 $\hat{H}(t)$；同样用随机模型再拟合新一组点坐标值，分别计算不同尺度 t 的 $\hat{H}(t)$。这一过程重复进行直到达到事先确定的次数，$\hat{H}(t)$的最大值和最小值分别为上下包迹线的坐标值。拟合次数对 95%的置信水平应为 20 次，99%的置信水平就为 100 次。

用 t 作为横坐标，上下包迹线作为纵坐标绘图，置信区间一目了然。用种群实际分布数据（点图）计算得到的不同尺度下的 $\hat{H}(t)$值，若在包迹线以内，则符合随机分布；若在包迹线以外，则显著偏离随机分布。若在上包迹线之上，表明集群分布；若在下包迹线之下，表明均匀分布。

（2）种间关系分析

我们分析两个种的关系实际上是两个种的点格局分析，也称多元点格局分析（multivariate point pattern analysis），上面我们介绍的单种格局分析可以认为是某个特定种个体间的关系研究，因此对第一个种 $K(t)$可以写成 $K_{11}(t)$，对第二个种可以写成 $K_{22}(t)$。现在我们要考虑两个种的个体在距离（尺度）t 内的数目，就是要求 $K_{12}(t)$，其定义和计算原理与单种格局相近。$K_{12}(t)$可以用式（11.49）估计（Diggle 1983）。

$$\hat{K}_{12}(t)=\frac{A}{n_1 n_2}\sum_{i=1}^{n_1}\sum_{j=1}^{n_2}\frac{1}{W_{ij}}I_t(u_{ij}) \tag{11.49}$$

式中，n_1 和 n_2 分别为种 1 和种 2 的个体数（点数），A、$I_t(u_{ij})$和 W_{ij} 含义同式（11.46），不同的是 i 和 j 分别代表种群 1 和种群 2 的个体，同样计算

$$\hat{H}_{12}(t)=\sqrt{\hat{K}_{12}(t)/\pi}-t$$

当 $\hat{H}_{12}(t)=0$ 表明两个种在 t 尺度下无关联性，当 $\hat{H}_{12}(t)>0$ 表明二者为正关联，当 $\hat{H}_{12}(t)<0$ 表明二者为负相关。

我们仍用蒙特卡罗检验拟合包迹线，以检验两个种群是否显著关联。同样用 t 作为横坐标，上下包迹线作为纵坐标绘图。用两个种群实际分布数据（点图）计算得到的不同尺度下的 $\hat{H}_{12}(t)$，某尺度下的 $\hat{H}_{12}(t)$值若在包迹线以内，则表明两个种无明显关系，相互独立；若在上包迹线之上，表明两个种显著正关联；若在下包迹线之下，表明两个种显著负关联。

图 11.13 是美国密歇根州落叶阔叶林的 3 个优势种在 250m×250m 样地中的点格局分析。图的横坐标为尺度（m），分析的 3 个种分别是红橡（*Quercus borealis*）、白橡

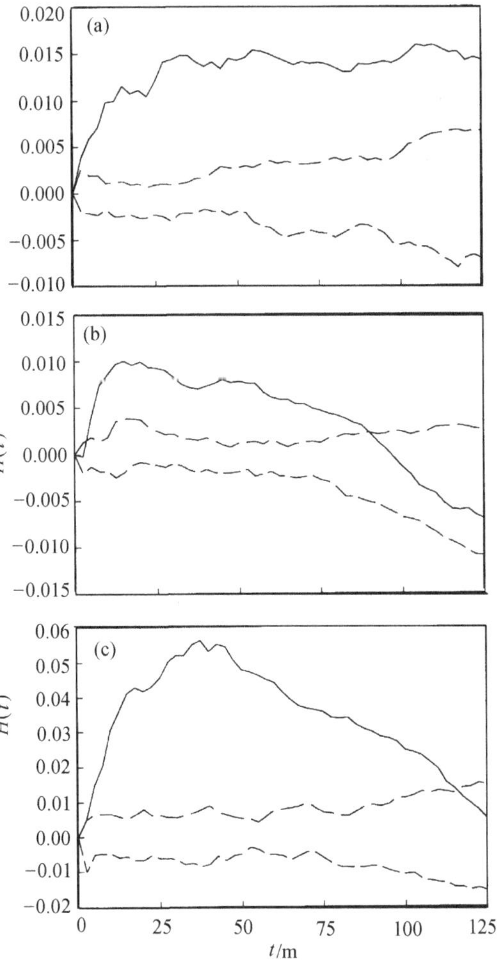

图 11.13　美国密歇根州落叶阔叶林的 3 个优势种的点格局分析（张金屯 1998b）

—— $\hat{H}(t)$，– – 包迹线；（a）红橡；（b）白橡；（c）黑橡

（*Q. alba*）和黑橡（*Q. velutina*）。可以看出 3 个种主要是集群分布，但随尺度的不同而变化。图 11.14 是这 3 个种种间关系的点格局分析，它们的关系也随尺度的变化而有所不同（张金屯 1998b）。

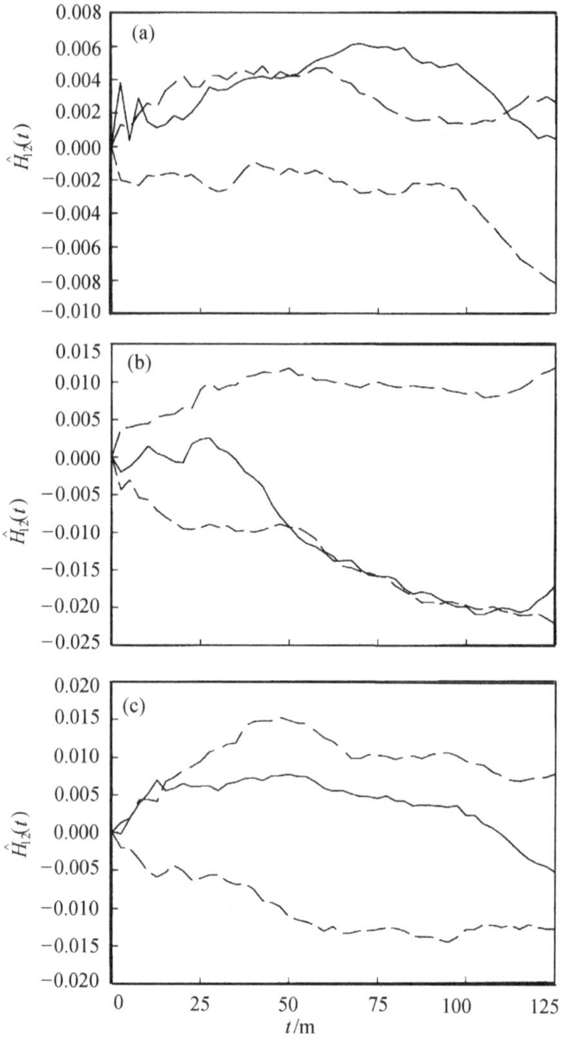

图 11.14　美国密歇根州落叶阔叶林的 3 个优势种种间关系的点格局分析（张金屯 1998b）

—— $\hat{H}_{12}(t)$，— —包迹线；（a）红橡与白橡，（b）红橡与黑橡，（c）白橡与黑橡

2. *O*-ring 函数分析

（1）种群分布格局分析

O-ring *O*(*t*)函数与 Ripley 函数分析法不同，*O*(*t*)函数使用圆环代替圆作为统计工具。这样可以消除 Ripley 函数分析法存在的积累效应，理论上可提高格局分析的精确性，因为 Ripley 函数分析的大尺度格局会受到小尺度格局的影响（Getis and Franklin 1987）。*O*-ring 函数在统计学上与 Ripley 函数有类似之处（Ripley 1981；Stoyan D and Stoyan H 1994），其定义式为

$$O(t) = \lambda g(t) \tag{11.50}$$

其中

$$g(t) = \frac{\mathrm{d}K(t)}{\mathrm{d}t} / 2\pi t \tag{11.51}$$

在完全空间随机的情况下 $O(t) = \lambda$，若 $O(t) > \lambda$ 表示空间集聚，而当 $O(t) < \lambda$ 时，表示空间均匀分布。这实际上就是径向函数（pair correlation function）。

值得注意的是，*O*-ring 函数与 Ripley 函数分析法所表示的尺度具有不同的生物学意义。Ripley 函数方法用于检测那些积累到一定距离才会表现出来的聚集或者均匀分布格局（如竞争引起的自疏等），而 *O*-ring 分析法揭示的是在特定距离上发生的聚集和均匀分布格局。

为消除边缘效应，可将研究区域划分为许多小格（Wiegand and Moloney 2004），则 *O*-ring 函数的估计值：

$$O^w(t) = \frac{\sum_{i=1}^{n} \mathrm{Point}[R_i^w(t)]}{\sum_{i=1}^{n} \mathrm{Area}[R_i^w(t)]} \tag{11.52}$$

式中，$R_i^w(t)$ 是以点 i 为圆心，t 为半径，宽度为 w 的圆环，Points[X]表示在区域 X 内的点的个数，Area[X]表示区域 X 的面积大小。

同样可以用蒙特卡罗检验拟合包迹线，以检验种群分布格局的显著性。

（2）种间关系分析

对于两个种关系的分析是一样的

$$O_{12}(t) = \lambda_2 g_{12}(t) \tag{11.53}$$

其中

$$g_{12}(t) = \frac{\mathrm{d}K_{12}(t)}{\mathrm{d}t} / 2\pi t \tag{11.54}$$

若 $O_{12}(t) = \lambda_2$，说明两个种在尺度下无关联，若 $O_{12}(t) > \lambda_2$，表明二者为正关联，而当 $O_{12}(t) < \lambda_2$ 时，表明二者为负相关。

为消除边缘效应，同样两个种的关系为

$$O_{12}^w(t) = \frac{\frac{1}{n_1}\sum_{i=1}^{n_1} \mathrm{Point}_2[R_{1,i}^w(t)]}{\frac{1}{n_1}\sum_{i=1}^{n_1} \mathrm{Area}[R_{1,i}^w(t)]} \tag{11.55}$$

式中，n_1 为种 1 点的数目；$R_{1,i}^w(t)$ 表示以种 1 第 i 个点为圆心、半径为 t、宽为 w 的圆环；$\mathrm{Point}_2[X]$是区域 X 中种 2 点的数目；Area[X]是区域 X 的面积。

我们仍用蒙特卡罗检验拟合包迹线，以检验两个种群是否显著关联。

图 11.15 是北京东灵山东坡白桦林两个优势树种白桦（*Betula platyphylla*）和棘皮桦（*B. dahurica*）的 *O*-ring 点格局分析例子。因为林龄较小，两个种在各种尺度下均表现

为随机分布特征。

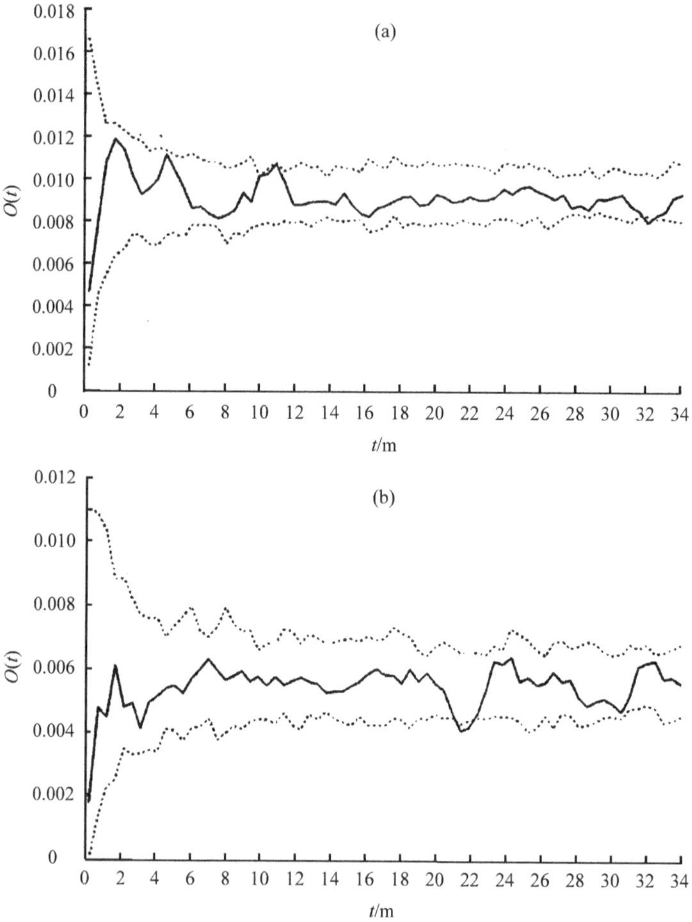

图 11.15 北京东灵山东坡白桦林两个优势树种 *O*-ring 点格局分析

（a）白桦；（b）棘皮桦；虚线为上下包迹线，实线为函数值

3. K_2 函数分析

K_2 函数（Schiffets et al. 2008）仅统计小范围距离变化时邻体密度的变化，是径向分布函数（pair-correlation function）的直接延伸，通过处理，可以在存在异质性的条件下探究一维及二维数据的分布类型。可以表示为

$$K_2(t)=\frac{\mathrm{d}g(t)}{\mathrm{d}t} \tag{11.56}$$

$$g(t)=\frac{\mathrm{d}K(t)}{\mathrm{d}t}/2\pi t$$

Schiffets 等（2008）使用真实的鼹鼠丘数据对比了径向分布函数及 K 函数的改良函数 L，$L(t)=\sqrt{p^{-1}K(t)}-t$，$p(t)=\lambda^2 g(t)$ 发现 K_2 函数在异质性存在时能够提供如聚集尺度等更精确的结果。

4. 邻体分析

邻体分析与二阶分析类似，但是二阶统计是估计一定邻域内的平均点数，而最近邻体分析则评估这个邻域是空的或者包含 k–1 个邻居的概率。最近邻体分析不适合大尺度分析，然而针对小尺度下的具体生态问题如幼苗距离母树的分布等是一个很好的研究方法。

$$D(t) = 1 - \exp(-\lambda \pi t^2) \quad (11.57)$$

在完全空间随机（complete spatial randomness，CST）模式下，若点格局表现为聚集分布，则 $D(t) > 1 - \exp(-\lambda \pi t^2)$；反之，若 $D(t) < 1 - \exp(-\lambda \pi t^2)$，则此格局表现为随机分布。函数 $D(t)$代表关键点距离最近邻体距离为 t 的累积分布函数，函数值小于零代表此尺度及小于此尺度下没有邻体出现，函数值等于 1 代表在此尺度或者更大的尺度上每一个点都有最近邻体。函数 $d(t)$则是相应的非累积分布函数，$d(t) = \lg t 2\text{p}t = \sum_k d^k t$，代表了最近邻体距离关键点的距离为 t 的概率。因为 $d(t)$只是基于少量点的估计，一般不能产生平滑的分布，所以很少使用（Illian et al. 2008）。

5. 球面接触分布函数

球面接触分布函数（spherical contact distribution function）$H_s(t)$是点格局分析中仅次于密度函数的位置相关的统计量，代表了由任意的测试点到最近点的距离 t 的分布。另一种解释是 $H_s(t)$是表征格局中空隙大小的统计数据，因为其有时被称为空间分布函数，用符号 $F(x)$表示。$H_s(t)$提供的信息是点格局其他分析方法的重要补充。

事实上，$H_s(t)$与最近邻距离 $D(t)$关系密切，在 CST 条件下两者数值相同，即 $H_s(r) = 1 - \exp(-\lambda \pi r^2)$，但是，对于集群分布来说 $H_s(t)$值将大于 CST 条件下的值；反之，均匀分布的 $H_s(t)$值将小于 CST 条件下的值。

图 11.16 和图 11.17 是用各统计函数对聚集分布格局和均匀分布格局模拟对比的结果分析。

图 11.16（b）进行的是径向分布函数（pair-correlation function）分析，其中当 t=2 时 $g(t)$=13，说明在此尺度下距离特定点的邻体密度是完全随机分布下的 13 倍，在尺度为 35～40m 时邻体密度迅速降为 1，说明在此尺度下聚集消失，而 40m 则代表了聚集团的直径。图 11.17（b）中，当 t<20 时 $g(t)$=0，说明在尺度 20m 内没有邻体。

图 11.16（c）的 $L(t)$函数分析则在所有尺度上均远大于 0，在约 30m 的尺度上 $L(t)$数值停止上升，这和径向分布函数（pair-correlation function）数值降为 1 时的尺度相似。但是小尺度下，当聚集非常明显时的 $L(t)$值较小，这是对小尺度聚集的低估，由于 k 函数的记忆效应，在大尺度下聚集消失时 $L(t)$值则持续维持在较高水平。图 11.17（c）的 $L(t)$在 20m 内线性下降，因为使用的是 $L_2(r) = L_1(r) - r$，同样由于 k 函数的记忆效应，在所有尺度上 $L(t)$值都小于 0。

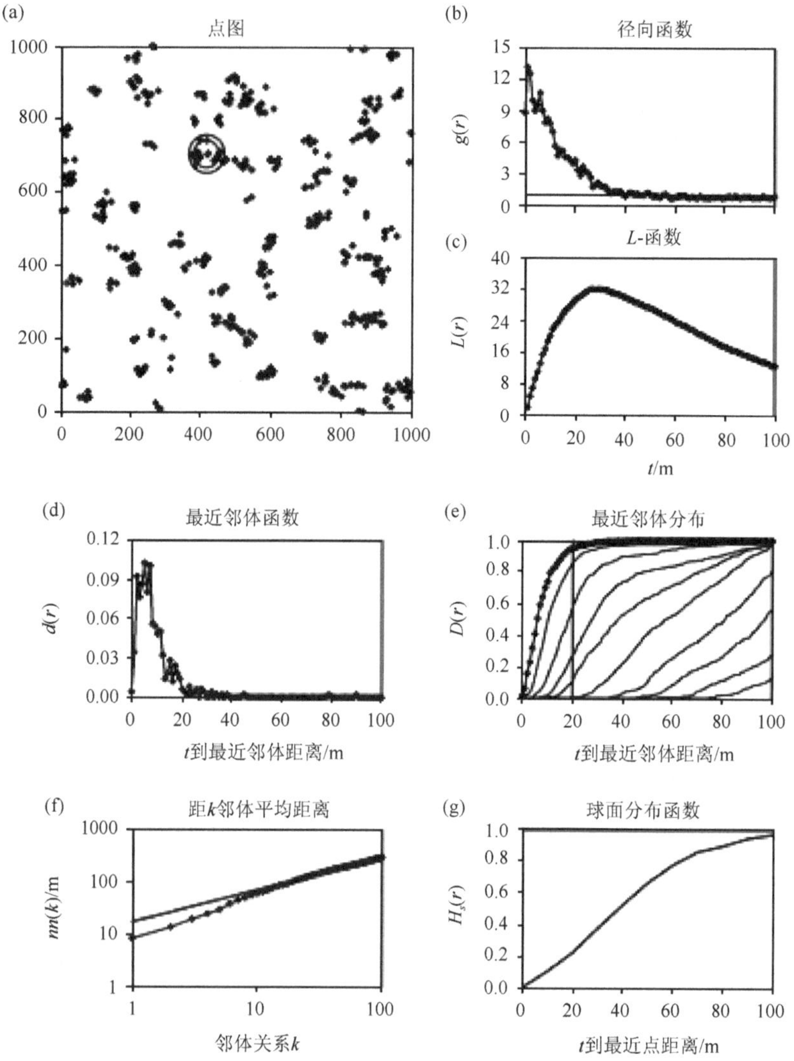

图 11.16　模拟聚集分布格局下多种统计分析

（a）波阿松聚集模型过程模拟的聚集点格局，包含了半径约为 20m 的 100 个聚集团，平均每个聚集团包含 5 个点，共计 500 个点，观测窗口大小为 1000m×1000m；（b）～（g）代表了基于图（a）的不同函数的分析结果；（e）分别代表当 k=1，2，4，6，8，12，16，20，25，30 时的 $D^k(r)$ 分布，其中 $D^1(r)$ 用实心的圆点表示

图 11.16（e）约 95%的最近邻体位于 20m 以内，说明聚集团的大小约为 20m。而使用多级邻体可以提供更多的有效信息，如约 58%和 28%的第四邻体和第六邻体位于 20m 范围内。与随机分布状态［图 11.17（e）］不同的是聚集分布下的曲线都有较长的“尾巴”，可能是由于聚集分布的点与第六或更高阶的邻体的距离很远。

图 11.16（f）则使用了距离第 k 个邻居的平均值 $nn(k)$的对数对最近邻序列的对数作图，近似可以拟合为幂函数 $nn(k)=ak^e$，其中参数 a=17.7±0.14，e=0.61±0.002。图 11.17（f）也可以用幂函数进行拟合，其中参数 a=22.1±0.14，e=0.57±0.001。而在完全随机条件下 e=0.5。

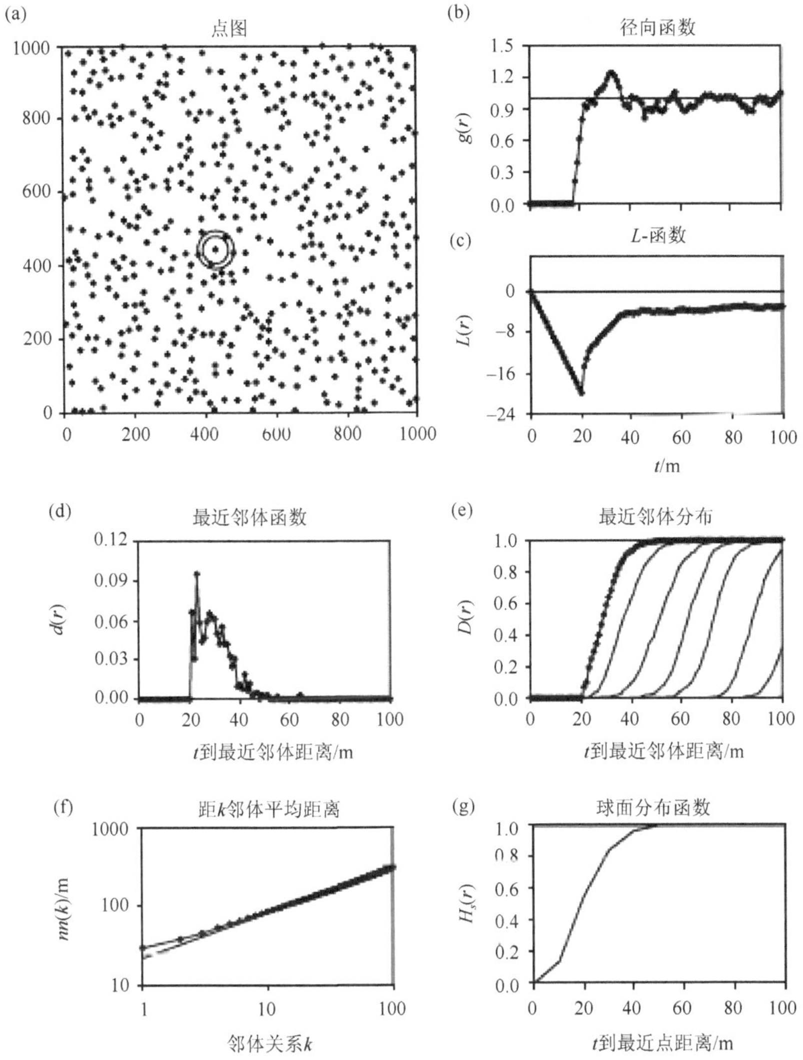

图 11.17 模拟均匀分布格局下多种统计分析

（a）均匀分布点格局，共计 500 个点，观测窗口大小 1000m×1000m，每个点间距离至少 20m；（b）～（g）代表了基于图（a）的统计分析结果；（e）分别代表当 k=1，2，4，6，8，12，16，20，25，30 时的 $D^k(r)$ 分布，其中 $D^1(r)$ 用实心的圆点表示

图 11.16（g）约 5%的测试点在 90m 内并没有最近邻体，证明有些空隙的直径大于 90m，这从图 11.16（a）也可以直观的印证。图 11.17（g）不同，在此分析中，没有大的空隙，95%的检测点在 40m 以内就可以找到最近邻体。

（三）点格局分析中的零假设模型

零假设模型是用于研究格局形成与变化机制的方法，是实证研究，确定所研究的目标过程是否与随机过程有显著差异的方法。统计推断中经常用已经获得的认识或理论模型作参照，例如，要探究竞争机制在物种多样性维持中的作用时，就用没有竞争时的格局做参考，以得出结论。生态学中的零假设模型大多采用与群落生态学学科相关的，排除特定的生态机制创建的预期格局。目标是找出零假设模型中不存在的机制是否对真实的点格局造成影响，这个角色中的零假设模型充当了一个标准的统计无效假设。因此，零假设模型靠排除可能起作用的变量或机制来获得对它们的认识。

点格局分析中有着多种零假设模型（null model），如完全空间随机模型（complete spatial randomness）、异质性波阿松分布模型（heterogeneous Poisson process）、波阿松聚块过程（Poisson cluster process）等。每一种零假设模型代表着一种假设，通过将实际的格局与假设格局进行对比，从而定量分析物种空间分布格局的特征，深入认识格局的形成机制。

1. 空间完全随机模型

空间完全随机（complete spatial randomness，CSR）模型实质是均质波阿松过程。在这个模型中任何一点（或个体）在研究区域内任何一个位置上出现（或发生）的机会是相同的。同时，点间（或个体间）是相互独立的，也就是说任何两点间均不发生相互作用。但由于空间分布格局形成的复杂性，不同的生态学过程可能会导致相同的空间分布格局，因此，在研究植物种群的空间分布格局时，需要一些较为复杂的零假设模型进行检验。

2. 异质性波阿松过程

当研究区域内存在空间异质性的时候，应用完全空间随机模型，就不能够很好地解释植物空间分布的二次特征，这时应选择考虑了样方内空间一次特征的零假设模型。异质性波阿松过程（heterogeneous Poisson process，HPP）就是一种考虑了空间一次特征的零假设模型，在生态学中有重要应用，大多数物种沿环境梯度是变化的，在更大尺度上研究空间结构时，揭示环境及更大尺度对分布的影响很有用，还可以用来揭示点与点之间在小尺度上的相互作用。

在异质性波阿松过程中，所研究个体在研究区域内的密度不是恒定的，而是随着位置的变化而变化，由 $\lambda(x, y)$所表示。其是运用圆形动窗在样方内进行插值运算，进而估计出 $\lambda(x, y)$的值，从而代表空间的一次特征，其计算公式为

$$\lambda^R(x,y) = \frac{\text{Point}[C_{(x,y)}(R)]}{\text{Area}[C_{(x,y)}(R)]} \tag{11.58}$$

式中，$C_{(x,y)}(R)$是以(x, y)为圆心，R 为半径的圆形动窗，Point[X]表示区域 X 内的点数，Area[X]表示区域 X 的面积。在这个模型中对于 R 的选择是需要慎重考虑的，如果 R 过大，则接近 CSR 模型，而不能反映尺度小于 R 的空间一次特征；如果 R 过小，则有可能接近真实的分布情况，而失去了判定格局的意义。

该模型模拟实例见图 11.18。

3. 波阿松聚块模型

波阿松聚块过程又称奈曼斯科特过程（Neyman-Scott process），也称托马斯过程（Thomas process），其描述了一个空间聚集的过程。在该假设下，所研究物种的亲代在

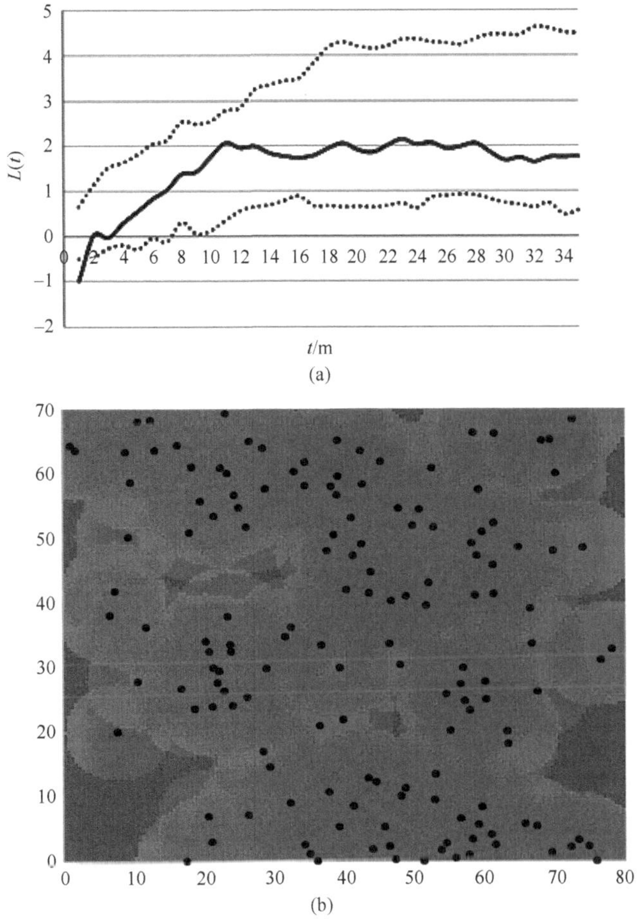

图 11.18　北京东灵山白桦林优势种白桦的异质性波阿松模型模拟

（a）为异质性波阿松过程下的点格局分析；（b）为空间分布的异质性波阿松模拟图。颜色重叠多的部分代表种群的密度高。黑点为白桦个体在样方内的实际分布

研究区域内遵循完全空间随机分布，每个亲代产生的子代在数量上符合波阿松分布，而在空间位置上符合二元高斯分布，则子代的空间分布格局符合波阿松聚块过程。其 $K(t)$ 函数的估计值为

$$K(t,\sigma,\rho)=\pi t^2+\frac{1-\exp(-t^2/4\sigma^2)}{\rho} \tag{11.59}$$

式中，t 为尺度，ρ 为该过程中亲代的密度，σ^2 为高斯分布的方差，表示子代在亲代周围分布的范围。

此模型通常用来检验一个种群的分布是否受到扩散限制的影响。

奈曼斯科特过程和托马斯过程的区别在于前者在模拟过程中不保留随机过程产生的“母树”格局，而后者则同时包括“母树”和“子代”的格局。

此外还有 Matern 聚块分布过程、负二项分布过程、对数高斯分布过程等都同属于可以产生聚块分布的 Cox 过程。

4. 波阿松双聚块过程模型

波阿松双聚块过程（Poisson double-cluster process，DC）模型是波阿松聚块过程的多代扩展，意为波阿松聚块过程的子代再次产生自己的后代个体，研究仅针对子二代个体进行空间格局分布的分析。波阿松双聚块过程用于所研究的群落出现两个不同尺度上的聚集现象，揭示了两次聚块过程中不同的数量和空间分布特征。其 $K(t)$函数估计值表达如下：

$$K(t,\sigma_1,\rho_1,\sigma_2,\rho_2)=\pi r^2+\frac{1-\exp(-t^2/4\sigma_2^2)}{\rho_2}+\pi t^2+\frac{1-\exp(-t^2/4\sigma_{\text{sum}}^2)}{\rho_2} \quad (11.60)$$

式中，$\sigma_{\text{sum}}^2=\sigma_1+\sigma_2$，其他参数的含义同波阿松聚块分布，下角标 1 代表第 1 代，下角标 2 代表第 2 代。

5. 核心排斥过程模型

核心排斥过程模型是较为简单的完全空间随机模型的扩展，它能够解释在小尺度上均匀分布的空间格局。在实际调查中，不会出现两个植物个体出现在一个点的情况，所以在进行数据分析的过程中，极有可能出现在小尺度的范围内，其他植物个体出现的概率均为 0，或极其接近 0，从而表现出均匀分布的结果。选取植物个体间的最小距离 δ，当在最小距离内完全不出现其他植物个体的情况下，符合绝对核心排斥过程（hard-core process），其 $g(t)$函数估计值为

$$g(t)=\begin{cases}0, & t\leqslant\delta\\ 1, & t>\delta\end{cases} \quad (11.61)$$

$K(t)$函数估计值可以由积分求得

$$K(t)=\int_0^r 2\pi t' g(t')\mathrm{d}t'=\pi t^2-\pi\delta^2 \quad (11.62)$$

当在最小距离内几乎不出现其他植物个体的情况下，这时可以选择一个合适的“接受程度” p，表明在最小距离内可以出现植物个体的数量多少，则这个过程符合相对核心排斥过程（soft-core process，SC），其 $g(t)$函数估计值为

$$g(t)=\begin{cases}t^{1/p}, & t\leqslant\delta\\ 1, & t>\delta\end{cases} \quad (11.63)$$

6. 双变量零假设模型

在研究中，与单变量（一个种）空间格局计算类似的是，某尺度下双变量的计算值如果在上包迹线以上，表明在该尺度下两种类型的个体聚集，反映出正相关关系，且置信度为 99%；某尺度下的计算值在上下包迹线内，表明在该尺度下符合所选取的零假设模型的随机过程，反映出两种类型并没有显著的相关关系；某尺度下的计算值在下包迹线以下，表明在该尺度下两种类型表现出排斥的现象，即反映出负相关关系，且置信度为 99%。

（1）独立性检验

独立性检验（independence，ID）假设所研究的两个物种或两个类型间没有相互作用，是两个独立的过程。

独立性检验并不适用CSR模型，因为每个类型本身的分布格局并不一定是符合CSR模型的，如果盲目地使用双变量的CSR模型，就会忽略每个类型原有的分布格局的形成过程，这是不符合实际的。那么我们可以通过环形转变模型（toroidal shift）来打破两种空间分布格局之间的依赖，模拟一种类型分布格局的随机移动变化对另一种类型分布格局的影响。在实际分析过程中，保持类型1的空间分布格局在以1矩形范围内，且保持不变；类型2空间分布的矩形区域相对于类型1进行随机移动，是类型2矩形区域的上下边缘和左右边缘分别相连接，在随机移动发生后，移出类型1矩形范围的区域补回相应的位置，使得类型2在新的矩形区域再次与类型1的矩形区域重叠，从而可以计算这一次模拟下的计算值。

（2）随机标签模型

随机标签模型（random labeling）假设两个物种或两个类型的空间分布格局是由相同的随机过程（或受到相同的限制条件）产生的。每一次循环模拟中，给类型1中的个体随机打上标签，计算其周围特定尺度内出现类型1或者类型2的个体出现的概率。根据研究目的的不同，可以选择不同的类型进行标签标记。同时，随机标签模型也有几种常用变式来解释不同的生物学过程，具体的内容将会在后文结果与讨论中进行更为详细的解释。

（3）双变量波阿松聚块过程模型

双变量波阿松聚块过程（bivariate Poisson cluster processes）模型是单变量波阿松聚块过程的概括，假设两种类型的个体共用“通用亲代”，在“通用亲代”周围形成聚集的波阿松聚块过程，表现为两种类型的正相关关系。其$K(t)$函数估计值为

$$K(t,\sigma_{12},\rho_{12})=\pi t^2+\frac{1-\exp(-r^2/4\sigma_{12}^2)}{\rho_{12}} \tag{11.64}$$

式中，ρ_{12}表示“通用亲代”的密度，σ_{12}表示“通用亲代”产生子代在亲代周围分布的范围，并且应满足$\sigma_{12}^2=(\sigma_1^2+\sigma_2^2)/2$的条件。

双变量波阿松聚块过程往往适用于同一物种内的不同类型（如不同龄级），对于物种间分析，数据的要求比较高，往往拟合出符合条件的σ值具有一定的困难，不能很好地解释空间格局分布分析的结果。

（4）双变量核心排斥过程

双变量核心排斥过程的含义同单变量核心排斥过程类似，也分为双变量绝对核心排斥过程（bivariate hard-core processes）和双变量相对核心排斥过程（bivariate soft-core processes）两种情况。

（5）前提条件模型

前提条件模型（antecedent condition，AC）假设两种类型的出现具有时间的顺序，即类型1先出现，类型2后出现。在空间格局形成的过程中，类型1不受类型2的影响，

而类型 2 的分布受到类型 1 的影响。这个条件下最简单的零假设模型是 CSR 模型，假设类型 2 在类型 1 周围完全随机出现，表明这两种类型的产生过程是独立的。在实际的研究中，前提条件模型一般适用于两种数据类型的计算分析，一种是灌丛草本样方，假设灌木种群是先产生的，草本种群后产生并受灌丛种群的影响；另一种是同种树木的成年树和幼年树，假设成年树是先产生的，幼年树后产生并受成年树的影响。这两种数据类型的假设比较符合实际情况。在其他情况下，除非得到相关证据，确定不同类型出现的先后顺序，否则应用此模型需要慎重考虑。

基于前提条件模型，还可以和其他的零假设模型进行组合，进而描述类型 2 在类型 1 影响下的空间格局分布特征。主要有以下 4 种模型：前提条件下双变量完全空间随机模型（complete spatial randomness under antecedent condition，AC-CSR），描述类型 1 在样方内随机出现，类型 2 在类型 1 周围也是随机出现；前提条件下双变量异质性波阿松过程模型（heterogeneous Poisson process under antecedent condition，AC-HP），描述类型 1 在样方内随机出现，类型 2 则受到环境异质性的影响，根据模拟类型 2 的密度，划分均质空间，在类型 1 周围根据划分均质空间的结果随机出现；前提条件下双变量波阿松聚块过程模型（bivariate Poisson cluster processes under antecedent condition，AC-BNS），描述类型 1 在样方内随机出现，类型 2 为类型 1 的子代，在类型 1 周围符合波阿松聚块的过程；前提条件下双变量波阿松双聚块过程模型（bivariate Poisson double-cluster process under antecedent condition，AC-BDC）描述类型 1 在样方内并不是随机出现而是聚集分布，类型 2 为类型 1 的子代，在类型 1 周围再聚块的过程。

7. 模型的比较与检验

（1）蒙特卡罗检验

蒙特卡罗检验（Monte Carlo test）用于比较不同尺度上观测的空间分布偏离零模型的程度，并计算置信区间（confidence interval）或包迹线（envelope）（Diggle 2003）。参见前面的各函数的检验部分。

（2）拟合优度检验

蒙特卡罗方法在检测观测的点格局是否符合某一特定空间模型时，由于存在第一类错误检验结果出现低估的情况，因此，拟合优度检验（test of goodness of fit）方法被提出（Loosmore and Ford 2006）。运用该方法，实测格局与每个蒙特卡罗拟合的格局都被放入一个一般检验统计量中，公式表示为

$$u_i = \sum_{t_k = t_{\min}}^{t_{\max}} \left[\hat{H}_i(t_k) - \bar{H}_i(t_k) \right]^2 \delta t_k \tag{11.65}$$

式中，t_k 是距离，$t_{\min}$ 和 $t_{\max}$ 分别是模拟距离上的最小值和最大值，$\hat{H}_i(t_k)$ 是实际观测格局 i 的检验统计量结果，$\bar{H}_i(t_k)$ 是除 i 以外所有模拟格局在距离区间为 δt_k 上检验统计的均值。

对于零模型假设检验的 P 值可以计算为

$$\hat{p} = 1 - \frac{\text{rank}[u_1] - 1}{s} = 1 - \frac{\sum_j I[u_1 > u_j]}{s} \quad (j=2, 3, 4, \cdots, s) \tag{11.66}$$

式中，$I[u_1 > u_j]$是一个指示函数：当 u_1 的值大于 u_j 时为 1，否则为 0。例如，加入观测格局的统计计算结果比其余 199 次模拟格局的统计计算结果都大，那么此时的 $\hat{p}$ = 1–199/200=0.005。

（3）赤池信息量准则

赤池信息量准则（Akaike information criterion，AIC）在统计模型选择中广泛使用，在样本残差符合正态分布的情况下，AIC 的值可以近似估计为

$$\mathrm{AIC} = n\ln R + 2k \tag{11.67}$$

式中，n 代表检验模型使用的样本数，k 代表模型中的参数个数，R 代表模型观测值与模拟值的残差平方和。AIC 判断标准结合了模型的准确性和简洁性：若模型的预测与真实数据越接近，即公式中残差越小，且模型所含的参数越少，即 AIC 值越小，则模型越优。

（4）模型参数估计

在许多实际应用中，需要尽可能精确地描述观测到的点格局的统计特性。在这种情况下，参数估计起着重要的作用，因为它们代表已知的（通常是复杂的）空间结构的模式，可以用作衡量所观察到的点格局的统计性质的标尺。

参数估计的方法有最小差异法（minimum contrast method），对数似然（log-likelihood）方法获取等。

以波阿松过程和托马斯过程为例，两个过程的密度函数都可以表示为以下形式：

$$\rho(u) = \exp(z(u)\beta^{\mathrm{T}}) \tag{11.68}$$

式中，$z(u) = (1, z_{1:k}(u)), \beta = (\beta_0, \beta_{1,k})$；对波阿松过程来说 $\beta_0 - \lg(\alpha)$，而对于托马斯过程来说 $\beta_0 = \lg(\kappa\alpha)$。依据该密度函数，就可以采用 log-likelihood 方法来获得 β 的估计 $\hat{\beta}$：

$$l(\beta) = \sum_{u\in X\cap S} z(u)\beta^{\mathrm{T}} - \int_s \exp(z(u)\beta^{\mathrm{T}})\,\mathrm{d}u \tag{11.69}$$

可用式（11.69）估计波阿松过程中的所有参数，而托马斯过程的其他参数 $\hat{\kappa}$和 $\hat{\delta}$ 可以用最小差异法来估计：

$$\mathrm{m}(\kappa,\delta) = \int_{rl}^{r} (\hat{K}(t)^c - K(t;\kappa,\delta)^c)^2 \mathrm{d}t \tag{11.70}$$

式中，rl、r 和 c 为自定义参数，K 是具有以下定义的异质性 K 函数：

$$\hat{K} = \sum_{u,\eta\in X\cap S} \frac{1[0 < \|u-\eta\| < t]}{\exp((z(u)-z(\eta))\hat{\beta}^{\mathrm{T}})} e_{u,\eta} \tag{11.71}$$

式中，$e_{u,\eta}$ 是边缘效应矫正函数。剩余参数 $\hat{\mu}$ 和 $\hat{\alpha}$ 可以通过下列公式得到

$$\hat{\mu} = M / \hat{\kappa} \tag{11.72}$$

$$\hat{\alpha} = \exp(\hat{\beta}_0) / \hat{\kappa} \tag{11.73}$$

五、分形分析

分形模型（fractal model）提供了一个能够直接探讨生态学中涉及尺度、等级等难题的数学途径（马克明等 1999）。分形分析强调了尺度的重要性，尺度变化的内涵通过分维数的变化反映出来。采用分形分析的方法研究种群分布格局可以揭示在不同的观测尺度上种群空间分布的变化规律。分形分析所用数据是植物个体在样方中的位置（坐标），将样方分成不同大小的栅格，以代表不同的尺度。分形分析用 3 种指数反映格局特征，即计盒维数、信息维数和关联维数（马克明和祖元刚 2000a，2000b）。

1. 计盒维数

计盒维数（box-counting dimension）是对种群占据面积随尺度变化规律的反映，揭示出种群占据生态空间的程度和利用生态空间的能力。

$$D_b = -\lim_{\varepsilon \to 0} \frac{\ln N(\varepsilon)}{\ln \varepsilon} \tag{11.74}$$

式中，D_b 为计盒维数，ε 为格子边长，$N(\varepsilon)$为对应于划分尺度(ε)的非空格子数。计盒维数表征的是相同形状的小集合覆盖一个集合的概率（马克明和祖元刚 2000a）。

2. 信息维数

信息维数（information dimension）是从独立于尺度的角度，揭示了格局强度的尺度变化及个体分布的非均匀状况。

$$D_i = \lim_{\varepsilon \to 0} \frac{I(\varepsilon)}{\ln \varepsilon} \tag{11.75}$$

式中，D_i 为信息维数，$I(\varepsilon)$是边长为 ε 时的总信息量，$I(\varepsilon)=\sum I_i$，而 $I_i=-P_i\ln P_i$，$P_i=N_i/N$，表示每个非空格子中的个体分布概率；N_i 为每个非空格子中拥有的个体数量，N 为样地内总的个体数。

3. 关联维数

关联维数（correlation dimension）反映出一个集合中点元素的关联特征，在种群格局中则体现为个体空间相关程度的大小、个体间竞争及种群整体对空间的占据程度。

$$D_c = \lim_{\varepsilon \to 0} \frac{\lg[C(\varepsilon)]}{\lg(\varepsilon)} \tag{11.76}$$

式中，D_c 为关联维数，$C(\varepsilon)$ 是每一距离个数（N_i）与距离总个数（N）的比值之和，就是通过计算样地内每一个体与所有其他个体间的欧氏距离，给定一个距离阈值，统计小于该阈值的欧氏距离个数（N_i），然后改变距离阈值，再统计，以此类推。

这 3 种指数都可以在双对数坐标下进行直线拟合，用图形和直线的斜率来反映格局特征。

分形分析与前面分析方法的理论基础不同，是一个新的尝试，但在研究中应用得比较少，主要是因为其在反映格局与尺度关系上不如点格局分析。

六、二维空间格局分析

前面讨论的格局分析都是一维空间格局分析，其结果是格局规模的长度。但在自然植被中，格局的变化至少是二维的，所以二维格局分析的结果应该是格局斑块的面积。有学者认为，二维格局分析能够更准确地揭示种群空间特征。另外，在不同的方向上，格局应具有不同的特征，但在实践中，一般只考虑两个方向，也就是二维格局研究。

有几个现成的一维格局分析方法可以用于二维空间格局分析（two-dimensional analysis of spatial pattern），事实上最早的格局分析方法——等级方差法（Greig-Smith 1952；张金屯 2011）就是一个二维分析方法。

对于二维格局的研究，主要的问题可能还是数据收集问题，在一维格局分析中，多数情况下用由连续小样方组成的样带来取样，一般小样方的数目比较多，在文献中最少是 36 个，多的超过 1000 个，这样取样工作量很大。如果是二维格局分析，取样应是由小样方组成的网格，如 $n \times m$ 维网格，即取样地就是一个由小样方组成的矩形，这样才能研究二维格局，可想而知取样工作量就更大。另外，实际研究中地形等因素也影响取样。Dale（1999）认为二维格局分析最适合于用卫片、航片等获得数据，所以其就扩展到群落格局和景观格局的研究，不单是种群格局分析。

1. 二维等级方差法

等级方差法是最早的格局分析方法，它起初的取样方法就是网格法，当将该方法应用于二维格局分析时，它要求网格数是在两个方向上相等，并且是 2 的乘方（见前文），如取 64×64 个小样方（网格）。然后再将样方数结合成不同的区组，用前面的方法计算各区组的方差，同样格局分析图上的峰值所对应的区组代表格局的规模，但此时是面积，而不是长度。

等级方差法是最早的分析方法，所以其有不少缺点前面已经讲到。另外，这一方法在应用于二维格局分析时，对于区组面积，若是 2 的偶次方，它是正方形面积，若是 2 的奇次方，它则是长方形面积，这样对分析结果会有影响（Dale 1999）。所以，在二维格局分析中，我们不推荐使用这一方法。

2. 二维轨迹方差分析

二维轨迹方差分析可以双项轨迹方差法（TTLQV）为基础，在一维分析中，其计算区组方差的公式为

$$V_2(b) = \sum_{j=1}^{n+1-2b} \left(\sum_{i=j}^{j+b-1} x_i - \sum_{i=j}^{j+b-1} x_{i+b} \right)^2 \Bigg/ 2b(n+1-2b) \qquad (11.77)$$

式中，b 为区组，x_i 是小样方 i 的观测值，n 为小样方数。格局分析图峰值所对应的区组即为在该尺度下的格局。

将 TTLQV 扩展到二维格局分析，可以通过计算一个 $b \times b$（b 为区组）方块的总密度与围绕该方块周围的 8 个方块的平均总密度之间的方差而实现。如图 11.19 所示，“+”

表示一个 $b \times b$ 的方块，而“–”表示周围的方块。若依图 11.19 所示的计算方差，可以认为是“九项轨迹方差（9TLQV）”，若将图 11.19 拆分成 4 个 2×2 的 $b \times b$ 方块图（图 11.20），这样就可以计算四项轨迹方差，我们先考虑四项轨迹方差分析。

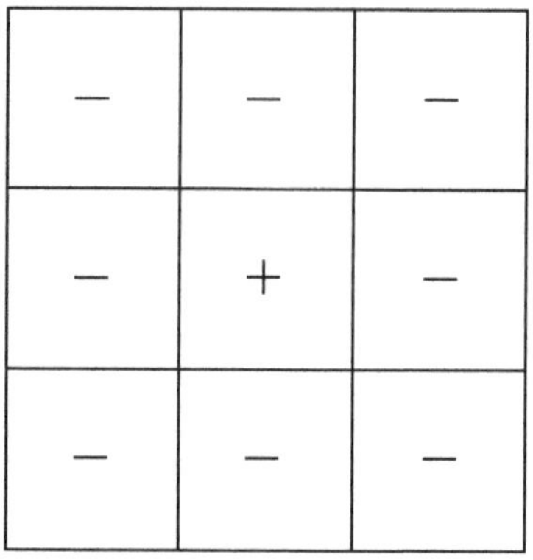

图 11.19　二维格局分析——九项轨迹方差示意图

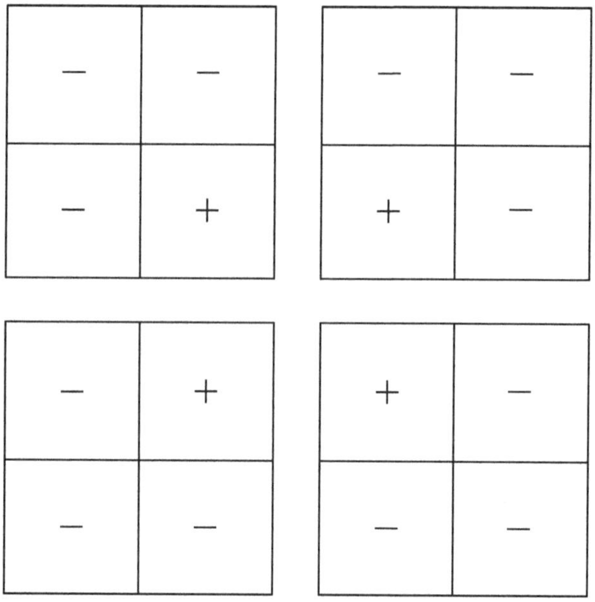

图 11.20　二维格局分析——拆分为四项轨迹方差示意图

假定调查取样得到 $m \times n$ 维由小样方组成的网格数据，$S_b(i,j)$ 为从小样方 (i,j) 开始的 $b \times b$ 方块中的总密度值，则

$$S_b(i,j) = \sum_{p=1}^{i+b-1} \sum_{q=j}^{j+b-1} x_{pq} \tag{11.78}$$

式中，x_{pq} 为网格中 p 列 q 行个小样方中的密度值，b 为区组大小。接下来可以分别计算每一个 2×2 方块图的方差：

$$V_1(b)=\sum_{i}^{n+1-2b}\sum_{j}^{m+1-2b}\frac{[3S_b(i,j)-S_b(i+b,j)-S_b(i,j+b)-S_b(i+b,j+b)]^2}{8(n+1-2b)(m+1-2b)b^3}\tag{11.79}$$

$$V_2(b)=\sum_{i}^{n+1-2b}\sum_{j}^{m+1-2b}\frac{[3S_b(i+b,j)-S_b(i,j)-S_b(i,j+b)-S_b(i+b,j+b)]^2}{8(n+1-2b)(m+1-2b)b^3}\tag{11.80}$$

$$V_3(b)=\sum_{i}^{n+1-2b}\sum_{j}^{m+1-2b}\frac{[3S_b(i,j+b)-S_b(i+b,j)-S_b(i,j)-S_b(i+b,j+b)]^2}{8(n+1-2b)(m+1-2b)b^3}\tag{11.81}$$

$$V_4(b)=\sum_{i}^{n+1-2b}\sum_{j}^{m+1-2b}\frac{[3S_b(i+b,j+b)-S_b(i+b,j)-S_b(i,j+b)-S_b(i,j)]^2}{8(n+1-2b)(m+1-2b)b^3}\tag{11.82}$$

式中，m 为网格的列数，n 为行数。这样以上 4 个方块方差的平均就是二维格局在 b 规模下的方差：

$$V_4(b)=[V_1(b)+V_2(b)+V_3(b)+V_4(b)]/4\tag{11.83}$$

V_4 曲线上的峰值所对应的 b 值就是二维格局规模（面积）。

第二种四项轨迹方差计算是对任一区组先计算四项离差平方（D）：

$$D_{ij}=[3S_b(i,j)-S_b(i+b,j)-S_b(i,j+b)-S_b(i+b,j+b)]^2$$

$$D_{i+b,j}=[3S_b(i+b,j)-S_b(i,j)-S_b(i,j+b)-S_b(i+b,j+b)]^2$$

$$D_{i,j+b}=[3S_b(i,j+b)-S_b(i+b,j)-S_b(i,j)-S_b(i+b,j+b)]^2$$

$$D_{i+b,j+b}=[3S_b(i+b,j+b)-S_b(i+b,j)-S_b(i,j+b)-S_b(i,j)]^2$$

则四项轨迹方差为

$$V_4(b)=\sum_{i=1}^{n+1-2b}\sum_{j=1}^{n+1-2b}\frac{D_{ij}+D_{i+b,j}+D_{i,j+b}+D_{i+b,j+b}}{32b^3(n+1-2b)(m+1-2b)}\tag{11.84}$$

同样 V_4 格局分析图上对应的区组大小（b）代表着种群二维空间格局规模。

四项轨迹方差是以一维的 TTLQV 为基础，所以，二者优缺点基本上是一致的（见前文）。

下面考虑九项轨迹方差分析，九项轨迹方差也是以 $S_b(i,j)$ 为基础（见前文）。

定义：

$$\begin{aligned}T_b(i,j)=&S_b(i-b,j-b)+S_b(i-b,j)+S_b(i-b,j+b)+S_b(i,j-b)-8S_b(i,j)+\\&S_b(i,j+b)+S_b(i+b,j-b)+S_b(i+b,j)+S_b(i+b,j+b)\end{aligned}\tag{11.85}$$

则九项轨迹方差为

$$V_9(b)=\sum_{i=b+1}^{n+1-2b}\sum_{j=b+1}^{m+1-2b}\frac{[T_b(i,j)]^2}{72b^3(n+1-3b)(m+1-3b)}\tag{11.86}$$

V_9 曲线图上的峰值就是格局在 b 尺度上的格局。

3. 二维谱分析法

二维谱分析法（two-dimensional spectral analysis）的计算与一维谱分析很类似。对于 $m\times n$ 维网格数据，假定 x_{ij} 是网格中第 i 行、第 j 列个样方中的种密度值，在第一轴方

向上频率为 P，在第二轴方向上频率为 q 的周期图值为 I_{pq}，则

$$I_{pq} = mn(C_{pq}^2 + S_{pq}^2) \tag{11.87}$$

其中

$$C_{pq} = \sum_{i=1}^{m}\sum_{j=1}^{n} x_{ij}[\cos 2\pi(ip/m + iq/n)]$$

$$S_{pq} = \sum_{i=1}^{m}\sum_{j=1}^{n} x_{ij}[\sin 2\pi(ip/m + iq/n)]$$

这样，分析结果可以 I_{pq}、p 和 q 作为三个轴绘制三维格局分析图，结果一目了然，图 11.21 就是一个二维谱分析结果图，很明显，在（2, 2）和（8, 8）两点上出现峰值，说明 2×2 和 8×8 是格局两个斑块的规模。

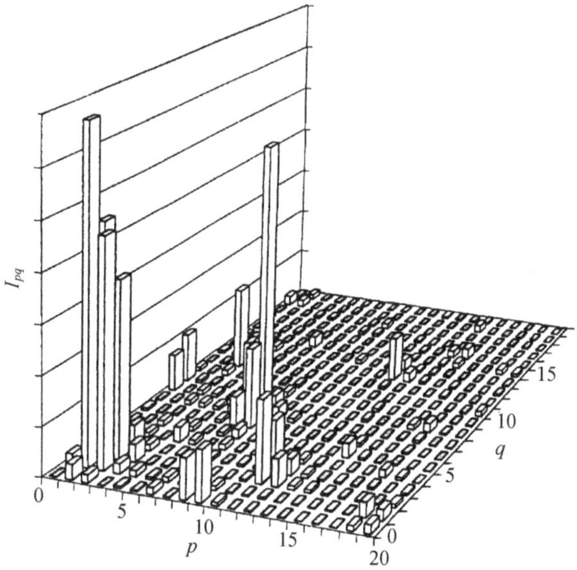

图 11.21　模拟数据的二维谱分析图（Dale 1999）

4. 二维配对法（two-dimensional paired quadrat variance）

一维配对法是计算样带上相隔区组 b 的两个小样方间的方差。二维数据是一个矩形，像一个棋盘，因为随机配对在各个方向上进行，故用相隔几个小样方难以准确表达，所以这里可以用下棋中的几步或者直接用距离来表示两个小样方间的间隔大小。它们的方差可分别计算：

$$V(r) = \sum (x_{ij} - x_{pq})^2 \Big/ n^r \tag{11.88}$$

式中，x_{ij} 是所研究种群在第 i 行 j 列个网格（小样方）中的密度值，x_{pq} 是其在第 p 行、第 q 列个网格中的密度值，$r = |i-p| + |j-q|$，x_{ij} 和 x_{pq} 被 r 步而隔开，n_r 是这样所配的样方对的数量。

若用距离表示间隔，则

$$V(d)=\sum(x_{ij}-x_{pq})^2/n_d \tag{11.89}$$

式中，$d=\sqrt{(i-p)^2+(j-q)^2}$，x_{ij} 和 x_{pq} 是间隔距离为 d 的两个小样方中的种群密度，n_d 同样是所配的样方对的数量。

以距离或步数和方差作图，就是格局分析图。同一维随机配对法一样，该方法的曲线峰值不特别明显，但分析结果较好。

5. 双向一维分析方法

该方法取样仍是由小样方组成的样带，但用两条垂直相交的样带代表两个方向，两个空间轴。这样对两条样带数据分别进行一维格局分析，前面讲到的一维格局分析方法均可使用。然后对两个方向上得到的格局规模可以认为是格局斑块的长和宽，可以求得格局的面积。

张金屯（2005）在研究山西芦芽山亚高山草甸格局时，用垂直相交的两条样带在两个方向上同时取样的二维取样法，获得数据，用一维格局分析方法分别分析，得到了各个优势种不同格局规模斑块的长、宽及面积，实现二维格局研究。用 DCA 排序和格局分析方法相结合，完成了群落的二维格局分析。结果表明这样的垂直样带二维取样及分析方法较好地反映了种群和群落的空间特性，是有效的方法（表 11.9）。该方法在取样上可能比较省时，但分析时只考虑两个方向上的两条样带，信息量偏小，对准确性可能有一定的影响（张金屯 2005）。

表 11.9　芦芽山亚高山草甸二维格局分析结果

种和群落	格局规模	斑块长（宽）		斑块面积	
		第一样带	第二样带	区组×区组	长（cm）×宽（cm）
珠芽蓼	小斑块	8	8	8×8	80×80
	中斑块	8	40	8×40	80×400
	大斑块	64	56	64×56	640×560
细叶薹草	小斑块	8	4	8×4	80×40
	大斑块	60	56	60×56	600×560
北方嵩草	小斑块	16	16	16×16	160×160
	中斑块	40	16	40×16	400×160
	大斑块	60	64	60×64	600×640
瓣蕊唐松草	小斑块	8	8	8×8	80×80
	大斑块	32	56	32×56	320×560
禾草	小斑块	24	8	24×8	240×80
	大斑块	24	64	24×64	240×640
草甸群落	小斑块	32	16	32×16	320×160
	大斑块	64	64	64×64	640×640

6. 配对协方差法

配对协方差分析（paired quadrat covariance）是研究两个种在二维空间的关系，与二维配对方差方法一样，用 x_{ij} 和 x_{pq} 分别代表种 A 在第 i 行、第 j 列个网格（小样方）和第 p 行、第 q 列个网格中的密度值，y_{ij} 和 y_{pq} 分别代表种 B 在以上两个网格中的密度值，则协方差为

$$C(d)=\sum(x_{ij}-x_{pq})(y_{ij}-y_{pq})\Big/n_d \tag{11.90}$$

式中，$d=\sqrt{(i-p)^2+(j-g)^2}$，两个网格（小样方）(i,j)和(p,q)的间隔为 d，n_d 是所配的小样方对数量。

距离 d 和协方差的关系图可以清楚地反映两个种 A 和 B 格局的关系变化。这种关系有正负之分，表示两个种的正关联和负关联。

7. 四项轨迹协方差法

四项轨迹协方差（four-term local quadrat covariance）与四项轨迹方差相似，设 $S_b(i,j)$ 是种 A 在以小样方(i,j)为起点的 $b\times b$ 方块内的总密度，$t_b(i,j)$ 是种 B 在该方块内的总密度

$$S_b(i,j)=\sum_{p=1}^{j+b-1}\sum_{q=j}^{j+b-1}x_{pq} \tag{11.91}$$

$$t_b(i,j)=\sum_{p=1}^{j+b-1}\sum_{q=j}^{j+b-1}y_{pq} \tag{11.92}$$

式中，x_{pq} 和 y_{pq} 分别是种 A 和种 B 在(p,q)个小样方中的密度值，b 为区组大小。

对于每一项离差平方可以按二维四项轨迹方差方法计算，比如

$$D_{ij}=[3S_b(i,j)-S_b(i+b,j)-S_b(i,j+b)-S_b(i+b,j+b)]^2$$

同样可以计算 $D_{i+b,j}$、$D_{i,j+b}$、$D_{i+b,j+b}$。对于种 B 利用 $t_b(i,j)$ 也可以计算四项离差平方，然后将种 A 和 B 的密度 $S_b(i,j)$ 与 $t_b(i,j)$ 联合起来计算四项离差平方，这样就可以计算四项轨迹方差：

$$V_A(b)=\sum_{i=1}^{n+1-2b}\sum_{j=1}^{n+1-2b}\frac{D_{ij}+D_{i+b,j}+D_{i,j+b}+D_{i+b,j+b}}{32b^3(n+1-2b)^2} \tag{11.93}$$

同理可以计算 $V_B(b)$ 和 $V_{A+B}(b)$，则四项协方差：

$$C_{AB}(b)=\left[V_{A+B}(b)-V_A(b)-V_B(b)\right]/2 \tag{11.94}$$

以组 b 为横轴，协方差 $C_{AB}(b)$ 为纵轴绘图，其曲线的峰值就是两个种 A 和 B 关系变化的规模，不论其值是正还是负，都反映了两个种的格局变化。正峰值表明两个种在此规模下，个体聚集，关系密切；反之负峰值表明二种个体分离，关系疏远。

在二维空间分析两个种群的格局关系还有多种方法，比如说分别分析两个种的二维空间格局，再比较它们的格局图可以看出二者的关联关系。再比如，可以将两个种的数据混在一起作为一个种来分析格局，然后再在网格图上分别标出两个种的个体位置，其

结果也能够清楚地看出两个种的个体是聚集还是分离。

七、大尺度格局分析

前面讲的格局分析方法主要用于研究群落内部结构关系，也就是其研究范围包括群落内部或者相似群落过渡区，如环境脆弱带（ecotone）中的种群分布生态关系。对于一个含有多种植物群落面积较大的植被地段或地区，种群分布的规律及其环境因子对种群分布的影响则不能用这些方法来研究。这里介绍两种趋势面分析方法（trend surface analysis），这适合于大范围内种群分布关系的研究，我们把这样的研究称为大尺度格局分析（large-scale pattern analysis）。

1. 趋势面分析

趋势面分析（Gittins 1968；阳含熙和卢泽愚 1981；张金屯 1995，2011）与排序方法类似，其取样过程和排序一致，但它可以分析任一单个种群分布与重要环境因子之间的系统变化趋势关系。例如，我们要研究一定范围内某个种的分布规律。它的分布大范围内可能受大气候因素（降水量、季节变化等）控制，而局部地区又受土壤、小地形等因素的影响。此时该种的变化有系统变化趋势和小范围的差异，前者称为趋势部分，后者称为偏差部分。趋势面分析主要是找出系统变化趋势，因此在多数情况下，将地理位置作为环境因子来研究植物种的分布趋势。

趋势是数据固有的变化格局，可以用一个随样方地理位置变化的方程去拟合它，有不同的方法可以选择，这里仅介绍多项式法，即多元回归法。

趋势面分析要求取样时要记录样方的地理位置，并将其作为坐标值，比如东西向作为 U 轴，南北向作为 V 轴，样方 j 的坐标值记为（$U_i V_i$）（j=1, 2, ⋯, N，N 为样方数）。植物种在样方 j 中的观测值（多度、盖度等）记为 $X_j=X(U_j V_j)$（j=1, 2, 3, ⋯, N）。下面就是要用坐标值（$U_j V_j$）来拟合种的观测值。拟合值称为趋势值，对于一次趋势面就是用一次多项式来拟合：

$$\hat{X}(U_jV_j) = a_0 + a_1U_j + a_2V_j \tag{11.95}$$

二次趋势面用二次多项式：

$$\hat{X}(U_jV_j) = a_0 + a_1U_j + a_2V_j + a_3U_j^2 + a_4U_jV_j + a_5V_j^2 \tag{11.96}$$

三次趋势面用三次多项式：

$$\begin{aligned}\hat{X}(U_jV_j) = a_0 + a_1U_j + a_2V_j + a_3U_j^2 + a_4U_jV_j + a_5V_j^2 + a_6U_j^3 +\\ a_7U_j^2V_j + a_8U_jV_j^2 + a_9V_j^3\end{aligned} \tag{11.97}$$

对更高次趋势面，依此类推。

拟合的结果要使得趋势值（拟合值）$\hat{X}_j$ 和观测值 X_j 的差平方和最小化，即使得

$\sum_{j=1}^{N}(X_j - \hat{X}_j)^2$ 最小化。

下面我们说明该方法的计算，用矩阵形式表示。

第一步，求多项式中的常数 $\boldsymbol{a}$

$$\boldsymbol{a}=(\boldsymbol{W}\boldsymbol{W}^{\mathrm{T}})^{-1}\boldsymbol{W}\boldsymbol{X}^{\mathrm{T}} \tag{11.98}$$

式中，$\boldsymbol{a}$ 为多项式常数所组成的行向量，$\boldsymbol{a}=(a_0, a_1, \cdots, a_m)$。

对一次趋势面分析 $m=2$；二次趋势面分析 $m=5$；三次趋势面分析 $m=9, \cdots$，$\boldsymbol{X}$ 是由植物种观测值组成的行向量，$\boldsymbol{X}=(X_1, X_2, \cdots, X_n)$，$\boldsymbol{W}$ 为多项式中的变量和一行 1 所构成的矩阵，其中数据都是已知的，对于一次趋势面：

$$\boldsymbol{W}=\begin{Bmatrix} 1 & 1 & 1 & \cdots & 1 \\ U_1 & U_2 & U_3 & \cdots & U_N \\ V_1 & V_2 & V_3 & \cdots & V_N \end{Bmatrix}$$

对于二次趋势面：

$$\boldsymbol{W}=\begin{Bmatrix} 1 & 1 & 1 & \cdots & 1 \\ U_1 & U_2 & U_3 & \cdots & U_N \\ V_1 & V_2 & V_3 & \cdots & V_N \\ U_1^2 & U_2^2 & U_3^2 & \cdots & U_N^2 \\ U_1V_1 & U_2V_2 & U_3V_3 & \cdots & U_NV_N \\ V_1^2 & V_2^2 & V_3^2 & \cdots & V_N^2 \end{Bmatrix}$$

依此类推。

第二步，计算趋势面。

将 $\boldsymbol{a}$ 的值代入上面的式（11.78）～（11.80）中，就可求得不同趋势面的趋势值（拟合值）。

第三步，估计拟合程度。

趋势面分析可以进行一次、两次，或更高次的拟合，但是如果低次趋势面分析的拟合程度已经很高的话，就没有必要进行更复杂的高次趋势面分析。所以，我们需有判定拟合程度的标准。Gittins（1968）、阳含熙和卢泽愚（1981）用 C 代表拟合程度，以百分数表示为

$$C=\left[1-\frac{\sum_{j=1}^{N}(X_j-\hat{X}_j)^2}{\sum_{j=1}^{N}(X_j-\bar{X}_j)^2}\right]\times 100 \tag{11.99}$$

式中，$\bar{X}_j$ 是 X_j 的平均值；C 值越高说明拟合程度越大。

第四步，绘制种群分布趋势图。

根据所得到的回归方程，在 U 轴和 V 轴空间绘出趋势值的变化，用等值线表示。对于一次趋势面，其等值线为直线，直线与 U 轴的夹角 $\theta=tg^{-1}\left(-\dfrac{a_1}{a_2}\right)$，对于二次和高次趋势面，其等值线形状多变。一般可以用取一系列值的办法来绘制均匀曲线。

一次趋势面分析的结果通常不十分满意，需要再进行二次、三次趋势面分析，次数越高拟合程度越高，但次数越高，计算越复杂，绘图也越麻烦。

图 11.22 是趋势面分析的一个例子。图中 4 个小图分别代表 1～4 次趋势面分析的结果，其中四次趋势面分析的结果最好。

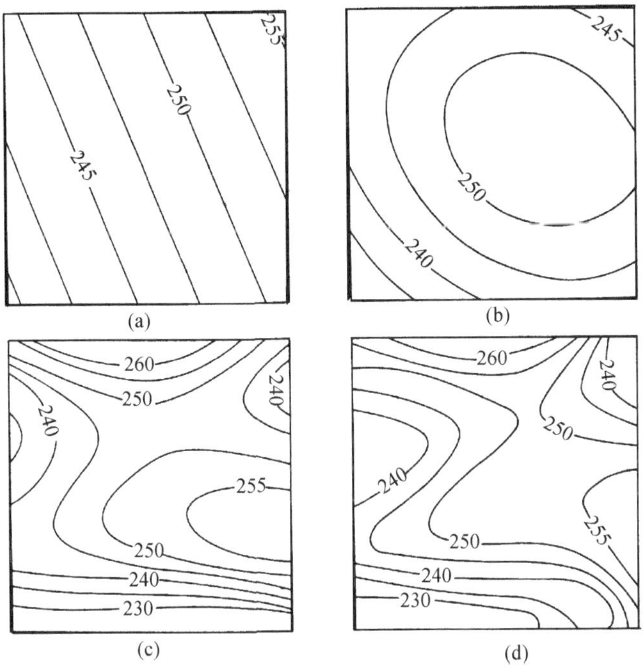

图 11.22　澳大利亚桉树分布的趋势面分析（Gittins 1968）

趋势面分析也可以用于研究其他环境因子与种群分布的关系。

我们分析了一个种群的分布趋势，如果我们的兴趣是多个种群落的分布趋势，同样可以先用排序方法综合信息，再以排序坐标为基础进行趋势面分析。

2. 典范趋势面分析

趋势面分析是通过地理位置来反映环境的影响，如果我们有多个具体环境因子的观测值，它不能结合这些因子进行分析。这就要用典范趋势面分析。典范趋势面分析（canonical trend surface analysis，CTSA）就是应用典范相关分析原理，同时表现一组生态变量共同的空间变化格局。典范趋势面分析是典范相关分析（canonical correlation analysis）和趋势面分析的结合，是米湘成等（1999）引入生态学研究中的。典范相关分析是一种研究两组变量之间相关关系的一种多元分析方法。典范相关分析是要找出诸环境因素 P 个线性组合函数和植物种的 Q 个线性组合函数：

$$U=a_1X_1+a_2X_2+\cdots+a_pX_p \tag{11.100}$$

$$V=b_1Y_1+b_2Y_2+\cdots+b_qY_q \tag{11.101}$$

式中，$a_1, a_2, \cdots, a_p$ 和 $b_1, b_2, \cdots, b_q$ 是待定系数，使得 U 和 V 之间具有最大的相关系数，这个相关系数就是“典范相关系数”（canonical correlation coefficient），它用来度量两个

线性函数之间的联系强度。

典范相关分析揭示了两组“指标”之间的内部联系，而两组指标的内容可以不同，CTSA 就是把典范相关分析的理论和趋势面分析的理论结合起来，对某一研究区域的一组多元相关变量的共同变化规律拟合一个多重趋势面。这个趋势面的综合趋势与地理坐标之间有最大的相关性，因此可以求得一组变量在不同地理位置上的变化格局。

典范趋势面分析的基本原理要使一组生态变量和坐标之间的协变量达到最大值，这就意味着典范趋势面是对于一组特定变量的最优曲面。典范趋势面分析是通过对被测区的一组多元相关变量综合效应拟合的多项式曲面，来拟合单变量观测数据的趋势面值（V），得到两个线性方程：

$$U=a_1z_1+a_2z_2+\cdots+a_pz_p \tag{11.102}$$

$$V=f(x, y) \tag{11.103}$$

式（11.103）中，x、y 为样方的空间坐标值。两个综合变量 U 和 V 具有最大相关系数，即典范相关系数 r_1。倘若 r_1 接近于 1，说明两组变量密切相关，可以建立典型相关变量 U 和 V 的线性回归方程 $U=b_0+b_1V_1$，由此，可用自变量（地理坐标 x、y）预报出因变量（多个生态变量的综合趋势）在一个区域上的变化趋势。这样可做出趋势等值图，此即典范趋势面。趋势面表示多变量的一般趋势。典范变量对地理坐标 X，Y 的函数，可以是一次到多次，但样方的数目必须大于多项式的项数减 1。如果第 1 个典范相关系数得不到足够多的空间分布信息，则第 2 个典范相关变量及以后的典范相关变量将提供剩余的一部分信息。

对于实际变量的拟合同样可以用上面的拟合程度来检验。拟合度介于 0 和 100%之间，拟合度越高，越能真实地反映变量的空间变化格局，也就是由典范趋势面所拟合研究区域内的格局就越趋近于实际情况。对于多个种或群落的分布趋势，同样可以先用排序方法综合信息，再以排序坐标为基础进行典范趋势面分析。

米湘成等（1999）用该方法分析了山西省 35 个样方资料，研究沙棘灌丛分布的水平规律性。从沙棘灌丛中选取 6 个主要种：沙棘（*Hippophae rhamnoides*，sp.1）、黄刺玫（*Rosa xanthina*，sp.2）、三裂绣线菊（*Spiraea trilobata*，sp.3）、虎榛子（*Ostryopsis* sp.，sp.4）、水栒子（*Cotoneaster multiflora*，sp.5）、胡枝子（*Lespedeza bicolor*，sp.6）进行 CTSA 分析。先用 DCA 对这个矩阵进行排序，再对排序轴坐标值进行 TSA 和 CTSA 分析，并对它们的结果进行比较。

表 11.10 是 6 个种 3 次典范趋势面分析的迭代结果。从表 11.10 来看，3 次典范趋势面是最适宜的拟合曲面。6 个种的典范趋势变量可用线性函数表示为

$$U=0.9809\text{sp.1}-0.0624\text{sp.2}+0.1094\text{sp.3}-0.0024\text{sp.4}-0.0895\text{sp.5}-0.1177\text{sp.6} \tag{11.104}$$

多项式典范变量也可用线性函数表示为

$$\begin{aligned}V=&0.7479x+0.4462y-0.4328x^2-0.1953xy-0.1053y^2+0.0453x^3\\&+0.0228x^2y-0.0485xy^2-0.0051y^3\end{aligned} \tag{11.105}$$

典范相关系数为 0.9525，式（11.104）是 6 个种典范变量线性函数。它对多变量空间分布的一组趋势面进行了简明的概括。各项系数分别表示各个种的负荷值，它们的平方分别是它们对方差的贡献，贡献值总和为 1。式（11.105）表明沙棘的负荷值最大，对趋

势贡献为 90.626%。CTSA 所得到的图 11.23（a）也主要反映了沙棘种群在灌丛中的变化格局，其他 5 个种的负荷值相对较小，对趋势贡献较小，图中反映不出它们的变化格局。线性函数式（11.104）说明了线性函数式（11.105）方差的 90.72%，后者是 0.9525 的平方。如果仅由第 1 个典范相关系数得不到足够的多变量空间分布的信息，则第 2 个典范相关系数将提供剩余的一部分。3 次典范趋势面的第 2 个典范相关系数是 0.8378，6 个种的第 2 个典范变量的典范趋势面分析见图 11.23（b）。

表 11.10　典范相关系数和拟合度

趋势面的次数	典范相关系数	拟合度/%
1	0.5027	26.705
2	0.7968	80.272
3	0.9525	81.495

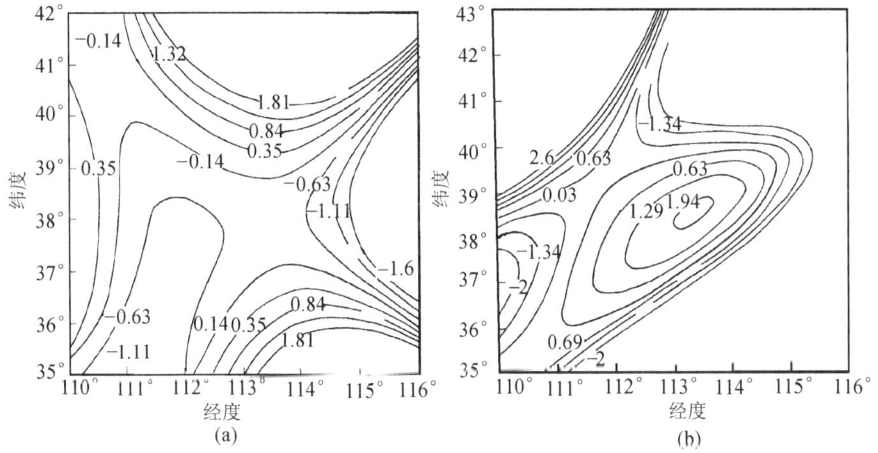

图 11.23　山西沙棘灌丛水平格局的典范趋势面图（米湘成等 1999）

八、植被景观格局分析

景观生态学（landscape ecology）是一门较新的生态学分支学科，因此，对其概念的理解仍存有较大的差异（Forman and Godron 1986）。较为普遍接受的概念认为景观生态学是研究景观结构（structure）、功能（function）和动态变化（change）的科学。景观结构和功能是与景观要素（element）、景观要素斑块（patch）、本底（matrix）、廊道（corridor）、交错区（ecotone），以及它们的相互配置格局（pattern）密切相关的（Turner and Gardner 1991）。在诸多影响景观结构的因子中，景观格局（landscape pattern）是最主要的，所以，有人认为现代景观生态学研究的焦点是在较大的空间和时间尺度（scale）上研究生态系统的空间格局和生态过程（Risser et al. 1984）。

景观格局一词是在景观生态学文献中使用频率最高的术语之一（Wiens 1988；Turner and Gardner 1991）。由此可以说明它的重要性。景观格局包括空间格局（space pattern）和时间格局，但只要对空间格局搞清楚了，时间格局是不难理解的，这里主要考虑空间格局。景观空间格局主要是指大小和形状不一的景观斑块在空间上的排列，它是景观异质性（heterogeneity）的重要表现，同时又是各种生态过程在不同尺度上作用的结果。对景观格局研究的目的是在似乎由无序的斑块镶嵌而成的景观上，发现其潜在的有意义的规律性。通过景观格局分析，希望能确定产生和控制空间格局的因子及其作用机制（Greig-Smith 1983），比较不同景观镶嵌体的特征和它们的变化，探讨空间格局的尺度性质，并为景观的合理管理提供有价值的资料（肖笃宁 1991）。

景观格局是生态学家研究最多的课题之一，早在 20 世纪 50 年代就进行了大量的描述性研究（Troll 1950），但数量化研究是 70 年代才逐渐重视起来，近年来景观格局数量研究有了重大发展，出现了大量的数量化方法（Turner and Gardner 1991；Turner 1989）。景观格局研究一般是从景观图上获得数据，其主要是由斑块大小和形状、斑块分布、斑块镶嵌结构为主要特征的，所以，这里将以这样的思路分层次逐一介绍研究这些格局特征的方法。

（一）单个斑块特征分析

对于某一景观要素的一个斑块，其特征主要是斑块的形状和大小。形状和大小可能是景观要素特性的反映，同时也受局部环境因子的影响，具有重要的生态意义。斑块大小很易实测得到，但对于其形状，由于变化大，复杂多样，难以确切地直接计测，一般多用各种指数描述（Forman 1995）。这些指数包括：长宽比，指斑块长轴与宽度的比值；伸张度（elongation），是斑块宽度与长度比；圆环度（circularity），是斑块形状接近圆圈的程度；致密度（compactness），描述斑块面积与其边缘周长的关系，而其倒数称为扩展度（development）。另外还有周长与长轴的比和平均半径等指数。下面公式中的符号：l 为斑块长轴长度，w 为宽度；A 为斑块面积，A_c 为斑块 A 内所能容纳下的最大的圆圈面积；P 为斑块周长，P_c 为与斑块面积相同的圆圈的周长；$\bar{R}$ 为斑块平均半径，R_j 为多边形斑块第 j 个边距斑块中心的距离（半径）；n 为多边形斑块的边数。

1）长宽比 r（Davis 1986）

$$r = l / w \tag{11.106}$$

2）伸张度 E（Davis 1986）

$$E = w / l \tag{11.107}$$

3）圆环度 C

a）Davis 圆环度指数（1986）

$$C = \sqrt{lw / l^2} = \sqrt{w / l} \tag{11.108}$$

b）Griffth 圆环度指数（Forman 1995）

$$C = 4A \big/ P^2 \tag{11.109}$$

c）Unwin 圆环度指数（1981）

$$C = \sqrt{A / A_c} \tag{11.110}$$

4）致密度 K（Forman 1995）

$$K = 2\sqrt{\pi A} \big/ P \tag{11.111}$$

5）扩展度 D（Davis 1986）

$$D = P/2\sqrt{\pi A} \tag{11.112}$$

6）周长与长轴比 r_P（Davis 1986）

$$r_P = P/l \tag{11.113}$$

7）平均半径 $\overline{R}$（Forman 1986）

$$\overline{R} = \sum R_j/n \tag{11.114}$$

（二）单一景观要素的格局分析

单一景观要素，比如说某一植被类型可有各种大小参差、形状不一的斑块有机地结合起来而形成自己的格局，这样的格局反映了景观要素的自身特征，同时也反映了景观本底的空间变化，还反映了景观要素之间的相互关系，以及各种生态因子对格局的影响（Forman 1995）。在景观生态学中，这一类景观格局最为重要，是研究最多的格局，相应的研究方法也是比较成熟的。

1. 连续样方方差分析

连续样方方差分析就是前面讲的种群格局分析方法，有多种选择，这里不再赘述。

2. 空间自相关分析

空间自相关分析（spatial autocorrelation analysis）是检验某一景观要素的观测值是否显著地与其相邻空间点上的观测值相关联（Cliff and Ord 1981）。如果相邻两点上的值均高或均低，则我们称其为空间正相关，否则称为空间负相关。空间自相关分析在景观生态学中应用较多，现已有多种指数可以使用，但最主要的有两种指数，即 Moran 的 I 指数和 Geary 的 C 指数。

$$I = \frac{N\sum_{i=1}^{N}\sum_{j=1}^{N}W_{ij}(x_i-\overline{x})(x_j-\overline{x})}{\left(\sum_{i=1}^{N}\sum_{j=1}^{N}W_{ij}\right)\sum_{i=1}^{N}(x_i-\overline{x})^2} \quad (i \neq j) \tag{11.115}$$

$$C = \frac{(n-1)\sum_{i=1}^{N}\sum_{j=1}^{N}W_{ij}(x_i-x_j)^2}{2\left(\sum_{i=1}^{N}\sum_{j=1}^{N}W_{ij}\right)\sum_{i=1}^{N}\sum_{j=1}^{N}(x_i-x_j)^2} \quad (i \neq j) \tag{11.116}$$

式中，x_i 和 x_j 分别代表景观要素 x 在空间单元 i 和 j 中的观测值，$\overline{x}$ 为 x 的平均值，W_{ij} 为相邻权重，N 为空间单元总数。这里，I 指数与统计学上的相关系数相近，其值变化于 0 和 –1 之间。当 I=0 时代表空间无关，当 I>0 为正相关，而 I<0 时为负相关。C 值变化于 0 和 3 之间，C<1 时为正相关，C 值越大，相关性越小（Cliff and Ord 1981）。

自相关系数可以与尺度结合起来，以分析不同尺度下的空间相关关系，这样的结果可以用尺度-自相关系数图表示，其可以直观地看出空间相关性随尺度的变化。图 11.24 是我国落叶松林空间变化的自相关分析图（I 指数），图中横坐标是空间尺度，单位是经纬度。从图 11.24 中可以清楚地看出落叶松林总生物量和净初级生产量的空间变化特征。

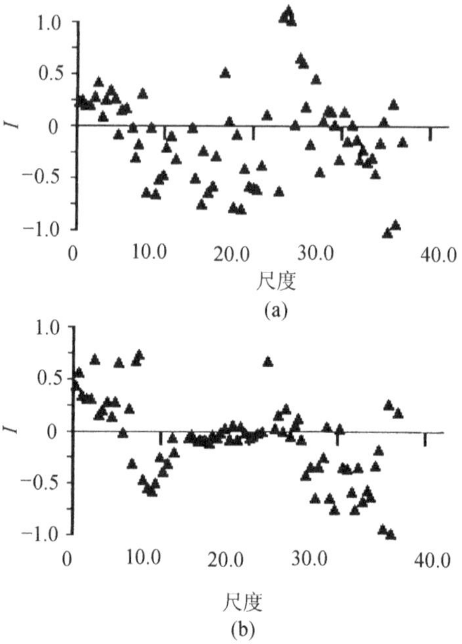

图 11.24 我国落叶松林空间变化的自相关分析

（a）落叶松林总生物量；（b）净初级生产量

3. 变量图和相关图分析

变量图（variogram）和相关图（corregram）是地统计学的两种方法。变量图是分析某一景观要素在空间的变异性，其可定义为

$$r(h)=\frac{1}{2N(h)}\sum_{i=1}^{N}[x(i)-x(i+h)]^2 \tag{11.117}$$

式中，$r(h)$为变异指数，h 为两点间的距离，$x(i)$和 $x(i+h)$分别代表景观要素在空间两点 i 和 $i+h$ 上的观测值，$N(h)$为距离为 h 时的样本总对数。由于这里有 1/2 因子，有的学者称其为半变量图（semivariogram）。在取不同的 h 值时，可求得不同的变异指数，从而绘图得到变量图，其可反映尺度变化与格局的关系（Legendre and Fortin 1989）。图 11.25 是半变量图一例，其反映了 4 条湿地样带草丛密度的空间变化，表明溪流样带(T_1, T_2)和湖面样带(T_3, T_4)有明显的差异（王政权 1999）。

相关图是描述景观要素的空间相关性，与自相关分析有类似之处，它用式（11.118）定义。

$$C(h)=\frac{\dfrac{1}{N(h)}\displaystyle\sum_{i=1}^{N(h)}[x(i)x(i+h)]^2-\overline{x}^2}{\dfrac{1}{N}\displaystyle\sum_{i=1}^{N}[x(i)]^2-\overline{x}^2} \tag{11.118}$$

式中，$C(h)$为相关图相关系数，h、$x(i)$、$x(i+h)$和 $N(h)$的含义同式（11.117），$\bar{x}$ 为 x 的平均值。由不同的 h 值求得的相关系数可绘出相关图。同样，相关图可反映空间尺度变化与相关性的关系。

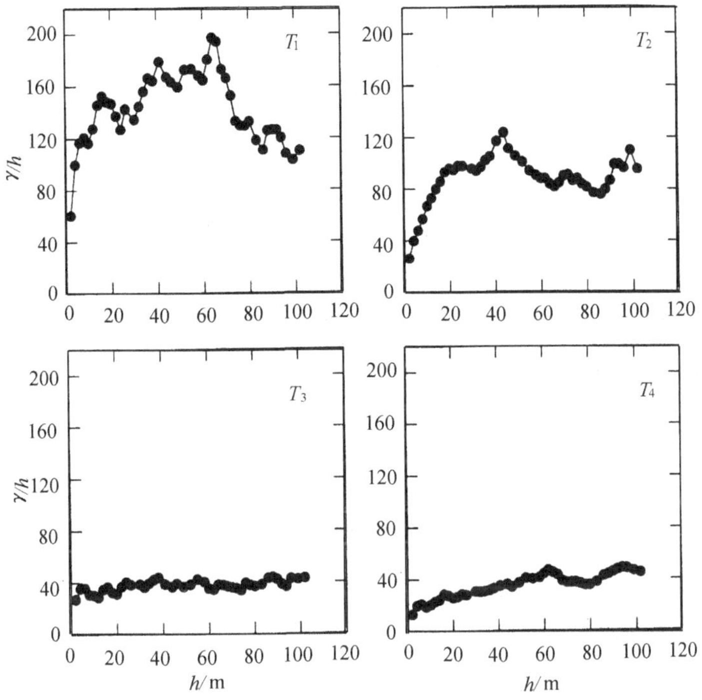

图 11.25　美国明纳维特溪流和吐莱克湖 4 条湿地样带草丛密度的空间变化半变量图

4. 空间插值法

空间插值法（kriging）也是地统计学方法，它是用以估计空间某一点上景观要素的值，其估计方程为

$$\hat{X}(j)=\sum_{i=1}^{N}\lambda_i X(i) \tag{11.119}$$

式中，$X(i)$是景观要素在 i 点上的观测值，$\hat{X}(j)$ 为其在点 j 上的估计值，λ_i 是与 $X(i)$有关联的加权系数。λ_i 的值可以通过变量图或相关图计算值，再用线性方程组解出。可以证明，空间插值法估计值是最优无偏估计值（Webster 1985）。

5. 小波分析

小波分析（wavelet analysis）是 Morlet（1982）首先使用的方法，用于研究景观要素在多个尺度上的特征。其波值 $W(a, x_j)$是由一系列卷积函数（convolutionary function）$[f(x_j)]$用相应空间尺度上的窗函数的乘积而求出，其公式为

$$W(a,x_j)=\frac{1}{\sqrt{|a|}}\sum_{i=1}^{n}f(x_j)g(x_i-x_j) \tag{11.120}$$

或

$$W(b,x_j)=\frac{1}{a}\sum_{j=1}^{n}f(x_j)g\left(\frac{x_i-x_j}{a}\right) \tag{11.121}$$

式中，x_j 为窗函数的中值，x_i 为距离，$g(x_i-x_j)$为窗函数，a 表示尺度。Morlet（1982）的函数方程为

$$g(x)=\pi^{-\frac{1}{4}}e^{i\varpi_0 x/2}e^{-x^2/8} \tag{11.122}$$

Bradshaw 和 Spies（1992）用小波分析研究了花旗松（*Pseudotsuga menziesii*）林的林窗结构与尺度的关系，取得了较好的效果。该方法的详细推导过程参见 Morlet（1982）。图 11.26 是北京东灵山落叶阔叶林物种多样性空间变化的小波分析图（米湘成 2003）。

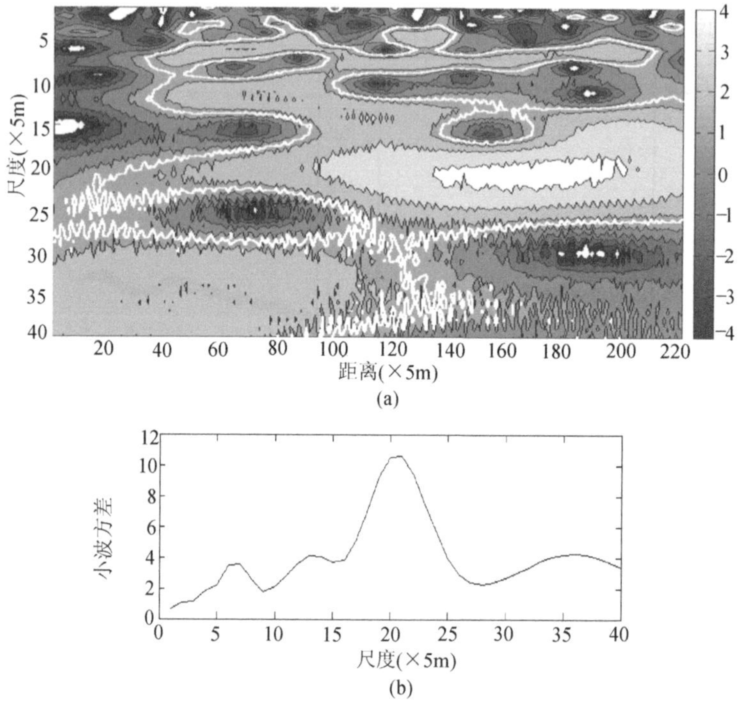

图 11.26 北京东灵山落叶阔叶林物种多样性空间变化的小波分析

（a）是 Morlet 指数函数拟合的多样性空间分布图谱；（b）是多样性的空间格局

6. 分形分析

分形分析（fractal analysis）也有称分维分析的，它是以分形几何为基础的，由 Mandelbrot（1982）所创立。分形几何在考虑空间尺度时更有效（Mandelbrot 1982）。在景观生态学中，其可用于研究不规则景观斑块的周长、廊道（河流、小路等）的长度，还可研究斑块面积与周长的关系等。这里我们只介绍分析格局规模的方法。该方法重要的是要确定格局的分维数（fractal dimension），可以用下面式子描述：

$$D=2-\lg r_h/2\lg h \tag{11.123}$$

式中，r_h 为半方差，相当于变量图中的变异系数，h 为空间距离（尺度），D 代表分维数。

用分形分析，我们可以求得任何景观要素的分维数 D，确定其格局特征，同时可以比较不同景观要素的格局特征，以及确定不同生态因子对景观格局的影响。例如，若植被要素与某土壤要素具有相同的 D 时，说明二者有一致的格局。

图 11.27 是我国落叶松林空间变化的分维分析图，图中横坐标是空间尺度，（a）是落叶松林总生物量的分形分析图，（b）是净初级生产量的分形分析图，前者 D=1.898，后者 D=1.778。说明生物量曲线的曲度较大，变异性较大，规律性不特别强。而净初级生产量曲线的曲度较小，直线的斜率较大，说明尺度变化与空间格局关系更密切，空间变化的规律性更强。

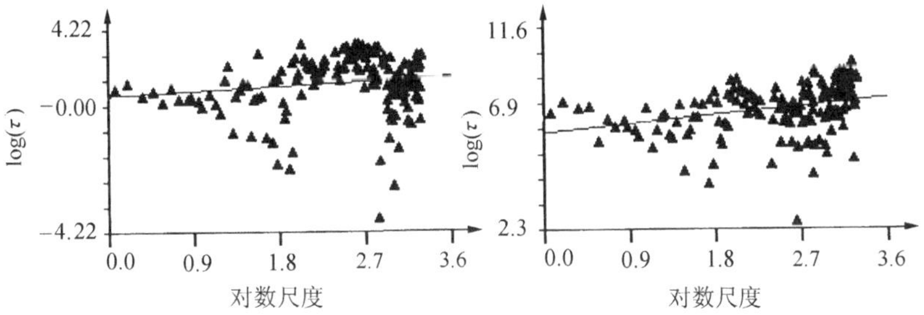

(a)　　　　(b)

图 11.27　我国落叶松林空间变化的分维分析

（a）总生物量的分形分析，D=1.898；（b）净初级生产量分形分析，D=1.778

7. 距离指数与连接指数

距离指数（nearest neighbor index）与连接指数（proximity index）是研究同一类景观要素斑块的分离程度，也就是分析其间隙大小的，间隙大小是格局的重要特征。

$$I = \bar{D}_0 / \bar{D}_E \tag{11.124}$$

式中，I 是最近距离指数，$\bar{D}_0$ 是斑块与其最近相邻斑块间距离观测值的平均，$\bar{D}_E$ 是在随机分布下 $\bar{D}_0$ 的期望值（理论估计值）（Forman 1995），它们可以用下式计算：

$$\bar{D}_0 = \sum_{i=1}^{N} D_0(i)/N, \bar{D}_E = \frac{1}{2}\sqrt{d}$$

式中，$D_0(i)$是第 i 个斑块与其最近相邻斑块间的距离，注意这里距离应从斑块中心测起，d 为斑块密度，$d=N/A$，N 为斑块数，A 为所研究景观的面积。当 I=1.0 时，斑块为随机分布，I<1.0 时斑块趋于集群；若 I=0，则斑块没有间隙，I>1.0 时，斑块则趋于规则分布。

连接指数可由式（11.125）确定：

$$P = \sum_{i=1}^{N} \left\{ \left[A(i)/D_0(i)\right]^2 \middle/ \left[\sum_{i=1}^{N} A(i) \middle/ D_0(i)\right]^2 \right\} \tag{11.125}$$

式中，$A(i)$为第 i 个斑块的面积，P 为连接指数，其他符号同式（11.124）。P 值介于 0 和 1 之间，P 值越大，说明斑块聚集程度超高。

（三）景观镶嵌体特征分析

在景观中，各种景观要素的斑块交错分布，有机地结合在一起就形成了景观镶嵌体

（mosaic）（Forman 1995）。镶嵌结构是景观的最主要特征之一，有人认为景观生态学的实质就是研究景观镶嵌体结构的，因为景观就是各种各样的镶嵌体（Forman 1995）。景观镶嵌体的格局特征反映了各景观要素的特征，也反映了景观要素之间的相互关系，同时反映了景观本底空间差异。对景观镶嵌体的研究主要有一些指数，现简述如下。

1. 景观多样性

景观多样性（landscape diversity）是景观要素丰富性及其分布特性的综合反映，它与景观中各种环境因子有密切关系。其主要用多样性指数、优势度（dominance）指数、相对丰富度（relative richness）指数和相对均匀度（relative eveness）指数描述。实际上前面讲到的物种多样性指数一般都可以用以景观多样性分析。

1）多样性指数 H（Romme 1982，Turner 1989），它是景观斑块丰富程度和均匀程度的综合反映。

$$H = -\sum_{i=1}^{S} P_i \ln P_i \qquad (11.126)$$

式中，S 为景观斑块类型（或生态系统）的数目，P_i 为第 i 类斑块面积占景观总面积的比例。

2）优势度指数 D（Turner 1989），指某一类景观斑块占优势的程度。

$$D = \ln S + \sum_{i=1}^{S} P_i \ln P_i \qquad (11.127)$$

3）相对丰富度指数 R（Romme 1988），反映景观斑块类型的丰富程度。

$$R = S / S_{\max} \times 100\% \qquad (11.128)$$

式中，S 为斑块类型数，$S_{\max}$ 为斑块类型的最大可能数，依景观类型凭经验确定。

4）相对均匀度指数 E（Romme 1988；Turner 1988），反映各景观斑块类型分布的均匀程度。

$$E = H_2(j) / H_2(\max) \times 100\% \qquad (11.129)$$

其中

$$H_2 = -\ln \sum_{i=1}^{S} P_i^2$$

式中，$H_2(j)$是景观 j 的修订的 Simpson 优势度，$H_2(\max)$为含 S 个斑块类型的景观 j 的最大可能的 H_2，就是说当所有斑块大小相等时的 H_2 值。

5）景观镶嵌体多样性：上面讲的景观多样性都是基于景观斑块面积之上的，有许多生态信息没有被利用，如斑块的数量等，因此不能反映景观镶嵌体多样性。这里介绍一个分析方法，可以用于描述景观镶嵌体多样性，它仍以信息量为基础，并需要特殊的取样方法（Pielou 1975；Zhang 2003）。

a）取样：让我们考虑一个有 m 个景观要素组成的景观镶嵌体。首先，在景观中设一条样线（或样带），沿样线取一系列等距样点（N+1 个），在每个样点记录所属的景观要素类型。图 11.28 是一含 4 个景观要素类型的景观镶嵌体，m=4，景观要素类型分别记为 A、B、C 和 D。这样调查记录数据就是一个字母系列：

AAA BB C B DDDDD CC BBB D

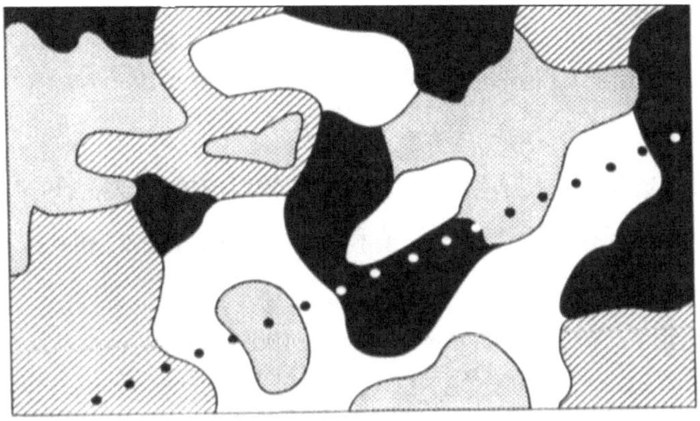

图 11.28　景观镶嵌体多样性取样图示

在所研究的景观中可以同时设多条样线，以分析景观的空间异质性。取样可以方便地在景观地图上进行。

b）分析方法：根据信息理论，景观多样性就是所有景观要素的所有斑块的信息之和。由字母系列数据，可以组建一个 $m \times m$ 维的频率矩阵：

$$N=\{n_{jj}\}\ (j=j=1, 2, \cdots, m)$$

式中，n_{jj} 是第 j 个景观要素的点被第 j 个景观要素的点紧跟着的频率，矩阵中的总频率等于$\sum_j\sum_j n_{jj}=N$；$n_{jj}/N=p_{jj}$ 是第 j 个景观要素的点被第 j 个景观要素的点紧跟着的概率估计值；矩阵的行和$\sum n_{jj}=N_j$，是第 j 个景观要素的总点数。那么 $N_j/N=P_j$ 就是景观镶嵌体中第 j 个景观要素的面积比例，则信息量：

$$H'=-\sum_j P_j \lg P_j=-1/N\ [\sum_j N_j \lg N_j - N \lg N]\ (j=1,\ 2,\ \cdots,\ m) \qquad (11.130)$$

这就是普通的景观多样性计测公式。对于景观镶嵌体多样性：

$$H''=-\sum_j\sum_j P_j p_{jj} \lg p_{jj}=-1/N\ [\sum_j\sum_j n_{jj} \lg n_{jj} - \sum N_j \lg N_j]\ (j=j=1, 2, \cdots, m) \qquad (11.131)$$

Zhang（2003）用实际例子做了分析，证明其是有效的方法，与传统的基于景观斑块面积比例之上的方法相比，它有一定的优点。

2. 景观边界（landscape boundary）

1）边缘率指数（edge ratio）$E_{i,j}$（Turner and Gardner 1991）

$$E_{i,j}=\sum e_{i,j} \times l \qquad (11.132)$$

式中，$e_{i,j}$ 代表含有斑块类型 i 和 j 交界面的水平和垂直的格子数，l 为一个格子的边长。不同大小的格子可用于测定不同尺度下的边缘率。

2）相对相异度指数（relative dissimilarity）P（Pielou 1977；Turner 1989）

$$P=\left(\sum_{i=1}^{N} D_i / N\right) \times 100\% \qquad (11.133)$$

式中，N 为相邻格子中边界类型数目，D_i 为相邻格子中第 i 类边界的相异系数。

对于景观边界，还可以测定单位面积内的边界总长度和单位面积内的边界数，分别称为边界长度和边界密度，这里不再赘述。

3. 斑块格局指数

1）斑块隔离度指数 I（isolation）（Forman and Godron 1986）

$$I = \sum(\sigma_x^2 + \sigma_y^2) \tag{11.134}$$

这里将所有的景观斑块都放置在由 X 轴和 Y 轴组成的分成格子的二维空间之中，然后依据格子分别计算所有斑块 X 轴坐标值和 Y 坐标值的方差 σ_x^2 和 σ_y^2。该指数可反映景观斑块的大小。

2）斑块蔓延度指数 C（contagion）（Turner 1989；Oneill et al. 1988）

$$C = 2S\lg S + \sum_{i=1}^{S}\sum_{j=1}^{S} q_{ij}\lg q_{ij} \tag{11.135}$$

式中，S 为斑块的类型（生态系统）数，q_{ij} 是第 i 类斑块与第 j 类斑块为邻的比率（概率）。该指数反映两类景观要素的关系。同理，该公式可以扩展到多个类型关系的分析。

3）景观斑块破碎性指数 F（fragmentation）（Li 1989）

$$F = (N_p - 1)/N_c \tag{11.136}$$

式中，N_p 是各类斑块的总数，N_c 是观测网格中的格子总数。F 值越大，说明景观破碎性越高，即斑块较小，数量较多。式（11.136）也可以考虑斑块的平均面积 $\bar{A}$，则式子应为

$$F = \bar{A}(N_p - 1)/N_c \tag{11.137}$$

景观生态学现正处在蓬勃发展的新阶段，景观格局研究也越来越受到人们的重视。有关格局分析的方法还很多，这里提及的是主要的和常用的，有的是近年来才发展的新方法，它们代表着一定的发展方向。在实际研究中，要解决某一方面的研究问题，这里提供的方法已基本可以满足需要。若要了解更多的分析方法或想搞清楚这些方法的数学原理和推导，可参考 Turner（1989）、Turner 等（1991）、Pielou（1977）、Romme（1982）、Oneill 等（1988）。

在景观格局分析中一个有用的计算机系统就是地理信息系统（geographical information system，GIS），它不但可以将景观格局数字化、分析并输出分析图，而且可以对图形进行迭加、网格分析、邻区比较等处理，工作效率较高。

（四）景观格局动态

景观格局变化是各种自然和人为干扰因素综合作用的结果，它影响着景观内物种的丰富度、分布、种群的生存能力及抗干扰能力，同时影响到该景观的生态过程和边缘效应。景观格局动态研究一般通过遥感（remote sensing，RS）获取数据如 LandsatTM 遥感影像。在 RSS 和 ArcGIS 技术支持下，结合研究景观区域边界裁剪研究区范围，获取景观类型的分布数据（面积等），实地勘察采集植被类型及分布状况进行验证。用不

同年份、不同季节的遥感影像获得相对应时间的景观类型特征数据。分析这些数据，可以研究景观格局变化，再结合环境因子和人文因子的变化，分析景观格局动态变化的机制。

这样数据的分析主要用概率演替法，主要分析转移矩阵（详见第十二章）。也可以计算景观动态指数反应动态景观变化。

1. 单一景观动态度指数

单一景观动态度指数表示研究区一定时间范围内某景观类型的数量变化，表达式为

$$K=\frac{U_{\mathrm{b}}-U_{\mathrm{a}}}{U_{\mathrm{a}}}\times\frac{1}{T}\times 100\% \tag{11.138}$$

式中，K 为研究时段 T 内的某一景观斑块类型的动态变化度；U_{a} 和 U_{b} 分别表示研究时段 T 初期和末期某一景观斑块类型的数量，当 T 的时段设定为年时，K 的值就是该研究区某种景观要素类型或土地利用类型的年变化率。

2. 综合景观动态度指数

综合景观动态度指数表示研究区各景观类型综合的景观动态变化度，表达式为

$$\mathrm{LC}=\frac{\left[\sum_{i=1}^{n}\Delta\mathrm{LU}_{i-j}\right]}{2\sum_{i=1}^{n}LU_i}\times\frac{1}{T}\times 100\% \tag{11.139}$$

式中，LC 为综合景观斑块动态度指数，代表了研究区域内景观斑块类型总的变化速率；$\Delta\mathrm{LU}_{i-j}$ 为研究时段 T 内第 i 类景观类型转为非 i 类景观类型面积的绝对值；LU_i 为起始时间第 i 类景观类型面积；当 T 的时段设定为年时，LC 值是该研究区各土地利用类型的年变化率。

3. Kappa 指数系列

Kappa 指数由 Cohen（1960）提出，应用于评价两个时间段景观图的一致性和遥感解译的精确度。Kappa 算法依据列联表（也称混合矩阵）来比较两幅图件的一致性。位置 Kappa 指数（*K*-location）统计景观图中不同景观类别的空间分布，用来评价空间位置信息的变化，计算方法如下。

$$\text{Kappa Location}=\frac{\mathrm{PA}-E(\mathrm{PA})}{1-E(\mathrm{PA})} \tag{11.140}$$

数量 Kappa 指数统计景观类型面积百分比的变化，用来评价数量信息的变化，数量 Kappa 指数可改进为实用性更强的 Kappa Histogram，即直方图 Kappa 指数（*K*-Histo）（Hagen 2002），直方图 Kappa 指数仅取决于每个类别所占据的总栅格数量，直接从栅格图的比较得来。

$$\text{Kappa Histo}=\frac{\mathrm{MAX}-E(\mathrm{PA})}{1-E(\mathrm{PA})} \tag{11.141}$$

将位置和数量相似性结合起来就是综合 Kappa 指数，其揭示空间位置和数量的综合变化，见表达式：

$$\text{Kappa} = \frac{\text{PA} - E(\text{PA})}{1 - E(\text{PA})} = \text{Kappa Location} \times \text{Kappa Histo} \tag{11.142}$$

式中，PA 为两幅景观图上类型一致的百分比；E(PA)为 PA 的期望，取决于比较图件中代表相同景观类型的栅格数百分比的期望值；MAX 为 PA 的最大值，即最大一致性百分比。

孙凤云等（2013）用景观动态指数研究了辽宁省铁岭市主要景观类型 2002～2011 年动态变化。表 11.11 是 Kappa 指数的变化。

表 11.11　铁岭市主要景观类型 2002～2011 年动态指数 Kappa 的变化（孙凤云等 2013）

指数	年份	pa	fa	fo	sh	gr	wa	ur	ru	合计
K-Location	2002～2007	0.98	0.97	0.99	0.96	0.95	0.98	0.97	0.92	0.97
	2007～2011	0.99	0.99	0.99	1.00	0.94	0.98	0.98	1.00	0.99
	2002～2011	0.97	0.95	0.98	0.96	0.92	0.93	0.96	0.91	0.96
K-Histo	2002～2007	0.81	0.95	0.99	0.98	1.00	0.98	0.83	0.97	0.85
	2007～2011	0.99	1.00	1.00	1.00	0.97	0.95	0.99	0.98	0.99
	2002～2011	0.80	0.95	0.99	0.98	0.97	0.98	0.82	0.95	0.95
Kappa	2002～2007	0.79	0.92	0.99	0.95	0.95	0.95	0.81	0.89	0.92
	2007～2011	0.98	0.98	0.99	0.99	0.91	0.94	0.98	0.98	0.98
	2002～2011	0.77	0.90	0.98	0.94	0.89	0.91	0.79	0.87	0.91
K-Fuzzy	2002～2007	0.55	0.78	0.96	0.90	0.94	0.94	0.78	0.83	0.84
	2007～2011	0.96	0.95	0.97	0.99	0.89	0.91	0.97	0.96	0.96
	2002～2011	0.51	0.74	0.94	0.89	0.88	0.88	0.75	0.79	0.81

注：pa. 水田；fa. 旱地；fo. 有林地；sh. 灌木林地；gr. 草地；wa. 水域；ur. 城镇用地；ru. 农村居民点

第十二章　植物群落的演替

“演替”（succession）一词是法国生物学家 de la Malle（1825）首次在生态学意义上使用的（Gowles 1911）。群落演替通常被定义为“植物群落在干扰后的恢复过程或在裸地上植物群落的形成和发展过程”。广义地讲，群落演替则可以定义为发生在某一区域的生物-环境复合体在结构和功能方面的变化，这一变化有快有慢，历时也有长有短。所以，演替是和群落成员及其组合的动态变化有密切关系。如果一个群落中，各植物种及种间组合动态变化不明显，换句话说，就是它们在群落中的功能和地位随时间的变化不明显，这样的群落就是比较稳定的群落。一个群落稳定程度的大小用群落稳定性（stability）来评价。因此，群落稳定性和演替是一个问题的两个方面，是相互联系的。

第一节　演替的理论和学说

自 20 世纪初以来，“演替”成为生态学中最重要而又多争议的基本概念之一。即使在普通的生态学研究和教学中，“演替”也是使用频率较高的一个术语，尽管各学者的理解有所不同。对于演替发生的机制问题则更是众说纷纭，难以统一，现有的演替机制理论和学说多达数十家之众。在这里我们仅介绍几种主要的、有发展前途的学说。

在一个从未生长过植物或者原来群落被完全破坏而不复存在的裸地上，一旦有植物种的个体或繁殖体迁入或以某种方式传播而出现，并开始定居、生长发育及繁衍后代，那么该裸地上的演替便发生了。接着一个植物群落接着一个植物群落相继地、不断地为另一个植物群落所代替，直至达到顶极群落（climax），即达稳定状态。这一系列的演替过程就是一个演替系列（sere）。其中的任一单个群落被称为系列群落（seral community）；最初在裸地上形成的群落称为先锋群落（pioneer community）；最先定居的种称为先锋种（pioneer species）。在演替过程中，任何在植物种类或结构上具有特色的群落或片段（segment），称为一个演替阶段（stage）。但是，植物群落演替过程是一个连续的、渐进的过程，因此，可以说演替阶段是人们为了叙述方便而人为划分的。下面我们来讨论现代演替理论。

1. 促进作用理论

促进作用理论是最早的和经典的演替理论，是 Clements（1916）首先提出来的。该理论认为植物群落是一个高度整合的超有机体，通过演替，群落只能发展为一个单一的气候顶级群落（climatic climax）。群落的发展是渐进的和有序的，从一个简单的先锋植物群落最终发展为复杂的顶级群落。该理论认为，演替的动力主要是生物之间及生物与环境之间的相互作用，最早定居的植物改造了环境，从而有利于新物种的定居生存，这一过程一再发生，直到顶级群落产生为止。每个演替阶段的发展都促进了下一阶段的产生，并由此而得名。该理论还认为，演替是有一定方向的，都是朝着顶极发展，因而其过程是可以预见的，即每个阶段的区系组成和环境特点基本上是可知的。因此，也有人将该理论称为接力植物区系学说（relay floristics）。Clements（1916）将演替的基本过程分为 5 个步骤或阶段：①裸地形成；②迁移（migration），即植物的种子或其他繁殖体传播到裸地；③定居（ecesis），即种子萌发并开始生长；④反应（reaction），即由于植物生长改变了环境，改变了的环境又作用于植物，一些原有的植物不宜生存，而有利于新来种的生存；⑤稳定化（stablization），群落不断地发展，最终达到顶极群落。

2. 初始植物区系学说

初始植物区系学说（initial floristic theory）是 Egler（1954）提出来的，他认为演替具有很强的异源性，因为任何一个地点的演替都取决于哪些植物种首先到达那里。植物种的取代不一定是有序的，每一个种都试图排挤和压制任何新来的定居者，使演替带有较强的个体性。演替并不一定都是朝着顶极群落的方向发展，所以演替的详细途径是难以预测的。该学说认为演替通常是由个体较小、生长较快、寿命较短的种发展为个体较大、生长较慢、寿命较长的种。显然，这种替代过程是种间的，而不是群落间的，因而演替系列是连续的而不是离散的。这一学说也被称为抑制作用理论。

3. 忍耐作用学说

忍耐作用学说（tolerance theory）是 Conell 和 Slatyer（1977）提出来的，他们提出了三重机制说，包括促进理论和抑制理论，而这个机制和前面讲的两种学说基本一致。忍耐理论认为，早期演替物种先锋种的存在并不重要，任何种都可以开始演替。植物替代伴随着环境资源递减，较能忍受有限资源的物种将会取代其他种。演替就是靠这些种的侵入和原来定居物种的逐渐减少而进行的，主要决定于初始条件。

4. 适应对策演替理论

适应对策演替理论（adapting strategy theory）是 Grime（1989）提出来的，他通过对植物适应对策的详细研究，在传统 *r*-和 *k*-对策基础上，提出了植物的 3 种基本对策：*R*-对策种，适应于临时性资源丰富的环境；*C*-对策种，生存于资源一直处于丰富状态下的生境中，竞争力强，称为竞争种；*S*-对策种，适用于资源贫瘠的生境，忍耐恶劣环境的能力强，称为耐胁迫种（stress-tolerant species）。Grime（1998）提出，*R*-*C*-*S* 对策模型反映了某一地点某一时刻存在的植被是胁迫强度、干扰和竞争之间平衡的结果。该学说认为，次生演替过程中的物种对策格局是有规律的，是可以预测的。一般情况下，先锋种为 *R*-对策，演替中期的种多为 *C*-对策，而顶级群落中的种则多为 *S*-对策种。该学说对从物种的生活史、适应对策方面而理解演替过程做出了新的贡献。该理论提出来的时间并不长，但到目前为止，已表现出强大的生命力，许多学者试图从实验研究中论证这一学说。

5. 资源比率理论

资源比率理论（resource ratio hypothesis）是 Tilman（1985）基于植物资源竞争理论

而提出来的。该理论认为，一个种在限制性资源比率为某一值时表现为强竞争者，而当限制性资源比率改变时，因为种的竞争能力不同，组成群落的植物种亦随之改变。因此，演替是通过资源的变化而引起竞争关系变化而实现的。该理论与促进作用学说有很大相似之处。

6. 等级演替理论

等级演替理论（hierarchical succession theory）是 Pickett 等（1987）提出来的，他们以此理论为基础，提出一个关于演替原因和机制的等级概念框架，称为原因等级系统（causal hierarchy）。该框架有三个基本层次：第一层次是演替的一般性原因。即裸地的可利用性，物种对裸地利用能力的差异，物种对不同裸地的适应能力；第二层次是以上的基本原因分解为不同的生态过程，如裸地可利用性决定于干扰的频率和程度，种对裸地的利用能力决定于种的繁殖体生产力、传播能力、萌发和生长能力等；第三层次是最详细的机制水平，包括立地-种的因素和行为及其相互作用，这些相互作用是演替的本质。这一理论较详细地分析了演替的原因，并考虑了大部分因素，它有利于演替分析结果的解释。

7. 其他理论

演替的机制理论尚有多种，有的也广为人知，例如，Whittaker 和 Levin（1977）把演替分为 4 种基本类型，第一是替代演替，其实质是促进模型。第二是直接演替，即没有中间阶段，干扰后物种直接重建。直接演替在极端环境下，如沙漠是常见的。第三是循环演替。第四是镶嵌演替。后两种演替类型不够严格，但在反复受到干扰的地方也是常见的。有的学者认为，生态演替实质上是由斑块（patch）的变化而引起的，这里斑块指种群斑或小群落斑块，因而提出镶嵌体学说，但是斑块的变化是演替的现象，而不是演替的根本原因所在。

还有的学者从生态系统角度出发，提出生态系统发展理论（Margalef 1968；Odum 1969），如果细细分析一下，我们会发现该理论与 Clements 的学说只是一个问题的两种提法。

第二节　群落演替的模型

在生态学文献中，关于群落演替的数学模型有很多类，但一般都可归结为一个马尔可夫更新过程（Markovian renewal process）。马尔可夫模型对群落中各级组织水平的动态都适合，既适于整个群落的更替，或局部的更替，也适于种群或局部生物群体、斑块等的变化（May 1976）。

马尔可夫模型含有一些假设：首先，演替是一种随机而不确定的过程；其次，演替从一个阶段到另一个阶段的转移概率只与现时状态有关，而与先前状态无关，即历史因素可以忽略。最后，演替转移概率具有时间上的同质性，即不随时间而改变。从数学上讲，演替模型可分为线性模型（linear model）和非线性模型（non-linear model）。前者可以用马尔可夫链表示，后者可以用局部线性化方法来刻画，也可归为马尔可夫过程。

1. 线性模型

线性模型所描述的演替规律是在足够的时间以后，群落收敛在一个稳定的组成中。其线性系统是

$$S\left[\lambda_1 x_1(t)+\lambda_2 x_2(t)\right]=\lambda_1 S\left[x_1(t)\right]+\lambda_2 S\left[x_2(t)\right]$$

式中，λ_1 和 λ_2 是常数、x_1、x_2 为状态，$\boldsymbol{S}$ 为更替概率矩阵。在足够的时间以后，它收敛在一个稳定的组成中，在这个稳定组成中，种的比例不依赖于群落初期成分，只依赖于更替概率矩阵。因此，收敛本身没有独立的生物学意义。生物意义仅决定于演替概率矩阵的结构。May（1975）描述了几种线性演替的类型：经常的块状的破坏型群落演替、必然的演替、竞争导致演替及半现实性演替（图 12.1）。

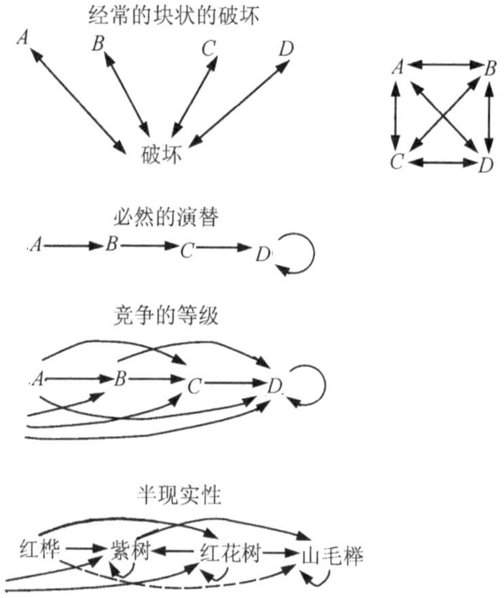

图 12.1　线性演替的几种理想模型

2. 非线性模型

该模型所描述的演替规律是由于频繁的干扰，演替并不是一个收敛过程。Horn（1975）认为，在块状破坏演替中，破坏本身可以表现为植物更替矩阵。因此，长期的演替可以用群落初期的成分乘以 ***SSASSSBSSSSASCSS*** 状的矩阵来表示，即许多演替矩阵（$\boldsymbol{S}$）的积相间着不同破坏的矩阵（***A***，***B***，***C***）。这样的演替可能由破坏的格局占优势，或者由组成成分较稳定的群落占优势。演替与破坏次数和间歇中的收敛速度有关，由于破坏（***A***，***B***，***C***）而产生许多明显不同的群落。

一个森林初期的成分（$\boldsymbol{G}_0$）可能表现为 $\boldsymbol{S}$ 的特征向量的线形结合（也称 $\boldsymbol{S}$ 的潜在矢量或本质矢量）。这样，将这个成分（$\boldsymbol{G}_0$）乘以 $\boldsymbol{S}$ 的连续高次方的演替，可表现为具有特征向量（$\boldsymbol{v}_i$），同样的线形结合乘以其特征值 λ_i（$\boldsymbol{S}$ 的特征根，也称本征值），用式子表示为

$$C_T = C_0 \boldsymbol{S}^T = \left(\sum a_i v_i\right) \boldsymbol{S}^T = \sum a_i C_i \lambda_i^T \qquad (12.1)$$

式中，C_T是 T 时间后的成分，C_i为第 i 年的成分，在 T 时间范围内，$\boldsymbol{S}$ 可以测得；a_i是常数，i 代表 $\boldsymbol{S}$ 矩阵的行或列。

随着时间的推移，森林的成分将逐渐由最大特征值所对应的特征向量占优势，其他特征向量对于群落成分的作用，取决于它们特征值的大小。具有小特征值的成分，衰退很快（May 1976）；具有大特征值的衰退缓慢。明显不同的和可能持久的破坏（***A*，*B*，*C***）的次数，可以用 $\boldsymbol{S}$ 特征值的离差来衡量。

在具体的研究中，非线性演替可以用局部线性化方法处理。赵松岭等（1981）在研究针茅草原放牧衰退演替中就是采用了此方法。

3. 个体优势模型

该模型是 20 世纪 70～80 年代发展起来的，在森林演替中应用较为广泛。个体优势模型强调种间竞争的重要性，把它作为物种替代过程中的重要机制，同时强调优势种群动态在演替中的主导作用。该模型将植物个体或种群在生理、生态、生活史等特征上的差异结合到模型之中，由此而引起群落的动态过程。在现代研究群落动态的计算机模型中，个体优势模型有着重要地位（霍常富等 2009）。

个体优势模型一般以一些基本的函数为依据，如以下函数。

1）最适条件下的树木增长

$$\frac{\mathrm{d}(D^2H)}{\mathrm{d}t} = RA\left(1 - \frac{DH}{D_{\max}H_{\max}}\right) \qquad (12.2)$$

式中，R 为树种的增长率，A 为树叶面积，D 为胸高直径，H 为树高，$D_{\max}$ 和 $H_{\max}$ 分别为最大个体的胸径和最高个体的高度；D^2H 为树木体积指数。

2）高/直径

$$H=137+b_2D - b_3D^2 \qquad (12.3)$$

3）各树种的光合作用与遮荫的关系方程等。

4）Leemans 和 Prentice 根据树冠垂直结构理论，并综合了描述边心材转换的管道模型理论，建立了一个不同的树木最优生长方程：

$$\frac{\mathrm{d}(DH^2)}{\mathrm{d}t} = \int_B^H S_{\mathrm{L}}(yp_z - \partial_z)\mathrm{d}z \qquad (12.4)$$

式中，H 为树高（cm）；B 为枝下高（cm）；S_{L} 为叶面积密度，用来描述叶片在树冠垂直高度上的分布状况（$\mathrm{m^2/m}$）；y 为树种生长参数，表示树木在没有环境压力、竞争和非光合组织呼吸消耗情况下，单位时间内单位树冠高度所产生的叶面积[$\mathrm{cm^2/(m \cdot a)}$]；$p_z$ 为描述光强对树木生长影响的比例系数，无量纲；∂_z 为边材维持成本，表示树木非光合组织的呼吸消耗，在生长方程中具体化为单位时间单位面积边材造成的叶面积减少的量[$\mathrm{cm^2/(m \cdot a)}$]。

4. 林窗模型

根据森林林窗动态变化原理，Botkin 等（1972）利用生长模型的建模方法，以树木个体为基础建立了用于森林动态演替研究的模型，称为林窗模型（gap model）。林窗模型大多用来探讨森林长期动态演替问题，在应用中已取得了明显效果。

林窗模型通过模拟某一林窗下各树种更新、生长和死亡来重现森林变化过程。在模拟生长中，首先计算林木的最优生长，最优生长由于环境资源条件限制而减少，减少的量用取值在 0～1 的函数表示。更新过程也表示为受光照和立地条件影响的函数。死亡过程分两种，一是与树种寿命相关的死亡，它与种的遗传特性有关，在一定条件下，所有健康的个体都有死亡的可能性，这种可能性表示为呈指数分布的概率函数；另一种是生长状况不好的个体死亡概率增大。生长状况用直径生长量或生长效率表示。

林窗模型中假设树木生长的环境资源条件在模拟林窗内均匀分布，林木间通过利用资源间接竞争，个体的竞争地位决定于自身对林窗环境的适应状况。影响树木生长的条件包括两部分：一为竞争，林地上的其他树种对目标树木生长的影响，可以用植物密度状况分析；二为环境因子的作用，环境因子由光照、降水、土壤水分、温度和养分状况等组成。

林窗模型建模过程包括两方面：一是森林中各树种自身的生物学特征模型化；二是影响树种生长的环境因素模型化。林窗模型大多用来探讨森林在环境不变和环境变化条件下的长期动态演替过程。前者可以用上面的模型模拟，后者可以用各种模型模拟，如回归模型、指数模型等。

第三节　群落演替的数量分析方法

植物群落演替的研究一般涉及时间因子。因此，关于演替的数据通常用以下一些方法获得，一是建立永久样方，在不同的时间调查记录群落种类和数量特征；二是围地研究，与永久样方的差别在于，它同时排除了人类和其他大型动物对群落的影响；三是利用不同时间的航空照片或卫星照片，可以解译出一些数据，如群落面积的变化、群落边界的变化等；四是利用多次的调查结果，虽然不是永久的样方，数据不是取自同一样地，但仍是有用的资料。对于所获得的演替数据有不同分析方法，下面将介绍这些方法。

一、以种群动态为基础的分析方法

从前面的演替理论可以看出，群落的演替在很大程度上表现为种类组成的变化。因此分析群落中某些种的动态变化，特别是对优势种或建群种的动态分析，就可以揭示演替的过程和规律（张金屯 1994d，2011；张金屯等 2000）。

1. 单个种群的演替方程

以种群动态为基础的分析方法一般是以 Logistic 模型作为出发点。对于一个种群来讲，它的增长方程为

$$\frac{\mathrm{d}x}{\mathrm{d}t}=kx(N-x)d_1x \tag{12.5}$$

式中，k 和 d_1 分别为种群 x 的出生率和死亡率；N 为环境容纳量。式（12.5）积分曲线为

$$x(t)=\left(N-d_1/k\right)\Big/\left(1+c\mathrm{e}^{-k(N-d_1/k)t}\right) \tag{12.6}$$

式中，c 为积分常数。由式（12.6）得

$$\lim_{t\to+\infty} x(t)=\begin{cases}0 & N-d_1/k<0\\ (N-d_1/k)/(1+c) & N-d_1/k=0\\ N-d_1/k & N-d_1/k>0\end{cases} \tag{12.7}$$

式（12.6）表明，若 $N-d_1/k<0$，则 $x=0$，即种群消失态是稳定的；若 $N-d_1/k>0$，则定态解 $x=N-d_1/k$ 是稳定的，种群向着 $x=N-d_1/k$ 趋近；若 $N-d_1/k=0$，则种群将维持在初始状态 $x=(N-d_1/k)/(1+c)$。

在研究一个种群动态变化时，用 3 个参数 K、N、d_1 可以完全描述。这些参数可以通过实验或野外多次调查得到。

2. 两个种群的演替方程

如果系统中有两个种群，则有

$$\begin{cases}\dfrac{\mathrm{d}x_1}{\mathrm{d}t}=k_1x_1(N-x_1-x_2)-d_1x_1\\ \dfrac{\mathrm{d}x_2}{\mathrm{d}t}=k_2x_2(N-x_1-x_2)-d_2x_2\end{cases} \tag{12.8}$$

在演替的初期，可能只有一个种 X_1，令 $\dfrac{\mathrm{d}x_1}{\mathrm{d}t}-0$，不难求得（参考前述）

$$x_1^0=N_1-d_1/k_1$$

该定态解代表了 x_1 的动态平衡。当第二个种群 x_2 出现并生长达到一定的量，x_2 的变化率为

$$\frac{\mathrm{d}x_2}{\mathrm{d}t}=k_2x_2(N_2-x_2-\beta x_1)-d_2x_2 \tag{12.9}$$

物种 x_2 可以利用与 x_1 不同或相同的资源，用系数 $\beta(0\leqslant\beta\leqslant1)$ 来描述。$\beta=0$ 表明 x_1 和 x_2 没有共同资源；$\beta=1$ 表明两个种利用完全相同的资源；β 取值 0 和 1 之间，代表两个种在资源利用方面的重叠情况，则其方程将变成

$$\begin{cases}\dfrac{\mathrm{d}x_1}{\mathrm{d}t}=k_1x_1(N_1-x_1-\beta x_2)-d_1x_1\\ \dfrac{\mathrm{d}x_2}{\mathrm{d}t}=k_2x_2(N_2-x_2-\beta x_1)-d_2x_2\end{cases} \tag{12.10}$$

在 x_2 出现的瞬间生态系统的存在状态是

$$x_1^0=N_1-d_1/k_1,\ x_2^0=0$$

如果

$$N_2-d_2/k_2>\beta(N_1-d_1/k_1)$$

则 x_2 将增长并占有该系统中的小生境。

由于 β 的取值不同，有 3 种情况：

当 $\beta=1$ 时，x_1 和 x_2 利用同样的资源，或者说两种的生态位已完全重叠，而且

$$N_2 - d_2/k_2 > N_1 - d_1/k_1$$

则种群 x_2 逐渐增大，最终取代 x_1，整个系统趋于稳定态：

$$x_1^0 = 0, x_2^0 = N_2 - d_2 / k_2$$

在同一生境中，$N–d/k$ 的值较大者可以取代其值较小的种。

当 $\beta=0$ 时，x_2 和 x_1 利用不同的资源，如果

$$N_2 - d_2/k_2 > 0$$

则 x_2 将与 x_1 共同存在于一个系统中的不同小生境之中，并且逐渐增加，最后达到

$$x_1^0 = N_1 - d_1 / k_1$$

$$x_2^0 = N_2 - d_2 / k_2$$

这样不断进行，种数增加，生态系统中的小生境逐渐被开发。

当 $0<\beta<1$ 时，即 x_2 和 x_1 在资源利用上有部分重叠，如果

$$N_2 - d_2/k_2 < \beta(N_1 - d_1/k_1)$$

则

$$\beta\left(N_2 - d_2/k_2\right) > N_1 - d_1/k_1$$

这样种群 x_2 将代替 x_1，系统稳定态为

$$x_1^0 = 0; x_2^0 = N_2 - d_2 / k_2$$

如果

$$N_2 - d_2/k_2 > \beta(N_1 - d_1/k_1)$$

则

$$\beta\left(N_2 - d_2/k_2\right) < N_1 - d_1/k_1$$

由上述两者的对称形式不难看出，x_2 增长且与 x_1 共存，系统的最终状态为

$$x_1^0 = \left[N_1 - d_1/k_1 - \beta(N_2 - d_2/k_2)\right]/(1-\beta^2)$$

$$x_2^0 = \left[N_2 - d_2/k_2 - \beta(N_1 - d_1/k_1)\right]/(1-\beta^2)$$

简单的代数运算表明：$x_1^0 + x_2^0 > N_2 - d_1/k$

发展的结果使演替系统中种数增加。

3. 多种群动态演替方程

在演替的过程中，新种可能不断地出现，形成种群序列：

$$\{x_i\}=\{x_1, x_2, x_3, \cdots\}$$

种群 x_i 的出生率、死亡率和环境容纳量分别为 k_i，d_i，n_i（i=1, 2, 3, ⋯）。整个群落系统的演替方程为

$$\begin{cases} \dfrac{dx_i}{dt} = k_i x_i (N_i - x_i - \beta x_{i+1}) - d_i x_i \\ \dfrac{dx_{i+1}}{dt} = k_{i+1} x_{i+1} (N_{i+1} - x_{i+1} - \beta x_i) - d_{i+1} x_{i+1} \end{cases} \tag{12.11}$$

用与两个种动态分析相同的方法，可以得出如下种群序列的演替结论：

如果 $N_i - d_i/k_i < 0\ (i=1, 2, 3, \cdots)$，则整个种群序列都将消失；如果 $N_i - d_i/k_i < \beta(N_{i+1} - d_{i+1}/k_{i+1})$且$N_{i+1} - d_{i+1}/k_{i+1} > 0$，则整个种群序列呈上升和发展趋势，环境资源得以充分利用；如果 $N_{i+1} - d_{i+1}/k_{i+1} < \beta(N_i - d_i/k_i)$且$N_i - d_i/k_i > 0$，整个种群序列呈下降和衰落趋势；当 $0 < \beta < 1$ 时，若 $N_i - d_i/k_i < \beta(N_{i+1} - d_{i+1}/k_{i+1})$，$N_{i+1} - d_{i+1}/k_{i+1} > \beta(N_i - d_i/k_i)$，则多种群可以共同存在。

二、静态演替分析

在一般的植物群落调查中，只记录样方中的种类及其数量特征，这种数据不包含时间因子，是一次性调查结果，对这种数据进行演替分析，一般方法比较简单，同时要求对所研究群落的整个演替过程（从先锋群落到顶级群落）有已知性。所以，这种分析通常适合于次生恢复演替的研究。这样的演替分析称为静态演替分析。主要的分析方法有演替指数法、群落演替度法和演替的梯度分析法。

1. 演替指数法

该方法是在对某一地段从先锋群落到顶级群落进行详细研究后，根据各种植物对顶级群落环境的适应程度确定每个种的顶级适应值 $\beta_i (i=1,2,3,\cdots,P, P$ 为种数)。β_i 的取值范围可以自定，比如 $0 < \beta_i \leqslant 1$或$1 \leqslant \beta_i \leqslant 10$ 等。然后用加权平均法将顶级适应值与群落中种的多度结合起来，就可以求得该群落的演替指数（index of succession）：

$$S_j = \frac{\sum_{i=1}^{p}\left(\beta_i A_{ij}\right)}{\sum_{i=1}^{p} A_{ij}} \tag{12.12}$$

式中，S_j 为第 j 个群落的演替指数，它描述的是样方 j 在整个演替过程中所处的演替阶段；A_{ij} 为种 i 在群落 j 中的多度值。

表 12.1 是 4 个样方 14 个种的数据。分别计算得到 4 个样方的演替指数 3.1、4.0、6.5 和 8.0。很明显，这 4 个样方所代表的群落处在不同的演替阶段，它们构成了一个由简单群落向顶级群落发展的系列。

2. 演替度法

演替度（degree of succession）是描述植物群落演替程度的一个数量指标（沼田真 1979）。对一个群落或样方，它的演替度为

$$D_j = \frac{\sum_{i=1}^{p}(I_i d_i)}{P} V \tag{12.13}$$

式中，D_j 为第 j 个群落（样方）的演替度；I_i 为种 i 的寿命，通常依生活型确定，即一年生植物为 1，二年生植物为 2，地上芽植物、地面芽植物和隐芽植物等于 10，大灌木和小乔木为 50，中乔木和大乔木为 100；P 为种数；V 为植被率，如果为 100%，则等于 1；d_i 为种 i 的优势度，用式（12.14）计算：

表 12.1　4 个样方 14 个种的多度数据（Peet and Loucles 1977）

项目	种序号													
	1	2	3	4	5	6	7	8	9	10	11	12	13	14
	顶级适应值													
	1	2	3.5	3.5	4.0	5	6	7	7.5	8	8	12.5	9.0	10
样方 1	8	9	6	5	4	0	4	0	2	0	0	0	0	0
样方 2	5	7	7	6	9	0	0	5	0	2	0	0	0	0
样方 3	0	0	2	4	7	5	8	0	0	7	7	5	0	5
样方 4	0	0	0	1	2	0	3	2	5	6	7	3	5	9

$$d_i = \frac{A_i + F_i + H_i + C_i + W_i}{5} \tag{12.14}$$

式中，A_i、F_i、H_i、C_i、W_i 分别代表种 i 的相对多度、相对频度、相对高度、相对盖度和相对重量。

$$A_i = \frac{\text{种}i\text{的多度}}{\text{所有种多度之和}} \times 100\%$$

$$F_i = \frac{\text{种}i\text{的频度}}{\text{所有种频度之和}} \times 100\%$$

$$H_i = \frac{\text{种}i\text{的平均高度}}{\text{所有种平均高度之和}} \times 100\%$$

$$C_i = \frac{\text{种}i\text{的盖度}}{\text{所有种的盖度之和}} \times 100\%$$

$$W_i = \frac{\text{种}i\text{的重量}}{\text{所有种的重量之和}} \times 100\%$$

在 A_i、F_i、H_i、C_i、W_i 计算中，也有人用最大值的种作为 100，而计算别的种的相对值。有时优势度的计算只考虑前四项，而不考虑重量。

表 12.2 是东北羊草草原种的优势度和寿命，计算得羊草群落的演替度

$$D = \frac{10 \times 96 + 10 \times 27 + \cdots + 10 \times 36}{7} \times 1 = 295$$

一般草本植物群落的顶级群落的演替度为 300～400，说明该羊草群落正处在演替中，离顶级群落还需要一个阶段。

表 12.2　羊草群落优势度和寿命（祝廷成 1988）

种名	d_i	l_i	
羊草	96	10	
五脉山黧豆	27	10	
水苏	19	1	
针藺	19	10	
芦苇	26	10	
苣荬菜	7	1	
寸草苔	36	10	V=1

3. 演替的梯度分析法

演替的梯度分析法（succession gradient analysis）是用静态演替样方调查法，即一次性同时调查的方法获得数据，就是采用同时对不同演替阶段的群落类型进行调查的方法（张金屯等 2000a），以研究不同演替阶段的群落特征，分析其演替规律。这样的取样就是进行植物群落学常规样方调查。在研究区域，一般根据各演替阶段群落的面积大小，设置数量不等的样方，在每个样方中记录种类组成、植物种的盖度、多度等植被数量指标，同时也可记录每个样方的环境因子，如海拔、坡度、坡向、土层深度等，以分析环境因素对演替的作用。

对该数据类型的分析就是用梯度分析方法，即排序方法进行。一般排序轴能反映演替的梯度，这样演替的速度、方向及演替干扰等都可以在排序图上反映出来（张金屯等 2001；Zhang 2005）。

Zhang（2005）用 DCA 排序研究了山西吕梁山撂荒地植被恢复的演替过程。图 12.2 是 25 个样方的 DCA 排序图，图中数码代表样方号，Ⅰ、Ⅱ、Ⅲ分别代表演替的 3 个主要阶段类型，即草本群落阶段、灌丛群落阶段和乔木群落阶段，每一个阶段又有不同的群落类型。很明显，DCA 第一轴反映了演替的时间进程，即排序图从左向右，代表着演替的方向，也就是不同群落类型更替的过程；同时，排序图表明了不同演替阶段群落类型间的关系。这说明排序演替分析的结果是符合实际的。

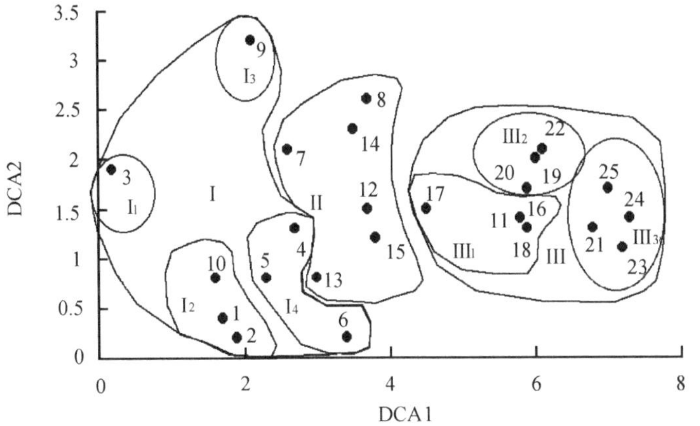

图 12.2　山西吕梁山植物群落演替排序分析图（Zhang 2005）

图 12.3 是 70 个植物种的 DCA 排序图，也说明了同样的群落演替变化关系。由于 DCA 第一轴代表着演替的时间进程，因此种类沿第一轴从左向右，反映了不同演替阶段植物种类组成的变化。种类大致可分为三类，一类主要出现在草本群落阶段，第二类主要出现在灌从阶段，而第三类主要出现在乔木群落阶段。其中某些种类可能在三个阶段中都能看到。群落中植物种的总数目（丰富性）是随着演替的进展而增加的。

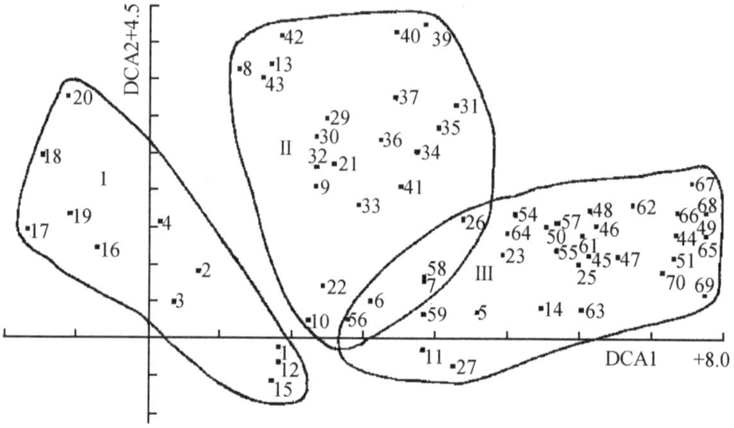

图 12.3　山西吕梁山植物群落演替中的种类变化（Zhang 2005）

三、单个样方的动态演替分析

在群落演替研究分析中，往往要对一个群落进行多次观察记录，这样的数据就含有时间因子，因此称动态演替分析。在定点研究或设立永久样方时，我们对一个群落或一个样方进行多次观察，这样我们就得到了一个 $P \times T$ 维矩阵。P 为植物种数，T 为调查记录的次数，两次调查之间的时间间隔可长可短，根据研究的内容和植被类型的不同而有异。对这样的数据矩阵，我们自然也会想到前面讲过的排序方法，即将植物种作为属性，时间作为实体而进行排序。排序结果同样用排序图表示。该排序图反映了所研究的群落（样方）在排序空间随时间变化情况，可以用线段将代表不同时间的点连接起来，使得演替趋势明显可辨。图 12.4 就是一个例子。该图是 DCA 排序图，反映了 Spergulo-Corynephoretum 群落 8 年之间的变化趋势，很明显所研究的群落是向着一个方向发展的（排序图上由左下向右上的对角线方向）。Daniels（1990）认为这代表着该群落的进展

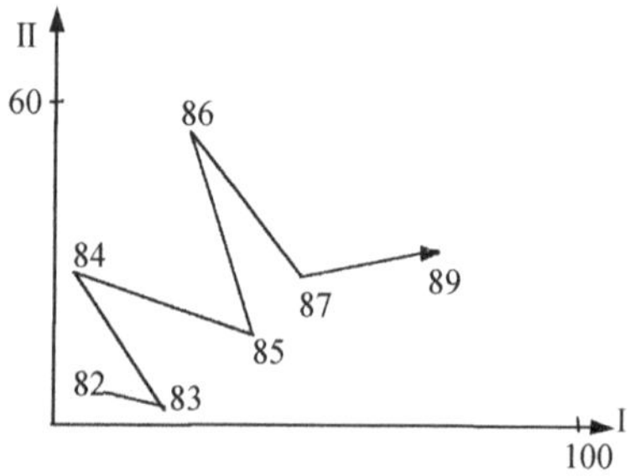

图 12.4　Spergulo-Corynephoretum 群落演替分析图（Daniels 1990）

演替。如果在排序图上，连线的箭头又回到了起初的地方或向起初的方向发展，可能预示着循环演替。所以，这种排序图可以直观地看出演替的方向和演替的速率。

在第九章中讲到的大多数排序方法均可用于单个群落的演替分析。

四、多个样方的动态演替分析

在植物群落演替研究中，往往同时设立数个永久样方，对不同群落或同一群落中的不同片段同时进行研究。这样得到的数据就是一个植物种类×样方×时间三维矩阵，即 $P\times N\times T$，P 为种数，N 为样方数，T 为调查次数。对这样的数据，当然可以分为 N 个 $P\times T$ 矩阵，分别用排序方法进行分析。但分析结果，由于每次排序得到的排序轴的标度（scaling），并不完全一致，所以，它们不能标在一个排序图上。这样使群落之间或同一群落不同片段之间在演替上的差异的比较较为困难。因此，我们要用多元分析的方法，使一次分析能使用所有的数据，即使用 $P\times N\times T$ 三维矩阵。主要有 3 种分析方法。

1. 演替的主分量分析

演替的主分量分析方法在统计学原理上与主分量排序方法相同，只是计算上稍有不同。假设 $P\times N\times T$ 三维矩阵为 $\boldsymbol{X}$，则

$$\boldsymbol{X}=\{x_{ijk}\}\ \ (i=1, 2, \cdots, P; j=1, 2, \cdots, N; k=1, 2, \cdots, T) \qquad (12.15)$$

即

$$\boldsymbol{X}=\left\{\begin{matrix} x_{111} & x_{112} & \cdots & x_{11T} & x_{121} & x_{122} & \cdots & x_{12T} & \cdots & x_{1N1} & x_{1N2} & \cdots & x_{1NT} \\ x_{211} & x_{212} & \cdots & x_{21T} & x_{221} & x_{222} & \cdots & x_{22T} & \cdots & x_{2N2} & x_{2N2} & \cdots & x_{2NT} \\ \vdots & \vdots & & \vdots & \vdots & \vdots & & \vdots & & \vdots & \vdots & & \vdots \\ x_{P11} & x_{P12} & \cdots & x_{P1T} & x_{P21} & x_{P22} & \cdots & x_{P2T} & \cdots & x_{PN1} & x_{PN2} & \cdots & x_{PNT} \end{matrix}\right\}$$

我们首先将 $\boldsymbol{X}$ 矩阵分解为 N 个 $P\times T$ 维矩阵，即每个样方组成一个种类×时间的矩阵，对这样的矩阵分别进行中心化，并计算协方差矩阵。计算方法同 PCA。

$$\boldsymbol{S}_j=\boldsymbol{X}_j\boldsymbol{X}_j^{\mathrm{T}} \qquad (12.16)$$

式中，$\boldsymbol{X}_j$ 为第 j 个样方的种类×时间的矩阵经中心化后的矩阵，$\boldsymbol{S}_j$ 为种间协方差矩阵。若用不同的方法进行标准化，$\boldsymbol{S}_j$ 的含义不同（Greig-Smith 1983）。

其次，我们求三维矩阵 $\boldsymbol{X}$ 的总协方差矩阵 $\boldsymbol{S}$，它等于以上求出的各协方差矩阵之和。

$$\boldsymbol{S}=\sum_{j=1}^{N}\boldsymbol{S}_j \qquad (12.17)$$

$\boldsymbol{S}$ 矩阵主要反映了样方内种类随时间的变化，很适合于主分量分析。

以下的分析计算与 PCA 相同，即以

$$|\boldsymbol{S}-\lambda I|=0 \qquad (12.18)$$

为基础，求出 $\boldsymbol{S}$ 的特征根 $\lambda_1\geqslant\lambda_2\geqslant\cdots\geqslant\lambda_p$，再解出 P 个特征根相对应的特征向量，并将它们依次按行排列成矩阵 $\boldsymbol{U}_j$，最后求排序坐标矩阵。

$$\boldsymbol{Y}=\boldsymbol{U}\boldsymbol{X} \qquad (12.19)$$

这样每个样方在不同时间的变化均可反映在排序图上，同样可以将同一样方不同时间的位置用线段连接起来，以反映同一群落（样方）的演替趋势，不同群落之间的演替趋势及速率的差异也可清楚地反映出来（张金屯 1993c，1995）。

图 12.5 是一个演替主分量分析的排序图。该图的数据是英国威尔士 Snowdonia 山地 7 个永久样方 11 年的观察结果（Swaine and Greig-Smith 1980）。图上的箭头及其连线采用了相连的 3 个年份排序值的平均，而不是年份间的直接连接。显然，大部分样方均有明显的演替趋势，比如“△”所代表的样方和“●”所代表的样方，趋势非常明显，且演替的方向差别较大。年份之间的连线越长，反映随时间的变化越快，即种类组成变化较快，演替的速率较快，因此，该结果用于不同群落间的比较，效果较好。

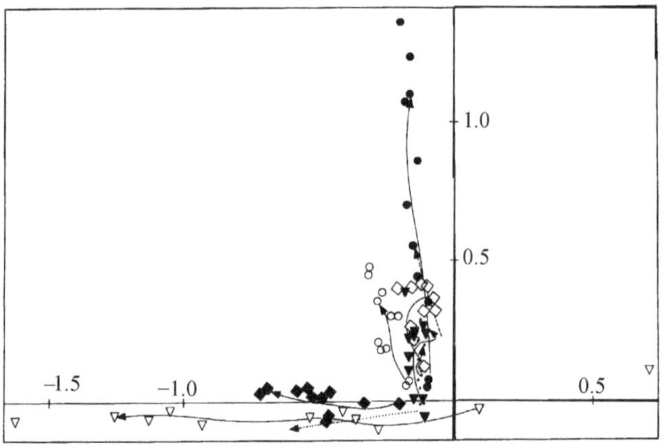

图 12.5　7 个永久样方 11 年的演替分析（Swain and Greig-Smith 1980）

2. 演替的典范分析

该方法是 Gittins（1981）在演替分析中应用的，其统计学原理与典范相关分析排序一致（见第九章）。该方法实际上是计算同一个群落不同时间的相似性（相关性）。相似性越大，说明群落变化越不明显；相似性越小，说明演替越明显。同样，典范分析也使用 $P \times N \times T$ 三维矩阵。为了方便起见，我们先假定下 T=2，即 P 个种在 N 个样方中的两次（t_0 和 t_1）调查结果，原始数据矩阵仍记为 $\boldsymbol{X}$，它由两个子矩阵组成。

$$\boldsymbol{X}=\begin{pmatrix}\boldsymbol{X}_1\\ \boldsymbol{X}_2\end{pmatrix}=\begin{bmatrix} x_{111} & x_{112} & \cdots & x_{11N}\\ x_{121} & x_{122} & \cdots & x_{12N}\\ \vdots & \vdots & & \vdots\\ x_{1P1} & x_{1P2} & \cdots & x_{1PN}\\ \hline x_{211} & x_{212} & \cdots & x_{21N}\\ x_{221} & x_{222} & \cdots & x_{22N}\\ \vdots & \vdots & & \vdots\\ x_{2P1} & x_{2P2} & \cdots & x_{2PN}\end{bmatrix} \tag{12.20}$$

首先对两个子矩阵 $\boldsymbol{X}_1$ 和 $\boldsymbol{X}_2$ 分别进行中心化，然后求协方差矩阵：

$$S = \frac{1}{N-1}\begin{pmatrix} X_1 \\ X_2 \end{pmatrix}\begin{pmatrix} X_1^{\mathrm{T}} X_2^{\mathrm{T}} \end{pmatrix} = \begin{pmatrix} S_{11} & S_{12} \\ S_{21} & S_{22} \end{pmatrix} \tag{12.21}$$

式中，S_{11} 为 t_1 时种间协方差矩阵；S_{22} 为 t_0 时种间协方差矩阵；S_{12} 和 S_{21} 为 t_0 和 t_1 两次不同时间的种间协方差矩阵。

接下来的分析过程与典范相关分析排序相同。请参考第九章的 CCoA 分析，只是 CCoA 用迭代过程完成。最终的结果得两组排序值，一是基于第一次（t_0）观察的结果；另一是基于第二次（t_1）观察的结果。两组排序值标度相同，可以表示在同一个排序图上。因此可以反映两次之间的差异，这种差异预示着演替。

当 $T>2$ 时，理论上讲均可进行计算，但实际过程相当烦琐，实际用得较少，这里不再赘述。

3. 类中心排序法

类中心排序法理论上是以 Feoli 和 Zuccarello 的工作为基础的，它是将每个样方作为一个类型，求不同时间观察值的形心，再通过矩阵相乘得到排序坐标。

假定通过调查研究得到原始数据矩阵 $\boldsymbol{X}_{P\times N\times T}$，$P$ 为种数，N 为样方数，T 为调查次数（时间），

$$\boldsymbol{X}=\{X_{ijk}\}\ (i=1, 2, 3, \cdots, P; j=1, 2, 3, \cdots, N; k=1, 2, 3, \cdots, T)$$

这与上一方法是一样的。

从原始数据开始，该方法具体有以下三步。原始数据若需要转化或标准化等处理，需要在这之前进行。

1）首先对每个样方计算每个种的形心值，它等于该种在同一样方中不同时间观测值的平均：

$$E_{ij} = \sum_{k=1}^{T} x_{ijk} \tag{12.22}$$

式中，E_{ij} 代表第 i 个种在第 j 个样方中的形心值，这样就得到 $P\times N$ 维形心矩阵 $\boldsymbol{E}_{(P\times N)}$。

2）用 $\boldsymbol{E}$ 的转置矩阵乘以原始数据矩阵 $\boldsymbol{X}$，就可得到排序轴：

$$\boldsymbol{Y}=\boldsymbol{E}^{\mathrm{T}}\boldsymbol{X} \tag{12.23}$$

式中，$\boldsymbol{Y}$ 为 $N\times N\times T$ 三维矩阵，代表 N 个排序轴。这样排序轴描述了每个样方不同时间在种类空间的变化。这里 $\boldsymbol{E}$ 可以看成一个由 N 个特征向量组成的矩阵，而 $\boldsymbol{Y}$ 相当于主分量分析的前 N 个主分量，统计学原理是严密的。

3）选取两个排序轴，组建二维排序图，用线段将同一个样方不同时间连接起来，就可明显地看出各样方（群落）的演替趋势和速率。

图 12.6 是用该方法对荷兰 Kootwijki 沙生草地 5 个永久样方 7 年的观察数据进行了分析，结果清楚地反映了演替的趋势和方向，生态意义明确，说明该方法在群落演替分析中的有效性。

五、演替概率分析法

演替概率分析法（succession probability analysis）是分析一个群落演替为另一群落的

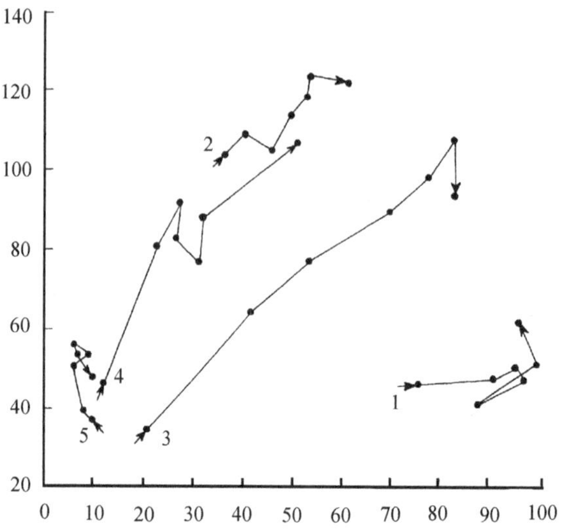

图 12.6　5 个样方 7 年数据的类中心排序演替分析图（Zhang 1996）

概率大小。这里以一个例子来说明。假如表 12.3 是 50 个样方（其他取样点如水样等也可）在 3 个时间段的观察记录，A、B、C 分别代表三个群落类型，时间 1 是起初各样方所属的群落类型，时间 2 和 3 是经过若干时间后比如说 1 年或 5 年时间间隔后的群落类型。每一个样方有两次群落转移（演替）的机会，50 个样方共有 100 次转移。例如，样方 1 的群落变化是

$$A \to A \to A$$

两次转移都是由群落 A 转为群落 A。样方 2 则是

$$A \to B \to A$$

两次转移中，一是由 A 转为 B，二是由 B 转为 A。这样 100 次转移中，群落相互转化的频次列于表 12.4 中。

表 12.3　50 个样方在 3 个时间段的演替观测记录

样方	演替状态			样方	演替状态		
	时间 1	时间 2	时间 3		时间 1	时间 2	时间 3
1	A	A	A	13	A	A	A
2	A	B	A	14	B	B	C
3	B	B	C	15	A	A	A
4	A	A	A	16	C	C	C
5	B	C	B	17	C	C	C
6	A	C	A	18	B	C	C
7	A	A	A	19	B	B	B
8	C	C	C	20	A	C	C
9	B	A	C	21	C	A	B
10	A	A	B	22	A	A	B
11	B	B	B	23	B	B	B
12	A	B	C	24	B	B	B

续表

样方	演替状态			样方	演替状态		
	时间 1	时间 2	时间 3		时间 1	时间 2	时间 3
25	A	B	B	38	C	C	B
26	A	A	B	39	A	A	A
27	C	C	C	40	A	A	A
28	A	A	C	41	A	A	B
29	A	A	A	42	C	C	C
30	C	C	B	43	C	C	C
31	A	B	A	44	A	A	B
32	B	C	B	45	C	C	B
33	B	C	A	46	C	C	C
34	C	C	C	47	B	B	C
35	B	B	A	48	A	A	B
36	B	B	A	49	A	A	B
37	C	B	A	50	B	B	C

表 12.4 各群落类型转移频率矩阵

起始类型	转移后的群落类型			合计
	A	B	C	
A	24	12	4	40
B	6	15	9	30
C	3	6	21	30
合计	33	33	34	100

表 12.4 中的频率值可以写入一个矩阵，称为转移矩阵（transition matrix），记作 $\boldsymbol{N}$。

$$\boldsymbol{N}=\begin{bmatrix}24 & 12 & 4\\ 6 & 15 & 9\\ 3 & 6 & 21\end{bmatrix}$$

将矩阵中的值除以行和，就可以得到转移概率矩阵（matrix of transition probability）。

$$\boldsymbol{P}=\begin{bmatrix}0.6 & 0.3 & 0.1\\ 0.2 & 0.5 & 0.3\\ 0.1 & 0.2 & 0.7\end{bmatrix}$$

矩阵中的每一元素记作 P_{ij}，表示矩阵中第 i 行、第 j 列元素值，代表从第 i 个群落转化为第 j 个群落的概率。例如，一个时间间隔后，群落 A 有 60%的概率仍维持为群落 A，而有 30%的可能群落 A 转为群落 B，群落 A 转为群落 C 的概率只有 10%。

演替的转移概率也可以用图形表示（图 12.7），图中可以人为定一个概率阈值，比如说 0.3，那么概率大于或等于 0.3 的在图中表示出来，小于 0.3 的忽略不计。从图中也可清楚地看出群落演替变化的概率。

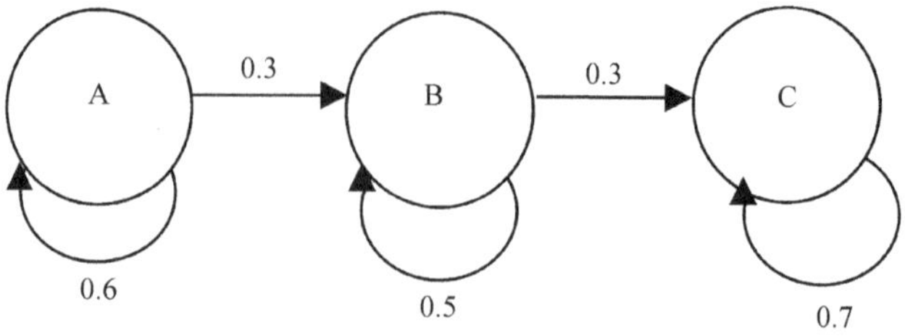

图 12.7　演替转移概率图

用转移概率矩阵 $\boldsymbol{P}$ 还可以预测群落未来的变化。例如，在表中的第 3 个阶段（时间 3）有 15 个样方是群落 A，18 个是群落 B，17 个是群落 C，它们可以组成一个群落类型在 t 时间的状态向量：

$$\boldsymbol{P}_t=[15 \quad 18 \quad 17]$$

用该向量乘以转移概率矩阵，就可以得到群落在 t+1 时的向量

$$\boldsymbol{P}_{t+1}=\boldsymbol{P}_t\boldsymbol{P}=[14.3 \quad 16.9 \quad 112.8]$$

或者 $\boldsymbol{P}_{t+1}=[14 \quad 17 \quad 19]$

同理可以求得 t+2 时的状态向量

$$\boldsymbol{P}_{t+2}=\boldsymbol{P}_{t+1}\boldsymbol{P}=[14 \quad 16 \quad 20]$$

实际上 $\boldsymbol{P}_{t+2}=\boldsymbol{P}_{t+1}\boldsymbol{P}=\boldsymbol{P}_t\boldsymbol{P}\boldsymbol{P}=\boldsymbol{P}_t\boldsymbol{P}^2$

这样就可以预测 K 时间后群落的类型组成情况，这正是许多研究所要探索的。

转移概率矩阵可以用式（12.24）进行显著性检验：

$$-2(\ln\lambda)=2\sum_{i=1}^{m}\sum_{j=1}^{m}n_{ij}\ln\left(P_{ij}/P_j\right) \tag{12.24}$$

式中，m 为记录的次数，n_{ij} 和 P_{ij} 分别是矩阵 N 和 P 中第 i 行、第 j 列元素，P_j 是边缘概率，用式（12.25）求之。

$$P_j=\sum_{i=1}^{m}n_{ij}\bigg/\left(\sum_{i=1}^{m}\sum_{j=1}^{m}n_{ij}\right) \tag{12.25}$$

可以用自由度为$(m-1)^2$的 χ^2 来检验 $-2(\ln\lambda)$ 的显著性。

在我们的例子中，m=3，P_1=33/100=0.33，P_2=0.33，P_3=0.34，则

$$-2(\ln\lambda)=37.978$$

用 χ^2 检验，P<0.001，说明演替变化显著，符合 Markov 链变化规律（Usher 1975）。

这一方法对于由低等生物组成的群落的研究有较好的适用性，因为低等生物群落，如浮游生物群落，在不同的年份甚至不同的季节群落类型变化较大。对于高等植物群落，可能要观测更多的时间。

图 12.8 是英格兰矮草地 7 个群落类型 21 年演替变化的演替概率图。7 个群落类型记作 G_1、G_2、F、M_1、M_2、M_3、M_4，概率阈值是 0.13，该图较清楚地反映了草地群落的演替概率趋势。

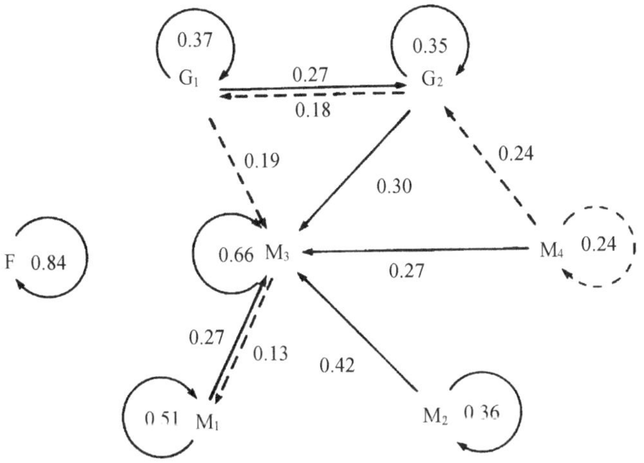

图 12.8　英格兰草地 7 个群落类型 21 年的演替概率图

第四节　植物群落的稳定性

根据 Clements 的演替理论，在任何地区开始的群落演替，都必然向着顶极群落发展，经过长期的演替之后，最终都必然达到稳定阶段，即顶极群落。因此，处在不同演替阶段的群落的稳定性是不同的。一个群落系统的稳定性是描述该群落的重要特征之一，它不仅与群落的组成结构和功能密切相关，而且还与外界干扰的性质和强度相联系，一般从四个意义上来定义群落的稳定性：一是群落的抗干扰性（tolerance），指群落对外界干扰的忍耐和抵抗能力；二是群落的恢复性，指群落系统受到干扰后，恢复到初始状态的能力；三是持续性，指的是群落中各种成分或群落成员生存的时间，或各成员的数量（生物量）、群落的结构和功能特性能够维持多长时间。在植物群落学中的稳定性一般与该意义相同；四是群落的变异性，指群落某些特征的波动频率和幅度。

由于群落在时空上的动态变化，群落稳定性的度量变得非常复杂。迄今为止，还没有一个统一的指标来衡量系统的稳定性。在生态学文献中，不少学者认为，群落的稳定性与复杂性密切相关，即群落的复杂程度越高，表明群落越稳定；相反，复杂程度越低，则群落就越不稳定。Clements（1916）也把群落稳定性趋向描述为群落整体功能的提高，并基于复杂性之上。有人用物种多样性来表示稳定性大小，较常用的是信息指数。一般认为物种多样性越高，群落就越稳定（May 1975），但研究实践中的许多例子并不符合这一点，有学者认为这是现在研究的群落很少有原生群落之故。现代生态学者试图用别的方法来描述群落稳定性的大小。下面作简要介绍。

一、群落的恢复性和持续性

恢复性和持续性虽然在概念上明显不同，但在度量描述上是很难将二者有效地分开，它们的度量都是以种群动态模型为基础的。假定一个群落中有 n 个种，其个体数分别为 $N_1, N_2, \cdots, N_n$，该群落种群动态可以用下面方程表示：

$$\frac{\mathrm{d}N_i}{\mathrm{d}t}=F_i\left(N_1(t),N_2(t),\cdots,N_n(t)\right) \tag{12.26}$$

在平衡点时 $\frac{\mathrm{d}N_i}{\mathrm{d}t}=0$，此时个体数记作 N_i^*，则

$$0=F_i(N_1^*, N_2^*, \cdots, N_n^*)$$

在平衡点给种群一个干扰（这里干扰一般指群落中其他种对该种的干扰，是指自然环境下的种间作用，它是种群动态的重要影响因素）。对第 i 个种群

$$N_i(t)=N_i^*+x_i(t) \tag{12.27}$$

式中，$x_i(t)$是指对第 i 种的干扰。若对式（12.27）在平衡点进行泰勒展开，则可得到线性化的近似方程：

$$\frac{\mathrm{d}x_i(t)}{\mathrm{d}t}=\sum_{j=1}^{n}a_{ij}x_j(t)\,(i,\ j=1,\ 2,\ \cdots,\ n) \tag{12.28}$$

式中，a_{ij} 表示种 i 和种 j 相互作用系数，它描述了平衡点附近的种群动态，也可以用矩阵表示为

$$\frac{\mathrm{d}x(t)}{\mathrm{d}t}=\boldsymbol{A}x(t) \tag{12.29}$$

$$\boldsymbol{A}=\{a_{ij}\}\ (i=1, 2, 3, \cdots, n)$$

式中，$\boldsymbol{A}$ 为群落矩阵，这是一个 n 阶方阵，其中

$$a_{ij}=\frac{F_i}{N_j^*} \tag{12.30}$$

线性方程（12.27）的解为

$$x_i(t)=\sum_{j=1}^{n}C_{ij}\mathrm{e}^{\lambda_j t} \tag{12.31}$$

式中，$\lambda_j\,(j=1,2,\cdots,n)$ 为 $\boldsymbol{A}$ 的特征值，它刻化了系统的动态行为；C_{ij} 是常数，依赖于干扰的初始值。将式（12.31）代入式（12.28）或式（12.29），得

$$(\boldsymbol{A}-\lambda I)x(t)=0 \tag{12.32}$$

于是有

$$|\boldsymbol{A}-\lambda I|=0 \tag{12.33}$$

这样就可以得到 $\boldsymbol{A}$ 的特征值 $\lambda_j\,(j=1,2,\cdots,n)$。从方程（12.28）和（12.31）可知，只有当所有的特征值为负实数时，对平衡种的干扰才趋于 0，这种情况下，受干扰后，种群恢复快，种群稳定持续性较高。因此群落稳定性高；如果任何一个特征值大于 0，则该干扰就会随时间指数放大，最终导致平衡点不稳，如果有一个虚数特征根而其余的均为负值，则系统为中性稳定。

在实际研究中，往往以 Lotaka-Volterra 方程作为基础，如果两个种间的关系是竞争关系，就用 Lotaka-Volterra 竞争方程；若是捕食和被捕食关系，则用捕食-被捕食模型等。因此在同一群落动态研究中，可以将多种模型混合使用。

群落稳定性的研究涉及群落中所有种的相互作用，关系也较复杂。在种类较多时，困难较大，历时较长，一般还停留在低等生物种类组成的简单群落研究上。

二、群落的变异性

群落变异性的度量通常用方差（variance）的大小表示。可以用一个种群不同时间的密度计算单个种群的方差，也可以用所有种的密度变化来计算群落的总体方差。方差大则变异性大。有些学者建议用标准差或种群密度对数的标准差表示变异性，因为种群密度的标准差近似于正态分布（Williams 1976）。20 世纪 80 年代以来，一些学者认为以连续两次调查的种群密度比为基础，描述变异性较好。

$$R = \left(N_t + \frac{1}{N_t} \right) \tag{12.34}$$

或用对数表示

$$R = \ln \left(N_t + \frac{1}{N_t} \right) \tag{12.35}$$

式中，R 表示种群变异性，N_t 为 t 时间后种群密度与原密度的比。Wolda（1978）建议用式（12.34）的方差表示变异性：

$$V = \mathrm{var}(\ln R) = \mathrm{var}\ln \left(\frac{N_t + 1}{N_t} \right) \tag{12.36}$$

式中，V 是变异性最有用的一个变量（周集中和马世骏 1990），它受种群同步程度的影响。对于一个含多个种的群落来讲，方差 V 具有可加性，其各个种的方差和就表示群落变异程度的大小。

$$V = \sum_{i=1}^{n} V_i \tag{12.37}$$

式中，V_i 为第 i 个种群的变异性［式（12.36）］，n 为群落中的种数。

三、群落的抗干扰性

群落的抗干扰性指的是对外源性干扰的抵抗力，这种干扰属于非密度制约因素。前面恢复性和持续性度量中的干扰是指种间干扰，属于群落内部因素引起的，常常与密度相关联，为密度制约因素。群落抗干扰性必须考虑干扰因素对种群和群落的影响。同样以种群动态方程为基础，可以得到一个近似线性方程［参考式（12.27）］：

$$\frac{\mathrm{d}V_i}{\mathrm{d}t} = U_i + \sum_{j=1}^{n} a_{ij} N_j(t) \; (i{=}j{=}1, 2, \cdots, n) \tag{12.38}$$

式中，U_i 为外源干扰对第 i 个种的影响，a_{ij} 为种 i 和种 j 相互作用系数。式（12.38）一般用于实验研究，因为自然环境下干扰很难度量。在获得实验数据后，假定种群处于平衡状态，即 $\frac{\mathrm{d}N_i(t)}{\mathrm{d}t} = 0$，可以求得 U_i 的值。

当 $\frac{\mathrm{d}N_i(t)}{\mathrm{d}t}=0$ 时，说明干扰对种群 i 的影响很小，即种群抗干扰性强。$\frac{\mathrm{d}N_i(t)}{\mathrm{d}t}$ 的绝对值越大说明干扰对种群的影响越大，也就是种群的抗干扰能力较小。

群落抗干扰性可以通过多个种群的分析来衡量。但在自然环境下，某种干扰就往往不是单独发生的，而是与其他干扰相联系，关系更加复杂，也更难度量。

在本章第三节中所介绍的演替分析方法也可以用作群落稳定分析，就是在演替明显的情况下，稳定性欠佳，若演替速度慢，不明显，则说明群落稳定性较高。

结　　语

本书着重论述了数量生态学的原理，介绍了主要的数量分析方法，一般都用虚拟的简单数据来说明方法的基本计算过程。这样有助于读者掌握和应用这些方法。作为一本数量生态学及其分析方法的专著，所选择的内容力求全面，大体上能够反映该学科的发展概貌。考虑到植物生态研究的实际需要，着重介绍了计算上较为成熟、应用较广泛的方法，如物种多样性指数、β 多样性指数、生态位计测、TWINSPAN 分类、PCA、CPCA/RDA、CA/RA、DCA、CCA 和 DCCA 排序、双项轨迹方差法、随机配对法、点格局分析等格局分析、静态演替分析、基于永久样方上的演替等。这些方法在未来的研究中仍占主导地位。但照顾到历史的发展，也介绍了一些早期较简单的方法，例如，某些聚类分析方法，加权平均、极点排序、等级方差格局分析、演替度、演替指数等演替分析方法。虽然这些方法在现代植被研究中用得较少，但它们在教学中仍有重要地位。另外，还介绍了一些比较新的方法，如物种多度格局分析、功能多样性、谱系多样性、多元回归树聚类、仿射传播聚类、模糊数学分类和排序方法、神经网络分类与排序、四角分析排序、二维格局分析、点格局分析的模型假设、景观格局分析、景观格局动态等方法，这些方法代表着一定的发展方向。

本书的读者对象主要是生态学研究学者。对于方法本身感兴趣的统计学者，这仅是一本参考书。因为它虽然面较广，但没有深入地讨论方法的来龙去脉、数学推导。不过所有方法的原始文献均列在本书的参考文献中，供读者查阅。对于一般力求在自己研究工作中应用数学分析方法的读者，本书介绍的方法基本上可以满足要求，在一个具体的生态问题分析中，只需从中选一两种适当的方法就可以了。

大部分数量分析方法都必须使用计算机来完成。因此，计算机软件显得比较重要。在植被数量分析中，计算过程一般有三种选择：一是编写自己的程序；二是使用国际上通用的生态学软件，这里将其称为国际通用软件；三是在大型的统计学软件中，再适当编写小的程序。20 世纪 90 年代以前，我国学者通常选用第一种做法。编写自己程序的优点：可以因地制宜，根据自己的计算机，自己所熟悉的语言编写，不熟悉计算机语言的也可以请别人编写。但这一方法工作量大，需要的时间比较长。对于复杂的多元分析方法，从编写、试行到计算往往需要数个月。另外，随着机型、语言的更新，再次使用时可能又要修改软件，这对不熟悉计算机的人，困难更大。

使用国际通用软件是一捷径。按使用手册上的步骤，一般只需一两天就可以熟悉、掌握并完成计算。多数国际通用软件都包括多个数量分析方法，这样对于两个或多个方法进行比较研究，或使用不同类型的方法的研究更为方便。如果在国际杂志上发表文章，只提及所使用的国际通用软件名称即可，其他过程均可省略。国际通用软件有的是免费使用，可以在网上下载，有的则是商业性的。对我国学者来说，使用商业性国际通用软件的困难在于需要用一定的外汇购买软件。不过这一点也许已不是大问题，因为现在的科研基金中都有一定的外汇比例。最近十年，科研中使用外汇已基本没有限制。另外，有些商业软件上写着：对于外汇不能自由兑换的国家和地区，可以免费赠送，有兴趣的学者不妨一试（附录Ⅰ中附有国际通用软件信息）。

在大型统计学软件中，再编写小程序，也是一个简单、迅速的方法。一般的大型统计学软件，包含了所有的数理统计学的计算功能，如回归分析、矩阵运算等并能绘制图形。在进行数量分析时，只需根据所用方法，将不同的指令组合起来。对于不懂计算机语言的学者，均能在较短的时间内掌握。但它的前提是，必须具有某一大型统计学软件。目前，常用的统计学软件有 SAS、GENSTAT、SPSS、MINITAB 等。这些软件的信息见附录Ⅰ。

每一类数量分析都含有多种现成的方法，这使得研究者在实践中面临着方法选择的困难。一般研究者喜欢选用自己所熟悉的方法，并在很大程度上受现有计算机软件的影响。在实际研究中，方法选择没有固定的格式可循，一般需要考虑研究目的、范围、所研究的植物群落类型、数据特点等。如单就方法而言，TWINSPAN 分类、模糊 *C*-均值聚类、PCA、CPCA/RDA、DCA、CCA、DCCA、FSO 排序、双项轨迹方差分析和随即配对格局分析方法、点格局分析方法、演替的主分量分析法等是推荐的。

对研究者来讲，从研究课题一开始就面临着一系列的选择，诸如采用什么取样方法，记录什么数据，用什么标准化，计算哪一种相似系数，选哪一类型方法等都需要主观判断。在这些选择中，研究者的工作经验和生态学专业知识起着很重要的作用。

在分析方法的选择上，如果研究者的兴趣在群落内部，即以研究物种多度格局、种间关系、物种多样性、生态位等为目的，则指数的选择比较容易。因为指数计算都比较简单，可以同时用几个指数计算，以做比较。就其他四类主要数量分析方法：排序、数量分类、格局分析和群落演替分析来讲，后两类方法一般根据研究的目的和范围很容易确定使用。因为格局分析一般是研究群落内部结构的方法，它要求连续的小样方，在取样时就必须决定研究的目的是分析格局的规模等，点格局分析取样时必须记录植物个体坐标。演替分析一般涉及时间因素，需要多次调查数据。但对排序和分类，往往难以抉择使用哪类方法更好。20 世纪 50 年代，对排序和分类的优劣曾进行过激烈的争论。当时的排序方法都是很简单的方法，有人认为排序（极点排序）夸大了植被的连续性，而分类则引向明显的间断性。因此，认为对间断群落宜用分类，而对连续植被则宜用排序。但研究的实践证明排序和分类结合使用，更能客观地反映植物群落的生态关系（张金屯 1995，2004a，2011）。因为分类往往只能给出最后的分组，而在植被类型间的差异性和环境因子与植被类型间的因果关系的解释上存在一些困难，如果同时进行排序，则各植被类型在排序图上的分布关系，可以用排序轴所包含的生态意义来解释，同时如果在排序图上圈定植被类型的界线，它可以验证分类的结果。所以，二者结合使用效果更好。

在数量分类方法的发展过程中，人们逐渐认识到以排序为基础而发展起来的分类方法效果更好。因为排序是一个综合信息的过程，它的低维排序轴包含了大量的生态信息，并且反映了最重要的环境梯度。所以，在排序基础上再进行分类效率会更高。比如前面介绍的 TWINSPAN 分类和模糊 *C*-均值聚类都是以 CA/RA 排序轴为基础的，因此，它们的效果要优于其他分类方法。同样以分类为基础的排序方法效果也较理想。

在数量生态学研究中，所有数量分析方法的结果均能产生一定的假说，主要是植被-环境关系假说。比如植被间断性可能是环境因子的间断性引起的。植被的连续性可能是某些因子的连续分布造成的。种群的格局可能和某些因子的格局相重合等。但是这些假说均无法进行统计学检验，也就是说数量分析方法只能告诉我们如何进行数量分析，并不能证实应该如何进行分析。这些假说也难以用实验生态学的方法加以证实，因为在实验条件下，只能涉及几个种和少数几个环境因子，如高斯模型的检验。但在自然植物群落中，数十个植物种共存，难以判断确切数目的环境因子共同起作用，如时间因素、历史因素等都无法在实验条件下进行模拟。从这个意义上讲，我们认为数量分析方法都是描述性方法，对它们所描述的结果的可靠性要用生态学专业知识去分析、解释和判断。当然在假设一定的统计分布的前提下，设计各种统计学检验方法，也是一种办法，但目前这样做尚有很大困难，而且它们仍是在数据上打圈子，最终仍要以生态学知识去检验。

参 考 文 献

艾尼瓦尔·吐米尔, 阿不都拉·阿巴斯. 2002. 天山森林生态系统中朽木生地衣植物生态分布的 DCA 排序. 植物资源与环境学报, 11(3): 41-45.

白晓航, 张金屯. 2017. 小五台山森林群落优势种的生态位分析. 应用生态学报, 28(12): 3815-3826.

白晓航, 张金屯, 曹科, 等. 2017. 河北小五台山国家级自然保护区森林群落与环境关系的研究. 生态学报, 37(11): 3683-3696.

包维楷, 张镱锂, 王乾, 等. 2002. 青藏高原东部采伐迹地早期人工重建序列梯度上植物多样性的变化. 植物生态学报, 26(3): 330-338.

曹铭昌, 周广胜, 翁恩生. 2005. 广义模型及分类回归树在物种分布模拟中的应用与比较. 生态学报, 25(8): 2031-2040.

曹晏宁, 史利莎, 韩烁, 等. 2008. 科尔沁沙地植被恢复中差不嘎蒿种群不同龄级个体的点格局分析. 植物学通报, 25(4): 437-442.

曹杨, 上官铁梁, 张金屯, 等. 2005. 山西五台山蓝花棘豆群落的数量分类和排序. 植物资源与环境学报, 14(3): 1-6.

常伟, 党坤良, 武朋辉, 等. 2016. 秦岭林区锐齿栎次生林种群空间分布格局. 生态学报, (4): 1021-1029.

陈宝瑞, 朱玉霞, 张宏斌, 等. 2008. 呼伦贝尔草甸草原植被的数量分类和排序研究. 武汉植物学研究, 26(5): 476-481.

陈灵芝. 1992. 暖温带山地针叶林排序和数量分类. 植物生态学与地植物学丛刊, 16(4): 301-310.

陈灵芝. 1993. 中国的生物多样性. 北京: 科学出版社.

陈廷贵, 张金屯. 1999. 十五个物种多样性指数的比较研究. 河南科学, 17(专集): 55-57.

陈廷贵, 张金屯. 2000. 山西关帝山神尾沟植物群落多样性研究. 西北植物学报, 20(4): 638-646.

陈英. 2009. 常绿阔叶林谱系多样性对幼苗存活率的影响. 植物生态学报, 33(6): 1084-1089.

陈仲新, 张新时. 1996. 毛乌素沙化草地景观生态分类与排序的研究. 植物生态学报, 20(5): 423-437.

程占红, 张金屯, 吴必虎, 等. 2006. 芦芽山自然保护区旅游开发与植被环境的关系——植被景观的类型及其排序. 生态学报, 26(6): 1940-1946.

程中秋, 张克斌, 常进, 等. 2010. 宁夏盐池不同封育措施下的植物生态位研究. 生态环境学报, 19(7): 1537-1540.

丛沛桐, 颜廷芬, 周福军, 等. 1999. 东北羊草群落种群生态位重叠关系研究. 植物研究, 19(2): 35-39.

党承林, 姜汉侨. 1982. 云南西畴县草果山常绿阔叶林的数量分类研究. 生态学报, 2(2): 111-132.

丁岩钦. 1994. 昆虫数学生态学. 北京: 科学出版社.

樊登星, 余新晓. 2016. 北京山区栓皮栎林优势种群点格局分析. 生态学报, 35(02): 318-325.

樊瑞霞, 李学斌, 陈林, 等. 2016. 荒漠草原油蒿(*Artemisia ordosica*)种群的空间分布格局特征. 北方园艺, (01): 45-50.

范丽, 陈斯养, 史忠科. 2007. 一类广义 Logistic 单种群时滞模型的 Hopf 分支. 兰州大学学报(自然科学版), 43(6): 97-102.

方精云. 1999. 植物气候生态位及三维空间分布的图示化——以水青冈属为例. 山地学报, 17(1): 34-39.

方精云, 沈泽昊, 唐志尧, 等. 2004. "中国山地植物物种多样性调查计划生物多样性"及若干技术规范. 生物多样性, 12(1): 5-9.

冯刚, 张金龙, 裴男才, 等. 2011. 系统发育 β 多样性指数的比较: 以古田山样地为例. 科学通报, 56(34):

2857-2864.
傅伯杰, 陈利顶, 马克明, 等. 2001. 景观生态学原理及应用. 北京: 科学出版社.
傅星, 南寅镐. 1992. 科尔沁沙地盐生草甸主要植物群落种群格局的研究. 应用生态学报, 3(4): 313-320.
高福元, 石福习. 2015. 基于不同零模型的三江平原沼泽湿地主要物种小尺度点格局分析. 生态学报, 35(7): 2029-2037.
高琼, 李建东, 郑慧莹, 等. 1994. 松嫩平原碱化草地植物环境系统仿真模型. 植物生态学报, (8): 56-67.
高琼, 李建东, 郑慧莹. 1996. 碱化草地景观动态及其对气候变化的响应与多样性和空间格局的关系. 植物学报, 38(1): 18-30.
高琼, 郑慧莹. 1991. 模糊 ISODATA 在草地植物群落分类上的应用. 植物生态学与地植物学丛刊, 15(4): 312-317.
顾宁, 张金屯, 曹杨. 2007. 芦芽山珠芽蓼群落种间关联的研究. 山西大学学报(自然科学版), 30(3): 415-418.
关文彬, 曾德慧, 范志平. 2001. 中国东北西部地区沙质荒漠化过程与植被动态关系的生态学研究: 植被的排序. 应用生态学报, 12(5): 687-691.
郭晋平, 张云香. 1999. 关帝山林区景观要素空间关联度与景观格局分析. 林业科学, 35(5): 28-33.
郭全邦, 刘玉成, 李旭光. 1997. 缙云山森林次生演替序列优势种群的生态位. 西南师范大学学报(自然科学版), 22(1): 73-78.
郭泉水, 江洪, 王兵. 1999. 中国主要森林群落植物生活型谱的数量分类及空间分布格局的研究. 生态学报, 19(4): 573-577.
郭水良. 1998. 浙江金华北山木本植物种群生态位研究. 植物研究, 18(3): 311-320.
郭逍宇, 张金屯, 高洪文. 2003. 白羊草群落优势种种间联结性分析. 草业学报, 12(2): 14-19.
郭逍宇, 张金屯, 宫辉力, 等. 2004. 安太堡矿区植被恢复过程主要种生态位梯度变化. 西北植物学报, 24(12): 2329-2334.
郭逍宇, 张金屯, 宫辉力, 等. 2005. 安太堡矿区植被恢复过程多样性变化. 生态学报, 25(4): 763-770.
郭逍宇, 张金屯, 宫辉力, 等. 2007a. 安太堡矿区复垦地植被种间关系及土壤因子分析. 生物多样性, 15(1): 46-52.
郭逍宇, 张金屯, 宫辉力, 等. 2007b. 安太堡露天矿区人工植被的物种多度分布分析. 林业科学, 43(3): 118-121.
郭艳萍, 张金屯, 刘秀珍. 2005. 山西天龙山植物群落物种多样性研究. 山西大学学报(自然科学版), 28(2): 205-208.
何立新, 李立军, 许鹏. 1995. 新疆呼图壁种牛场天然草地类型数量分析研究. 植物生态学报, 19(2): 175-182.
何艳华, 闫明, 张钦弟, 等. 2013. 五鹿山国家级自然保护区物种多样性海拔格局. 生态学报, 33(8): 2452-2462.
贺仲雄. 1982. 模糊数学及其应用. 天津: 天津科技出版社.
侯向阳, 韩进轩. 1997. 长白山红松林主要树种空间格局的模拟分析. 植物生态学报, 21(3): 242-249.
胡砚秋, 李文斌, 崔佳玉, 等. 2016. 亚热带常绿阔叶林优势种个体及生物量的点格局分析. 生态学报, (4): 1066-1072.
胡玉佳, 丁小球. 2000. 海南岛坝王岭热带天然林植物物种多样性研究. 生物多样性, 8(4): 370-377.
黄净, 韩进轩, 阳含熙. 1993. 长白山北坡阔叶红松林的 DCA 排序分析. 植物生态学与地植物学丛刊, 17(3): 193-206.
霍常富, 赵晓敏, 鲁旭阳, 等. 2009. 林窗模型研究进展. 世界林业研究, 22(6): 43-48.
江洪. 1994. 川西北甘南云冷杉林的数量分类. 植物生态学报, 18(3): 271-282.
靳虎甲, 李亚, 纪永福, 等. 2015. 甘肃引黄灌区典型荒漠植物种群生态位特征. 中国水土保持, (7): 42-47.
赖江山. 2013. 生态学多元数据排序分析软件 Canoco 5 介绍. 生物多样性, 21: 765-768.

赖江山, 米湘成, 任海保, 等. 2010. 基于多元回归树的常绿阔叶林群丛数量分类——以古田山 24 公顷森林样地为例. 植物生态学报, 34: 761-769.
雷羚洁, 孔德良, 李晓明, 等. 2016. 植物功能性状、功能多样性与生态系统功能: 进展与展望. 生物多样性, 24(8): 922-931.
李斌, 李素清, 张金屯. 2010. 云顶山亚高山草甸优势种群生态位研究. 草业学报, 19(1): 6-13.
李斌, 张金屯. 2003. 黄土高原地区植被与气候的关系. 生态学报, 23(1): 82-89.
李斌, 张金屯. 2003. 黄土高原植物群落生态关系研究. 农业环境科学学报, 22(4): 471-473.
李斌, 张金屯. 2009. GIS 支持下的黄土高原土壤景观生态信息系统研究. 环境科学与管理, 34(12): 119-121.
李斌, 张金屯. 2010. 黄土高原草原景观斑块形状的指数和分形分析. 草地学报, 18(2): 141-147.
李博. 1995. 现代生态学讲座. 北京: 科学出版社.
李海涛. 1995. 植物种群分布格局研究概况. 植物学通报, 12(2): 19-26.
李航. 2012. 统计学习方法. 北京: 清华大学出版社.
李军玲, 张金屯. 2004. 关帝山亚高山灌丛和草甸群落优势种的种间关系. 草地学报, 12(2): 113-119.
李军玲, 张金屯. 2006a. 太行山中段植物群落物种多样性与环境的关系. 应用与环境生物学报, 12(6): 766-771.
李军玲, 张金屯. 2006b. 太行山中段植物群落优势种生态位研究. 植物研究, 26(2): 156-162.
李军玲, 张金屯, 郭逍宇. 2003. 关帝山亚高山灌丛草甸群落优势种的生态位研究. 西北植物学报, 23(12): 2081-2088.
李立, 陈建华, 任海保, 等. 2010. 古田山常绿阔叶林优势树种甜槠和木荷的空间格局分析. 植物生态学报, 33(03): 241-252.
李林峰, 张金屯, 周兰, 等. 2014. 自组织特征映射网络在芦芽山自然保护区青扦林分类和排序中的应用. 林业科学, 50(5): 1-7.
李琪, 张金屯. 2003. 庞泉沟保护区核心区植被景观类型特征. 植物研究, 23(1): 112-116.
李素清, 李斌, 张金屯. 2006. 基于 DCA-TTLQV 的云顶山亚高山草甸群落格局分析. 草业学报, 15(6): 44-48.
李素清, 杨斌盛, 张金屯. 2007. 山西云顶山亚高山草甸优势种群和群落的格局分析. 应用与环境生物学报, 13(1): 9-13.
李素清, 张金屯. 2007. 山西云顶山亚高山草甸群落生态分析. 地理研究, 26(1): 83-90.
李素清, 张金屯, 上官铁梁. 2005. 芦芽山亚高山草甸的数量分类与排序研究. 西北植物学报, 25(10): 2062-2067.
李晓军, 赵松岭, 张鹏云, 等. 1989. 针茅草原放牧衰退演替阶段的模糊聚类分析. 生态学报, 9(2): 144-151.
李新荣, 刘新民, 杨正宇. 1998. 鄂尔多斯高原荒漠化草原和草原化荒漠灌木类群与环境关系的研究. 中国沙漠, 18(2): 123-130.
李兴东. 1998. 典范分析在黄河三角洲莱州湾滨海区盐生植物研究中的应用. 植物生态学与地植物学学报, 12(4): 300-305.
李毅, 朱金兆, 朱清科. 2003. 生态位理论及其测度研究进展. 北京林业大学学报, 25(1): 10-15.
李政海, 鲍雅静. 2000. 内蒙古草原与荒漠区的锦鸡儿属植物种群格局动态和种间关系的研究. 干旱区资源与环境, 14(1): 64-68.
梁爽, 许涵, 林家怡, 等. 2015. 尖峰岭热带山地雨林优势树种白颜树空间分布格局. 植物生态学报, 38(12): 1273-1282.
林开敏, 郭玉硕. 2001. 生态位理论及其应用研究进展. 福建林学院学报, 21(3): 263-287.
林思祖, 黄世国, 洪伟, 等. 2002. 杉阔混交林主要种群多维生态位特征. 生态学报, 22(6): 962-968.
凌佐志, 谢应忠. 2002. 宁夏东部退化草原植物群落类型数量分析. 宁夏农学院学报, 23(4): 18-22.

刘灿然, 马克平, 吕延华, 等. 1998. 生物群落多样性的测度方法Ⅵ: 与多样性测度有关的统计问题. 生物多样性, 6(3): 229-283.
刘灿然, 马克平, 于顺利, 等. 1997. 北京东灵山地区植物群落多样性的研究Ⅳ. 样本大小对多样性测度的影响. 生态学报, 17(6): 584-592.
刘灿然, 马克平, 于顺利, 等. 1999. 北京东灵山地区植物群落多样性研究——种-面积曲线的拟合与评价. 植物生态学报, 23(6): 490-500.
刘海平, 叶少文, 杨雪峰, 等. 2013. 西藏尼洋河水生生物群落时空动态及与环境因子关系: 2. 着生藻类. 湖泊科学, 25(6): 907-915.
刘海强. 2013. 庞泉沟自然保护区植被数量生态研究. 太原: 山西大学硕士学位论文.
刘红玉, 吕宪国, 张世奎. 2004. 三江平原流域湿地景观多样性及其 50 年变化研究. 生态学报, 24(7): 1472-1479.
刘宏茂, 许再富, 陈爱国. 1998. 西双版纳土地的不同管理方式对植物多样性的影响评价探讨. 植物生态学报, 22(6): 518-522.
刘建国. 1992. 当代生态学博论. 北京: 中国科学技术出版社.
刘建国, 马世骏. 1991. 扩展的生态位理论//马世骏. 现代生态学透视. 北京: 科学出版社.
刘建军, 雷瑞德, 尚廉斌, 等. 1996. 火地塘林区原生森林植被极点排序及分类. 西北林学院学报, 11(S1): 31-36.
刘金福, 洪伟, 樊后保, 等. 2001. 天然格氏栲林乔木层种群种间关联性研究. 林业科学, 37(4): 117-123.
刘明光. 2012. 云顶山自然保护区植物群落数量生态研究. 太原: 山西大学硕士学位论文.
刘庆, 周立华. 1996. 青海湖北岸植物群落与环境因子关系的初步研究. 植物学报, 38(11): 887-894.
刘秀珍, 张峰, 张金屯, 等. 2010. 管涔山撂荒地植物群落演替过程中优势种种间关系分析. 山西大学学报(自然科学版), 33(1): 142-146.
刘晔, 许玥, 石松林, 等. 2016. 金沙江干旱河谷植物群落的数量分类及其结构分异的环境解释. 生物多样性, 24(4): 407-420.
刘玉成. 1989. 缙云山常绿阔叶林的排序. 生态学杂志, 8(5): 4-9.
娄安如. 1998. 天山中段山地植被的生态梯度分析及环境解释. 植物生态学报, 22(4): 364-372.
鲁为华, 朱进忠, 王东江, 等. 2009. 天山北坡两种退化梯度下伊犁绢蒿种群空间分布的点格局分析. 草业学报, 18(5): 142-149.
马丹炜, 邹琴. 2003. 青城山森林群落的数量分类. 四川师范大学学报(自然科学版), 26(1): 74-78.
马克明, 祖元刚. 2000a. 兴安落叶松种群格局的分形特征——信息维数. 生态学报, 20(2): 187-192.
马克明, 祖元刚. 2000b. 兴安落叶松种群格局的分形特征: 计盒维数. 植物研究, 20(1): 104-111.
马克明, 祖元刚. 2000c. 植被格局的分形特征. 植物生态学报, 24(1): 111-117.
马克明, 祖元刚, 倪红伟. 1999. 兴安落叶松种群格局的分形特征——关联维数. 生态学报, 19(3): 335-341.
马克平. 1993. 试论生物多样性的概念. 生物多样性, 1(1): 20-22.
马克平. 2015. 生物多样性保护主流化的新机遇. 生物多样性, 23(5): 557-558.
马克平. 2016. 生物多样性科学的热点问题. 生物多样性, 24(1): 1-2.
马克平. 2017. 森林动态大样地是生物多样性科学综合研究平台. 生物多样性, 25(3): 227-228.
马克平, 刘灿然, 于顺利, 等. 1997. 北京东灵山地区植物群落多样性的研究Ⅲ. 几种类型森林群落的种-多度关系研究. 生态学报, 17(6): 573-583.
马克平, 叶万辉, 于顺利, 等. 1997. 北京东灵山地区植物群落多样性研究Ⅷ. 群落组成随海拔梯度的变化. 生态学报, 17(6): 593-600.
孟东平, 王翠红, 辛晓芸, 等. 2006. 汾河太原段水体浮游藻类生态位的研究. 环境科学与技术, 29(10): 95-98.

米湘成, 上官铁梁, 张金屯, 等. 1999. 典范趋势面分析及其在山西省沙棘灌丛水平格局分析中的应用. 生态学报, 19(6): 798-802.
米湘成, 张金屯, 张峰, 等. 1996. 山西高原植被与气候关系的分析及植被数量分类的研究. 植物生态学报, 20(6): 549-560.
聂二保, 上官铁梁, 张金屯, 等. 2006. 山西五台山蓝花棘豆群落的多样性研究. 草业科学, 23(4): 3-7.
聂二保, 王煜倩, 张金屯. 2009. 山西太行山峡谷区荆条灌丛种间连接性研究. 草业科学, 26(10): 24-29.
宁宇, 张志翔, 崔丽娟, 等. 2014. 莫莫格湿地植被结构研究及其对碱性湿地演替的启示. 北京林业大学学报, 36(6): 1-8.
牛克昌, 刘怿宁, 沈泽昊, 等. 2009. 群落构建的中性理论和生态位理论. 生物多样性, 17(6): 579-593.
潘代远, 孔令韶, 金启宏. 1995. 新疆呼图壁盐化草甸群落的 DCA、CCA 及 DCCA 分析. 植物生态学报, 19(2): 115-127.
彭少麟. 1988. 广东亚热带部分森林群落排序分析. 武汉植物学研究, 6(1): 37-44.
彭少麟, 周厚诚, 郭少聪, 等. 1999. 鼎湖山地带性植被种间联结变化研究. 植物学报, 41(11): 1239-1244.
秦凯伦. 2014. 大兴安岭塔河林火空间分布规律及对土壤理化性质的影响. 哈尔滨: 东北林业大学博士学位论文.
邱扬, 张金屯. 1998. 地理信息系统(GIS)在景观生态学研究中的应用. 环境与开发, 13(1): 1-4.
邱扬, 张金屯. 1999. 关帝山八水沟天然植物群落时空梯度的数量分析. 应用与环境生物学报, 5(2): 113-120.
邱扬, 张金屯. 2000. DCCA 排序轴分类及其在关帝山八水沟植物群落生态梯度分析中的应用. 生态学报, 20(2): 199-206.
任东涛. 1994. 芦苇生态型划分指标的主分量及模糊聚类分析. 生态学报, 14(3): 266-273.
茹文明, 张金屯, 毕润成, 等. 2005. 山西霍山森林群落林下物种多样性研究. 生态学杂志, 24(10): 1139-1142.
茹文明, 张金屯, 张峰, 等. 2007. 历山森林群落物种多样性与群落结构研究. 应用生态学报, 17(4): 561-758.
上官铁梁, 张峰. 1988. 山西绵山优势种群的格局分析和种间关联. 武汉植物学研究, (6): 357-364.
上官铁梁, 张金屯. 2000. 植物群落永久样方演替数据分析一方法——类中心排序法. 生态学报, 增刊: 45-48.
盛芝露. 2015. 退化梯度上高山草甸植物群落功能多样性研究. 昆明: 云南大学硕士学位论文.
石胜友, 杨季冬, 王周平, 等. 2002. 缙云山风灾迹地人工混交林生态恢复过程中物种多样性研究. 生物多样性, 10(3): 274-279.
时培建, 戈峰, 杨清培, 等. 2009. 点格局分析中边缘校正的一种新算法及其应用. 生态学报, 29(2): 804-809.
时培建, 郭世权, 杨清培, 等. 2010. 毛竹的异质性空间点格局分析. 生态学报, 30(16): 4401-4407.
史作民, 刘世荣, 程瑞梅, 等. 2000. 河南宝天曼植物群落数量分类与排序. 林业科学, 36(6): 20-27.
世界自然保护联盟, 联合国环境规划署, 世界野生生物基金会. 1992. 保护地球可持续生存战略. 国家环境保护局外事办公室译. 北京: 中国环境科学出版社.
斯幸峰, 赵郁豪, 陈传武, 等. 2017. Beta 多样性分解: 方法、应用与展望. 生物多样性, 25(5): 464-480.
宋永昌, 张绅, 刘金林, 等. 1982. 浙江泰顺县乌岩岭常绿阔叶林的群落分析. 植物生态学与地植物学丛刊, 6(1): 14-35.
宋永昌, 周玉明, 王献溥. 1985. 广西常绿阔叶林的聚类分析. 植物生态学与地植物学丛刊, 9(1): 1-20.
苏卡乔夫 B H. 1959. 生物地理群落综合定位研究的初步纲要. 胡式之, 王献溥译. 北京: 科学出版社.
苏日古嘎, 张金屯. 2013. 北京松山自然保护区植被数量生态学研究. 呼和浩特: 内蒙古教育出版社.
苏日古嘎, 张金屯, 程佳佳, 等. 2009. 东灵山糠椴林优势种种群结构与分布格局. 生态学杂志, 28(7):

1253-1258.
苏日古嘎, 张金屯, 田世广, 等. 2010b. 自组织特征映射网络在北京松山自然保护区山地草甸数量分析中的应用. 植物生态学报, 34(7): 811-818.
苏日古嘎, 张金屯, 王永霞. 2013. 北京松山自然保护区森林群落物种多样性及其神经网络预测. 生态学报, 33(11): 3394-3403.
苏日古嘎, 张金屯, 张斌, 等. 2010a. 松山自然保护区森林群落的数量分类和排序. 生态学报, 30(10): 2621-2629.
苏志尧, 陈北光, 古炎坤. 1996. 广东八宝山森林群落优势种群的生态位研究. 华南农业大学学报, 17(1): 47-52.
孙凤云, 刘淼, 胡远满, 等. 2013. 基于多种方法的景观格局动态变化综合分析——以辽宁省铁岭市为例. 生态学杂志, 32(8): 2163-2171.
孙学刚, 肖雯. 1998. 疏勒河中游刚毛柽柳盐漠的群落结构、种群空间格局及种间联结性的研究. 草业学报, 7(2): 10-17.
谭向峰, 杜宁, 葛秀丽, 等. 2012 黄河三角洲滨海草甸与土壤因子的关系. 生态学报, 32(19): 5998-6005.
汤孟平, 唐守正, 雷相东, 等. 2003. Ripley's $K(d)$函数分析种群空间分布格局的边缘校正. 生态学报, 23(8): 1533-1538.
唐海萍, 史培军, 李自珍. 2001. 沙坡头地区不同配置格局油蒿和柠条水分生态位适宜度研究. 植物生态学报, 25(1): 6-10.
唐礼俊. 1998. 佘山风景区景观空间格局分析及其规划初探. 地理学报, 53(5): 429-437.
唐守正. 1986. 多元统计分析方法. 北京: 中国林业出版社.
唐志尧, 方精云, 张铃. 2004. 秦岭太白山木本植物物种多样性的梯度格局及环境解释. 生物多样性, 12(1): 115-122.
田慧霞, 李钧敏, 毕润成, 等. 2017. 山西太岳山白桦种群结构和空间分布格局. 生态学杂志, (1): 1-10.
王本洋, 余世孝, 王永繁. 2006. 种群分布格局的各向异性分析. 中山大学学报(自然科学版), 45(2): 83-87.
王伯荪. 1987. 植物群落学. 北京: 高等教育出版社.
王伯荪, 余世孝, 张宏达, 等. 1988. 香港岛森林群落的聚类与排序. 植物生态学与地植物学丛刊, 12(1): 1-11.
王翠红, 张金屯. 2004a. 汾河水库及河道中优势硅藻生态位的研究. 生态学杂志, 23(3): 58-62.
王翠红, 张金屯. 2004b. 汾河水库水源河着生硅藻群落的 DCCA 研究. 中国环境科学, 24(1): 28-31.
王翠红, 张金屯. 2006. 汾河太原段水体浮游藻类群落 DCCA 研究. 农业环境科学学报, 25(6): 1588-1593.
王道亮, 李卫忠, 曹铸, 等. 2016. 黄龙山天然次生林辽东栎种群空间格局. 生态学报, (9): 2677-2685.
王刚. 1984. 植物群落中生态位重叠的计测. 植物生态学与地植物学学报, 8(4): 329-334.
王合玲, 张辉国, 吕光辉. 2013. 艾比湖湿地植物群落的数量分类和排序. 干旱区资源与环境, 27(3): 177-181.
王均伟, 侯嫚嫚, 黄利亚, 等. 2013. 长白山阔叶红松林系统发育和功能性状 beta 多样性. 北京林业大学学报, 38(10): 21-27.
王开军, 张军英, 李丹, 等. 2007. 自适应仿射传播聚类. 自动化学报, 33(12): 1242-1246.
王丽丽, 毕润成, 闫明, 等. 2012. 山西五鹿山白皮松群落乔灌层的种间分离. 生态学报, 32(17): 5494-5501.
王琳, 张金屯. 2001. 濒危保护植物矮牡丹生态位研究. 生态学杂志, 20(4): 65-69.
王琳, 张金屯, 欧阳华. 2004. 历山山地草甸的生态关系. 山地学报, 22(6): 669-674.
王仁忠. 1997. 放牧影响下羊草草地主要植物种群生态位宽度与生态位重叠的研究. 植物生态学报,

21(4): 304-311.
王仁忠, 李建东. 1996. 松嫩平原南部主要群落植物多样性的比较研究. 应用生态学报, 7(4): 381-385.
王婷, 任思远, 袁志良, 等. 2014. 密度制约对宝天曼落叶阔叶林锐齿栎死亡前后分布格局的影响. 生物多样性, 22(4): 449-457.
王兮之, Bruelheide H, Runge M, 等. 2002. 基于遥感数据的塔南策勒荒漠-绿洲景观格局定量分析. 生态学报, 22(9): 1491-1499.
王孝安, 田先华, 肖娅萍, 等. 1997. 太白山针叶林的数量分类与排序. 陕西师范大学学报(自然科学版), (2): 60-63.
王鑫厅, 侯亚丽, 梁存柱, 等. 2012. 基于不同零模型的点格局分析. 生物多样性, 20(2): 151-158.
王鑫厅, 王炜, 梁存柱, 等. 2013. 不同恢复演替阶段糙隐子草种群的点格局分析. 应用生态学报, 24(7): 1793-1800.
王兴, 宋乃平, 杨新国, 等. 2014. 荒漠草原弃耕恢复草地土壤与植被的 RDA 分析. 草业学报, 23(2): 90-97.
王学仁. 1982. 地质变量的多元统计分析. 北京: 科学出版社: 40-286.
王学志, 徐卫华, 欧阳志云, 等. 2008. 生态位因子分析在大熊猫(*Ailuropoda melanoleuca*)生境评价中的应用. 生态学报, (2): 821-828.
王政权. 1999. 地统计学及在生态学中的应用. 北京: 科学出版社.
文畅平, 白银涌, 曾娟娟, 等. 2016. 天然草地分类的 Bayes 判别分析法. 中国草地学报, 38(3): 50-55.
邬建国, 李百炼, 伍业钢, 等. 1992. 生态演替理论与模型//刘建国. 当代生态学博论. 北京: 中国科学技术出版社: 49-64.
吴承祯, 洪伟, 吴继林, 等. 2000. 两种珍稀植物群落物种多度分布的核方法研究. 热带亚热带植物学报, 8(4): 301-307.
吴春林. 1991. 广西热带石灰岩季节雨林分类与排序. 植物生态学与地植物学丛刊, 15(1): 17-26.
吴东丽, 上官铁梁, 张金屯, 等. 2005. 滹沱河流域湿地植被的数量分类和排序. 西北植物学报, 25(4): 648-654.
吴东丽, 上官铁梁, 张金屯, 等. 2006a. 滹沱河流域湿地植被优势种群生态位研究. 应用与环境生物学报, 12(6): 772-776.
吴东丽, 上官铁梁, 张金屯, 等. 2006b. 滹沱河流域湿地植被的物种多样性研究. 北京师范大学学报(自然科学版), 42(2): 195-199.
吴东丽, 张金屯, 王春乙, 等. 2008. 野生大豆群落种群空间分布特性. 生态学杂志, 27(8): 1290-1295.
吴东丽, 张金屯, 王春乙, 等. 2009a. 保护植物野生大豆群落不同物种间的生态关系分析. 应用与环境生物学报, 15(5): 638-644.
吴东丽, 张金屯, 王春乙, 等. 2009b. 北京地区野生大豆种群及群落的分布格局. 草业科学, 26(3): 16-21.
吴东丽, 张金屯, 王春乙, 等. 2009c. 野生大豆群落主要种群生态位特征研究. 草地学报, 17(2): 166-173.
吴宁. 1998. 川西北窄叶鲜卑花灌丛的类型和生物量及其与环境因子的关系. 植物学报, 40(9): 860-870.
伍建军, 廖文波, 崔大方, 等. 2002. 粤北南方红豆杉植物群落的物种多样性和种群格局. 广西植物, 22(1): 61-66.
伍业钢, 韩进轩. 1988. 阔叶红松林红松种群动态的谱分析. 生态学杂志, 7(1): 19-23.
武小钢, 杨秀云, 边俊, 等. 2015. 长治城市湿地公园滨岸区植物群落特征及其与土壤环境的关系. 生态学报, 35(7): 2048-2056.
席跃翔, 张金屯, 李军玲. 2004. 关帝山亚高山灌丛群落的数量分类与排序研究. 草业学报, 13(1): 15-20.
夏冰, 刘昉勋, 黄致远. 1991. 典范分析在江苏沿海岸带盐土植物排序中的应用. 应用生态学报, 2(3):

264-268.
向春玲, 张金屯. 2009. 东灵山亚高山草甸物种多样性变化及其影响因子. 北京师范大学学报(自然科学版), 45(3): 275-278.
肖笃宁. 1991. 景观生态学: 理论、方法及应用. 北京: 中国林业出版社.
谢强, 覃干超, 黄家林. 1998. 元宝山冷杉群落主要木本种群的生态位分析. 广西师范大学学报(自然科学版), 16(2): 79-85.
谢益辉. 2007. 基于 R 软件 rpart 包的分类与回归树应用. 统计与信息论坛, 22(5): 67-70.
邢韶华, 赵勃, 崔国发, 等. 2007. 北京百花山草甸优势种的种间关联性分析. 北京林业大学学报, 29(3): 48-51.
徐克学. 1982. 浅谈分类学的数学方法. 植物分类学报, 20(4): 501-509.
许彬, 张金屯, 杨洪晓, 等. 2006. 京西百花山植物群落数量分析. 北京师范大学学报(自然科学版), 42(1): 90-94.
许彬, 张金屯, 杨洪晓, 等. 2007. 百花山植物群落物种多样性研究. 植物研究, 27(1): 112-118.
雅罗申科. 1966. 地植物学. 傅子祯译. 北京: 科学出版社.
闫美芳, 上官铁梁, 张金屯, 等. 2006a. 五台山蓝花棘豆群落优势种群生态位研究. 草业学报, 15(2): 60-67.
闫美芳, 上官铁梁, 张金屯, 等. 2006b. 五台山蓝花棘豆群落优势种群的种间关系分析. 生态学杂志, 25(4): 354-358.
阳含熙. 1980. 相似系数的探讨. 自然资源, (1): 14-18.
阳含熙, 卢泽愚, 杨周南. 1979a. 植物群落数量分类的研究. 一. 关联分析和主分量分析. 林业科学, 15(4): 244-255.
阳含熙, 卢泽愚, 杨周南. 1979b. 植物群落数量分类的研究. 二. 信息分析和主坐标分析. 自然资源, (1): 14-20.
阳含熙, 卢泽愚. 1981. 植物生态学数量分类方法. 北京: 科学出版社.
阳含熙, 王本楠, 韩进轩. 1985. 长白山北坡阔叶红松林的数量分类. 森林生态系统研究, 5(1): 15-30.
阳含熙, 杨周南, 卢泽愚. 1980. 植物群落数量分类的研究. 三. 相互平均法和指示种分析. 自然资源, (3): 1-12.
杨持, 郝敦元, 杨在中. 1984. 羊草草原群落水平格局研究, 二维网函数插值法. 生态学报, 4(3): 345-353.
杨持, 叶波, 邢铁鹏. 1996. 草原区区域气候变化对物种多样性的影响. 植物生态学报, 16(1): 35-40.
杨洪晓, 张金屯, 李振东, 等. 2008. 毛乌素沙地油蒿(*Artemisia ordosica*)种群空间格局对比. 生态学报, 28(5): 1901-1910.
杨洪晓, 张金屯, 吴波, 等. 2006. 毛乌素沙地油蒿种群点格局分析. 植物生态学报, 30(4): 563-570.
杨远攸. 1987. 模糊聚类分析在常绿阔叶林类型划分上的应用——广东车八岭主要森林类型的聚类研究. 生态学杂志, 7(1): 20-26.
杨在中, 郝敦元, 杨持. 1984. 植物群落种群分布格局研究的新方法. 生态学报, 4(3): 237-247.
叶芳, 彭世揆. 1997. 种群空间分布理论的发展历史及现状. 林业资源管理, (6): 55-60.
伊藤秀三. 1977. 群落的组成与构造. 东京: 古今书院.
余敏, 周志勇, 康峰峰, 等. 2013. 山西灵空山小蛇沟林下草本层植物群落梯度分析及环境解释. 植物生态学报, 37(5): 373-383.
余世孝. 1995a. 非度量多维测度及其在群落分类中的应用. 植物生态学报, 19(2): 128-136.
余世孝. 1995b. 数学生态学导论. 北京: 科学技术文献出版社.
余世孝, 奥乐西. 1993. 生态位分离与测度. 植物生态学与地植物学学报, 17(3): 253-263.
余世孝, 李勇, 王永繁, 等. 2000. 黑石顶自然保护区植被分类系统与数字植被图Ⅰ. 植被型与群系的分布. 中山大学学报(自然科学版), 39(2): 61-66.

余世孝, 臧润国, 蒋有绪. 2001. 海南岛霸王岭垂直带热带植被物种多样性的空间分析. 生态学报, 21(9): 1438-1443.
袁建英, 张金屯, 席跃翔. 2004. 山西关帝山亚高山灌丛、草甸物种多样性的研究. 草业学报, 13(3): 34-39.
臧润国, 刘涛. 1997. 吉林白石山林区过伐林的类型、乔木树种多样性及生态位分析. 北京林业大学学报, 19(1): 51-57.
张蓓. 2010. 基于高斯混合模型的基因表达组织特异性研究. 天津: 天津大学硕士学位论文.
张斌. 2010. 北京山地黄槼生存群落的生态学研究. 北京: 北京师范大学硕士学位论文.
张斌, 张金屯, 苏日古嘎, 等. 2009. 协惯量分析与典范对应分析在植物群落排序中的应用比较. 植物生态学报, 33(5): 842-851.
张峰, 上官铁梁. 1986. 山西绵山植被的模糊图论研究. 山西大学学报(自然科学报), (3): 73-78.
张峰, 上官铁梁. 1991. 模糊图论在山西植被区划中的应用. 植物生态学与地植物学学报, 15(1): 94-100.
张峰, 上官铁梁. 1996. 逐步聚类及其应用. 植物生态学报, 20(6): 561-567.
张峰, 上官铁梁. 1997. 有序样方聚类在植被垂直带划分中的应用. 植物生态学报, 21(3): 267-273.
张峰, 上官铁梁. 2000a. 山西翅果油树群落优势种群分布格局研究. 植物生态学报, 24(5): 590-594.
张峰, 上官铁梁. 2000b. 山西翅果油树群落种间关系的数量分析. 植物生态学报, 24(3): 351-355.
张峰, 张金屯. 2000. 我国植被数量分类和排序研究进展. 山西大学学报(自然科学版), 23(3): 278-282.
张峰, 张金屯. 2003. 历山自然保护区猪尾沟森林群落植被格局及环境解释. 生态学报, 23(3): 421-427.
张峰, 张金屯, 韩广业. 2002a. 历山自然保护区猪尾沟森林群落树种种间关系及环境解释. 植物生态学报, 26(增刊): 52-56.
张峰, 张金屯, 上官铁梁. 2002b. 历山自然保护区猪尾沟森林群落植物多样性研究. 植物生态学报, 26(增刊): 46-51.
张桂莲, 张金屯. 2002. 关帝山神尾沟优势种生态位分析. 武汉植物学研究, 20(3): 203-208.
张桂莲, 张金屯, 程林美, 2003. 山西南部山地白羊草群落的数量分类和排序. 草业学报, 12(3): 63-69.
张桂莲, 张金屯, 郭逍宇. 2005. 安太堡矿区人工植被在恢复过程中的生态关系. 应用生态学报, 16(1): 151-155.
张洁瑜, 马克明. 2008. 建三江农垦分局湿地植物群落分类和排序. 湿地科学, 6(3): 359-365.
张金屯. 1985. 模糊聚类在荆条灌丛分类中的应用. 植物生态学与地植物学丛刊, 9(4): 306-313.
张金屯. 1988. 模糊编网法及其在植物群落分类中的应用. 植物生态学研究, 1(1): 21-28.
张金屯. 1991. 植被数量分类和排序的发展. 山西大学学报(自然科学版), 14(2): 215-224.
张金屯. 1992a. 植被数量分析方法的发展//刘建国. 当代生态学博论. 北京: 中国科学技术出版社: 249-265.
张金屯. 1992b. 植被与环境关系的分析Ⅰ. DCA 排序. 山西大学学报(自然科学版), 15(2): 182-189.
张金屯. 1992c. 植被与环境关系的分析Ⅲ. CCA 和 DCCA 限定排序. 山西大学学报(自然科学版), 15(3): 292-298.
张金屯. 1992d. 模糊数学排序及其应用. 生态学报, 12(4): 325-331.
张金屯. 1992e. 植物群落的格局分析//中国科协. 中国科协首届青年学术年会论文集(理科卷). 北京: 中国科学技术出版社: 414-419.
张金屯. 1993a. 英国北威尔士山地草甸的模糊数学排序(英文). 生物数学学报, 8(3): 112-119.
张金屯. 1993b. 植被与环境关系的分析Ⅲ. 高斯回归. 山西大学学报(自然科学版), 16(3): 316-321.
张金屯. 1993c. 植物群落演替的主分量分析//中国生态学会. 全国首届新学说新观点学术讨论会论文集. 北京: 中国科学技术出版社.
张金屯. 1993d. 北斯罗多尼亚山地草甸生态研究(英文). 北京: 中国科学技术出版社.
张金屯. 1994a. 模糊 *C*-均值聚类和 TWINSPAN 分类的比较研究. 武汉植物研究, 12(1): 11-17.
张金屯. 1994b. 群落排表分类的两种数学方法. 植物研究, 14(2): 179-185.

张金屯. 1994c. 排序轴分类法及其应用. 生态学杂志, 13(3): 73-75.
张金屯. 1994d. 群落演替的数量分析方法. 山西大学学报(自然科学版), 17(4): 457-463.
张金屯. 1994e. 典范指示种分析一个新的外在分类方法. 植物生态学报, 18(4): 379-384.
张金屯. 1994f. 以离差平方和为判据进行群落排表分类//中国科学技术协会. 中国青年科技论文精选. 北京: 中国科学技术出版社.
张金屯. 1994g. 草地群落主要种群的小格局分析. 草业学报, 3(4): 7-11.
张金屯. 1995. 植被数量生态学方法. 北京: 中国科学技术出版社.
张金屯. 1996a. 以分类为基础的排序方法. 生态学杂志, 15(4): 66-69.
张金屯. 1996b. 以平均距离为基础的两种多元聚合新策略. 热带亚热带植物学报, 4(4): 18-23.
张金屯. 1997a. 多元聚合分类的两种新方法//中国植物学会数量分类学专业委员会. 数量分类学与微机信息处理研究进展. 昆明: 云南科技出版社: 116-122.
张金屯. 1997b. 群落中物种多度格局的研究综述. 农村生态环境, 13(4): 48-54.
张金屯. 1998a. 典范主分量分析及其在山西高原植被与气候关系分析中的应用. 地理学报, 56(3): 256-263.
张金屯. 1998b. 植物种群空间分布的点格局分析. 植物生态学报, 22(4): 344-349.
张金屯. 1998c. 多元聚合模型的扩展及其两种新方法. 生物数学学报, 13(5): 775-779.
张金屯. 1998d. 三种排表分类方法在草地类型划分中的应用. 生物数学学报, 13(5): 724-728.
张金屯. 1999a. 4 种多元聚合新策略在德国干草地类型划分种的应用. 草业学报, 8(2): 19-25.
张金屯. 1999b. 论生物多样性保护与可持续发展. 经济地理, 18(2): 70-75.
张金屯. 2004a. 数量生态学. 北京: 科学出版社.
张金屯. 2004b. 群落二维格局分析的两种方法. 西北植物学报, 24(8): 1448-1451.
张金屯. 2004c. 我国落叶松林生产力的空间变化特征. 山地学报, 22(3): 298-302.
张金屯. 2004d. 庞泉沟自然保护区植物群落的模糊数学分类与排序. 北京师范大学学报(自然科学版), 40(2): 249-254.
张金屯. 2005a. 历山自然保护区森林群落的典范主分量分析. 生物数学学报, 20(2): 213-218.
张金屯. 2005b. 芦芽山亚高山草甸优势种群和群落的二维格局分析. 生态学报, 25(6): 1264-1268.
张金屯. 2011. 数量生态学. 第二版. 北京: 科学出版社.
张金屯, Pickett A S T. 1998. "城-郊-乡"森林生态样带植被变化梯度分析. 植物生态学报, 22(5): 412-418.
张金屯, 柴宝峰, 邱扬, 等. 2000. 吕梁山严村低中山区植物群落演替分析. 植物资源与环境学报, 9(2): 34-39.
张金屯, 陈廷贵. 2002. 山西关帝山神尾沟植物群落物种多样性与环境关系的研究 II. 统一多样性和 β 多样性. 山西大学学报(自然科学版), 25(2): 173-175.
张金屯, 范丽宏. 2011. 物种功能多样性及其研究方法. 山地学报, 29(5): 513-519.
张金屯, 焦蓉. 2002. 关帝山森林群落林内草本植物种间联结性研究. 北方植物学研究, (4): 1-6.
张金屯, 焦蓉. 2003. 关帝山神尾沟森林群落木本植物种间联结性与相关性研究. 植物研究, 23(4): 458-463.
张金屯, 李斌. 2006. 黄土高原森林植被景观的特征分析. 山地学报, 24(1): 1-6.
张金屯, 李素清. 2008. 随机配对法在亚高山草甸优势种群格局分析中的应用. 生物数学学报, 23(2): 325-329.
张金屯, 孟东平, 席跃翔. 2008. 自组织神经影射网络排序及其在植物群落分析中的应用. 北京林业大学学报, 30(1): 1-5.
张金屯, 孟东平. 2004. 芦芽山华北落叶松林不同龄级立木的点格局分析. 生态学报, 24(1): 35-40.
张金屯, 孟东平. 2006. 芦芽山油松-辽东栎林优势树种空间分布格局的研究. 西北植物学报, 26(8): 1682-1685.
张金屯, 米湘成, 张峰, 等. 1997. 五台山亚高山草甸群落生态关系分析. 草地学报, 5(3): 181-186.

张金屯, 米湘成, 张峰, 等. 1998. 五台山亚高山草甸小格局的分析. 应用与环境生物学报, 4(1): 20-23.
张金屯, 米湘成. 1999. 山西五台山亚高山草甸优势种群和群落的格局研究. 河南科学, 17(专集): 65-67.
张金屯, 聂二保, 向春玲. 2009. 五台山亚高山草甸的人工神经网络分类与排序. 草业学报, 18(4): 35-40.
张金屯, 邱扬, 柴宝峰, 等. 2000a. 晋西吕梁山严村流域撂荒地植物群落演替中的物种多样性变化. 生物多样性, 8(4): 378-384.
张金屯, 邱扬, 郑风英. 2000b. 景观格局的数量研究方法. 山地学报, 18(4): 346-352.
张金屯, 吴冬丽, 张斌, 等. 2013. 北京地区几种重点保护植物生存群落生态学研究. 北京: 中国科学技术出版社.
张金屯, 杨洪晓. 2007. 自组织特征人工神经网络在庞泉沟自然保护区植物群落分类中的应用. 生态学报, 27(3): 1005-1010.
张雷, 王琳琳, 张旭东, 等. 2014. 随机森林算法基本思想及其在生态学中的应用——以云南松分布模拟为例. 生态学报, 34(3): 650-659.
张林静, 岳明, 张远东, 等. 2002. 新疆阜康绿洲荒漠过渡带主要植物种的生态位分析. 生态学报, 22(6): 969-972.
张谧, 韩烁, 李钧涛, 等. 2007. 雾灵山自然保护区油松、白桦及山杨天然林竞争关系研究. 北京师范大学学报(自然科学版), 43(2): 184-186.
张淼淼, 秦浩, 王烨, 等. 2015. 汾河中上游湿地植被β多样性. 生态学报, 36(11): 3292-3299.
张璞进, 清华, 张雷, 等. 2017. 内蒙古灌丛化草原毛刺锦鸡儿种群结构和空间分布格局. 植物生态学报, (2): 165-174.
张钦弟. 2011. 庞泉沟自然保护区华北落叶松林的数量生态学研究. 北京: 北京师范大学博士学位论文.
张钦弟, 段晓梅, 白玉芳, 等. 2014. 山西太岳山脱皮榆群落的功能多样性. 植物学报, 51(2): 218-225.
张文静, 张钦弟, 王晶, 等. 2015. 多元回归树与双向指示种分析在群落分类中的应用比较. 植物生态学报, 39(6): 586-592.
张新时. 1989a. 植被的 PEP(可能蒸散)指标与植被——气候分类(一). 几种主要方法与 PEP 程序介绍. 植物生态学与地植物学报, 13(1): 1-9.
张新时. 1989b. 植被的 PEP(可能蒸散)指标与植被——气候分类(二). 几种主要方法与 PEP 程序介绍. 植物生态学与地植物学报, 13(4): 107-207.
张新时. 1991. 西藏阿里植物群落的间接梯度分析、数量分类与环境解释. 植物生态学与地植物学丛刊, 15(2): 101-113.
张新时, 杨奠安, 倪文革. 1993. 植被的 PEP(可能蒸散)指标与植被——气候分类(三). 几种主要方法与 PEP 程序介绍. 植物生态学与地植物学报, 17(2): 97-109.
张悦, 郭利平, 易雪梅, 等. 2015. 长白山北坡 3 个森林群落主要树种种间联结性. 生态学报, 35(1): 106-115.
赵哈林, 张铜会, 常学礼, 等. 1999. 科尔沁沙质放牧草地植物多样性及生态位的分异规律研究. 中国沙漠, 19(S1): 35-39.
赵慧宏, 曾新德, 张有佳, 等. 2017. 石羊河下游绵刺群落生态位特征研究. 云南农业大学学报(自然科学), 32(5): 920-928.
赵景柱. 1992. 生态系统优势种群演替模型的定量分析. 生态学报, 12(2): 113-118.
赵静. 2013. 刺槐等树种主要化学成分与热值关系研究. 北京: 北京林业大学硕士学位论文.
赵鸣飞, 王宇航, 邢开雄, 等. 2014. 黄土高原山地森林群落植物区系特征与地理格局. 地理学报, 69(7): 916-925.
赵汝怀. 1980. 弗晰聚类的编网法. 西安交通大学学报, 5(4): 43-47.
赵松岭, 陈庆诚, 李自珍, 等. 1981. 植物群落演替的线性与非线性系及数学预测. 生态学报, 1(3): 235-240.

赵松岭, 杨凤翔, 陈庆诚. 1982. 针茅草原放牧衰退演替阶段的模糊数学分类. 植物学报, 24: 366-370.
郑风英, 张金屯, 上官铁梁, 等. 1998. 濒危植物矮牡丹的分布格局及其生存群落的数量分析. 武汉植物学研究, 16(3): 255-262.
郑元润. 1997. 不同方法在沙地云杉种群分布格局分析中的适用性研究. 植物生态学报, 21(5): 480-484.
郑元润. 1999. 大青沟森林植物群落主要木本植物生态位研究. 植物生态学报, 23(5): 475-479.
钟杨, 陈家宽, 黄德世. 1990. 数量分类的方法和程序. 武汉: 武汉大学出版社.
周国法, 徐汝梅. 1998. 空间分布型的形成过程研究. 生态学报, 18(5): 516-522.
周华坤, 周立, 赵新全, 等. 2002. 矮嵩草草甸植物种群物候学定量研究. 草地学报, 10(4): 279-286.
周集中, 马世骏. 1990. 生态系统稳定性//马世骏. 现代生态学透视. 北京: 科学出版社.
周纪纶, 郑师章, 杨持. 1992. 植物种群生态学. 北京: 高等教育出版社.
周淑荣, 张大勇. 2006. 群落生态学的中性理论. 植物生态学报, 30(5): 868-877.
周志强, 魏晓雪, 刘彤. 2007. 新疆奇台荒漠植物群落的数量分类及土壤环境解释. 生物多样性, 15(3): 264-270.
朱春全. 1997. 生态位态势理论与扩充假说. 生态学报, 17(3): 324-332.
朱华, 许再富, 王洪, 等. 1997. 西双版纳傣族"龙山"片断热带雨林植物多样性的变化研究. 广西植物, 17(3): 213-219.
朱珣之, 张金屯. 2005. 中国山地植物多样性垂直变化格局. 西北植物学报, 25(7): 1480-1486.
朱珣之, 张金屯. 2007. 包含绝对多度的物种多样性测度方法的应用与评价. 北京师范大学学报(自然科学版), 43(1): 72-75.
朱珣之, 张金屯. 2008. 森林群落无样地取样方法的改进. 北京林业大学学报, 30(1): 137-140.
祝廷成. 1988. 植物生态学. 北京: 高等教育出版社.
卓正大, 张宏建. 1987. 六盘山森林植被的数量分类. 植物生态学与地植物学丛刊, 11(4): 252-263.
祖元刚, 马克明, 张喜军. 1997. 植被空间异质性的分形分析方法. 生态学报, 17(3): 333-367.
Ababou A, Chouieb M, Bouthiba A, et al. 2013. Spatial pattern analysis of *Peganum harmala* on the salted lower Chelif Plain, Algeria. Turk J Bot, 37(1): 111-121.
Ackerly D, Cornwell W. 2007. A trait-based approach to community assembly: partitioning of species trait values into within-and among-community components. Ecology Letters, 10(2): 135-145.
Agnew A D Q. 1961. The ecology of *Juncus effuses* in North Wales. J Ecol, 49: 83-102.
Ahmad S S, Ehsan H. 2012. Analysing the herbaceous flora of LohiBher Wild Life Park under environmental stress. Pak J Bot, 44(1): 11-14.
Alatalo R U. 1981. Problems in the measurement of evenness in ecology. Oikos, 37: 199-204.
Alik, Khan N, Rahnan I U, et al. 2015. Multivariate analysis and vegetation mapping of district swat, northern Pakistan. Inter J Adv Res, 3(6): 990-1006.
Anderson M J, Crist T O, Chase J M, et al. 2011. Navigating the multiple meanings of β diversity: a roadmap for the practicing ecologist. Ecology Letters, 14(1): 19-28.
Arnaud P. 2015. The ecological niche: history and recent controversies//Heams T, Huneman P, Lecointre G, et al. Handbook of Evolutionary Thinking in the Sciences. Dordrecht: Springer: 547-586.
Arrchibald E E A. 1949. The specific character of plant communities. a quantitative approach. Journal of Ecology, 37: 260-274.
Arrhenius O. 1921. Species and area. Journal of Ecology, 9: 95-99.
Ashby E. 1936. Statistical ecology. Botanical Review, 2: 221-235.
Ashby E. 1948. Statistical ecology Ⅱ. A reassessment. Botanical Review, 14: 222-234.
Astrahan M. 1970. Speech analysis by clustering, or the Hyperphoneme method. Stanford A. I. Project Memo, Stanford University.
Austin M P. 1968. An ordination study of a chalk grassland community. Journal of Ecology, 56: 739-757.
Austin M P. 1977. Use of ordination and other multivariate descriptive methods to study succession. Vegetatio, 35: 165-175.

Austin M P, Austin B O. 1980. Behavior of experimental plant communities along a nutrient gradient. Journal of Ecology, 68: 891-918.

Ball G H. 1966. A comparison of some cluster seeking techniques. California: Stanford Research Institute.

Barkman J J. 1989. A critical evaluation of minimum area concepts. Vegetatio, 85: 89-104.

Baselga A. 2010. Partitioning the turnover and nestedness components of beta diversity. Global Ecology and Biogeography, 19: 134-143.

Baselga A. 2012. The relationship between species replacement, dissimilarity derived from nestedness, and nestedness. Global Ecology and Biogeography, 21: 1223-1232.

Baselga A. 2013. Multiple site dissimilarity quantifies compositional heterogeneity among several sites, while average pairwise dissimilarity may be misleading. Ecography, 36: 124-128.

Baselga A, Jiménez-Valverde A, Niccolini G. 2007. A multiple-site similarity measure independent of richness. Biology Letters, 3: 642-645.

Bates D, Maechler M, Bolker B. 2012. lme4: linear mixed-effects models using S4 classes. R Package.

Baum B R, Letkovich L P. 1972. A model for cultivars classification and identification with reference to oats. Ⅰ. Establishment of the groupings by taximetrics methods. Canadian Journal of Botany, 50: 121-130.

Beeftink W G. 1972. Ubersicht uber die Anzahl der Aufnahmen Europaischer and Nordafrikanischr Salzpflanzengesellschaften fur das Projekt der Arbeitgruppe fur Darenverarbeitung. Grundfragen and Methoden in der pflanzensoziologie, 2: 371-396.

BegonM, Harper J L, Townsend C R. 1986. Ecology: Individuals, Populations and Communities. 3rd Ed. Oxford: Blackwell Scientific Publishers.

Benninghoff W S, SouthwoodW C. 1964. Ordering of tabular arrays of phytosociological data by digital computer. Tenth International Botanical Congress Abstracts. T. & A. Constable, Edinburgh, U. K.: 331-332.

Bezdek J C. 1974. Numerical taxonomy with fuzzy sets. Journal of Mathematical Biology, 1: 57-71.

Bezdek J C. 1981. Pattern Recognition with Fuzzy Objective Function Algorithms. New York: Plenum Press.

Bezdek J C. 1987. Some non-standard clustering algorithms//Legendre P, Legendre L. Developments in Numerical Ecology. Berlin: Springer-Verlag: 225-287.

Blackman G E. 1942. Statistical and ecological studies in the distribution of species in plant communities. Ⅰ. Dispersion as a factor in the study of changes in plant populations. Ann Bot, 6: 351-370.

Blayo F, Demartines P. 1991. Data analysis: how to compare Kohonen neural networks to other techniques?//Prieto A. Artificial Neural Networks. Frakfurt: Springer-Verlag: 469-475.

Boesch D F. 1977. Application of Numerical Classification in Ecological Investigation of Water Pollution. Journal of Physiology, 277(Suppl. 2): 78P-79P.

Bolker B M, Brooks M E, Clark C J, et al. 2009. Generalized linear mixed models: a practical guide for ecology and evolution. Trends in Ecology & Evolution, 24: 127-135.

Borcard D, Gillet F, Legendre P. 2011. Numerical Ecology with R. New York: Springer-Verlag.

Borcard D, Gillet F, Legendre P. 2012. Numerical Ecology with R. Amsterdam: Elsevier.

Borcard D, Gillet F, Legendre P. 2014. 数量生态学——R 语言应用. 赖江山译. 北京: 高等教育出版社.

Borcard D, Legendre P. 2002. All-scale spatial analysis of ecological data by means of principal coordinates of neighbour matrices. Ecological Modelling, 153: 51-68.

Borcard D, Legendre P, Avois-Jacquet C, et al. 2004. Dissecting the spatial structure of ecological data at multiple scales. Ecology, 85: 1826-1832.

Borcard D, Legendre P, Drapeau P. 1992. Partialling out the spatial component of ecological variation. Ecology, 73(3): 1045-1055.

Bornstein R D. 1969. Observations of the urban heat island effect in New York City. J Appl Meteorol, 7: 575-582.

Bosch R. 1978. The Pesticide Conspiracy. Garden City, NY: Doubleday & Co.

Botkin D B, Janak J F, Wallis J R. 1972. Some ecological consequences of a computer model of forest growth. Journal of Ecology, 60(3): 849-872.

Bouxin G, Gautier N. 1982. Pattern analysis in Belgian grasslands. Vegetatio, 49: 65-83.
Box G E P, Cox D R. 1964. An analysis of transformations. Journal of the Royal Statistical Society, Series B, 26: 211-252.
Bradshaw G A, Spies T A. 1992. Characterizing canopy gap structure in forest using wavelet analysis. J Ecol, 80: 205-215.
Brain M V. 1953. Species frequencies in random samples from animal populations. J Anim Ecol, 22: 57-64.
Braun-Blanquet J. 1932. Plant Sociology. New York: McGraw-Hill: 539.
Brawn M J, Ratkowsky D A, Minchin P R. 1984. A comparison of detrended correspondence analysis and principal coordinates analysis using four sets of Tasmaian vegetation data. Australian Journal of Ecology, 9: 273-279.
Bray J R, Curtis J T. 1957. An ordination of upland forest communities of south Wisconsin. Ecological Monographs, 27: 325-349.
Breiman L. 2001. Random forests. Machine Learning, 45: 15-32.
Bunge J, Fitzpatrick M. 1993. Estimating the number of species: a review. Journal of the American Statistical Association, 88: 364-373.
Burnham K P, Anderson D R. 2002. Model selection and multimodel inference: a practical information-theoretic approach. Technometrics, 45(2): 181.
Buys M H, Maritz J S, Boucher C, et al. 1994. A model for species-area relationships in plant communities. Journal of Vegetation Science, 5: 63-66.
Cadenazzi M. 1996. Otimizac¸aõde amostragem para estudos de padrões em vegetac¸aõ. Thesis. Porto Alegre, RS, Brazil: Faculdade de Agronomia, Universidade Federal do Rio Grande do Sul.
Cadotte M W, Jonathan D T, Regetz J, et al. 2010. Phylogenetic diversity metrics for ecological communities: integrating species richness, abundance and evolutionary history. Ecology Letters, 13: 96-105.
Cadotte M W, Cavender-Bares J, Tilman D, et al. 2009. Using phylogenetic, functional and trait diversity to understand patterns of plant community productivity. PLoS One, 4(5): 843-845.
Cain S A. 1938. The species-area curve. Amer Midl Nat, 19: 573-581.
Cardoso P, Borges P A V, Veech J A. 2009. Testing the performance of beta diversity measures based on incidence data: the robustness to undersampling. Diversity and Distributions, 15: 1081-1090.
Cardoso P, Rigal F, Carvalho J C, et al. 2014. Partitioning taxon, phylogenetic and functional beta diversity into replacement and richness difference components. Journal of Biogeography, 41: 749-761.
Cardoso P, Rigal F, Carvalho J C. 2015. BAT-biodiversity assessment tools, an R package for the measurement and estimation of alpha and beta taxon, phylogenetic and functional diversity. Methods in Ecology and Evolution, 6: 232-236.
Carpenter S R, Chaney J E. 1983. Scale of spatial pattern: four methods compared. Vegetatio, 53: 153-160.
Carvalho J C, Cardoso P, Gomes P. 2012. Determining the relative roles of species replacement and species richness differences in generating beta-diversity patterns. Global Ecology and Biogeography, 21: 760-771.
Casanoves F, Pla L, Di Rienzo J, et al. 2011. FDiversity: a softwa.re package for the integrated analysis of functional diversity. Meth Ecol Evol, 2: 233-237.
Causton D R. 1988. Introduction to Vegetation Analysis. London: Unwin Hyman.
Chahouki M A Z. 2013. Classification and ordination methods as a tool for analyzing of plant communities// Freitas L V D. Multivariate Analysis in Management, Engineering and the Sciences. Paulista: Universidade Estadual: 221-252.
Chao A, Chazdon R L, Colwell R K, et al. 2006. Abundance-based similarity indices and their estimation when there are unseen species in samples. Biometrics, 62: 361-371.
Chapman S B. 1976. Methods in Plant Ecology. 2nd Ed. London: Blackwell Scientific Publications.
Chapman S B, Christensen N L. 1980. 植物生态学的方法. 阳含熙, 卢泽禹, 鲍显诚译. 北京: 科学出版社.
Chen L, Mi X, Comita L S, et al. 2010. Community-level consequences of density dependence and habitat association in a subtropical broad-leaved forest. Ecology Letters, 13: 695-704.
Cheng Z H, Zhang J T, Wu B H, et al. 2005. Relationship between tourism development and vegetated

landscapes in Luya Mountain Nature Reserve, Shanxi, China. Environmental Management, 36(3): 374-381.

Chevenet F, Dolédec S, Chessel D. 1994. A fuzzy coding approach for the analysis of long-term ecological data. Freshwater Biology, 31: 295-309.

Chiarucci A, Bacaro G, Rocchini D, et al. 2009. Spatially constrained rarefaction: incorporating the autocorrelated structure of biological communities in sample-based rarefaction. Community Ecology, 10: 209-214.

Chon T S, Park Y S, Moon K H, et al. 1996. Patternizing communities by using an artificial neural network. Ecological Modelling, 90(1): 69-78.

Clark J S, Dietze M, Chakraborty S, et al. 2007. Resolving the biodiversity paradox. Ecology Letters, 10: 647-659.

Clements F E. 1916. Plant succession: an analysis of the development of vegetation. Publication No. 242. Carnegie Institution of Washington.

Cliff A D, Ord J K. 1981. Spatial Processes. London: Pion.

Clifford H T, Stephenson W. 1975. An introduction to numerical classification. New York: Academic Press.

Clymo R S. 1980. Preliminary survey of the peat-bog Hummell Knowe moss using various numerical methods. Vegetatio, 42: 129-148.

CohenJ. 1960. A coefficient of agreement for nominal scales. Educational and Psychological Measurement, 1: 15.

Colwell R K, Coddington J A. 1994. Estimating terrestrial biodiversity through extrapolation. Philosophical Transactions of the Royal Society of London, Series B: Biological Sciences, 345: 101-118.

Conell J H, Slatyer R O. 1977. Mechanism of succession in maturely communities and their role in community stability and organization. American Naturalist, 111: 1119-1144.

Connor E F, McCoyE D. 1979. The statistics and biology of the species-area relationship. American Naturalist, 113: 791-833.

Cormack R M. 1971. A review of classification. Journal of the Royal Statistical Society, Series A 134: 321-367.

Cottam G. 1955. Some sampling characteristics of a population of randomly dispersed individuals. Ecology, 34: 741-57.

Cottam G, Goff F G, Whittaker R H. 1978. Wisconsin comparative ordination//Whittaker R H. Ordination of Plant Communities. Junk: The Hague: 158-193.

Cottam G, Curtis J T. 1956. The use of distance measure in phytosociological sampling. Ecology, 37: 451-460.

Cowles H C. 1911. The causes of vegetational cycles. Annals of the Association of American Geographers, 1(1): 3-20.

Crawford R M M, Wishart D. 1967. A rapid multivariate method for the detection and classification of ecologically related species. Journal of Ecology, 55: 505-524.

Crawford T M M, Wishart D. 1968. A rapid classification and ordination method and its application to vegetation mapping. Journal of Ecology, 56: 385-404.

Cresswell J E. 1995. The investigation of saturation in the species richness of communities: some comments on methodology. Oikos, 72(2): 301-304.

Curtis J T, McIntosh R P. 1951. An upland forest continuum in the prairie—forest border region of Wisconsin. Ecology, 332: 476-496.

Cutler D, Edwards T, Beard K, et al. 2007. Random forests for classification in ecology. Ecology, 88: 2783-2792.

Cuwles H C. 1911. The causes of vegetative cycles. Botanical Gazette, 51: 161-183.

Dagnelie P. 1962. Etude statistique dune a Buachypodium ramosum. III. Les liaisons interspecifique. Premiere partie. Bull Serv Carte Phytopeogr Ser. B, 7: 89-97.

Dagnelie P. 1978. Factor analysis//Whittaler R. Ordination of Plant Communities. Junk: The Hague: 215-238.

Dahl E. 1960. Some measures of uniformity in vegetation analysis. Ecology, 41: 805-808.

Dale M B, Quadraccia L. 1973. Computer assisted tabular sorting of phytosociological data. Vegetatio, 28: 57-73.
Dale M B. 1971. Information analysis of quantitative data//Ratil G P, Pielou E C, Waters W E. Statistical Ecology. Pennsylvania: The Pennsylvania State University, University Park: 133-148.
Dale M B. 1975. On objectives of methods of ordination. Vegetatio, 30: 15-32.
Dale M B. 1976. Ordination: recent developments and future possibilities//Williams W T. Pattern Analysis in Agricultural Sciences. New York: Elsevier: 70-75.
Dale M B. 1977. Planning an adaptive numerical classification. Vegetatio, 35: 131-136.
Dale M R T, Macisaac D A. 1989. New methods for spatial pattern in vegetation. Journal of Ecology, 77: 78-91.
Dale M R T, Moon J W. 1988. Statistical tests on two characteristics of shapes of cluster diagrams. Journal of Classification, 5: 21-38.
Dale M R T. 1999. Spatial Pattern Analysis in Plant Ecology. New York: Cambridge University Press.
Daniels F J A. 1990. Changes in dry grassland after cutting of Scots pine in inland dunes near Keotwijk, the Netherlands//Krahulec F. Spatial Processes in Plant Communities. Liblice: Czechoslovakia: 215-235.
Daubenmire R. 1968. Plant Communities, an Textbook of Plant Synecology. London: Blackwell.
David F N, Moore P G. 1954. Notes on contagious distribution in plant population. Ann Bot, 18: 47-53.
Davis M B. 1986. Climatic instability, time tags, and community disequilibrium//Diamond J, Case T. Community Ecology. New York: Harper and Row: 269-284.
de Bello F, Lepš J, Lavorel S, et al. 2007. Importance of species abundance for assessment of trait composition: an example based on pollinator communities. Community Ecol, 8: 163-170.
de Bello F, Lepš J, Sebastià M T. 2006. Variations in species and functional plant diversity along climatic and grazing gradients. Ecography, 29: 801-810.
de Bello F, Thuiller W, Lepš J, et al. 2009. Partitioning of functional diversity reveals the scale and extent of trait convergence and divergence. Journal of Vegetation Science, 20: 475-486.
de Caprariis P, Lindemann R H, Collins C M. 1976. A method for determining optimum sample size in species diversity studies. Mathematical Geology, 8(5): 575-581.
de Caprariis P, Lindemann R H, Haimes R. 1981. A relationship between sample size and accuracy of species richness predictions. Mathematical Geology, 13(4): 351-355.
de Caprariis P, Lindemann R H. 1978. Species richness in patchy environments. Mathematical Geology, 10(1): 73-90.
de Caprariis P. 1984. Estimating species diversity: comparison of two algorithms. Mathematical Geology, 16(3): 237-248.
de la Malle. 1825. Mémoire sur l'alternance ou sur ce problème: La succession alternative dans la réproduction des espèces végétales vivant en société, est-elle une loi générale de la nature? Annales des Sciences Naturelles, Botaniques, 5: 353-381.
de Leeuw J. 1987. Nonlinear multivariate analysis with optimal scaling//Legendre P, Legendre L. Developments in Numerical Ecology. Berlin: Springer-Verlag: 157-187.
De'Ath G. 2002. Multivariate regression trees: a new tech-nique for modeling species-environment relationships. Ecology, 83: 1105-1117.
De'Ath G, Fabricius K E. 2000. Classification and regression trees: a powerful yet simple technique for ecological data analysis. Ecology, 81: 3178-3192.
Delédec S, Chessel D, ter Braak C J F, et al. 1996. Matching species traits to environmental variables: a new three-table ordination method. Environmental and Ecological Statistics, 3: 143-166.
Diaz S, Cabido M. 2001. Vive la difference: plant functional diversity matters to ecosystem processes. Trends in Ecology and Evolution, 16(11): 646-655.
Diday E. 1971. Une Nouvelle metode en classification automatique et reconnaissance de formes: La methode des nueesdynamiques. Revune de Statistique Appliquee, 19: 19-33.
Digby P G N, Kempton R A. 1987. Multivariate Analysis of Ecological Communities. London: Chapman and Hall.

Diggle P J. 1983. Statistical analysis of spatial point patterns. New York: Academic Press.
Diserud O H, Ødegaard F. 2007. A multiple-site similarity measure. Biology Letters, 3: 20-22.
Dolédec S, Chessel D, Gimaret-Carpentier C. 2000. Niche separation in community analysis: a new method. Ecology, 81: 2914-2927.
Dolédec S, Chessel D, ter Braak C J F, et al. 1996. Matching species traits to environmental variables: a new three-table ordination method. Environ Ecol Stat, 3: 143-166.
Dray S, Chessel D, Thioulouse J. 2003. Co-inertia analysis and the linking of ecological data tables. Ecology, 84: 3078-3089.
Dray S, Legendre P. 2008. Testing the species traits-environment relationships: the fourth-corner problem revisited. Ecology, 89: 3400-3412.
Dray S, Legendre P, Pedro Peres-Netoa R. 2006. Spatial modelling: a comprehensive framework for principal coordinate analysis of neighbour matrices(PCNM). Ecological Modelling, 196: 483-493.
Edwards A W F, Cavalli-Sforza L L. 1965. A method for cluster analysis. Biometrics, 21: 362-375.
Egler F E. 1954. Vegetation science concepts. Ⅰ. Initial floristic composition, a factor in old-field vegetation development. Vegetatio, 4: 412-417.
Ellenberg H. 1950. Unkraut-Gemeinschaften als Zeiger für Klima und Boden. Eugen Ulmer: Ludwigsburg: 141.
Ellison L. 1942. A comparison of metodsquadratting short—grass vegetation. J Agric Res, 64: 595-614.
Elton C. 1927. Animal Ecology. London: Sidgwick & Jackson.
Equihua M. 1990. Fuzzy clustering of ecological data. Journal of Ecology, 78: 519-534.
Etienne R S, Alonso D. 2005. A dispersal-limited sampling theory for species and alleles. Ecology Letters, 8: 1147-1156.
Faith D P. 1992. Conservation evaluation and phylogenetic diversity. Biological Conservation, 61: 1-10.
Fasham M J R. 1977. A comparison of nonmetric multidimensional scaling, principal components and reciprocal averaging for the ordination of simulated coenoclines and coenoplanes. Ecology, 58(3): 551-561.
Feng G, Svenning J C, Mi X C, et al. 2014. Anthropogenic disturbance shapes phylogenetic and functional tree community structure in a subtropical forest. Forest Ecology and Management, 313: 188-198.
Figueira R, Sérgio C, Sousa A J. 2002. Distribution of trace metals in moss biomonitors and assessment of contamination sources in Portugal. Environmental Pollution, 118: 153-163.
Fisher L, van Ness J. 1971. Admissible clustering procedures. Biometrika, 58: 91-104.
Fisher R A, Corbert A S, Williams C B. 1943. The relation between the number of species and the number of individuals in a random sample of an animal population. Journal of Animal Population, 12: 42-58.
Fisher W D. 1958. On grouping for maximum homogeneity. JASA, 53: 789-798.
Foody G M. 1999. Applications of the self-organising feature map neural network in community data analysis. Ecological Modelling, 120: 97-107.
Forgy E. 1965. Cluster analysis of multivariate data: efficiency vs. interpretability of classifications. Biometrics, 21: 768.
Forman R. 1986. Landscape Ecology. New York: Wiley & Sons.
Forman R. 1995. Land mosaics, the ecology of landscapes and regions. Cambridge: Cambridge University Press.
Forman R, Godron M. 1986. Landscape Ecology. New York, USA: John Wiley and Sons.
Forti A, Foresti G L. 2006. Growing Hierarchical Tree SOM: an unsupervised neural network with dynamic topology. Neural Networks, 19(10): 1568-1580.
Frey B J, Dueck D. 2007. Clustering by passing messages between data points. Science, 315: 972-976.
Frey B J, Dueck D. 2008. Response to comment on "Clustering by passing messages between data points". Science, 319: 726.
Galiano E F. 1982. Pattern detection in plant populations through the analysis of plant-to-all plants distances. Vegetatio, 49: 39-43.
Galiano E F. 1983. Detection of multi-species patterns in plant populations. Vegetatio, 53: 129-138.

Gauch H G. 1977. ORDIFLEX-A Computer Program for Four Ordination Techniques: Weighted Averages, Polar Ordination, Principal Components Analysis, and Reciprocal Averaging, Release B. Ithaca, New York: Cornell University.

Gauch H G. 1979. COMPCLUS-A FORTRAN Program for Rapid Initial Clustering of Large Data Sers. Ithaca, New York: Cornell University.

Gauch H G. 1982. Multivariate Analysis in Community Ecology. London: Cambrige University Press.

Gauch H C. 1988. 群落生态学中的多元分析. 杨持, 杨在中, 郝敦元, 等译. 北京: 科学出版社.

Gauch H G, Whittaker R H, Wenteorth T R. 1977. A comparative study of reciprocal averaging and other ordination techniques. Journal of Ecology, 65: 157-174.

Gauch H G, Whittaker R H. 1981. Hierarchical classification of community data. Journal of Ecology, 69: 135-152.

Gelman A, Hill J. 2007. Data analysis using regression and multilevel/hierarchical models. Cambridge, U. K.: Cambridge University Press.

Getis A, Franklin J. 1987. Second-order neighborhood analysis of mapped point patterns. Ecology, 68(3): 473-477.

Gevrey M, Worner S, Kasabov N, et al. 2006. Estimating risk of events using SOM models: a case study on invasive species establishment. Ecological Modelling, 197(3-4): 361-372.

Gifi A. 1990. Nonlinear Multivariate Analysis. Chichester: Wiley.

Gitay H, Roxburgh S H, Wilson J B. 1991. Species-area relations in a New Zealand tussock grassland, with implications for nature reserve design and for community structure. Journal of Vegetation Science, 2: 113-118.

Gittins R. 1965. Multivariate approaches to a limestone grassland community. Ⅰ: a stand ordination. Journal of Ecology, 53: 385-401.

Gittins R. 1968. Trend-surface analysis of ecological data. Journal of Ecology, 56: 845-869.

Gittins R. 1981. Towards the analysis of vegetation succession. Vegetatio, 46: 37-59.

Gittins R. 1985. Canonical Analysis. A Review with Applications in Ecology. Berlin: Springer-Verlag.

Glaster P H, Janssens J A, Siegel D I. 1990. The response of vegetation to chemical and hydrological gradients in the lost river peatland, Northern Minnesota. J Ecol, 78: 1021-1048.

Gleason H A. 1926. The individualistic concept of species diversity. A critique and alternative parameters. Ecology, 52: 577-586.

Gómez J P, Bravo G A, Brumfield R T, et al. 2010. A phylogenetic approach to disentangling the role of competition and habitat filtering in community assembly of neotropical forest birds. Journal of Ecology, 79: 1181-1192.

Goodall D W. 1952. Quantitative aspects of plant distribution. Biological Reviews, 27: 194-245.

Goodall D W. 1952. Some consideration in the use of points quadrats for the analysis of vegetation. Aust J Sci Res Ser B, 5: 1-41.

Goodall D W. 1953. Objective methods for the classification of vegetation. Ⅰ. The use of positive interspecific correlation. Australian Journal of Botany, 1: 39-63.

Goodall D W. 1954. Objective methods for the classification of vegetation. Ⅲ. An assay in the use of factor analysis. Australian Journal of Botany, 3 : 304-324.

Goodall D W. 1966. A new similarity index based on probability. Biometrics, 22: 882-907.

Goodall D W. 1973. Sample similarity and species correlation//Whittaker R H. Handbook of Vegetation Science. 5: 105-156. The Hague: Junk.

Goodall D W. 1974. A new method for the analysis of spatial pattern by random pairing of quadrat. Vegetatio, 29: 135-146.

Gotelli N J, Graves G. 1996. Neutral models in ecology. Washington: Smithsonian Institution.

Gower J C. 1966. Some distance properties of latent and vector methods used in multivariate analysis. Biometrika, 53: 325-338.

Gower J C. 1967. A comparison of some methods of cluster analysis. Biometrics, 23: 623-637.

Graham C H, Fine P V A. 2008. Phylogenetic beta diversity: linking ecological and evolutionary processes across space in time. Ecology Letters, 11: 1265-1277.
Green J L, Plotkin J B. 2007. A statistical theory for sampling species abundances. Ecology Letters, 10: 1037-1045.
Green R H. 1966. Measurement non-random in spatial distribution. Research of Population Ecology, 8: 1-7.
Greenacre M. 2012. Fuzzy coding in constrained ordinations(Ecology). Ecology, 94(2): 280-286.
Greig-Smith P. 1952. The use of random and contiguous quadrats in the study of the structure of plant communities. Annual Botany, 16: 293-316.
Greig-Smith P. 1957. Quantitative Plant Ecology. Oxford: Blackwell Scientific Publications.
Greig-Smith P. 1964. Quantitative Plant Ecology. 2nd ed. Oxford: Blackwell Scientific Publications.
Greig-Smith P. 1979. Pattern in vegetation. J Ecol, 67: 755-779.
Greig-Smith P. 1980. The development of numerical classification and ordination. Vegetatio, 42: 1-9.
Greig-Smith P. 1983. Quantitative Plant Ecology. 3rd ed. Oxford: Blackwell Scientific Publications.
Griennell J. 1917. The niche relationships of the California thrasher. Auk, 21: 364-382.
Grime J P. 1988. The C-S-R model of primary plant strategies-origins implications and tests//Gottlieb L D, Jain S K. Plant Evolutionary Biology. London: Chanpman & Hall: 317-393.
Grime J. 1998. Benefits of plant diversity to ecosystems: immediate, filter and founder effects. Journal of Ecology, 86(6): 902-910.
Haas P H. 1975. Some comments on the use of the species-area curve. American Naturalist, 109: 371-373.
Hall A V. 1967. Methods for demonstrating resemblance in taxonomy and ecology. Nature, 214: 830-831.
Hardy O J, Senterre B. 2007. Characterizing the phylogenetic structure of communities by an additive partitioning of phylogenetic diversity. J Anim Ecol, 95: 493-506.
Harpole W S, Tilman D. 2006. Non-neutral patterns of species abundance in grassland communities. Ecology Letters, 9(1): 15-23.
Harrison S, Ross S J, Lawton J H. 1992. Beta diversity on geographic gradients in Britain. Journal of Animal Ecology, 61: 151-158.
Hartigan J A. 1975. Clustering Algorithms. New York: Wiley.
Harvolk S, Summank L, Sundermeier A, et al. 2015. Human impact on plant biodiversity in functional floodplains of heavily modified rivers: a comparative study along German federal waterways. Ecol Eng, 84: 463-475.
He F, Legender P. 1996. On species-area relations. American Naturalist, 148: 719-737.
Heard S B, Cox G H. 2007. The shapes of phylogenetic trees of clades, faunas, and local assemblages: exploring spatial pattern in differential diversification. The American Naturalist, 169: E107-E118.
Hegyi F. 1974. A simulation model for managing jack pine stands//Fries J. Growth Models for Stand and Tree Simulation. Stockholm, Sweden: Royal College of Forestry: 74-90.
Helmus M R, Bland T J, Williams C K, et al. 2007. Phylogenetic measures of biodiversity. The American Naturalist, 169: E68-E83.
Helmus M R, Ives A R. 2012. Phylogenetic diversity-area curves. Ecology, 93: S31-S43.
Hill D E. Sauter E H, Conick W N. 1980. Soils of Connecticut. Connecticut Agric ExpStn Bull, 34(787): 1-36.
Hill M O. 1973. Reciprocal averaging, an eigenvector method of ordination. Journal of Ecology, 61: 237-249.
Hill M O. 1974. Correspondence analysis: a neglected multivariate method. Journal of the Royal Statistical Society, Series C, 23: 340-354.
Hill M O. 1979a. DECORANA-A FORTRAN Program for Detrended Correcpondence Analysis and Reciprocal Averaging. Ithaca, New York: Cornell University.
Hill M O. 1979b. TWINSPAN-A FORTRAN Program for Arranging Multivariate Data in an Ordered Two-way Table by Classification of the Individuals and Attributes. Ithaca, New York: Cornell University.
Hill M O, Bunce R G H, Shaw M W. 1975. Indicator species analysis, divisive polythetic method of classification, and its application to a survey of native pinewoods in Scotland. Journal of Ecology, 63: 597-613.

Hill M O, Gauch H G. 1980. Detrended correspondence analysis, an improved ordination technique. Vegetatio, 42: 47-58.

Hillebrand H, Matthiessen B. 2009. Biodiversity in a complex world: consolidation and progress in functional biodiversity research. Ecology Letters, 12: 1405-1419.

Hirst C N, Jackson D A. 2007. Reconstructing community relationships: the impact of sampling error, ordination approach, and gradient length. Diversity and Distributions, 13: 361-371.

Hirzel A H, Hausser J, Chessel D, et al. 2002. Ecological-niche factor analysis: how to compute habitat-suitability maps without absence data? Ecology, 83: 2027-2036.

Hopkins B. 1954. A new method for determining the type of distribution of plant individuals. Ann Bot, 18: 213-227.

Hopkins B. 1955. The species area relations of plant communities. Journal of Ecology, 43: 409-426.

Horn H. 1966. Measurement of overlap in comparative ecological studies. American Naturalist, 100: 419-424.

Horn H S. 1975. Forest succession. Scientific Amer, 232(5): 90.

Hotelling H. 1933. Analysis of a complex of statistical variables into principal components. J Ed Psych, 24: 417-444.

Hubalek Z. 1982. Coefficients of association and similarity based on binary data: an evaluation. Biol Rev, 57: 669-689.

Hubbell S P. 2001. A Unified Neutral Theory of Biodiversity and Biogeography. Princeton, New Jersey, USA: Princeton University Press.

Hubbell S P. 2006. Neutral theory and the evolution of ecological equivalence. Ecology, 87(6): 1387-1398.

Hurlbert S H. 1971. The non-concept of species diversity, a critique and alternative parameters. Ecology, 52: 577-586.

Hurlbert S H. 1978. The measurement of niche overlap and some relatives. Ecology, 59: 67-77.

Hutchinson G E. 1957. Concluding remarks. Gold Spring Harbour Symp. Quant Biol, 22: 415-427.

Illian J, Penttinen A, Stoyan D. 2008. Spatial analysis and modelling of spatial point patterns. Technometrics, 47(4): 516-517.

Ives A R, Helmus M R. 2010. Phylogenetic metrics of community similarity. American Naturalist, 176: E128-E142.

Ives A R, Helmus M R. 2011. Generalized linear mixed models for phylogenetic analyses of community structure. Ecological Monographs, 81: 511-525.

Jaccard P. 1901. Distribution de la flore alpine dans le Bassin des. Dranses et dans quelques regions voisines. Bull Soc Vaud Sci Nat, 37: 241-272.

Janson S, Vegelius J. 1981. Measures of ecological association. Oecologia, 59: 371-376.

Jongman R H, ter Braak C J F, van Tongeren O F R. 1987. Data Analysis in Community and Landscape Ecology. London: Cambridge University Press.

Jost L, Chao A, Chazdon R L. 2011. Compositional similarity and beta diversity//Magurran A, McGill B. Biological Diversity: Frontiers in Measurement and Assessment. Oxford, England: Oxford University Press: 66-84.

Jruskal J B. 1964. Nonmetric multidimensional scaling: a numerical method. Psychometrika, 29: 115-129.

Kalantar A H. 1987. Using the hyperbolic model to estimate species richness. Mathematical Geology, 19(2): 151-154.

Kandji S T, Ogol C K P O, Albrecht A. 2001. Diversity of plant-parasitic nematodes and their relationships with some soil physico-chemical characteristics in improved fallows in Western Kenya. Applied Soil Ecology, 18: 143-157.

Kazi-Aoual F, Hitier S, Sabatier R, et al. 1995. Refined approximations to permutation tests for multivariate inference. Computational Statistics and Data Analysis, 20: 643-656.

Kent M, Ballard J. 1988. Trends and problems in application of classification and ordination methods in plant ecology. Vegetatio, 78: 109-124.

Kershaw K A. 1957. A study of Pattern in Certain plant Communities. PhD Thesis University of Wales, U. K.

Kershaw K A. 1970. An empirical approach to the estimation of pattern intensity from density and cover data.

Ecology, 51: 729-734.

Kershaw K A, Looney J H H. 1985. Quantitative and Dynamic Plant Ecology. 3rd ed. London: Edward Arnold.

Khan N, Shaukat S S, Ahmed M, et al. 2013. Vegetation-environment relationships in the forests of Chitral district Hindukush range of Pakistan. J For Res, 24(2): 205-216.

Khan S M, Page S, Ahmad H, et al. 2012. Vegetation dynamics in the western Himalayas, diversity indices and climate change. Sci Techn Dev, 31(3): 232-243.

Kilburn P D. 1963. Exponential values for the species-area relation. Science, 141: 1276.

Kilburn P D. 1966. Analysis of the species area relation. Ecology, 47: 831-843.

King C E. 1964. Relative abundance of species and MacArthur model. Ecology, 45: 716-737.

King J. 1962. The Festuca-Agrostis grassland complex in South-east Scotland. Journal of Ecology, 50: 321-356.

Koleff P, Gaston K J, Lennon J J. 2003. Measuring beta diversity for presence-absence data. Journal of Animal Ecology, 72: 367-382.

Krebs C J. 1999. Ecological Methodology. Menlo Park: Addison-Wesley.

Kruskal J B. 1964. Multidimensional scaling by optimizing goodness of fit to a nonmetric hypothesis. Psychometrika, 29: 1-27.

Kruskal J B. 1964. Nonmetric multidimensional scaling: a numerical method. Psychometrika, 29: 115-129.

Kylin H. 1926. Uber Begriffsbidung and statistik in der planzensoziologie. BotNotiser, 20: 81-180.

Lai M J. 2008. Multivariate splines for data fitting and approximation//Neamtu M, Schumaker L L. Approximation Theory XII. Brentwood, TN: Nashboro Press: 210-228.

Lambert J M, Williams W T. 1962. Multivariate methods in plant ecology. IV. Normal analysis. J Ecol, 50: 775-802.

Lance G N, Williams W T. 1967. A general theory of classificatory sorting strategies. I. Hierarchical systems. Comput J, 9: 373-380.

Lavorel S, Grigulis K, McIntyre S, et al. 2008. Assessing functional diversity in the field-methodology matters! Functional Ecology, 22(1): 134-147.

Lawton J. 2003. Concluding remarks: a review of some open questions. Cambridge: Cambridge University Press: 401.

Lee P J. 1981. The most predictable surface mapping method in petroleum exploration. AAPG Bulletin, 29. 224-240.

Leemans R, Prentice I C. 1989. FORSKA: a general forest success ion model. Uppsala: Institute of Ecological Botany Press.

Legendre P. 1983. Numerical Ecology. Developments and recent trends//Felseustein J. Developments in Numerical Taxonomy. Berlin: Springer-Verlag.

Legendre P, Borcard D, Peres-Neto P R. 2005. Analyzing beta diversity: partitioning the spatial variation of community composition data. Ecol Monogr, 75: 435-450.

Legendre P, de Cáceres M. 2013. Beta diversity as the variance of community data: dissimilarity coefficients and partitioning. Ecology Letters, 16: 951-963.

Legendre P, Fortin M. 1989. Spatial pattern and ecological analysis. Vegetatio, 80: 107-138.

Legendre P, Gallagher E D. 2001. Ecologically meaningful transformations for ordination of species data. Oecologia, 129: 271-280.

Legendre P, Galzin R, Harmelin-Vivien M L. 1997. Relating behavior to habitat: solutions to the Fourth-corner problem. Ecology, 78: 547-562.

Legendre P, Legendre L. 1987. New Developments in Numerical Ecology. Berlin: Springer-Verlag.

Legendre P, Legendre L. 1983. Numerical Ecology. Amsterdam: Eisevier.

Legendre P, Legendre L. 2012. Numerical Ecology. 3rd Ed. Amsterdam: Elsevier.

Legendre P, Mi X C, Ren H B, et al. 2009. Partitioning beta diversity in a subtropical broad-leaved forest of China. Ecology, 90(3): 663-674.

Lek S, Guegan J F. 2000. Artificial Neuronal Networks application to ecology and evolution//Lek S, Guegan J

F. Environmental Science. Berlin: Springer.

Lek S, Park Y S, Ait-Mouloud S, et al. 2007. Collembolan communities in a peat bog versus surrounding forest analyzed by using self-organizing map. Ecological Modelling, 203(1-2 Special Issue): 9-17.

Lennon J J, Koleff P, Greenwood J, et al. 2001. The geographical structure of British bird distributions: diversity, spatial turnover and scale. Journal of Animal Ecology, 70: 966-979.

Leprieur F, Albouy C, de Bortoli J, et al. 2012. Quantifying phylogenetic beta diversity: distinguishing between 'true' turnover of lineages and phylogenetic diversity gradients. PLoS One, 7: e42760.

Lepš J, de Bello F, Lavorel S, et al. 2006. Quantifying and interpreting functional diversity of natural communities: practical considerations matter. Preslia, 78: 481-501.

Lepš J, Šmilauer P. 2003. Multivariate analysis of ecological data using CANOCO. Cambridge: Cambridge University Press.

Lepš J, Stursa J. 1989. Species-area curve, life history strategies, and succession: a field test of relationships. Vegetatio, 83: 249-257.

Levins R. 1968. Evolution in Changing Environments: Some Theoretical Explorations. Princeton: Princeton University Press.

Li H. 1989. Spatio-temporal pattern analysis of managed forest landscapes. PhD Thesis, The Oregon State University.

Liaw A, Wiener M. 2002. Classification and regression by random forest. R News, 2(3): 18-22.

Lieth H, Moore G W. 1971. Computerized clustering of species in phytosociological tables and its utilization for field work. Pa. Pennsylvania, University Park.

Linton Y M, Lee A S, Curtis C. 2005. Discovery of a third member of the Maculipennis Group in SW England. Eur Mosq Bull, 19: 5-9.

Litchman E, Klausmeier C. 2008. Trait-based community ecology of phytoplankton. Annual Review of Ecology, Evolution, and Systematics, 39(1): 615.

Liu X Z, Zhang F, Shao H B, et al. 2011. Community succession analysis and environmental biological processes of naturally colonized vegetation on abandoned hilly lands and implications for vegetation restoration strategy in Shanxi, China. African Journal of Biotechnology, 10(7): 1133-1145.

Lloyd M. 1967. "Mean crowding". J Anim Ecol, 36: 1-30.

Lomolino M V. 2001. Elevation gradients of species-density: historical and perspective views. Global Ecology and Biogeography, 10: 3-13.

Loosmore N B, Ford E D. 2006. Statistical inference using the G or K point pattern spatial statistics. Ecology 87: 1925-1931.

Loreau M, Naeem S, Inchausti P, et al. 2001. Biodiversity and ecosystem functioning: current knowledge and future challenges. Science, 294(5543): 804.

Louks O L. 1962. Ordinating forest communities by means of environmental scalars and phytosociological indices. Ecological Monographs, 32: 137-166.

Lozupone C, Hamady M, Knight R. 2006. UniFrac-An online tool for comparing microbial community diversity in a phylogenetic context. BMC Bioinformatics, 7: 371-384.

Ludwig D, Walker B, Holling C S. 1997. Sustainability, stability, and resilience. Conservation Ecology, 1(1): 1-7.

Ludwig J A, Goodall D W. 1978. A comparison of paired- with blocked-quadrat variance methods for the analysis of spatial pattern. Vegetatio, 38: 49-59.

Ludwig J A, Reynolds J F. 1988. Statistical Ecology. A Primer on Methods and Computing. New York: John Wiley and Sons.

Lynch D W, Schumacher F X. 1941. Concerning the dispersion of natural regeneration. J For, 39: 49-51.

Maarel E V D, Janssen J G M, Louppen J M W. 1978. TABORD, a program for structuring phytosociological tables. Vegetatio, 38: 143-156.

MacArthur R H. 1957. On the relative abundance of bird species. Proc Nat AcadSco Wash, 43: 293-295.

MacArthur R H, MacArthur J W. 1967. On bird species diversity. Ecology, 42: 594-598.

MacArthur R H, Wilson E O. 1967. The theory of island biogeography. Princeton, New Jersey, USA:

Princeton University Press.
Macnaughton-Smith P N M. 1965. Some Statistical and Other Numerical Techniques for Classifying Individuals. London: H.M.S.
MacQueen J B. 1967. Some Methods for classification and Analysis of Multivariate Observations. Proceedings of 5-th Berkeley Symposium on Mathematical Statistics and Probability. Berkeley: University of California Press: 281-297.
Magurran A E. 2007. Species abundance distributions over time. Ecology Letters, 10: 347-354.
Mahdavi P, Akhani H, van der Maarel E. 2013. Species diversity and life-form patterns in steppe vegetation along a 3000 m altitudinal gradient in the Alborz Mountains, Iran. Folia Geobot, 48(1): 7-22.
Maher C, Skeffington M S, Gormally M. 2015. Hydroperiod and traditional farming practices drive plant community composition on unregulated Atlantic floodplain meadows. Wetlands, 35(2): 263-279.
Makoto Numata (沼田真). 1979. Methods for Ecological Study (生态学方法论). Tokyo: Kokin Shou-in (古今书院). (in Japanese)
Makridis M, Papamarkos N, Chamzas C. 2005. An innovative algorithm for solving jigsaw puzzles using geometrical and color features. Lecture Notes in Computer Science, 3773: 966-976.
Malloch A J C. 1988. VESPAN-A Computer Program to Assignment of Vegetation Data. Lancaster, U. K.: University of Lancaster.
Mandelbrot B B. 1982. Fractal Geometry of Nature. San Francisco: Freeman.
Manly B F J. 1991. Randomization and Monte Carlo methods in biology. London U. K.: Chapman & Hall.
Manomaisupat P, Vrusias B, Ahmad K. 2006. Categorization of large text collections: Feature selection for training neural networks. Lecture Notes in Computer Science, 4224: 1003-1013.
Margalef R. 1968. Perspective in Ecological Theory. Chicago: University of Chicago Press.
Mason N W H, MacGillivray K, Steel J B, et al. 2003. An index of functional diversity. Journal of Vegetation Science, 14: 571-578.
Mason N, Mouillot D, Lee W, et al. 2005. Functional richness, functional evenness and functional divergence: the primary components of functional diversity. Oikos, 111(1): 112-118.
May R M. 1975. Patterns of species abundance and diversity//Coddy M L, Diamond J M. Ecology and Evolution of Communities. Cambridge: Harvard University Press: 81-120.
McCulloch C E, Neuhaus J M. 2001. Generalized linear mixed models. Wiley Online Library.
McCune B. 1987. Multivariate Analysis on the PC-ORD System. A software Documentation Report. Indiana, USA.: Bulter University, Holclmb Research Institute, Indianapolis.
McGill B J, Maurer B A, Weiser M D. 2006. Empirical evaluation of neutral theory. Ecology, 87: 1411-1423.
McIntosh R P. 1967. An index of diversity and the relation of certain concepts to diversity. Ecology, 48: 392-404.
Mead R. 1974. A test for spatial pattern at several scales using data from a grid of contiguous quadrats. Biometrics, 30: 295-307.
Menhinick E J. 1964. A comparison of some species-individual diversity indices applied to samples of field insects. Ecology, 45: 859-861.
Mi X C, Swenson N G, Valencia R, et al. 2012. The contribution of rare species to community phylogenetic diversity across a global network of forest plots. American Naturalist, 180: E17-30.
Miller R I, Weigert R G. 1989. Documenting completeness, species-area relations, and the species-abundance distribution of a regional flora. Ecology, 70(1): 16-22.
Minchin P R. 1987. An evaluation of the relative robustness of techniques for ecological ordination. Vegetatio, 67: 1167-1179.
Mokany K, Ash J, Roxburgh S. 2008. Functional identity is more important than diversity in influencing ecosystem processes in a temperate native grassland. Journal of Ecology, 96(5): 884-893.
Monk C D. 1976. Tree species diversity in the eastern deciduous forest with particular reference to north central Florida. American Naturalist, 101: 173-187.
Moore J A. 1953. A new species of *Pseudophryne* from Victoria. Proceedings of the Linnean Society of New

South Wales, 78: 179-180.
Moore J J, Firzsimons P, Lambe E, et al. 1970. A comparison and evaluation of some phytosociological techniques. Vegetatio, 20: 1-20.
Moore J J, O'Sullivan A. 1978. A phytosociological survey of the Irish Molimio-Arrhematheretea using computer techniques. Vegetatio, 38: 89-93.
Moore P G. 1953. A test for non-randomness in plant populations. Ann Bot, 17: 57-62.
Morlet J. 1982. Wave propagation and sampling theory. Geophysics, 47(2): 222-236.
Morlon H, White E P, Etienne R S, et al. 2009. Taking species abundance distributions beyond individuals. Ecology Letters, 12: 488-501.
Morris R F. 1959. Single factor analysis in population dynamics. Ecology, 40: 580-588.
Morton A. 2005. DMAP for Windows. Version 7.0.-Alan Morton, Winkfield, Windsor, Berkshire. Computer program. http://www.dmap.co.uk/welcome.Htm[2018-2-3].
Motomura E. 1932. On the statistical treatment of communities. Zool Mag, 44: 379-383.
Mouillot D, Mason W H N, Dumay O, et al. 2005. Functional regularity: a neglected aspect of functional diversity. Oecologia, 142(3): 353-359.
Murray R J. 1984. Communities Dynamics of Experimental Grassland Swards. PhD Thesis University of Wales. U. K.
Naeem S. 2002. Disentangling the impacts of diversity on ecosystem functioning in combinatorial experiments. Ecology, 83(10): 2925-2935.
Nakagawa S, Schielzeth H. 2013. A general and simple method for obtaining R2 from generalized linear mixed—effects models. Methods in Ecology and Evolution, 4: 133-142.
Niering W A. 1963. Terrestrial ecology of Kapingamarangi Atoll, Caroline Islands. Ecological Monographs, 33: 131-160.
Nordhagen R. 1936. Versucheierneuen Einteilung der Subalpinenalpinen vegetation Norwegens. Bergens. Mus Arbok Naturv, rekke: 1-88.
Noy-Meir I, Austin M P. 1970. Principal component ordination and simulated vegetational data. Ecology, 61: 551-552.
Noy-Meir I, Walker D, Williams W T. 1975. Data transformation in ecological ordination. II. on the meaning of data standardization. Journal of Ecology, 63: 779-800.
Nyobe L, Zhang J T, Zhang Q D, et al. 2014. Effect of six environmental variables on five *Bupleurum* species distribution in Guandi, Wutai, Xiaowutai and Dongling mountains. Journal of Medicinal Plant Research, 8(15): 576-587.
O'Neill R V, Krummel J R, Gardner R H, et al. 1988. Indices of landscape pattern. Landscape Ecology, 1(3): 153-162.
Ochiai A. 1957. Zoogeographical studies on the solenoid fishes found in Japan and its neighboring regions. Bull Jap Soc Fish, 22: 526-530.
Odum E P. 1959. Fundamentals of Ecology. Philadelphia: Saunders.
Odum E P. 1969. The strategy of ecosystem development. Science, 164: 262-270.
Ohsawa M. 1995. Latitudinal comparison of altitudinal changes in forest structure, leaf-type, and species richness in humid monsoon Asia. Vegetatio, 121: 3-10.
Oksanen J, Guillaume Blanchet F, Kindt R, et al. 2010. Vegan: Community Ecology Package. R package version 1.17: http://CRAN.R-project.org/package=vegan[2018-2-2].
Orloci L. 1967. An agglomerative method for the classification of communities. Journal of Ecology, 55: 193-206.
Orloci L. 1968. Definitions of structure in multivariate phytosociological samples. Vegetatio, 15: 281-291.
Orloci L. 1970. Analysis of vegetation samples based on the use of information. Journal of Theoretical Biology, 29: 173-189.
Orloci L. 1975. Measurement of redundancy in species collection. Vegetatio, 31: 65-67.
Orloci L. 1978. Multivariate Analysis in Vegetation Research. 2nd ed. Junk: The Hague.
Palmar website. 2016. Ordination methods for ecologists. http://ordination.Okstate.Edu[2018-2-3].

Palmer M W. 1990. The estimation of species richness by extrapolation. Ecology, 71: 1195-1198.

Palmer M W, White P S. 1994. Scale dependence and the species-area relationship. American Naturalist, 144: 717-740.

Pandey C B, Singh J S. 1991. Influence of grazing and soil conditions on secondary savanna vegetation in India. J Veg Sci, 2: 95-102.

Peet P K. 1974. The measurement of species diversity//Cody M L, Diamond J M. Ecology and Evolution of Communities, Belknap: Harvard University Press: 81-120.

Peet R K, Loucks O L. 1977. A gradient analysis of southern Wisconsin forests. Ecology, 58: 485-499.

Penczak T, Kruk A, Grzybkowska M, et al. 2006. Patterning of impoundment impact on chironomid assemblages and their environment with use of the self-organizing map(SOM). Acta Oecologica-International Journal of Ecology, 30(3): 312-321.

Peres-Neto P R, Leibold M A, Dray S. 2012. Assessing the effects of spatial contingency and environmental filtering on metacommunity phylogenetics. Ecology, 93(Supplement): S14-S30.

Perry G L W, Miller B P, Enright N J. 2006. A comparison of methods for the statistical analysis of spatial point patterns in plant ecology. Plant Ecology, 187(1): 59-82.

Petchey O, Gaston K. 2002. Functional diversity(FD), species richness and community composition. Ecology Letters, 5(3): 402-411.

Petchey O, Gaston K. 2006. Functional diversity: back to basics and looking forward. Ecology Letters, 9(6): 741-758.

Peterson A T, Soberôn J, Pearson R G, et al. 2011. "Major themes in niche concepts". Ecological Niches and Geographic Distributions(MPB-49). Princeton: Princeton University Press: 11.

Petraitis P S. 1979. Likelihood measures of niche breadth and overlap. Ecology, 60: 703-710.

Pianka E R. 1973. The structure of Lizard communities. Annual Review of Ecology & Systematics, 4: 53-74.

Pickett S T A, Cadenasso M L. 1995. Landscape ecology: spatial heterogeneity in ecological systems. Science, 269: 331-334.

Pickett S T A, Collins S L, Armesto J J. 1987. A hierarchical consideration of causes and mechanisms of succession. Vegetatio, 69: 109-114.

Pielou E C. 1961. Segregation and symmetry in two-species populations as studied by nearest neighbor relations. J Ecol, 49: 255-269.

Pielou E C. 1969. An Introduction to Mathematical Ecology. New York: Wiley Interscience.

Pielou E C. 1975. Ecological Diversity. New York: Wiley.

Pielou E C. 1977. Mathematical Ecology. New York: Wiley-Interscience.

Pielou E C. 1984. The Interpretation of Ecological Data. A Primer on Classification and Ordination. New York: Wiley.

Pielou E C. 1988. The world of northern evergreens. Ithaca: Cornell University Press.

Pielou E C, Arnason A N. 1965. Correction to one of MacArthur species-abundance formulas. Science, 151: 592.

Pillar D P. 1999. How sharp are classifications? Ecology, 80(8): 2508-2516.

Podani J. 1989. Comparison of classifications and ordinations of vegetation data. Vegetatio, 83: 111-128.

Podani J. 1991. SYN-TAX IV. Computer programmes for data analysis in ecology and systematic//Orloci L, Feoli E. Computer Assisted Vegetation Survey. Dordrecht: Klywer.

Podani J. 2000. Simulation of random dendrograms and comparison tests: some comments. J Classif, 17: 123-142.

Podani J, Schmera D. 2006. On dendrogram based measures of functional diversity. Oikos, 115(1): 179-185.

Podani J, Schmera D. 2011. A new conceptual and methodological framework for exploring and explaining pattern in presence-absence data. Oikos, 120: 1625-1638.

Poole R W. 1974. An Introduction to Quantitative Ecology. New York: McGrawHill.

Prato S, Morgana J G, La Valle P, et al. 2009. Application of biotic and taxonomic distinctness indices in assessing the ecological quality status of two coastal lakes: Caprolace and Fogliano lakes(Central Italy). Ecological Indicators, 9: 568-583.

Preston F W. 1948. The commonness, and rarity, of species. Ecology, 29: 254-283.

Preston F W. 1962. The canonical distribution of commonness and rarity (Part Ⅰ). Ecology, 43: 185-215.

Prichard N M, Anderson A J B. 1971. Observations on the use of cluster analysis in botany with an ecological example. Journal of Ecology, 59: 727-747.

R Development Core Team. 2008. R: a language and environment for statistical computing. R Foundation for Statistical Computing, Vienna, AT.

Raja R, Bokhari T Z, Younis U, et al. 2014. Multivariate analysis of vegetation in wet temperate forests of Pakistan. J Pharm Biol Sci, 9(1): 54-59.

Rao C R. 1982. Diversity and dissimilarity coefficients: a unified approach. Theor Popul Biol, 21: 24-43.

Rao M, Feng G, Zhang J, et al. 2013. Effects of environmental filtering and dispersal limitation on species and phylogenetic beta diversity in Gutianshan National Nature Reserve. Chinese Science Bulletin, 58: 1204-1212.

Raunkiaer C. 1913. Formationsstatistiske Undersøgelser paa Skagens Odde. Botanisk Tidsskrift, 33: 197-243.

Raup D M, Crick R E. 1979. Measurement of faunal similarity in paleontology. J Paleontol, 53: 1213-1227.

Ricotta C. 2005. A note on functional diversity measures. Basic and Applied Ecology, 6(5): 479-486.

Ricotta C, Burrascano S. 2015. Testing for differences in beta diversity with asymmetric dissimilarities. Ecological Indicators, 9(4): 719-724.

Ricotta C, Moretti M. 2008. Quantifying functional diversity with graph-theoretical measures: advantages and pitfalls. Community Ecology, 9(1): 11-16.

Rios S A, Velasquez J D, Vera E S. 2005. Using SOFM to improve web site text content. Lecture Notes in Computer Science, 3611: 622-626.

Ripley B D. 1977. Modeling spatial pattern. Journal of the Royal Statistical Society, Series B, 39: 17-212.

Ripley B D. 1978. Spectral analysis and the analysis of pattern in plant communities. Journal of Ecology, 66: 965-981.

Ripley B D. 1981. Spatial Statistics. New York: Wiley.

Robert D W. 1986. Ordination on the basis of fuzzy set theory. Vegetatio, 66: 123-131.

Roberts D W. 2008. Statistical analysis of multidimensional fuzzy set ordinations. Ecology, 89: 1246-1260.

Rohlf F J, Kishpaygh J, Kirk D. 1972. NT-SYS Numerical Taxonomy System of Multivariate Statistical Programmes. New York: State University of New York, Stony Brook.

Rolecek J, Tichy L, Zeleny D, et al. 2009. Modified TWINSPAN classification in which the hierarchy respects cluster heterogeneity. Journal of Vegetation Science, 20: 596-602.

Romme W H. 1982. Fire and landscape diversity in subalpine forests of Yellowstone National Park. Ecological Monograph, (52): 199-221.

Ross G J S, Lauchner F B, Hawkins D. 1976. CLASPX Classification Program. Harpenden, England: Rothomsted Experimental Station.

Rowe J S. 1956. Uses of undergrowth plant species in forestry. Ecology, 37: 461-473.

Sadia S, Zhang J T, Shedayi A A, et al. 2016. Tools and techniques in plant ecology-a review. Journal of Environmental and Agricultural Sciences, 7: 35-41.

Sadia S, Zhang J T, Shedayi A A, et al. 2015. Vegetation ecology in china-a review. Journal of Biodiversity and Environmental Sciences, 7: 249-259.

Sadia S, Zhang J T, Tariq A, et al. 2017. Species diversity, vegetation pattern and conservation of Gentiana macrophylla Pall. Communities in Dongling Mountain Meadow, Beijing, China. Pakistan Journal of Botany, 49(5): 1725-1734.

Sanders H L. 1968. Marine benthic diversity: a comparative study. American Naturalist, 102: 243-282.

Scheiner S M, Chiarucci A, Fox G A, et al. 2011. The underpinnings of the relationship of species richness with space and time. Ecological Monographs, 81: 195-213.

Schiffets F A, Stewart C B, Martin C. 2008. Quantitative geography: perspectives on spatial data analysis. London: Sage Publications.

Schluter D. 1984. A variance test for detecting species association with some example applications. Ecology, 65(3): 998-1005.

Schmera D, Podani J. 2011. Comments on separating components of beta diversity. Community Ecology, 12: 153-160.

Schoener T W. 1974. Resource Partitioning in ecological communities. Science, 185: 27-39.

Sewart G H, Rose A B. 1990. The significance of life history strategies in the developmental history of mixed beech forests, New Zealand. Vegetatio, 87: 101-114.

Shannon C E, Weiver W. 1949. The Mathematical Theory of Communication. Unknown Distance Function. Urbana: Illinois Press.

Shepard R N. 1962a. The analysis of proximities. Mul-tidimensional scaling with an unknown distance function. Ⅰ. Psychometrika, 27: 125-140.

Shepard R N. 1962b. The analysis of proximities: multidimensional scaling with an unknown distance function. Ⅱ. Psychometriak, 27: 219-246.

Si X, Baselga A, Leprieur F, et al. 2016. Selective extinction drives taxonomic and functional alpha and beta diversities in island bird assemblages. Journal of Animal Ecology, 85(2): 409-418.

Silvertown J W. 1987. 植物种群生态学导论. 祝宁, 王义弘, 陈文斌译. 哈尔滨: 东北林业大学出版社.

Simpson E H. 1949. Measurement of diversity. Nature, 163: 668.

Šizling A L, Storch D, Šizlingová E, et al. 2009. Species abundance distribution results from a spatial analogy of central limit theorem. Proc Natl Acad Sci USA, 106: 6691-6695.

Šmilauer P, Lepš J. 2014. Multivariate Analysis of Ecological Data using Canoco 5. 2nd Ed. Cambridge: Cambridge University Press.

Smith T W, Lundholm J T. 2010. Variation partitioning as a tool to distinguish between niche and neutral processes. Ecography, 33: 648-655.

Sneath P H, Sokal R R. 1973. Numerical Taxonomy. San Francisco, USA: W. H. Freeman.

Sobolev L N, Utehin V D. 1973. Russian(Ramensky)approaches to community systematization//Whittaker R H. Ordination and Classification of Communities. Junk: The Hague: 75-103.

Sokal R R, Michener C D. 1985. A statistical method for evaluating systematic relationships. Unive Kansas Sci Bull, 38: 1409-1438.

Song M Y, Park Y S, Kwak I S, et al. 2006. Characterization of benthic macroinvertebrate communities in a restored stream by using self-organizing map. Ecological Informatics, 1: 295-305.

Song N Q, Zhang J T. 2013. An index for measuring functional diversity in plant communities based on neural network theory. Journal of Applied Mathematics, 2013: 745-755.

Song N Q, Zhang J T. 2017. Fuzzy set ordination analysis of survival communities for an endangered medicinal plant species, *Phellodendron amurense.* Proceedings of the 13th International Conference on Natural Computation, Fuzzy Systems and Knowledge Discovery, IEEE & CAS: 1474-1478.

Southwood T R E. 1978. Ecological methods. London: Chapman and Hall.

Sprent P. 1989. Applied nonparametric statistical methods. London: Chapman & Hall: 135-139.

Stowe L G, Wade M J. 1979. The detection of small-scale pattern in vegetation. Journal of Ecology, 67: 1047-1064.

Stoyan D, Stoyan H. 1994. Fractals, random shapes and point fields: methods of geometrical statistics. Journal of the Royal Statistical Society, 159(1): 194.

Strong D R. 1980. Null hypotheses in ecology. Systheses, 43: 271-285.

Stuart N, Barratt T, Place C. 2006. Classifying the Neotropical savannas of Belize using remote sensing and ground survey. Journal of Biogeography, 33(3): 476-490.

Suding K, Lavorel S, Chapin III F, et al. 2008. Scaling environmental change through the community-level: a trait-based response-and-effect framework for plants. Global Change Biology, 14(5): 1125-1140.

Suriguga, Zhang J T, Zhang B, et al. 2011. Forest community analysis in the Songshan National Nature Reserve of China using self-organizing map. Russian Journal of Ecology, 42(3): 216-222.

Sutherland W J, Greenwood J D, Robinson R A, et al. 1999. 生态学调查方法手册. 张金屯译. 北京: 科学技术文献出版社.

Swain M D, Greig-Smith P. 1980. An application of Principal components analysis to vegetation change in permanent plots. J Ecol, 68: 33-41.

Swain P H. 1978. Fundamentals of pattern recognition in remote sensing//Swain P H, Davis S M. Remote Sensing: the Quantitative Approach. New York: McGrow-Hill: 136-187.

Swenson N G, Anglada-cordero P, Barone J A. 2011. Deterministic tropical tree-community turnover: evidence from patterns of functional beta diversity along an elevational gradient. Proceedings of the Royal Society B: Biological Sciences, 278(1707): 877-884.

Tallis J H. 1969. The blanket bog vegetation of the Berwyn Mountains, North Wales. J Ecol, 57: 765-787.

Tcacenco F A, Pillar V D. 1996. Vegetation-environment relations in anthropogenic grasslands of northeastern Santa Catarina, Brazil. Coenoses, 11: 103-108.

Team C R. 2013. R. A language and environment for statistical computing. R Foundation for Statistical Computing, Vienna, Austria. Computing, 4: 2-21.

Tenenhaus M, Young F W. 1985. An analysis and synthesis of multiple correspondence analysis, optimal scaling, dual scaling, homogeneity analysis and other methods for quantifying categorical multivariate data. Psychometrika, 50: 91-119.

ter Braak C J F, Šmilauer P. 2002. CANOCO Reference Manual and User's Guide to Canoco for Windows. Ithaca: Centre for Biometry: Wageningen and Microcomputer Power.

ter Braak C J F, Šmilauer P. 2012. CANOCO Reference Manual and User's Guide: Software for Ordination. Version 5. Ithaca, New York: Microcomputer Power.

ter Braak C J F. 1985. Correspondence analysis of incidence and abundance data: properties in terms of a unimodal response model. Biometrics, 41: 859-873.

ter Braak C J F. 1986. Canonical correspondence analysis: a new eigenvector method for multivariate direct gradient analysis. Ecology, 67: 1167-1179.

ter Braak C J F. 1987. The analysis of vegetation-environment relationships by canonical correspondence analysis. Vegetatio, 69: 69-77.

ter Braak C J F. 1988. CANOCO-A FORTRAN Program for Canonical Community Ordination by [Partial] [Detrended] [Canonical] Correspondence Analysis, Principal Component Analysis and Redundancy Analysis (Version 2.1). Agricultural Mathematics Group, Box 100, 1700 AC, Wageningen, The Netherlands.

ter Braak C J F. 1991. CANOCO Reference Manual and User's Guide to Canoco for Windows: Software for Canonical Community Ordination (version 3.1). Microcomputer Power (Ithaca, NY USA), 352 pp.

ter Braak C J F. 1998. CANOCO Reference Manual and User's Guide to Canoco for Windows: Software for Canonical Community Ordination (version 4). Microcomputer Power (Ithaca, NY USA), 352 pp.

Tesfaye M, Dufault N S, Dornbusch M R, et al. 2003. Influence of enhanced malate dehydrogenase expression by alfalfa on diversity of rhizobacteria and soil nutrient availability. Soil Biol Biochem, 35: 1103-1113.

Thioulouse J, Simier M, Chessel D. 2004. Simultaneous analysis of a sequence of paired ecological tables. Ecology, 85: 272-283.

Thompson K, Hillier S, Grim J, et al. 1996. A functional analysis of a limestone grassland community. Journal of Vegetation Science, 7(3): 371-380.

Tilman D. 1985. The resource-ratio hypothesis of plant succession. American Naturalist, 125: 827-852.

Tilman D. 2001. Functional diversity. Encyclopedia of Biodiversity, 3: 109-120.

Tilman D, Reich P, Knops J, et al. 2001. Diversity and productivity in a long-term grassland experiment. Science, 294(5543): 843-845.

Tokeshi M. 1990. Niche apportionment or random assortment: Species abundance patterns revisited. J Anim Ecol, 59: 1129-1146.

Tokeshi M. 1993. Species abundance patterns and community structure. Advances in Ecological Research, 24: 111-186.

Tracey B S. 1968. Distance between populations on the basis of attribute data. Biometrics, 24: 859-865.

Troll C. 1950. The geographic landscape and its investigation//Weins M R, Moss M G, Turner D J. Foundation Papers in Landscape Ecology. 2006. New York: Columbia University Press.

Turner M G. 1989. Landscape ecology: the effect of pattern on process. Annual Review of Ecology Systematics, (20): 171-197.

Turner M G, Gadner R H. 1991. Quantitative Methods in Landscape Ecology. New York: Springer-Verlag.

Unwin D J. 1981. Introductory spatial analysis. London: Methuen.

Usher M B. 1975. Analysis of pattern on real and artificial plant populations. Journal of Ecology, 63: 569-586.

Valle D B, Baiser C, Woodall W, et al. 2014. Decomposing biodiversity data using the latentdirichlocation model, a probabilistic multivariate statistical method. Ecology Letters, 17: 1591-1601.

Vayssieres M P, Plant R E, Allen-Diaz B H. 2000. Classification trees: an alternative non-parametric approach for pre-dicting species distributions. Journal of Vegetation Science, 11: 679-694.

Vestal A G. 1949. Minimum areas for different vegetations. Illinois BiolMonogr, 20(3): 1-33.

Volkov I, Banavar J R, Hubbell S P, et al. 2003. Neutral theory and relative species abundance in ecology. Nature, 424: 1035-1037.

von Post H. 1862. Forsok till en systematiskuppstallming at vextstallenainellersta sverige. Stockholm: Bonnier: 42.

von Wehrden H, Hanspach J, Bruelheide H, et al. 2009. Pluralism and diversity: trends in the use and application of ordination methods 1990-2007. Journal of Vegetation Science, 20: 695-705.

Wacker L, Baudois O, Eichenberger-Glinz S, et al. 2009. Diversity effects in early-and mid-successional species pools along a nitrogen gradient. Ecology, 90(3): 637-648.

Walker B H, Kinzig A, Langridge J L. 1999. Plant attribute diversity, resilience, and ecosystem function: the nature and significance of dominant and minor species. Ecosystems, 2: 95-113.

Walker S, Cyr H. 2007. Testing the standard neutral model of biodiversity in lake communities. Oikos, 116(1): 143-155.

Wang L M, Zhang J T, Ni W D. 2005. Emergy evaluation of Eco-Industrial Park with Power Plant. Ecological Modelling, 189(1-2): 233-240.

Wang X L, Han J Y, Xu L G, et al. 2014. Soil characteristics in relation to vegetation communities in the wetlands of Poyang Lake, China. Wetlands, 34(4): 829-839

Ward J H. 1963. Hierarchical grouping to optimize an objective function. American Statistical Association Journal, 58: 236-244.

Waters W E. 1959. A quantitative measure of aggregation in insects. J Econ Ent, 52: 1180-1184.

Webb C O. 2000. Exploring the phylogenetic structure of ecological communities: an example for rain forest trees. The American Naturalist, 156: 145-155.

Webb C O, Ackerly D D, Kembel S W. 2008. Phylocom: Software for the analysis of phylogenetic community structure and trait evolution. Bioinformatics, 24: 2098-2100.

Webb C O, Ackerly D D, McPeek M A, et al. 2002. Phylogenies and community ecology. Annual Review of Ecology & Systematics, 33: 475-505.

Webster R. 1985. Quantitative spatial analysis of soil in the field. Advanced Soil Science, (3): 1-70.

West B T, Welch K B, Galecki A T. 2014. Linear mixed models: a practical guide using statistical software. NewYork: CRC Press.

West O. 1973. An investigation of the methods of botanical analysis of pasture. SAfr J Sci, 33: 501-559.

Westoby M, Falster D, Moles A, et al. 2002. Plant ecological strategies: some leading dimensions of variation between species. Annual Review of Ecology and Systematics, 33: 125-159.

Whittaker R H. 1948. A Vegetation Analysis of the Great Smoky Mountains. PhD Thesis, University of Illinois, Urbana.

Whittaker R H. 1952. A study of summer foliage insect communities in the Great Smoke mountains. Ecological Monographs, 22: 1-4.

Whittaker R H. 1956. Vegetation of the Great Smoke mountains. Ecological Monographs, 26: 1-8.

Whittaker R H. 1960. Vegetation of the Siskiyou mountains, Oregin and California. Ecological Mounographs, 30: 279-338.

Whittaker R H. 1967. Gradient analysis of vegetation. Biological Review, 42: 207-264.

Whittaker R H. 1972. Evolution and measurement of species diversity. Taxen, 21: 213-251.

Whittaker R H. 1973. Ordination and Classification of Communities. Handbook of Vegetation Science, Vol. 5. The Hague: Junk.

Whittaker R H. 1985. 植物群落分类. 周纪伦译. 北京: 科学出版社.

Whittaker R H. 1986. 植物群落排序. 王伯荪译. 北京: 科学出版社.

Whittaker R H, Gilbert L E, Cornell J H. 1979. Analysis of two-phase pattern in a mesquite grassland, Texas. Journal of Ecology, 67: 935-952.

Whittaker R H, Levin S A. 1977. The role of mosaic phenomena in natural communities. Theoretical Population Biology, 12: 117-139.

Whittaker R H, Niering W A. 1975. Vegetation of the Santa Catalina Mountains, Arizona. V. Biomass, production and biodiversity along an elevation gradient. Ecology, 56: 771-790.

Whittaker R J. 1982. Small Scale Pattern in Vegetation, M. Sc. Thesis. University of Wales, U. K.

Whittaker R J. 1991. Small-scale pattern: an evaluation of techniques with an application to salt marsh vegetation. Vegetatio, 94: 81-94.

Wiegand T, Gunatilleke C V S, Gunatilleke I, et al. 2007. How individual species structure diversity in tropical forests. Proceedings of the National Academy of Sciences of the United States of America, 104: 19029-19033.

Wiegand T, Moloney K A. 2004. Rings, circles, and null-models for point pattern analysis in ecology. Oikos, 104(2): 209-229.

Wiens J A. 1988. The analysis of landscape patterns: interdisciplinary seminar in ecology. Colorado: Colorado State University.

Wildi O, Orloci L. 1980. Management and Multivariate Analysis of Vegetation Data. Birmensdorf: Swiss Federal Institute of Forestry Research.

Williams C B. 1943. Area and number of species. Nature, 152: 264-267.

Williams C B. 1947. The logarithmic series and the comparison of island floras. Proc Linn Soc Land, 158: 57-64.

Williams M R. 1995. An extreme-value function model of the species incidence and species-area relationships. Ecology, 76: 2607-2616.

Williams P H. 1996. Mapping variations in the strength and breadth of biogeographic transition zones using species turnover. Proceedings of the Royal Society of London, Series B: Biological Sciences, 263: 579-588.

Williams W T. 1976. Pattern Analysis in Agricultural Science. Melburme and Amsterdam: CSIRO and Elsevier.

Williams W T, Lambert J M, Lance G N. 1966. Multivariate methods in plant ecology. Ⅴ. Similarity analysis and information analysis. Journal of Ecology, 54: 427-445.

Williams W T, Lambert J M. 1959. Multivariate methods in plant ecology. Ⅰ. Association-analysis in plant communities. Journal of Ecology, 47: 83-101.

Williams W T, Lambert J M. 1960. Multivariate methods in plant ecology. Ⅱ. The use of electronic digital computer for association-analysis. Journal of Ecology, 48: 689-710.

Wilson J B. 2007. Trait-divergence assembly rules have been demonstrated: limiting similarity lives! A reply to Grime. Journal of Vegetation Science, 18: 451-452.

Wishart D. 1978. CLUSTAN users' manual. 3rd ed. Edinburgh, U. K.: Edinburgh University.

Wolda H. 1978. Seasonal fluctuations in rainfall, food and abundance of tropical insects. Journal of Animal Ecology, 47: 369-381.

Worthen W B. 1996. Community composition and nested-subset analyses: basic descriptors for community ecology. Oikos, 76(3): 417-426.

Wratten S D, Fry G L A. 1980. Field and Laboratory Exercises in Ecology. London: Edward Arnold.

Xu Y, Zhang J T. 2008. Quantitative analysis of endangered *Acanthopanax senticosus* communitiesin Dongling Mountain of Beijing. Frontiers of Biology in China, 3(4): 507-511.

Yang H X, Zhang J T, Xu B. 2009. Spatial hints of forest ecotone indicating forest succession, a case of larch forests in Baihuashan Reserve, north China. Frontiers of Biology in China, 4(4): 523-530.

Yang H, Lu Q, Wu B, et al. 2006. Vegetation diversity and its application in sandy desert revegetation on Tibetan Plateau. Journal of Arid Environments, 65: 619-631.

Yang J, Swenson N G, Cao M, et al. 2013. A phylogenetic perspective on the individual species-area relationship in temperate and tropical tree communities. PLoS One, 8(5): e63192.

Yule G U. 1912. On the methods of measuring association between two attributes. J R Stat Soc, 75: 579-642.

Zadeh L A. 1965. Fuzzy sets. Information and Control, 8: 338-353.

Zhang J T. 1989. Fuzzy clustering and its application to vegetation classification. Abstracts of 2nd Conference of International Federation of Classification Society. University of Virginia, USA: 146.

Zhang J T. 1991. Ecological Relationships of Some Montane Grasses. PhD Thesis, University of Wales, United Kingdom.

Zhang J T. 1992. Fuzzy equivalence relation and its application to the classification of montane grasslands in North Wales. Abstracta Botanica, 16: 59-63.

Zhang J T. 1993. Fuzzy set ordination using multi-environmental variables, a combination with DCA. Abstracta Botanica, 17: 133-139.

Zhang J T. 1994. A combination of fuzzy set ordination with detrended correspondene analysis. Vegetatio, 115: 115-121.

Zhang J T. 1996. A technique to analyze succession data from permanent plots. J Biomathe, 11(4): 1-5.

Zhang J T. 1999. Species abundance patterns in some broad-leaved deciduous forests in New York, USA. Acta Phytoecologica Sinica, 23(6): 481-489.

Zhang J T. 2000. Quantitative regionalization of soil and water conservation in Shanxi Plateau, North China//Laflen J M, Huang C H, Tian J. Soil Erosion and Dryland Farming, New York: CRC Press: 491-498.

Zhang J T. 2002. A study on relations of vegetation, climate and soils in Shanxi province, China. Plant Ecology, 162(1): 23-31.

Zhang J T. 2003. An alterative method to analyze landscape mosaic diversity. Journal of Shanxi University (Nat Sci Ed), 26(1): 5-8.

Zhang J T. 2005. Succession analysis of plant communities in abandoned croplands in the Eastern Loess Plateau of China. Journal of Arid Environments, 63(2): 458-474.

Zhang J T, Bai X H, Shao D. 2017. Functional diversity and its attribute factors in the Yunmeng Mountain National Forest Park in Beijing, China. CERNE, 23(1): 75-84.

Zhang J T, Chen T G. 2004. Variation of plant communities along an elevation gradient in the Guandi Mountains, North China. Community Ecology, 5(2): 227-233.

Zhang J T, Chen T. 2007. Effects of mixed *Hippophae rhamnoides* on community and soil in planted forests in the Eastern Loess Plateau, China. Ecological Engineering, 31: 115-121.

Zhang J T, Dai Z, Zhang Q D. 2011. Two methods for detecting landscape associations based on a landscape map. Landscape and Ecological Engineering, 7: 145-151.

Zhang J T, Dong Y R, Xi Y X. 2008. A comparison of SOFM ordination with DCA and PCA in gradient analysis of plant communities in the midst of Taihang Mountains, China. Ecological Informatics, 3: 367-374.

Zhang J T, Dong Y R. 2010. Factors affecting species diversity of plant communities and the restoration process in the loess area of China. Ecological Engineering, 36: 345-350.

Zhang J T, Dong Y. 2009. Effects of grazing intensity, soil variables, and topography on vegetation diversity in the subalpine meadows of the Zhongtiao Mountains, China. The Rangeland Journal, 31: 353-360.

Zhang J T, Fan L H, Li M. 2012b. Functional diversity in plant communities: theory and analysis methods. African Journal of Biotechnology, 11: 1014-1022.

Zhang J T, Li M, Nie E B. 2014. Pattern of functional diversity along an altitudinal gradient in the Baihua Mountain Reserve of Beijing, China. Brazilian Journal of Botany, 37: 37-45.

Zhang J T, Li M. 2010. Application of self-organizing feature map clustering and ordination to the analysis of subalpine meadows in North China. Proceedings of 2010 Sixth International Conference on Natural Computation, IEEE CAS, Yantai, 3: 1564-1568.

Zhang J T, Li S Q. 2008. Fuzzy SOFM and its application to the classification of plant communities in the Taihang Mountains of China//Elleithy K. Innovations and Advanced techniques in Systems, Computing Sciences and Software Engineering. Netherlands: Springer: 254-259.

Zhang J T, Li S, Li M. 2010. A comparison of Self-Organizing Feature Map clustering with TWINSPAN and fuzzy C-means clustering in the analysis of woodland communities in the Guancen Mts, China. Community Ecology, 11: 120-126.

Zhang J T, Meng D P, Ru W M. 2007. The ecological characteristics of the endangered species *Paeonia suffruticosa* var. *spontanea* in China. Natural Areas Journal, 27: 145-154.

Zhang J T, Meng D P. 2007. Application of Fuzzy set ordination and classification to the study of plant communities in Pangquangou Nature Reserve, China//Elleithy K. Advances and Innovations in System, Computing Sciences and Software Engineering. Dordrecht: Springer: 217-222.

Zhang J T, Mi X C. 2007. Diversity and distribution of high-mountain meadows across elevation gradient in Wutai Mts. (North China). Polish Journal of Ecology, 55: 585-593.

Zhang J T, Oxley E R B. 1994a. A comparison of three methods of multivariate analysis of upland grasslands in North Wales. J Veg Sci, 5: 71-76.

Zhang J T, Oxley E R B. 1994b. Small-scale pattern in mountain grasslands in North Wales. Abstracta Botanica, 18: 1-6.

Zhang J T, Ru W M, Li B. 2006. Relationships between vegetation and climate on the Loess Plateau in China. Folia Geobotanica, 41: 151-163.

Zhang J T, Ru W M. 2010. Ordination analysis of *Taxus chinensis* var. *mairei* forests based on artificial neural network theory. International Journal of Biomathematics, 3(1): 69-78.

Zhang J T, Shao D. 2015. Attributes of forest diversity in the Yunmeng Mountain National Forest Park in Beijing, China. Applied Ecology and Environmental Research, 13(3): 769-782.

Zhang J T, Song N Q, Fan L H. 2013b. Evaluation of nine distance-based measures of functional diversity applied to forest communities. Annals of Forest Research, 56(1): 43-52.

Zhang J T, Sun B, Ru W M. 2009. Application of Self-Organizing Feature Map clustering to the classification of woodland communities. Proceedings of the 3rd international Conference on Bioinformatics and Biomedical Engineering, Vol. Ⅳ, IEEE Publishing: 1-4.

Zhang J T, Wang C. 2012. Biodiversity and ecosystem functioning: exploring large-scale patterns in Mainland China. iForest-Biogeoscience and Forestry, 5: 230-234.

Zhang J T, Xi Y, Li J. 2006. The relationships between environment and plant communities in the middle part of Taihang Mountain Range, North China. Community Ecology, 7(2): 155-163.

Zhang J T, Xiang C L, Li M. 2012a. Integrative ecological sensitivity (IES) applied to assessment of eco-tourism impact on forest vegetation landscape: a case from the Baihua Mountain Reserve of Beijing, China. Ecological Indicators, 18: 365-370.

Zhang J T, Xu B, Li M. 2011a. Diversity of communities dominated by *Glycyrrhiza uralensis,* an endangered medicinal plant species, along a precipitation gradient in China. Botanical Studies, 52: 493-501.

Zhang J T, Xu B, Li M. 2011b. Relationships between the bioactive compound content and environmental variables in *Glycyrrhiza uralensis* populations in different habitats of North China. Phyton-International Journal of Experiment Botany, 80: 161-166.

Zhang J T, Xu B, Li M. 2013a. Vegetation patterns and species diversity along elevational and disturbance gradients in the Baihua Mountain Reserve, Beijing, China. Mountain Research and Development, 33(2): 170-178.

Zhang J T, Zhang B, Li M, et al. 2013c. Functional diversity and conservation of *Phellodendron amurense* communitiesin the Dongling Mountain of Beijing, China. Botanical Sciences, 91(4): 505-513.

Zhang J T, Zhang B, Qian Z Y. 2015. Functional diversity of *Cercidiphyllum japonicum*, communities in the Shennongjia Reserve, central China. Journal of Forestry Research, 26(1): 171-177.

Zhang J T, Zhang F. 2007. Diversity and composition of plant functional groups in mountain forests of the

Lishan Nature Reserve, North China. Botanical Studies, 48: 339-348.

Zhang J T, Zhang F. 2011. Ecological relations between forest communities and environmental variables in the Lishan Mountain Nature Reserve, China. African Journal of Agricultural Research, 6(2): 248-259.

Zhang J T, Zhang G L. 2006. Ecological situation and management of *Bothriochloa ischaemum* grasslands in China. Grassland Science, 52(2): 85-93.

Zhang J T, Zhang M, Mian R. 2016. Effects of elevation and disturbance gradients on forest diversity in the Wulingshan Nature Reserve, North China. Environmental Earth Science, 75(10): 904.

Zhou S R, Zhang D Y. 2008. A nearly neutral model of biodiversity. Ecology, 89: 248-258.

Zuur A F, Ieno E N, Smith G M. 2007. Analysing Ecological Data. New York: Springer.

附录Ⅰ　国际通用软件信息

大多数植被数量分析方法必须借助计算机方能完成。有关数量分析的软件种类非常多，它们在不同的国家和地区流行，被不同的学者所喜爱。我们将这些软件分为两大类：一类是国际通用软件，一类是统计学软件。国际通用软件指专为植被数量分析而编写的，在世界上广泛使用，任何学者均可得到的商业性软件，国际通用软件主要完成排序和分类等多元分析方法。统计学软件是完成各种数理统计运算的大型软件，但在进行数量分析时尚需编写小的程序。格局分析、种间亲和性、生态位、生物多样性等计测，由于均是统计学方法，一般用统计学软件完成。当然，统计学软件也可用于分类和排序的计算。下面我们介绍主要的软件及它们的联系人地址。

1. Cornell 生态学软件

由一系列分程序组成，由 Gauch 主编。该软件在世界上应用最为广泛。目前已有数十个国家和地区上千所大学和研究单位拥有它的使用权。主要分程序包括：ORDIFLEX（Gauch 1977），可完成加权平均、PO、PCA 和 CA/RA 四种排序；DECORANA（Hill 1979）执行 CA/RA、DCA 两种排序；TWINSPAN（Hill 1979b）完成 TWINSPAN 分类；COMPLUS（Gauch 1979）进行复合聚类。另外，还有进行数据编辑、转换、矩阵运算的两个分程序 DATAEDIT 和 CONDENSE。Cornell 生态学软件多年来经过了很好的发展，有的发展为新的软件，如下面的 CANOCO、WinTWINS 等。该软件联系人：H. G. Gauch，The Editor，Cornell Ecology Programs，Cornell Unive，Ithaca，New York，USA。

2. PCORD 软件

Brucc McCune（1987）编了一综合的微机软件，称为 PCORD 系统，是可以完成主要的数量分析方法，并具有数据转换、编排等功能。现在已发展到 Windows 7.0 版本。除了转换数据和管理文件的工具外，PC-ORD 提供了许多在其他主要统计软件包里面不包含的排序和分类技术，包括 PO、CCA、DCA、MRPP、perMANOVA、TWINSPAN、Beals 平滑、多样性指数等，以及用于群落数据分析的随机检验。它还可以作为非参数工具，用于图形化的表述，可以绘制各种结果图、三维排序图等。作者地址：BulterUnive，Indinapolis，Indiana，USA。

3. CANOCO 生态软件

CANOCO 是 Braak（1988）发表的一个大型排序软件，它是 DECORANA 的扩展，可以进行 PCA、DCA、CCA、DCCA 等排序，并附有一个分程序 CANOPLOT，可编制排序图。但这一排序图仅是示意图。1991 年 Braak 又修订了该程序，推出新版 CANOCO，其排序功能基本没变，但增加了一个新的绘图程序 CACNODRAW，它所绘的图质量很高，可以直接用于排版印刷。1999 年该软件又有新版本。2002 年推出了 Windows 版 Canoco 4.5，凭借简单的操作界面和功能齐全的绘图工具，得到广泛的应用。其中的 WcanoImp 可以将电子表格形式（Excel 等）数据保存转化为 CANOCO 数据格式，使用很方便。新版 CanoDraw 可以制作高质量的排序图及有关图形，达到了直接用于发表的水平。2012 年作为 Canoco 4.5 的升级版本，Canoco 5 发布。Canoco 5 在 Canoco 4.5 基础上做了很多改进，主要体现在简化数据输入、提供更完善的帮助系统和绘图工具、简化方差分解和显著性检验的步骤，并增加了一些新的分析方法（如 NMDS、功能性状关联分析等）。由于植被研究用排序方法越来越多，这一软件显得越来越重要。作者地址：Braak，C. J. F. ter，Aguicul. Mathe. Group，Box 100，6700AC Wageningen，the Netherlands。

4. WinTWINS 软件

WinTWINS 软件 2.3 由 Mark O. Hill 和 Petr Šmilauer 在原 TWINSPAN 基础上改写，是在 Windows 环境下进行 TWINSPAN 数量分类的专用软件，它改变了以往 TWINSPAN 软件在 DOS 环境下数据结构（cornell condensed format，full format or free format），可以使用 CANOCO Windows 版的数据文件，使用很方便。这是免费软件，可以在网上搜索下载。

5. VESPAN 生态学软件

Malloch（1988）发表一个微机软件，称为 VESPAN，1990 年又修改补充，可以完成 TWINSPAN 分类和 DECORANA 排序。它的数据处理功能很强，可以对各种软件要求的数据形式进行转换，以适应不同的程序，如 CANOCO、CLUSTAN 等，还可以排表等。联系地址：Malloch A. J. G，Unit of Vegetation Science，University of Lancaster，U. K.。

6. SYN-TAX 生态学与分类学软件

Podani（1993）修订了 SYN-TAX 第四版，发表了第五版 SYN-TAX V。现在有 SYN-TAX2000 Windows 版本。功能也大为加强，包含了大部分生态数据最常用的多元统计方法，内容有数据转换、数据标准化等数据处理方法，相似性系数计算、聚类分析、排序、绘制分类结果图与排序图，还可以进行结果的比较与评析、群落与环境因子关系等分析。该软件主要在欧洲一些国家流行，它可以完成各种聚类方法，关联分析、TWINSPAN 分类和模糊聚类（*C*-均值聚类）等方法。另外，可以执行群落排表过程。排序方法有 PCA，PCoA，CA，CCA，DCCA，RDA，NMDS 等。作者地址：Podani，J，Department of Plant Ecology and Taxonamy，L. Eotvos University，Ludovika ter 2，Budapest，1083 Hungary。

7. TABORD 生态学软件

它是 Marrel 等（1978）编写的专门执行 Braun-Blanquet 的排表比较法。曾经盛行一时，但不少学者认为此程序出错的机会较大，现在用得少。不过它是用计算机完成群落排表法的第一个成功例子。作者地址：Marrel Van der E.，Institute of Ecological Botany，Uppsalla University，Uppsalla，Sweden。

另外，还有一些较常用的生态软件，如 CLUSTAN（Wishart 1978）、NT-SYS（Rohlf et al. 1972）、CLASP（Ross et al. 1976）等专门执行分类。Wildi 和 Orloci（1980）推出一个数据管理软件，也包括分类和排序。

8. R 软件

R 软件是一套完整的数据处理、计算和制图软件系统。其功能包括数据存储和处理系统；数组运算工具，其向量、矩阵运算方面功能尤其强大；完整连贯的统计分析工具；优秀的统计制图功能；简便而强大的编程语言：可操纵数据的输入和输入，可实现分支、循环，用户自定义功能。许多数量生态学方法均可以用 R 软件分析完成。可以通过 R 网站（http://www.r-project.org）了解 R 的最新信息和使用说明。

R 语言以其灵活、开放、免费等诸多优点，在生态学和生物多样性研究领域迅速赢得研究者的青睐（R Development Core Team 2010）。R 语言里的外在软件包“Vegan”是专用于群落生态学分析的工具（Oksanen et al. 2010）。Vegan 能够提供所有基本的排序方法，同时能生成精美的排序图，版本更新也很快。有人认为 Vegan 软件包完全可以取代 CANOCO，成为今后排序分析的首选统计工具。

9. Matlab 软件

Matlab 为大型数学软件，它在数值计算方面首屈一指。MATLAB 可以进行矩阵运算、绘制图表，实现各种计算过程，可以创建用户界面、连接其他程序等，主要应用于工程计算、控制设计、信号处理与通讯、图像处理、信号检测、建模与分析等领域。在数量生态学方法中，模糊数学和神经网络方法用 Matlab 较多。联系地址：http://www.mathworks.com，The MathWorks Inc3 Apple Hill Drive，Natick，MA 01760-2098，USA。

10. Programita 软件

Programita 软件是德国学者 Thorsten Wiegand 在 2004 年专为点格局分析写的软件，其可以用 Ripley 函数和 *O*-ring 函数分析单种格局，也可以分析两个种格局的相互作用和种间关系。软件提供了多个格局的零假设模型，可以分析研究格局的形成与变化机制。作者地址：Thorsten Wiegand，Department of Ecological Modelling，UFZ-Centre for Environmental Research，PF 500136，04301 Leipzig，Germany。

11. Fdiversity 软件

Fdiversity 是 Casanoves 等（2011）发表的免费的功能多样性分析软件，其需要与 R 软件联动使用，Windows 界面使用方便。它能够分析大多数功能多样性指数，大大方便了功能多样性研究，也与环境因素和生态系统功能和维度相联系。这虽然是免费软件，但程序下载网址需要作者授权，安装需要按作者提供的步骤严格进行，所以需要联系作者：Fernando Casanoves，Headquarters，CATIE 7170，Cartago，Turrialba 30501，Costa Rica。

12. ArcView 软件

ArcView 是一款可提供地理数据显示、制图、管理、分析、创建和编辑的 GIS 桌面软件。用它可以创建许多不同来源数据的智能化的、动态的地图，用户可利用 ArcView 带有的工具和数据立即进行 GIS 分析和地图创建，它也是 ArcGIS 的入门软件，可以用来做专题地图，如景观地图。ArcView 带有数百种可进行空间分析和地理信息处理工具，包括诸如图层叠加、缓冲区分析和数据转换等常规的 GIS 功能。通过运用向导或 ModelBuilder 连接数据集与数据处理过程的交互式建模方式，可以在 ArcView 地理处理模式下很容易地进行景观图和信息处理。

13. Patch Analysis 软件

Patch Analysis 是一款不错的景观生态学分析软件，最大的特点在于能够借助于 ARCGIS 平台对矢量图层（Shipfile）和栅格图层（Grid）进行分析，计算各种景观指数。该软件作为 Arcview 3.X 的扩展模块由 Avenue 语言编写，需要空间分析模块（spatial analyst）支持，能够对 shape 或 Grid 进行常用的景观指数计算。软件开发者开发了能够搭载 ARCGIS9.X 和 ARCGIS10 版本的适用程序，计算结果也可以直接转入 Excel 或其他关系数据库软件或统计中分析。

对于统计学软件，它们的功能基本上一致，都包括所有的数理统计运算功能，有的尚有一些多元分析功能，对于格局分析等使用这类软件较方便。我们在这里仅列出软件的名称和它们的版权人或公司的地址。

1. GENSTAT
   The Statistical Package Coordinator
   Numerical Algorithms Group
   256 Banbury Road
   Oxford
   OX27DE
   U.K.
2. SAS
   SAS institute Inc.
   Cary
   North Carolina U.S.A
   http://www.sas.com 或 http://www.sas.com.cn
3. SPSS
   SPSS Inc.
   444 N. Michigan Avenue
   Chicago
   IL 60611
   U.S.A.
   http://www.spss.com 或 http://www.spss.com.cn
4. MINITAB
   MINITAB Inc.
   3081 Enterprise Drive

State College
Pennsy Lvania 16801
U.S.A
http://www.minitab.com 或 http://www.minitab.com.cn

附录II 统 计 学 表

附II表1 e^{-m}的值

m	0	0.01	0.02	0.03	0.04	0.05	0.06	0.07	0.08	0.09
0	1	0.99	0.9802	0.9704	0.9608	0.9512	0.9418	0.9324	0.9231	0.9139
0.1	0.9048	0.8958	0.8869	0.9781	0.8694	0.8607	0.8521	0.8437	0.8353	0.827
0.2	0.8187	0.8106	0.8025	0.7945	0.7866	0.7788	0.7711	0.7634	0.7558	0.7483
m	0	0.1	0.2	0.3	0.4	0.5	0.6	0.7	0.8	0.9
0	1	0.9048	0.8187	0.7408	0.6703	0.6065	0.5488	0.4966	0.4493	0.4066
1	0.3679	0.3329	0.3012	0.2725	0.2466	0.2231	0.2019	0.1827	0.1653	0.1496
2	0.1353	0.1225	0.1108	0.1003	0.0907	0.0821	0.0743	0.0672	0.0608	0.055
3	0.0498	0.045	0.0408	0.0369	0.0334	0.0302	0.0273	0.0247	0.0224	0.0202
4	0.0183	0.0166	0.015	0.0136	0.0123	0.0111	0.0101	0.0091	0.0082	0.0074
5	0.0067	0.0061	0.0055	0.005	0.0045	0.0041	0.0037	0.0033	0.003	0.0027
6	0.0025	0.0022	0.002	0.0018	0.0017	0.0015	0.0014	0.0012	0.0011	0.001
7	0.00091	0.00083	0.00075	0.00068	0.00061	0.00055	0.0005	0.00045	0.00041	0.00037
8	0.00034	0.0003	0.00027	0.00025	0.00022	0.0002	0.00018	0.00017	0.00015	0.00014
9	0.00012	0.00011	0.0001	0.00009	0.00008	0.00007	0.00007	0.00006	0.00006	0.00005

附II表2 Ψ检验的显著性水准值（Moore 1953）

R	N				
	99	92	81	68	54
50	2.70	2.40	2.46	2.66	2.98
100	2.16	1.95	1.99	2.13	2.34
200	1.80	1.66	1.68	1.77	1.92
300	1.65	1.53	1.55	1.62	1.74
400	1.55	1.46	1.47	1.54	1.63
500	1.49	1.41	1.42	1.48	1.56

注：1. $\Psi = (2n_0n_2)/n_1^2$

2. 表中N为样方总数，$R = \dfrac{n_0 + n_1 + n_2}{N} \times 100$

附录III　植物群落调查记录表

在野外调查时，植物群落的特征指标和环境指标先要记录在植物群落调查记录表中。植物群落调查记录表有不同的形式，这里设计一个简单的记录表（附III表 1）。在一个样方中先调查有关的环境特征，然后从主要层开始调查，对每个种的数量指标进行测定。不同层调查的内容可能有异，根据研究内容而定。

附III表 1　植物群落调查记录表

调查地点：		调查日期：	
样方编号：	样方面积：	记录者：	
地理位置	经度：	纬度：	
海拔：	坡向：	坡度：	坡位：
土壤类型：	土壤厚度：	土壤母质：	
微地形：			
枯落物：			
动物活动情况：			
人为干扰情况：			
植物群落总盖度/%：			
主要层优势种：			
植物群落名称：			

附III表 1.1　乔木层调查记录表

样方号：乔木层盖度（%）：

种名	树木序号	树高/m	胸径/cm	盖度/%	枝下高/m	冠幅（m×m）	生活型	备注（树皮、生活力、物候等）

附III表 1.2　灌木层调查记录表

样方号：灌木层盖度（%）：

种名	多度（株数或丛数）	盖度/%	平均高度/m	冠幅（m×m）	生活型	备注

附Ⅲ表 1.3　草本层植物调查记录表

样方号：草本层盖度（%）：

种名	多度（株数或丛数）	盖度/%	平均高度/m	生活型	备注

附Ⅲ表 1.4　层外植物调查记录表

样方号：

种名	蔓数	盖度/%	平均高度/m	备注

附录Ⅳ　矩 阵 运 算

在我们讲的数量方法中，涉及不少矩阵的运算，尤其是像特征根及特征向量的运算，矩阵求逆等在普通的生态学分析中用得很少，可能有些学者平时不太熟悉，我们在这里对这些运算作简要介绍。

一、矩阵概念

矩阵是一组规则排列的数据。一般排列成长方形或正方形的表。用一个方括号或大括号把它们括成一个整体。可以用大写字母表示矩阵：

$$\boldsymbol{A}=\left\{a_{ij}\right\}=\begin{bmatrix} a_{11} & a_{12} & \cdots & a_{1N} \\ a_{21} & a_{22} & \cdots & a_{2N} \\ \vdots & \vdots & & \vdots \\ a_{P1} & a_{P2} & \cdots & a_{PN} \end{bmatrix}\begin{pmatrix} i=1,2,\cdots,P \\ j=1,2,\cdots,N \end{pmatrix} \tag{Ⅳ.1}$$

式中，$\boldsymbol{A}$ 是矩阵的代号；a_{ij} 是矩阵 $\boldsymbol{A}$ 的第 i 行、第 j 列元素，一个由 P 行和 N 列元素组成的矩阵称为 $P\times N$（维）矩阵。在矩阵中每一行称为一个行向量，每一列构成一个列向量。如果只有一行或一列元素组成的矩阵，实际上等同于一个行向量或一个列向量。

如果将一个矩阵 $\boldsymbol{A}$ 的行和列对换一下，即将矩阵 $\boldsymbol{A}$ 中的行改成列，将列改成行，这一过程称为矩阵的转置，转置后得到的新矩阵称为 $\boldsymbol{A}$ 的转置矩阵（transposed matrix），记为 $\boldsymbol{A}^{\mathrm{T}}$ 或 $\boldsymbol{A}'$。

如果 $\boldsymbol{A}=\{a_{ij}\}$，则

$$\boldsymbol{A}^{\mathrm{T}}=\{a_{ji}\} \tag{Ⅳ.2}$$

比如

$$\boldsymbol{A}=\begin{bmatrix} 3 & 5 & 6 \\ 2 & 4 & 1 \\ 7 & 2 & 5 \end{bmatrix}$$

则

$$\boldsymbol{A}^{\mathrm{T}}=\begin{bmatrix} 3 & 2 & 7 \\ 5 & 4 & 2 \\ 6 & 1 & 5 \end{bmatrix}$$

如果一个矩阵的行数和列数相等，则称为方阵（square matrix），方阵的行数（或列数）称为阶。如果一个方阵 $\boldsymbol{A}=\{a_{ij}\}$，满足条件 $a_{ij}=a_{ji}$，则它是一个对称方阵（symmetric matric）。对称方阵可以只写出右上半部或左下半部元素。在植被数量分析中，对称方阵很重要，因为一般属性间或实体间的相似或相异矩阵均是对称方阵。

一个方阵如果除主对角线元素外，其余元素均为 0，则称其为对角线矩阵（diagonal matrix）。主对角线元素均等于 1 的对角线矩阵称为单位矩阵（identity matrix），记为 $\boldsymbol{I}$ 或 $\boldsymbol{I}_0$，P 代表单位矩阵的阶数，单位矩阵在矩阵相乘运算中起着重要的特殊作用。

二、矩阵简单运算

1. 矩阵的加减法

两个矩阵 $\boldsymbol{A}$ 和 $\boldsymbol{B}$，如果它们的行数和列数完全相同，就可以进行加减法运算。两个矩阵相加（或相减）等于两个矩阵中相应元素之和（或之差），即

如果 $\boldsymbol{A}=\{a_{ij}\}$， $\boldsymbol{B}=\{b_{ij}\}$，则

$$\boldsymbol{A}+\boldsymbol{B}=\{a_{ij}+b_{ij}\} \tag{Ⅳ.3}$$

$$\boldsymbol{A}-\boldsymbol{B}=\{a_{ij}-b_{ij}\} \tag{Ⅳ.4}$$

比如 $\boldsymbol{A}=\begin{bmatrix}38 & 220\\ 557 & 1021\end{bmatrix}$，$\boldsymbol{B}=\begin{bmatrix}12 & 85\\ 725 & 970\end{bmatrix}$，则

$$\boldsymbol{A}+\boldsymbol{B}=\begin{bmatrix}38+12 & 220+85\\ 557+725 & 1021+970\end{bmatrix}=\begin{bmatrix}50 & 305\\ 1282 & 1991\end{bmatrix}$$

$$\boldsymbol{A}-\boldsymbol{B}=\begin{bmatrix}38-12 & 220-85\\ 557-725 & 1021-970\end{bmatrix}=\begin{bmatrix}26 & 135\\ -168 & 51\end{bmatrix}$$

2. 矩阵的乘法

两个矩阵相乘必须满足一个矩阵（称为前乘矩阵）的列数与后一矩阵（后乘矩阵）的行数相等，即 $\boldsymbol{A}_{P\times N}$ 和 $\boldsymbol{B}_{N\times K}$ 才具有相乘关系，相乘后得到新矩阵 $\boldsymbol{AB}$ 是 $P\times K$ 维。

假设 $\boldsymbol{A}=\{a_{ij}\}_{P\times N}$，$\boldsymbol{B}=\{b_{ij}\}_{N\times K}$，二者是可乘的，二者相乘的结果矩阵 $\boldsymbol{C}=\boldsymbol{AB}=\{c_{ij}\}_{P\times K}$。矩阵乘法的运算规则 C 中第 i 行、第 j 列的元素 c_{ij} 等于前乘矩阵 $\boldsymbol{A}$ 的第 i 行元素（N 个）与后乘矩阵 $\boldsymbol{B}$ 的第 j 列相应元素（也是 N 个）相乘后的和，即

$$c_{ij}=\sum_{k=1}^{N}a_{ik}b_{kj}\ (i=1, 2, \cdots, P; j=1, 2, \cdots, K) \tag{Ⅳ.5}$$

比如 $\boldsymbol{A}$ 是 3×2 维矩阵，$\boldsymbol{B}$ 是 2×3 维矩阵，即

$$\boldsymbol{A}=\begin{bmatrix}a_{11} & a_{12}\\ a_{21} & a_{22}\\ a_{31} & a_{32}\end{bmatrix},\quad \boldsymbol{B}=\begin{bmatrix}b_{11} & b_{12} & b_{13}\\ b_{21} & b_{22} & b_{23}\end{bmatrix}$$

则二者是可乘的，相乘结果为

$$\boldsymbol{C}=\begin{bmatrix}a_{11}b_{11}+a_{12}b_{21} & a_{11}b_{12}+a_{12}b_{22} & a_{11}b_{13}+a_{12}b_{23}\\ a_{21}b_{11}+a_{22}b_{21} & a_{21}b_{12}+a_{22}b_{22} & a_{21}b_{13}+a_{22}b_{23}\\ a_{31}b_{11}+a_{32}b_{21} & a_{31}b_{12}+a_{32}b_{22} & a_{31}b_{13}+a_{32}b_{23}\end{bmatrix} \tag{Ⅳ.6}$$

下面是几个矩阵相乘的例子：

$$\begin{bmatrix}2&0\\0&5\\1&7\end{bmatrix}\begin{bmatrix}5&2\\7&1\end{bmatrix}=\begin{bmatrix}2\times5+0\times7&2\times2+0\times1\\0\times5+5\times7&0\times2+5\times1\\1\times5+7\times7&1\times2+7\times1\end{bmatrix}=\begin{bmatrix}10&4\\35&5\\54&9\end{bmatrix}$$

$$\begin{bmatrix}1\\2\\4\\5\end{bmatrix}\begin{bmatrix}3&0&7&8\end{bmatrix}=\begin{bmatrix}3&0&7&8\\6&0&14&16\\12&0&28&32\\15&0&35&40\end{bmatrix}$$

$$\begin{bmatrix}3&0&7&8\end{bmatrix}\begin{bmatrix}1\\2\\4\\5\end{bmatrix}=1\times3+0\times2+7\times4+8\times5=\begin{bmatrix}71\end{bmatrix}$$

从上面可以看出矩阵乘法的几个重要性质。

1）如果两个矩阵 $\boldsymbol{A}$ 和 $\boldsymbol{B}$ 是可乘的，但反过来 $\boldsymbol{B}$ 和 $\boldsymbol{A}$ 不一定是可乘的。一般，$\boldsymbol{AB}\neq\boldsymbol{BA}$。

2）任何矩阵与 0 矩阵相乘，其结果仍是一个 0 矩阵，即 $0\boldsymbol{A}=0$ 或 $\boldsymbol{A}0=0$。

3）任何矩阵与单位矩阵相乘，其结果不变，即 $\boldsymbol{AI}=\boldsymbol{IA}=\boldsymbol{A}$。

另外，一个矩阵 $\boldsymbol{A}$ 如果与一个常数 k 相乘，其结果等于 $\boldsymbol{A}$ 中所有元素的 k 倍。即

$$k\boldsymbol{A}=\{ka_{ij}\} \tag{Ⅳ.7}$$

3. 模糊数学的矩阵相乘

模糊数学中矩阵相乘有一些不同的方法，在我们介绍的数量分析方法中，模糊等价聚类涉及“取大取小”的运算法则，这里仅做简要介绍。两个矩阵的可乘条件与上面相同，只是在运算中将“×”号变成“∧”，意思是取最小值，将“+”号变成“∨”，意思是取最大值。例如，$\boldsymbol{A}=\begin{bmatrix}a_{11}&a_{12}\\a_{21}&a_{22}\end{bmatrix}$，我们要求 $\boldsymbol{A}^2$，则

$$\boldsymbol{A}^2=\boldsymbol{A}(\wedge\vee)\boldsymbol{A}=\begin{bmatrix}(a_{11}\wedge a_{11})\vee(a_{12}\wedge a_{21})&(a_{11}\wedge a_{12})\vee(a_{12}\wedge a_{22})\\(a_{21}\wedge a_{11})\vee(a_{22}\wedge a_{21})&(a_{21}\wedge a_{12})\vee(a_{12}\wedge a_{22})\end{bmatrix} \tag{Ⅳ.8}$$

下面是一个运算例子：

$$\begin{bmatrix}2&0\\0&5\\1&7\end{bmatrix}\begin{bmatrix}5&2\\7&1\end{bmatrix}=\begin{bmatrix}(2\wedge5)\vee(0\wedge7)&(2\wedge2)\vee(0\wedge1)\\(0\wedge5)\vee(5\wedge7)&(0\wedge2)\vee(5\wedge1)\\(1\wedge5)\vee(7\wedge7)&(1\wedge2)\vee(7\wedge1)\end{bmatrix}=\begin{bmatrix}2&2\\5&1\\7&1\end{bmatrix}$$

三、方阵求逆

对于一个方阵 $\boldsymbol{A}$，如果存在一个矩阵 $\boldsymbol{B}$，使得二者相乘后（$\boldsymbol{AB}$ 或 $\boldsymbol{BA}$）得到一个单位矩阵，则矩阵 $\boldsymbol{B}$ 就叫 $\boldsymbol{A}$ 的逆矩阵，记作 $\boldsymbol{A}^{-1}$ 即

$$\boldsymbol{AA}^{-1}=\boldsymbol{A}^{-1}\boldsymbol{A}=\boldsymbol{I} \tag{Ⅳ.9}$$

如果要求一个方阵的逆矩阵，首先要熟悉行列式的概念和运算。对于 P 阶方阵 $\boldsymbol{A}$，若将两边的方括号改为直线，就变成 $\boldsymbol{A}$ 的行列式，记作 $|A|$，即

$$|A| = |a_{ij}| = \begin{vmatrix} a_{11} & a_{12} & \cdots & a_{1P} \\ a_{21} & a_{22} & \cdots & a_{2P} \\ \vdots & \vdots & & \vdots \\ a_{P1} & a_{P2} & \cdots & a_{PP} \end{vmatrix} \tag{Ⅳ.10}$$

任何一个方阵都对应着一个行列式，但二者有本质的不同，矩阵是一组数据的集合，而行列式代表一个值，我们通过一定的规则，可以求出行列式的值。

为此，先介绍余因子和余子式概念，对于 P 阶方阵 $\boldsymbol{A}=\{a_{ij}\}$，它的某个元素 a_{ij} 的余子式定义为由 $\boldsymbol{A}$ 中去掉第 i 行第 j 列后剩下矩阵的行列式，记作 Δ_{ij}，例如，P=3 的方阵，即

$$\boldsymbol{A} = \begin{bmatrix} a_{11} & a_{12} & a_{13} \\ a_{21} & a_{22} & a_{23} \\ a_{31} & a_{32} & a_{33} \end{bmatrix}$$

$$a_{11}\text{ 的余子式为 }\Delta_{11} = \begin{vmatrix} a_{22} & a_{23} \\ a_{32} & a_{33} \end{vmatrix} \tag{Ⅳ.11}$$

$$a_{32}\text{ 的余子式为 }\Delta_{32} = \begin{vmatrix} a_{11} & a_{13} \\ a_{21} & a_{23} \end{vmatrix} \tag{Ⅳ.12}$$

依此类推。

元素 a_{ij} 的余因子等于它的余子式乘以$(-1)^{i+j}$，即余子式加上适当的正负号，余因子记作 A_{ij}。

$$A_{ij} = (-1)^{i+j}\Delta_{ij} \tag{Ⅳ.13}$$

同样用 a_{11} 和 a_{13} 作为例子。

$$A_{11} = (-1)^{1+1}\Delta_{11} = \begin{vmatrix} a_{22} & a_{23} \\ a_{32} & a_{33} \end{vmatrix}$$

$$A_{32} = (-1)^{3+2}\Delta_{32} = -\begin{vmatrix} a_{11} & a_{13} \\ a_{21} & a_{23} \end{vmatrix}$$

现在我们计算行列式 $|A|$ 的值。对于一阶行列式，它的值等于它的元素值，即

$$|A| = |a| = a$$

对于二阶和二阶以上的行列式，其值等于行列式中任一行或一列元素与其相应余因子之积的和，即

$$|A| = a_{11}A_{11} + a_{12}A_{12} + \cdots + a_{1p}A_{1P} \tag{Ⅳ.14}$$

对于二阶和三阶行列式，用式（Ⅳ.14）计算较简单，对二阶行列式

$$|A| = a_{11}A_{11} + a_{12}A_{12} = a_{11}a_{22} - a_{12}a_{21}$$

三阶行列式

$$|A| = a_{11}A_{11} + a_{12}A_{12} + a_{13}A_{13} = a_{11}\begin{vmatrix} a_{22} & a_{23} \\ a_{32} & a_{33} \end{vmatrix} - a_{12}\begin{vmatrix} a_{21} & a_{23} \\ a_{31} & a_{33} \end{vmatrix} + a_{13}\begin{vmatrix} a_{21} & a_{22} \\ a_{31} & a_{32} \end{vmatrix}$$

$$= a_{11}a_{22}a_{33} - a_{11}a_{23}a_{32} - a_{12}a_{21}a_{33} + a_{12}a_{23}a_{31} + a_{13}a_{21}a_{32} - a_{13}a_{22}a_{31}$$

对于高阶行列式，也可以用式（Ⅳ.14）进行逐步降解，而最后计算出来。比如对 P 阶行列式，用式（Ⅳ.14）变成 P 个（P–1）阶行列式，每一个（P–1）阶行列式同法又可降成（P–1）个（P–2）阶行列式，依此类推，直到我们能算出数值的二阶或三阶行列式为止，此时行列式 $|A|$ 的值就可以计算出来。由此可见，高阶行列式的计算相当麻烦，在实际研究中，一般须用计算机完成计算。下面是两个行列式计算例子：

$$\begin{vmatrix} 3 & 5 \\ 7 & 2 \end{vmatrix} = 3\times 2 - 5\times 7 = -29$$

$$\begin{vmatrix} 1 & 3 & 5 \\ 2 & 5 & 0 \\ 3 & 6 & 0 \end{vmatrix} = 1\begin{vmatrix} 5 & 0 \\ 6 & 9 \end{vmatrix} - 3\begin{vmatrix} 2 & 0 \\ 3 & 9 \end{vmatrix} + 5\begin{vmatrix} 2 & 5 \\ 3 & 6 \end{vmatrix} = 45 - 3\times 18 + 5(12-15) = -24$$

在熟悉以上计算后，我们就可以求方阵 $\boldsymbol{A}$ 的逆矩阵 $\boldsymbol{A}^{-1}$，可分为三步。

1）求 $\boldsymbol{A}$ 的行列式 $|A|$ 的值。如果一个方阵的行列式等于 0，则 $\boldsymbol{A}$ 就不存在逆矩阵，所以，若求 $\boldsymbol{A}$ 的逆矩阵 $\boldsymbol{A}^{-1}$，必须有 $|A| \neq 0$。

2）求 $\boldsymbol{A}$ 的伴随矩阵 $\tilde{\boldsymbol{A}}$。它是 $\boldsymbol{A}$ 中所有元素的余因子所构成的矩阵的转置矩阵。即

$$\tilde{\boldsymbol{A}} - \{A_{ij}\} = \begin{bmatrix} A_{11} & A_{21} & \cdots & A_{P1} \\ A_{12} & A_{22} & \cdots & A_{P2} \\ \vdots & \vdots & & \vdots \\ A_{1P} & A_{2P} & \cdots & A_{PP} \end{bmatrix} \qquad (\text{Ⅳ}.15)$$

3）计算逆矩阵 $\boldsymbol{A}^{-1}$。它等于 $\boldsymbol{A}$ 的行列式 $|A|$ 的倒数乘以伴随矩阵。

$$\boldsymbol{A}^{-1} = \frac{1}{|A|}\tilde{\boldsymbol{A}} = \begin{bmatrix} \frac{A_{11}}{|A|} & \frac{A_{21}}{|A|} & \cdots & \frac{A_{P1}}{|A|} \\ \frac{A_{12}}{|A|} & \frac{A_{22}}{|A|} & \cdots & \frac{A_{P2}}{|A|} \\ \vdots & \vdots & & \vdots \\ \frac{A_{1P}}{|A|} & \frac{A_{2P}}{|A|} & \cdots & \frac{A_{PP}}{|A|} \end{bmatrix} \qquad (\text{Ⅳ}.16)$$

现举一例子，比如

$$\boldsymbol{A} = \begin{bmatrix} 2 & 2 & 3 \\ 1 & -1 & 0 \\ -1 & 2 & 1 \end{bmatrix}$$

$\boldsymbol{A}$ 的行列式

$$|A| = \begin{vmatrix} 2 & 2 & 3 \\ 1 & -1 & 0 \\ -1 & 2 & 1 \end{vmatrix} = -1$$

A 的伴随矩阵

$$\tilde{\boldsymbol{A}} = \begin{bmatrix} -1 & 4 & 3 \\ -1 & 5 & 3 \\ 1 & -6 & -4 \end{bmatrix}$$

A 的逆矩阵

$$\boldsymbol{A}^{-1} = (-1)\tilde{\boldsymbol{A}} = \begin{bmatrix} 1 & -4 & -3 \\ 1 & -5 & -3 \\ -1 & 6 & 4 \end{bmatrix}$$

可以验证：

$$\boldsymbol{AA}^{-1} = \begin{bmatrix} 2 & 2 & 3 \\ 1 & -1 & 0 \\ -1 & 2 & 1 \end{bmatrix} \begin{bmatrix} 1 & -4 & -3 \\ 1 & -5 & -3 \\ -1 & 6 & 4 \end{bmatrix} = \begin{bmatrix} 1 & 0 & 0 \\ 0 & 1 & 0 \\ 0 & 0 & 1 \end{bmatrix}$$

同样，$\boldsymbol{A}^{-1}\boldsymbol{A}=\boldsymbol{I}$

四、矩阵的特征根及特征向量

对于一个 P 阶方阵 **A**，如果存在一个 P 维列向量 **U** 和一个非 0 数，使得

$$\boldsymbol{AU} = \lambda \boldsymbol{U} \tag{Ⅳ.17}$$

即

$$\begin{bmatrix} a_{11} & a_{12} & \cdots & a_{1P} \\ a_{21} & a_{22} & \cdots & a_{2P} \\ \vdots & \vdots & & \vdots \\ a_{P1} & a_{P2} & \cdots & a_{PP} \end{bmatrix} \begin{bmatrix} u_1 \\ u_2 \\ \vdots \\ u_P \end{bmatrix} = \lambda \begin{bmatrix} u_1 \\ u_2 \\ \vdots \\ u_P \end{bmatrix} = \begin{bmatrix} \lambda u_1 \\ \lambda u_2 \\ \vdots \\ \lambda u_P \end{bmatrix}$$

则称 λ 为矩阵 **A** 的特征根（latent root）或特征值（eigenvalue），而 **U** 称为 λ 所对应的特征向量（eigenvector），特征根和特征向量总是成对地联系在一起。

对于 P 阶方阵 **A**，最多有 P 个非 0 特征根，可依其大小排列为 $\lambda_1 \geqslant \lambda_2 \geqslant \lambda_3 \cdots \geqslant \lambda_P$。$P$ 个特征根对应 P 个特征向量：$u_1, u_2, \cdots, u_P$。以 P 个特征根作主对角线元素可以构成一个对角线矩阵，以 P 个特征向量作为列向量可以构成一个 P 阶方阵，即

$$\boldsymbol{\Lambda} = \begin{bmatrix} \lambda_1 & & & \\ & \lambda_2 & & \\ & & \ddots & \\ & & & \lambda_P \end{bmatrix}$$

$$\boldsymbol{V}=[u_1,\quad u_2,\quad \cdots,\quad u_P]=\begin{bmatrix} u_{11} & u_{21} & \cdots & u_{P1} \\ u_{12} & u_{22} & \cdots & u_{P2} \\ \vdots & \vdots & & \vdots \\ u_{1P} & u_{2P} & \cdots & u_{PP} \end{bmatrix}$$

由式（Ⅳ.17）知：

$$\boldsymbol{AV}=\boldsymbol{V\Lambda}=\boldsymbol{V}\begin{bmatrix} \lambda_1 & & & \\ & \lambda_2 & & \\ & & \ddots & \\ & & & \lambda_P \end{bmatrix}=\begin{bmatrix} \lambda_1 u_{11} & \lambda_2 u_{21} & \cdots & \lambda_P u_{P1} \\ \lambda_1 u_{12} & \lambda_2 u_{22} & \cdots & \lambda_P u_{P2} \\ \vdots & \vdots & & \vdots \\ \lambda_1 u_{1P} & \lambda_2 u_{2P} & \cdots & \lambda_P u_{PP} \end{bmatrix} \quad （Ⅳ.18）$$

我们也可以将 P 个特征向量作为行向量构成矩阵 $\boldsymbol{U}$，它是 $\boldsymbol{V}$ 的转置矩阵。

$$\boldsymbol{U}=\begin{bmatrix} u_1 \\ u_2 \\ \vdots \\ u_P \end{bmatrix}=\begin{bmatrix} u_{11} & u_{12} & \cdots & u_{1P} \\ u_{21} & u_{22} & \cdots & u_{2P} \\ \vdots & \vdots & & \vdots \\ u_{P1} & u_{P2} & \cdots & u_{PP} \end{bmatrix} \quad （Ⅳ.19）$$

因为 $\boldsymbol{A}$ 是对称的，由式（Ⅳ.17）可推得

$$\boldsymbol{UA}=\boldsymbol{\Lambda U} \quad （Ⅳ.20）$$

它等价于 $\boldsymbol{UAU}^{-1}=\boldsymbol{\Lambda}$ （Ⅳ.21）

在 $\boldsymbol{A}$ 是对称方阵的情况下，有 $\boldsymbol{U}^{-1}=\boldsymbol{U}^{\mathrm{T}}$，它是正交矩阵。此时，$\boldsymbol{UU}^{\mathrm{T}}=\boldsymbol{U}^{\mathrm{T}}\boldsymbol{U}=\boldsymbol{I}$。说明每个特征向量（行）的长度已标准化为 1，不同特征向量是正交的（即交叉积为 0）。

现在我们介绍特征根和特征向量的求法。求方阵 $\boldsymbol{A}$ 的特征根，依式（Ⅳ.17）有

$$\boldsymbol{AU}-\lambda\boldsymbol{U}=0$$

适当变换得

$$(\boldsymbol{A}-\lambda\boldsymbol{I})\boldsymbol{U}=0 \quad （Ⅳ.22）$$

对于非 0 的特征向量 $\boldsymbol{u}$，必然有

$$(\boldsymbol{A}-\lambda\boldsymbol{I})\boldsymbol{u}=0$$

即

$$\begin{vmatrix} a_{11}-\lambda & a_{12} & \cdots & a_{1P} \\ a_{21} & a_{22}-\lambda & \cdots & a_{2P} \\ \vdots & \vdots & & \vdots \\ a_{P1} & a_{P2} & \cdots & a_{PP}-\lambda \end{vmatrix}=0 \quad （Ⅳ.23）$$

式（Ⅳ.23）称为特征方程，它的解即是 $\boldsymbol{A}$ 的特征根。求出特征根后，再将某个特征根代入式（Ⅳ.22），得

$$(\boldsymbol{A}-\lambda_i\boldsymbol{I})\boldsymbol{u}=0\ (i=1,\ 2,\ \cdots,\ P)$$

即

$$\begin{bmatrix} a_{11}-\lambda_i & a_{12} & \cdots & a_{1P} \\ a_{21} & a_{22}-\lambda_i & \cdots & a_{2P} \\ \vdots & \vdots & & \vdots \\ a_{P1} & a_{P2} & \cdots & a_{PP}-\lambda_i \end{bmatrix} \begin{bmatrix} u_{i1} \\ u_{i2} \\ \vdots \\ u_{iP} \end{bmatrix} = \begin{bmatrix} 0 \\ 0 \\ \vdots \\ 0 \end{bmatrix} \tag{Ⅳ.24}$$

式（Ⅳ.24）可以化为 P 个齐次线性方程，由它们组成联立方程组，即

$$\begin{cases} (a_{11}-\lambda_i)u_{i1}+a_{12}u_{i2}+\cdots+a_{1P}u_{iP}=0 \\ a_{21}u_{i1}+(a_{22}-\lambda_i)u_{i2}+\cdots+a_{2P}u_{iP}=0 \\ \qquad\vdots \\ a_{P1}u_{i1}+a_{P2}u_{i2}+\cdots+(a_{PP}-\lambda_i)u_{iP}=0 \end{cases}$$

解该方程组，可得到 u_i 各分量间的比例，再根据 $u_{i1}^2+u_{i2}^2+\cdots+u_{iP}^2=1$ 可求出 u_i 各分量的值。对每一个 λ_i 重复以上过程，就可得到全部特征向量。

下面是一个计算例子，设方阵

$$\boldsymbol{A}=\begin{bmatrix} 13 & 3 & 2 \\ 3 & 1 & 0 \\ 2 & 0 & 1 \end{bmatrix}$$

求它的特征根，依式（Ⅳ.23），得

$$|\boldsymbol{A}-\lambda_i\boldsymbol{I}|=\begin{vmatrix} 13-\lambda & 3 & 2 \\ 3 & 1-\lambda & 0 \\ 2 & 0 & 1-\lambda \end{vmatrix}=0$$

展开行列式，得

$$\lambda^3-15\lambda^2+14\lambda=0$$

解该方程得

$$\lambda_1=14,\quad \lambda_2=1,\quad \lambda_3=0$$

再依式（Ⅳ.24）求 λ_1 所对应的特征向量 $\boldsymbol{u}_1$

$$\begin{bmatrix} 13-14 & 3 & 2 \\ 3 & 1-14 & 0 \\ 2 & 0 & 1-14 \end{bmatrix} \begin{bmatrix} u_{11} \\ u_{12} \\ u_{13} \end{bmatrix} = \begin{bmatrix} -1 & 3 & 2 \\ 3 & -13 & 0 \\ 2 & 0 & -13 \end{bmatrix} \begin{bmatrix} u_{11} \\ u_{12} \\ u_{13} \end{bmatrix} = \begin{bmatrix} 0 \\ 0 \\ 0 \end{bmatrix}$$

化为联立方程

$$\begin{cases} -u_{11}+3u_{12}+2u_{13}=0 \\ 3u_{11}-13u_{12}=0 \\ 2u_{11}-13u_{13}=0 \end{cases}$$

解方程组，可令 $u_{11}=1$。则 $u_{12}=3/13$，$u_{13}=2/13$，三者之比为 $u_{11}:u_{12}:u_{13}=1:\frac{3}{13}:\frac{2}{13}$，再根据 $u_{11}^2+u_{12}^2+u_{13}^2=1$

可解得

$$u_{11} = \frac{1}{\sqrt{1^2 + \left(\frac{2}{13}\right)^2 + \left(\frac{2}{13}\right)^2}} = 0.96$$

$$u_{12} = \frac{\frac{3}{13}}{\sqrt{1^2 + \left(\frac{3}{13}\right)^2 + \left(\frac{2}{13}\right)^2}} = 0.22$$

$$u_{13} = \frac{\frac{2}{13}}{\sqrt{1^2 + \left(\frac{3}{13}\right)^2 + \left(\frac{2}{13}\right)^2}} = 0.15$$

所以

$$\boldsymbol{u}_1 = (0.96 \quad 0.22 \quad 0.15)$$

同法可求得

$$\boldsymbol{u}_2 = (0 \quad 0.55 \quad -0.83)$$

由于 $\lambda_3 = 0, \boldsymbol{u}_3$ 是零向量。

本附录所介绍的矩阵计算，在一般的统计学软件中均有现成的算法，这里只说明其原理。

名词索引